JAHRBUCH SCHWEISSTECHNIK 2026

Ein Leitfaden durch die Branche der Füge-, Trenn- und Beschichtungstechnik

Impressum

Bibliographische Information der Deutschen Nationalbibliothek
Die Deutsche Nationalbibliothek verzeichnet diese Publikation in der deutschen Nationalbibliographie; detaillierte bibliographische Daten sind im Internet über http://dnb.d-nb.de abrufbar.

Herausgeber:

DVS VERBAND

DVS – Deutscher Verband
für Schweißen und verwandte Verfahren e. V.
Aachener Straße 172 · 40223 Düsseldorf
Postfach 10 19 65 · 40010 Düsseldorf
T +49 211 1591-0 · F +49 211 1591-200
info@dvs-home.de · www.dvs-home.de

Titelbild (von links nach rechts): tong2530/stock.adobe.com
Jag_cz/stockadobe.com · Olha/stock.adobe.com

Projektleitung: Rosemarie Karner ☎-209

Redaktionelle Bearbeitung: Rosemarie Karner, ☎-209 (Kapitel 1, 2, 3, 4)

Eintragungen Waren- und Dienstleistungsverzeichnis / Anzeigen (Kapitel 5 und 6):
Markus Winterhalter, ☎-142 · Sigrid Klinge, ☎-152

Vertrieb: Bernd Hübner, ☎-162

Grafik/Herstellung: Mike Reschke ☎-163

Druckerei: D+L Printpartner GmbH, Bocholt

Redaktionsschluss: 25.07.2025

1. Auflage

Printed in Germany
ISBN 978-3-96144-304-8 (Print) · ISBN: 978-3-96144-305-5 (E-Book)
ISSN 0935-0292

Dieses Jahrbuch richtet sich an Frauen und Männer in gleichem Maße.
Zur besseren Lesbarkeit wird im Text in der Regel die männliche Form genutzt.

Vorwort

Liebe Leserinnen, liebe Leser,

wenn der Herbst vor der Tür steht, stehen zwei Dinge unumstößlich fest: Ein frischer Wind weht nicht nur das Laub von den Bäumen, sondern auch die neueste Ausgabe des bewährten JAHRBUCHS SCHWEISSTECHNIK in das Verlagsportfolio der DVS Media GmbH.

Das Erscheinen der neuen Ausgabe des Jahrbuchs markiert gewissermaßen den Beginn eines neuen Jahres der füge-, trenn- und beschichtungstechnischen Branche. Diese kann sich dann auf zwölf neue, weitere Monate freuen, vollgepackt mit technischen Innovationen, angesagten Fachveranstaltungen, zukunftsorientierten Aus- und Weiterbildungsangebote und dem gemeinsamen Netzwerken. Das JAHRBUCH SCHWEISSTECHNIK erweist sich dabei seit Jahrzehnten als treuer und verlässlicher Begleiter durch das fügetechnische Jahr.

Das JAHRBUCH SCHWEISSTECHNIK steht seit seinen ersten Ausgaben für eine gelungene Mischung von Rückblick, Ausblick und hilfreichen Informationen für den betrieblichen Alltag. Fester Bestandteil jeder Ausgabe sind die Adressen und Kontaktdaten zu Ansprechpartnern und Bildungseinrichtungen im großen DVS-Netzwerk sowie zu Partnern und Partnerorganisationen des Verbandes. Damit einhergehend informiert das JAHRBUCH SCHWEISSTECHNIK auch darüber, was sich in der DVS-Group in den zurückliegenden Monaten ereignet hat. Ob Forschung, Technik oder Bildung, ob Bestseller des Verlags, Veranstaltung, veröffentlichte Regelwerke oder geändertes Unternehmensportfolio: Im JAHRBUCH SCHWEISSTECHNIK lesen Sie garantiert davon.

Von besonderer Bedeutung sind in jeder Ausgabe die schweißtechnischen Fachbeiträge, die die Anwendung der Füge-, Trenn- und Beschichtungstechnik in der betrieblichen Praxis aus verschiedensten Blickwinkeln beleuchten. Auch für das JAHRBUCH SCHWEISSTECHNIK 2026 wurden wieder besonders praxisnahe Beiträge aus den Fachzeitschriften DER PRAKTIKER und SCHWEISSEN UND SCHNEIDEN ausgewählt. Freuen Sie sich im Kapitel 3 daher auf Fachartikel aus den Themenfeldern Werkstoffe / Hilfsstoffe Verfahren, Geräte / Anlagen / Systeme, Berechnung / Gestaltung / Fertigung und Qualitätssicherung.

Diese redaktionellen Beiträge zeigen auf, wie sich mit fügetechnischen Mitteln bestehenden Herausforderungen im Arbeitsalltag meistern lassen. Gleichzeitig vermitteln Ihnen die Berichte aber auch einen Eindruck davon, was Sie als Leser qualitativ und inhaltlich von unseren etablierten Zeitschriften DER PRAKTIKER und SCHWEISSEN UND SCHNEIDEN erwarten dürfen. Schauen Sie daher gerne auch mal auf deren Websites vorbei.

Ich wünsche Ihnen dort so wie im JAHRBUCH SCHWEISSTECHNIK 2026 eine informative Lektüre!

Dirk Sieben
Geschäftsführer DVS Media GmbH

(www.derpraktiker.de) · (www.schweissenundschneiden.de)

Inhaltsverzeichnis

2 Im Fokus: Bildung & Zertifizierung | Forschung und Technik

3 Schweißtechnisches Fachwissen

Werkstoffe, Zusätze und Hilfsstoffe zum Fügen und Trennen

Verfahren der Füge- und Trenntechnik

Geräte, Anlagen und Systeme zum Fügen und Trennen

Das Branchenjahr in der Übersicht

Nationale und Internationale Veranstaltungen in Deutschland 2026

Datum		Veranstaltungen	Veranstalter/ Mitveranstalter
13. – 15.01.2026	Nürnberg	**EUROGUSS 2026** Internationale Fachmesse für Druckguss, Technik, Prozesse, Produkte www.euroguss.de	NürnbergMesse GmbH
03. – 05.02.2026	Hamburg	**NORTEC 2026** www.messe-stuttgart.de/nortec	• Messe Stuttgart • VDW e.V.
24. – 25.02.2026	Fellbach	**EBL 2026** 13. DVS/GMM-Tagung EBL Elektronische Baugruppen und Leiterplatten www.dvs-events.de	• DVS/GMM • DVS Media GmbH
25. – 26.02.2026	Ulm	**KPA** – Kunststoff Produkte Aktuell www.kpa-messe.de	Easyfairs GmbH
10. – 11.03.2026	Berlin	**10. AM Forum Berlin** Europas Anwenderkonferenz für industrielle Additive Fertigung www.am-forum.de	IPM AG
10. – 13.03.2026	München	**54. Sondertagung Anlagen- und Behälterbau** www.slv-muenchen.de	• GSI mbH, Niederlassung SLV München • TÜV Süd Industrie Service GmbH • DVS Landesverband Süd u. DVS-Bezirksverband München
25. – 26.03.2026	Mannheim	**PIAE** – Internationaler Fachkongress zu Kunststoffen im Automobilbau www.vdi-wissensforum.de/piae/	VDI Wissensforum GmbH
13. – 17.04.2026	Düsseldorf	**wire und Tube** www.wire.de www.tube.de	Messe Düsseldorf GmbH

Datum		Veranstaltungen	Veranstalter/ Mitveranstalter
14. – 17.04.2026	Karlsruhe	**PaintExpo** Weltleitmesse für industrielle Lackiertechnik www.paintexpo.de	Leipziger Messe
20. – 24.04.2026	Hannover	**Hannover Messe 2025** Weltmesse der Industrie, Automation, Innovation www.messe.de	Deutsche Messe AG
22. – 23.04.2026	Hamburg	**23. Tagung Schweißen in der maritimen Technik und im Ingenieurbau** www.slv-nord.de	Schweißtechnische Lehr- und Versuchsanstalt Nord gGmbH
05. – 07.05.2026	Stuttgart	**SurfaceTechnology GERMANY** www.surface-technology-germany.de	Deutsche Messe
05. – 07.05.2026	Erfurt	**Rapid Tech 3D** – Conference-Exhibition – Networking www.rapidtech-3d.de	Messe Erfurt GmbH
05. – 08. Mai 2026	Stuttgart	**GrindingHub – BRINGS SOLUTIONS TO THE SURFACE** www.grindinghub.de	• Werkzeugmaschinen-fabriken e.V. (VDW) • Landesmesse Stuttgart GmbH & Co. KG
10. – 12.06.2026	Jülich	**12. RIPT 2026** – Les Rencontres Internationales de la Projection Thermique http://hvof.gts-ev.de	Forschungszentrum Jülich GmbH
09. – 11.06.2026	Bad Salzufflen	**Kuteno** – Kunststofftechnik Nord www.kuteno.de	Easyfairs GmbH
16. – 17.06.2026	Würzburg	**Würzburger Kunststoffrohr-Tagung** www.skz.de	FSKZ e.V.

Datum		Veranstaltungen	Veranstalter/ Mitveranstalter
14. – 15.09.2026	Erlangen	**DVS CONGRESS** www.dvs-events.de	• DVS • DVS Media GmbH
15. – 19.09.2026	Stuttgart	**AMB** – Internationale Ausstellung für Metallbearbeitung www.amb-messe.de	Landesmesse Stuttgart GmbH & Co. KG
06. – 08.10.2026	Düsseldorf	**ALUMINIUM 2026** www.aluminium-exhibition.com	RX Deutschland GmbH
06. – 08.10.2026	Stuttgart	**Motek** Internationale Fachmesse für Produktions- und Montageautomatisierung mit Bondexpo - Internationale Fachmesse für Klebtechnologie www.motek-messe.de	P. E. Schall GmbH & Co. KG
12. – 16.10.2026	Friedrichshafen	**Fakuma** Internationale Messe für Kunststoffverarbeitung www.fakuma-messe.de	P. E. Schall GmbH & Co. KG
20. – 23.10.2026	Hannover	**EuroBLECH 2026** 28. Internationale Technologiemesse für Blechbearbeitung www.euroblech.de	RX St Albans
29. – 30.10.2026	Erding	**13. Kolloquium Hochgeschwindigkeits-Flammspritzen (HVOF)** http://hvof.gts-ev.de	Gemeinschaft Thermisches Spritzen e.V. (GTS)
12.11.2026	Essen	**HÜTTENTAG** Branchentreff der Stahlindustrie www.home-of-steel.de	DVS Media GmbH
17. – 20.11.2026	Frankfurt	**Formnext** https://corporate.mesago.com/events/de.html	Mesago Messe Frankfurt GmbH

Weltweite Veranstaltungen 2026

Datum		Veranstaltungen
11. – 14. Januar	Sharjah/Vereinigte Arabische Emirate	**SteelFab**
21. – 25. Januar	Bangalore/Indien	**ToolTech**
21. – 23. Januar	Tokyo/Japan	**Automotive Lightweight Technology Expo (held inside AUTOMOTIVE WORLD)**
04. – 06. Februar	Piacenza/ Italien	**PIPELINE & GAS EXPO**
05. – 07. Februar	Mumbai/Indien	**LogiMAT India – Internationale Fachmesse für Intralogistik-Lösungen und Prozessmanagement**
Februar	Monterrey/Mexico	**wire & Tube Mexico - Wire & Cable and Tube & Pipe Industry Trade Fair**
04. – 06. März	Bologna/ Italien	**MECSPE - Tecnologie per l'Innovazione Die führende Fachmesse für die Fertigungsindustrie**
04. – 06. März	Kanton/China	**GIT – Guangzhou Industrial Technology**
11. – 13. März	Bern/Schweiz	**BLE.CH – Technologiefachmesse für die Metall- und Stahlverarbeitung**
17. – 19. März	Tampere/Finnland	**Nordic Welding Expo**
18. – 20. März	Bangkok/Thailand	**ITSC – International Thermal Spray Conference & Exposition 2026**
24. – 27. März	Kielce/Polen	**WELDING/STOM**
31. März – 03. April	Shenzhen/ China	**ITES China – Shenzhen International Industrial Manufacturing Technology and Equipment Exhibition**
April 2026	Zagreb/ Kroatien	**BIAM – Internationale Werkzeugmaschinen- und Werkzeug-Messe**
21. – 24. April	Wels/ Österreich	**Intertool Austria – Internationale Fachmesse für Fertigungstechnik**
April	Shenzhen/China	**LogiMAT China – Internationale Fachmesse für intralogistik-Lösungen und Prozessmanagement**
01. – 03. April	Astana/ Kasachstan	**Kazakhstan Machinery Fair – International specialized exhibition on machinery industry and metalworking**
13. – 17. April	Goyang/Seoul/ Südkorea	**SIMTOS – Seoul International Machine Tool Show**
13. – 16. April	Atlanta/USA	**MODEX – The North American Material Handling & Logistics Show & Conference**
14. – 16. April	Dubai/Vereinigte Arabische Emirate	**Middle East Coatings Show**

Datum		Veranstaltungen
14. – 16. April	Boston/USA	**rapid + tct - North America's Additive Manufacturing Event**
20. – 24. April	Birmingham/ Groß-britannien u. Nordirland	**MACH – Internationale Ausstellung für Werkzeugmaschinen und Fertigungstechnologie**
05. – 09. Mai	Sao Paulo/ Brasilien	**FEIMEC**
06. – 07. Mai	Milwaukee(WI)/ USA	**Wire Expo & WAI Operations Summit - A Wire & Cable Industry Solution Center**
16. – 18. Mai	Kanton/China	**China (Guangzhou) Int'l Metal & Metallurgy Exhibition**
19. – 21. Mai	Antwerpen/ Belgien	**Welding week - Equipment and technologies for welding and cutting of metals and plastics**
19. – 22. Mai	Jönköping/ Schwe-den	**ELMIA Welding & Joining Technology - Elmia Welding and Joining Technology Exhibition**
Mai	Kyjiw/ Ukraine	**INTERTOOL – Internationale Fachmesse für Eisenwaren, Werkzeuge und Heimwerken**
Mai	Bukarest/ Rumänien	**METAL SHOW & TIB – Internationale Messe für Metallbearbeitung, Technologien und Industrieausrüstungen**
10. – 13. Juni	Istanbul/Türkei	**WIN EURASIA Industrial Transformation**
16. – 18. Juni	Toronto/ Kanada	**FABTECH Canada – Canadas Fabricating, Welding, Metal Forming and Finishing Event**
Juni	Shenzhen/ China	**Beijing Essen Welding & Cutting - International Trade Fair Joining, Cutting, Surfacing**
09. – 12. September	Jakarta/ Indonesien	**METEC Indonesia - International Metallurgical Trade Fair and Forum for Indonesia**
10. – 12. September	New Dehli/Indien	**MMMM - Minerals, Metals, Metallurgy and Materials - Internationale Messe und Konferenz für Metallurgie, Verarbeitung von Mineralien und Metallen**
14. – 19. September	Chicago/ USA	**IMTS - International Manufacturing Technology Show**
21. – 24. September	Shanghai/ China	**wire & Tube China / Thermprocess China - The All China International Wire & Cable Industry Trade Fair / The All China International Tube & Pipe Industry Trade Fair incl. Thermprocess China - Thermal Process Technology**
28. September –03. Oktober	Istanbul/ Türkei	**MAKTEK eurasia - Machine Tools, Metal Processing Machines, Welding, Cutting, Drilling Technologies, Quality Control and Test Equipment Fair**
September	Shanghai/ China	**MWCS – Metalworking and CNC Machine Tool Show**
September	Birmingham/ Groß-britannien u. Nordirland	**UK Metals Expo**

Datum		Veranstaltungen
September	Sao Paulo/ Brasilien	**FENAF/CONAF - Gießereifachmesse und Kongress**
September	Shanghai/ China	**METALLURGY CHINA (formerly METAL + METALLURGY CHINA)**
September	Kielce/ Polen	**METAL - Internationale Messe für Gießereitechnik**
06. – 09. Oktober	Brünn/Tschechien	**WELDING – Internationale Ausstellung für Schweißtechnik**
06. – 09. Oktober	Brünn/Tschechien	**PROFINTECH - Internationale Fachmesse für Oberflächentechnik**
06. – 09. Oktober	Brünn/Tschechien	**FOND-EX - Internationale Gießereifachmesse**
13. – 16. Oktober	Mailand/ Italien	**35. BI-MU - Fachmesse für Metallverarbeitungsmaschinen, Robotik, Automation und Technologien**
21. – 23. Oktober	Las Vegas/USA	**FABTECH - International Exhibition for the Metall Industry - Metal Forming, Fabricating, Welding and Finishing**
28. – 30. Oktober	Monterrey/ Mexiko	**GIFA Mexico within FUNDIEXPO - International Foundry Trade Fair and Forum for Latin America**
Oktober	Riad/Saudi Arabien	**Metal & Steel Saudi Arabia - FABEX Saudi Arabia - The International Exhibition for Steel, Steel Fabrication, Metal Forming, Fabricating and Finishing**
Oktober	Hanoi/Vietnam	**MTA HANOI - The International Precision Engineering, Machine Tools and Metalworking Exhibition & Conference**
Oktober	Singapur/ Singapur	**Industrial Transformation ASIA-PACIFIC – The No. 1 Platform for Digital Industry and Intelligent Manufacturing in ASEAN-PACIFIC**
Oktober	Brünn/ Tschechien	**IMT – Internationale Messe für Metallbearbeitung**
Oktober	Taichung/ Taiwan	**IMT TAIWAN - International Metal Technology Taiwan**
Oktober	Madrid/ Spanien	**MetalMadrid (Part of Advanced Manufacturing Madrid)**
Oktober	Kattowitz/ Polen	**TOOLEX - Int. Fair of Machine Tools, Tools and Processing Technology**
Oktober	Bangkok/ Thailand	**LogiMAT Southeast Asia - Intelligent Warehouse Logistics Technology, Warehousing and Management Systems**
Oktober	Kattowitz/ Polen	**ExpoWELDING - International Welding Fair**
30. November – 02. Dezember	Mumbai/ Indien	**India Essen Welding & Cutting - Internationale Fachmesse Fügen, Trennen, Beschichten**
30. November – 02. Dezember	Mumbai/Indien	**wire / Tube / METEC India - International Exhibition for the Wire & Cable Industry/The All Indian Exhibition for the Tube and Pipe Industries/International Metallurgical Technology, Processes and Metal Products Trade Fair**
Dezember	New Dehli/ Indien	**ALUCAST - Exhibition & Conference for the Aluminium Die Casting Industry**

Nationale und Internationale Veranstaltungen in Deutschland 2027

Datum		Veranstaltungen	Veranstalter/ Mitveranstalter
Feb./März 2027	München	**55. Sondertagung Anlagen- und Behälterbau** www.slv-muenchen.de	• GSI mbH, Niederlassung SLV München • TÜV Süd Industrie Service GmbH • DVS Landesverband Süd u. DVS-Bezirksverband München
März 2027	Mannheim	**PIAE** – Plastics in Automotive Engineering - Kunststoffe im Automobilbau www.vdi-wissensforum.de/piae/	VDI Wissensforum GmbH
10. – 11.03.2027	Berlin	**11. AM Forum Berlin** www.am-forum.de	IPM AG, Hannover
05. – 09.04.2027	Hannover	**Hannover Messe 2027** Weltmesse der Industrie, Automation, Innovation www.messe.de	Deutsche Messe AG
Juni 2027	Düsseldorf	**Aluminium Brazing** www.dvs-events.de	• DVS • DVS Media GmbH
September 2027	Hannover	**EMO** www.emo-hannover.de/	VDW (Verein Deutscher Werkzeugmaschinen-fabriken)
13. – 14.09.2027	Hamburg	**DVS CONGRESS** www.dvs-events.de	• DVS • DVS Media GmbH
Oktober 2027	Stuttgart	**18. Blechexpo 2027** www.blechexpo-messe.de	P. E. Schall GmbH & Co. KG
Oktober 2027	Stuttgart	**11. Schweisstec 2027** www.schweisstec-messe.de/	P. E. Schall GmbH & Co. KG
Oktober 2027	Friedrichshafen	**Fakuma** International Messe für Kunststoffverarbeitung www.fakuma-messe.de	P. E. Schall GmbH & Co. KG
18.11.2027	Essen	**HÜTTENTAG** **Branchentreff der Stahlindustrie** www.home-of-steel.de	DVS Media GmbH
November 2027	Hamburg	**11. Tagung Unterwassertechnik** www.dvs-events.de	• DVS • DVS Media GmbH

Bitte beachten Sie, dass die hier genannten Veranstaltungen nur unter Vorbehalt stattfinden. Aktuelle Informationen zu den Terminen finden Sie online auf den Seiten der Veranstalter.

Firmenprofile

voestalpine Böhler Welding

voestalpine Böhler Welding Germany GmbH
Hafenstraße 21
59067 Hamm
T +49 2381 271 01
www.voestalpine.com/welding

JOIN! Wir verbinden Metalle und Menschen

Als führendes Unternehmen in der Welt des Schweißens und Teil des Stahl- und Technologiekonzerns voestalpine sind wir mit mehr als 100 Jahren Erfahrung, 50 Tochterunternehmen und 4.000 Vertriebspartnern weltweit in Ihrer Nähe. Durch unser umfassendes Produktportfolio, unsere Schweißkompetenz und globale Ausrichtung kennen wir Ihre Bedürfnisse und stellen als Gesamtlösungsanbieter die besten Resultate für Ihre anspruchsvollsten Herausforderungen sicher. Perfekt miteinander verzahnt und so einzigartig wie Ihr Unternehmen.

Schweißtechnisches Know-How auf den Punkt gebracht

Mit mehr als 100 Jahren Erfahrung, über 50 Niederlassungen und mehr als 4.000 Vertriebspartnern weltweit wird Kundennähe und exzellentes Service basierend auf tiefgreifendem metallurgischem Know-How garantiert und so das perfekte Schweißergebnis erzielt:

- Produkt- und Technikberatung
- Prozessoptimierung und Steigerung der Produktivität
- Trainings- und Schulungen

Individuelle Lösungen auf höchstem Niveau

Böhler Welding – Lasting Connections
Mit Leidenschaft entwickeln wir innovative Schweißlösungen, die auf Ihre Bedürfnisse zugeschnitten sind. Unsere perfekt aufeinander abgestimmten Schweißmaschinen, Schweißzusatzwerkstoffe und Technologien – kombiniert mit unserem anerkannten Anwendungs- und Prozess-Know-How – bieten Ihnen die ideale Lösung für Ihre Anforderungen. Wir verbinden Menschen, Produkte und Technologien, um Ihnen die Perfekte Schweißnaht für dauerhafte Verbindungen zu garantieren.

UTP – Tailor-Made Protectivity™
Bewährt unter härtesten Bedingungen: Unsere Produkte schützen Metalloberflächen vor Verschleiß und Korrosion. Mit über 70 Jahren Erfahrung und dem breitesten Produktportfolio in der Branche sind wir Ihr bevorzugter Partner für Lösungen für Auftragsschweißungen. Wir halten, was wir versprechen: Oberflächenschutz, der auf Ihre Bedürfnisse zugeschnitten ist.

Fontargen Brazing – In-Depth Know-How
Als Produzent von in Deutschland hergestellten Lötzusätzen bieten wir bewährte Lösungen basierend auf 60 Jahren Industrieerfahrung, getesteten Prozessen und Verfahren. Das Ergebnis ist, was wir versprechen: Innovation basierend auf fundiertem Know-How.

www.voestalpine.com/welding

1 » Das Expertennetzwerk für die Fügetechnik

Seinem Auftrag, die Füge-, Trenn- und Beschichtungstechnik mit ihren derzeit rund 250 Verfahren umfassend zu fördern, kommt der DVS durch zielgerichtete Aktivitäten nach. Er setzt dabei auf ein großes Netzwerk, dessen Stärke in der Arbeitsteilung liegt. Der Verband, seine Beteiligungsgesellschaften, seine regionalen Geschäftsstellen und seine vielfältige Mitgliederstruktur bringen ihre jeweiligen Kompetenzen ein, um die unterschiedlichen Aufgaben zu erfüllen. Was alle Akteure verbindet, ist das gemeinsame Ziel, die verschiedenen Technologien des Fügens, Trennens und Beschichtens zukunftsorientiert voranzubringen.

Erfahren Sie auf den folgenden Seiten mehr über die Arbeit des DVS und sein Expertennetzwerk.

Bild: greenbutterfly – stock.adobe.com

Das Expertennetzwerk für die Fügetechnik

Herzlich willkommen im DVS!

Der DVS ist ein technisch-wissenschaftlicher Verband, in dem sich rund 17.000 Personen, Unternehmen aus Industrie und Handwerk, Institutionen und Körperschaften in allen Bereichen der Füge-, Trenn- und Beschichtungstechnik engagieren.

Ihr gemeinsames Ziel ist es, technische Entwicklungen zu initiieren, zu begleiten, Fachkräfte auszubilden, zu prüfen und zu qualifizieren, Forschungsaktivitäten anzustoßen, technische und bildungsbezogene Regelwerke zu erarbeiten sowie den Wissenstransfer innerhalb der Fachwelt durch Kongresse, Tagungen und Workshops zu begleiten. 67 Bezirks- und 5 Landesverbände deutschlandweit kümmern sich um die Anliegen der Mitglieder und die Umsetzung der DVS-Aktivitäten vor Ort.

Mit seinem großen Expertennetzwerk widmet sich der DVS mehr als 250 verschiedenen Verfahren zum Fügen, Trennen und Beschichten von metallischen und nichtmetallischen Werkstoffen. Herzstück aller DVS-Aktivitäten ist die technisch-wissenschaftliche Gemeinschaftsarbeit. Sie steht für die anhaltend enge Verknüpfung von Inhalten und Ergebnissen aus den Bereichen Forschung, Technik und Bildung und das systematische Übernehmen von Ergebnissen aus den jeweils anderen Bereichen.

Bild: Andrey Burmakin – stock.adobe.com

Bild: iStock.com/akaciya

1

In Ergänzung zu dieser technisch-wissenschaftlichen Gemeinschaftsarbeit gibt es im DVS verschiedene Abteilungen, Organisationen und Beteiligungen, die unterschiedlichste Aufgaben übernehmen. Damit ist gewährleistet, dass die vielfachen Aktivitäten des DVS rund um die Fügetechnik fokussiert umgesetzt werden.

In der Abteilung „Forschung und Technik" des DVS laufen alle Fäden aus der technischen und forschenden Arbeit des DVS zusammen. Die Arbeitsgruppen des Ausschusses für Technik (AfT) widmen sich fügetechnischen Verfahren, erarbeiten das technische Regelwerk des DVS und arbeiten eng mit den Fachaussschüssen der Forschungsvereinigung Schweißen und verwandte Verfahren e. V. des DVS, kurz DVS Forschung, zusammen.

„Bildung und Zertifizierung" heißt im DVS die Abteilung, in der sich alles um die hohen Standards dreht, nach denen der DVS Fachkräfte ausbildet, prüft und zertifiziert. Neben dem bildungsbezogenen Regelwerk werden in den Arbeitsgruppen auch die Inhalte der DVS-Lehrmedien entwickelt.

DVS-PersZert ist die Personalzertifizierungsstelle des DVS. Sie ist in alle Belange der Ausbildung, Prüfung und Zulassung von Fachkräften involviert, erstellt unter anderem Richtlinien für die Bildungsinhalte und überprüft regelmäßig die Standards an den bundesweit rund 280 DVS-Bildungseinrichtungen.

Alle fügetechnischen Forschungsaktivitäten des DVS regelt die Forschungsvereinigung Schweißen und verwandte Verfahren e. V. des DVS, kurz DVS Forschung. Sie ermittelt Forschungsbedarfe, initiiert und begleitet Forschungsvorhaben, kümmert sich um deren finanzielle Förderung und sorgt dafür, die Forschungsergebnisse bekannt zu machen.

Die Vermittlung aller DVS-Themen an eine breite (Fach-)Öffentlichkeit geschieht auch in Form von Kongressen, Tagungen, Seminaren und Workshops. Sämtliche Veranstaltungsformate des DVS-Verbandes werden seit Januar 2023 von der DVS Media GmbH in enger inhaltlicher Zusammenarbeit mit dem Verband organisiert.

www.dvs-home.de

Studie zur Nachhaltigkeit in der schweißtechnischen Produktion

Die Nachhaltigkeit wird zukünftig ein bedeutendes Leitthema in der Schweiß- und Fügetechnik sein. Deshalb hat die Forschungsvereinigung Schweißen und verwandte Verfahren des DVS e. V. die Studie Nachhaltigkeit in der schweißtechnischen Produktion in Auftrag gegeben, um alle Aspekte dieses Themas zu beleuchten. Umgesetzt wurde die Erhebung federführend vom Institut für Schweißtechnik und Fügetechnik (ISF) der RWTH Aachen. In der Studie untersucht das ISF verschiedene Aspekte, die es im Zusammenhang mit der Nachhaltigkeit zu berücksichtigen gilt. In der Produktionstechnik stehen Energieeffizienz, die Steigerung der Lebensdauer von Werkstoffen und Produkten, der Leichtbau sowie emissionsarme Verfahren im Mittelpunkt.

Wesentliche Aspekte der Studie umfassen die gesetzlichen Rahmenbedingungen in der Europäischen Union sowie in Deutschland, die Unternehmen zu Nachhaltigkeitsbetrachtungen motivieren. Hierbei wird insbesondere auf Berichtspflichten und die Konzeption von Lebenszyklusanalysen eingegangen.

In der vorliegenden Studie konnte gezeigt werden, dass durch einen vermehrten Einsatz von Schweißtechnik insgesamt eine erhebliche Reduktion der Umweltwirkungen gelingen kann. Wie am Beispiel der CO2-Reduzierung gezeigt, können sinkende Grundwerkstoffemissionen den Anteil der Schweißtechnik an den Umweltwirkungen erhöhen.

In zwei Fallstudien typischer Schweißkonstruktionen wird dargestellt, wie bei der Lebenszyklusanalyse vorgegangen wird. Dies umfasst die Berechnung der CO2-Bilanz eines Produktes anhand verfügbarer Daten aus der gesamten Wertschöpfungskette. Ziel der Studie ist es, Unternehmen

Bild: DOC RABE Media – stock.adobe.com

Bild: Nataliia-full – stock.adobe.com

aus dem Bereich der Schweißtechnik hinsichtlich der zukünftigen Anforderungen an die Nachhaltigkeitsberichterstattung, die Deklaration von Emissionsbilanzen sowie hinsichtlich der Chancen zu sensibilisieren, die sich für die Schweißtechnik ergeben.

„Durch den Einsatz von Schweißtechnik ergibt sich ein großes Potenzial, die Umweltwirkungen von Bauteilen zu verringern. Diese Chancen können nicht nur die Wettbewerbsfähigkeit stärken, sondern auch dazu beitragen, die Branche zukunftsfähiger zu machen“, betont Jens Jerzembeck, Geschäftsführer der DVS Forschung.

Mitglieder der Forschungsvereinigung Schweißen und verwandte Verfahren des DVS e. V. können die Studie kostenfrei im DVS-Portal der Forschungsvereinigung beziehen: https://portal.dvs.eu/

Die Studie ist bei DVS Media GmbH erhältlich: https://www.dvs-media.eu/de/buecher/dvs-berichte/4693/dvs-studie-nachhaltigkeit-in-der-schweisstechnischen-produktion

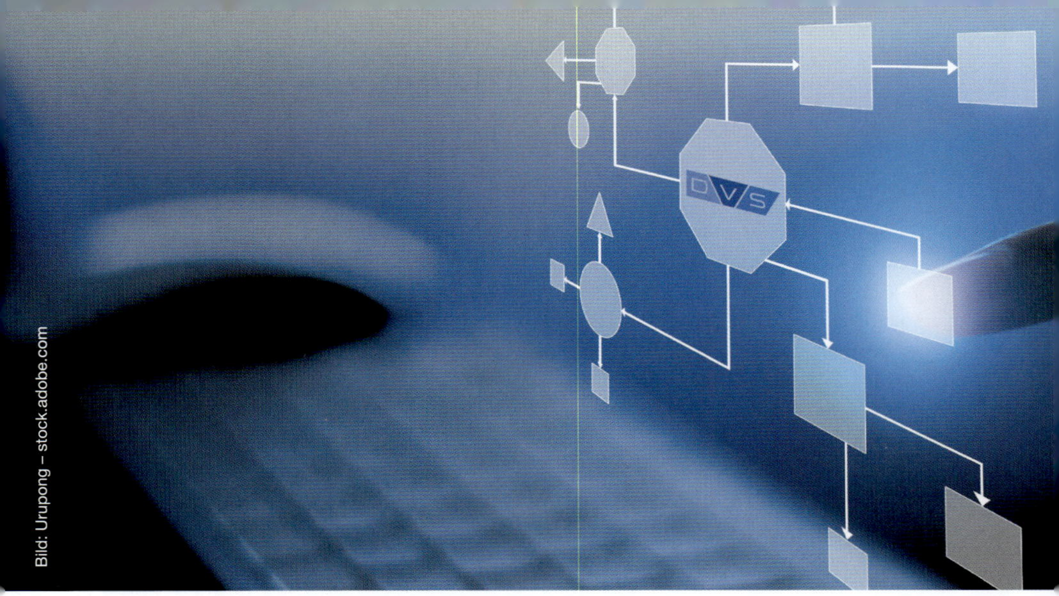

Bild: Urupong – stock.adobe.com

Der DVS Verband – ein technisch-wissenschaftliches Netzwerk

Der DVS ist ein technisch-wissenschaftlicher Verband in der Rechtsform eines eingetragenen Vereins, der sich mit allen Fragen des Fügens, Trennens und Beschichtens befasst. Ziel ist es, das Schweißen und alle damit verwandten Verfahren umfassend zu fördern und anschlussfähig für künftige Entwicklungen zu erhalten. In seiner fügetechnischen Gemeinschaftsarbeit sorgt der DVS dafür, dass die aktuelle technisch-wissenschaftliche Entwicklung aus den Bereichen Forschung, Bildung, Technik, Normung und Zertifizierung für die Praxis fruchtbar gemacht wird und die Ergebnisse den Interessengruppen wie Handwerk, Industrie und Nachwuchs passgenau zugänglich gemacht werden. Bei der Bewältigung seiner sich selbst gesetzten Aufgaben und Ziele hilft dem Verband seine übersichtliche Struktur. Aus ihr lässt sich ableiten, wie die Arbeitsergebnisse des DVS entstehen und wie die bereichsübergreifende Vernetzung ausgestaltet ist, um die Ergebnisse dann in die Öffentlichkeit zu transferieren. Auf den folgenden Seiten werden die verschiedenen Tätigkeitsfelder und Bereiche der DVS-Arbeit vorgestellt. Diese ergeben zusammen ein umfassendes Bild des DVS – Deutscher Verband für Schweißen und verwandte Verfahren e.V.

Forschung und Technik im DVS

Die enge Zusammenarbeit von Forschung, Technik und Bildung bildet das Herzstück der technisch-wissenschaftlichen Gemeinschaftsarbeit im DVS. Das Ziel dieser Arbeit liegt darin, den zeitnahen Austausch von Fachinformationen zu fördern und schnell praxisnahe Informationen für Industrie, Handwerk und Wissenschaft bereitzustellen.

Die Abteilung „Forschung und Technik“ im DVS ist Dreh- und Angelpunkt dieser Bestrebungen. Sie vereint alle Aktivitäten der Forschungsvereinigung Schweißen und verwandte Verfahren e. V., kurz DVS Forschung sowie des Ausschusses für Technik (AfT).

Die Forschungsvereinigung und der AfT arbeiten eng miteinander verzahnt und unterstützen sich gegenseitig. Das bedeutet, dass die Ergebnisse der DVS Forschung in den Arbeitsgruppen des AfT aufgegriffen werden. Bei Bedarf fließen diese Ergebnisse auch in das technische DVS-Regelwerk ein. Gleichzeitig können wissenschaftliche Fragestellungen, mit denen sich der Ausschuss für Technik beschäftigt, durch die Aktivitäten der DVS Forschung berücksichtigt und untersucht werden.

Mehr als 1.300 Experten engagieren sich im DVS in über 110 aktiven Arbeitsgruppen oder -gremien. Gemeinsam arbeiten sie erfolgreich daran, den Stand der Fügetechnik kontinuierlich anwendungsnah weiterzuentwickeln, maßgeschneiderte Lösungen für aktuelle Anforderungen zu finden und somit die Zukunft der Fügetechnik zu sichern.

Ihr gemeinsames Ziel ist es, wegweisende technische Entwicklungen voranzutreiben und vorhandene Ergebnisse und Standards zu bewahren und auszubauen.

Der Ausschuss für Technik (AfT) im Überblick

AfT steht für „Ausschuss für Technik“ im DVS und spielt eine zentrale Rolle in der technisch-wissenschaftlichen Gemeinschaftsarbeit. Der Ausschuss ist in fünf Hauptbereichen aktiv und umfasst über 200 verschiedene Arbeitsgruppen, die sich mit folgenden Themen beschäftigen:

- Werk-, Zusatz- und Hilfsstoffe
- Verfahren und Geräte
- Qualitätssicherung, Konstruktion, Berechnung und Arbeitsschutz
- Information
- Anwendung

Die Experten in den Arbeitsgruppen bilden ein stabiles Netzwerk, in dem sie eng zusammenarbeiten, um den aktuellen Stand der Technik fortzuschreiben, neue Entwicklungen festzuhalten und Standards zu setzen. Diese Arbeit bildet die Grundlage für das anerkannte technische DVS-Regelwerk, das mehr als 500 deutschsprachige DVS-Richtlinien und -Merkblätter sowie zahlreiche englischsprachige umfasst.

Eine enge Zusammenarbeit besteht auch mit anderen nationalen und internationalen Institutionen, die Regelwerke festlegen, wie dem Deutschen Institut für Normung e. V. (DIN) oder dem European Committee

Service für DVS-Mitglieder

Der Zugriff auf das technische Regelwerk des DVS mit seinen gut 500 DVS-Merkblättern und -Richtlinien ist für alle Mitglieder des Verbandes unter **www.dvs-regelwerk.de** kostenfrei.

for Standardization (CEN). Dadurch wird sichergestellt, dass die Inhalte der DVS-Merkblätter und -Richtlinien sinnvoll auf die Regelwerke anderer Institutionen abgestimmt sind.

Zusammen mit dem Normenausschuss Schweißen und verwandte Verfahren (NAS) des DIN e.V. unterstützen DVS-Fachleute aus dem AfT ebenfalls die Erarbeitung von Normen und Normenentwürfen in DIN/DVS-Gemeinschaftsausschüssen.

Konferenzen, Tagungen und Kolloquien des DVS sind zusätzliche Wege, das Fachwissen aus dem AfT in die Praxis zu bringen.

i

Service für DVS-Mitglieder

Ob Fachmann oder Laie, ob alt oder jung – Ihr Wissen und Ihre Ideen sind im AfT gefragt. Machen Sie mit und werden Sie Teil in der technisch-wissenschaftlichen Gemeinschaftsarbeit im DVS!

https://portal.dvs.eu/

Die DVS Forschung im Überblick

Die DVS Forschung, also die Forschungsvereinigung Schweißen und verwandte Verfahren e.V. des DVS, ist eine Gemeinschaft für Innovationen und den Wissenstransfer im Mittelstand. Fragen rund um die Füge-, Trenn- und Beschichtungstechnik stehen dabei immer im Fokus.

Durch das Programm „Industrielle Gemeinschaftsforschung“ (IGF) ermöglicht die DVS Forschung kleinen und mittleren Unternehmen die operative Durchführung und finanzielle Unterstützung von wissenschaftlichen Forschungsprojekten. Die Erkenntnisse aus den Projekten sichern durch ihre direkte Anwendbarkeit den Unternehmen branchenweit Vorteile. Die Unternehmen profitieren unmittelbar vom Zugang zu aktuellen Ergebnissen, der Entwicklung neuer Verfahren und dem Dialog mit der Wissenschaft.

i

Eine Mitgliedschaft in der Forschungsvereinigung steht allen Unternehmen und Forschungseinrichtungen aus der Füge-, Trenn- und Beschichtungstechnik und branchenübergreifenden Institutionen offen. **www.dvs-forschung.de**

Die DVS Forschung ist Ideengeber und erarbeitet mit starken Partnern Problemlösungen. Gemeinsam werden sowohl technologische Innovationen vorangetrieben als auch bestehende Verfahren und Anwendungen bedarfsgerecht weiterentwickelt.

Mit ihren Fachausschüssen bietet die DVS Forschung eine zentrale Plattform für die Industrielle Gemeinschaftsforschung (IGF) im Bereich der Fügetechnik in Deutschland. Die gesamten Abläufe der IGF, von der Ideenfindung bis zum Transfer der Ergebnisse, werden unter aktiver Beteiligung von Industrie und Wissenschaft professionell durch die Fachausschüsse der Forschungsvereinigung organisiert und begleitet.

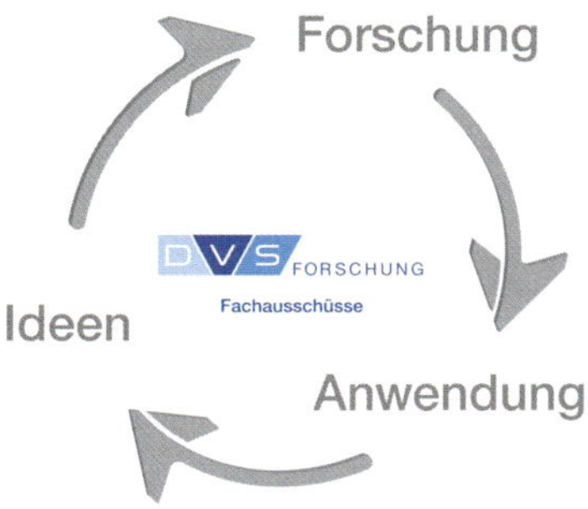

Fügetechnische Gemeinschaftsforschung

Die Fachausschüsse der Forschungsvereinigung spielen eine entscheidende Rolle. Sie sind die Gremien, in denen Forschungsideen von Forschungseinrichtungen in Form von Projektskizzen eingebracht werden. Bei Bedarf werden diese von Vertretern der Industrie konkretisiert und für die weitere Begutachtung und mögliche Empfehlung durch die AiF bewertet. Darüber hinaus sind die Fachausschüsse offene Diskussionsforen für neue, laufende und abgeschlossene Forschungsvorhaben.

Die IGF-Forschungsvorhaben werden unter direkter Beteiligung der Unternehmen in den projektbegleitenden Ausschüssen (PAs) durchgeführt. Hier findet die Zusammenarbeit zwischen Unternehmen und Forschungseinrichtungen statt.

Die Forschungsergebnisse werden nach Abschluss der Projekte auf verschiedenen Wegen in die Unternehmen transferiert und dort umgesetzt. Die Ergebnisse dienen auch dazu, den aktuellen Stand der Technik fortzuschreiben und ermöglichen unter anderem die Entwicklung von Qualifizierungsmaßnahmen im Rahmen der Aus- und Weiterbildung des DVS sowie die Erarbeitung von fügetechnischen Regelwerksdokumenten und Normen.

DVS Forschung – Zahlen und Fakten

Rund 600 Unternehmen, Körperschaften und Forschungseinrichtungen bilden ein starkes Forschungsnetzwerk für die Füge-, Trenn- und Beschichtungstechnik. 11 Millionen Euro Fördermittel konnte die DVS Forschung 2024 einwerben und 112 Forschungsprojekte umsetzen.

Das Aus- und Weiterbildungssystem des DVS

Im DVS hat eine qualitativ hochwertige Ausbildung in der Fügetechnik höchste Priorität. Der Verband legt großen Wert auf ein vielfältiges Aus- und Weiterbildungsangebot. Das Angebot und die Lehrinhalte der DVS-Bildungseinrichtungen werden kontinuierlich weiterentwickelt und aktualisiert.

Der Ausschuss für Bildung (AfB) und die Arbeitsgruppe Schulung und Prüfung (AG SP) sind verantwortlich für die Entwicklung eines einheitlichen Schulungs- und Prüfungsmaterials zur Qualifizierung fügetechnischer Fach- und Führungskräfte. Die vom DVS zugelassenen Bildungseinrichtungen bieten umfassende praktische und theoretische Aus- und Weiterbildungsmöglichkeiten für fügetechnische Fachkräfte in den verschiedensten Technologiefeldern. Die unterschiedlichen Qualifikationslevels decken ebenfalls eine große Bandbreite ab. Die Bildungseinrichtungen berücksichtigen in ihren Angeboten die Nähe zur beruflichen Praxis, die Anforderungen des Marktes, die neuesten technologischen Entwicklungen und internationale Anforderungen bei der Aus- und Weiterbildung.

Die Personalzertifizierungsstelle des DVS, DVS-PersZert, stellt sicher, dass alle Prüfungs- und Zertifizierungsmaßnahmen des DVS höchsten Qualitätsstandards entsprechen. Diese Maßnahmen werden gemäß festgelegter Vorgaben durchgeführt und folgen nationalen und internationalen Standards. Fügetechnische Qualifizierungen und Prüfungen im DVS genießen einen hervorragenden Ruf auf dem Arbeitsmarkt und tragen zur Wettbewerbsfähigkeit der deutschen Wirtschaft bei.

Bildungsbooster für Ihre Karriere

Sie interessieren sich für das Bildungsangebot des DVS-Bildungssystems, möchten sich informieren oder sind auf der Suche nach einer passenden Weiterbildung in Ihrer Nähe? Auf der Webseite des DVS finden Sie umfassende Informationen:

www.dvs-home.de/bildung

In den rund 280 zugelassenen Bildungseinrichtungen bundesweit werden die Nähe zur beruflichen Praxis, die Anforderungen des Marktes, neueste technologische Entwicklungen und international gültige Anforderungen bei der Aus- und Weiterbildung berücksichtigt.

Auf internationaler Ebene ist die Arbeit der Abteilung „Bildung und Zertifizierung" ebenfalls sehr bekannt. DVS-PersZert ist die einzige Stelle in Deutschland, die vom International Institute of Welding (IIW) und der EWF – European Federation for Welding, Joining and Cutting anerkannt ist. Dadurch ist der DVS als ANB (Authorized Nominated Body) berechtigt, nach den internationalen Richtlinien des IIW und der EWF auszubilden und international anerkannte Diplome und Zertifizierungen auszustellen. Die Ausbildung zum „Internationalen Schweißer" ist ein einzigartiges Qualifizierungsangebot des DVS, das international anerkannt und konkurrenzlos ist. Informieren Sie sich hierzu unter Kapitel 2 ab Seite 168.

Veranstaltungen

Der DVS fördert den Wissens- und Erfahrungsaustausch in der fügetechnischen Branche durch Kongresse im In- und Ausland sowie durch Fachveranstaltungen wie Tagungen, Seminare und Workshops. Diese bieten den DVS-Mitgliedern und anderen Interessierten zahlreiche Möglichkeiten zur Vernetzung. Zu den festen Bestandteilen des Veranstaltungskalenders gehören nach regulärem Rhythmus alle vier Jahre die Weltleitmesse SCHWEISSEN & SCHNEIDEN sowie der jährliche DVS CONGRESS. Der Kongress findet traditionell im September statt und umfasst verschiedene Fachveranstaltungen unter einem Dach. Die Große Schweißtechnische Tagung (GST) ist beispielsweise jedes Jahr Teil des DVS CONGRESS.

Der DVS ist auch international bei bedeutenden und in der Fachwelt anerkannten Veranstaltungen präsent. Besonders hervorzuheben sind der „International Congress and Exhibition on Aluminium Brazing", die „Aluminium Heat Exchanger Technologies for Automotive and HVAC&R", die

Bild: DVS Media GmbH

„LÖT – International Conference on Brazing, High Temperature Brazing and Diffusion Bonding“ sowie die „ITSC – International Thermal Spray Conference & Exposition“, die dieses Jahr in Vancouver stattgefunden hat.

Diese Veranstaltungen sind weltweit einzigartig und haben dementsprechend einen hohen Stellenwert in der Füge-, Trenn-und Beschichtungsbranche. Durch diese Kongresse und weitere Fachveranstaltungen bietet der DVS eine internationale Plattform für den Austausch von Wissen und Erfahrungen, fördert die Weiterentwicklung der fügetechnischen Branche und unterstützt die Förderung von Innovationen. Seit Januar 2023 erfolgt die Organisation der Veranstaltungen nicht mehr in Eigenregie des DVS-Verbandes, sondern durch die Tochtergesellschaft DVS Media GmbH.

Mitgliederservice

Für alle Fragen rund um die DVS-Mitgliedschaft steht der Mitgliederservice des Verbandes den aktuell rund 17.000 Mitgliedern zur Verfügung. Er informiert und berät kompetent beispielsweise über die Vorteile einer DVS-Mitgliedschaft und über die verbandseigenen DVS-Medien. Außerdem bereitet der Mitgliederservice des Verbandes Ehrungen für langjährige Mitgliedschaften vor.

Darüber hinaus wird die Arbeit der Ehrenamtlichen in den DVS-Landes- und -Bezirksverbänden vom Mitgliederservice mit Rat und Tat unterstützt.

Bild: Tawan Saklay - stock.adobe.com

Handwerk im DVS

Das Handwerk und der DVS bilden eine starke Partnerschaft, die auf gegenseitiger Unterstützung und Förderung gemeinsamer Interessen beruht. Seit dem Jahr 2009 arbeitet der DVS eng mit dem Zentralverband des Deutschen Handwerks e. V. (ZDH) in der Koordinierungsgruppe „Handwerk-DVS" zusammen.

Das Bündnis zwischen Handwerk und DVS fördert den Wissenstransfer beider Seiten. Forschungsergebnisse und technische Erkenntnisse aus der DVS-Arbeit fließen ins Handwerk ein, während der ZDH praxisnahe Einblicke in die schweißtechnische Arbeit gewährt. Dies führt zur Entwicklung von DVS-Merkblättern und -Richtlinien, die Handwerksbetriebe in ihrem Arbeitsalltag unterstützen.

Das Handwerk spielt eine bedeutende Rolle bei der Qualifizierung von Fachkräften und zählt zu den größten Trägern von Bildungs- und Weiterbildungseinrichtungen. Häufig sind Handwerkskammern, Kreishandwerkerschaften oder Fachverbände die Träger von DVS-zugelassenen Bildungsstätten, in denen Aus- und Weiterbildungsmaßnahmen angeboten werden. Durch die Überbetriebliche Lehrlingsunterweisung (ÜLU) gewährleisten sie ein hohes Qualitätsniveau in der schweiß- und fügetechnischen Ausbildung.

Der DVS hat die Broschüre „Bildungswege in der Schweißtechnik. Ein Navigationssystem zur Berufswahl" entwickelt, um eine benutzerfreundliche Berufsberatung zu ermöglichen. Die Broschüre vermittelt auf leicht verständliche Weise die verschiedenen Berufsbilder in der Schweißtechnik und informiert über die unterschiedlichen Qualifikationsstufen und Zulassungsvoraussetzungen.

Koordinierungsgruppe ZDH/DVS traf sich in Bamberg

Auf Einladung des ZDH (Zentralverband des Deutschen Handwerks) in Kooperation mit der Handwerkskammer Bayreuth trafen sich am 2. Dezember 2024 in Bamberg die Mitglieder der Koordinierungsgruppe ZDH/DVS zu ihrem jährlichen Austausch. Schwerpunktthemen waren dieses Mal unter anderem die Nachwuchsgewinnung in der fügetechnischen Branche sowie der Innovationspreis „Fügen im Handwerk".

Die Bedeutung dieser Arbeitsgruppe spiegelt sich durch die hochrangigen Teilnehmer aus beiden Verbänden wider. Aus den Reihen des ZDH waren u.a. Karl-Sebastian Schulte (Geschäftsführer ZDH) und Ulrich Wagner (Hauptgeschäftsführer der Handwerkskammer für Schwaben – Augsburg) vertreten. Von Seiten des DVS nahmen u. a. Dr. Roland Boecking (Hauptgeschäftsführer), Dipl.-Ing. Ines Hensel (stellv. Präsidentin) und Johann Schwanner (Vorsitzender des DVS-Landesverbandes Süd) teil.

Neben dem allgemeinen Erfahrungsaustausch standen die Präsentation der Entwicklung des DVS im vergangenen Jahr durch Dr. Boecking sowie die gemeinsamen Projekte auf der Agenda. Dazu zählen der gemeinsame Innovationspreis „Fügen im Handwerk", der in diesem Jahr wieder im Rahmen der Weltleitmesse SCHWEISSEN & SCHNEIDEN 2025 in Essen vergeben wird.

Auch der Bundeswettbewerb „Jugend schweißt" wird in diesem Jahr im Rahmen der SCHWEISSEN & SCHNEIDEN durchgeführt. „Vor allem bei der Durchführung der regionalen Ausscheidungswettbewerbe ist die tatkräftige Unterstützung Koordinierungsgruppe ZDH/DVS traf sich in Bamberg der DVS-Bezirks- und Landesverbände durch die Handwerksorganisationen ein wesentlicher Erfolgsfaktor, wofür der DVS sehr dankbar ist", sagte Boecking.

Gastredner Sven Noack, Präsidiumsmitglied des DVS, hielt einen Vortrag über die Arbeitsgruppe „DVS goes future" und deren Aktivitäten, die zur Attraktivität des DVS und der Mitgliedergewinnung beitragen sollen. Zu den umfassenden Angeboten zählen beispielsweise die DVS-Mitglieder- Vorteilswelt, der First-Level-Support, eine Beratung in allen Fragen rund um die Fügetechnik sowie die Erhöhung des Studentendarlehens für die Ausbildung zum Internationalen Schweißfachingenieur (SFI).

Mit ca. 1.200 Handwerksbetrieben als Firmenmitgliedern im DVS und dem Handwerk als Träger von über 50 DVS-zugelassenen Bildungseinrichtungen ist das Handwerk ein wichtiger Partner des Verbandes.

i

DVS und das Handwerk
Mehr erfahren Sie unter:
https://www.dvs-home.de/dvs/handwerk

30 Jahre DVS-Bundeswettbewerb „Jugend schweißt“: Ein Meilenstein in der Nachwuchsförderung schweißtechnischer Fachkräfte

Der Bundeswettbewerb "Jugend schweißt" feiert in diesem Jahr sein 30-jähriges Jubiläum. Seit seiner Gründung hat der Wettbewerb eine beeindruckende Erfolgsgeschichte geschrieben und sich als bedeutende Plattform für die Förderung junger Talente im Bereich der Schweißtechnik etabliert. Mit etwa 15.000 Teilnehmern in den vergangenen drei Jahrzehnten hat "Jugend schweißt" maßgeblich dazu beigetragen, die nächste Generation von schweißtechnischen Fachkräften zu fördern und zu inspirieren.

Der Wettbewerb bietet jungen Menschen die Möglichkeit, ihre Fähigkeiten und ihr

Bild: Anna Kaduk

Wissen in einem praxisnahen Umfeld zu testen und weiterzuentwickeln. Durch die Teilnahme an "Jugend schweißt" erhalten die Nachwuchstalente nicht nur wertvolle Erfahrungen, sondern auch die Chance, sich mit Gleichgesinnten zu vernetzen und von erfahrenen Fachleuten zu lernen. Dies stärkt nicht nur ihre beruflichen Perspektiven, sondern trägt auch zur Sicherung des Fachkräftebedarfs in der Schweißtechnik bei.

Das 30-jährige Jubiläum von "Jugend schweißt" ist ein Anlass, um die Erfolge und die Bedeutung des Wettbewerbs zu würdigen. Es zeigt, wie wichtig es ist, junge Menschen frühzeitig zu fördern und ihnen die Möglichkeit zu geben, ihre Talente zu entfalten. Der Wettbewerb hat sich als unverzichtbares Instrument erwiesen, um die Zukunft der Schweißtechnik zu sichern und die Innovationskraft der Branche zu stärken. Er gilt darüber hinaus als einer der größten handwerklichen Teilnehmerwettbewebe in Deutschland.

Viele Stunden nach der regulären Arbeitszeit werden von den Teilnehmern und Teilnehmerinnen freiwillig in der Vorbereitung zum Wettbewerb verbracht. Eine Vielzahl von Freiwilligen unterstützt die jungen Menschen beim Training zu den regionalen Wettbewerben, den Landeswettbewerben und schließlich dem Bundeswettbewerb, der in diesem Jahr wieder vom 15.-17. September 2025 auf der Weltleitmesse SCHWEISSEN & SCHNEIDEN in Essen stattfindet. Zahlreiche Sponsoren unterstützen mit großzügigen Sachspenden das Training und die Wettbewerbe. Ohne die Unterstützung der Ehrenamtlichen und der Sposoren wäre dieser Wettbewerb nicht zu realisieren.

„Wir freuen uns darauf, auch in den kommenden Jahren viele weitere junge Talente zu unterstützen und zu fördern. Gerne verfolgen wir diese jungen Talente, wie sie ihre Fähigkeiten weiterentwickeln und die Schweißtechnik mit neuen Ideen bereichern“ sagt Dr.-Ing. Roland Boecking, Hauptgeschäftsführer des DVS e.V.

Kontakt „Jugend schweißt“:
Martina Esau
T +49 211 1591-175
martina.esau@dvs-home.de

Next Generation: Nachwuchsförderung im DVS

Der DVS legt großen Wert auf seine Nachwuchsförderung. Daher initiiert der Verband zahlreiche Aktionen, um das Interesse von Auszubildenden, Studierenden und Young Professionals für das Fügen, Trennen und Beschichten zu wecken. Bei verschiedenen Events und Aktionen informiert der DVS über verschiedene Berufswege in der Fügetechnik und präsentiert vielfältige Aus- und Weiterbildungsmöglichkeiten.

Die DVS-Studierendengruppen bieten vielen Studierenden der Fügetechnik einen ersten Zugang zum Verband. Durch die Teilnahme an beliebten DVS-Praxisworkshops oder die Möglichkeit, wissenschaftliche Arbeiten vor einem Fachpublikum zu präsentieren, eröffnet der DVS den akademischen Fachkräften von morgen Raum, sich weiterzuentwickeln und verschiedene Facetten der Branche kennenzulernen. Zudem bieten diverse Veranstaltungen, wie der DVS CAMPUS oder die internationale „IIW Annual Assembly and International Conference," den Studierenden die Chance, mit erfahrenen Experten ins Gespräch zu kommen.

Darüber hinaus fördert der DVS die Ausbildung zum Internationalen Schweißfachingenieur (SFI) für Studierende oder Akademiker mit einem zinslosen Darlehen. Das Darlehen in Höhe von maximal 4.000 Euro wird auf Antrag bewilligt und dient ausschließlich zum Begleichen von Schulungs- und Prüfungsgebühren.

Auch für die praxisorientierten Nachwuchskräfte der Branche hat der DVS Fördermöglichkeiten ins Leben gerufen. Eines der bekanntesten und auch erfolgreichsten dieser Instrumente ist der DVS-Wettbewerb „Jugend schweißt". Aus einer anfangs kleinen Veranstaltung hat sich eine bedeutende Wettbewerbsreihe entwickelt, die alle zwei Jahre Teilnehmer, Veranstalter und Unternehmen der Branche in ihren Bann zieht. In Jahren, in denen auch die Weltleitmesse SCHWEISSEN & SCHNEIDEN stattfindet, gibt es mit der International Welding Competition zusätzlich sogar Wettkämpfe auf internationaler Ebene.

Beim Wettbewerb dreht sich in Theorie und Praxis alles um die vier Handschweißprozesse Gasschweißen, Lichtbogenhandschweißen, Wolfram-Inertgasschweißen und Metall-Aktivgasschweißen. Die Teilnehmer treten jeweils in einem der vier Schweißverfahren gegeneinander an. Zuerst bei Wettbewerben innerhalb der DVS-Bezirksverbände. Wer sich dort gegen die Konkurrenz durchsetzt, qualifiziert sich für die Wettkämpfe auf Landesverbandsebene. Wer dort den Sprung auf das Siegertreppchen schafft, qualifiziert sich für die Teilnahme am DVS-Bundeswettbewerb „Jugend schweißt", bei dem die talentiertesten Nachwuchsschweißer Deutschlands ermittelt werden.

i

Service für junge DVS-Mitglieder

Der DVS bietet für Studierende und Auszubildende eine kostenlose Basis-Mitgliedschaft an. Damit können sie die technisch-wissenschaftliche Arbeit des Verbandes kennenlernen und von den vielen Vorteilen profitieren. Anmeldung für eine Basis-Mitgliedschaft:
www.dvs-home.de/mitglied-werden

Bild: Sergey-RyzhovAdobeStock

Mit dem Wettbewerb fördert der DVS das Interesse am Schweißen und schafft eine Plattform für junge Talente, Unternehmen und Sponsoren, um sich miteinander zu vernetzen.

Einen guten ersten Einblick in alle DVS-Angebote für Nachwuchskräfte gibt die neue DVS-Website mit dem eigenen Menüpunkt „Next Generation“. Hier finden Studierende und Auszubildende alle relevanten Informationen kompakt zusammengefasst.

www.dvs-home.de

Erfolgreicher DVS-Praxisworkshop bei GTV Verschleißschutz

Am 21. und 22. November 2024 fand bei der GTV Verschleißschutz GmbH in Luckenbach im Westerwald ein DVS Praxisworkshop für den studentischen Ingenieurnachwuchs statt. Der zweitägige Workshop, der durch die GTV und den DVS organisiert wurde, versammelte eine Gruppe interessierter Studenten und Studentinnen aus ganz Deutschland.

Für den DVS vor Ort war Philipp Loermann, Technischer Referent beim DVS: „Ziel dieser Workshops ist es, Studierenden einen Einblick in Unternehmen im Bereich der Fügetechnik zu bieten, spannende Verfahren nicht nur theoretisch, sondern praxisnah kennen zu lernen und im Idealfall selbst in Aktion zu treten. Die GTV Verschleißschutz GmbH hat dies wunderbar umgesetzt und einen sehr guten Mix aus Theorie und Praxis geboten.“ Das Programm war äußerst vielseitig und bot den jungen Talenten eine umfassende Palette an Lehrinhalten.

Am Donnerstag begann die Veranstaltung mit einer Begrüßungsrunde und einem theoretischen Teil, bei dem zuerst eine Firmenpräsentation gehalten wurde. Ein Schwerpunkt dieses Workshops waren die „Grundlagen der Thermischen Spritzens und Laser Claddings“ sowie deren Anlagen und Anwendungsgebiete. Im Anschluss stellte Philipp Loermann den DVS vor, um dem studentischen Nachwuchs die

Bild: GTV Verschleißschutz

vielseitigen Angebote und Möglichkeiten des Verbands zu erläutern. Am Abend gab es ein entspanntes Kennenlernen in einem Restaurant in Luckenbach.

Am Freitag ging es zum praktischen Teil des Workshops über, bei dem die Teilnehmer u.a. in einer Gruppenarbeit das Handbeschichten von Blechen mit dem UniSprayJet und selbsthaftendem Pulver in der Anwendung testen konnten.

Die Demonstration komplexer Brennerbewegung inklusive der Demonstration eines Plasmaspritzprozesses führte den Praxisteil fort. Im Anschluss folgte die Präsentation an einer HVOF-Station (Hochgeschwindigkeits-Flammspritzen) für die DE (Deposition-Rate)-Messungen für das Spritzen eines Pulvers mit verschiedenen Düsen und Spritzparametern. Damit wird die Menge an aufgebrachtem Substrat gegenüber dem verbrauchten Pulver und die Effizienz des Prozesses überprüft.

Der Workshop kam bei allen Teilnehmern sehr gut an, weil die Mischung aus Theorie und Praxis als äußerst lehrreich bewertet wurde. Über die Vermittlung von Fachwissen hinaus bieten die DVS-Praxisworkshops Raum für Ideenaustausch und Netzwerken. Hier gilt der besondere Dank Dr. Klaus Nassenstein, Geschäftsführender Gesellschafter der GTV, und Dr. Andreas Wank sowie dem gesamten GTV-Team vor Ort. Ohne den Einsatz der Unternehmen und der Ressourcen wären diese Praxisworkshops nicht möglich.

Aktuell finden die Praxisworkshops für Young Professionals im DVS zweimal im Jahr statt. DVS-Firmenmitglieder sind eingeladen, sich für die Durchführung zu melden. Jeder Workshop bietet den Unternehmen die praktische Gelegenheit, sich bei zukünftigen Bewerbern als attraktiver Arbeitgeber zu präsentieren. Die Veranstaltung ist für die Teilnehmer kostenlos inklusive Get-together am Vorabend. Bei den Reise- und Übernachtungskosten unterstützt der DVS die Teilnehmer mit einer Pauschale von 200 Euro.

Interesse oder Fragen?
Fachreferent
Philipp Loermann, M.Sc.
T +49 211 1591-117
philipp.loermann@dvs-home.de

SCHWEISSEN & SCHNEIDEN 2025: FutureHub feiert Premiere

Vom 15. bis 19. September 2025 trifft sich die internationale Fachwelt des Fügens, Trennens und Beschichtens erneut auf der SCHWEISSEN & SCHNEIDEN in der Messe Essen. Ein besonderer Anlaufpunkt der Weltleitmesse wird der neue FutureHub in Halle 7 sein. Als zentrale Kommunikationsplattform bietet er Raum für zukunftsweisende Technologien, praxisnahe Innovationen und interdisziplinären Austausch. Fachkräfte, Unternehmen, Start-ups und Nachwuchstalente kommen hier zusammen, um aktuelle Herausforderungen und Chancen der Schweiß- und Schneidbranche zu diskutieren.

Lebendige Plattform

„Mit dem FutureHub schaffen wir eine lebendige Plattform, auf der nicht nur Technologien, sondern auch Menschen und Ideen im Mittelpunkt stehen. Unser Ziel ist es, Impulse zu geben, Wissen zu teilen und gemeinsam die Zukunft der Branche zu gestalten“, sagt Christina Kleinpaß, Projektleiterin der SCHWEISSEN & SCHNEIDEN bei der Messe Essen. Der FutureHub widmet sich aktuellen Themenfeldern wie Automatisierung und Digitalisierung, Künstliche Intelligenz, Umweltschutz, Fachkräftegewinnung, Cybersecurity und Social Media. Dabei steht nicht nur der Wissenstransfer im Vordergrund, auch das persönliche Netzwerken spielt eine zentrale Rolle. Formate wie moderierte Talkrunden, Best-Practice-Sessions, Paneldiskussionen und Nachwuchs-Events sorgen für den Austausch zwischen den Akteuren. Zudem bieten Meet & Greets mit Branchenpersönlichkeiten sowie bekannten Influencern aus der Industrie neue Perspektiven.

Erste Programmhöhepunkte stehen fest

Schon jetzt zeichnet sich ein spannendes Programm ab: Benedikt Allebrodt von der Durum Verschleißschutz GmbH wird über innovative Werkstoffe für das thermische Beschichten sprechen. Der Fokus liegt auf hochlegierten nahtlosen Fülldrähten, die vor allem bei Verschleiß- und Korrosionsschutzschichten für mehr Zuverlässigkeit und Effizienz sorgen sollen. Juha Ensio Kauhanen vom Savo Vocational College in Finnland zeigt in einem englischsprachigen Vortrag, wie moderne Schweißkameras die Ausbildung durch Live-Feedback und Performance- Analysen auf ein neues Niveau heben. Samuel Mann von welded.io gibt Einblicke in vernetzte Schweißrauchsensoren, mit denen sich nicht nur gesundheitsgefährdende Belastungen erkennen, sondern auch energieeffiziente Prozesssteuerungen umsetzen lassen. Ergänzt wird das Programm durch einen Vortrag von Clemens Müller von der RWTH Aachen zum Beschichten von Stanzstempeln in Folgeverbundwerkzeugen sowie durch eine internationale Podiumsdiskussion zu ressourcenschonenden Reinigungsverfahren, unter anderem mit Olaf Reuter, Geschäftsführer der Reuter GmbH & Co. KG.

Interaktive Beteiligung für Aussteller und Besucher

Der FutureHub in Halle 7 wird zum Hotspot für alle, die die Zukunft der Schweiß- und Schneidtechnik aktiv mitgestalten wollen. Weitere Programmpunkte sind in Planung, unter anderem zu Themen wie Frauen in der Industrie, Social Media in der Fachkommunikation, Recruiting-Strategien und die Rolle von Start-ups in der industriellen Transformation. Neben dem Bühnenprogramm bietet der FutureHub auch zahlreiche Möglichkeiten zur aktiven Beteiligung. Aussteller können die Plattform nutzen, um ihr Unternehmen, aktuelle Projekte und Produkte dem Fachpublikum zu präsentieren. Zudem sind themenspezifische Rundgänge geplant, die ihren Start- und Endpunkt im FutureHub haben. Für Messebesucher sorgen Gewinnspiele, Mitmachaktionen und Unterhaltungselemente für ein abwechslungsreiches Messeerlebnis. So wird etwa der Content Creator Igor Welder vor Ort die Handwerkskunst des Schweißens live demonstrieren. Die Besucher dürfen selbst Hand anlegen und ein Souvenir anfertigen.

www.schweissen-schneiden.com

Bilder: © Dipl.-Ing. Benedikt Allebrodt; © Juha Kauhanen; © Dr.-Ing. Samuel Mann/welded.io UG

„Young Innovators“ zeigen die Zukunft der Branche in Halle 3 – Schon heute sehen, was morgen wichtig wird

Unter dem Motto „Join the Future“ präsentiert die SCHWEISSEN & SCHNEIDEN vom 15. bis 19. September 2025 alles rund um die Füge-, Trenn- und Beschichtungstechnik. Dabei liegen nicht nur wegweisende Themen wie Digitalisierung, Nachhaltigkeit und Fachkräftegewinnung im Fokus. Die Weltleitmesse wirft außerdem einen Blick auf Start-Ups, die spannende Produktneuheiten im Gepäck haben. Am Gemeinschaftsstand der „Young Innovators“ in Halle 3 wartet auf die Messebesucher dank der vielseitigen Ideen der jungen Unternehmen ein Ausblick auf die Branche von morgen.

Die Zukunft klopft bei der SCHWEISSEN & SCHNEIDEN nicht erst an die Tür – sie wartet bereits in den Hallen der Messe Essen. Wer einen Blick auf das werfen möchte, was die Branche bewegt, muss also nicht lange suchen. Fündig wird man etwa am Stand der „Young Innovators” (Stand 3A47), wo junge Unternehmen ihre ganz eigene Vision vom positiven Wandel der Arbeitswelt vorstellen.

Bild: Photocreo Bednarek/stock.adobe.com

Zu ihnen gehört die Latai GmbH, die die branchenweite Arbeitssicherheit verbessern möchte. Sie präsentiert mit ihrem Produkt „Dustlight“ ein Feinstaub-Warngerät, welches während der Arbeit am Körper getragen wird und in Echtzeit darauf aufmerksam macht, wenn Grenzwerte überschritten werden. Ob in der Werkstatt oder bei Außeneinsätzen – durch ein Ampel-Warnsystem mit angeschlossener App werden Gefahren messbar, selbst wenn sie nur die Größe eines Staubkorns haben.

Die Sicherheit am Arbeitsplatz spielt ebenfalls für die PETEC Verbindungstechnik GmbH eine zentrale Rolle: Ihre Arbeits- und Montagetische halten hohe Traglasten aus, können dank eines patentierten Getriebes aber dennoch sicher höhenverstellt werden. Das verhindert etwa ein ungewolltes Absacken der Tischplatte durch schwere Gewichte. Auf der SCHWEISSEN & SCHNEIDEN 2025 werden höhenverstellbare Schweißtische ausgestellt, die unter anderem bis zu 5.000 Kilogramm Gewicht aushalten oder eine elektrisch einstellbare Tischplatte vorweisen. Einen weiteren Ausblick auf die Arbeitsplätze der Zukunft liefert die MHC GmbH: Mit ihren innovativen Vorrichtungen für den Arbeitsbereich passen Anwender Fertigungsprozesse für kleine und mittlere Produktionen einfach an. Ganz im Sinne der Nachhaltigkeit können hierbei einzelne Baugruppen nach Bedarf ausgetauscht werden, was den Ressourcen-

Bild: Messe Essen GmbH

verbrauch reduziert und eventuelle Bedarfsänderungen im Betrieb abdeckt.

Auch die MARTINS GmbH, ein Spezialist für Horizontalbohrverfahren im Tiefbau mit einem besonderen Fokus auf Schweißtechnik, gehört zu den Teilnehmern des Gemeinschaftstandes. Die Firma mit Sitz in Schmallenberg stellt erstmals ihre Lösung für den mobilen Schweißarbeitsplatz vor: das „Weld-Cart". Dabei handelt es sich um ein kompaktes, flexibles Schweißsystem mit brennerintegrierter Absaugung und innovativer Schlauchpaketführung über den Arbeitsplatz. Das Ergebnis: mehr Sicherheit, bessere Ergonomie und höchste Mobilität. Die modulare Konstruktion ist mit allen gängigen Schweißsystemen kompatibel und lässt sich individuell an Kundenanforderungen anpassen.

Der mobile Schweißcobot der ALPAKA GmbH & Co. KG spart in der Handhabung Energie und erhöht als automatisiertes Schweißsystem die Qualität der Schweißnaht. Eingebaut ist das unternehmenseigene „SimpliTech"-System, das die Erstellung von Schweißbahnen erleichtert. Um den Roboter besser für die Branche der Zukunft aufzustellen, arbeitet ALPAKA mit der Technischen Hochschule Würzburg-Schweinfurt zusammen. Ziel der Kooperation ist es, die Roboterautomatisierung für einen breiten Anwenderkreis zur Verfügung zu stellen. Hierzu soll umgesetzt werden, dass der Roboter auch ohne eigene Programmierkenntnisse automatisiert Schweißpfade erstellen und anpassen kann.

Auf dem Weg, die Produktionskette weiter zu modernisieren, ist auch die WeldNova GmbH. Gestützt auf mehr als zehn Jahren Forschung durch das wissenschaftliche Gründerteam reduziert ihr magnetisch gesteuertes Schweißverfahren die Lagenzahl beim Schweißen und sorgt für eine Verringerung des Materialverbrauchs in der Fertigung. Das kontaktlose System ist dabei flexibel und in verschiedenen Arbeitsprozessen – von Laserstrahlschweißen bis Lichtbogenschweißen – einsetzbar.

Zusätzlich stellen einige Start-Ups ihre Ideen am Mittwoch, 17. September 2025, ab 15 Uhr auf der Bühne des Future Hubs in Halle 7 vor. Hier wartet während der gesamten Messe ein vielseitiges Programm rund um die Trends und Entwicklungen der Branche.

www.schweissen-schneiden.com

SCHWEISSEN & SCHNEIDEN 2025: „IF Digital Award“ feiert Premiere

So digital ist die Füge-, Trenn- und Beschichtungsbranche: Mit dem ersten IF Digital Award powered by SCHWEISSEN & SCHNEIDEN stehen die digitalen Lösungen im Rampenlicht der internationalen Messebühne in Essen. Vom 15. bis 19. September 2025 können die Besucher ihren digitalen Liebling auswählen und dabei selbst attraktive Preise gewinnen. Ab sofort haben die ausstellenden Unternehmen die Möglichkeit, sich mit ihren innovativen Produkten rund um das Megathema Digitalisierung für den ersten IF Digital Award zu bewerben.

„Der Wunsch und Wille nach Digitalisierung in der metallverarbeitenden Industrie ist da. Mit dem neuen Award wollen wir den Nutzen am Markt sichtbarer machen – und der versammelt sich bekanntlich auf der SCHWEISSEN & SCHNEIDEN“, erklärt Igor Mikulina, Präsident der IndustryFusion Fundation (IFF). „Die Rahmenbedingungen, diesen Preis auszuloben, sind optimal.” Die IFF gehört neben dem DVS – Deutscher Verband für Schweißen und verwandte Verfahren e. V. zu den Unterstützern und Partnern der neuen Award-Initiative. DVS-Hauptgeschäftsführer Dr.-Ing. Roland Boecking: „Das Thema Digitalisierung ist für uns als Dachverband eine wichtige Säule, um eine Branche fit zu machen, die derzeit mit Herausforderungen wie Fachkräftemangel und effiziente Produktion konfrontiert wird. Eine Preisverleihung speziell für digitale Produkte gibt Orientierung und fördert die Innovationskraft.“

Bild: Messe Essen GmbH

Auszeichnung für innovative digitale Lösungen

Fokussiert auf die Technologien des Fügens, Trennens und Beschichtens, richtet sich der neu ins Leben gerufene IF Digital Award an diejenigen Aussteller, die zukunftsweisende digitale Lösungen in diesen Schlüsselprozessen entwickelt haben. Das „IF" im Namen steht dabei sowohl für „IndustryFusion" als auch für das englische Wort „if" (wenn/falls) – eine Einladung an alle, die digitale Produkte oder Verfahren auf der SCHWEISSEN & SCHNEIDEN anbieten und gemeinsam die Digitalisierung voranbringen wollen.

Der IF Digital Award ist ein reiner Publikumspreis. Die Fachbesucher bilden die Jury und geben über die Messe-App ihre Stimme ab. Teilnehmer haben die Chance, hochwertige Sachpreise wie etwa ein E-Bike, Tablet oder VIP-Paket für die SCHWEISSEN & SCHNEIDEN 2029 zu gewinnen. Das sorgt für Mehrwert und eine hohe Besucherfrequenz.

Am letzten Messetag findet die offizielle Preisübergabe in einer Feierstunde am Stand der IFF statt. Die drei Award-Teilnehmer mit den meisten Stimmen erhalten dem Ranking entsprechend einen Pokal in Bronze (3. Platz), Silber (2. Platz) und Gold (1. Platz) – darüber hinaus ein Marketingpaket mit Award-Emblem, Logo und Bildmaterial für die eigene Unternehmenskommunikation. Begleitet wird der IF Digital Award bereits im Vorfeld der SCHWEISSEN & SCHNEIDEN durch eine umfangreiche Werbe- und Medienkampagne – offline in einschlägigen Fachzeitschriften sowie online in den sozialen Netzwerken.

Einfach online bewerben

Die Bewerbung erfolgt online über den geschlossenen Ausstellerbereich. Jeder Aussteller, der für die SCHWEISSEN & SCHNEIDEN 2025 einen Stand gebucht hat, erhält dafür Zugangsdaten und damit die Möglichkeit, sich für den IF Digital Award zu bewerben. Alle Informationen zum IF Digital Award sind hier zusammengefasst:

bit.ly/IF_Digital_Award

Der DVS als Partner der Weltleitmesse SCHWEISSEN & SCHNEIDEN 2025 – Join the Future

Der DVS – Deutscher Verband für Schweißen und verwandte Verfahren e. V. präsentiert sich vom 15. bis 19. September auf der Weltleitmesse SCHWEISSEN & SCHNEIDEN in Essen. Die Vertreter der unterschiedlichen DVS-Beteiligungsgesellschaften stehen für den fachlichen Austausch zur Verfügung. In einem abwechslungsreichen Programm werden zahlreiche Inhalte zu verschiedenen Themenschwerpunkten anschaulich vertieft. Außerdem dient die Bühne des DVS-Gemeinschaftsstands als Plattform für zahlreiche weitere Veranstaltungen. Hierzu zählen DVS-Talkrunden, Interviews, Siegerehrungen und noch vieles mehr.

DVS CONGRESS 2025 auf der Weltleitmesse SCHWEISSEN & SCHNEIDEN: Fügetechnik in der industriellen Praxis

Am 16. und 17. September findet der DVS CONGRESS 2025 im Rahmen der Weltleitmesse SCHWEISSEN & SCHNEIDEN im Congress Center West auf dem Gelände der Messe Essen statt und bietet Besuchern praxisnahe Vorträge aus der industriellen Anwendung der Fügetechnik. Der DVS CONGRESS ist eine bedeutende Fachkonferenz der Fügetechnik in Deutschland.

Bild: LinaLoosFotografie

Die Füge-, Trenn- und Beschichtungstechnik ist zentraler Bestandteil vieler industrieller Produktionsverfahren und trägt unmittelbar ihren Teil dazu bei, dass der Wirtschaftsstandort Deutschland zukunftsfähig bleibt. In diesem Jahr umfasst das Programm des DVS CONGRESS insgesamt zwölf aktuelle Vortragsblöcke zu aktuellen Themen der Fügetechnik. Am Dienstag, den 16. September, beginnt der DVS CONGRESS mit dem Eröffnungsvortrag „Der Process Data Twin (PDT) – Schlüsseltechnologie für digitale Bauteile in der vernetzten Fertigung" von Prof. Dr.-Ing. Johannes Schilp, Inhaber des Lehrstuhls für Produktionsinformatik an der Fakultät für angewandte Informatik der Universität Augsburg. Darüber hinaus stehen am ersten Tag des DVS CONGRESS die Themenblöcke „Schadensfälle und Reparaturkonzepte", „Handgeführtes Laserstrahlschweißen", „Qualitätssicherung – Prozess- und Prüftechnik" sowie „Automatisierung" auf dem Programm. Weitere Themen sind das „Auftragschweißen" sowie der „Arbeitsschutz" mit einem Schwerpunkt auf Schweißrauche.

Der zweite Tag des DVS CONRESS beginnt mit den Themenblöcken „Regelwerk & Qualifizierung" sowie „Schiffbau". Weitere Themen sind „Qualitätssicherung – Digitalisierung und KI", „Additive Fertigung", „Stahlbau" und „Schweißen von Aluminium".

Im Rahmen der Weltleitmesse SCHWEISSEN & SCHNEIDEN bietet der DVS CONGRESS wichtige inhaltliche Impulse für die fachliche Diskussion. Am 16. September findet um 18.00 Uhr das Get-Together des DVS CONGRESS auf dem Gemeinschaftsstand des DVS in Halle 3 statt (Standnummer 3A23).

LÖT 2025 in Aachen – Internationale Fachkonferenz zur Zukunft der Löttechnik

Vom 24. bis 26. Juni 2025 versammelte sich die internationale Fachwelt der Löttechnik im Eurogress Aachen zur 14. internationalen LÖT 2025. Die renommierte Tagung des DVS stellte eine hochkarätige Plattform für den Austausch über aktuelle Entwicklungen, Innovationen und Forschungstrends im Bereich Löten und Diffusionsfügen bereit.

Die LÖT zählt zu den weltweit führenden Veranstaltungen im Bereich der Löttechnik. Organisiert von der DVS Media GmbH, mit dem DVS – Deutscher Verband für Schweißen und verwandte Verfahren e. V. als ideellem Partner, brachte die Konferenz Wissenschaftler, Ingenieure und Fachpersonal aus Industrie und Forschung zusammen, um aktuelle Entwicklungen und Herausforderungen in der Löttechnik zu diskutieren.

Die LÖT 2025 wurde von der Fachgesellschaft Löten des DVS unterstützt, die als zentrale Plattform für technisch-wissenschaftliche Aktivitäten rund um das Löten fungiert. Die Fachgesellschaft wurde 1998 gegründet und zählt über 60 Mitglieder aus Industrie, Forschung und Bildungseinrichtungen. Sie engagiert sich in Regelwerksarbeit, Ausbildung, Forschung und dem Technologie- und Wissenstransfer.

Der Fachausschuss Löten & Diffusionsfügen des DVS identifiziert Forschungsbedarfe und begleitet löttechnische Projekte, um die Umsetzung von Forschungsergebnissen in die Praxis zu fördern. Dabei stehen Themen wie die Entwicklung lötfähiger Oberflächen, Lötprozesse mit niedrigen Temperaturen und die Simulation hochfester Lötverbindungen im Fokus.

Die LÖT 2025 bot eine Plattform für den Austausch von Fachwissen, die Präsentation neuer Forschungsergebnisse und die Diskussion zukünftiger Entwicklungen in der Löttechnik. Die Teilnehmer konnten sich über ein vielfältiges Programm mit Fachvorträgen, Diskussionen und Networking-Möglichkeiten freuen.

Kontakt zur Fachgesellschaft Löten
Lisa Rauscher
T +49 211 1591 120
fg-loeten@dvs-home.de

Bild: IOT - RWTH Aachen

Internationaler Kongress und Ausstellung zum Aluminiumlöten in Düsseldorf

Der renommierte „Internationale Kongress und die Ausstellung zum Aluminiumlöten“ fand vom 6. - 7. Mai 2025 erneut in Düsseldorf statt – in Kombination mit der Konferenz „Aluminium-Wärmetauscher-Technologien für Automobile sowie Heizungs-, Lüftungs-, Klima- und Kältetechnik (HVAC&R)“ wie es sich seit einigen Jahren bewährt hat.

Seit nunmehr 25 Jahren bringt die Tagung Fachleute aus aller Welt zusammen, die in der Aluminium-Wärmetauscherbranche tätig sind. Der Kongress hat sich als zentrale Plattform für den fachlichen Austausch, technologische Weiterentwicklung und die internationale Vernetzung etabliert.

Ein starker Fokus lag 2025 auf nachhaltiger Entwicklung – insbesondere mit Blick auf technologische Lösungen für den Energie- und Mobilitätssektor. Ziel war es, neue Wege aufzuzeigen, um Lebensbedingungen durch zukunftsfähige Innovationen zu verbessern, ohne ökologische oder soziale Kompromisse einzugehen. Das Programm deckt ein breites Themenspektrum ab – von Forschung und Entwicklung über Produktion bis hin zu praxisnahen Anwendungen. Branchenexpertinnen und -experten, Forscher, Entwickler und Entscheidungsträger präsentieren ihre Technologien und Projekte.

Um den interessierten Besucherkreis zu erweitern, fand am 5. Mai findet außerdem ein Workshop zur Einführung in die Anwendung mit dem Werkstoff Alu und seiner Verarbeitung statt. Dieser Workshop bot auch fachfremden Teilnehmern die perfekte Vorbereitung auf die folgenden zwei Tage der Aluminium Brazing.

Ein besonderes Highlight war auch in diesem Jahr das beliebte Social Event: Nach dem ersten Konferenztag lud der Veranstalter zur traditionellen Schifffahrt auf dem Rhein ein. Mit Blick auf die Düsseldorfer Skyline, gutem Essen, Getränken und lockerer Atmosphäre ermöglichte der Abend eine ideale Gelegenheit zum Networking in entspannter Umgebung.

Tagung UNTERWASSERTECHNIK 2025: Forschungsthemen, technische Trends und Praxisbeispiele im Mittelpunkt

Die Unterwassertechnik ist für die verschiedensten Branchen unverzichtbar, dazu zählen beispielsweise die Offshore-, die Öl- und die Gasindustrie, aber auch der Schiffbau und die Marineforschung. Durch eine kontinuierliche technologische Weiterentwicklung und Forschungen zu gegenwärtig bestehenden Herausforderungen soll die Unterwassertechnik effizienter werden und gleichzeitig die Umweltbelastung minimieren.

Den aktuellen Stand der Technik, gegenwärtige Herausforderungen und Aufgabenstellungen aus der Forschung wird die 10. Tagung UNTERWASSERTECHNIK am 5. und 6. November 2025 in Hamburg abbilden. Zum Jubiläumstreffen werden Experten aus allen Gewerken rund um die maritime Technik erwartet. Auch Neuinteressenten mit Interesse am Themenfeld der Unterwassertechnik sind herzlich eingeladen. Neuer Veranstaltungsort ist das Empire Riverside Hotel Hamburg.

Seit 2008 hat sich die Tagung UNTERWASSERTECHNIK zu einem der wichtigsten Branchentreffpunkte für die Tauchindustrie und die Maritime Industrie entwickelt. In einem Zweijahres-Rhythmus bringt die Fachtagung bis zu 150 Teilnehmer zusammen – die Vortragenden gehören häufig zu den wichtigsten Vertretern in ihrem jeweiligen Anwendungsbereich. Der Kreis der Referenten und Teilnehmer rekrutiert sich aus den Bereichen Forschung und Entwicklung, umfasst zudem Anwendungsingenieure, Berufstaucherinnen und -taucher, Vertreterinnen und Vertreter des Offshore-Energiemarktes und andere Interessierte.

Die inhaltliche Ausrichtung dieser renommierten Fachtagung wird in bewährter Form vom DVS – Deutscher Verband für Schweißen und verwandte Verfahren e. V. gesteuert, die organisatorische Umsetzung liegt in den Händen der DVS Media GmbH. Gemeinsam arbeiten sie in der Programmkommission derzeit daran, das finale Tagungsprogramm aus den zahlreichen hochkarätigen Vorträgen zu erstellen, die für die Tagung UNTERWASSERTECHNIK 2025 eingereicht wurden.

Schon jetzt steht fest, dass die Veranstaltung spannende Beiträge zu aktuellen Trends aus Forschung und Technik bieten wird. Dazu gehören zum Beispiel die Anwendung und der Einsatz der Laserstrahl- und Robotertechnik im Unterwasserbereich, die Untersuchung und Instandsetzung von Offshore-Strukturen oder auch ein Praxisbericht zur zeitkritischen Reparatur eines beschädigten Schleusentores mit der einhergehenden Notschleusung der Schiffe. Darüber hinaus erhalten die Anwender der Unterwassertechnik wichtige Hinweise zu verbindlichen Rahmenbedingungen zur Durchführung von Unterwasserarbeiten. Das praxisnahe Vortragsprogramm am 6. November 2025 berichtet umfassend über die aktuellen Entwicklungen aus dem Unterwasserbereich.

Begleitend zur Fachtagung haben Firmen der Branche die Möglichkeit, ihre Produkte und Dienstleistungen im Rahmen einer Industrieausstellung dem Fachpublikum vorzustellen. Interessierte Unternehmen sollten diese Gelegenheit zur Präsentation, Vernetzung und Weiterbildung in einem der dynamischsten Technologiefelder nutzen und sich schnell ihren Ausstellungsplatz sichern:

Eingeläutet wird die Jubiläumsausgabe der Tagung UNTERWASSERTECHNIK mit

einem besonderen Programmpunkt am 5. November, dem Vorabend der Tagung: Dann treffen sich nämlich Tagungsteilnehmer, Referenten und Aussteller ab 18:00 Uhr an Bord des Museumsschiffs Rickmer Rickmers direkt im Hamburger Hafen zum Netzwerken in geselliger Atmosphäre.

www.dvs-events.com/de/events/uwt25

Ansprechpartnerin für Rückfragen

Sabrina Tank / DVS Media GmbH
T +49 211 1591-141
sabrina.tank@dvs-media.info

EBL 2026 – „Sicherung der europäischen Wertschöpfungsketten

Die 13. Fachtagung „Elektronische Baugruppen und Leiterplatten“ (EBL) findet vom 24. bis 25. Februar 2026 in der Schwabenlandhalle in Fellbach statt. Unter dem Leitthema „Sicherung der europäischen Wertschöpfungsketten“ laden die Veranstalter DVS – Deutscher Verband für Schweißen und verwandte Verfahren e. V. – und die GMM – Fachgesellschaft Mikroelektronik, Mikrosystem- und Feinwerktechnik im VDE – zur Einreichung von Fachbeiträgen ein.

Das Embedding elektronischer Komponenten, die Hochfrequenztechnik, die Leistungselektronik und die Digitalisierung sowie für Anwendungen der Photonik bis hin zum Quantencomputing sind ohne moderne Baugruppentechnologie nicht möglich. Die aktuellen Herausforderungen globaler Lieferketten – von geopolitischen Konflikten bis zu Rohstoffengpässen – erfordern zwangsläufig auch resiliente und souveräne europäische Wertschöpfungsketten. Die EBL 2026 bietet eine Plattform für den fachlichen Austausch, die Präsentation innovativer Lösungen sowie strategische Impulse für Industrie, Forschung und Politik.

Dieses Vorhaben wurde aus Mitteln der Bundesrepublik Deutschland und des Landes Sachsen-Anhalt gefördert und erhält diese öffentliche Finanzierungshilfe im Rahmen der Gemeinschaftsaufgabe „Verbesserung der regionalen Wirtschaftsstruktur“ (GRW) - wirtschaftsnahe Infrastruktur.

Themen der Tagung sind:

- Digitalisierung, Machine Learning, KI
- Intelligente Systemkonzepte, Designtools,
- Tests und Simulation
- Neue Materialien
- Energieeffizienz, Thermisches Management
- Funktions- und Schaltungsträger
- Modul- und Baugruppenfertigung
- AVT, Weichlöten, Kleben, Sintern, Bonden, Lasern
- Prozesssimulation und -steuerung
- Traceability, Compliance, Produkt- und Prozesssicherheit, Technische Sauberkeit
- Testmethoden, Zuverlässigkeit und Analytik
- Trends, Nachhaltigkeit, Additive Fertigung
- Integrierte Funktionen und Schaltungsträger, Embedded Components, Advanced Packaging

Auch der EBL-Nachwuchspreis wird erneut vergeben. Junge Wissenschaftlerinnen und Wissenschaftler präsentieren sich in einer eigenen Nachwuchs-Session. Die besten Beiträge werden mit einer Urkunde und einem Preisgeld unter großem Interesse möglicher potenzieller Arbeitgeber ausgezeichnet. Als bedeutendste deutschsprachige Konferenz im Bereich der Aufbau- und Verbindungstechnik in der elektronischen Baugruppenfertigung vereint die EBL Fachkompetenz, Innovation und Networking unter einem Dach.

WELTLEITMESSE
FÜGEN ▲ TRENNEN ▲ BESCHICHTEN
SCHWEISSEN & SCHNEIDEN
No. 1 IN THE WORLD
17. – 21. September 2029
SAVE THE DATE
www.schweissen-schneiden.com
DVS VERBAND
MESSE ESSEN

ITSC 2026 in Bangkok – „Engineered for Excellence – Smart Coatings for a Smart World“

Die weltweit führende Fachveranstaltung im Bereich der thermischen Beschichtungstechnik kommt wieder nach Asien. Vom 18. bis 20. März 2026 findet die ITSC – International Thermal Spray Conference & Exhibition – im Queen Sirikit National Convention Center (QSNCC) in Bangkok, Thailand, statt. Unter dem Motto „Engineered for Excellence – Smart Coatings for a Smart World“ diskutiert die internationale Fachwelt aktuelle Entwicklungen, neue Anwendungen und smarte Lösungen der Branche.

Das Thermische Spritzen hat sich längst als Schlüsseltechnologie in zahlreichen industriellen Anwendungen etabliert. Doch die Forschung und Entwicklung in diesem Bereich schreitet kontinuierlich voran – sei es bei Prozessen, Werkstoffen, Anlagen oder der Digitalisierung. Die ITSC 2026 bietet eine exzellente Plattform für den globalen Austausch über diese Entwicklungen und bringt Expertinnen und Experten aus Industrie, Wissenschaft und Forschung zusammen.

Organisiert wird die Veranstaltung von der DVS Media GmbH und der ASM International. Die verantwortlichen Verbände für das Fachprogramm sind die ASM Thermal Spray Society (TSS) und der DVS – Deutscher Verband für Schweißen und verwandte Verfahren e. V.

Technologische Vielfalt und aktuelle Branchentrends

Neben dem klassischen Thermischen Spritzen gewinnen laser- und plasmabasierte Beschichtungstechnologien sowie Anwendungen im Bereich des Auftrag-

Bild: Gonzalo Bell Photography

schweißens zunehmend an Bedeutung. Auch additive Fertigungstechnologien (AM) spielen zunehmend eine bedeutende Rolle mit einem besonderen Fokus auf Anwendungen und Lösungen durch Thermische Spritztechnik. Die ITSC 2026 bietet darüber hinaus umfassende Einblicke in alle relevanten thermischen Beschichtungstechnologien, insbesondere im Kontext von Energie- und Mobilitätswende.

Rahmenprogramm mit besonderen Highlights

Ein fester Bestandteil der ITSC ist die begleitende Fachausstellung. Internationale und regional aktive Unternehmen und Institute informieren hier im direkten Dialog über ihre Technologien, Produkte, Dienstleistungen. Zahlreiche Präsentationsflächen sind bereits vergeben – interessierte Aussteller sollten sich zeitnah registrieren.

Zu den weiteren Highlights im Konferenzprogramm zählen:

- „Young Professionals"-Session am ersten Veranstaltungstag: Nachwuchstalente präsentieren ihre Arbeiten in Kurzvorträgen und konkurrieren um den „Young Professional Award".
- „Industrial Forum" mit praxisnahen Vorträgen und Vorführungen zu konkreten industriellen Anwendungen.
- „Thermal Spray in a Nutshell" – eine technologiebasierte Einführungssession für Brancheneinsteiger.

Netzwerken in inspirierender Atmosphäre

Die ITSC 2026 bietet vielfältige Möglichkeiten zum persönlichen Austausch. Traditionelle Programmpunkte wie die „Welcome Reception" in der Ausstellung am ersten Abend und das besondere „Social Event" am zweiten Veranstaltungstag fördern das internationale Networking und den Dialog innerhalb der Fachgemeinschaft.

Organisatorische Hinweise

„Expo Only"-Tickets ermöglichen den Zugang zur Fachausstellung sowie zu ausgewählten Veranstaltungsformaten – auch ohne vollständige Konferenzteilnahme. Angenommene Referenten profitieren von vergünstigten Teilnahmegebühren. Die Anmeldung erfolgt über das Online-System der DVS Group und ist verpflichtend. Weitere Informationen zur Konferenz, zur Ausstellung und zur Anmeldung finden Sie unter:

https://www.dvs-events.com/en/events/itsc26

Organisatorischer Kontakt:
Sabrina Tank
T +49 211 1591-141
sabrina.tank@dvs-media.info

Fachlicher Kontakt:
Dipl.-Ing. Jens Jerzembeck
T +49 211 1591-173
jens.jerzembeck@dvs-home.de

78. IIW Annual Assembly & International Conference vom 22. bis 27. Juni 2025 in Genua

Die 78. IIW Annual Assembly & International Conference fand vom 22. bis 27. Juni 2025 im „Centro Congressi - Porto Antico di Genova“ statt. Die Veranstaltung vereinte Fachleute aus aller Welt, um aktuelle Entwicklungen und zukunftsweisende Innovationen in der Schweißtechnik zu beleuchten. Namhafte Vertreter aus Industrie und Wissenschaft teilten ihre Erkenntnisse und diskutierten über kommende Trends der Branche. Über 1.800 Teilnehmende (darunter etwa 350 Studierende und Young Professionals) aus mehr als 50 Ländern nutzten die Gelegenheit, sich in Workshops weiterzubilden und bei vielfältigen Networking-Formaten internationale Kontakte zu knüpfen. Die Veranstaltung erwies sich insgesamt als großer Erfolg und leistete einen wichtigen Beitrag zur globalen Weiterentwicklung der Schweißtechnik.

Das Italian Institute of Welding (IIS) veranstaltete dieses internationale Event und bot damit die Möglichkeit, in entspannter Atmosphäre in Kontakt mit der Industrie zu kommen und die italienische Lebensart

Bild: LinaLoosFotografie

kennenzulernen. Die Veranstaltung umfasste die Bereiche Industrie und Technik, akademische Forschung, Aus- und Weiterbildungsaktivitäten sowie Qualifizierung und Zertifizierung von Personen. Die International Conference fand zur gleichen Zeit statt wie die Italian National Welding Days (GNS), eine beliebte Veranstaltung, die über 1.500 Teilnehmer aus ganz Italien anzieht.

Dr.-Ing. Roland Boecking, Dipl.-Ing. Martin Lehmann, M.Sc. Marvin Keinert und M.Sc. Philipp Loermann besuchten die 78. IIW Annual Assembly & International Conference in Genua, um den DVS – Deutscher Verband für Schweißen und verwandte Verfahren e.V., einen der wichtigsten Partner dieser Weltgemeinschaft, vor Ort zu repräsentieren.

Während der Annual Assembly in Genua wurde Dr.-Ing. Roland Boecking, Hauptgeschäftsführer des DVS - Deutscher Verband für Schweißen und verwandte Verfahren e. V., zum zweiten Mal in das Board of Directors des IIW gewählt. Seine aktuelle Amtszeit beläuft sich auf die Jahre 2025 – 2028. Er übernimmt dieses wichtige Amt von seinem Vorgänger Dr.-Ing. Jörg Vogelsang, CEO der GSI – Gesellschaft für Schweißtechnik International mbH, der diesem Gremium seit 2022 beiwohnte.

Ein wichtiges Anliegen des DVS ist es, junge Akademiker aus der fügetechnischen Branche zu unterstützen. Im Rahmen der Veranstaltungen des International Institute of Welding (IIW) sind wir stolz darauf, die Unterstützung dieser Nachwuchskräfte der DVS Young Professionals, zu leisten. In diesem Jahr unterstützte der DVS 30 DVS-IIW Young Professionals, was einen bedeutenden Beitrag zur Nachwuchsförderung und im Bereich der Forschung darstellt. Jeder DVS-IIW Young Professional ist dazu angehalten, in einer der zahlreichen technischen Arbeitsgruppen einen eigenen Vortrag vor internationalem Publikum zu halten.

Bild: DVS

50 Jahre DVS Forschung: Die Zukunft der Fügetechnik gestalten

Am 4. Juli hat die Mitgliederversammlung der Forschungsvereinigung Schweißen und verwandte Verfahren e.V. des DVS (kurz DVS Forschung) in einer außergewöhnlichen Atmosphäre stattgefunden – der „Sturmfreien Bude", die sich in der 11. Etage über den Dächern von Düsseldorf befindet. Denn nicht nur die Mitgliederversammlung fand an diesem Tag statt, sondern im Anschluss feierte die DVS Forschung auch ihr 50jähriges Jubiläum.

Herr Dr. Johannes Weiser, der Vorstandsvorsitzende der DVS Forschung, eröffnete die Mitgliederversammlung und begrüßte die rund 80 Teilnehmer. Danach stellte Herr Jens Jerzembeck, Geschäftsführer der Forschungsvereinigung, die Ergebnisse der Arbeit des abgelaufenen Geschäftsjahres 2024 vor und gab einen Ausblick auf die aktuellen und zukünftigen Aktivitäten der fügetechnischen Gemeinschaftsforschung. Anfang Juni hat der Haushaltsausschuss des Bundes kurzfristig Mittel in Höhe von bis zu 272 Millionen Euro freigegeben, auch für die Bewilligung von neuen Projekten – ein wichtiges Signal, da der Bundeshaushalt 2025 noch nicht verabschiedet war. Auch die jüngsten Gespräche, die Jerzembeck in seiner Funktion als Vorstand der AIF – Allianz für Forschung und Innovation in Berlin geführt hat, verliefen sehr positiv: „Wir befinden uns in einem neuen, konstruktiven Dialog mit dem Bundeswirtschaftsministerium. Die Wiederherstellung von gegenseitigem Vertrauen und Verlässlichkeit sind entscheidende Kriterien für eine erfolgreiche, technologische Souveränität Deutschlands. Der Anwendungsforschung kommt dabei eine wesentliche Bedeutung zu.", betonte der Geschäftsführer der DVS Forschung auf der Mitgliederversammlung.

Danach standen die organisatorischen und finanziellen Themen der DVS Forschung im Mittelpunkt. Im vergangenen Jahr hat sich die Forschungsvereinigung personell neu aufgestellt, da der Aufwand für die Administration von Forschungsprojekten in den letzten Jahren insbesondere durch den Projektträgerwechsel stark zugenommen hat.

Trotz dieser Herausforderung konnte die DVS Forschung für das Geschäftsjahr 2024 eine steigende Summe an eingeworbenen Fördermitteln verzeichnen: Insgesamt ist die Fördermittelsumme auf 11 Millionen Euro gestiegen, gegenüber 10 Millionen Euro im Jahr 2023. Für das laufende Jahr prognostizierte der Geschäftsführer der DVS Forschung einen weiteren Aufwuchs der Fördermittel.

Um die politische Interessenvertretung zu stärken, wird die Mitgliedschaft der DVS Forschung in der AIF – Allianz für Industrie und Forschung e.V. auch im Jahr 2026 fortgeführt. Die AIF unterstützt und engagiert sich als Dach- und Lobbyverband für die Interessen der branchenorientierten AIF-Forschungsvereinigungen. Dabei steht u.a. der politische Diskurs im Rahmen der mittelstandsorientierten Innovations- und Forschungsförderung im Fokus.

Im Anschluss an die Mitgliederversammlung feierte die DVS Forschung ihr 50jähriges Jubiläum über den Dächern von Düsseldorf. Nach zwei kurzen Grußworten von Herrn Prof. Jean Pierre Bergmann, Technische Universität Ilmenau, sowie dem Vorsitzenden der DVS Forschung, Herrn Dr. Johannes Weiser, blickte Jens Jerzembeck auf die Geschichte der DVS Forschung zurück und stellte eine bisher unentdeckte Parallele vor: Eine Rockband aus Australien, benannt nach Wechsel- und Gleichspannung (AC/DC), veröffentlichte im Gründungsjahr der DVS Forschung ihr erstes Album mit dem Titel „Hochspannung" – international bekannt als „High Voltage". „Wenn das kein Zufall ist?", meinte der Geschäftsführer der DVS Forschung. Und eröffnete den Abend, an dem bis kurz vor Mitternacht gefeiert wurde.

Ausschuss für Technik – Eine lohnende Angelegenheit

Im „Ausschuss für Technik“, kurz AfT, des DVS erarbeiten mehr als 200 Arbeitsgruppen und eine Fachgesellschaft den aktuellen Stand der Technik. Über 2.300 Experten diskutieren und bewerten Merkblätter bzw. Richtlinien und passen sie den aktuellen Entwicklungen der Technik an. Einer der Experten ist Dr.-Ing. Birger Jaeschke von der Lorch Schweißtechnik GmbH. Im Interview beschreibt er, wie es zu seiner Mitarbeit in den Arbeitsgruppen kam, wie er Vorsitzender der Arbeitsgruppe AG V2.3 wurde und warum es sich lohnen kann, über eine Mitarbeit in den Arbeitsgruppen nachzudenken.

Herr Dr. Jaeschke, Sie sind Vorsitzender der DVS-Arbeitsgruppe AG V2.3 „Lichtbogenschweißen mit nicht abschmelzender Elektrode“. Können Sie kurz etwas zu Ihrem beruflichen Werdegang sagen?

Nach dem Studium der Elektrotechnik in meiner Heimatstadt Magdeburg Anfang der 90er Jahre zog es mich ins Schwabenland zur Firma Lorch Schweißtechnik GmbH. Als Entwicklungsingenieur für die Leistungselektronik von Schweißstromquellen kam ich dann auch bald mit der Steuerungs- und Regelungstechnik für Schweißprozesse in Berührung.

Das war damals eine besonders spannende Zeit, weil Lorch, wie viele andere Firmen auch, den technischen Übergang zu digital geregelten Inverter-Schweißstromquellen vollzog. Eine gute Schweißprozessregelung muss wissen, was sie eigentlich regelt und warum. Lorch war damals in DVS-Gremienkreisen so gut wie unbekannt, und ich übernahm die Aufgabe, das zu ändern. Und so kam ich dann auch zunächst als Gast zur DVS-Arbeitsgruppe V2.4 „Schutzgasschweißen mit abschmelzender Elektrode MIG/MAG“.

Wie kann man sich das vorstellen, haben Sie da einfach geklingelt und wurden eingelassen?

Ja, so war es fast, und so ist es auch noch heute. Wenn jemand Interesse an einer DVS-Arbeitsgruppe zeigt, dann bekommt diese Person zunächst Gaststatus und kann an der nächsten Sitzung und darüber hinaus teilnehmen. Damals bin ich einfach zu einer Sitzung der V2.4 gereist und kannte außer dem betreuenden Referenten vom DVS niemanden. Nach der Sitzung und dem abendlichen Erfahrungsaustausch kannte ich etliche Leute mehr, allesamt schweißtechnische Experten.

Sie haben ja Leistungselektronik studiert, wie konnten Sie sich mit den schweißtechnischen Experten gegenseitig nutzbringend austauschen?

Ich verstand von der Schweißtechnik mit der Zeit immer mehr. Vor allem kannte ich die Leistungselektronik und Regelungstechnik dahinter, deren Möglichkeiten, Grenzen und Stärken. Die Schweißtechnik wurzelt ja ohnehin in vielen Fachgebieten. Ich muss zugeben, dass ich mich an Fachgesprächen über Metallurgie oder Gase nicht beteiligen konnte. Dafür kannte ich einige prinzipielle Konzepte der prozesstechnischen Regelung des Lichtbogenschweißens, die meinen Fachkollegen in der Arbeitsgruppe mit den Möglichkeiten einer modernen Schweißstromquelle so noch nicht bewusst waren. Um es kurz zu verallgemeinern: Weil die Schweißtechnik technologisch so „bunt“ ist, sind neue Gäste in den Arbeitsgruppen stets willkommen. Weil sie die Chance mitbringen, neues – auch anderes – Expertenwissen einzubringen. Und wer sich nicht scheut, dies zu tun, und sich am Gespräch beteiligt, wird vom Gast schnell zum geschätzten Mitglied.

Wie sind Sie dann in die V2.3 gekommen, deren Obmann Sie jetzt seit einigen Jahren sind?

So genau weiß ich das gar nicht mehr. Die Arbeitsgruppen V2.3 und V2.4 waren sich schon immer nahe, auch personell. Plötzlich war ich auch da dabei, fühlte mich wohl und verstand mich mit den Kollegen vom WIG-Schweißen prima. Das ist auch heute noch so. Als Prof. Reinhard Winkler, der damals Obmann der Arbeitsgruppe V2.3 war, in den wohlverdienten Ruhestand ging, übernahm ich 2019 den Vorsitz der V2.3. Der damalige Obmann der V2.4, Thomas Ammann, hat mich ermutigt mit den Worten, dass die Arbeitsgruppen im Wesentlichen DVS-Merkblätter erarbeiten, und im Idealfall machen das ja alles die Kollegen. Und er hat Recht: Die Arbeitsgruppen leben einzig von den engagierten Mitgliedern, die ihr Expertenwissen einbringen, und ich bin froh, viele solcher Kollegen zu kennen.

Bild: Jaeschke

Welche Merkblätter gehen auf die Arbeitsgruppen V2.4 und V2.3 zurück?

Viele, denn die Arbeitsgruppen gibt es ja schon sehr lange. Besonders in Erinnerung geblieben ist mir persönlich das Merkblatt DVS 0973 „Übersicht der prozessregelvarianten des MSG-Schweißens“. Seinerzeit entfalteten sich die Möglichkeiten digital gesteuerter Inverter-Schweißstromquellen, und die Anwender wurden mit den vielen neuen Prozessbezeichnungen einfach überfordert. Es musste dringend eine Übersicht geschaffen werden, und auch die verwendeten Begrifflichkeiten mussten möglichst geklärt werden. Es gab heiße Diskussionen und mehrere Anläufe, etwas zu Papier zu bringen. Ich war damals selbst Mitverursacher, denn in meiner Tätigkeit bei Lorch war ich an der Entstehung der Prozessregelvarianten „SpeedPulse“, „SpeedUp“, „SpeedArc“, „SpeedRoot“ und „SpeedCold“ stark beteiligt. Der Witz war, dass ich in der V2.4 mit denjenigen Fachkollegen vom Wettbewerb direkt zusammensaß, die ihrerseits „forceArc“, „coldArc“, „CMT“ usw. entwickelt hatten. Wir fanden aber einen Weg, um vernünftig miteinander die gemeinsame Fragestellung anzugehen und wettbewerbsneutral, ohne qualitative Wertung, aber durch Zuordnung bestimmter technischer Merkmale, diese

Übersicht über die Prozessregelvarianten für die Anwender zu erstellen. Die Übersicht wird übrigens weiterhin regelmäßig gepflegt und ergänzt, und alle Schweißstromquellenhersteller sind herzlich eingeladen, Neuigkeiten zu melden. Inzwischen wurde sogar ein Merkmal zur Minderung der Schweißrauchemission in das Merkblatt DVS 0973 aufgenommen.

Gab es noch andere bemerkenswerte Themen in der V2.4?

Die Kalibrierung von Schweißstromquellen ist auch ein Beispiel, das mich als Elektroniker gut beschäftigt hat. Angefangen mit einer arbeitsgruppeninternen Diskussion über den technischen Unsinn bestimmter Messungen der damaligen europäischen Norm EN 50504 an MSGStromquellen, erarbeiteten Experten mehrerer zueinander im verbissensten Wettbewerb stehender Stromquellenhersteller einvernehmlich eine messtechnisch sinnvolle Empfehlung für ein DVS-Merkblatt, wie man mit der prekären Situation umgehen könne. Wir waren nur eine Handvoll Leute, die ein gemeinsames Problem mit einer gültigen Norm hatten. Ein DVS-Merkblatt kann eine Norm nicht einfach so aushebeln, aber wir hatten Verbindung zum entsprechenden Normungsgremium und brachten unseren Vorschlag dort ein. In erstaunlich kurzer Zeit wurde ein internationales Projektteam aufgesetzt, das in Rekordzeit die EN 50504 absetzte und durch die DIN EN IEC 60974-14 ersetzte. Diese gültige internationale Norm beruht zu 80 % auf unserem DVS-Merkblattentwurf. Man darf also feststellen, dass DVS-Merkblätter sehr wohl einen großen Hebel haben können.

Und was ist mit der V2.3?

Ich nenne nur mal einige Schlagworte: WIG-Ausrüstung und -Geräte, Wurzelschutz, Wolframelektroden, WIG-Orbitalschweißen. Meine Fachkollegen sind sehr engagiert, und es sind mehrere Merkblätter in Fertigstellung. Besonders möchte ich ein Merkblatt zu den Anlauffarben mit Hinweisen zur Vermeidung, Bewertung und Beseitigung nennen. Es war für die Beteiligten ein Mammut-Projekt, sowohl zeitlich als auch inhaltlich. Eine schier unlösbar scheinende Aufgabe, die blumigen Begriffe der Anlauffarben (was ist genau strohgelb?) in eine für Auftraggeber und Auftragnehmer zu Vertragsabschluss und Abnahme belastbare Systematik zu bringen. Die Kollegen mussten sich sogar mit dem Thema beschäftigen, wie man dokumentenecht bestimmte Farben drucken kann, denn das naheliegende RAL-Farbsystem, das wir kennen, versagt bei metallisch glänzenden Oberflächen. Wir hätten gerne einen Farbexperten dafür in der Gruppe gehabt. Wenn man mit dem Thema Anlauffarben zu tun hat, kann ich dieses Merkblatt nur empfehlen, und dort liest man auch die Namen der Experten, die an dessen Entstehung maßgeblich beteiligt waren.

Welche Menschen und Ideen stecken hinter der Arbeit? Welche Vorteile hat es, in den Arbeitsgruppen mitzuarbeiten?

Es sind Menschen, die sich ehrenamtlich dafür engagieren, das schweißtechnische Wissen weiterzutragen und zu dokumentieren. Die sich einbringen wollen, auch wenn sie sich (noch) nicht als Experten sehen. Sie können es aber werden, zumindest lernen sie wirkliche Experten kennen, und sie lernen Themen kennen, die vielleicht erst in Jahren in einem Merkblatt aufgehen. Man kann durchaus prekäre Themen ansprechen, wenn man sich ein wenig kennt, wie Auslegung von Regeln und Normen, es gibt keine dummen Fragen. Manchmal merkt man, dass die Fachkollegen ein Problem auch sehen, aber noch keine Möglichkeit oder Plattform hatten, derartiges anzusprechen. Die Arbeitsgruppe ist so eine Art wettbewerbsneutraler Raum, dafür sorgen auch das Organisieren und Betreuen der Arbeitsgruppen und die Überwachung der Compliance-Regeln durch den DVS. Nicht zuletzt stehen Firmen dahinter, die dieses Engagement unterstützen, durch Ermöglichung der Sitzungsteilnahme und Tragen der Reisekosten. Ich möchte betonen, dass gewinnbringend nutzbare DVS-Arbeitsblätter nicht vom Himmel fallen, sondern dass sie eine Gemeinschaftsleistung sind.

Aber finde ich nicht viele Antworten und Experten im Internet?

Das stimmt, zum Beispiel anhand der existierenden DVS-Merkblätter, die für DVS-Mitglieder einfach und kostenlos im Zugriff sind. Und es stimmt sicher auch für viele Themen, für die es hinreichende seriöse Quellen oder einen allgemeinen technischen Konsens gibt. Die Informationen aus dem Internet können aber zu einem Glücksspiel werden, wenn sich Interessen der Vermarktung einmischen. Keine Frage, es gibt sie, die seriösen Quellen. Es gibt aber auch viele täglich wechselnde Informationsquellen, die manchem schweiß- oder sicherheitstechnischen Experten das Blut in den Adern gefrieren lassen. Und da ist es gut, jemanden zu kennen, den man fragen kann: „Glaubst Du das auch nicht?" Und das können die Kollegen der DVS-Arbeitsgruppe sein.

Wäre es denn nicht geschickt, wenn die DVS-Arbeitsgruppen ein Internetportal aufmachen, wo jeder seine

Warum suchen wir Sie im AfT?

Ob Fachmann oder Laie, ob alt oder jung – Ihr Wissen und Ihre Ideen sind im AfT gefragt. Kennen Sie sich mit fügetechnischen Verfahren aus? Oder möchten Sie Ihr Wissen in Ihrem Fachgebiet weiter ausbauen? Dann finden Sie im AfT Gleichgesinnte, um sich auszutauschen.

Arbeiten Sie zusammen mit den anderen Experten Hand in Hand und entwickeln neue DVS-Merkblätter und -Richtlinien. Seien Sie bei der Durchführung von nationalen und internationalen Fachveranstaltungen dabei und bringen so das gebündelte Know-how in die Öffentlichkeit. Machen Sie mit und werden Sie Teil in der technisch-wissenschaftlichen Gemeinschaftsarbeit im DVS. Ihr Vorteil: Sie profitieren vom Know-how und dem Erfahrungsaustausch in einem internationalen Netzwerk.

Ansprechpartner:
Dipl.-Ing. Jens Jerzembeck,
jens.jerzembeck@dvs-home.de

Fragen stellen kann und beantwortet bekommt?

Na, das wäre ja wirklich geschickt, dann könnten wir die offenen Fragen für die in Arbeit befindlichen Merkblätter auch dahin schicken und brauchen nichts mehr tun. Das funktioniert so aber nicht, denn eine Arbeitsgruppe hat genug eigene Themen und unerledigte Arbeit. Man kann uns gerne anfragen, am besten aber mit der Frage nach Mitarbeit in der Arbeitsgruppe. Eine Arbeitsgruppe ist aber kein Auskunftsbüro.

Was hat die V2.3 für die Zukunft geplant?

Momentan kann ich nicht verhehlen, dass es mir gerade besonderen Spaß macht, das hochfrequente Strompulsen bei WIG in der Arbeitsgruppe auseinanderzunehmen. Es gibt einige übertriebene Aussagen zu Effekten, die dazu mehr schlecht als recht herumgeistern. Unser Ziel ist es, hier ein Merkblatt herauszugeben, das da mal aufräumt.

Vielen Dank für diese Einblicke. Ein letzter Satz von Ihnen?

Das ist ein Aufruf an die Leser: Macht mit bei den DVS-Arbeitsgruppen! Überzeugt Euren Chef, dass Ihr Einblicke in interessante aktuelle Themen gewinnen könnt, an denen wirkliche Experten arbeiten, die das eben NICHT in Foren oder auf Kanälen im Internet tun.

Vielen Dank für das Gespräch!

(Quelle: www.schweissenundschneiden.de)

DVS Forschung im AiF – Mit dem AiF als wirkungsvoller Partner im deutschen Innovationssystem

„Machen‘ ist die Devise des forschungsaffinen Mittelstandes und damit auch der AiF angesichts der transformatorischen Herausforderungen der deutschen Wirtschaft, die nur durch Forschung und Innovationen bewältigt werden können“, erklärt Thomas Reiche, Vorstand der AiF Arbeitsgemeinschaft industrieller Forschungsgemeinschaften „Otto von Guericke“ e.V. und Geschäftsführer des AiF-Mitglieds FEhS-Institut für Baustoff-Forschung e.V. In ihrem aktuellen Neuorientierungsprozess bringt die AiF ihre jahrzehntelange Expertise als Brückenbauer zwischen Wirtschaft, Wissenschaft und Politik zugunsten des innovativen Mittelstandes ein. „Als Dachverband von 85 gemeinnützigen Forschungsvereinigungen ist die AiF das einzige forschungsorientierte, branchenübergreifende und technologieoffene Industrienetzwerk auf nationaler Ebene und besitzt eine herausragende Bedeutung für das deutsche Innovationssystem“, betont Reiche.

„Forschungsvereinigungen sind Zusammenschlüsse von Unternehmen mit gemeinsamen Forschungsinteressen und damit eine Besonderheit in der deutschen Forschungslandschaft“, ergänzt Jens Jerzembeck, ebenfalls AiF-Vorstand und Geschäftsführer der Forschungsvereinigung Schweißen und verwandte Verfahren e.V. des DVS. „Industriegetragene Forschungsvereinigungen, wie die Mitglieder der AiF, brachten und bringen Hundertausende Innovationsprojekte zum Laufen, die sich an den Bedürfnissen der Unternehmen orientieren und dadurch die Wettbewerbsfähigkeit der deutschen Wirtschaft nachweislich stärken." Die AiF und ihre Mitglieder verfügen über eine einzigartige Infrastruktur für die branchenübergreifende Kooperation von Unternehmen und wissenschaftlichen Einrichtungen im Rahmen der vorwettbewerblichen industriellen Gemeinschaftsforschung (IGF). Das Bundesministerium für Wirtschaft und Klimaschutz (BMWK) fördert IGF-Projekte mit öffentlichen Mitteln im gleichnamigen Programm.

Da sie seit 2024 nicht mehr das IGF-Programm administriert, richtet die AiF ihr Engagement als starke Stimme des innovativen Mittelstandes neu aus. Dazu sagt Reiche: „Unter Einbeziehung aller Mitglieder justieren und schärfen wir unser Selbstbild und unsere Mission unter anderem als Koordinator des mittelständischen Forschungsbedarfes, definieren zukünftige Aufgaben und optimieren die organisatorische Struktur". Die Stärkung der industriellen Gemeinschaftsforschung ist Satzungszweck der AiF seit ihrer Gründung im Jahr 1954. „Aus diesem Grund treten wir weiterhin für den Erhalt und den Ausbau der IGF ein. Sie ist ein zentrales Instrument, um nicht nur die Wettbewerbs- und Zukunftsfähigkeit des Mittelstandes zu sichern, sondern ihn auch bei den drängenden Transformationsaufgaben zu unterstützen", erläutert Jerzembeck.

Zur branchenübergreifenden Vernetzung leistet auch die digitale Plattform AiF InnovatorsNet einen Beitrag. Sie bietet Unternehmen, Start-ups, Forschungsinstituten sowie weiteren Einrichtungen aus dem Innovationsspektrum in der Bundesrepublik Deutschland die Möglichkeit zu einem niederschwelligen Austausch und informiert über aktuelle Themen zu Forschung, Innovation und Transfer. Vertreterinnen und Vertreter von Unternehmen, Universitäten und Forschungsinstituten schätzen das AiF InnovatorsNet als „zukunftsfähiges Ökosystem für Innovationen", „erlebbaren Transfer" und „Netzwerk zur zukunftsorientierten Kooperation von Start-ups und Mittelstand".

Schließlich sorgen die Forschungsvereinigungen auch dafür, dass die Ergebnisse allen Unternehmen zur Verfügung stehen.

i

DVS Forschung
www.dvs-forschung.de

AiF
www.aif.de

DVS-Portal – Zeitgemäßes Anwendungssystem für DVS-Mitglieder

Die in 2023 vollständig neu aufgesetzte Systeminfrastruktur der DVS-Hauptgeschäftsstelle mit verbesserten Softwarelösungen unter Abschaffung der Altsysteme erlaubt den im DVS hauptamtlich tätigen Mitarbeiterinnen und Mitarbeitern einen modernen Workflow und eine verbesserte Kommunikation mit den DVS-Mitgliedern. Für die ehrenamtlich Tätigen wird die Modernisierung der EDV-Strukturen durch den Relaunch des DVS-Portals erfahrbar.

Als Arbeitsumgebung genutzt wird das „DVS-Portal" derzeit von den DVS-Landes- und -Bezirksverbänden, um ihre ehrenamtliche Tätigkeit zu organisieren sowie von Mitarbeitenden der Arbeitsgruppen im „Ausschuss für Technik", dem „Ausschuss für Bildung" aber auch „Prüfungs- und Zertifizierungsausschüssen" (PZAs).

Der DVS hat durch die erfolgreiche Umsetzung dieses und weiterer EDV-Projekte im Sinne seiner Mitglieder eine solide Grundlage etabliert, mit der er langfristig günstiger, effizienter und flexibler arbeiten kann. Dabei ist auch daran gedacht worden, den haupt- und ehrenamtlich Tätigen ein leistungsfähiges Werkzeug an die Hand zu geben, mit dem künftig viele weitere Angebote, wie z. B. Arbeitsergebnisse aus Forschungsprojekten der DVS Forschung, für DVS-Mitglieder und Interessierte realisierbar werden.

www.dvs-portal.de

Internationale Kooperation mit EWF und IIW im Bereich Fügetechnik

Der DVS hat seine Pendants auf europäischer bzw. internationaler Ebene in der European Federation for Welding, Joining and Cutting (EWF) und dem IIW – International Institute of Welding. Diese beiden weltweit anerkannten Verbände widmen sich im internationalen Kontext der Diskussion und Erforschung von Schweißen und verwandten Verfahren. Im Folgenden wird die Gestaltung der internationalen Zusammenarbeit mit diesen Institutionen vorgestellt.

European Federation for Welding, Joining and Cutting (EWF)

Die European Federation for Welding, Joining and Cutting (EWF) ist aus dem European Council for Cooperation in Welding (ECCW) hervorgegangen. Seit ihrer Gründung im Jahr 1992 zählt der Europäische Verband für Schweißtechnik insgesamt 29 europäische Verbände oder Institute als Mitglieder sowie zwei beobachtende Mitglieder von außerhalb Europas. Die Mitglieder sind in verschiedenen Arbeitsgruppen organisiert und befassen sich vor allem mit Ausbildungs-, Prüfungs- und Zertifizierungsrichtlinien im Bereich der Fügetechnik. Das vorrangige Ziel der EWF besteht darin, die Ausbildung in der Fügetechnik sowohl europaweit als auch weltweit zu standardisieren, um einheitliche Qualitätsstandards zu etablieren.

Der Arbeitsschwerpunkt der EWF liegt vor allem in der Entwicklung und Verbreitung von Qualifizierungssystemen im Bereich der Aus- und Weiterbildung. Der Europäische Verband hat dadurch bereits wesentlich beigetragen, die Ausbildung auf dem Gebiet des Schweißens und der verwandten Verfahren europaweit zu vereinheitlichen.

Auf Grundlage des Qualifizierungssystems für schweißtechnisches Personal, das vom DVS entwickelt wurde, hat die EWF ein Ausbildungs- und Prüfungssystem etabliert, das von allen Mitgliedsländern genutzt wird. Dieses umfassende Qualifizierungssystem beinhaltet nicht nur die praktische Ausbildung von Schweißern, sondern auch Schulungen für Aufsichts- und Führungskräfte, darunter Schweißfachmänner, Schweißtechniker, Schweißfachingenieure und Schweißgüteprüfer.

Die Ausbildungs- und Schulungsangebote decken eine breite Palette von Inhalten ab, darunter das Fügen, Trennen und Beschichten von metallischen Werkstoffen sowie das Fügen und Trennen von Kunststoffen. Zudem werden auch verwandte Verfahren wie das Thermische Spritzen behandelt. Die Ausbildung von Personal für das spezielle Gebiet des Unterwasserschweißens ist ebenfalls Teil des Angebots, ebenso wie Schulungen zum Kleben.

www.ewf.be

Der DVS stärkt seine Rolle im IIW

Das IIW – International Institute of Welding wurde 1948 mit dem Ziel gegründet, die wissenschaftliche und technische Entwicklung der Schweißtechnik weltweit zu beschleunigen. Anfangs von Verbänden und Instituten aus 13 Ländern initiiert, zählt der IIW mittlerweile über 50 Länder zu seinen Mitgliedern, wobei der DVS Deutschland vertritt.

Zur Förderung der technisch-wissenschaftlichen Zusammenarbeit in der

internationalen Fügetechnik existieren innerhalb des IIW verschiedene Expertengremien. Über 20 Kommissionen und Arbeitsgruppen des International Authorisation Board (IAB) bringen Fachleute aus verschiedenen Ländern regelmäßig zu Sitzungen zusammen. Zudem findet einmal im Jahr die IIW Annual Assembly für alle Mitglieder statt.

Zum Dienstleistungsangebot des IIW gehört neben der technisch-wissenschaftlichen Gemeinschaftsarbeit auch das Internationale Qualifizierungssystem für schweißtechnisches Personal. Dieses ist an das europäische Ausbildungs-, Prüfungs- und Zertifizierungssystem der EWF angelehnt. Mit Einverständnis der EWF wurden deren Richtlinien für Schweißfachingenieure, Schweißtechniker, Schweißfachleute, Schweißpraktiker und Schweißgüteprüfpersonal vom IIW übernommen, sodass sie nunmehr weltweit von den IIW-Mitgliedern angewendet werden können.

Das IIW hat seit Januar 2020 seinen Sitz in Genua, Italien. Von dort aus wird gemeinsam mit dem IIW-Sekretariat das operative Geschäft geleitet. Der Geschäftsführer und das Sekretariat werden vom Board of Directors kontrolliert.

Gleich zwei zentrale Positionen in den Lenkungsgremien des internationalen Verbandes für die Schweißtechnik werden aktuell durch Delegierte des DVS besetzt. Am 16. Juli 2023 bestätigte die IIW General Assembly die Wahl von Professor Dr.-Ing. Thomas Böllinghaus zum IIW-Präsidenten. Professor Dr.-Ing. Thomas Böllinghaus ist Mitglied des DVS-Präsidiums und Leiter der Abteilung Komponentensicherheit an der Bundesanstalt für Materialforschung und -prüfung. Er übernahm das Amt des IIW-Präsidenten am 24. Juli 2023 von seinem Vorgänger, dem Schweizer Dr.-Ing. Sorin Keller, für den Zeitraum von drei Jahren bis 2026.

Im Juni 2025 wurde Dr.-Ing. Roland Boecking, Hauptgeschäftsführer des DVS - Deutscher Verband für Schweißen und verwandte Verfahren e. V., zum zweiten Mal in das Board of Directors des IIW gewählt und löst damit Dr.-Ing. Jörg Vogelsang, CEO der GSI – Gesellschaft für Schweißtechnik International mbH ab.

Der fügetechnische Nachwuchs wird auch auf internationaler Ebene im Auge behalten. Ziel ist es, junge Wissenschaftler nicht nur aus Deutschland, sondern auch aus anderen Ländern zu fördern und ihnen die Teilnahme an der Jahrestagung und Konferenz des IIW zu ermöglichen. Auf Anregung des DVS haben die Young Professionals dort eine eigene Vortragsreihe erhalten, um ihre Forschungsarbeiten vorzustellen und mit Experten aus aller Welt zu diskutieren. Diese Form der „internationalen Weiterbildung“ hat sich inzwischen im IIW etabliert. Weitere Veranstaltungsangebote speziell für die „Young Professionals“ bilden ein ergänzendes Rahmenprogramm.

Deutschland ist in den unterschiedlichen Gremien und Arbeitsgruppen des IIW sehr präsent, in besonderem Umfang gilt dies für die IIW-Jahresversammlung. Der DVS benennt seine Delegierten, d. h. die stimmberechtigten nationalen Vertreter, und entsendet sie in die IIW-Kommissionen. Die Delegierten kommen aus Industrie, Forschung, Hochschulen oder der DVS-Geschäftsstelle. Voraussetzung für die Mitarbeit auf internationaler Ebene ist die Mitgliedschaft im DVS. Darüber hinaus können, auf eigenen Wunsch oder auf Einladung des IIW, auch Experten ohne Stimmrecht an den Sitzungen teilnehmen.

Die deutsche Expertise fließt in die IIW-Fachgruppen ein, die auf internationaler Ebene für technische Ergebnisse und Standards (Technical Groups) oder für Ausbildungskonzepte (International Autorisation Board, kurz: IAB) zuständig sind. Das Ansehen der Delegierte und Experten aus Deutschland ist sehr hoch, da sie aufgrund des hohen Forschungs- und Technologieniveaus und der umfangreichen Normungsaktivitäten in Deutschland wichtige Beiträge zur Arbeit in den Gremien leisten können.

Das IIW ist seit mehreren Jahren von der Internationalen Organisation für Normung (ISO) mit der Erarbeitung von Normen für das Schweißen und verwandte Verfahren beauftragt. In den Arbeitsgruppen werden Normungsvorhaben erarbeitet sowie Best-Practice-Dokumente und Bildungsleitfäden diskutiert. Die Delegierten aus Deutschland bringen ihr Wissen aus der Entwicklung von Normen, DVS-Merkblättern und Richtlinien sowie die Sicht des Marktes in die IIW-Gruppen ein. Damit können sie ihre Kollegen aus anderen Ländern bei der Erarbeitung von IIW-Dokumenten und internationalen Normen von gesicherten Standards überzeugen. Von weltweit einheitlichen Ausbildungsrichtlinien, Fertigungsregeln und Qualitätsstandards in der Fügetechnik profitieren letztlich alle Länder.

Zu den Aufgaben des IIW gehört neben der technisch-wissenschaftlichen Gemeinschaftsarbeit vor allem die international abgestimmte Aus- und Fortbildung von Fachpersonal. Die Fachgruppen des IIW befassen sich insbesondere mit dem internationalen Personalqualifizierungssystem. Dieses System ist an das europäische Ausbildungs-, Prüfungs- und Zertifizierungssystem der EWF – European Federation for Welding, Joining and Cutting angelehnt und damit harmonisiert. In Abstimmung mit der EWF wurden deren Richtlinien für Schweißfachingenieure, Schweißtechniker, Schweißfachmänner, Schweißpraktiker

Bild: iStock.com/sandsun

und Schweißgüteprüfpersonal vom IIW übernommen und entsprechend an den internationalen Standard angepasst. Damit können diese Regeln von den IIW-Mitgliedern weltweit angewendet werden.

Im IAB sind, ebenso wie in den technischen Gruppen, viele bekannte Personen aus dem DVS vertreten. Auf der Mitgliederversammlung des IIW am 7.7.2024 wurde Dipl.-Ing. Martin Lehmann in das Board des IAB – International Authorisation Board aufgenommen. Martin Lehmann leitet im DVS die Abteilung „Bildung und Zertifizierung" sowie die Zertifizierungsstelle für Personal, DVS-PersZert. Außerdem unterstützt er seit Jahren die institutionenübergreifende Zusammenarbeit auf nationaler und europäischer Ebene für die berufliche Aus- und Weiterbildung in der Fügetechnik.

Der IAB erarbeitet Inhalte und Konzepte für die Aus- und Weiterbildung von Fach- und Führungskräften. Damit gewährleistet das IAB qualifizierte Standards, die besonders bei der Ausbildung von Aufsichtspersonen zum Tragen kommen. Denn der DVS wurde für Deutschland vom IIW und vom EWF autorisiert, Fach- und Führungskräfte auszubilden und zu prüfen. Mit international anerkannten Zertifikaten haben die Absolventen beste Chancen auf dem deutschen wie auf dem internationalen Arbeitsmarkt. In jedem IIW-Mitgliedsland wird nur eine Organisation als sogenannter ANB (Authorized Nominated Body) benannt. Dieses Alleinstellungsmerkmal hat in Deutschland der DVS, was wiederum auch allen DVS-anerkannten Bildungseinrichtungen zugutekommt. Damit und mit den Ergebnissen aus den verschiedenen anderen Gremien des IIW wird das Ziel des internationalen Fachverbandes, die „Entwicklung der Schweißtechnik auf wissenschaftlichem, technischem und bildungsspezifischem Gebiet weltweit voranzubringen", erfolgreich umgesetzt.

www.iiwelding.org

Ihre Ansprechpartner in der Hauptgeschäftsstelle des DVS

Geschäftsführung & Kommunikation

Hauptgeschäftsführer
Dr.-Ing. Roland Boecking
T +49 211 1591-103
roland.boecking@dvs-home.de

Stv. Hauptgeschäftsführer/ Kaufmännischer Leiter
Sascha Köstermann
T +49 211 1591-108
sascha.koestermann@dvs-home.de

Assistentin des Hauptgeschäftsführers
Kerstin Hase M.A.
T +49 211 1591-103
kerstin.hase@dvs-home.de

Technische Redakteurin
Susanne Kinville
T +49 211 1591-305
susanne.kinville@dvs-home.de

Technischer Redakteur
Thomas Schneidewind
T+ 49 211 1591-302
thomas.schneidewind@dvs-home.de

Finanzen und Verbandsorganisation

Abteilungsleiter
Julian Bongartz
T +49 211 1591-127
julian.bongartz@dvs-home.de

Stv. Abteilungsleiterin
Bettina Eichelberg
T +49 211 1591-172
bettina.eichelberg@dvs-home.de

Sachbearbeitung
Dipl.-Kffr. Renate Ottensmann
T +49 211 1591-114
renate.ottensmann@dvs-home.de

Rechnungswesen
Beate Bogdoll
T +49 211 1591-183
beate.bogdoll@dvs-home.de

Rechnungswesen
Ulrike Meurers
T +49 211 1591-111
ulrike.meurers@dvs-home.de

Abteilungsleiter, Geschäftsführer Ausschuss für Technik, Geschäftsführer Forschungsvereinigung Schweißen und verwandte Verfahren e.V. des DVS
Dipl.-Ing. Jens Jerzembeck
T +49 211 1591-173
jens.jerzembeck@dvs-home.de

Fachreferenten
Stv. Abteilungsleiter
Dr.-Ing. Christoph Heering
T +49 211 1591-174
christoph.heering@dvs-home.de

Marvin Keinert M.Sc.
T +49 211 1591-188
marvin.keinert@dvs-home.de

Dipl.-Ing. Martin Lehmann
T +49 211 1591-203
martin.lehmann@dvs-home.de
Philipp Loermann M.Sc.
T +49 211 1591-117
philipp.loermann@dvs-home.de
Dipl.-Ing. Michael Metzger
T +49 211 1591-177
michael.metzger@dvs-home.de

Lisa Rauscher M.Sc.
T +49 211 1591-120
lisa.rauscher@dvs-home.de

Teamleitung
Projektadministration Forschung
Philipp Okon
T +49 211 1591-184
philipp.okon@dvs-home.de

Sachbearbeitung
Maria Gerling
T +49 211 1591-180
maria.gerling@dvs-home.de

Melanie Caron
T +49 211 1591-181
melanie.caron@dvs-home.de

Anna Linz
T +49 211 1591 -185
anna.linz@dvs-home.de

Weitere Informationen über fachliche Zuständigkeiten sind zu finden unter:
www.dvs-technik.de
www.dvs-forschung.de

1

Abteilungsleiter,
Geschäftsführer DVS-PersZert
Geschäftsführer DVS ZERT GmbH
Dipl.-Ing. Martin Lehmann
T +49 211 1591-203
martin.lehmann@dvs-home.de

Fachreferenten
Stv. Abteilungsleiter,
QMB DVS-PersZert
Dipl.-Ing. Michael Metzger
T +49 211 1591-177
michael.metzger@dvs-home.de

Dr.-Ing. Christoph Heering
T +49 211 1591-174
christoph.heering@dvs-home.de

Dipl.-Ing. Jens Jerzembeck
T +49 211 1591-173
jens.jerzembeck@dvs-home.de

Marvin Keinert, M.Sc.
T +49 211 1591-188
marvin.keinert@dvs-home.de

Dipl.-Ing. Susanne Leising
T +49 211 1591-277
susanne.leising@dvs-media.info

Lisa Rauscher M.Sc.
T +49 211 1591-120
lisa.rauscher@dvs-home.de

Sachbearbeitung
Isabell Ramos de Loureiro
T +49 211 1591-119
isabell.loureiro@dvs-home.de

Sachbearbeitung
Benjamin Heymann
T +49 211 1591-121
benjamin.heymann@dvs-home.de

Sachbearbeitung/Sekretariat
Martina Esau
T +49 211 1591-175
martina.esau@dvs-home.de

Weitere Informationen über fachliche Zuständigkeiten sind zu finden unter: www.dvs-bildung.de

Mitgliederservice

Stv. Hauptgeschäftsführer/
Kaufmännischer Leiter
Sascha Koestermann
T +49 211 1591-108
sascha.koestermann@dvs-home.de

Sachbearbeitung
Manuela Kelzenberg
T +49 211 1591-170
manuela.kelzenberg@dvs-home.de

Sachbearbeitung
Birgit Oefinger
T +49 211 1591-171
birgit.oefinger@dvs-home.de

Sachbearbeitung
Sabrina Jäckel,
T+ 49 211 1591-178
sabrina.jaeckel@dvs-home.de

DVS-Informationsnetzwerk

Teamleitung
Christian Habel
T +49 211 1591-118
christian.habel@dvs-home.de

Sachbearbeitung/Support
Florian Warkentin
T +49 211 1591-110
florian.warkentin@dvs-home.de

Internet/Web-Auftritt
Kerstin Habel M.A.
T +49 211 1591-107
kerstin.habel@dvs-home.de

Next Generation

Next Generation
Programm „DVS-Young Professionals“
Philipp Loermann M.Sc.
T +49 211 1591-117
philipp.loermann@dvs-home.de

DVS-Bundeswettbewerb
„Jugend schweißt“
Martina Esau
T +49 211 1591-175
martina.esau@dvs-home.de

Abteilungsleiter
Julian Bongartz B.A.
T +49 211 1591-127
julian.bongartz@dvs-home.de

Teamleitung
Natalie Apfel
T +49 211 1591-0
natalie.apfel@dvs-home.de

Mitgliederservice/Empfang
Sabrina Jaeckel
T +49 211 1591-0
sabrina.jaeckel@dvs-home.de

Hausservice
Ludwig Düllgen
T +49 211 1591-0
ludwig.duellgen@dvs-home.de

Stand Mai 2025

Der DVS – regional und nah

Der DVS bietet seinen Mitgliedern die Gelegenheit, vom Know-how des Verbandes zu profitieren. An verschiedensten Stellen beziehen die Mitglieder ihre Informationen aus erster Hand: in Fachgremien, in denen sie mitwirken, ihr Wissen anwenden und erweitern, aus Fachpublikationen, die ihnen im Verband exklusiv zur Verfügung stehen oder durch Veranstaltungen, die sie besuchen. Viele Aktivitäten und Projekte werden aus der Düsseldorfer Hauptgeschäftsstelle heraus initiiert und umgesetzt, aber ein Großteil des Verbandslebens findet vor Ort in der Region statt.

In seinen 5 Landes- und 67 Bezirksverbänden finden DVS-Mitglieder Ihre Ansprechpartner direkt vor der eigenen Haustür. Hier werden Exkursionen und Vortragsveranstaltungen in der nächsten Umgebung angeboten, bei denen die Wissensvermittlung, der Austausch und die Diskussion über die Fachthemen im Vordergrund stehen. Die Landesverbände unterstützen die Bezirksverbände bei der regionalen Verbandsarbeit.

1

Die DVS-Landes- und Bezirksverbände

LV Nord

(Sitz: SLV Mecklenburg-Vorpommern GmbH)

Bezirksverbände

Bremen-Bremerhaven
Flensburg-Kiel
Hamburg
Hannover-Hameln
Lübeck-Neumünster
Neubrandenburg
Osnabrück-Emsland
Rostock
Schwerin
Süd-Ost-Niedersachsen
Vorpommern
Weser-Ems

LV Ost

(Sitz: SLV Halle GmbH)

Bezirksverbände

Anhalt
Berlin
Chemnitz
Cottbus
Dresden
Erfurt
Frankfurt/Oder
Halle
Leipzig
Magdeburg
Mittelsachsen
Ostthüringen
Potsdam
Südthüringen

LV Süd

(Sitz: SLV München)

Bezirksverbände

Chiemgau
Mittelhessen
München
Niederbayern
Nordhessen
Nordostbayern
Nürnberg
Rhein-Main
Schwaben-Mittelbayern
Unterfranken

LV Südwest

(Sitz: SLV Fellbach)

Bezirksverbände

Freiburg
Friedrichshafen-Ravensburg
Heilbronn
Karlsruhe-Pforzheim
Koblenz
Konstanz
Mainz-Wiesbaden
Mannheim-Ludwigshafen
Mittelbaden-Rastatt
Odenwald-Tauber
Pfalz
Region Stuttgart-Alb-Fils
Rheinfelden
Saar
Schwarzwald-Hochrhein
Trier
Ulm Neu-Ulm

LV West

(Sitz: SLV Duisburg)

Bezirksverbände

Aachen
Bergisch Land
Düsseldorf
Duisburg
Essen
Gelsenkirchen
Kleve
Köln
Münsterland
Niederrhein
Ostwestfalen-Lippe
Ruhrgebiet
Sauerland
Siegen

Anschriften der DVS-Landes- und Bezirksverbände

Landesverband Nord

Vorsitzender: Dipl.-Ing. Christian Scheel
Geschäftsführung:
Dipl.-Ing. Silvio Freese, Dr. Ing. Rigo Peters

c/o Linde GmbH
Gasstr. 29
22761 Hamburg
T +49 173 8702 040 (S. Freese)
T +49 381 6609 820 (R. Peters)

c/o SLV Mecklenburg-Vorpommern GmbH
Alter Hafen Süd 4
18069 Rostock
lv.nord@dvs-nord.de
www.dvs-home.de/dvs/vor-ort/
landesverband-nord

Landesverband Ost

Vorsitzender: Dr. Holger Günther
Geschäftsführung:
Dipl.-Ing. Tino Gurschke

Schweißtechnische Lehr- und
Versuchsanstalt Halle GmbH
Köthener Str. 33 a
06118 Halle
T +49 345 525 034 25
lv.ost@dvs-ost.de
www.dvs-home.de/dvs/vor-ort/
landesverband-ost

Landesverband Süd

Vorsitzender:
Dipl.-Ing. (FH) SFI Johann Schwanner
Geschäftsführung: Dipl.-Ing. SFI Michael Dey

c/o GSI – Gesellschaft für
Schweißtechnik International mbH,
Niederlassung SLV München
Schachenmeierstr. 37
80636 München
T +49 89 126 802 12
lv.sued@dvs-sued.de
www.dvs-home.de/dvs/vor-ort/
landesverband-sued

Landesverband Südwest

Vorsitzender: Dr. rer. pol. Udo Scheer
Geschäftsführung: Andreas Selke

c/o GSI – Gesellschaft für
Schweißtechnik International mbH,
Niederlassung SLV Fellbach
Lise-Meitner-Str. 13
70736 Fellbach
T +49 151 151 518 67
andreas.selke@dvs-regional.de
www.dvs-home.de/dvs/vor-ort/
landesverband-suedwest

Landesverband West

Vorsitzender: Dipl.-Ing. Wolfgang Schneider
Geschäftsführung: Dipl.-Ing. Frank Moll

c/o GSI – Gesellschaft für
Schweißtechnik International mbH,
Niederlassung SLV Duisburg
Bismarckstr. 85
47057 Duisburg
T +49 160 539 4480
lv.west@dvs-west.de
www.dvs-home.de/dvs/vor-ort/
landesverband-west

DVS-Bezirksverband Aachen

Ihr Ansprechpartner:
Ing. FH Ewald Roth
Berufsbildungs- und Gewerbeförderungseinrichtung
Tempelhofer Str. 15-17
52068 Aachen
T +49 241 96740
bv.aachen@dvs-nr.de

DVS-Bezirksverband Anhalt

Ihr Ansprechpartner:
Dirk Altnau
c/o DVS-Kursstätte Anhalt
Zeppelinstr. 7
06847 Dessau-Roßlau
T +49 340 54123 0
bv.anhalt@dvs-md.de

DVS-Bezirksverband Bergisch Land

Ihr Ansprechpartner:
Jörg Ulm
Wahner Delle 6
51399 Burscheid
T +49 176 784 096 82
bv.bergisch-land@dvs-nr.de

DVS-Bezirksverband Berlin

Ihr Ansprechpartner:
Henry Wetzel
c/o Merkle Schweißtechnik Berlin GmbH
Freiheitsweg 23
13407 Berlin
T +49 171 649 2080
bv.berlin@dvs-bb.de

DVS-Bezirksverband Bremen-Bremerhaven

Ihr Ansprechpartner:
Dipl.-Ing. Silvio Freese
c/o Handwerk gGmbH
Kompetenzzentrum der HWK Bremen
Schongauer Straße 2
28219 Bremen
T +49 173 870 204 0
bv.bremen-bremerhaven@dvs-nb.de

DVS-Bezirksverband Chemnitz

Ihr Ansprechpartner:
Dr.-Ing. Stefan Brumm
Otto-Schmerbach-Straße 30
09117 Chemnitz
T +49 375 536 1647
bv.chemnitz@dvs-md.de

DVS-Bezirksverband Chiemgau

Ihr Ansprechpartner:
Klaus Bründl
c/o Berufsbildungswerk Burghausen
Johannes-Hess-Str. 5
84489 Burghausen
T +49 8677 838 6404
bv.chiemgau@dvs-by.de

DVS-Bezirksverband Cottbus

Ihr Ansprechpartner:
Dipl.-Ing. Alexander Kloshek
Schmellwitzer Str. 128 a
03044 Cottbus
T +49 355 694 679
bv.cottbus@dvs-bb.de

DVS-Bezirksverband Dresden

Ihr Ansprechpartner:
Martin Schmieder
c/o Schweißtechnische Lehranstalt der
Handwerkskammer Dresden
Am Lagerplatz 8
01099 Dresden
T +49 351 4640 180
bv.dresden@dvs-md.de

DVS-Bezirksverband Duisburg

Ihr Ansprechpartner:
Dipl.-Ing. Frank Moll
c/o SLV Duisburg
Bismarckstraße 85
47057 Duisburg
T +49 160 539 4480
bv.duisburg@dvs-nr.de

DVS-Bezirksverband Düsseldorf

Ihr Ansprechpartner:
Dipl.-Ing. Holger Specht
c/o Handwerkskammer Düsseldorf
Schweißtechnische Lehranstalt
Gebäude A
Georg-Schulhoff-Platz 1
40221 Düsseldorf
T + 49 211 1591 293
bv.duesseldorf@dvs-nr.de

DVS-Bezirksverband Erfurt

Ihr Ansprechpartner:
Jochen Reindanz
c/o L & K Land- und Kraftfahrzeugtechnik
GmbH
99326 Stadtilm
T +49 361 6707 6710
bv.erfurt@dvs-th.de

DVS-Bezirksverband Essen

c/o Reiz GmbH
Am Lichtbogen 55
45141 Essen
T +49 201 379 833 24
bv.essen@dvs-nr.de

DVS-Bezirksverband Flensburg-Kiel

Ihr Ansprechpartner:
Dennis Jessen
Handwerkskammer Flensburg
Johanniskirchhof 1 - 7
24937 Flensburg
T + 49 461 866 142
bv.flensburg-kiel@dvs-hs.de

DVS-Bezirksverband Frankfurt/Oder

Ihr Ansprechpartner:
Herrn Ing. F. Gädicke
c/o Fürstenwalder Aus-Weiterbildungs-
zentrum
Julius-Pintsch-Ring 25
15517 Fürstenwalde
T +49 179 746 9965
bv.frankfurt@dvs-bb.de

DVS-Bezirksverband Freiburg

Ihr Ansprechpartner:
Fabian Spuller
Hessenstr. 4b
79362 Forchheim
T +49 7642 465 9064
bv.freiburg@dvs-ba.de

DVS-Bezirksverband Friedrichshafen-Ravensburg

Ihr Ansprechpartner:
Dipl.-Ing. Wolfgang Bernmeister
Steinbeisstr. 38
88046 Friedrichshafen
T +49 7541 522 72
bv.friedrichshafen-ravensburg@dvs-ba.de

DVS-Bezirksverband Gelsenkirchen

Ihr Ansprechpartner:
Dipl.-Ing. Jürgen Daldrup
Uechtingstraße 70
45881 Gelsenkirchen
T +49 209 980 750
bv.gelsenkirchen@dvs-wf.de

DVS-Bezirksverband Halle

Ihr Ansprechpartner:
Dipl.-Ing. (FH) Christian Schwalenberg
c/o SLV Halle GmbH
Köthener Straße 33a
06118 Halle (Saale)
T +49 345 525 034 33
bv.halle@dvs-md.de

DVS-Bezirksverband Hamburg

Ihre Ansprechpartnerinnen:
Anja Riedel/Yvonne Schulz
c/o Linde GmbH
Gasstr. 29
22761 Hamburg
T + 49 40 853 121 145
bv.hamburg@dvs-hs.de

DVS-Bezirksverband Hannover-Hameln

Ihr Ansprechpartner:
Prof. Dr.-Ing. Gerd Kuscher
GSI – Gesellschaft für Schweißtechnik
International mbH, Niederlassung SLV
Hannover
Am Lindener Hafen
30453 Hannover
T +49 173 21 77 201
bv.hannover-hameln@dvs-nb.de

DVS-Bezirksverband Heilbronn

Ihr Ansprechpartner:
Dr.-Ing. Gerhard Bloschies
Wilhelm-Maybach-Schule
Sichererstr. 17
74076 Heilbronn
T +49 172 908 0577
bv.heilbronn@dvs-ba.de

DVS-Bezirksverband Karlsruhe-Pforzheim

Ihre Ansprechpartner:
Alfred Müller / Christian Märkle
c/o hmb gmbh
Unterreut 6
76135 Karlsruhe
T +49 174 95 78 501
bv.karlsruhe-pforzheim@dvs-ba.de

DVS-Bezirksverband Kleve

Ihr Ansprechpartner:
Dr.-Ing. Rainer Ortmann
c/o Berufsbildende Schulen – Gebäude 8
Felix-Roeloffs-Str. 7
47533 Kleve
T +49 2821 40940
bv.kleve@dvs-nr.de

DVS-Bezirksverband Koblenz

Ihr Ansprechpartner:
Peter Eich
DVS-Bezirksverband Koblenz
im Metall- und Technologie Zentrum
der HWK Koblenz
August-Horch-Str. 8
56070 Koblenz
T +49 261 398 511
bv-koblenz@dvs-rp.de

DVS-Bezirksverband Köln

Ihre Ansprechpartnerin:
Monika Hain
Postfach 240105
51321 Leverkusen
T +49 172 803 1877
bv.koeln@dvs-nr.de

DVS-Bezirksverband Konstanz

Ihr Ansprechpartner:
Dipl.-Ing. (FH) Martin Rescheleit
an der HTWG Konstanz
Alfred-Wachtel-Str. 8
78462 Konstanz
T +49 7531 206 284
bv.konstanz@dvs-ba.de

DVS-Bezirksverband Leipzig

Ihr Ansprechpartner:
Dipl.-Ök. Ines Wolter
c/o Business Innovation Centre (BIC)
Karl-Heine-Straße 99
04229 Leipzig
T +49 341 480 2563
bv.leipzig@dvs-md.de

DVS-Bezirksverband Lübeck-Neumünster

Ihre Ansprechpartner:
Dipl.-Ing. Holger Tiedemann/
Dipl.-Ing. Frank Kröger
c/o Berufsbildungsstätte Travemünde
Frau Dorit Szameitat
Wiekstr. 5
23570 Lübeck-Travemünde
T +49 4502 887 391
bv.luebeck-neumuenster@dvs-hs.de

DVS-Bezirksverband Magdeburg

Ihr Ansprechpartner:
Marco Brietz
c/o SL Magdeburg gGmbH
An der Sülze 7
39179 Barleben
T +49 151 292 293 77
bv.magdeburg@dvs-md.de

DVS-Bezirksverband Mainz-Wiesbaden

Ihr Ansprechpartner:
Dipl.-Ing. (FH) Stefan Jahn
c/o Schweißtechnische Kursstätte
SK Mainz-Wiesbaden GmbH
Robert-Koch-Str. 19
55129 Mainz-Hechtsheim
T +49 6131 959 020
bv.mainz-wiesbaden@dvs-rp.de

DVS-Bezirksverband Mannheim-Ludwigshafen

Ihr Ansprechpartner:
Dipl.-Ing. (FH) Holger Elfert
c/o SLV Mannheim GmbH
Käthe-Kollwitz-Straße 19
68169 Mannheim
T +49 621 3004 200
bv.mannheim-ludwigshafen@dvs-ba.de

DVS-Bezirksverband Mittelbaden-Rastatt

Ihre Ansprechpartnerin:
Sabrina Leue
Im Steingerüst 57
76437 Rastatt
T +49 7222 505170
bv.mittelbaden-rastatt@dvs-ba.de

DVS-Bezirksverband Mittelhessen

Ihr Ansprechpartner:
Josef Meitner
Rhönstr. 100
63571 Gelnhausen
T +49 6051 699 72
bv.mittelhessen@dvs-he.de

DVS-Bezirksverband Mittelsachsen

Ihr Ansprechpartner:
Hans-Jörg Herold
Melchior-Tatzen-Weg 6
01616 Strehla
T +49 173 8267019
bv.mittelsachsen@dvs-md.de

DVS-Bezirksverband München

Ihr Ansprechpartner:
Dipl.-Ing. SFI Michael Dey
c/o GSI mbH, Niederlassung SLV München
Schachenmeierstraße 37
80636 München
T +49 89 126 802 12
bv.muenchen@dvs-by.de

DVS-Bezirksverband Münsterland

Ihr Ansprechpartner:
Günter Schrade
c/o Kreishandwerkerschaft
Steinfurt Warendorf
Schlenckhoffs Weg 57
59269 Beckum
T +49 5971 4003 3000
bv.muensterland@dvs-wf.de

DVS-Bezirksverband Neubrandenburg

Ihr Ansprechpartner:
Matthias Muth
c/o RTN GmbH
Quarzstraße 5
17036 Neubrandenburg
T +49 7166610
bv-neubrandenburg@dvs-mv.de

DVS-Bezirksverband Niederbayern

Ihr Ansprechpartner:
Alois Lang
Schillerstr. 31
84130 Dingolfing
T +49 8731 71932
bv.niederbayern@dvs-by.de

DVS-Bezirksverband Niederrhein

Ihr Ansprechpartner:
Dipl.-Ing. EWI Klaus Strohschein
c/o Kreishandwerkerschaft Mönchengladbach
Platz des Handwerks 1
41065 Mönchengladbach
T +49 2161 9929 575
bv.niederrhein@dvs-nr.de

DVS-Bezirksverband Nordhessen

Ihr Ansprechpartner:
Tim Hildebrand
c/o BZ Bildungszentrum Kassel GmbH
Falderbaumstr. 18-20
34123 Kassel
T +49 561 9596 156
bv.nordhessen@dvs-he.de

DVS-Bezirksverband Nordostbayern

Ihr Ansprechpartner:
Christian Zweck B. Eng., SFI
bv.nordostbayern@dvs-by.de

DVS-Bezirksverband Nürnberg

Ihre Ansprechpartnerin:
Ramona Raum
c/o KONRAD MICHEL GMBH –
Schweißerei
Illesheimer Straße 8
90431 Nürnberg
T +49 911 618687
bv-nuernberg@dvs-by.de

DVS-Bezirksverband Odenwald-Tauber

Ihr Ansprechpartner:
Simon Baumgart
c/o Zentralgewerbeschule Buchen
Karl-Tschamber-Straße 1
74722 Buchen
T +49 6261 945 363
bv.odenwald-tauber@dvs-ba.de

DVS-Bezirksverband Osnabrück-Emsland

Ihr Ansprechpartner:
Dipl.-Ing. SFI Astrid von Höveling
HWK Osnabrück-Emsland
Bramscher Str. 134 - 136
49088 Osnabrück
T +49 541 6929 950
bv.osnabrueck-emsland@dvs-nb.de

DVS-Bezirksverband Ostthüringen

Ihr Ansprechpartner:
Dr. Thomas Körner
Ernst-Ruska-Ring 3
07745 Jena
T +49 3641 360129
bv.ostthueringen@dvs-th.de

DVS-Bezirksverband Ostwestfalen-Lippe

Ihre Ansprechpartnerin:
Sophie-Marie Elze
Bleichstr. 10
33607 Bielefeld
T +49 521 65045
bv.ostwestfalen-lippe@dvs-wf.de

DVS-Bezirksverband Pfalz

Ihr Ansprechpartner:
Dipl.-Ing. Gerhard Mohr IWE
Im Stadtwald 17
67663 Kaiserslautern
T +49 631 31069 0
bv.pfalz@dvs-rp.de

DVS-Bezirksverband Potsdam

Ihr Ansprechpartner:
Dipl.-Ing. (FH) IWE Andreas Waller
Ausbau 6
14550 Groß Kreutz (Havel)
T +49 33207 188 33
bv.potsdam@dvs-bb.de

DVS-Bezirksverband Rhein-Main

Ihr Ansprechpartner:
Dieter Dörhöfer
Metallfachschule Hessen gGmbH
Ludwig-Erhard-Str. 20
61440 Oberursel
T +49 6171 8830340
F +49 6171 4157
bv.rhein-main@dvs-he.de

DVS-Bezirksverband Rheinfelden

Ihr Ansprechpartner:
Dipl.-Ing. (BA) Markus Berger
Scheinbergring 15
79650 Schopfheim
T +49 7622 282 537
bv.rheinfelden@dvs-ba.de

DVS-Bezirksverband Rostock

Ihre Ansprechpartnerin:
Dr.-Ing. Arite Scharff
in der SLV Mecklenburg-Vorpommern GmbH
Alter Hafen Süd 4
18069 Rostock
T +49 381 660 982 53
scharff@slv-rostock.de

DVS-Bezirksverband Ruhrgebiet

Kommissarische Leitung:
Dr.-Ing. Roland Boecking / Kerstin Hase
c/o DVS – Deutscher Verband für Schweißen und verwandte Verfahren e. V.
Aachener Str. 172
40223 Düsseldorf
T +49 211 1591 103
kerstin.hase@dvs-home.de

DVS-Bezirksverband Saar

Ihr Ansprechpartner:
Patrick Klein
in der SLV Saarbrücken NL der GSI mbH
Heuduckstraße 91
66117 Saarbrücken
T +49 681 58823 0
bv.saar@dvs-sr.de

DVS-Bezirksverband Sauerland

Ihr Ansprechpartner:
Dipl.-Ing. Peter Baumgart
Bernhard-Bahnschulte-Str. 19
59755 Arnsberg-Neheim
T +49 2932 941 5917
bv.sauerland@dvs-wf.de

DVS-Bezirksverband Schwaben-Mittelbayern

Ihr Ansprechpartner:
Alexander Stapf
bv.schwaben@dvs-by.de

DVS-Bezirksverband Schwarzwald-Hochrhein

Ihr Ansprechpartner:
Dirk Schwäble
Berufl. Bildungsstätte Tuttlingen GmbH
Max-Planck-Str. 17
78532 Tuttlingen
T +49 7461 92900
bv.schwarzwald-hochrhein@dvs-ba.de

DVS-Bezirksverband Schwerin

Ihr Ansprechpartner:
Dipl.-Ing. (BA) SFI Michael Giese
Steinweg 19
19075 Pampow
T +49 151 141 060 40
bv.schwerin@dvs-mv.de

DVS-Bezirksverband Siegen

Kommissarische Leitung:
Sascha Köstermann
c/o DVS – Deutscher Verband für Schweißen und verwandte Verfahren e.V.
Aachener Str. 172
40223 Düsseldorf
T +49 211 1591 108
sascha.koestermann@dvs-home.de

DVS-Bezirksverband Region Stuttgart-Alb-Fils

Ihr Ansprechpartner:
Dr. Udo Scheer
c/o VAUTID GmbH
Brunnwiesenstr. 5
73760 Ostfildern-Ruit
T +49 711 4404 111
bv.stuttgart@dvs-ba.de

DVS-Bezirksverband Süd-Ost-Niedersachsen

Ihr Ansprechpartner:
Dr.-Ing. Henning Wiche
Leibnizstr. 9
38678 Clausthal-Zellerfeld
T +49 5323 723330
bv.sued-ost-niedersachsen@dvs-nb.de

DVS-Bezirksverband Südthüringen

Ihre Ansprechpartnerin:
Yvonne Reichsthaler
Kloster 1
98530 Rohr
T +49 36844 47145
Yvonne.Reichsthaler@dvs-th.de

DVS-Bezirksverband Trier

Ihre Ansprechpartnerin:
Yvonne Booman
Auer-von-Welsbach-Str. 5
54292 Trier
T +49 651 1 46 44 0
bv.trier@dvs-rp.de

DVS-Bezirksverband Ulm/Neu-Ulm

Ihr Ansprechpartner:
Hans-Jochen Jäger
Köllestr. 55
89077 Ulm
T +49 731 1425 7102
bv.ulm-neu-ulm@dvs-ba.de

DVS-Bezirksverband Unterfranken

Ihre Ansprechpartnerin:
Dipl.-Wirtsch.-Ing. (FH) IWE Julia Zutzmann
Winterhäuser Str. 77
97084 Würzburg
T +49 179 458 8221
bv.unterfranken@dvs-by.de

DVS-Bezirksverband Vorpommern

Ihr Ansprechpartner:
Prof. Dr.-Ing. Normen Fuchs
c/o Hochschule Stralsund, Fakultät für Maschinenbau
Zur Schwedenschanze 15
18435 Stralsund
bv.vorpommern@dvs-mv.de

DVS-Bezirksverband Weser-Ems

Ihr Ansprechpartner:
Karsten Lucking
In der Kreishandwerkerschaft Vechta
An der Gräfte 22
49377 Vechta
T +49 4441 941 131
bv.weser-ems@dvs-nb.de

Bild: shutterup – stock.adobe.com

Die Beteiligungsgesellschaften und Kooperationen des DVS

Vielfältiges Leistungsspektrum durch starke Partner

Die Beteiligungsgesellschaften des DVS unterstützen die Ziele des Verbandes auf operativer Ebene. Sie engagieren sich national und international für die Füge-, Trenn- und Beschichtungstechnik. Im Detail bilden sie Fachpersonal aus, prüfen und zertifizieren, sorgen für Qualität, publizieren Fachwissen, forschen oder begutachten und bringen damit gemeinsam mit dem DVS das Fügen, Trennen und Beschichten in allen Bereichen nach vorn.

Wer in einer der Niederlassungen der GSI mbH eine schweißtechnische Weiterbildung wahrnimmt, erhält sie vom Marktführer, denn die GSI ist, gemessen an der Anzahl von Unterrichtseinheiten mit abgenommen Schweißer-Prüfungen, die größte schweißtechnische Bildungseinrichtung in Deutschland. Darüber hinaus bietet die GSI viele weitere Aus- und Weiterbildungsmöglichkeiten der Füge-, Trenn- und Beschichtungstechnik an, beteiligt sich an Forschungsprojekten und hat vielseitige Beratungsleistungen, Gutachtertätigkeiten und Werkstoffprüfungen in ihrem Angebot.

Die DVS Media GmbH ist die Expertin, wenn es um schweißtechnische Fachinformation geht – ganz gleich ob klassisch auf Papier oder in digitaler Form. Seit 1955 vermittelt das Medienunternehmen schweißtechnisches Fachwissen über sein umfangreiches Verlagsportfolio, publiziert das technische Regelwerk des DVS und erarbeitet gemeinsam mit dem Bildungssystem von DVS-PersZert die ausbildungsbegleitende Fachlektüre.

DVS ZERT ist die Zertifizierungsstelle für Managementsysteme und Produkte. Sie steht mit langjähriger Expertise denjenigen Unternehmen zur Seite, die ihr Leistungsangebot durch entsprechende Zertifizierungen belegen möchten und manchmal auch müssen, um am Markt bestehen zu können.

Das vielfältige Spektrum, dass alle Beteiligungsgesellschaften gemeinsam anbieten, wird durch diese drei Unternehmen des DVS exemplarisch vorgestellt. Alle DVS-Beteiligungsgesellschaften sind zusammen als starke Partner das Netzwerk des DVS und bilden die DVS-Group.

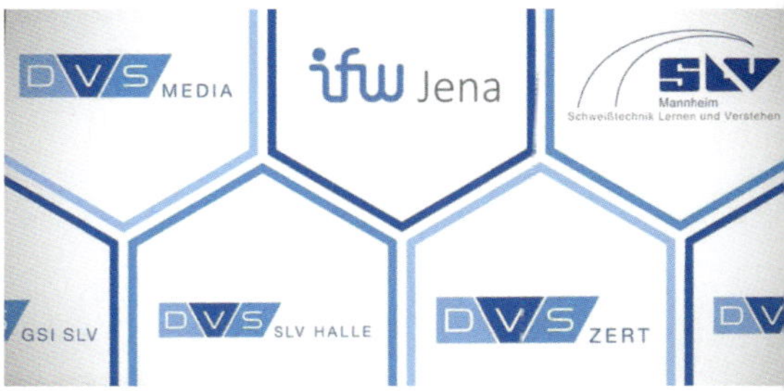

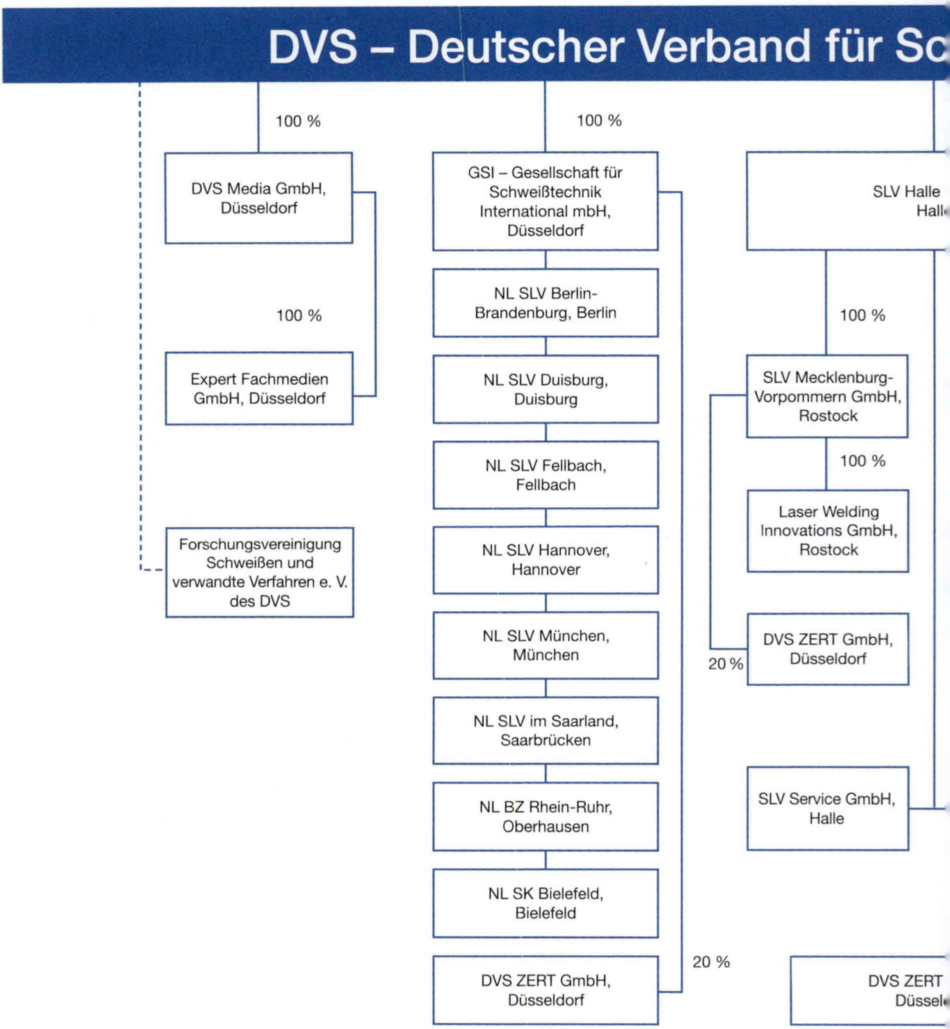
DVS – Deutscher Verband für Sc
100 %
DVS Media GmbH, Düsseldorf
100 %
Expert Fachmedien GmbH, Düsseldorf
Forschungsvereinigung Schweißen und verwandte Verfahren e. V. des DVS
100 %
GSI – Gesellschaft für Schweißtechnik International mbH, Düsseldorf
NL SLV Berlin-Brandenburg, Berlin
NL SLV Duisburg, Duisburg
NL SLV Fellbach, Fellbach
NL SLV Hannover, Hannover
NL SLV München, München
NL SLV im Saarland, Saarbrücken
NL BZ Rhein-Ruhr, Oberhausen
NL SK Bielefeld, Bielefeld
DVS ZERT GmbH, Düsseldorf
20 %
SLV Halle
Hall
100 %
SLV Mecklenburg-Vorpommern GmbH, Rostock
100 %
Laser Welding Innovations GmbH, Rostock
20 %
DVS ZERT GmbH, Düsseldorf
SLV Service GmbH, Halle
DVS ZERT
Düssel

en und verwandte Verfahren e. V.

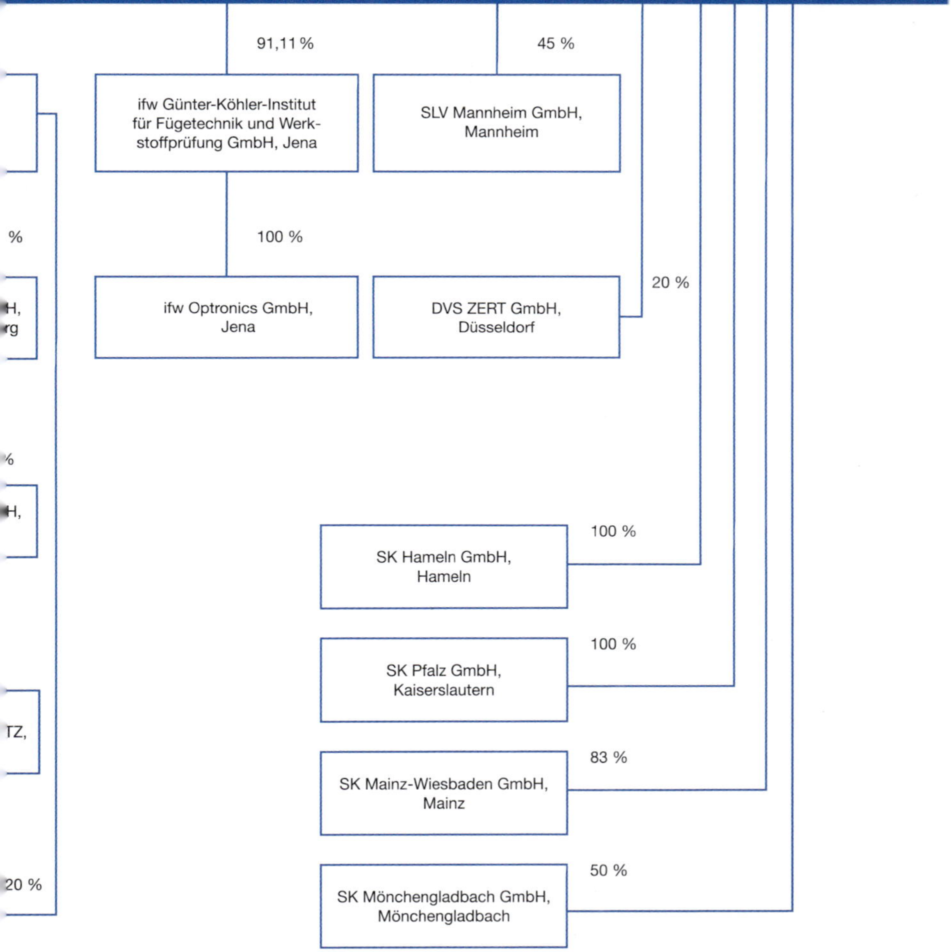

SLV = Schweißtechnische Lehr- und Versuchsanstalt
NL = Niederlassung
BZ = Bildungszentrum
SK = Schweißtechnische Kursstätte

Stand: März 2025

DVS ZERT GmbH – Bestens aufgestellt für die Zertifizierungsaufgaben in unserer Branche

Auf nationaler wie auf internationaler Ebene führt die DVS ZERT GmbH seit 30 Jahren Zertifizierungen von Managementsystemen sowie von Produkten und Dienstleistungen durch.

Ursprünglich 1994 als eingetragener Verein gegründet, wurde aus DVS ZERT 2013 eine GmbH und gehört heute zu den führenden Zertifizierungsstellen der Branche. DVS ZERT GmbH ist akkreditiert nach DIN EN ISO/IEC 17021-1 für Managementsysteme und DIN EN ISO/IEC 17065 für Dienstleistungen und Produkte. Mit diesen Akkreditierungen bestätigt die Deutsche Akkreditierungsstelle GmbH (DAkkS), dass DVS ZERT die Aufgaben als Zertifizierungsgesellschaft kompetent und nach geltenden Anforderungen erfüllt. Zudem ist DVS ZERT für verschiedene harmonisierte Normen und Europäische Bewertungsdokumente (EAD) vom Deutschen Institut für Bautechnik (DIBt) notifiziert. Über die europäischen Notifizierungen hinaus ist DVS ZERT als Prüfstelle vom DIBt bauaufsichtlich anerkannt.

Bild: © Sergeev Sergey/Fotolia.com

Beratende Tätigkeiten zum Aufbau von Managementsystemen werden von DVS ZERT aus Unparteilichkeitsgründen nicht angeboten. Hingegen bestätigt DVS ZERT als neutrale Zertifizierungsstelle das Vorhandensein und die Wirksamkeit eines eingerichteten, dokumentierten Qualitätsmanagementsystems gegenüber potenziellen Kunden. Die Zertifikate bestätigen sowohl dem Kunden als auch deren potenziellen Auftraggebern, dass die Ausrichtung des Herstellers auf stetiger Leistungsverbesserung basiert. Sie sind ein Pluspunkt, der bei der Auftragserteilung an einen zertifizierten Hersteller den Ausschlag geben kann.

Angestrebt wird die nationale, europa- und weltweite Akzeptanz der Zertifikate, um zertifizierten Kunden Wettbewerbsvorteile im Binnenmarkt und auf dem Weltmarkt zu verschaffen. Ein Beispiel dafür ist der britische Markt nach dem Ausscheiden aus der Europäischen Union (EU).

In Zusammenarbeit mit der englischen Zertifizierungsstelle beim TWI, der TWI Certification Ltd, werden seit dem Austritt Zertifikate nach UKCA (United Kingdom Conformity Assessed) für die DIN EN 1090-1 angeboten. Eine UKCA konforme Kennzeichnung ist erforderlich, um Bauprodukte auf dem britischen Markt in den Verkehr bringen zu dürfen.

Die beiden Geschäftsstellen in Düsseldorf und Halle (Saale) und ca. 150 Auditoren sind für dieses Ziel und die folgenden Aufgaben im Sinne der Branche bestens aufgestellt.

www.dvs-zert.de

1

Die Zertifizierungsverfahren von DVS ZERT auf einem Blick:

Zertifizierung von Managementsystemen

- DIN EN ISO 9001 „Qualitätsmanagementsysteme - Anforderungen“
- DIN ISO 45001 „Managementsysteme für Sicherheit und Gesundheit bei der Arbeit“ – Anforderungen mit Anleitung zur Anwendung“
- SCC/SCP – Sicherheits Certificat Contraktoren (SCC-VAZ)

Schweißtechnische Qualitätsanforderungen

- Schweißzertifikate nach DIN EN 1090-2/-3 „Ausführung von Stahltragwerken und Aluminiumtragwerken“
- DIN EN ISO 3834 „Schweißtechnische Qualitätsanforderungen“
- DIN EN 15085-2 „Qualitätsanforderungen an Schweißbetriebe bei der Herstellung von Schienenfahrzeugen und deren Komponenten“
- DIN EN ISO 17660 „Schweißen – Schweißen von Betonstahl“ Werkseigene Produktionskontrolle
- DIN EN 1090-1 „Ausführung von Stahl- und Aluminiumtragwerken“
- Zertifizierung nach UK CA – United Kingdom Conformity assessed

Weitere Bauproduktnormen

- für metallische Werkstoffe, Schweißzusätze, mechanische Verbindungsmittel, Stahlschornsteine, Lichtmaste

Bild: SLV M-P GmbH

Zuwachs für die SLV Mecklenburg-Vorpommern: Neu gegründete LWI GmbH übernimmt Geschäftsbetrieb der IMAWIS GmbH

Zum 1. Februar 2025 hat die neu gegründete Laser Welding Innovations GmbH Rostock (LWI GmbH) den Geschäftsbetrieb der ehemaligen IMAWIS GmbH übernommen. Die LWI GmbH ist eine 100-prozentige Tochtergesellschaft der Schweißtechnischen Lehr- und Versuchsanstalt Mecklenburg-Vorpommern GmbH (SLV M-V GmbH).

Mit dieser strategischen Übernahme stärkt die SLV M-V GmbH ihre Position im Bereich des Laserschweißens und erweitert ihr in den vergangenen Jahren stark gewachsenes Dienstleistungsspektrum um spezialisierte Fertigungsangebote. Dazu gehört insbesondere die Herstellung hochpräziser, lasergeschweißter Spezialprofile und Baugruppen, die Realisierung individueller, komplexer Schweißprojekte sowie die Entwicklung und Umsetzung kundenspezifischer Lösungen.

Der Standort in Rostock bleibt erhalten und wird mit zusätzlichen Ressourcen und erweiterten Kapazitäten weiterentwickelt. Die bestehenden Zertifizierungen nach DIN EN ISO 3834, EN 1090 und DIN 2303 sichern die gewohnt hohe Qualität. Das erfahrene Team der ehemaligen IMAWIS GmbH wird unter dem Dach der LWI GmbH weitergeführt.

Kundinnen und Kunden profitieren von einer nahtlosen Fortführung des bisherigen Leistungsportfolios, erhöhter Fertigungskapazität und Effizienz sowie dem Zugang zu den umfangreichen Kompetenzen der SLV M-V GmbH in den Bereichen Forschung und Entwicklung, Qualitätssicherung, Verfahrensprüfung sowie schweißtechnischer Aus- und Weiterbildung.

„Mit der Gründung der LWI GmbH sichern wir nicht nur wertvolles Know-how und Arbeitsplätze in der Region, sondern schaffen neue Perspektiven für zukunftsweisende Entwicklungen in der Schweißtechnik", betont Dr. Rigo Peters, Geschäftsführer der LWI GmbH.

www.slv-rostock.de

Wechsel in der Niederlassungsleitung der SLV Duisburg

Anfang 2025 hat die SLV Duisburg, Niederlassung der GSI mbH, einen neuen Leiter bekommen: Dr. Jörg Vogelsang übergab die Leitung an Dipl.-Ing. Thomas Weißenberg, während Vogelsang weiterhin Geschäftsführer der GSI mbH sowie der SK Hameln GmbH bleibt.

Weißenberg ist 46 Jahre alt, studierte in Aachen Maschinenbau und ist seit 2017 in der SLV Duisburg tätig. Nach seiner Einstellung in der Qualitätssicherung als Inspektor und Auditor übernahm er zunächst den Fachbereich „Produkte und Fertigung" und danach die Leitung des „Wirtschaftlichen Geschäftsbetriebs (WGB)".

In seiner neuen Rolle als Niederlassungsleiter möchte er nicht nur Bewährtes fortsetzen, sondern auch gemeinsam mit den Kolleginnen und Kollegen den Fokus auf die Stärkung der internen und externen Zusammenarbeit legen.

Bild: SLV Duisburg

Kontakt:

Thomas Weißenberg
T +49 203 3781-423
weissenberg@slv-duisburg.de

Bild: SLV Halle

Führungswechsel in der SLV Halle – Prof. Steffen Keitel bleibt Chairman des ECWRV

Ein halbes Jahr nach seiner Berufung durch den Gesellschafter DVS hat Dipl.-Ing. Steffen Wagner zum 1. Januar 2025 die alleinige Geschäftsführung der SLV Halle GmbH übernommen. Der 51-jährige Schweiß- und Schraubfachingenieur hat in Dresden und Nottingham studiert und ist seit 15 Jahren in der SLV tätig.

Zum 31. Dezember 2024 ist Prof. Dr.-Ing. Steffen Keitel nach 29 Jahren aus der Verantwortung als Geschäftsführer zurückgetreten. Er wird weiterhin als Prokurist in der SLV Halle GmbH tätig sein und sich auf die fachlichen Schwerpunkte Schienenfahrzeugbau, IT-Entwicklung und Auslandstätigkeiten fokussieren.

Zudem ist Prof. Keitel seit Gründung des gemeinnützigen ECWRV (European Committee for Welding of Railway Vehicles) vor 15 Jahren dessen Chairman und wird diese Position auch künftig bekleiden. Sein besonderes Interesse gilt der Weiterentwicklung dieser inzwischen weltweiten Organisation. Das betrifft die ehrenamtlichen Führungswechsel in der SLV Halle – Prof. Steffen Keitel bleibt Chairman des ECWRV Tätigkeiten ebenso wie die mit dem Online-Register für die Qualitätssicherung im Schienenbau EN 15085 verbundenen vertraglichen Belange.

Mit über 4.300 zertifizierten schweißtechnischen Unternehmen weltweit, 32 Herstellerzertifizierungsstellen (MCBs) und über 230 Auditoren haben sich die Erwartungen an das ECWRV mehr als erfüllt. Die Umsetzung des Standards EN 15085 durch den transparenten Umgang aller Akteure bleibt eine der zentralen Aufgaben.

Entsprechend groß ist die Notwendigkeit, die Prozesse in der Organisation Weiterzuentwickeln. Dies betrifft die Anerkennung von MCBs, die Prüfung von Auditoren, die Organisation der Erfahrungsaustausche, die Anpassung an die aktuellen Regelwerke und den zentralen Wissenstransfer in Form der Tagung JoinTrans als Veranstaltung des IIW – International Institute of Welding.

Die Zusammenarbeit mit den Global Playern im Schienenverkehr ist von zentraler Bedeutung. Letztlich muss die Fügetechnik in das Qualitäts- und Sicherheitskonzept eines jeden Herstellers und Betreibers integriert werden.

DVS Media – der schnellste Weg zum Fachwissen

Fachliteratur und Wissensvermittlung, vor allem für die fügetechnische Branche, dafür steht DVS Media. Ob gedruckt oder digital, ob Fachzeitschriften, Apps, Lehrunterlagen, E-Books, Onlineportale oder Nachschlagewerke: Die DVS Media GmbH sorgt für die gesamte Bandbreite der fügetechnischen Information. Mit einem vielfältigen Verlagsprogramm bietet DVS Media für unterschiedliche Ansprüche die passenden Produkte. Mit ihnen begleitet der Verlag die technisch-wissenschaftliche Arbeit des DVS seit mehr als 60 Jahren und bleibt ein wichtiger Partner im Netzwerk des Verbandes.

Fügetechnisches Know-how im Verlagsportfolio von DVS Media

DVS Media ist in der Fügetechnik zuhause. Schwerpunkte des Verlagsangebotes sind deutsch- und fremdsprachige Fachpublikationen (Print und online). Die bekanntesten von ihnen sind unter den Fachzeitschriften die SCHWEISSEN UND SCHNEIDEN und DER PRAKTIKER. Beide Fachpublikationen erhielten in 2024 eine optische und inhaltliche „Frischzellenkur". Auf dem deutschen und internationalen Markt haben sich die zweisprachigen (Deutsch/Englisch) Fachzeitschriften JOINING PLASTICS und THERMAL SPRAY

BULLETIN ihren festen Platz gesichert. Regelmäßig veröffentlicht DVS Media außerdem die Servicepublikation „DER SCHWEISSER" mit Informationen für den Praktiker und den Infodienst SCHWEISSAUFSICHT AKTUELL. Vervollständigt wird das umfassende Verlagsprogramm durch mehr als 300 lieferbare Fachbücher und E-Books, die in verschiedenen Buchreihen, wie „Schweißtechnische Praxis", „DIN-DVS-Taschenbücher" oder „Wissen kompakt" erscheinen sowie durch fügetechnische Software. Im Verlagsportfolio sind seit 2019 die Fachzeitschriften „STAHL + TECHNIK" sowie „STEEL + TECHNOLOGY". Darüber hinaus ist DVS Media bereits seit 2018 Verlagspartner des BDG-Bundesverbandes der Deutschen Gießerei-Industrie e.V.. Ziel dieser Partnerschaft ist es, die dort herausgegebenen renommierten Gießerei-Verlagsprodukte wie die Fachzeitschriften GIESSEREI und CP+T INTERNATIONAL nicht nur zu vermarkten, sondern auch weiterzuentwickeln.

Erweiterung Medien-Portfolio um den Bereich Logistik

Nach den Medien für die Gießerei-Industrie und die Stahlbranche hat seit März 2024 auch der Bereich (Intra-)Logistik Einzug in das Programm des Fachverlages gehalten. Mit der erfolgreichen Übernahme der TechTex-Medien hat DVS Media die Zeitschriften STAPLERWORLD und FTS-AMR-FACTS sowie die dazu gehörenden Online-Präsenzen zum 1. März 2024 in ihr Portfolio aufgenommen. Bei STAPLERWORLD dreht sich alles um Flurförderzeuge, die FTS-AMR-Facts widmen sich Fahrerlosen Transportsystemen bzw. Automated Guided Vehicles.

STAPLERWORLD ist – Print und online – im mittlerweile 23. Jahrgang eine branchenübergreifende Informationsplattform für Technik, Einsatz/Anpassung, Betrieb und Modifikation von Flurförderzeugen sowie allen damit zusammenhängenden Anbaugeräten, Anbauteilen und Sonderkonstruktionen. STAPLERWORLD betrachtet Flurförderzeuge nicht losgelöst, sondern integriert sie in betriebliche Abläufe. Deshalb wird redaktionell auch über Lagertechnik, Rampen, Tore, Datenfunk, Kühlhauslogistik, Sonderausstattungen und andere Themen permanent berichtet.

FTS-/AMR-FACTS erscheint seit 2023 sechsmal jährlich in einer Doppelausgabe mit der STAPLERWORLD. Bereits seit ihrer ersten Ausgabe im September 2012 hat sie sich zu einem wichtigen Branchenpodium entwickelt, das in Ergänzung zur

STAPLERWORLD-Hauptausgabe aktuelle Themen beleuchtet, dokumentiert und den Entscheidern in komprimierter Form wichtiges Wissen zur Systemfindung übermittelt. Denn Fahrerlose Transportsysteme etablieren sich als Ergänzung zu bemannten Flurförderzeugen jenseits des reinen Montagebusiness. In der Industrie, in der Logistik, in der Versorgung und vor allem im Servicerobotik-Bereich sind und werden die unabhängigen, selbst navigierenden Systeme immer wichtiger und werden viele Aufgaben von heutigen Konzepten übernehmen.

www.home-of-logistics.de

Digitale Auftritte

Im Online-Bereich werden vier Sparten – Schweißtechnik, Stahl- und Gießereiindustrie und (Intra-)Logistik – durch B2B-Portale abgebildet. Das HOME OF WELDING machte im April 2019 den Anfang, das HOME OF STEEL folgte im Juni des gleichen Jahres. Seit Herbst 2021 verstärkt das HOME OF FOUNDRY die „HOME-Familie“ mit aktuellen, digitalen Informationen aus der Gießereibranche. Im HOME OF WELDING gelangt man mit nur einem Klick auch auf die Seite mit internationalen Meldungen in englischer Sprache. Ein weiteres HOME wurde im September 2024 für die (Intra-)Logistik-Sparte aus der Taufe

gehoben: HOME OF LOGISTICS. Dort wird täglich über interessante Begebenheiten rund um Intralogistik, Transport, Fahrerlose Transportsysteme etc. informiert. Berichte aus unseren Fachzeitschriften STAPLERWOLRD und FTS-/AMR-FACTS werden ebenfalls im HOME OF LOGISTICS Einzug halten und sind als solche auch visuell kenntlich. Alle vier Portale bieten Interessierten eine neue digitale Möglichkeit, sich aktuell und umfassend über Neuigkeiten in der jeweiligen Branche zu informieren. Zusätzlich kann man sich für jede Sparte mit einem wöchentlichen Newsletter, bei HOME OF LOGISTICS einmal monatlich informieren lassen.

Lehrmedien und Regelwerke für den DVS

Die bundesweit 280 DVS-Bildungseinrichtungen werden von DVS Media mit Lehr- und Lernmedien für die Aus- und Weiterbildung sowie mit Regelwerken aus dem fügetechnischen Ausbildungsbereich versorgt. Außerdem hält der Verlag das Regelwerk des Verbandes mit seinen mehr als 500 DVS-Richtlinien und -Merkblättern für die fügetechnische Branche bereit. Die Plattform www.dvs-regelwerk.de, auf der das technische DVS-Regelwerk durchsucht, abgerufen und kommentiert werden kann, wird technisch von DVS Media betreut und umgesetzt. In Kooperation mit dem DIN VERLAG bietet DVS Media zudem fügetechnische DIN-Normen an.

Multichannel bei DVS Media

Aber DVS Media ist noch mehr: Zur GmbH gehört auch eine Tochtergesellschaft, die das Angebot an Fachliteratur mit weiteren Produkten ergänzt: die Expert Fachmedien GmbH. Mit der erfolgreichen Kombination verschiedener Vertriebskanale – online und offline – denkt und die Kunden service- und lösungsorientiert. Ob Print, digitale Services oder Social Media – DVS Media erreicht über verschiedene Kanäle unterschiedliche Zielgruppen in der Fügetechnik sowie in der Stahl- und Gießereibranche und kann zahlreiche Synergieeffekte bieten.

Die DVS Media GmbH ist zu 100 Prozent ein Tochterunternehmen des DVS.

DER SCHWEISSER: Relaunch zum 25-jährigen Bestehen

Seit einem Vierteljahrhundert ist DER SCHWEISSER eine unverzichtbare Informationsquelle für Praktiker in der Produktion und in angrenzenden Arbeitsbereichen. Anlässlich des 25-jährigen Jubiläums 2025 wurde der Informationsdienst umfassend überarbeitet, um den aktuellen Anforderungen der Branche gerecht zu werden. Mit prägnanten und praxisnahen Beiträgen richtet sich DER SCHWEISSER sowohl an aktive Schweißer als auch an Aus- und Weiterbildungsteilnehmer in DVS-Bildungseinrichtungen.

Die DVS Media-Fachredaktion legt besonderen Wert auf die Vorstellung von Füge-, Trenn- und Beschichtungsverfahren, die verständliche Erklärung von Fachbegriffen, Normen, Merkblättern, Anleitungen zum Arbeitsschutz, Werkstoffkunde sowie Hinweise zu spezifischen Schweißtechniken. Zudem haben Leser die Möglichkeit, ihr Wissen durch Quizfragen zu verschiedenen Themengebieten zu testen.

Der Informationsdienst erscheint sechsmal jährlich mit einer Auflage von 8.000 Exemplaren. Die Jubiläumsausgabe markiert den Relaunch des Formats, um den Lesern weiterhin aktuelle und relevante Inhalte zu bieten. Fachexperten stehen den Lesern auch zukünftig beratend zur Seite, um die Qualität und Praxisnähe der Beiträge sicherzustellen.

Für alle, die DER SCHWEISSER noch nicht kennen oder die sich ein Bild vom Relaunch machen möchten – über den Online-Shop bei DVS Media sind kostenlos Probehefte erhältlich.

Klassiker der Schweißtechnik

DIN-DVS-Normenhandbuch: Schweißen im Stahlbau: Normen für die Herstellerzertifizierung nach DIN EN 1090-1

Artikel-Nr.: 502650
9., aktualisierte und erweiterte Auflage 2024
Preis: 264,00 €

Wer hierzulande Tragwerke aus Stahl herstellen will, benötigt dafür eine Herstellerzertifizierung. Dies dient der Sicherheit und erfordert die Anwendung der damit verbundenen Normen im Herstellerbetrieb. Die Zertifizierung erfolgt auf der Grundlage der DIN EN 1090-1 sowie der Technischen Regeln, die in der DIN EN 1090-2 aufgeführt sind. Das vorliegende Buch beinhaltet die Dokumente, welche das Unternehmen benötigt, das die genannte Zertifizierung innehat oder anstrebt. Es dient damit als Arbeitsgrundlage für die tägliche Praxis in einem Betrieb mit Herstellerzertifizierung.

Neu aufgenommen wurden u. a.:

- DIN EN 1090-2:2024-09 – Ausführung von Stahltragwerken und Aluminiumtragwerken – Teil 2: Technische Regeln für die Ausführung von Stahltragwerken; Deutsche Fassung EN 1090-2:2018+A1:2024
- DIN EN ISO 3834-6:2024-08 – Qualitätsanforderungen für das Schmelzschweißen von metallischen Werkstoffen – Teil 6: Richtlinie zur Einführung der Normenreihe ISO 3834 (ISO 3834-6:2024); Deutsche Fassung EN ISO 3834-6:202
- DIN EN ISO 5817:2023-07 – Schweißen – Schmelzschweißverbindungen an Stahl, Nickel, Titan und deren Legierungen (ohne Strahlschweißen) – Bewertungsgruppen von Unregelmäßigkeiten (ISO 5817:2023); Deutsche Fassung EN ISO 5817:2023
- DIN EN ISO 13920:2023-08 Schweißen – Allgemeintoleranzen für Schweißkonstruktionen – Längen- und Winkelmaße, Form und Lage (ISO 13920:2023); Deutsche Fassung EN ISO 13920:2023
- DVS 0700 (2023-08) – Voraussetzungen zum Erwerb der Berechtigung betriebseigene Schweißer- und/oder Bedienerprüfungsbescheinigungen als Hersteller auszustellen

Aus dem Inhalt:

- Technische Regeln für die Ausführung von Stahltragwerken
- Erzeugnisse aus Baustählen,
- Arten von Prüfbescheinigungen
- Schweißaufsicht und deren Qualifizierung
- Schweißerprüfung
- Symbolische Darstellung von Schweißnähten
- Schweißtechnische Qualitätsanforderungen
- Schweißverfahrensprüfung/-anweisung
- Bewertungsgruppen für Unregelmäßigkeiten (Stahl, Nickel, Titan)
- Werkstoffgruppeneinteilung
- Technische Gase zum Schweißen

DIN-DVS-Taschenbuch 290

Schweißtechnik 8: Schweißtechnisches Personal, Verfahrensprüfung, Qualitätsanforderungen, Bewertungsgruppen

Artikel-Nr.: 502985
9. Auflage 2024
Preis: 256,00 €

Der Europäische Binnenmarkt stellt einheitliche Qualitätsanforderungen an die Fertigung schweißtechnischer Produkte. Eine Auswahl der wichtigsten DIN-EN-ISO-Normen und DVS-Regeln für die Qualitätssicherung von geschweißten Bauteilen wird mit diesem DIN-DVS-Taschenbuch bereitgestellt. Das aktuelle Nachschlagewerk gibt Auskunft zu den Bereichen:

- Schweißtechnisches Personal
- Verfahrensprüfungen/-anweisungen und Werkstoffgruppeneinteilung
- Qualitätsanforderungen
- Schweißnahtvorbereitung, Toleranzen, Schweißplan
- Bewertungsgruppen

In überarbeiteter Fassung enthalten sind u. a.:

- DIN EN ISO 14731 – Schweißaufsicht - Aufgaben und Verantwortung
- DIN EN ISO 3834 Teil 1 – 5 – Qualitätsanforderungen für das Schmelzschweißen
- DIN CEN ISO/TR 20172 – Schweißen – Werkstoffgruppeneinteilung – Europäische Werkstoffe
- DIN EN ISO 15610 – Anforderung und Qualifizierung von Schweißverfahren für metallische Werkstoffe - Qualifizierung aufgrund des Einsatzes von geprüften Schweißzusätzen
- DIN EN ISO 13920 – Schweißen - Allgemeintoleranzen für Schweißkonstruktionen - Längen- und Winkelmaße, Form und Lage
- DIN EN ISO 15607 – Anforderung und Qualifizierung von Schweißverfahren für metallische Werkstoffe – Allgemeine Regeln

DVS-Taschenbuch 68/4

Taschenbuch DVS-Merkblätter und -Richtlinien: Fügen von Kunststoffen

Artikel-Nr.: 100684
20. Auflage 2024
Preis: 138,00 €

Die Neuauflage unseres Fachbuches enthält sämtliche Merkblätter, Richtlinien und Richtlinienentwürfe in deutscher Sprache, die sich mit dem Fügen im Rohrleitungs-, Behälter- und Anlagenbau sowie in der Serienfertigung beschäftigen Weiterhin werden die in englischer Sprache erhältlichen Richtlinien sowie die mittlerweile erschienenen korrespondierenden DIN EN-Normen genannt.

Ebenso sind die Ausbildungs- und Prüfungsrichtlinien in dieser Auflage enthalten. Gegenüber der 19. Auflage enthält die aktuelle Auflage 21 neue beziehungsweise überarbeitete Dokumente aus allen Bereichen des Kunststofffügens. Vollständigkeit, Aktualität und die internationale Perspektive machen das Taschenbuch unverzichtbar für alle, die sich fachlich mit dem Fügen von Kunststoffen befassen.

DIN-DVS Taschenbuch

Qualitätssicherung in der Schweißtechnik I: Schmelzschweißen

Artikel-Nr.: 500140
Juli 2024 (Loseblattsammlung)
Preis: 600,00 €

Internationale Vereinbarungen und technische Regeln dokumentieren den technischen Stand der modernen Schweißtechnik. Entsprechende europäische Normen bewähren sich als wichtige, in allen CEN-Mitgliedsländern identische Strukturelemente des Binnenmarktes. Im Blickpunkt stehen die schweißtechnischen Qualitätsanforderungen der Normenreihe DIN EN ISO 3834 ff. - der zeitgemäßen konzeptionellen Basis für eine Qualitätssicherung im Bereich geschweißter Bauteile. Sie sind integraler Bestandteil einer Unternehmensplanung auch im Rahmen eines Qualitätsmanagements nach DIN EN ISO 9000 ff. Die Erfüllung der Qualitätsanforderungen nach DIN EN ISO 3834 ff. werden in der Praxis durch eine Vielzahl ergänzender Normen und Merkblätter unterstützt. Diese Normen und Merkblätter sind wichtige Komponenten im Hinblick auf die Qualitätssicherung. Sie bilden, wie die Normen selbst, das inhaltliche Kernstück des Loseblattwerks "Qualitätssicherung in der Schweißtechnik". Die einzelnen Normen und Merkblätter sind eingeteilt in Hauptbereiche, die der Gliederung der Qualitätsmerkmale nach DIN EN ISO 3834 ff. folgen. Diese wurden in dem Loseblattwerk zu übersichtlichen Gruppen zusammengefaßt. Erläuterungen, Adreßlisten und Verzeichnisse geben zusätzliche Hinweise zum Stand der europäischen Harmonisierung in der Schweißtechnik.

Information:

Der Kauf eines Grundwerkes bewirkt ein Abonnement für mindestens ein Jahr, Kündigung vierteljährlich zum Quartalsende. Der Preis der Ergänzungslieferungen ist abhängig vom Umfang. Die Auslieferung erfolgt einschließlich aller bisherigen Ergänzungen; jährlich erscheinen 3-4 Ergänzungen.

DIN-DVS Taschenbuch 191
Schweißtechnik 4: Auswahl von Normen für die Ausbildung des schweißtechnischen Personals

Artikel-Nr.: 502440
13. Auflage 2024
Preis: 230,00 €

In einer rasant fortschreitenden Globalisierung sind Normen ein Mittel der Kommunikation über verlässliche Standards. Das gilt auch für den Bereich des Schweißens, in dem DIN-Normen und DVS-Merkblätter wichtige Funktionen erfüllen. Die vorliegende Dokumentensammlung ist ein „Bestseller" aus der schweißbezogenen Normung. Sie enthält eine Vielzahl unverzichtbarer Dokumente für Schweißaufsichtspersonen und dient als bewährtes Nachschlagewerk in der beruflichen Praxis, aber auch als Arbeitsunterlage für Prüfung, Ausbildung und Studium. Das Kompendium soll Verantwortlichen in Betrieben die Erfüllung von Anforderungen erleichtern und zu Aspekten wie Sicherheit, Qualität und Effizienz beitragen. „Schweißtechnik 4" beinhaltet folgende Themen:

- Allgemeine Regeln, Anleitungen und Hinweise
- Konformitätsverfahren und Allgemeine Technische Lieferbedingungen
- Symbole und Darstellung
- Verfahrensprüfungen
- schweißtechnische Qualitätsanforderungen
- Toleranzen
- Qualifizierung von Verfahren und Personal
- Qualitäts- und Bewertungsgruppen u.v.m.

Das mit fast tausend Seiten sehr umfangreiche Werk bietet den Anwendenden 22 Dokumente des DIN und 8 DVS-Merkblätter.

Das Buch richtet sich an: Schweißtechnikbetriebe, Betriebe der Metallbearbeitung, Schweißfachingenieur*innen, Schweißer*innen, Herstellerbetriebe von Metallerzeugnissen, Betriebe des Maschinenbaus.

Fachbuch 77/II:
Metallographische Anleitung zum Farbätzen nach dem Tauchverfahren Teil II: Farbätzmittel nach Beraha und ihre Abwandlungen

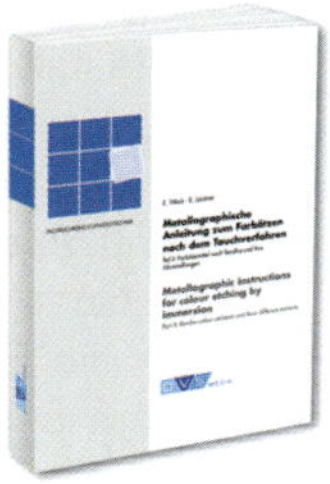

Artikel-Nr.: 101772
2., überarbeitete, Auflage 2023
Preis: 55,00 €

Leider steht die Farbätzung noch immer in dem Ruf, viele schöne bunte Bilder zu erzeugen, mit denen aber die meisten Anwender nichts anfangen können.

Für eine Vielzahl niedriglegierter Stähle jedoch, vor allem aber für hochlegierte Stähle, Nickelbasis- und Kobaltbasislegierungen bieten Farbätzmittel eine Fülle von zusätzlichen Informationen gegenüber den üblichen Schwarz-Weiß-Ätzungen.

Sie sind mit den heutigen Möglichkeiten der metallographischen Präparation ebenso einfach anzuwenden und ermöglichen in der Regel eine weitaus umfassendere Gefügebeurteilung.

Unser vollständig überarbeitetes, bilinguales Fachbuch (deutsch und englisch) soll dazu beitragen, zu einer sicheren und reproduzierbaren Auswertung der verschiedenen Gefüge zu gelangen.

Aus dem Inhalt:

- Schliffherstellung zu den einzelnen Ätzmitteln
- Farbätzmittel nach Beraha
- Farbätzmittel nach Lichtenegger und Bloech – LB I
- Ätzanleitung: LB I im Vergleich zu B II
- Abgeänderte Farbätzmittel nach Lichtenegger und Bloech
- Zusammensetzung der untersuchten Nickel-Basis-Legierungen

Fachbuch 149: Schadstoffe beim Schweißen und bei verwandten Verfahren – Expositionen, Gefährdungen und Schutzmaßnahmenkonzept

Artikel-Nr.: 100149
1. Auflage 2020
Preis: 85,00 €

Fakt ist: Bei schweißtechnischen Verfahren und Prozessen entstehen am Arbeitsplatz Schweißrauche und Gase. Diese belasten nicht nur die Person, die die schweißtechnische Arbeit ausführt, sondern auch Mitarbeiterinnen und Mitarbeiter in der näheren Umgebung. Bei Herstellern und Anwendern wachsen das Bewusstsein und die Verantwortung im Sinne des Arbeits- und Gesundheitsschutzes, darüber hinaus werden die Anforderungen in der Gesetzgebung und den rechtlichen Bestimmungen aber auch zunehmend verschärft. Die Erfahrung zeigt, dass Grenzwerte kontinuierlich reduziert werden.

Anhand von Forschungs- und Untersuchungsergebnissen, Beispielen aus der Praxis und Erläuterungen zu wirksamen Schutzmaßnahmen unterstützt die Autorin den Leser bei der Umsetzung der rechtlichen Bestimmungen, die gleich zu Beginn ausführlich erläutert werden. Die jeweils geltenden Grenzwerte bleiben dabei natürlich nicht unberücksichtigt. Weitere Kapitel widmen sich den Schweißrauchen, ultrafeinen Partikeln, die bei schweißtechnischen Verfahren entstehen, der Wirkung von partikelförmigen Stoffen und Gasen, der Gefährdungsbeurteilung schweißtechnischer Verfahren, der Bewertung von Schweißrauchexpositionen, typischen Erkrankungsbildern von Schweißern sowie Schutzmaßnahmenkonzepten und der arbeitsmedizinischen Vorsorge.

Ausgehend von Laboruntersuchungen, Forschungsergebnissen und Studien beantwortet dieses Fachbuch viele bisher offene Fragen auf verständliche Art und Weise. Das umfassende Fachwissen der erfahrenen Autorin und Erfahrungen aus der schweißtechnischen Praxis vereinen sich darin zu einem informativen Ratgeber für schweißtechnisches Personal, Schweißaufsichtspersonen, Anwender und Hersteller von schweißtechnischen Geräten, Arbeits- und Betriebsmediziner im Handwerk und in der Industrie sowie für alle, die sich beruflich mit dem Arbeits- und Gesundheitsschutz beim Schweißen und damit verwandten Verfahren befassen.

Fachbuch 155: Aufgaben und Verantwortung einer Schweißaufsicht Leitfaden für Werkstatt und Montage

Artikel-Nr.: 101314
1. Auflage 2021
Preis: 69,00 €

Schweißaufsicht ist bzw. wird man durch die Bestellung durch den Firmeninhaber oder Geschäftsführer. Die vielfältigen Aufgaben und Pflichten der Schweißaufsicht ergeben sich aus der DIN EN ISO 14731. Und diese sind umfangreicher als allgemein angenommen.

Wie die Schweißaufsichtsperson diesen Anforderungen gerecht wird und welche Chancen sich daraus auch für die eigene Arbeit ergeben, erklärt das neue Fachbuch „Aufgaben und Verantwortung einer Schweißaufsicht – Leitfaden für Werkstatt und Montage“.

Detailliert widmet sich der Autor Jochen Mußmann in diesem Fachbuch den Aufgaben und Pflichten, die sich aus der Norm DIN EN ISO 14731 ergeben. Der Leser erfährt wie die Normenanforderungen auf ihre Erfüllbarkeit überprüft werden können oder was bei der Untervergabe der schweißtechnischen Fertigung zu beachten ist.

Aus dem Inhalt:

- Qualifizierung des schweißtechnischen Personals
- Eignung von Einrichtungen
- Fertigungsplanung
- Qualifizierung von Schweißverfahren, Schweiß- und Arbeitsanweisungen
- Eignung und Handhabung von Schweißzusätzen und Werkstoffen
- Überwachung und Prüfung vor, während und nach dem Schweißen
- Wärmebehandlung nach dem Schweißen
- Eventuell nötige Korrekturmaßnahmen

Fachbuch 161: Grundlagen der Fügetechnik – Schweißen, Löten und Kleben

Artikel-Nr.: 100161
1. Auflage 2016
Preis: 88,00 €

In fast jeder Produktion stellt das Zusammenfügen von Einzelteilen den entscheidenden Schritt zur Herstellung von Unterbaugruppen, Baugruppen und fertigen Produkten dar. Neben kraft- und formschlüssigen Fügeverfahren kommen aufgrund ihrer technologischen und wirtschaftlichen Vorteile häufig die stoffschlüssigen Fügeverfahren Schweißen, Kleben und Löten zur Anwendung.

Ziel der Autoren ist die Vermittlung des notwendigen Grundlagenwissens zur Auswahl eines für die jeweilige Anwendung geeigneten stoffschlüssigen Fügeverfahrens. Neben allen wichtigen Schweißverfahren werden in Exkursen auch die dazu im technischen Wettbewerb stehenden verwandten Verfahren „Löten“ und „Kleben“ behandelt.

Viel Wert legen die Autoren darauf, das Spannungsfeld aus den technischen Möglichkeiten und Notwendigkeiten der Fügeverfahren, der Werkstoffe, der konstruktiven Ausgestaltung und den wirtschaftlichen Randbedingungen zu berücksichtigen. Arbeitsschutz und Qualitätssicherung werden ebenfalls thematisiert.

Das Buch wendet sich an Ingenieure und Techniker aus Industrie und Handwerk mit Aufgaben in Konstruktion, Arbeitsplanung sowie Fertigung oder Qualitätssicherung, die wenige Vorkenntnisse auf dem Gebiet der stoffschlüssigen Fügetechnik haben. Besonders hilfreich ist das Grundlagenbuch außerdem für Studierende der Ingenieurswissenschaften. Mit seinen mehr als 400 Seiten ist es nämlich nicht nur als Nachschlagewerk, sondern auch als vorlesungsbegleitendes Lehrbuch geeignet.

Aus dem Inhalt:
- Fügen durch Schweißen
- Mechanisierung und Automatisierung
- Werkstoffverhalten beim Schweißen
- Konstruktion
- Qualitätssicherung und Prüfung
- Arbeitsschutz in der Fügetechnik
- Auftragschweißen
- Löten
- Kleben

Dieses Fachbuch ist auch in englischer Sprache erhältlich:

English Edition Vol. 13: Fundamentals of joining technology Welding, brazing and adhesive bonding

Artikel-Nr.: 180015
1. Auflage 2016
Preis: 98,00 €

1

Fachbuch 162: Handbuch des Metall-Schutzgas-schweißens Verfahren • Werkstoffe • Fertigung

Artikel-Nr. 100162
1. Auflage 2017
Preis: 85,00 €

Dieses umfassende Handbuch bringt das Metall-Schutzgasschweißen als seit langem etabliertes Schweißverfahren und den neuesten Stand der Technik zusammen.

Das Metall-Schutzgasschweißen mit seinen zahlreichen Varianten wird bereits seit mehr als 60 Jahren in der metallischen Fertigung angewendet. Bis heute sind die Grundprinzipien des Verfahrens unverändert, die technischen Möglichkeiten haben sich im Verlauf der Zeit jedoch erheblich weiterentwickelt. Aufgrund der enormen wirtschaftlichen Bedeutung des Metall-Schutzgasschweißens ist die Weiterentwicklung des Verfahrens überdies noch nicht abgeschlossen, sondern ein kontinuierlicher Prozess.

Geräte und Anlagen für das Metall-Schutzgasschweißen sind heute besonders leistungsfähig, viele Arbeitsabläufe zudem mechanisiert oder automatisiert.

Umso wichtiger ist es, dass die Fachkräfte, die das Metall-Schutzgasschweißen anwenden, die erforderliche Kenntnis über den Lichtbogen und das Schweißverfahren besitzen.

Das „Handbuch des Metall-Schutzgasschweißens" ist eine sinnvolle Anschaffung für alle, die in der Schweißtechnik tätig sind. Darüber hinaus eignet es sich als Nachschlagewerk und als Instrument in der schweißtechnischen Ausbildung.

Aus dem Inhalt:

- Grundlagen des Schweißens mit Schutzgas
- Grundlagen der Elektrotechnik für das Lichtbogenschweißen
- Werkstoffübergang, physikalische Wirkungen und Prozessregelung
- Prozessregelung des Metall-Schutzgasschweißens
- Anlagentechnik und Bedienkonzepte
- Anpassen der Prozessvarianten an Schweißaufgaben und zur Steigerung der Wirtschaftlichkeit
- Prozessgase zum Metall-Schutzgasschweißen
- Grundwerkstoffe und Schweißzusätze – Werkstoffe, Prozesse und Anwendungstechnik
- Qualitätssicherungsmaßnahmen in der Fertigung
- Arbeitsschutz beim Lichtbogenschweißen
- Qualifizierung von schweißtechnischem Personal und von Schweißverfahren

English Edition Volume 3
DVS Technical Codes on Plastics Joining Technologies

Artikel-Nr.: 180022
9. Auflage 2025
Preis: 145,00 €

Deutsche Fassung des englischsprachigen Fachbuches mit mehr als 150 der wichtigsten DVS Merkblätter, Richtlinien und Richtlinienentwürfe, die sich mit dem Fügen von Kunststoffen im Rohrleitungs-, Behälter- und Anlagenbau sowie in der Serienfertigung beschäftigen. Das Buch wird all denjenigen empfohlen, die auf der Suche sind nach praxistauglichen Informationen zu den verschiedenen Fügeverfahren, den benötigten Geräten und der Durchführung bis hin zur Qualitätssicherung und Prüfung.

Aus dem Inhalt:

- Schweiß-, Kleb- und mechanische Fügeverfahren
- Prüfen und Berechnen von Fügenähten und Konstruktionen
- Anwenden der Fügeverfahren in der Praxis
- Ausbildung und Prüfung des Fachpersonals.

IIW Katalog
IIW-Reference Catalogue ISO 5817 Durchstrahlungsfilmbilder – Referenzkarten für die Bewertung von Unregelmäßigkeiten in Schweißnähten nach ISO 5817

Artikel-Nr.: 600060
3. überarbeitete Auflage 2024
Preis: 2.500,00 €

Dieser Artikel muß auf Grund seines Warenwertes mit einer Zusatzversicherung gegen Verlust oder Beschädigung versendet werden. Diese Versicherung ist in den Versandkosten bereits enthalten.

Sprachen: Deutsch/Englisch/Französisch

Um die Unregelmäßigkeiten von Schweißnähten gemäß der internationalen Norm DIN EN ISO 5817 bewerten zu können, gibt es vom International Institute of Welding (IIW) einen umfangreichen Katalog mit Durchstrahlungsfilmbildern. Sie verhelfen als Referenzkarten dazu, Schweißverbindungen in den verschiedensten Anwendungsbereichen der Schweißtechnik wie zum Beispiel dem Druckbehälter-, dem Stahl-, dem Rohrleitungs- oder auch dem Schienenfahrzeugbau zu beurteilen. Die DIN EN ISO 5817 ist als Fachgrundnorm eine wichtige Basis, um für die Bewertung von Schweißnähten normative Festlegungen treffen zu können. Außerdem wird die Norm bei der Bewertung von Prüfstücken von Stahlschweißern sowie von Prüfstücken bei Schweißverfahrensprüfungen nach ISO-Standard zugrunde gelegt. Anhand der Referenzkarten lassen sich die verschiedenen Unregelmäßigkeiten und ihr spezifisches Erscheinungsbild richtig deuten und größenmäßig in eine Bewertungsgruppe der Norm einordnen.

Prüfungsfragenkatalog für den Schweißer

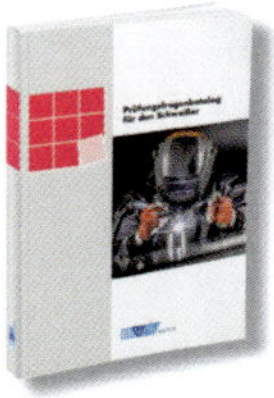

Erhältlich im App Store

Artikel-Nr.: 600092
7. Auflage 2024
Preis: 35,00 €

Der Prüfungsfragenkatalog für den Schweißer enthält mehr als 800 Fragen zu allen Wissensgebieten der Fachkunde für den Schweißer. Es handelt sich dabei um Multiple-Choice-Fragen mit jeweils vier Antworten, von denen pro Frage nur eine richtig ist. Der Lösungsschlüssel am Ende des Buches gibt zu jeder Frage die richtige Antwort an. Daher kann er zur Überprüfung des eigenen Wissens in Vorbereitung auf Schweißerprüfungen aller Art eingesetzt werden.

Inhaltlich auf nationale und internationale Schweißerprüfungen abgestimmt. Bei der Prüfungsvorbereitung können sich angehende Schweißer sicher sein, dass der Fragenkatalog exakt auf die Prüfungsinhalte abgestimmt ist. Denn die Zusammenstellung der Fragen erfolgte durch Experten aus dem DVS – Deutscher Verband für Schweißen und verwandte Verfahren e. V., die auch die Lehrmedien für die Schweißerausbildung nach Richtlinie DVS 1111 bzw. DIN EN ISO 6906-1 erarbeiten.

Aus dem Inhalt:

- Schweißprozesse
- Einführung in die Stahlkunde
- Schweißeignung von Stählen
- Schweißzusätze und Hilfsstoffe
- Arbeitssicherheit und Unfallverhütung
- Methoden zur Nahtvorbereitung
- Schweißstöße an Blechen
- Schrumpfung, Spannung und Verzug
- Schweißnähte an Rohren
- Arbeitstechniken beim Schweißen
- Schweißerprüfung nach DIN EN ISO 9606-1
- Schweißnahtunregelmäßigkeiten
- Überblick über die Schmelzschweißprozesse
- Qualitätssicherung beim Schweißen
- Normung

Regelmäßig informiert – Das Zeitschriftenprogramm von DVS Media

SCHWEISSEN UND SCHNEIDEN

Herausgeber:

DVS – Deutscher Verband für Schweißen und verwandte Verfahren e.V., Düsseldorf
ISSN 0036-7184
Erscheinungsweise: monatlich
(WELDING AND CUTTING
2 x jährlich als Special
in der SCHWEISSEN und SCHNEIDEN)

Inhalt:

SCHWEISSEN UND SCHNEIDEN ist die technisch-wissenschaftliche Fachzeitschrift für die Schweiß-, Schneid- und Löttechnik, einschließlich der zahlreichen Randgebiete. Ausgewiesene Fachleute berichten Monat für Monat über Ergebnisse von Entwicklungs- und Forschungsarbeiten aus allen Bereichen der Industrie und geben ihre Erfahrungen für die Anwendung der Schweißtechnik in der Praxis weiter. SCHWEISSEN UND SCHNEIDEN ist damit eine wichtige Informations- und Entscheidungsquelle für Forschung, Lehre, Wirtschaft und Industrie.

Redaktionelle Themen:

Forschung und Entwicklung, Schulung, Weiterbildung, Erfahrungsaustausch, Schweißen, Schneiden, Löten, Kleben und verwandte Verfahren, Werkstoffe, Berechnung, Konstruktion und Fertigung im Stahl-, Behälter-, Apparate-, Fahrzeug- und Maschinenbau, Schweißmaschinen einschließlich Roboter und Steuerung, Materialprüfung, Arbeits- und Gesundheitsschutz

DER PRAKTIKER

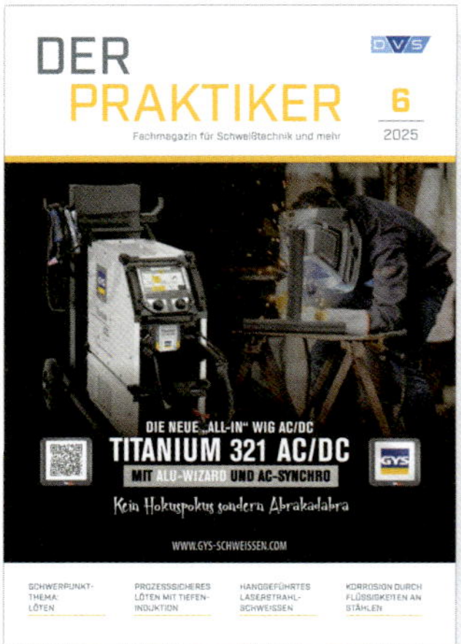

Herausgeber:
DVS – Deutscher Verband für Schweißen und verwandte Verfahren e.V., Düsseldorf
ISSN 0554-9965
Erscheinungsweise: monatlich

Inhalt:

DER PRAKTIKER ist die Fachzeitschrift für alle Bereiche der fügetechnischen Anwendung und Fertigung – vor allem für kleine und mittelständische Unternehmen und Handwerksbetriebe. Aus der Praxis für die Praxis werden in anwendungsorientierten Fachbeiträgen die Verfahren Schweißen, Löten, Kleben und Beschichten näher beleuchtet. Der Leser erfährt Monat für Monat alles Wichtige aus den Rubriken Industrie und Handwerk, Qualitätsmanagement und Normung, Arbeitssicherheit und Umweltschutz, sowie Rechtsfragen und Urteile. DER PRAKTIKER ist damit eine unerlässliche Lektüre für alle, die sich mit Fügetechnik in der täglichen betrieblichen Praxis beschäftigen.

Redaktionelle Themen:

Schweißen, Schneiden, Löten, Kleben, Spritzen, Schrauben, Nieten, Wärmebehandlung, Werkstoffprüfung, Arbeits- und Gesundheitsschutz, Konstruktion und Fertigung, Werkstofffragen, Korrosionsschutz, Rationalisierung, Wirtschaftlichkeitsfragen, Schulung, Weiterbildung, Erfahrungsaustausch

www.derpraktiker.de

DER SCHWEISSER

Herausgeber:

DVS – Deutscher Verband für Schweißen und verwandte Verfahren e.V., Düsseldorf

ISSN 1612-3441

Erscheinungsweise: 6 x jährlich

Inhalt:

DER SCHWEISSER vermittelt kurz und präzise praxisorientierte Informationen, Tipps und Hinweise, die für die tägliche Arbeit des Schweißers nützlich sind. Hierzu gehören Anleitungen zum Arbeitsschutz ebenso wie die leicht verständliche Darstellung von fachlichen Sachverhalten und Begriffen rund um das Schweißen.

Sammelbezug:

Mit diesem Infodienst stellen wir Ihnen ein wertvolles Medium für die Praxis zur Verfügung. Damit auch Ihre Schulungsteilnehmer, Kunden, Mitarbeiter und Partner von diesem Service profitieren, bieten wir DER SCHWEISSER im Sammelbezug zu günstigen Konditionen an. Für Ihren Firmennamen haben wir ein Stempelfeld auf der Rückseite vorgesehen. Bei Abnahme von mehr als 500 Exemplaren ist Ihr Firmeneindruck sogar im Preis enthalten.

www.derschweisser.de

SCHWEISSAUFSICHT AKTUELL

Herausgeber:
DVS Media GmbH, Düsseldorf
ISSN 2366-3936
Erscheinungsweise: monatlich

Inhalt:
SCHWEISSAUFSICHT AKTUELL ist eine wichtige Lektüre für Schweißaufsichtspersonen. Gemäß der Devise „Ihre Themen im Fokus" fasst der Infodienst in jeder Ausgabe auf acht Seiten wichtige Informationen für Schweißaufsichtspersonen zusammen, für die praktische Fertigkeiten und fachtheoretisches Wissen gleichermaßen wichtig sind. Folgende Themenfelder stehen daher im Fokus: Normung, Arbeitsschutz, Technische Entwicklungen, Arbeitsrecht, Haftungsfragen, Kostenmanagement, Rechte und Pflichten des Schweißaufsichtspersonals sowie Aus- und Weiterbildung

Der Infodienst SCHWEISSAUFSICHT AKTUELL informiert seine Leserinnen und Leser regelmäßig mit 12 Ausgaben im Jahr und ist wahlweise in gedruckter Form oder digital im PDF-Format erhältlich.

Mit dem Infodienst möchten die DVS Media Schweißaufsichtspersonen bei Ihrer Tätigkeit unterstützen. Interessierten Lesern bieten wir daher die Möglichkeit, die SCHWEISSAUFSICHT AKTUELL regelmäßig zu beziehen. Um das neue Produkt besser kennenzulernen und sich von der Qualität überzeugen zu können, erhalten Sie auf Wunsch vorab ein Probeexemplar unter:

www.schweißaufsicht-aktuell.info

Ihr Ansprechpartner:
Bernd Hübner · T +49 211 1591-162
bernd.huebner@dvs-media.info

Alle Bezugspreise und weitere Informationen zu den Fachzeitschriften finden Sie unter:

www.dvs-media.eu/de/zeitschriften/

Ihr Ansprechpartner:
Leserservice DVS Media
65341 Eltville
T +49 6123 9238-242
dvsmedia@vuservice.de

JOINING PLASTICS FÜGEN VON KUNSTSTOFFEN

Herausgeber:

DVS – Deutscher Verband für Schweißen und verwandte Verfahren e.V., Düsseldorf

ISSN 1864-3450

Erscheinungsweise: 3 x jährlich

Inhalt:

Kunststoffe sind heute ein unverzichtbarer Teil unseres Alltags. Bei der Herstellung und Montage nimmt dabei die Bedeutung der Fügestellen immer mehr zu. JOINING PLASTICS – FÜGEN VON KUNSTSTOFFEN trägt dieser Entwicklung Rechnung und befasst sich als zweisprachiger Titel (Deutsch/Englisch) ausschließlich mit dem Titelthema. Anwendungsorientierte Fachbeiträge geben neueste Entwicklungen und den Stand der Technik für das Serienschweißen sowie das Fügen von Kunststoffen im Rohrleitungs,- Behälter- und Apparatebau wieder.

Redaktionelle Themen:

Forschung und Entwicklung, Veranstaltungen, Nachrichten aus Unternehmen, Aus- und Weiterbildung, Arbeits- und Gesundheitsschutz

THERMAL SPRAY BULLETIN

Herausgeber:
DVS – Deutscher Verband für Schweißen und verwandte Verfahren e.V., Düsseldorf
GTS-Gemeinschaft
Thermisches Spritzen e.V.
ISSN 1866-6248
Erscheinungsweise: 3 x jährlich

Inhalt:

Die Fachzeitschrift THERMAL SPRAY BULLETIN greift die Technologie des Thermischen Spritzens publizistisch auf und veröffentlicht zweisprachig (Deutsch/Englisch) sowohl anwendungsorientierte Fachbeiträge über neueste Entwicklungen und den Stand der Technik als auch begutachtete wissenschaftliche Fachbeiträge. Berichte über Veranstaltungen, Normungsaktivitäten und Unternehmen sorgen zudem dafür, dass die Leserschaft stets über aktuelle Entwicklungen informiert bleibt.

Darüber hinaus beinhaltet das THERMAL SPRAY BULLETIN den GTS-Strahl mit Informationen zu Mitgliederunternehmen, GTS-Veranstaltungen, Interviews und Patenten.

Redaktionelle Themen:

Apparate-/Anlagenbau, Energietechnik, Druck-/Papierindustrie, Werkzeugmaschinenbau, Chemische Industrie, Automobilindustrie, Textiltechnik, Kunststoffverarbeitende Industrie, Luft- und Raumfahrt, Öl-Industrie, Medizintechnik und Bauwesen

www.thermal-spray-bulletin.info

GIESSEREI

Inhalt:

Die GIESSEREI ist die führende deutschsprachige Fachzeitschrift des Gießereiwesens. Schwerpunktthemen sind Technik, Innovation und Management. Sie enthält Berichte über technische und wirtschaftliche Entwicklungen der Gießereibranche, aktuelle Ergebnisse und Trends aus den Bereichen der Betriebsorganisation, der Fertigungs- und Anlagentechnik sowie wichtige Verbandsinformationen. Leser der GIESSEREI sind damit immer aktuell informiert und gut beraten.

Herausgeber:

BDG – Bundesverband der Deutschen Gießerei-Industrie e.V., Düsseldorf
ISSN 0016-9765
Erscheinungsweise: monatlich
Verlag: DVS Media GmbH, Düsseldorf

CASTING PLANT AND TECHNOLOGY INTERNATIONAL (CP+T)

Inhalt:

CASTING Plant and Technology International (CP+T) ist die führende englischsprachige Fachzeitschrift des Gießereiwesens mit weltweiter Verbreitung. Sie behandelt die gesamte Gießerei-Technologie für Eisen- und Stahlguss, sowie Nichteisenmetallguss einschließlich Druckguss. Einbezogen sind Roh- und Hilfsstoffe sowie Fragen der Qualitätsüberwachung und des Umweltschutzes. Der Schwerpunkt liegt bei technischen Fachaufsätzen aus der Praxis der Anlagenbauer, Zulieferer und Gießereien. Kurznachrichten über neue Einrichtungen und Verfahren und wichtige Ereignisse der Gießerei-Industrie ergänzen das redaktionelle Angebot.

Herausgeber:
BDG – Bundesverband der Deutschen Gießerei-Industrie e.V., Düsseldorf
ISSN 0935-7262
Erscheinungsweise: 4 x jährlich
Verlag: DVS Media GmbH, Düsseldorf

www.home-of-foundry.de

STAHL + TECHNIK

Herausgeber:
DVS Media GmbH, Düsseldorf
ISSN 2627-9665 (Print)
ISSN 2627-9673 (Online)

Inhalt:

Ob Stahlindustrie, Stahlhandel, Stahlservice und -verarbeitung, Wissenschaft und Forschung – in STAHL + TECHNIK lesen Sie, was jetzt und in Zukunft wichtig ist. STAHL + TECHNIK bietet einen einzigartigen Themenmix aus wirtschaftlichen und technischen Beiträgen für Experten und Entscheider der gesamten Branche. Aktuelle Meldungen, Interviews und Hintergrundberichte, Managementtipps, fundierte Fachbeiträge sowie Zahlen und Fakten aus der Branche machen STAHL + TECHNIK zur wichtigen Informations- und Entscheidungsquelle.

Redaktionelle Themen:

- Anlagentechnik
- Metallurgie
- Innovation
- Kokereitechnik
- Technik
- Unternehmen
- Märkte
- Umformtechnik
- Werkstoffe und Fertigung
- Digitalisierung
- Stahlanwendung
- Edle Metalle
- Stahlhandel

www.homeofsteel.de

STEEL + TECHNOLOGY

Herausgeber:
DVS Media GmbH, Düsseldorf
ISSN: 2628-3859 (Print)
ISSN: 2628-3867 (Online)

Inhalt:
STEEL + TECHNOLOGY ist die international anerkannte, englischsprachige Fachzeitschrift für die Stahlindustrie mit weltweiter Verbreitung. Der Leser erhalt einen Themenmix aus wirtschaftlichen und technischen Beiträgen rund um den Werkstoff Stahl. Aktuelle Meldungen, Trends und Hintergrundberichte, Interviews und Termine ergänzen dabei den umfangreichen technischen Teil aus Fachbeiträgen von Experten für Experten, zusammengestellt von einer erfahrenen Redaktion.

Redaktionelle Themen:
- Anlagentechnik
- Metallurgie
- Innovation
- Kokereitechnik
- Technik
- Unternehmen
- Märkte
- Umformtechnik
- Werkstoffe und Fertigung
- Digitalisierung
- Stahlanwendung
- Edle Metalle
- Stahlhandel

www.homeofsteel.de

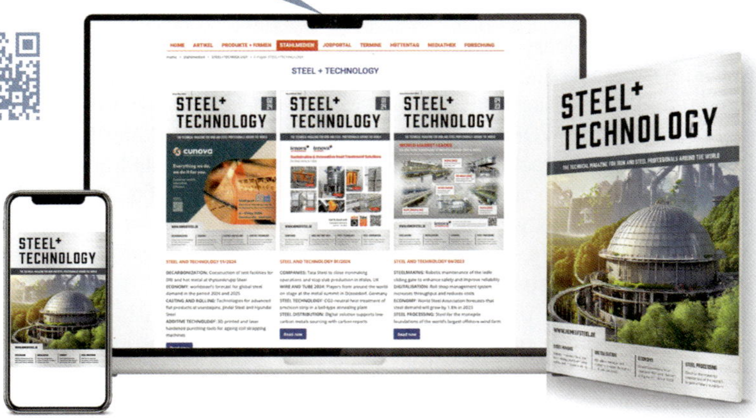

STAPLERWORLD

Herausgeber:
DVS Media GmbH, Düsseldorf
ISSN: 1612-1848 (Print + Online)
Erscheinungsweise: 6 x jährlich inklusive 6 x jährlich FTS-/AMR-FACTS

Inhalt:
STAPLERWORLD ist das unabhängige, branchenübergreifende Informationsplattform für Technik, Einsatz/Anpassung, Betrieb, Modifikation von Flurförderzeugen sowie allen damit zusammenhängenden Anbaugeräten, Anbauteilen und Sonderkonstruktionen. Der gesamte europäische Flurförderzeugmarkt wird regelmäßig mit Einsatzberichten, Interviews, Reportagen, Marktübersichten, Tipps und Hinweisen beleuchtet. Auch Neuheiten und Trends der außereuropäischen Hersteller finden in der STAPLERWORLD Beachtung. STAPLERWORLD betrachtet Flurförderzeuge nicht losgelöst, sondern integriert sie in betriebliche Abläufe. Deshalb wird über Lagertechnik, Rampen, Tore, Datenfunk, Kühlhauslogistik, Sonderausstattungen und andere Themen permanent berichtet. Ergänzt werden diese Themen mit Beiträgen über ExSchutz, Einsatz und Koordination von Flurförderzeugen wie Datenfunk, WLAN, RFID sowie die Einbindung in komplexe logistische Abläufe. Vermarktung, Finanzierung, Verkauf, Internet und Aufbereitung von Gebrauchtgeräten spielen darüber hinaus eine wichtige redaktionelle Rolle. Interviews, Features, Jobstories, Marktübersichten und Trendbeiträge werden als redaktionelle Formen genutzt. Korrespondenten in Nord- und Süddeutschland sorgen für zusätzliche Marktnähe. Ein Team aus erfahrernen Redakteuren, Fotografen und Webdesignern arbeitet an dem Objekt.Autorenbeiträge von hochrangigen Persönlichkeiten aus Technik, Forschung, Unternehmensberatungen und anderen Organisationen runden das Portfolio ab. Regelmäßig testet STAPLERWORLD unterschiedlichste Flurförderzeuge (STAPLERCHECK). Im EQUIPMENT-CHECK werden Zubehörteile, Sitze, Scheinwerfer, Zugangssysteme und viele weitere Parts und Zubehöre auf Herz und Nieren getestet.

FTS-/AMR-FACTS – Als Ergänzung zu bemannten Flurförderzeugen etablieren sich Fahrerlose Transportsysteme jenseits des

News

Reifenfachmesse – Produkte plus Lösungen

Die THE TIRE COLOGNE 2026 schlägt ein neues Kapitel auf: Mit dem neuen Format „Walk of Services" erweist sich die Messe als wichtigster Impulsgeber für die Branche. Eine Stärke der TTC ist, dass hier nicht nur Produkte im Mittelpunkt stehen, sondern vor allem Lösungen für die Zukunftsfähigkeit des Fachhandels. Man reagiert auf ein zunehmend spürbares Bedürfnis: Um in einem komplexer werdenden Markt bestehen zu können, sind fundiertes technisches Know-how, richtige Werkstattausstattung, passgenaue Softwarearchitektur sowie nachhaltige Strategien zur Mitarbeitermotivation und -bindung heute unverzichtbar. Die TTC greift diese Anforderungen gezielt auf und bietet den Besuchern einen Mehrwert, indem sie in fünf Themenfeldern die relevanten Inhalte, Partner und Lösungen intelligent miteinander verknüpft: Mitarbeiter, System-/Prozesslösung, Reifenservice/Werkstatttechnik, KFZ-Services, Entsorgung/Nachhaltigkeit. Was bislang oft dezentral verteilt war, wird nun sichtbarer. Die Bedürfnisse der Besucher entlang des gesamten Weges werden in den Mittelpunkt gestellt durch eine klare Besucherführung, thematisch gegliederte Ausstellerstände, Live-Demonstrationen sowie ein vielseitiges Programm auf der Service Stage.

WALK OF

INFO — Bild: Koelnmesse GmbH

www.thetire-cologne.de

TOC Europe 2025: Saubere Energie für Häfen

Hyster stellt auf der TOC Europe (Terminal Operations Conference) vom 17. bis 19. Juni 2025 skalierbare Energielösungen für Hochleistungsgeräte vor. Die Messe ist eine wichtige Plattform für Fachleute aus der Logistik-, Schifffahrts- und Hafenindustrie und findet in Rotterdam statt. Der Schwerpunkt liegt auf sauberer Energie. Die integrierten Lithium-Ionen-Hochleistungsstapler der neu eingeführten J10-18XD-Serie stehen bei Hyster im Mittelpunkt. Die Batterieoptionen sind skalierbar und passen sich dem Arbeitszyklus sowie den Ladeanforderungen an. Neben diesen Vorteilen ist ihre Leistung mit der eines Verbrennungsmotors (ICE) vergleichbar. "Wir verpflichten uns zu sauberen Energielösungen, die bei unseren Kunden nicht nur die betriebliche Effizienz steigern, sondern auch zu einer nachhaltigeren Zukunft beitragen. Unsere neue Serie leistungsstarker Elektrostapler steht für einen Schritt nach vorn. Dabei ist sie für Häfen, die umweltbewusst handeln wollen, nur eine von vielen Möglichkeiten, wie Hyster Betrieben helfen kann, ihre Effizienz und Leistung zu optimieren", sagt Junior van Remortele, Hyster, Direktor Big Trucks EMEA.

INFO — Bild: Hyster

www.tocevents-europe.com

LogiMAT präsentiert neues Motto

Die LogiMAT setzt auch 2026 ein klares Signal in Richtung Innovationsfokus: Mit dem neuen Messemotto „Passion for Details" knüpft sie direkt an das Vorjahr an – und geht bewusst einen Schritt weiter. Die neue Kampagne stellt eine zentrale Frage: Welches Detail macht eine Lösung wirklich einzigartig? Dabei geht es nicht nur um bahnbrechende Innovationen, sondern auch um die oft unscheinbaren, auf den ersten Blick nicht erkennbaren, aber starken Features, die einen echten Mehrwert für den Kunden schaffen – sei es durch Anwenderfreundlichkeit, KI, Effizienz, Zuverlässigkeit oder Nachhaltigkeit. Aussteller sind dazu aufgerufen, genau dieses entscheidende Merkmal ihrer Produkte und Systeme in den Fokus zu rücken; sie sind eingeladen, ihre Innovationen und Besonderheiten bereits im Vorfeld der Messe zu präsentieren und den Messebesuchern Orientierung zu geben. Gerade auch Produktneuheiten, die auf der LogiMAT Premiere feiern, erhalten eine Bühne. Die LogiMAT-Community lädt dazu ein, eigene Beiträge unter dem Motto „Welches Detail zeigt Ihre Leidenschaft?" zu teilen – sei es über Social Media, auf der Website oder im Rahmen von Sonderformaten auf der Messe selbst.

LogiMAT

INFO — Bild: Euroexpo

www.logimat-messe.de

8 Staplerworld 3+4-2025

reinen Montagebusiness. In der Industrie, in der Logistik, in der Versorgung und vor allem im Servicerobotik-Bereich sind und werden die unabhängigen, selbst navigierenden Systeme immer wichtiger und werden viele Aufgaben von heutigen Konzepten übernehmen. Zudem stoßen viele Flurförderzeug-Hersteller mit zu FTS umgerüsteten Seriengeräten in die angestammten Domänen der etablierten FTS-Hersteller vor – ein sehr spannender Prozess, der permanent neue Systeme und Lösungen hervorbringt. Die etablierte FTS-/AMR-FACTS ist ein wichtiges Zielmedium in der Meinungsführerschaft – angesprochen werden Entscheidungsträger auf technischer Ebene. Prominente Autoren, Meinungsführer, Anwender, Berater und Hochschulen/Institutionen haben hier eine perfekte Plattform über Grundlagen, Techniken, Komponenten, Systemauslegungen und Anlagenrealisierungen zu berichten. FTS-/AMR-FACTS erscheint seit 2023 sechs mal jährlich in einer Doppelausgabe mit der STAPLERWORLD. Bereits seit der ersten Ausgabe im September 2012 hat sie sich zu einem wichtigen Branchenpodium entwickelt, das in Ergänzung zur STAPLERWORLD-Hauptausgabe aktuelle Themen beleuchtet, dokumentiert und den Entscheidern in komprimierter Form wichtiges Wissen zur Systemfindung übermittelt.

Täglich informiert – Das Onlineprogramm von DVS Media

Die DVS Media GmbH bietet vier verschiedenen Branchen ein Zuhause – der Füge-, der Stahl-, der Gießereitechnik und der (Intra-)Logistik. Für alle diese Themenfelder gibt es online ein digitales HOME: Das HOME OF WELDING, das HOME OF STEEL, HOME OF FOUNDRY und das HOME OF LOGISTICS. In jedem dieser B2B-Portale finden die Besucher aktuelle Informationen, Wissenswertes aus der jeweiligen Branche, Praxistipps und Expertenmeinungen. Firmen- und Produktverzeichnisse, Hinweise auf Fachmedien sowie branchenspezifische Job-Portale und Veranstaltungskalender komplettieren die zahlreichen Angebote in den vier HOMEs.

HOME OF WELDING

Am 1. April 2019 öffnete das HOME OF WELDING seine Türen für die schweißtechnische Branche. Mit Öffnung dieser B2B-Plattform bietet die DVS Media GmbH eine reichweitenstarke, redaktionell betreute Onlineplattform, die vielfältige Informationen für die Füge-, Trenn- und Beschichtungstechnik bereithält. Durch die Vielfalt der Themen und deren Relevanz werden Experten und Interessenten aus Industrie und Handwerk gleichermaßen angesprochen.

Nachdem das HOME OF WELDING anfangs auf verschiedenen Social Media-Kanälen unterwegs war, liegt der Fokus seit dem Frühsommer 2023 auf der Plattform LinkedIn – auch hier ist die Zahl der Follower seither kontinuierlich gestiegen.

Die meisten Besucher verzeichnet das HOME OF WELDING übrigens aus Deutschland, gefolgt von den Herkunftsländern Österreich, Schweiz, den Niederlanden und Frankreich in den Top 5 und Italien, Großbritannien, Polen, Ungarn und den USA bis Rang zehn. Neben den tagesaktuellen Nachrichten zählen vor allem Praxistipps sowie Informationen über Änderungen oder Neuheiten im Regelwerk zu den Meldungen, die am häufigsten aufgerufen werden.

Am 4. September 2023 fiel der Startschuss für das Projekt „HOME OF WELDING becomes international". Das heißt, die Besucher finden ab sofort auch englischsprachige Artikel auf der Plattform. Die internationale Präsenz ist bereits über eine eigene Startseite anzusteuern, das Menü ist in der derzeit noch zweisprachig. Für die nahe Zukunft soll dann ein rein englischsprachi-

ges HOME OF WELDING online erreichbar sein. Passend zum englischsprachigen Auftritt kann ein englischsprachiger Newsletter bereits jetzt abonniert werden (www.home-of-welding.com/newsletter-en).

www.home-of-welding.com

www.home-of-welding.com/international

www.linkedin.com/company/home-of-welding

HOME OF STEEL

Unternehmen der Stahlindustrie sowie aus verwandten Branchen bietet das HOME OF STEEL seit Juni 2019 ein Zuhause. Breit gefächerte Themen zu Herstellung, Anwendung, Weiterverarbeitung sowie Innovationen rund um den Werkstoff Stahl stehen im Fokus der B2B-Plattform. Neben aktuellen Meldungen aus Wirtschaft und Politik findet der User Fachartikel, Hintergrundberichte, Unternehmensporträts und Expertenmeinungen. Das JobPortal für die Stahlbranche und die Veranstaltungshinweise ergänzen den Branchenauftritt. Natürlich stehen die Fachmagazine STAHL + TECHNIK, STEEL + TECHNOLOGY sowie JAHRBUCH STAHL + TECHNIK für den Abonnenten bereit oder können bestellt werden.

Die meisten Besucher der B2B-Plattform kommen aus der DACH-Region, gefolgt von den USA, Italien, den Niederlanden und Indien. Der HOME OF STEEL-Newsletter erscheint jeden Donnerstag und bringt aktuelle Meldungen aus der Branche für die Branche.

Auch der beliebte Treffpunkt der Branche, der HÜTTENTAG, hat auf der Plattform einen eigenen Menüpunkt. Der HÜTTENTAG inklusive HÜTTENABEND feierte im November 2019 seine Premiere in Essen und hat seitdem einen festen Platz im Veranstaltungskalender der Stahlbranche eingenommen. Am 13. November 2025 findet der 7. HÜTTENTAG statt, diesmal unter dem Thema „Die Stahlbranche vor einer Zeitenwende".

www.home-of-steel.de

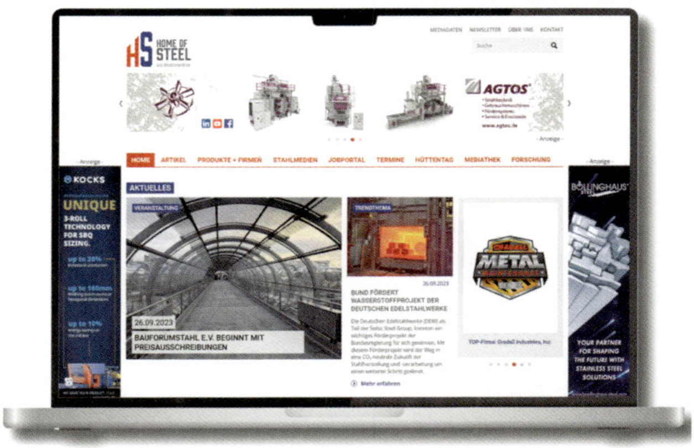

HOME OF FOUNDRY

Ein drittes „Zuhause“ ist seit Herbst 2021 am Start: das HOME OF FOUNDRY. Es berichtet aus der Gießereibranche und ergänzt damit als digitale Plattform die Fachzeitschrift GIESSEREI, die DVS Media zusammen mit dem Bundesverband der Deutschen Gießerei-Industrie produziert und vertreibt.

HOME OF FOUNDRY gewinnt durch die Vereinheitlichung von Werbeplätzen und Mediapaketen an Attraktivität für die Kommunikation der B2B-Kunden. Inhaltlich informiert das Portal mit einer Mischung aus Fachartikeln und News aus der Branche. Branchenbezogene Termine, ein JobPortal und Firmenprofile sorgen auch in diesem HOME für ergänzende Informationen.

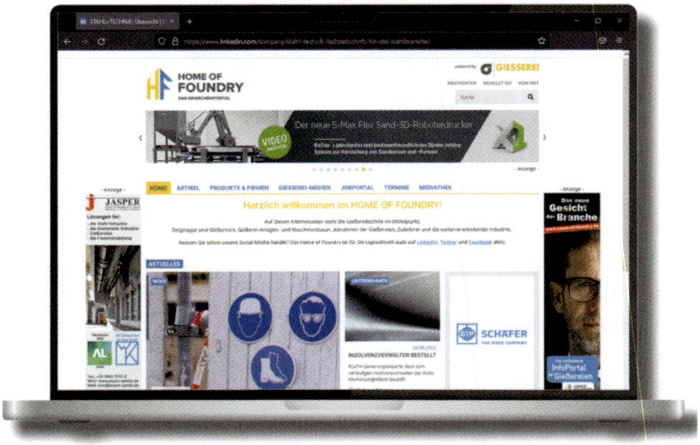

www.home-of-foundry.de

HOME OF LOGISTICS

Seit September 2024 ist das neue Portal für die Logistik-Branche am Markt. Täglich berichtet die Redaktion über aktuelle Themen aus der Intralogistik und der Logistik – von neuen Produkten, über Kooperationen von Unternehmen bis zu Interviews mit führenden Fachleuten der Branche. Die aktuellen Ausgaben der Fachzeitschriften STAPLERWOLRD und FTS/AMR-FACTS stehen auf dem Portal ebenfalls als blätterbares E-Paper sowie zum Download zur Verfügung. Im Mittelpunkt der Berichterstattung der Redaktion stehen Themen rund um Flurförderfahrzeuge, Fahrerlosen Transportsystemen, Autonome Mobile Roboter (AMR) und benachbarten Themen. Zielsetzung des HOME OF LOGISTICS ist es, mit aktuellen Themen und vielseitigen Fachinformationen eine digitale Anlaufstelle zu bieten, auf der sich Unternehmen und Fachleute der Branche umfassend informieren können.

www.home-of-logistics.de

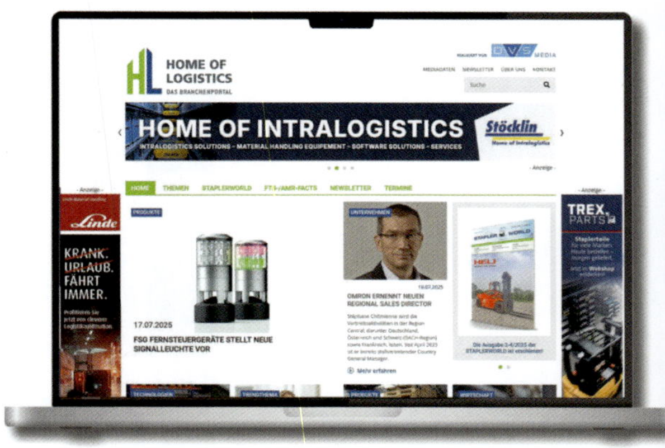

Ihre Ansprechpartner bei der DVS Media GmbH

Geschäftsführung

Geschäftsführer
Dirk Sieben
T +49 211 1591-153
dirk.sieben@dvs-media.info

Assistenz
Carolin Heße
T +49 211 1591-159
carolin.hesse@dvs-media.info

Verlagsleitung
Dipl.-Betriebsw. Susett Bendel
T +49 211 1591-167
susett.bendel@dvs-media.info

Strategische Unternehmenskommunikation
Dipl.-Kulturwiss. Uta Tschakert
T +49 211 1591-304
uta.tschakert@dvs-media.info

Marketing / Vertrieb

Vertriebsleitung
Dipl.-Betriebsw. Susett Bendel
T +49 211 1591-167
susett.bendel@dvs-media.info

Versand
Andreas Schmitz
T +49 211 1591-214
andreas.schmitz@dvs-media.info

Vertrieb
Bernd Hübner
T +49 211 1591-162
bernd.huebner@dvs-media.info

Vertrieb
Martina Reintjens
T +49 211 1591-156
martina.reintjens@dvs-media.info

Finanzen

Controlling / Buchhaltung
Andrea Reimann
T +49 211 1591-164
andrea.reimann@dvs-media.info

Buchhaltung
Bettina Susenburger
T +49 211 1591-165
bettina.susenburger@dvs-media.info

Redaktion Füge- und Trenntechnik

Redaktionsleitung
Sarah Gottschalk
T +49 211 1591-205
sarah.gottschalk@dvs-media.info

SCHWEISSEN UND SCHNEIDEN
Sarah Gottschalk (V.i.S.d.P.)
Anja Labussek
Sylvia Hanagan

Redaktionsassistenz
Sylvia Hanagan
Andrea Nelles

DER PRAKTIKER
Dipl.-Ing. Christian Bothur (V.i.S.d.P.)
christian.bothur@dvs-media.info

JOINING PLASTICS - FÜGEN VON KUNSTSTOFFEN / THERMAL SPRAY BULLETIN
Nicole Stramka (V.i.S.d.P)
nicole.stramka@dvs-media.info

HOME OF WELDING
Online-Redaktion
Füge- und Trenntechnik
Sarah Gottschalk (V.i.S.d.P.)
Sylvia Hanagan
Andrea Nelles

DER SCHWEISSER
Sarah Gottschalk (V.i.S.d.P.)
Susanne Collins

SCHWEISSAUFSICHT AKTUELL
Sarah Gottschalk (V.i.S.d.P.)
Susanne Collins

Die Redaktion erreichen Sie unter:
redaktion@dvs-media.info

Redaktionen Stahlmedien

Redaktionsleitung
STAHL + TECHNIK und
STEEL + TECHNOLOGY
Arnt Hannewald
T +49 211 1591-232
arnt.hannewald@dvs-media.info

STAHL + TECHNIK und
STEEL + TECHNOLOGY
Lucas Möllers
T +49 211 1591-283
lucas.moellers@dvs-media.info

Redaktionen Logistik

Chefredakteur
STAPLERWORLD + FTS-/AMR-FACTS
Thomas Schneidewind
T +49 211 1591-302
thomas.schneidewind@dvs-media.info

Redaktionelle Mitarbeiter
Birgit Vetter
T +49 163 4010630
birgit.vetter@dvs-media.info

Andreas Breidscheid
T +49 6130 91 89 10
andreas.breidscheid@dvs-media.info

Redaktionen HOME OF WELDING/HOME OF STEEL/HOME OF FOUNDRY

Technische Leitung
Dipl.-Kulturwiss. Uta Tschakert
T +49 211 1591-304
uta.tschakert@dvs-media.info

Redaktion HOME OF WELDING
siehe Eintrag unter Redaktion Schweiß- und Fügetechnik

Redaktion HOME OF LOGISTICS
Thomas Schneidewind
T +49 211 1591-302
Thomas.Schneidewind@dvs-home.de

Redaktion Home of Steel
Katrin Küchler
T +49 211 1591-146
katrin.kuechler@dvs-media.info

Lucas Möllers
T +49 211 1591-283
lucas.moellers@dvs-media.info

Redaktion HOME OF FOUNDRY
Niklas Reiprich
niklas.reiprich@bdguss.de

Weitere Fachmedien

Lektorat Fachbücher
Rosemarie Karner, M.A.
T +49 211 1591-209
rosemarie.karner@dvs-media.info

Lektorat Regelwerke
Uta Tschakert
T +49 211 1591-304
uta.tschakert@dvs-media.info

Lektorat Lehrmedien
Dipl.-Ing. Susanne Leising
T +49 211 1591-277
susanne.leising@dvs-media.info

Veranstaltungen

Leitung Organisation/Durchführung
Sabrina Tank
T +49 211 1591-141
sabrina.tank@dvs-media.info

Organisation/Durchführung
Carolin Heße
T +49 211 1591-159
carolin.hesse@dvs-media.info

Auszubildende / Veranstaltungsmanagement
Anna-Elina Dragosli
T +49 211 1591-157
anna.dragosli@dvs-media.info

Duale Studentin / Veranstaltungsmanagement
Ida Popp
T +49 211 1591-276
ida.popp.@dvs-media.info

Produktion – Digital & Print

Leitung
Mike Reschke
T +49 211 1591-163
mike.reschke@dvs-media.info

Herstellung, Grafik/Layout
Dipl.-Des. (FH) Julia Bobe
T +49 211 1591-158
julia.bobe@dvs-media.info

Herstellung, Grafik/Layout
Laura Sieben
T +49 211 1591-148
laura.sieben@dvs-media.info

Media Sales

Leitung
Markus Winterhalter
T +49 211 1591-142
markus.winterhalter@dvs-media.info

Media Assistenz
Britta Wingartz
T +49 211 1591-155
britta.wingartz@dvs-media.info

Media Assistenz
Alexandra Seewald-Sander
T +49 211 1591-225
alexandra.seewald-sander@dvs-media.info

Media Assistenz
Katrin Küchler
T +49 211 1591-146
katrin.kuechler@dvs-media.info

Anzeigenverkauf
Claudia Wolff
T +49 211 1591-224
claudia.wolff@dvs-media.info

Anzeigenverkauf
Samira El Allaoui
T +49 6139 293442
M +49 176 45709 126
samira.elallaoui@dvs-media.info

Anzeigenverkauf
Andreas Przybyla
T +49 211 1591-291
andreas.przybyla@dvs-media.info

Anzeigenverkauf
Thomas Stölzner
T +49 211 1591-249
thomas.stoelzner@dvs-media.info

GSI – Ausbildung vom Marktführer

1999 wurde die GSI mbH als ein Unternehmen des DVS – Deutscher Verband für Schweißen und verwandte Verfahren e. V. mit dem Ziel gegründet, das operative Geschäft des Verbandes sowohl zu bündeln als auch national wie international weiterzuentwickeln. Die GSI mbH wandelt daher die technisch-wissenschaftliche Arbeit des DVS in konkrete Dienstleistungen und Produkte um. Ihr Leistungsportfolio lässt sich dabei in die Tätigkeitsschwerpunkte Aus- und Weiterbildung, Qualitätssicherung, Werkstofftechnik, Forschung und Entwicklung, Prozessoptimierung sowie unternehmensspezifische Dienstleistungen unterteilen. Als gemeinnützige GmbH arbeitet die GSI neutral und unabhängig und erbringt ihre Dienstleistungen für Einzelpersonen, Handwerksbetriebe, Industriefirmen, Behörden und Forschungsgremien.

Zum Zeitpunkt ihrer Gründung bestand die GSI mbH aus vier Schweißtechnischen Lehr- und Versuchsanstalten (SLVen). Heute gehören zur GSI mbH acht Niederlassungen im Inland, die 17 praktische Ausbildungswerkstätten unterhalten, und einige Auslandsgesellschaften.

Seit 2017 verfügt die GSI über ein akkreditiertes Zentrallabor mit den Laboren an den einzelnen Standorten und ist EN/ISO 9001 (2015) zertifiziert.

Die Inlandsniederlassungen der GSI sind:

- die SLV Berlin-Brandenburg
- die SK Bielefeld
- die Bildungszentren Rhein-Ruhr
- die SLV Duisburg
- die SLV Fellbach
- die SLV Hannover
- die SLV München
- die SLV Saarbrücken

Als Auslandsgesellschaften kommen hinzu:

- die GSI SLV Kunshan in China
- die GSI SLV-TR in der Türkei
- SLV-GSI Polska Sp. z o.o. in Polen
- die SVV Praha, s.r.o. in Tschechien mit den Standorten Prag und Brünn
- die SVV Praha, s.r.o. in Ungarn

Mit der SLV Mannheim GmbH, der SLV Nord gGmbH, der SLV Halle GmbH und deren Tochtergesellschaften SLV Mecklenburg-Vorpommern GmbH, JFW Jena und TC Kleben GmbH, gibt es in Deutschland weitere leistungsstarke SLVen. Sie sind juristisch eigenständige Gesellschaften mit eigenen Geschäftsführern. Als sogenannte „Kooperierende Einrichtungen" orientieren sie sich am Leistungsangebot der GSI mbH. Gemeinsam mit den Niederlassungen der GSI mbH bilden sie daher den GSI-Verbund.

Konstituierende Elemente des GSI-Verbundes und Ansprechpartner sind die Schweißtechnischen Lehr- und Versuchsanstalten (SLVen) sowie die sonstigen Einrichtungen im In- und Ausland. Sie alle bieten ihren Kunden Produkte und Dienstleistungen an, gegebenenfalls ergänzt um spezielle fachbezogene Angebote in Form von Tagungen, Vorträgen und Seminaren.

Die GSI als Verbund ist mehr als die Summe ihrer Niederlassungen, ihrer kooperierenden Einrichtungen und ihrer Auslandsgesellschaften. Sie versteht sich als national und international erfolgreicher Schrittmacher in ihren Tätigkeitsschwer-

Bild: © ShadeON/iStockphotos

punkten. Diese führende Position besitzt die GSI in sämtlichen relevanten Gebieten der Schweiß- und Prüftechnik sowie sonstiger Verfahren der Füge-, Trenn- und Beschichtungstechnik und den damit zusammenhängenden Dienstleistungen. Um Marktführer zu bleiben, werden Inhalte durch die GSI koordiniert, gebündelt und harmonisiert und in einheitlichen hohen Qualitätsstandards sowie in moderner Form aufbereitet und vermarktet.

Als großer Vorteil erweist sich, dass das regionale Leistungsspektrum einer SLV durch Leistungen anderer SLVen oder Einrichtungen andernorts ergänzt werden können. Diese Verbundleistungen der SLVen werden durch die Angebote der Schweißtechnischen Bildungszentren Rhein-Ruhr und der Schweißtechnischen Kursstätte Bielefeld ergänzt; für das Technologiefeld Kleben übernimmt diese Funktion die TC Kleben GmbH. Der GSI-Verbund steht damit für einen kundenorientierten und dem Stand der Technik entsprechenden Qualitätsstandard, der über alle GSI-Einrichtungen hinweg den Kunden angeboten wird. Es ist ein dauerndes Anliegen der GSI, sich aktiv in die Weiterentwicklung aller Facetten der Fügetechnik einzubringen und,

Bild: iStock.com/Sam Edwards

darauf abgestimmt, ihre Produkte und Dienstleistungen kontinuierlich weiterzuentwickeln. Deshalb erbringt die GSI ihre Dienstleistungen auch als Partner in nationalen, europäischen und internationalen Netzwerken, wie IIW und EWF, mit der Option zur Erweiterung durch alle möglichen Formen der Kooperation.

Durch Mitarbeit in nationalen, europäischen und internationalen Verbänden und Gremien verfügt die GSI über die notwendigen Kompetenzen, um als Dienstleister im Bereich der Aus- und Weiterbildung, der Forschung und Entwicklung, der Qualitätssicherung und der Werkstofftechnik für ihre Kunden erfolgreich arbeiten zu können. Denn die GSI setzt die durch diese internationale Mitarbeit gewonnenen Erkenntnisse, Erfahrungen und Kontakte aktiv um, indem sie neue Produkte zeitnah auf den Markt bringt und ihre Organisationsstruktur weiterentwickelt.

In den Gebieten Ausbildung, der Qualitätssicherung sowie im Technologietransfer arbeitet die GSI aktiv mit dem DVS und seinen Gesellschaften zusammen. Im Mittelpunkt steht dabei dessen technisch-wissenschaftliche Gemeinschaftsarbeit in Bildung, Personalzertifizierung, Forschung, Technik und Normung, die Zusammenarbeit umfasst jedoch auch den Technologietransfer sowie Kongress- und Messeaktivitäten. Hinzu kommt insbesondere die Zusammenarbeit mit der DVS Media GmbH, mit der eine Reihe von gemeinsamen Projekten im Bereich der Lehr- und Lernunterlagen umgesetzt werden. Die GSI engagiert sich außerdem stark in der Nachwuchsförderung für die Fügetechnik und unterstützt dabei ebenso aktiv den DVS wie bei seinen anderen technisch-wissenschaftlichen Aktivitäten.

www.gsi-slv.de Stand: Juni 2025

Organigramm der GSI

Das „Unternehmen GSI“ umfasst die acht GSI-Niederlassungen und die Auslandsgesellschaften.

Im „GSI-Verbund“ werden zusätzlich auch die kooperierenden Einrichtungen berücksichtigt.

GSI-Verbund

GSI – Gesellschaft für Schweißtechnik International mbH

Geschäftsführer:	Dr.-Ing. Jörg Vogelsang
Prokurist/Kaufmännischer Leiter/ Mitglied der Geschäftsführung:	Dipl.-Kfm. Jürgen Wirth
Leiterin Qualitätsmanagement	Dr.-Ing. Teodora Maghet
Leiterin Innovation/Forschung und Entwicklung	Prof. Dr.-Ing. Heidi Cramer

Niederlassungen der GSI mbH:

SLV Berlin-Brandenburg:	Dr.-Ing. Matthias Pöge
SLV Duisburg:	Dr.-Ing. Thomas Weißenberg
SLV Fellbach:	Dipl.-Ing. Daniel Rotaru
SLV Hannover:	Dipl.-Ing. Natascha Gaier
SLV München:	Dipl.-Ing. Michael Dey
SLV Saarbrücken:	Dipl.-Ing. Bernd Stiefel
SK Bielefeld:	Michael Rejall
Bildungszentren Rhein-Ruhr:	Gregor Evers

Auslandsgesellschaften der GSI mbH:

GSI SLV Kunshan, China:	Dipl.-Ing. Ran Tao
GSI SLV-TR, Türkei:	Dipl.-Ing. Özgür Akçam
SLV-GSI Polska Sp. z o.o., Polen:	Dipl.-Ing. Piotr Gładysz
SVV Praha, Tschechien:	Dipl.-Ing. Pavel Flégl

Kooperierende Einrichtungen

ifw Jena:	Dr.-Ing. Simon Jahn
SLV Halle GmbH:	Dipl.-Ing. Steffen Wagner
SLV Mecklenburg-Vorpommern GmbH:	Dr. Rigo Peters
TC Kleben GmbH:	Dipl.-Ing. Julian Band
SLV Mannheim GmbH:	Dipl.-Ing. Jan Rolefs
SLV Nord gGmbH:	Dipl.-Ing. Armin Schlieter

Adressen der GSI mbH

Niederlassungen der GSI mbH

Schweißtechnische Lehr- und
Versuchsanstalt SLV Berlin-Brandenburg
T +49 30 45001-0
F +49 30 45001-111
www.slv-bb.de
mail@slv-bb.de

Schweißtechnische Lehr- und
Versuchsanstalt SLV Duisburg
T +49 203 3781-0
F +49 203 3781-228
www.slv-duisburg.de
info@slv-duisburg.de

Bildungszentren Rhein-Ruhr (BZRR)
T +49 208 85927-0
F +49 208 85927-20
www.slv-bz.de
bzrr@gsi-slv.de

Schweißtechnische Lehr- und
Versuchsanstalt SLV Fellbach
T +49 711 57544-0
F +49 711 57544-33
www.slv-fellbach.de
info@slv-fellbach.de

Schweißtechnische Lehr- und
Versuchsanstalt SLV Hannover
T +49 511 21962-0
F +49 511 21962-22
www.slv-hannover.de
info@slv-hannover.de

Schweißtechnische Lehr- und
Versuchsanstalt SLV München
T +49 89 126802-0
F +49 89 181643
www.slv-muenchen.de
info@slv-muenchen.de

Schweißtechnische Lehr- und
Versuchsanstalt SLV Saarbrücken
T +49 681 58823-0
F +49 681 58823-22
www.slv-saar.de
info@slv-saar.de

Schweißtechnische Kursstätte
SK Bielefeld
T +49 521 650-45
F +49 521 650-40
www.dvs-bielefeld.de
kegel@dvs-bielefeld.de

Kooperierende Einrichtungen

Günter-Köhler-Institut für Fügetechnik und Werkstoffprüfung GmbH (ifw Jena)
T +49 3641 204-100
F +49 3641 204-210
www.ifw-jena.de
info@ifw-jena.de

Schweißtechnische Lehr- und Versuchsanstalt SLV Halle GmbH
T +49 345 5246-0
F +49 345 5246-412
www.slv-halle.de
mail@slv-halle.de

Schweißtechnische Lehr- und Versuchsanstalt SLV Mannheim GmbH
T +49 621 3004-0
F +49 621 3004-291
www.slv-mannheim.de
slv@slv-mannheim.de

Schweißtechnische Lehr- und Versuchsanstalt SLV Mecklenburg-Vorpommern GmbH
T +49 381 660-982-0
F +49 381 660-982-99
www.slv-rostock.de
office@slv-rostock.de

Schweißtechnische Lehr- und Versuchsanstalt SLV Nord gGmbH
T +49 40 35905-400
F +49 40 35905-430
www.slv-nord.de
info@slv-nord.de

TechnologieCentrum Kleben GmbH
T +49 2451 48444-0
F +49 2451 48444-50
www.tc-kleben.de
post@tc-kleben.de

Auslandsgesellschaften der GSI mbH

GSI SLV Kunshan, China
T +86 512 50352910
F +86 512 50352911
www.gsi-kunshan.cn
info@gsi-kunshan.cn

GSI SLV-TR, Türkei
T +90 312 284 1701
F +90 312 284 1702
www.gsi.com.tr
gsi@gsi.com.tr

SLV-GSI Polska Sp. z o.o., Polen
T +48 32 775 60 07
www.slv-polska.pl
sekretariat@slv-polska.pl

SVV Praha, s.r.o., Tschechien,
Standort Prag
T +420 603 193 249
www.svv.cz
hurychova@svv.cz

SVV Praha, s.r.o., Tschechien,
Standort Brünn
Adhesive Bonding Centre
T +420 702 012 664
www.svv.cz
frank@svv.cz

SVV Praha, s.r.o., Ungarn,
Standort Komáron
T +421 905 850 759
https://bonding.svv.cz/hu/
krivanek@svv.cz

2 Im Fokus: Bildung und Zertifizierung | Forschung und Technik

Von den Produkten und Dienstleistungen, die der DVS und seine Partner erarbeiten, profitiert die gesamte Branche der Füge-, Trenn- und Beschichtungstechnik. Forschungsaktivitäten und die technisch-wissenschaftliche Gemeinschaftsarbeit fördern die technologische Entwicklung, technische und bildungsbezogene Regelwerke garantieren vergleichbare Standards und Aus- und Weiterbildungsangebote bringen qualifizierte Fachkräfte hervor.

Dieses Kapitel stellt Trends, Aktivitäten und Arbeitsergebnisse aus den Bereichen „Bildung und Zertifizierung“ sowie „Forschung und Technik“ und im DVS vor.

Bild: Yossef Zilderman – stock.adobe.com

2

dobe Stock / berg Rofeld

Die DVS-Prüfungsfragendatenbank

Die DVS-Prüfungsfragendatenbank ist ein zentrales Element im Aus- und Weiterbildungssystem des DVS. Die Idee dahinter: Prüfungsfragen werden an einer zentralen Stelle verwaltet, überarbeitet, aktualisiert und ausgewertet. Die Prüfungsfragendatenbank ermöglicht zum einen den DVS-zugelassenen Bildungseinrichtungen, fachtheoretische Prüfungsfragensätze für DVS-Lehrgänge zu generieren, zum anderen ist sie ein wichtiges Steuerungsinstrument für die Personalzertifizierungsstelle DVS-PersZert.

Die DVS-Bildungseinrichtungen können mit Hilfe der Datenbank Prüfungen direkt online im System durchführen oder Fragebogensätze erstellen und ausdrucken. Statistische Auswertungen über das Antwortverhalten der Kandidaten, die an den

Bild: xyz+/stock.adobe.com

Prüfungen teilnehmen, helfen dabei, die Qualität der Fragen kontinuierlich zu verbessern. Alle vom DVS zugelassenen Bildungseinrichtungen haben exklusiven Zugriff auf die Prüfungsfragendatenbank.

Was kann die DVS-Prüfungsfragendatenbank?

Die Prüfungsfragendatenbank des DVS gewährleistet eine vergleichbare Qualität an allen DVS-zugelassenen Bildungseinrichtungen. Damit trägt die Datenbank erheblich dazu bei, die Marke DVS in der Berufsbildung für Lehre und Prüfungen weiter zu etablieren und zu festigen. Die Nutzung der geschützten Plattform ist deshalb für alle DVS-Bildungseinrichtungen verpflichtend.

DVS-PersZert erfüllt mit dem Bereitstellen der Datenbank außerdem die Anforderungen der Deutschen Akkreditierungsstelle (DAkkS) an Personalzertifizierungsstellen. Ziel ist es, über diese Plattform Fragensätze für alle schriftlichen Prüfungen im Portfolio DVS-zugelassener Bildungseinrichtungen anzubieten.

Für welche DVS-Lehrgänge wird die Datenbank genutzt?

Schriftliche Prüfungen für Schweißaufsichtspersonen werden über die Prüfungsfragendatenbank generiert. Dies gilt auch für fachkundliche Prüfungen für Schweißer nach DIN EN ISO 9606ff und für Prüfungen zum Internationalen Schweißer nach IIW-Richtlinie. Weiter Bereiche sind die Ausbildung im „Luft- und Raumfahrzeugbau“ sowie verschiedene DVS Lehrgänge von der Flammrichtfachkraft bis zum Laserschutzbeauftragten. Die neueste Ergänzung sind Schweißerprüfungen nach diversen Normen, beispielsweise Bedienerprüfungen für verschiedene Schweißprozesse oder das Schweißen von Betonstahl.

Konstante Erweiterung und Verbesserung

DVS-PersZert sichert ein kontinuierliches Monitoring der Plattform und ihrer Nutzung. Über die statistische Auswertung der Prüfungsergebnisse werden Fragen herausgefiltert, die überdurchschnittlich oft falsch oder überdurchschnittlich oft richtig beantwortet werden. Diese Fragen werden daraufhin überprüft und bei Bedarf geändert oder ersetzt.

Zusätzlich werden permanent neue Fragen erstellt und damit weitere Prüfungsbögen ermöglicht. Auch die Erweiterung der Datenbank mit Inhalten für zusätzliche Lehrgänge schreitet fort. Die DVS-Prüfungsdatenbank entwickelt sich so immer mehr zu einem zentralen Instrument der Steuerung und der Dokumentation der hohen Qualität in der fügetechnischen Ausbildung im DVS.

i

Bildung und Zertifizierung durch den DVS und seine Bildungseinrichtungen:
www.dvs-home-de/bildung

2

Neues Regelwerk „Fachmann für Kunststofflaminieren und -kleben“

Mit Ausgabedatum Oktober 2024 hat der DVS eine neue Richtlinie DVS 2213-1 „Fachmann für Kunststofflaminieren und -kleben“ sowie das Beiblatt -1 mit der zugehörigen „Prüfungsordnung für die Prüfung zum Fachmann für Kunststofflaminieren und -kleben“ veröffentlicht.

Richtlinie DVS 2213-1 „Fachmann für Kunststofflaminieren und -kleben“

Diese Richtlinie gilt für die Ausbildung und Prüfung zum Fachmann für Kunststofflaminieren und -kleben. Dieser Qualifikationsnachweis der spezifischen Kenntnisse ist Voraussetzung für leitende und überwachende Tätigkeiten zur Sicherstellung der Qualität von Laminier- und Klebarbeiten von Faserverbundkunststoffen im Behälter-, Apparate-, Kanal- und Rohrleitungsbau, Boots-, Caravan, Fahrzeug- und Rotorblattbau sowie weiterer Bauwerke aus Faserverbundkunststoffen.

Der Fachmann für Laminieren und Kleben soll insbesondere dort tätig werden, wo Auftraggeber oder zuständige Stellen seinen Einsatz verlangen, bzw. wo hohe Anforderungen an Sicherheit und/oder Belastbarkeit an die Herstellung bzw. Instandhaltung gestellt werden. Ausgehend von den Anforderungen an das Bauteil, erlangt der Fachmann für Laminieren und Kleben die entsprechenden Kenntnisse, die ihn befähigen, die erforderlichen Materialien und Herstellprozesse auszuwählen, um hochwertige Faserverbundstrukturen herzustellen und zu reparieren.

Inhaltsverzeichnis:

- Geltungsbereich und Zweck
- Voraussetzungen
- Profil der Kenntnisse und Fertigkeiten
  - Kenntnisse (40 UE)
    - Werkstoffe (6 UE)
    - Konstruktive Gestaltung und Sandwichkonstruktionen (4 UE)
    - Maßnahmen vor dem Laminieren und Kleben (3 UE)
    - Handlaminieren und Kleben von faserverstärkten Kunststoffen (7 UE)
    - Spanende Bearbeitung von FVK-Bauteilen (2 UE)
    - Rohre und Rohrverbindungen aus FVK (2 UE)
    - Schadensmechanismen -bilder und -ursachen, Schadensklassifizierung (5 UE)
    - Prüfung von Kunststofflaminat- und klebverbindungen (5 UE)
    - Maßnahmen zur Qualitätssicherung (4 UE)
    - Technische Regelwerke, gesetzliche Vorschriften (2 UE)
  - Praktische Fertigkeiten (36 UE)
    - Vorbereitung zum Laminieren und Kleben (8 UE)
    - Handlaminierprozess (9 UE)
    - Reparatur (8 UE)
    - Vakuumverfahren (3 UE)
    - Prüfverfahren zur Qualitätssicherung und Bewertung der Ergebnisse (8 UE)

Richtlinie DVS 2213-1, Beiblatt 1 „Prüfungsordnung für die Prüfung zum Fachmann für Kunststofflaminieren und -kleben“

Diese Richtlinie regelt die Prüfung für den Fachmann für Kunststofflaminieren und -kleben nach Richtlinie DVS 2213-1. Die Prüfung wird als Abschluss des speziellen auf diese Prüfung ausgerichteten Lehrgangs an einer von DVS-PersZert anerkannten DVS-Bildungseinrichtung durch die zuständige DVS-Prüfungskommission durchgeführt.

Inhaltsverzeichnis:

i

Die neue Richtlinie DVS 2213-1 „Fachmann für Kunststofflaminieren und -kleben“ und das Beiblatt 1 „Prüfungsordnung für die Prüfung zum Fachmann für Kunststofflaminieren und -kleben“ sind als PDF-Dateien im DVS-Regelwerksportal hinterlegt. Kostenfreier Download für DVS-Mitglieder:

Richtlinie DVS 2213-1:
https://www.dvs-regelwerk.de/regelwerke/richtlinie-dvs-2213-1-10-2024

Beiblatt 1:
https://www.dvs-regelwerk.de/regelwerke/richtlinie-dvs-2213-1-beiblatt-1-10-2024

2

Relaunch für das DVS-Lehrmedienportal

Für die DVS-Bildungseinrichtungen gibt es gute Neuigkeiten: Das seit 2013 bestehende DVS-Lehrmedienportal, über das die Bildungseinrichtungen auf Teilnehmer- und Dozentenunterlagen zugreifen, wurde im März 2024 neu aufgesetzt.

Das DVS-Lehrmedienportal, das von der DVS Media GmbH betrieben wird, zeigt sich seit wenigen Wochen in einem neuem Design und mit verbesserten Shop-Funktionen. DVS-Bildungsreinrichtungen kennen das exklusiv für sie zugängliche Portal seit vielen Jahren als zuverlässige Bezugsquelle für ihre Teilnehmer- und Dozentenunterlagen. Seit 2013 können diese Unterlagen im DVS-Lehrmedienportal von den vom DVS zugelassenen Bildungseinrichtungen eingesehen und bestellt werden. Abhängig von der Zugangsvoraussetzung (Variante A oder B) können die Unterlagen auch als PDF-Datei heruntergeladen werden. Da über das DVS-Lehrmedienportal auch Normen für Bildungseinrichtungen bereitgestellt werden, ist das DVS-Lehrmedienportal seit vielen Jahren eine wichtige Arbeitsplattform für die Bildungseinrichtungen.

Ukrainische Fachkundeunterlagen ergänzen das Angebot fremdsprachiger Lehrmedien

Im neu gestalteten DVS-Lehrmedienportal wurde darüber hinaus das Angebot an fremdsprachigen Lehrunterlagen weiter ausgebaut. Die viel genutzten Fachkunde-Unterlagen zur Schweißerprüfung nach DIN EN ISO 9606-1 der vier Hand-Schweißverfahren Gasschweißen, Lichtbogenhandschweißen, Metallaktiv-Gasschweißen und Wolfram-Inertgasschweißen waren bislang bereits in Englisch, Rumänisch, Französisch und zum Teil auch Spanisch verfügbar. Ab sofort sind sie auch auf Ukrainisch in gedruckter Form erhältlich. Die Unterlagen stehen allen Bildungseinrichtungen über das Lehrmedienportal im Bereich „Übersetzte Lehrunterlagen" zur Verfügung. (www.dvs-lehrmedienportal.de)

i

Sie haben Interesse?
Bernd Hübner
T +49 211 1591 162
vertrieb@dvs-media.info

Kooperation für Studierende ausgebaut: Ausbildung zum FROSIO Beschichtungsinspektor

Bild: WH/Verena Roßa

Die Kooperation Westfälische Hochschule/ Schweißtechnischen Lehr- und Versuchsanstalt“ (SLV) in Duisburg bietet Studierenden neben der Qualifizierung zum/zur „Internationalen Schweißfachingenieur/-in (SFI)“ auch die Möglichkeit, die Qualifikation zum „FROSIO Beschichtungsinspektor“ zu erwerben. Über die Vertiefung der Zusammenarbeit: (Bild oben v. l. n. r.) freuen sich Prof. Dr. Tatjana Oberdörster, Vizepräsidentin für Studium und Lehre an der Westfälischen Hochschule, Dr. Jörg Vogelsang, Niederlassungsleiter der SLV Duisburg, und Prof. Dr. Ghazal Moeini, Fachbereich Maschinenbau, Umwelt- und Gebäudetechnik an der WH.

Ob Schiff, Maschine oder Brücke – all diese Konstruktionen profitieren hinsichtlich Stabilität und Langlebigkeit davon, dass sie aus metallischen Werkstoffen konstruiert sind. Jedoch geht mit dem Einsatz von Metall auch die Anfälligkeit für Korrosion einher. Der Vorbeugung von Korrosionsschäden durch eine fachgerechte Oberflächenbehandlung kommt daher eine besondere Bedeutung zu, um Nutzungseinschränkungen sowie kostenintensive Instandsetzungsarbeiten von Bauwerken und Erzeugnissen zu vermeiden.

Die von FROSIO ausgebildeten Beschichtungsinspektoren befassen sich mit der Planung, Durchführung und Abnahme von Korrosionsschutzmaßnahmen. Den Lehrgang führt die „Schweißtechnische Lehr- und Versuchsanstalt“ (SLV) in Duisburg durch, der einzige von FROSIO zugelassene Bildungsträger in Deutschland. Aufbauend zu den Inhalten aus dem Studium werden in dem Lehrgang unter anderem die Themengebiete Werkstoffe, Konstruktionstechnik, Grundlagen der Korrosionskunde sowie Gesundheitsschutz und Umweltschutz behandelt. Die Theorie wird um Praktika ergänzt, in denen der Umgang mit Prüfmitteln und -geräten vermittelt wird. Die Studierenden erhalten eine Vergünstigung bei der Kursgebühr.

2

Was ist FROSIO?

FROSIO ist der norwegische Fachbeirat für Ausbildung und Zertifizierung von Beschichtungsinspektoren und ist eine 1986 von der Industrie gegründete Mitgliedsorganisation. Das FROSIO-Zertifikat für Beschichtungsinspektoren ist eine weltweit anerkannte Qualifikation, die auch die Anforderungen der IMO, der „International Maritime Organization“ erfüllt. (Quelle: GSI SLV)

Studierende, die sich für die Qualifizierung interessieren, können sich an Prof. Dr. Ghazal Moeini wenden: Tel: 0209/9596-970, Mail: ghazal.moeini@w-hs.de.

Bild: SLV Mecklenburg-Vorpommern GmbH

Neues DVS-Merkblatt zum Handgeführten Laserstrahlschweißen

Beim Schweißen im Dünnblechbereich zwischen 0,5 und 5 Millimetern waren das Wolfram-Inertgasschweißen (WIG), das Metall-Inertgasschweißen (MIG) und das Metall-Aktivgasschweißen (MAG) lange Zeit die erste und oft auch die einzige Wahl. Mittlerweile ist das Handgeführte Laserstrahlschweißen (HLS) jedoch eine wirtschaftlich interessante Alternative. Das gilt vor allem für Branchen wie den Metallbau, den Behälter- und Anlagenbau, den Automobil- und den Schienenfahrzeugbau sowie die Luft- und die Raumfahrt. Das neue Merkblatt DVS 3228 Handgeführtes Laserstrahlschweißen (HLS) gibt umfassende Hinweise zum Einsatz des Schweißverfahrens in der betrieblichen Praxis.

Andere Arbeitsweise – andere Herausforderungen bei der (Arbeits-) Sicherheit

Beim Handgeführten Laserstrahlschweißen, das auch unter dem Begriff Laserhandschweißen bekannt ist, wird ein Laserstrahl mithilfe einer Optik fokussiert. Er wird entlang der zu fügenden Werkstücke geführt und erhitzt diese lokal bis zur Schmelztemperatur, sodass sie miteinander verschweißt werden können. Bei Bedarf kann für den Schweißprozess auch ein Zusatzdraht verwendet werden. Als Schutzgase werden in der Regel Argon oder Stickstoff verwendet. Geschweißt werden können hochlegierte, niedriglegierte und unlegierte Stähle, Titanlegierungen, Aluminiumlegierungen Kupferlegierungen sowie Nickelbasislegierungen. Das DVS-Merkblatt nennt verschiedene Anwendungsbeispiele. Wie mögliche Gefährdungen beim Umgang mit dem Laserstrahl vermieden werden können, erläutert das DVS-Merkblatt 3228 in den Abschnitten zur Werkstückpositionierung, zur Wirkung der Laserstrahlung im Allgemeinen und zu den erforderlichen Schutzmaßnahmen. Auch die rechtlichen Rahmenbedingungen in Form von Gesetzen, Verordnungen und Regeln werden im neuen DVS-Merkblatt aufgezeigt.

Da die Sicherheit und der Schutz der Arbeitnehmer oberste Priorität haben, setzt das DVS-Merkblatt einen deutlichen Schwerpunkt bei der Gefährdungsbeurteilung. Denn diese muss nicht nur die Einsatzbedingungen von handgeführten Laserstrahlsystemen berücksichtigen, sondern auch, wie die Geräte von Personen genutzt werden.

Das Erfolgsgeheimnis des Handgeführten Laserstrahlschweißens

Das Verfahrensprinzip des Laserhandschweißens klingt auf den ersten Blick wenig spektakulär. Woran liegt es also, dass sich das laserstrahlbasierte Verfahren derzeit beim Schweißen dünner Bleche so erfolgreich etabliert?

Zunächst einmal ist die erreichbare Schweißgeschwindigkeit beim Handgeführten Laserstrahlschweißen höher als bei den herkömmlichen Schweißverfahren, die beim Schweißen dünner Bleche zum Einsatz kommen. Des Weiteren arbeitet das Verfahren mit einer sehr geringen Wärmeeinbringung. Dadurch werden Verzug und Eigenspannungen deutlich reduziert. Entsprechend geringer ist auch der Aufwand für Nacharbeiten, etwa durch Richten. Ein weiterer Vorteil liegt in der mit dem Schweißverfahren verbundenen Präzision und den sich daraus ergebenden Anwendungsmöglichkeiten: Es können nicht nur T-Stöße, Eckstöße, I-Stöße oder Überlappstöße geschweißt werden, sondern auch komplexe Geometrien.

Das neue DVS-Merkblatt erläutert, welche Aspekte dabei für die Qualitätssicherung und die Verfahrensqualifizierung beachtet werden sollten.

Das handgeführte Laserstrahlschweißen ist leicht zu erlernen

Handgeführte Laserstrahlschweißsysteme schweißen schnell, flexibel und sind günstig. Die Schweißer müssen für das handgeführte Laserstrahlschweißen jedoch entsprechend ausgebildet sein. Die gute Nachricht dabei: Das Schweißverfahren ist leicht zu erlernen, was gleichzeitig dem Fachkräftemangel entgegenwirkt. Welche Aspekte bei der Personalqualifizierung zu berücksichtigen sind, ist ebenfalls im neuen DVS-Merkblatt nachzulesen.

i

Das Merkblatt DVS 3228 ist hier erhältlich:

DVS-Regelwerksportal	Shop von DIN Media

Änderungen der Zulassungsvoraussetzungen für SFM und SFI

Die Zulassungvoraussetzungen für den Schweißfachmann (SFM) und den Schweißfachingenieur (SFI) haben sich nach Information der GSI mbH geändert. Wichtig für alle, die noch in diesem Jahr die Fortbildung zum SFM oder SFI beginnen möchten sind daher die folgenden Informationen vor dem Hintergrund der geplanten Änderungen auf internationaler Ebene durch das IIW in 2026.

Änderungen der Zulassungsvoraussetzungen für SFM

Im Rahmen der beruflichen Weiterentwicklung konnten die GSI auf der letzten internationalen Sitzung für Deutschland erreichen, dass neben den bestehenden Eingangsvoraussetzungen (Facharbeiter und Meister im Metallverarbeitenden Bereich) nun auch Teilnehmer mit einer abgeschlossenen Berufsausbildung und mindestens drei Jahre Berufserfahrung im schweißtechnischen Bereich akzeptiert werden können.

Aber Achtung! Das International Institute of Welding (IIW) plant im Januar 2026 eine generelle Anpassung der Eingangsvoraussetzungen, die dann für alle Länder gültig sind. Derzeit ist nicht abzusehen, in welche Richtung sich das Ganze entwickeln wird.

Änderungen der Zulassungsvoraussetzungen für SFI

Im Rahmen der beruflichen Weiterentwicklung und internationalen Anerkennung von Abschlüssen plant das International Institute of Welding (IIW) im Januar 2026 auch für diese Fortbildung eine generelle Anpassung der Eingangsvoraussetzungen, ebenfalls mit Gültigkeit für alle Länder.

Bei einer der bestehenden Eingangsvoraussetzung „Bachelor of Science" wird es voraussichtlich eine Verschärfung geben (Forderung von Berufserfahrung, wenn nicht alle Fächer -Mathematik, Physik, Chemie, Elektrotechnik und Werkstoffkunde- in der Studienrichtung enthalten sind).

Seit dem 01.08.2025 erkennen die Niederlassungen der GSI mbH die Abschlüsse beim „Bachelor of Science" an, wenn das Studium in naturwissenschaftlicher Fachrichtung durchgeführt wurde (Biologie, Chemie, Physik Astronomie und Geowissenschaften) und eine Mindeststudiendauer von 3 Jahren aufweist.

Aber Achtung! Die Eingangsvoraussetzungen gelten nur so lange, bis die generelle Anpassung der Eingangsvorauss etzungen in Kraft gesetzt wird.

Wer in 2025 noch mit der Ausbildung zur Schweißfachfrau/ Schweißfachmann oder zur Schweißfachingenieurin/ Schweißfachingenieur beginnen möchte, kann sich auf die aktuell gültigen Zulassungsvoraussetzungen verlassen.

Kontakt Niederlassungen für weitere Informationen:

Niederlassungen	Ansprechpartner	Telefon	E-Mail
SLV Berlin-Brandenburg	Fr. Lippert	030 45001-116	petra.lippert@slv-bb.de
SLV Duisburg (inkl. SK Bielefeld)	Fr. Alicki	0203 3781-205	alicki@slv-duisburg.de
SLV Hannover (inkl. BZ Wilhelmshaven)	Fr. Zellmann	0511 21962-19	zellmann@slv-hannover.de
SLV München	Hr. de Freese	089 126802-69	ta@slv-muenchen.de
SLV Saarbrücken	Hr. Röw	0681 58823-52	roew@slv-saar.de
SLV Fellbach	Fr. Kuschel	0711 57544-12	kuschel@slv-fellbach.de
E-Learning	Hr. Moll	0203 3781-252	moll@gsi-elearning.de

Webseite SFM
https://www.gsi-slv.de/aus-weiterbildung/bildung/ergebnisse/

Webseite SFI
https://www.gsi-slv.de/aus-weiterbildung/bildung/ergebnisse/

DVS PERSZERT

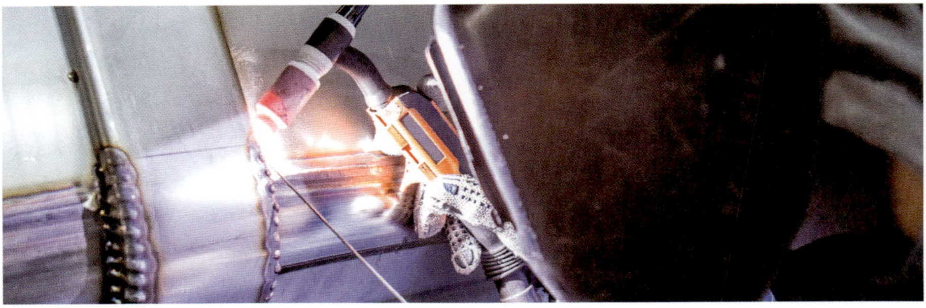

2

DIE AUSBILDUNG ZUM INTERNATIONALEN SCHWEISSER

Lehrgangsinhalte und Qualifikationen

www.dvs-perszert.de

Inhaltsverzeichnis

Überreicht durch:

Einleitung

Für gut ausgebildete Schweißer hält die Arbeitswelt beste Karrierechancen bereit. Zum einen werden schweißtechnische Fachkräfte weltweit gesucht, zum anderen finden qualifizierte Schweißer aufgrund ihrer Fähigkeiten in den verschiedensten Branchen ein berufliches Zuhause.

Besonders gute Karrieremöglichkeiten bestehen für Schweißer, die sich für eine Aus- und Weiterbildung nach DVS-Standards entscheiden. In Deutschland darf nur der DVS bzw. seine Personalzertifizierungsstelle DVS-PersZert Schweißerausbildungen anbieten, die international anerkannt sind.

Auf den nachfolgenden Seiten stellen wir Ihnen die Schweißerausbildung nach DVS-Standards ausführlich vor. Wir informieren Sie über die Kursinhalte und zeigen Ihnen Wege zur individuellen Ausbildung und Prüfung, damit Sie das Karrieresprungbrett einer DVS-Qualifikation bestmöglich nutzen können.

Sie interessieren sich auch für die Karrieremöglichkeiten einer fachtheoretischen DVS-Weiterbildung?

Ausführliche Informationen dazu finden Sie in unserer Broschüre „Das schweißtechnische Bildungsangebot des DVS – Fachtheoretische Ausbildung“ oder auf der Website www.dvs-bildungsfuehrer.de

International Institute of Welding

DVS – Deutscher Verband für Schweißen und verwandte Verfahren e. V.

European Federation for Welding, Joining and Cutting

Internationale Ausbildung „Gasschweißer“
(nach Richtlinie DVS-IIW/EWF 1111)

Das Gasschweißen wird hauptsächlich zum Verbinden von Blechen und Rohren aus unlegierten Stählen eingesetzt. Die zu verschweißenden Blechdicken bzw. Rohrwanddicken sind meist kleiner als 6 Millimeter.

Hauptanwendungsgebiete des Gasschweißens:

- allgemeiner Rohrleitungsbau
- Heizungs- und Lüftungstechnik
- Kesselbau
- Karosserie- und Apparatebau

Als einzige Stelle in Deutschland bietet der DVS eine international anerkannte Ausbildung zum Gasschweißer nach Richtlinie DVS-IIW/EWF 1111 an. Diese Qualifikation folgt den Standards des International Institute of Welding (IIW) und der EWF-European Federation for Welding, Joining and Cutting und ist somit weltweit anerkannt. Der Lehrgang zum Internationalen Gasschweißer berücksichtigt werkstofftypische Anforderungen und schließt daher die Ausbildungen für spezielle Werkstoffe ein.

Der Ausbildungsweg zum international anerkannten Gasschweißer umfasst insgesamt vier Ausbildungsstufen (siehe Bild 1.1 und 1.2). Er beginnt mit der Ausbildungsstufe G 3 an Blechen und endet mit der Ausbildungsstufe G 6 an Rohren. Das Kehlnahtschweißen spielt im Prozess Gasschweißen eine untergeordnete Rolle und findet daher in der Ausbildungsrichtlinie keine Berücksichtigung.

Sind ausreichende Vorkenntnisse vorhanden oder soll der Schweißer später in speziellen Teilbereichen eingesetzt werden, sind Sonderschulungen im Bereich des Gasschweißens möglich. Diese werden nach einer Beratung vor Ort auf die speziellen Fertigungsbedingungen abgestimmt (siehe Bild 1.3). Im Rahmen der Sonderschulung werden Übungs- und Fertigungsaufgaben geschweißt, die ebenfalls auf die Bedingungen zur Ablegung einer der aufgeführten Schweißerprüfungen nach DIN EN ISO 9606-1 abgestimmt sind.

Module des DVS-IIW/EWF-Lehrgangs „Gasschweißen“

DVS-IIW/EWF G 6	Internationaler Rohrschweißer mit IIW-Diplom Schweißer-Prüfungsbescheinigung(en) DIN EN ISO 9606-1
DVS-IIW/EWF G 5	Lehrgangsbescheinigung
DVS-IIW/EWF G 4	Internationaler Blechschweißer mit IIW-Diplom Schweißer-Prüfungsbescheinigung(en) DIN EN ISO 9606-1
DVS-IIW/EWF G 3	Lehrgangsbescheinigung

Bild 1.1: Der Ausbildungsweg zum Internationalen Gasschweißer.

Die stufenweise konzipierte Ausbildung gewährleistet, dass der Lehrgangsteilnehmer in Praxis und Theorie umfassend ausgebildet wird. Damit ist er qualifiziert für alle Anforderungen der Praxis, die in der internationalen Prüfnorm DIN EN ISO 9606-1 vorgegeben sind. Die Ausbildung kann auf die Vorkenntnisse des Schweißers abgestimmt werden.

Jedes einzelne Lehrgangsmodul beinhaltet praktische Übungen sowie fachkundlichen Unterricht und schließt mit einer Lehrgangsbescheinigung ab. Besonders wichtig sind in diesem Zusammenhang die Ausbildungsstufen G 4 und G 6: Sind diese erfolgreich bestanden, erhält der Teilnehmer IIW-Diplome mit den dazugehörenden Schweißer-Prüfungsbescheinigungen nach DIN EN ISO 9606-1. Nach Modul G 4 ist dies ein Diplom als „Internationaler Blechschweißer“, Modul G 6 wiederum endet mit einem Diplom zum „Internationalen Rohrschweißer“.

Arbeitsschutz:

Beim Lehrgang wird der Arbeitsschutz umfassend berücksichtigt. Daher ist eine persönliche Schutzausrüstung wie beispielsweise Arbeitsschutzkleidung, Handschuhe, Sicherheitsschuhe, Schutzbrille etc. erforderlich.

Die Themen der Fachkunde:

» Schweißgeräte, Schweißgase, Schweißzusätze

» Arbeitstechniken, Schweißnahtvorbereitung und -darstellung

» Arbeitssicherheit und Unfallverhütung, auch auf Baustellen

» Schrumpfung, Spannung, Verzug und Gegenmaßnahmen

» Werkstoffkunde

» Herstellung von Rohren, Schweißstöße an Rohren

» Qualitätssicherung in der Schweißtechnik

» Schweißnahtfehler, Schweißnahtprüfverfahren

» Thermisches Trennen

» Schweißerprüfungen nach DIN EN ISO 9606-1

2

Bild: © Bernd Geller / Fotolia.com

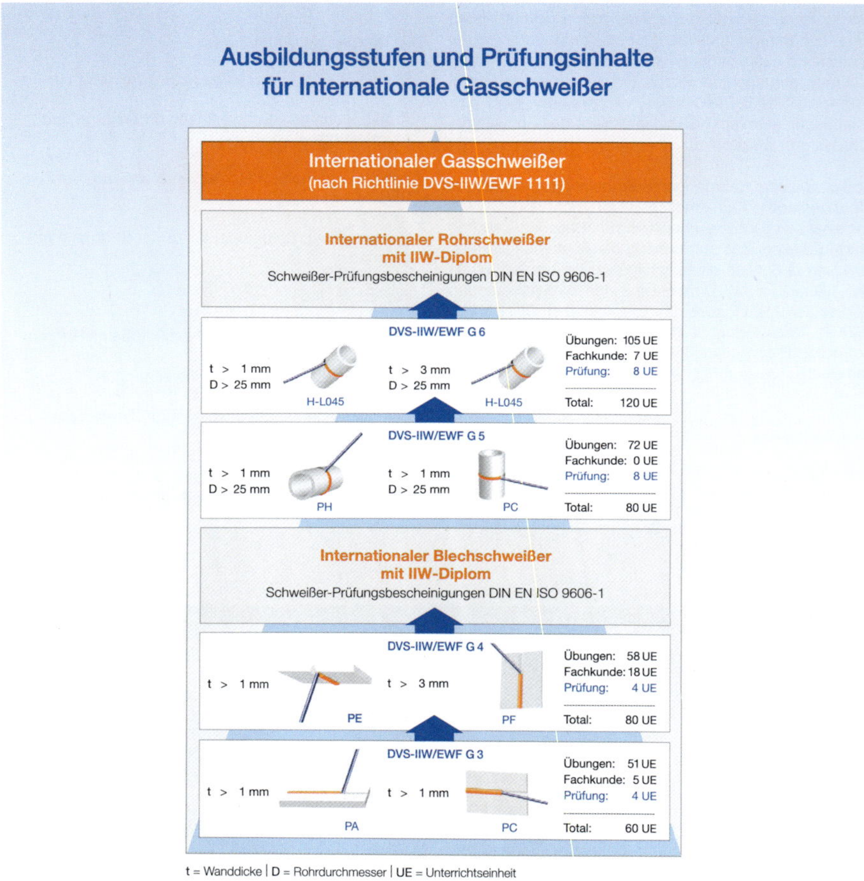

Bild 1.2: Der DVS-IIW/EWF-Lehrgang Gasschweißen mit Abbildung der jeweiligen Prüfungsaufgaben.

Beispiele für Sonderschulungen im Gasschweißen

Fertigungsbedinungen	DIN EN ISO 9606-1
Rohrschweißer – Nachlinksschweißen	311 T BW FM1 S s2 D38 PH ss nb lw 311 T BW FM1 S s2 D38 PC ss nb lw 
Rohrschweißer – Nachrechtsschweißen	DIN EN ISO 9606-1 311 T BW FM1 S s4 D50 PH ss nb rw 311 T BW FM1 S s4 D50 PC ss nb rw 311 T BW FM1 S s4 D50 H-L045 ss nb rw  Die Positionen PH und PC schließen H-L045 ein.

Bild 1.3: Die auf Fertigungsbedingungen abgestimmten Sonderschulungen. Die Ausbildung wird in den Werkstoffgruppen 1 oder 3 durchgeführt, was den Schweißzusatzgruppen FM1 oder FM2 der DIN EN ISO 9606-1 entspricht.

Auf Wunsch ist auch mehrlagiges Schweißen oder das Schweißen unter Baustellenbedingungen innerhalb einer Sonderschulung möglich.

Internationale Ausbildung „Lichtbogenhandschweißer"
(nach Richtlinie DVS-IIW/EWF 1111)

Das Lichtbogenhandschweißen wird hauptsächlich zum Verbinden von Blechen und Rohren aus unlegierten und legierten Stählen eingesetzt. Es können alle Blech bzw. Rohrwanddicken in allen Positionen verschweißt werden.

Hauptanwendungsgebiete des Lichtbogenhandschweißes:

- Stahl- und Brückenbau
- allgemeiner Rohrleitungsbau
- Kessel- bzw. Kraftwerksbau
- Behälter- und Apparatebau

Als einzige Stelle in Deutschland bietet der DVS eine international anerkannte Ausbildung zum Lichtbogenhandschweißer nach Richtlinie DVS-IIW/EWF 1111 an. Diese Qualifikation folgt den Standards des International Institute of Welding (IIW) und der EWF – European Federation for Welding, Joining and Cutting und ist somit weltweit anerkannt. Der Lehrgang zum Internationalen Lichtbogenhandschweißer berücksichtigt werkstofftypische Anforderungen und schließt daher die Ausbildungen für spezielle Werkstoffe sowie für nichtrostende Stähle ein.

Der Ausbildungsweg zum international anerkannten Lichtbogenhandschweißer umfasst insgesamt sechs Ausbildungsstufen (siehe Bild 2.1 und 2.2). Er beginnt mit der Ausbildungsstufe E 1 für Kehlnähte und endet mit der Ausbildungsstufe E 6 an Rohren.

Sind ausreichende Vorkenntnisse vorhanden oder soll der Schweißer später in speziellen Teilbereichen eingesetzt werden, sind Sonderschulungen im Bereich des Lichtbogenhandschweißens möglich. Diese werden nach einer Beratung vor Ort auf die speziellen Fertigungsbedingungen abgestimmt (siehe Bild 2.3). Die als Sonderschulung ausgelegte Ausbildung umfasst eine intensive praktische Schulung der Methoden sowie fachkundlichen Unterricht. Im Rahmen der Ausbildung werden Übungs- und Fertigungsaufgaben geschweißt, die ebenfalls auf die Bedingungen zur Ablegung einer der aufgeführten Schweißerprüfungen nach DIN EN ISO 9606-1 abgestimmt sind.

Module des DVS-IIW/EWF-Lehrgangs „Lichtbogenhandschweißen“

DVS-IIW/EWF E 6	Internationaler Rohrschweißer mit IIW-Diplom Schweißer-Prüfungsbescheinigung(en) DIN EN ISO 9606-1
DVS-IIW/EWF E 5	Lehrgangsbescheinigung
DVS-IIW/EWF E 4	Internationaler Blechschweißer mit IIW-Diplom Schweißer-Prüfungsbescheinigung(en) DIN EN ISO 9606-1
DVS-IIW/EWF E 3	Lehrgangsbescheinigung
DVS-IIW/EWF E 2	Internationaler Kehlnahtschweißer mit IIW-Diplom Schweißer-Prüfungsbescheinigung(en) DIN EN ISO 9606-1
DVS-IIW/EWF E 1	Lehrgangsbescheinigung

Bild 2.1: Der Ausbildungsweg zum Internationalen Lichtbogenhandschweißer.

Die stufenweise konzipierte Ausbildung gewährleistet, dass der Lehrgangsteilnehmer in Praxis und Theorie umfassend ausgebildet wird. Damit ist er qualifiziert für alle Anforderungen der Praxis, die in der internationalen Prüfnorm DIN EN ISO 9606-1 vorgegeben sind. Die Ausbildung kann auf die Vorkenntnisse des Schweißers abgestimmt werden.

Jedes einzelne Lehrgangsmodul beinhaltet praktische Übungen sowie fachkundlichen Unterricht und schließt jeweils mit einer Lehrgangsbescheinigung ab. Besonders wichtig sind in diesem Zusammenhang die Ausbildungsstufen E 2, E 4 und E 6: Sind diese erfolgreich bestanden, erhält der Teilnehmer IIW-Diplome mit den dazugehörenden Schweißer-Prüfungsbescheinigungen nach DIN EN ISO 9606-1. So steht am Ende von Modul E 2 das IIW-Diplom als „Internationaler Kehlnahtschweißer“, Modul E 4 endet mit einem IIW-Diplom zum „Internationalen Blechschweißer“ und Modul E 6 wiederum endet mit dem IIW-Diplom „Internationaler Rohrschweißer“.

Arbeitsschutz:

Beim Lehrgang wird der Arbeitsschutz umfassend berücksichtigt. Daher ist eine persönliche Schutzausrüstung wie beispielsweise Arbeitsschutzkleidung, Handschuhe, Sicherheitsschuhe, Schutzbrille etc. erforderlich.

Die Themen der Fachkunde:

- Schweißgeräte, Schweißzusätze
- Arbeitstechniken, Schweißnahtvorbereitung und -darstellung
- Arbeitssicherheit und Unfallverhütung auch auf Baustellen
- Schrumpfung, Spannung, Verzug und Gegenmaßnahmen
- Werkstoffkunde
- Herstellung von Rohren, Schweißstöße an Rohren
- Qualitätssicherung in der Schweißtechnik
- Schweißnahtfehler, Schweißnahtprüfverfahren
- Thermisches Trennen
- Schweißerprüfungen nach DIN EN ISO 9606-1

Bild: iStock.com / enviromantic

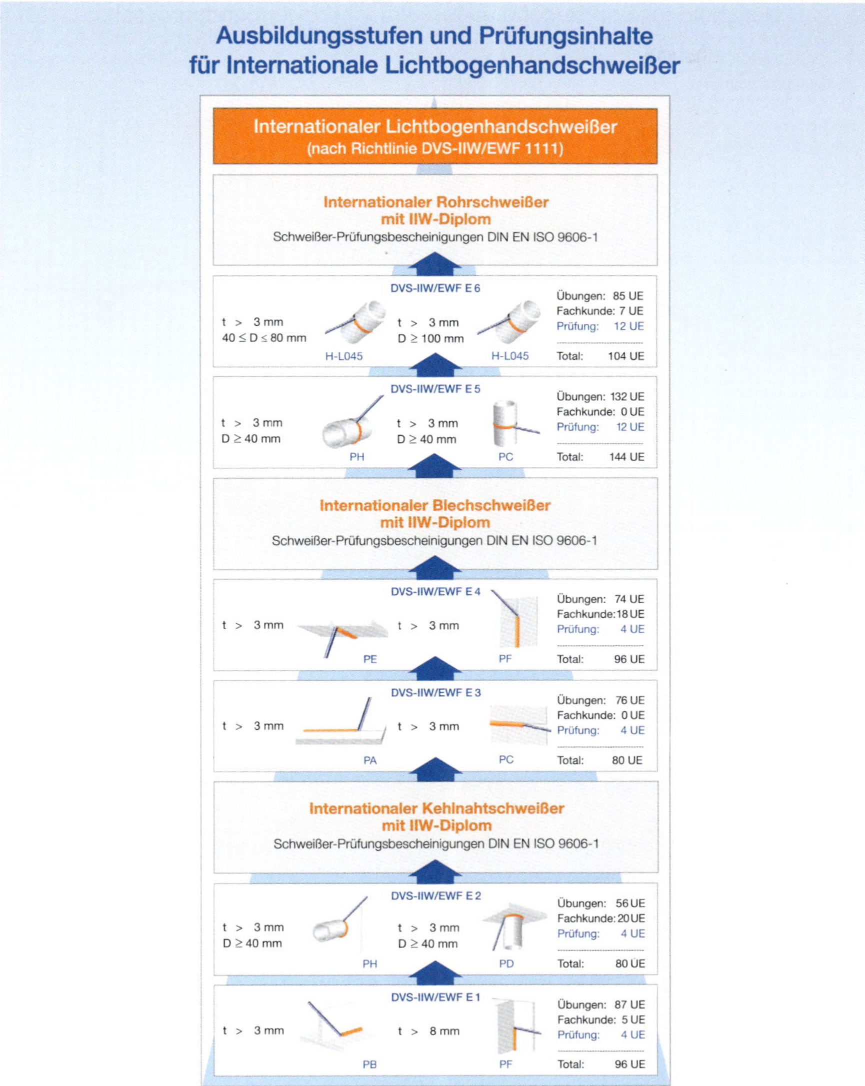

t = Wanddicke | D = Rohrdurchmesser | UE = Unterrichtseinheit

Bild 2.2: Der DVS-IIW/EWF-Lehrgang Lichtbogenhandschweißen mit Abbildung der jeweiligen Prüfungsaufgaben.

12 | Die Ausbildung zum internationalen Schweißer | Lehrgangsinhalte und Qualifikationen

Beispiele für Sonderschulungen im Lichtbogenhandschweißen

Fertigungsbedinungen		
Blechschweißen (Metallbau-Handwerk)	DIN EN ISO 9606-1 111 P BW FM1 RB s12 PF ss nb 111 P FW FM1 RB t12 PF ml	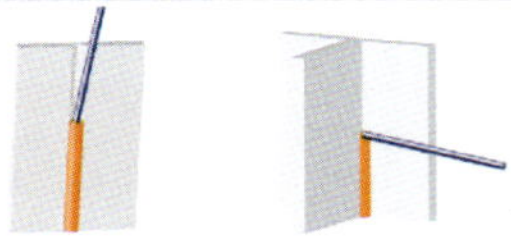 PF-Stumpfnaht PF-Kehlnaht
Blechschweißen (Stahlhochbau Brückenbau)	DIN EN ISO 9606-1 111 P BW FM1 RB s15 PF ss nb 111 P FW FM1 RB t15 PF ml	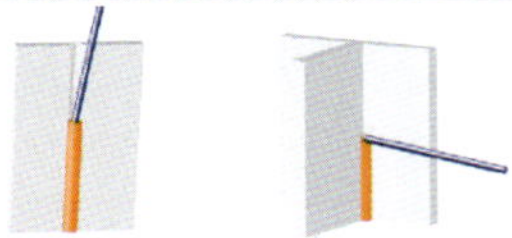 PF-Stumpfnaht PF-Kehlnaht
Blechschweißen (Apparatebau, Behälterbau)	DIN EN ISO 9606-1 111 P BW FM4 RB s15 PF ss nb 111 P FW FM4 RB t15 PF ml	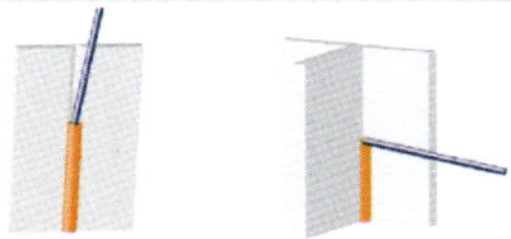 PF-Stumpfnaht PF-Kehlnaht
Rohrschweißen (Rohrleitungsbau)	DIN EN ISO 9606-1 111 T BW FM1 RB s12 D150 PH ss nb 111 T BW FM1 RB s12 D150 PC ss nb 111 T BW FM4 C s12 D150 PC ss nb  PH-Stumpfnaht PC-Stumpfnaht H-L045 Die Positionen PH und PC schließen H-L045 ein.	

Bild 2.3: Die auf Fertigungsbedingungen abgestimmten Sonderschulungen.

Auf Wunsch ist auch mehrlagiges Schweißen oder das Schweißen unter Baustellenbedingungen innerhalb einer Sonderschulung möglich.

Internationale Ausbildung „Wolfram-Schutzgasschweißer“
(nach Richtlinie DVS-IIW/EWF 1111)

Das Wolfram-Schutzgasschweißen wird hauptsächlich zum Verbinden von Blechen und Rohren aus unlegierten und legierten Stählen, Aluminium sowie Sonderwerkstoffen eingesetzt. Es können alle Blech- bzw. Rohrwanddicken in allen Positionen verschweißt werden.

Hauptanwendungsgebiete des Wolfram-Schutzgasschweißens:

- Blechbearbeitung, z.B. im Fahrzeugbau
- allgemeiner Rohrleitungsbau
- Kessel- bzw. Kraftwerksbau
- Behälter- und Apparatebau

Als einzige Stelle in Deutschland bietet der DVS eine international anerkannte Ausbildung zum Wolfram-Schutzgasschweißer nach Richtlinie DVS-IIW/EWF 1111 an. Diese Qualifikation folgt den Standards des International Institute of Welding (IIW) und der EWF – European Federation for Welding, Joining and Cutting und ist somit weltweit anerkannt. Der Lehrgang zum Internationalen Wolfram-Schutzgasschweißer berücksichtigt werkstofftypische Anforderungen und schließt die Ausbildungen für nichtrostende Stähle, Sonderwerkstoffe sowie Aluminiumwerkstoffe ein.

Der Ausbildungsweg zum international anerkannten Wolfram-Schutzgasschweißer umfasst insgesamt sechs Ausbildungsstufen (siehe Bild 3.1 und 3.2). Er beginnt mit der Ausbildungsstufe T 1 für Kehlnähte und endet mit der Ausbildungsstufe T 6 an Rohren.

Sind ausreichende Vorkenntnisse vorhanden oder soll der Schweißer später in speziellen Teilbereichen eingesetzt werden, sind Sonderschulungen im Bereich des Wolfram-Schutzgasschweißens möglich. Diese werden nach einer Beratung vor Ort auf die speziellen Fertigungsbedingungen abgestimmt (siehe Bild 3.3). Die als Sonderschulung ausgelegte Ausbildung umfasst eine intensive praktische Schulung der Methoden sowie fachkundlichen Unterricht. Im Rahmen der Ausbildung werden Übungs- und Fertigungsaufgaben geschweißt, die ebenfalls auf die Bedingungen zur Ablegung einer der aufgeführten Schweißerprüfungen nach DIN EN ISO 9606-1 abgestimmt sind.

Module des DVS-IIW/EWF-Lehrgangs „Wolfram-Schutzgasschweißen“

DVS-IIW/EWF T 6	Internationaler Rohrschweißer mit IIW-Diplom Schweißer-Prüfungsbescheinigung(en) DIN EN ISO 9606-1
DVS-IIW/EWF T 5	Lehrgangsbescheinigung
DVS-IIW/EWF T 4	Internationaler Blechschweißer mit IIW-Diplom Schweißer-Prüfungsbescheinigung(en) DIN EN ISO 9606-1
DVS-IIW/EWF T 3	Lehrgangsbescheinigung
DVS-IIW/EWF T 2	Internationaler Kehlnahtschweißer mit IIW-Diplom Schweißer-Prüfungsbescheinigung(en) DIN EN ISO 9606-1
DVS-IIW/EWF T 1	Lehrgangsbescheinigung

Bild 3.1: Der Ausbildungsweg zum Internationalen Wolfram-Schutzgasschweißer.

Die stufenweise konzipierte Ausbildung gewährleistet, dass der Lehrgangsteilnehmer in Praxis und Theorie umfassend ausgebildet wird. Damit ist er qualifiziert für alle Anforderungen der Praxis, die in der internationalen Prüfnorm DIN EN ISO 9606-1 vorgegeben sind. Die Ausbildung kann auf die Vorkenntnisse des Schweißers abgestimmt werden.

Jedes einzelne Lehrgangsmodul beinhaltet praktische Übungen sowie fachkundlichen Unterricht und schließt jeweils mit einer Lehrgangsbescheinigung ab. Besonders wichtig sind in diesem Zusammenhang die Ausbildungsstufen T 2, T 4 und T 6: Sind diese erfolgreich bestanden, erhält der Teilnehmer IIW-Diplome mit den dazugehörenden Schweißer-Prüfungsbescheinigungen nach DIN EN ISO 9606-1. So steht am Ende von Modul T 2 das IIW-Diplom als „Internationaler Kehlnahtschweißer", Modul T 4 endet mit einem IIW-Diplom zum „Internationalen Blechschweißer" und Modul T 6 wiederum endet mit dem IIW-Diplom „Internationaler Rohrschweißer".

Arbeitsschutz:

Beim Lehrgang wird der Arbeitsschutz umfassend berücksichtigt. Daher ist eine persönliche Schutzausrüstung wie beispielsweise Arbeitsschutzkleidung, Handschuhe, Sicherheitsschuhe, Schutzbrille etc. erforderlich.

Die Themen der Fachkunde:

- Schweißgeräte, Schweißgase, Schweißzusätze
- Arbeitstechniken, Schweißnahtvorbereitung und -darstellung
- Arbeitssicherheit und Unfallverhütung, auch auf Baustellen
- Schrumpfung, Spannung, Verzug und Gegenmaßnahmen
- Werkstoffkunde
- Herstellung von Rohren, Schweißstöße an Rohren
- Qualitätssicherung in der Schweißtechnik
- Schweißnahtfehler, Schweißnahtprüfverfahren
- Thermisches Trennen
- Schweißerprüfungen nach DIN EN ISO 9606-1

2

Bild: iStock.com / Siam_P

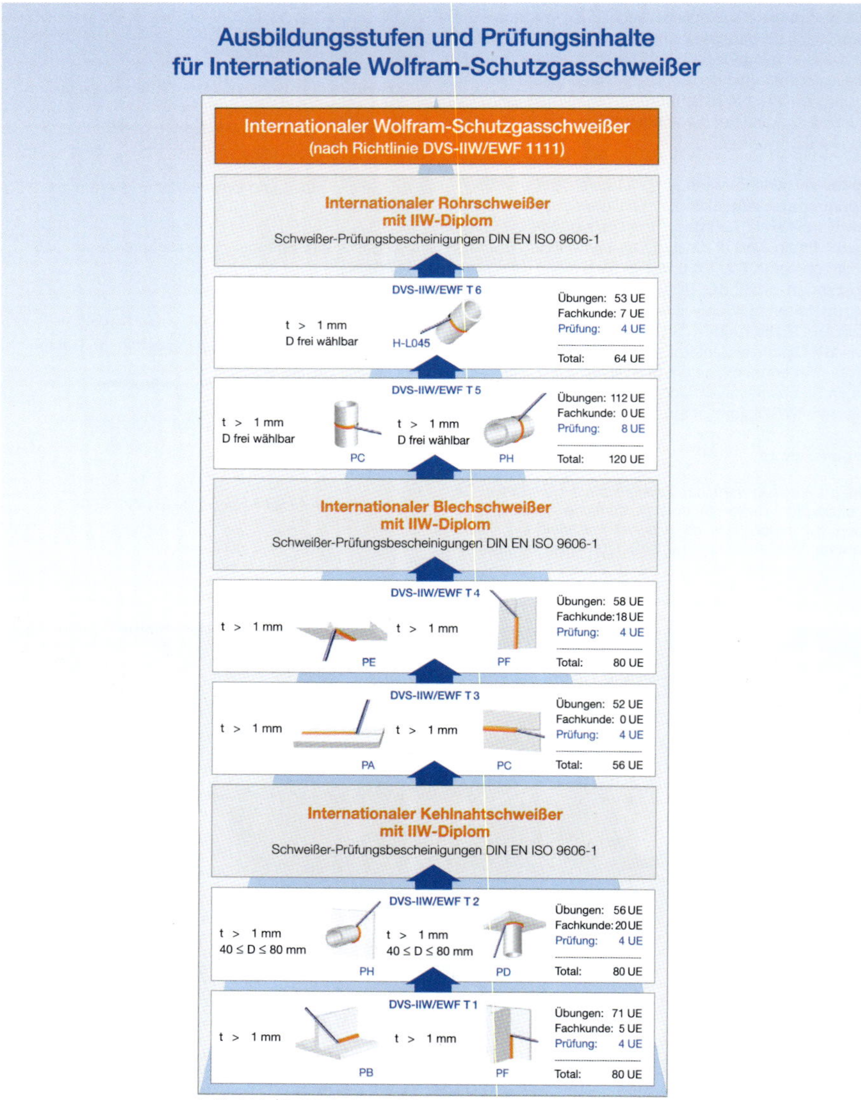

t = Wanddicke | D = Rohrdurchmesser | UE = Unterrichtseinheit

Bild 3.2: Der DVS-IIW/EWF-Lehrgang Wolfram-Schutzgasschweißen mit Abbildung der jeweiligen Prüfungsaufgaben.

Beispiele für Sonderschulungen im Wolfram-Schutzgasschweißen

Fertigungsbedinungen

Blechschweißen
(Dünnblech)

DIN EN ISO 9606-1
141 P BW FM1/FM5 S s02 PF ss nb
141 P FW FM1/FM5 S t02 PF sl

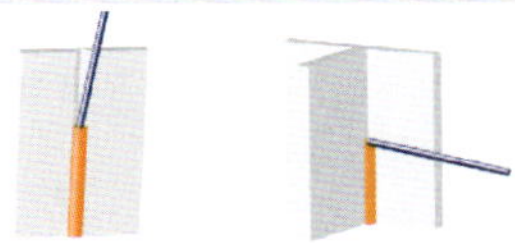

Blechschweißen
(Anlagen- und Apparatebau)

DIN EN ISO 9606-1
141 P BW FM1/FM5 S s06 PF ss nb
141 P FW FM1/FM5 S t06 PF ml
141 T BW FM1/FM5 S s06 D86 HL-045 ss nb

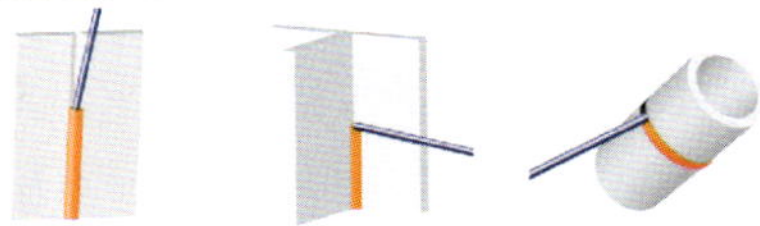

Rohrschweißen
(Rohrleitungsbau)

DIN EN ISO 9606-1
141 T BW FM1/FM5 S s02 D16 HL-045 ss nb
141 T BW FM1/FM5 S s06 D86 HL-045 ss nb
141 T BW FM1/FM5 S s06 D86 PH ss nb

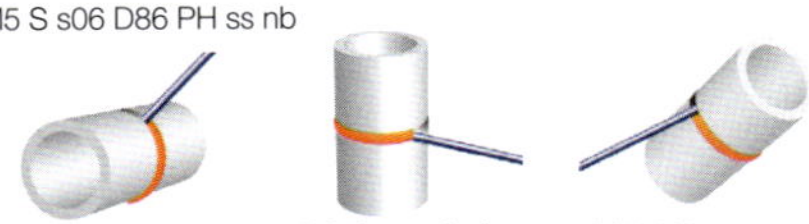

Die Positionen PH und PC schließen H-L045 ein.

Bild 3.3: Die auf Fertigungsbedingungen abgestimmten Sonderschulungen.

Auf Wunsch werden die Sonderschulungen auch in anderen Werkstoffgruppen angeboten.

Bild: iStock.com / pidjoe

Internationale Ausbildung „Metall-Schutzgasschweißer"
(nach Richtlinie DVS-IIW/EWF 1111)

Das Metall-Schutzgasschweißen kommt in nahezu allen Bereichen der Metallverarbeitung vor. Der Anwendungsbereich reicht vom Schweißen dünner Bleche im Karosseriebau bis hin zum Fügen dickwandiger Bauteile im Stahl- und Schwermaschinenbau. Bei Stählen wird das Schweißbad durch aktive Schutzgase vor Luftzutritt geschützt, in diesem Fall spricht man vom Metall-Aktivgasschweißen (MAG). Nichteisenmetalle werden mit inerten Schutzgasen geschweißt, hier ist dann vom Metall-Inertgasschweißen (MIG) die Rede.

Hauptanwendungsgebiete des Metall-Schutzgasschweißens:

- Fahrzeugbau und Fahrzeugreparaturen
- Stahlbau/Brückenbau
- Maschinenbau

Als einzige Stelle in Deutschland bietet der DVS eine international anerkannte Ausbildung zum Metall-Schutzgasschweißer nach Richtlinie DVS-IIW/EWF 1111 an. Diese Qualifikation folgt den Standards des International Institute of Welding (IIW) und der EWF – European Federation for Welding, Joining and Cutting und ist somit weltweit anerkannt. Der Lehrgang zum Internationalen Metall-Schutzgasschweißer berücksichtigt werkstofftypische Anforderungen und schließt die Ausbildungen für nichtrostende Stähle und Aluminiumwerkstoffe ein.

Die Ausbildung zum international anerkannten Metall-Schutzgasschweißer erfolgt sowohl mit Massiv- als auch mit Fülldrahtelektroden. Der dazu gehörende Ausbildungsweg umfasst insgesamt sechs Ausbildungsstufen (siehe Bild 4.1 und 4.2). Er beginnt mit der Ausbildungsstufe M 1 für Kehlnähte und endet mit Ausbildungsstufe M 6 an Rohren.

Sind ausreichende Vorkenntnisse vorhanden oder soll der Schweißer später in speziellen Teilbereichen eingesetzt werden, sind Sonderschulungen im Bereich des Metall-Schutzgasschweißens möglich. Diese werden nach einer Beratung vor Ort auf die speziellen Fertigungsbedingungen abgestimmt (siehe Bild 4.3). Die als Sonderschulung ausgelegte Ausbildung umfasst eine intensive praktische Schulung der Methoden sowie fachkundlichen Unterricht. Im Rahmen der Ausbildung werden Übungs- und Fertigungsaufgaben geschweißt, die ebenfalls auf die Bedingungen zur Ablegung einer der aufgeführten Schweißerprüfungen nach DIN EN ISO 9606-1 abgestimmt sind.

Module des DVS-IIW/EWF-Lehrgangs „Metall-Schutzgasschweißen“

DVS-IIW/EWF M 6	Internationaler Rohrschweißer mit IIW-Diplom Schweißer-Prüfungsbescheinigung(en) DIN EN ISO 9606-1
DVS-IIW/EWF M 5	Lehrgangsbescheinigung
DVS-IIW/EWF M 4	Internationaler Blechschweißer mit IIW-Diplom Schweißer-Prüfungsbescheinigung(en) DIN EN ISO 9606-1
DVS-IIW/EWF M 3	Lehrgangsbescheinigung
DVS-IIW/EWF M 2	Internationaler Kehlnahtschweißer mit IIW-Diplom Schweißer-Prüfungsbescheinigung(en) DIN EN ISO 9606-1
DVS-IIW/EWF M 1	Lehrgangsbescheinigung

Bild 4.1: Der Ausbildungsweg zum Internationalen Metall-Schutzgasschweißer.

Die stufenweise konzipierte Ausbildung gewährleistet, dass der Lehrgangsteilnehmer in Praxis und Theorie umfassend ausgebildet wird. Damit ist er qualifiziert für alle Anforderungen der Praxis, die in der internationalen Prüfnorm DIN EN ISO 9606-1 vorgegeben sind. Die Ausbildung kann auf die Vorkenntnisse des Schweißers abgestimmt werden.

Jedes einzelne Lehrgangsmodul beinhaltet praktische Übungen sowie fachkundlichen Unterricht und schließt jeweils mit einer Lehrgangsbescheinigung ab. Besonders wichtig sind in diesem Zusammenhang die Ausbildungsstufen M 2, M 4 und M 6: Sind diese erfolgreich bestanden, erhält der Teilnehmer IIW-Diplome mit den dazugehörenden Schweißer-Prüfungsbescheinigungen nach DIN EN ISO 9606-1. So steht am Ende von Modul M 2 das IIW-Diplom als „Internationaler Kehlnahtschweißer“, Modul M 4 endet mit einem IIW-Diplom zum „Internationalen Blechschweißer“ und Modul M 6 wiederum endet mit dem IIW-Diplom „Internationaler Rohrschweißer“.

Arbeitsschutz:

Beim Lehrgang wird der Arbeitsschutz umfassend berücksichtigt. Daher ist eine persönliche Schutzausrüstung wie beispielsweise Arbeitsschutzkleidung, Handschuhe, Sicherheitsschuhe, Schutzbrille etc. erforderlich.

Die Themen der Fachkunde:

» Schweißgeräte, Schweißgase, Schweißzusätze

» Arbeitstechniken, Schweißnahtvorbereitung und -darstellung

» Arbeitssicherheit und Unfallverhütung, auch auf Baustellen

» Schrumpfung, Spannung, Verzug und Gegenmaßnahmen

» Werkstoffkunde

» Herstellung von Rohren, Schweißstöße an Rohren

» Qualitätssicherung in der Schweißtechnik

» Schweißnahtfehler, Schweißnahtprüfverfahren

» Thermisches Trennen

» Schweißerprüfungen nach DIN EN ISO 9606-1

Bild: iStock.com / Terry J Alcorn

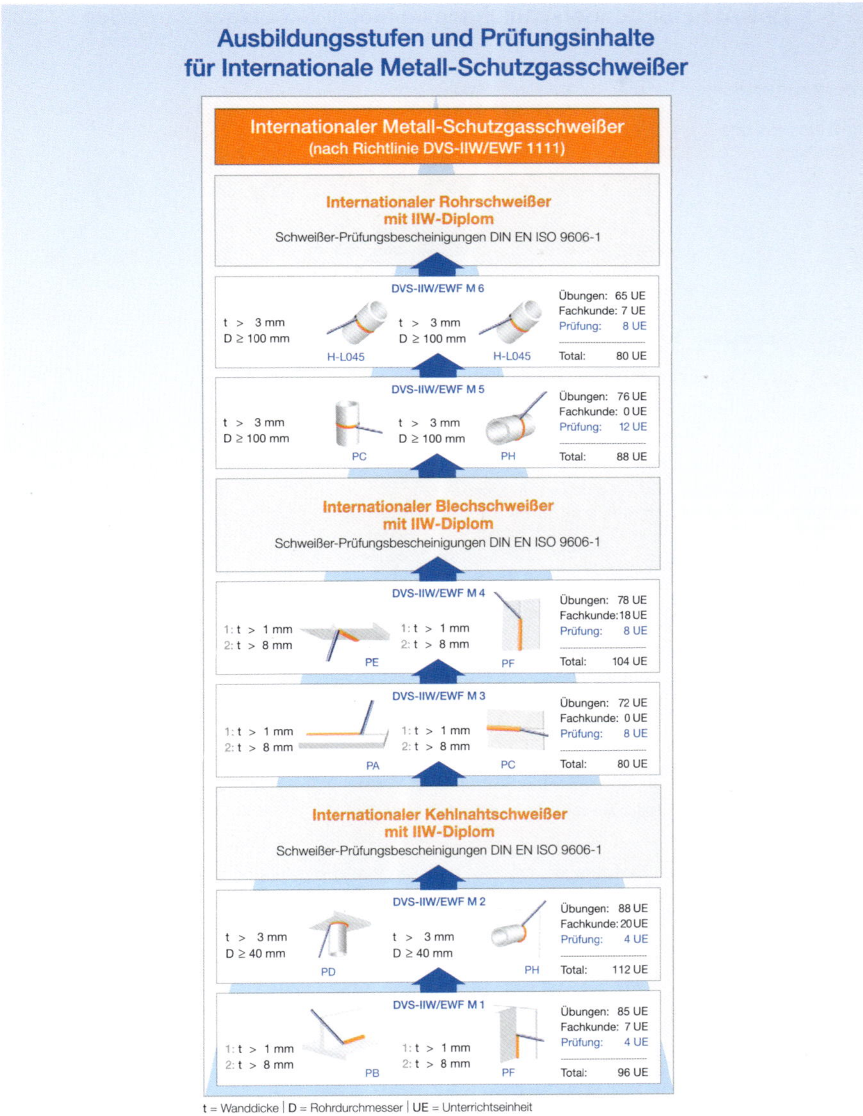

t = Wanddicke | D = Rohrdurchmesser | UE = Unterrichtseinheit

Bild 4.2: Der DVS-IIW/EWF-Lehrgang Metall-Schutzgasschweißen mit Abbildung der jeweiligen Prüfungsaufgaben.

Beispiele für Sonderschulungen im Metall-Schutzgasschweißen

Fertigungsbedinungen Dünnblechschweißen (PKW-Reparatur)	DIN EN ISO 9606-1 135 P BW FM1 S s01 PA ss nb 135 P FW FM1 S t01 PA sl 135 P FW FM1 S t01 PG sl  PA-Stumpfnaht  PA-Kehlnaht 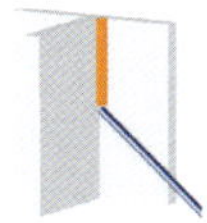 PG-Kehlnaht
Stahlbau/Maschinenbau	DIN EN ISO 9606-1 135 P BW FM1 S s08 PF ss nb 135 P FW FM1 S t08 PF ml  PF-Stumpfnaht 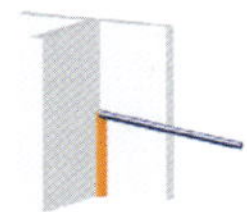 PF-Kehlnaht
Stahlkonstruktionen (aus Rohren oder Hohlprofilen)	DIN EN ISO 9606-1 135 T BW FM1 S s05 D150 PH ss nb 135 T BW FM1 S s05 D150 PC ss nb 135 T FW FM1 S t05 D150 PH ml 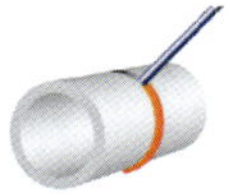 PH-Stumpfnaht  PC-Stumpfnaht 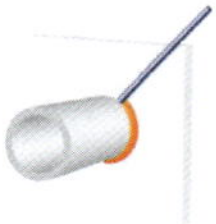 PH-Kehlnaht Die Positionen PH und PC schließen H-L045 ein.

Bild 4.3: Die auf Fertigungsbedingungen abgestimmten Sonderschulungen.

Auf Wunsch werden auch Sonderschulungen in anderen Werkstoffgruppen mit Massiv- oder Fülldraht durchgeführt.

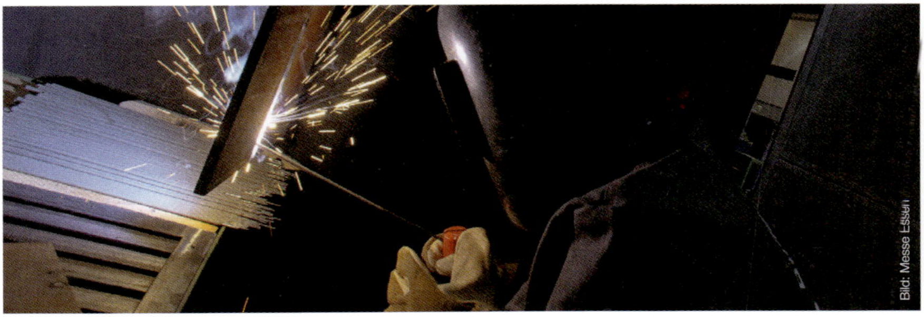
Bild: Messe Essen

Schweißerprüfungen – Warum sie wichtig sind und was es zu beachten gibt

Die Schweißerprüfung bestätigt die Handfertigkeit des Schweißers. Sie ist außerdem der Nachweis dafür, dass ein Schweißer die Fähigkeit besitzt, mündlichen oder schriftlichen Anweisungen zu folgen. Denn das Können des Schweißers entscheidet über die Qualität der geschweißten Produkte. Die Überprüfung der Handfertigkeit eines Schweißers folgt einheitlichen internationalen Standards und ist abhängig von den Schweißtechniken und Schweißbedingungen.

Die Normenreihe DIN EN ISO 9606 ff ist der heute gültige Standard für die Abnahme von Schweißerprüfungen in den Anwendungsbereichen Stahl, Aluminium, Kupfer, Nickel und Titan. Das grundlegende Prinzip dieser weltweit anerkannten Normen besteht darin, dass eine bestandene Prüfung den Schweißer nicht nur für diejenigen Bedingungen qualifiziert, die bei der Prüfung gegeben waren, sondern darüber hinaus auch für alle anderen Schweißverbindungen, die entsprechend dieser Internationaler Normen als leichter zu schweißen gelten. Um zu einer Schweißerprüfung zugelassen zu werden, muss ein Schweißer eine besondere Ausbildung erhalten und/ oder industrielle Praxiserfahrung im Geltungsbereich der Schweißerprüfung nachweisen können.

Bei Schweißaufgaben ist es unerlässlich, dass die ausführende Person eine Schweißer-Prüfungsbescheinigung besitzt. Denn nur damit ist die allgemeine Sorgfalts- und Verkehrssicherungspflicht eines Unternehmens für den Tätigkeitsbereich „Schweißen" sichergestellt.

Der Schweißer stellt mit regelmäßigen Schweißerprüfungen sicher, dass die an ihn gestellten Anforderungen an seine Handfertigkeit und sein Fachwissen ausreichend sind, um die einzelnen Schweißprozesse wie Gasschweißen, Lichtbogenhandschweißen, Wolfram-Schutzgasschweißen und Metall-Schutzgasschweißen an Bauteilen z. B. aus Stahl, Aluminium etc. in den verschiedenen Anwendungsgebieten sicher auszuführen.

Wichtige Anwendungsgebiete sind:

- Stahlbau
- Schienenfahrzeugbau
- Anlagenbau
- Behälterbau
- Rohrleitungbau
- Straßenfahrzeugbau
- Schiffbau
- Meerestechnik
- Maschinenbau
- Wehrtechnik

Gilt eine Schweißerprüfung für alle Anwendungsgebiete?

Nicht in jedem Fall, denn gesetzliche Regelungen können vorschreiben, dass nur spezielle Prüfstellen die Zulassung von Schweißern vornehmen dürfen. Es wird unterschieden zwischen den Vorgaben der allgemeinen Gesetze wie z. B. BGB, Produkthaftungsgesetz etc. und dem reglementierten Bereich wie z. B. Vierzehnte Verordnung zum Produktsicherheitsgesetz (Druckgeräteverordnung – 14. ProdSV).

Im reglementierten Bereich müssen die Prüfstellen eine Zulassung durch die zuständige Behörde nachweisen. Die Schweißer-Prüfungsbescheinigung enthält die Registriernummer der Behörde sowie den Verweis auf das jeweilige Gesetz.

Wo können Schweißerprüfungen absolviert werden?

Europäische Richtlinien, Rechtsvorschriften und Anwendungsnormen zur Personalqualifizierung können vorgeben, von wem Schweißerprüfungen durchgeführt werden dürfen.

Prüfungen von Schweißern werden deshalb ausschließlich durch Prüfstellen durchgeführt, die offiziell als solche benannt wurden. Denn mit einer solchen Benennung wird bestätigt, dass die Prüfstellen die erforderliche Fachkompetenz besitzen, um solche Prüfungen vorzunehmen. In einigen Fällen ist es zusätzlich notwendig, dass die Behörde eine „Befugniserteilung" vornimmt. Dies ist z. B. im Bereich der Druckgeräterichtlinie der Fall.

Eine Prüfstelle für Personal weißt ihre Kompetenz über eine Akkreditierung durch die Deutsche Akkreditierungsstelle GmbH (DAkkS) nach. Die internationale Regularie für die Akkreditierung ist die DIN EN ISO/IEC 17024 „Konformitätsbewertung – Allgemeine Anforderungen an Stellen, die Personen zertifizieren".

DVS-PersZert erfüllt alle diese Vorgaben und steht Ihnen somit vor Ort als kompetenter Partner für die Prüfung von Schweißern zur Seite. Die nächstegelegene Prüfstelle finden Sie im Internet unter:
www.dvs-ev.de/dvs-pruefstellen.

DAkkS Deutsche Akkreditierungsstelle

Deutsche Akkreditierungsstelle GmbH

Beliehene gemäß § 8 Absatz 1 AkkStelleG i.V.m. § 1 Absatz 1 AkkStelleGBV
Unterzeichnerin der Multilateralen Abkommen
von EA, ILAC und IAF zur gegenseitigen Anerkennung

Akkreditierung

Die Deutsche Akkreditierungsstelle GmbH bestätigt hiermit, dass die Zertifizierungsstelle

DVS-Deutscher Verband für Schweißen und verwandte Verfahren e.V.
DVS-PersZert
Aachener Straße 172, 40223 Düsseldorf

die Kompetenz nach DIN EN ISO/IEC 17024:2012 besitzt, Zertifizierungen von Personen in folgenden Bereichen durchzuführen:

Personen für Fügetechnik und Schweißfachpersonal (gemäß den Normen in der Anlage)

Normatives SCC-Regelwerk: Version 2011 der DGMK e.V. SGU-Managementsysteme

Personal für die Ausführung von dauerhaften Werkstoffverbindungen an Druckgeräten und Baugruppen gemäß der Richtlinie 97/23/EG

Zentralstelle der Länder für Sicherheitstechnik ZLS

Befugniserteilung

Die Zentralstelle der Länder für Sicherheitstechnik (ZLS)

bestätigt hiermit, dass der

DVS – Deutscher Verband für Schweißen und verwandte Verfahren e.V.
Aachener Str. 172, 40223 Düsseldorf

gemäß § 15 Abs. 1 des Produktsicherheitsgesetzes (ProdSG) befugt ist, für

Personal für dauerhafte Werkstoffverbindungen an Druckgeräten

im Geltungsbereich des ProdSG und der Richtlinie 97/23/EG entsprechend den Bestimmungen des Bescheides Nr. ZLS-Z1501-2014/8

Zertifizierungen durchzuführen.

Die Befugnis ist gültig bis zum 18.07.2016.
Reg.-Nr.: ZLS-NB-0152

DVS-PersZert ist für die Prüfung von Schweißern eine offiziell „benannte Stelle".

Prüfvorschriften

Die Schweiß- und Abnahmevorschriften von Aufsichtsbehörden, Überwachungsstellen, Klassifikationsgesellschaften oder Auftraggebern stellen konkrete Qualitätsanforderungen an die schweißtechnische Fertigung. Darin eingeschlossen ist die Vorgabe, dass Schweißer ihre Eignung jeweils nachweisen. Je nach Tätigkeitsbereich und Einsatzgebiet des Schweißers können daher mehrere Schweißer-Prüfungsbescheinigungen notwendig sein.

2

Abhängig vom Werkstoff gelten unterschiedliche Prüfvorschriften:

- » DIN EN ISO 9606-1: Prüfung von Schweißern – Schmelzschweißen – Teil 1: Stähle
  vorher: DIN EN 287-1 „Prüfung von Schweißern – Schmelzschweißen – Teil 1: Stähle"
- » DIN EN ISO 9606-2: Prüfung von Schweißern – Schmelzschweißen – Teil 2: Aluminium und Aluminiumlegierungen
- » DIN EN ISO 9606-3: Prüfung von Schweißern – Schmelzschweißen – Teil 3: Kupfer und Kupferlegierungen
- » DIN EN ISO 9606-4: Prüfung von Schweißern – Schmelzschweißen – Teil 4: Nickel und Nickellegierungen
- » DIN EN ISO 9606-5: Prüfung von Schweißern – Schmelzschweißen – Teil 5: Titan und Titanlegierungen, Zirkonium und Zirkoniumlegierungen

Weitere Prüfvorschriften für andere Werkstoffe und spezielle Bereiche:

- » DIN EN 287-6: Prüfung von Schweißern – Schmelzschweißen – Teil 6: Gusseisen
- » DVS 1148: Prüfung von Schweißern – Lichtbogenhandschweißen an Rohren aus duktilem Gußeisen
- » DVS 1146: Schweißen von Betonstahl nach DIN EN ISO 17660 Teil 1 für die Prozesse 111, 114, 135 und 136 (DIN EN ISO 17660-1 „Schweißen – Schweißen von Betonstahl – Teil 1: Tragende Schweißverbindungen")
- » DIN ISO 24394: Schweißen im Luft- und Raumfahrzeugbau – Prüfung von Schweißern und Bedienern von Schweißeinrichtungen – Schmelzschweißen von metallischen Bauteilen

Inhalte von Schweißerprüfungen

Schweißerprüfungen bestehen aus einem praktischen Prüfungsteil und einer Theorieprüfung, in der das fachkundliche Wissen des Schweißers abgefragt wird.

Die Fachkundeprüfung schließt folgende Sachgebiete ein:

» Verhüten von Unfällen und Brandschäden (BGR 500 „Betreiben von Arbeitsmitteln", Kapitel 2.26: „Schweißen, Schneiden und verwandte Verfahren")

» Vermeiden und Beseitigen von Fehlern beim Schweißen

» Grundwerkstoffe, z. B. Stähle, Aluminium etc.

» Schweißzusätze

» Schweißzeichen und Schweißsymbole

» Vorbereiten der Werkstücke zum Schweißen

» Bezeichnung einer Schweißerprüfung und deren Geltungsbereich

» Schweißeinrichtungen und deren Handhabung

» Einfluss der Schweißparameter

Gültigkeitsdauer von Schweißerprüfungen

Die Schweißerprüfung hat in der Regel eine maximale Gültigkeit von drei Jahren für die DIN EN ISO 9606-1 (zwei Jahre bei der DIN EN 287-1). Voraussetzung für diese Gültigkeitsdauer ist, dass die verantwortliche Schweißaufsichtsperson oder die Prüfstelle DVS-PersZert alle sechs Monate schriftlich auf der Schweißer-Prüfungsbescheinigung folgende Sachverhalte bescheinigt:

Der Schweißer ...

» ... hat regelmäßig im Geltungsbereich der Schweißerprüfung geschweißt.

» ... hat die Schweißertätigkeit nicht länger als 6 Monate unterbrochen.

» ... gibt keinen Anlass dazu, an seinem handwerklichen Können und seinem fachkundlichen Wissen zu zweifeln.

Mit Ablauf ihrer maximalen Gültigkeitsdauer wird die Schweißer-Prüfungsbescheinigung ungültig und der Schweißer muss erneut eine praktische und eine fachkundliche Prüfung ablegen.

Über weitere Einzelheiten zur Gültigkeitsdauer von Schweißer-Prüfungsbescheinigungen informiert Sie gerne DVS-PersZert, die Personalzertifizierungsstelle des DVS (www.dvs-perszert.de) oder die DVS-Bildungseinrichtung vor Ort .

Bild: Landesverband Metall Nds./B.

Die Schweißer-Prüfungsbezeichnung nach DIN EN ISO 9606-1

Nach einer bestandenen Schweißerprüfung wird eine Schweißer-Prüfungsbescheinigung ausgestellt, die eine sogenannte Schweißer-Prüfungsbezeichnung enthält. Auf den ersten Blick ist eine solche Schweißer-Prüfungsbezeichnung eine komplexe Kombination von Buchstaben und Zahlen. Dahinter verbergen sich jedoch detaillierte Informationen zu Schweißprozessen, Schweißzusätzen, Schweißpositionen, Produktform und Schweißnahtart:

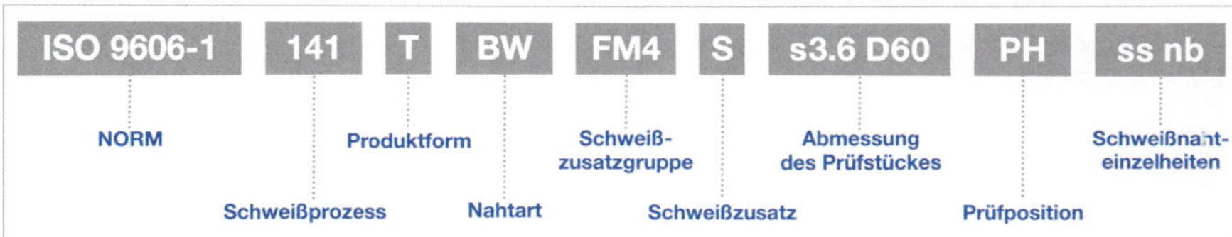

Vorlage zum Ermitteln einer Schweißerprüfung

Am Beispiel einer Schweißer-Prüfungsbezeichnung nach DIN EN ISO 9606-1 zeigen die nachfolgenden Seiten, wie sich eine Schweißer-Prüfungsbezeichnung zusammensetzt bzw. entschlüsseln lässt. Anhand dieser Beispielvorlage können Sie selbstständig oder im Rahmen eines Beratungsgespräches leicht ermitteln, welche Schweißerprüfung(en) Sie benötigen. Tragen Sie dazu einfach die ausgewählten Parameter in die jeweiligen Felder ein.

ISO 9606-1

1. Die Auswahl des Schweißprozesses

- ☐ **111** Lichtbogenhandschweißen (E)
- ☐ **114** Metall-Lichtbogenschweißen mit Fülldrahtelektrode ohne Schutzgas
- ☐ **131** Metall-Inertgasschweißen (MIG) mit Massivdrahtelektrode
- ☐ **135** Metall-Aktivgasschweißen (MAG) mit Massivdrahtelektrode
- ☐ **136** Metall-Aktivgasschweißen mit schweißpulvergefüllter Drahtelektrode
- ☐ **138** Metall-Aktivgasschweißen mit metallpulvergefüllter Drahtelektrode
- ☐ **141** Wolfram-Inertgasschweißen (WIG) mit Massivdraht- oder Massivstabzusatz
- ☐ **142** Wolfram-Inertgasschweißen ohne Schweißzusatz
- ☐ **143** Wolfram-Inertgasschweißen mit Fülldraht- oder Füllstabzusatz
- ☐ **145** Wolfram-Inertgasschweißen mit reduzierenden Gasanteilen im ansonsten inerten Schutzgas und Massivdraht- oder Massivstabzusatz
- ☐ **15** Plasmaschweißen
- ☐ **311** Gasschweißen (G) mit Sauerstoff-Acetylen-Flamme

ISO 9606-1 ☐

2. Wahl der Produktform

☐ **T** Rohr

☐ **P** Blech

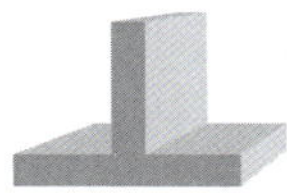

ISO 9606-1 ☐

3. Festlegung der Nahtart

☐ **BW** – Stumpfnaht

☐ **FW** – Kehlnaht

ISO 9606-1 ☐

4. Angabe der Schweißzusatzgruppe

Gruppe	Schweißzusatz zum Schweißen	Beispiele der anwendbaren Schweißzusatznormen
☐ FM1	unlegierte Stähle und Feinkornstähle	EN 12536, ISO 2560, ISO 14341, ISO 636, ISO 14171, ISO 17632
☐ FM2	hochfeste Stähle	ISO 18275, ISO 16834, ISO 26304, ISO 18276
☐ FM3	warmfeste Stähle Cr < 3,75%	EN 12536, ISO 3580, ISO 21952, ISO 24598, ISO 17634
☐ FM4	warmfeste Stähle 3,75% ≤ Cr ≤ 12%	EN 12536, ISO 3580, ISO 21952, ISO 24598, ISO 17634
☐ FM5	nichtrostende und hitzebeständige Stähle	ISO 3581, ISO 14343, ISO 17633
☐ FM6	Nickel und Nickellegierungen	ISO 14172, ISO 18247

* Eine Hilfestellung zur Auswahl der richtigen Schweißzusatzgruppe gibt Ihnen die Normenbezeichnung des Schweißzusatzes (siehe 5.).

ISO 9606-1 ☐

5. Auswahl und Angabe des Schweißzusatzes

umhüllte Stabelektroden

- ☐ **A** sauerumhüllt
- ☐ **B** basischumhüllt
- ☐ **C** zelluloseumhüllt
- ☐ **R** rutilumhüllt
- ☐ **RA** rutilsauer-umhüllt
- ☐ **RB** rutilbasisch-umhüllt
- ☐ **RR** rutilumhüllt (dick)

Fülldrähte

- ☐ **M** Metallpulver gefüllt
- ☐ **B** basisch
- ☐ **V** rutil oder basisch/fluorid
- ☐ **W** basisch/fluorid
- ☐ **Y** basisch/fluorid
- ☐ **P** rutil
- ☐ **R** rutil
- ☐ **Z** andere Arten

Sonstige Bezeichnungen

- ☐ **S** Massivdraht/-stab
- ☐ **nm** kein Zusatzwerkstoff

Normenbezeichnung des Schweißzusatzes: ______________________ (z. B. ISO 2560-A-E 46 3 1Ni B"

Anhand der Normenbezeichnung des Schweißzusatzes, der bei der Schweißerprüfung verwendet wird, läßt sich die Schweißzusatzgruppe (siehe 4.) bestimmen.

ISO 9606-1

6. Abmessungen des Prüfstückes

Prüfstückabmessungen für Stumpfnähte

Dicke des Schweißgutes s

s = ______________________

Prüfstückabmessungen für Kehlnähte

Prüfstückdicke t

t = ______________________

Prüfstückabmessungen für Rohraußendurchmesser

Rohraußendurchmesser D

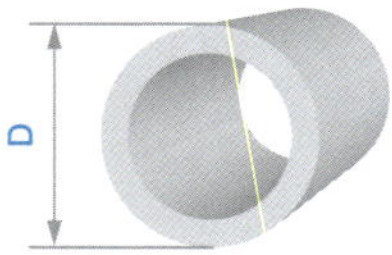

D = ____________________

ISO 9606-1

7. Bezeichnung der Prüfposition

Stumpfnaht		Kehlnaht		Position
☐ 		☐ 	☐ 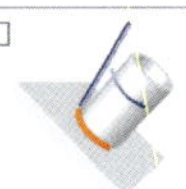	PA – Wannenposition
		☐ 	☐ 	PB – Horizontalposition
☐ 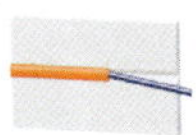	☐ 	☐ 		PC – Querposition
		☐ 	☐ 	PD – Horizontalüberkopfposition
☐ 		☐ 		PE – Überkopfposition

Stumpfnaht		Kehlnaht		Position
	☐ 		☐ 	PH – Rohrposition für Steigend-schweißen
	☐ 		☐ 	PJ – Rohrposition für Fallendschweißen
☐ 		☐ 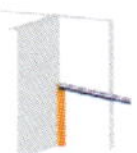		PF – Steigposition
☐ 		☐ 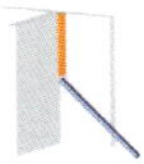		PG – Fallposition
	☐ 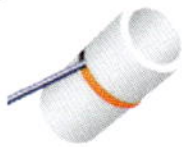			H – L045 Steigposition
	☐ 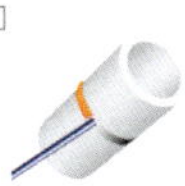			J – L045 Fallposition

ISO 9606-1

8. Angabe von Schweißnahteinzelheiten

- ☐ **ss** – einseitiges Schweißen
- ☐ **bs** – beidseitiges Schweißen
- ☐ **nb** – ohne Schweißbad-sicherung
- ☐ **mb** – Schweißen mit Schweißbadsicherung

- ☐ **sl** – einlagiges Schweißen
- ☐ **ml** – mehrlagiges Schweißen
- ☐ **gb** – Gaswurzelschutz
- ☐ **ci** – Schweißzusatz-Einlegering
- ☐ **fb** – Schweißpulverabstützung

ISO 9606-1

Poster zur Schweißer-Prüfungsbescheinigung nach DIN EN ISO 9606-1

DVS-PersZert hat ein übersichtliches Poster zur Schweißerprüfungsbescheinigung nach DIN EN ISO 9606-1 herausgegeben. Das Poster steht auf der Webseite des DVS unter www.dvs-ev.de im Menü "Service & Information/ Veröffentlichungen" zum Download bereit.

Zusammenführung der ausgewählten Parameter für die Schweißerprüfung(en):

	1	2	3	4	5	6	7	8
ISO 9606-1								
ISO 9606-1								
ISO 9606-1								
ISO 9606-1								
ISO 9606-1								
ISO 9606-1								

Spezielle Prüfbedingungen

☐ A DGRL – Druckgeräterichtlinie

☐ B Schweißen unter Baustellenbedingungen nach: ____________________

☐ C Sonstiges: ____________________

Notizen

Ihre Ansprechpartner

Abteilungsleiter:

Dipl.-Ing. Martin Lehmann
T +49 211 1591-203
martin.lehmann@dvs-home.de

Stv. Abteilungsleiter, QMB DVS-PersZert:

Dipl.-Ing. Michael Metzger
T +49 211 1591-177
michael.metzger@dvs-home.de

Referent:

Marvin Keinert, M. Sc.
T +49 211 1591-188
marvin.keinert@dvs-home.de

Dipl.-Ing. Susanne Leising
T +49 211 1591-277
susanne.leising@dvs-media.info

Sachbearbeitung:

Martina Esau
T +49 211 1591-175
martina.esau@dvs-home.de

Benjamin Heymann
T +49 211 1591-121
benjamin.heymann@dvs-home.de

Isabell Ramos de Loureiro
T +49 211 1591-119
isabell.loureiro@dvs-home.de

Weiterführende Informationen im Internet

DVS-Personalzertifizierungsstelle DVS-PersZert:	www.dvs-perszert.de
Übersicht über DVS-Bildungseinrichtungen (inkl. Suchfunktion):	www.dvs-bildungseinrichtungen.de
Übersicht über DVS-Prüfstellen von Schweißerprüfungen:	www.dvs-ev.de/dvs-pruefstellen

Der DVS stellt zu weiteren Themen Poster zum Download im Internet bereit, beispielsweise:

- » Karrierewege in der Schweißtechnik
- » Manuelle Schweißverfahren (Deutsch/Englisch)
- » Gase in der Schweißtechnik
- » Schutz des Lichtbogenschweißers
- » Schweißpositionen nach DIN EN ISO 6947:2001-08 (Deutsch/Englisch)
- » Schweißer-Prüfungsbescheinigung nach DIN EN ISO 9606 (Deutsch/Englisch)
- » Schneidverfahren (Deutsch/Englisch)
- » Schweißzusätze

Die Poster finden Sie auf der Internetseite des DVS www.dvs-home.de
im Menü „Presse & Medien“ unter „Printmedien“ oder nutzen Sie den QR-Code.

2

DVS-PersZert

Aachener Straße 172
40223 Düsseldorf

T +49 211 1591-0
F +49 211 1591-200

info@dvs-perszert.de
www.dvs-perszert.de

DVS-Bildungseinrichtungen für schweißtechnische Lehrgänge, gegliedert nach Postleitzahlen

DVS-Kursstätte der DREWAG Stadtwerke Dresden GmbH
Friedrich-List-Platz 2
01069 Dresden
T +49 351 860 6117
holm_kappler@sachsenenergie.de
www.drewag.de

Schweißtechnische Lehranstalt der Handwerkskammer Dresden
Am Lagerplatz 8
01099 Dresden
T + 49 351 46 40 181
schweissausbildung@hwk-dresden.de
www.sl-dresden.de

SLV Halle – Betriebsstätte Dresden Gebäudeteil A
Am Lagerplatz 7
01099 Dresden
T +49 351 883427-16
sven.noack@slv-halle.de
www.slv-halle.de/betriebsstaetten/dresden

DVS-Kursstätte Dresden der WBS Training AG Kompetenzbereich Technologie
Hermann-Mende-Str. 4
01099 Dresden
T +49 351 888 6317
bettina.heller@wbstraining.de
www.wbstraining.de/schweissen-lernen-vr-kurse7

DVS-Kursstätte im Qualifizierungszentrum Region Riesa GmbH
Alleestr. 43
01591 Riesa
T +49 3525 749 340
kahl@qz-riesa.de
www.qz-riesa.de

DVS-Kursstätte Freital der Technische Ausbildung Freital GmbH
Südstr. 16b
01705 Freital
T +49 351 646 2825
thomas.hoinka@bgh.de
www.ta-freital.de

DVS-Kursstätte Pirna im Bildungswerk der Sächsischen Wirtschaft gGmbH Fortbildungszentrum
Fabrikstr. 1
01796 Pirna
T +49 3501 79810
bz-pirna@bsw-mail.de
www.bsw-ggmbh.de/pirna/

DVS-Kursstätte Heidenau der AMS Jugend und Bildung GmbH
Siegfried-Rädel-Str. 7
01809 Heidenau
T +49 3529 5986 980
info@ju-bi.de
www.ju-bi.de

DVS-Kursstätte Bautzen im Berufsbildungszentrum Bautzen e.V.
Löbauer Straße 77
02625 Bautzen
T +49 3591 6715 15
y.koernig@bbz-bautzen.de
www.bbz-bautzen.de

DVS-Kursstätte Hoyerswerda der RENTA.tec GmbH
Industriegelände Str. E Nr. 34
02977 Hoyerswerda
T +49 3571 6086 79
info@renta.tec
www.renta.tec

DVS-Bildungseinrichtung im Berufsbildungs- und Technologiezentrum der Handwerkskammer Cottbus
Schorbuser Weg 2
03051 Cottbus
T +49 355 59015 0
ast@hwk-cottbus.de
www.hwk-cottbus.de

DVS-Kursstätte Leipzig der ZAW Zentrum für Aus- und Weiterbildung Leipzig GmbH
Am Ritterschlößchen 22
04179 Leipzig
T +49 341 442320
michael.richter@zaw-leipzig.de
www.zaw-leipzig.de

DVS-Kursstätte Leipzig in der Saxweld Bildungsgesellschaft mbH
Karl-Heine-Str. 85-93
04229 Leipzig
T +49 341 4802563
saxweld@t-online.de

KUZ - Kunststoff-Zentrum in Leipzig gGmbH
Erich-Zeigner-Allee 44
04229 Leipzig
T +49 341 4941 500
info@kuz-leipzig.de
www.kuz-leipzig.de

Schweißtechnische Lehranstalt Leipzig der Handwerkskammer zu Leipzig
Steinweg 3
04451 Borsdorf
T +49 34291 30210
sl.btz@hwk-leipzig.de
www.hwk-leipzig.de

DVS-Kursstätte Schweißtechnisches Zentrum Borna
Am Wilhelmschacht 11
04552 Borna
T +49 3433 27750
info@schweissausbildung.de

DVS-Verbundkursstätte Grimma/ Oschatz des Vereins zur Förderung der Schweißtechnischen Aus- und Weiterbildung e.V.
Am Weinberg 8
04668 Grimma
T +49 3437 910527
info@sk-grimma.de
www.sk-grimma.de

DVS-Verbundkursstätte Grimma/ Oschatz des Vereins zur Förderung der Schweißtechnischen Aus- und Weiterbildung e.V.
Otto-Lilienthal-Str. 14
04758 Oschatz
T +49 3435 922042
info@sk-oschatz.de
www.sk-grimma.de

DVS-Kursstätte im VMKB Bildungszentrum Torgau
Steinweg 8
04860 Torgau
T +49 3421 722815
www.vmkb.de

SKZ - KFE gGmbH Standort Halle
Köthener Str. 33 a
06118 Halle
halle@skz.de
www.skz.de

Schweißtechnische Lehr- und Versuchsanstalt Halle GmbH
Köthener Str. 33 a
06118 Halle
T +49 345 52460
mail@slv-halle.de
www.slv-halle.de

DVS-Kursstätte Halle im Bildungs- und Technologiezentrum der HWK Halle
Straße der Handwerker 2
06132 Halle
T +49 345 7798 780
btzhalle@hwkhalle.de
www.hwkhalle.de

DVS-Kursstätte Frankleben in der ANTEC GmbH Merseburg-Außenstelle d. SLV Halle GmbH
Naumburger Str. 3
06259 Braunsbedra OT Frankleben
T +49 35752-62399
olaf.koch@robur-group.de
www.imo-merseburg.de

SLV Halle – Betriebsstätte BTZ Bernburg
Kustrenaer Weg 1b
06406 Bernburg
T +49 3471 3467880
www.btz-bernburg.de

DVS-Verbundbildungseinrichtung der Bildungs- und Technolgiezentrum zu Thale und Aschersleben - Stiftung Bildungsstätte Thale
Am Bodeufer 2
06502 Thale
T +49 3947 410731
DVS-SK@BTZ-Stiftung.de
BTZ-Stiftung.de

DVS-Kursstätte in der FMT Füge- und Metalltechnik, Ausbildung, Consulting GmbH
Am Hohlenweg 10
06628 Naumburg-Fränkenau
T +49 34463 27366
imueller@fmt-net.de
www.fmt-net.de

Schweißtechnische Kursstätte Anhalt AWU Bildungs-Gesellschaft mbH Bildungsstätte Dessau
Zeppelinstr. 7
06847 Dessau-Roßlau
T +49 340 5412 30
info@dvs-anhalt.de
www.dvs-anhalt.de

DVS-Kursstätte Lutherstadt Wittenberg im BBW Bildungszentr. f. Beruf u. Wirtschaft Außenstelle der SLV Halle
Dessauer Straße 134
06886 Lutherstadt Wittenberg
T +49 3491 42299 0
info@bbw-wittenberg.de

DVS-Kursstätte Lutherstadt Wittenberg im BBZ Elbe GmbH Außenstelle der SK Anhalt/Zschornewitz
Dessauer Str. 125 b
06886 Lutherstadt Wittenberg
T +49 3491 6176 0
info@bbz-elbe.de
www.bbz-elbe.de

DVS-Verbundbildungseinrichtung der Handwerkskammer für Ostthüringen BTZ/Bildungsstätte Rudolstadt
In der Schremsche 3
07407 Rudolstadt-Schwarza
T +49 3672 377 200
born@hwk-gera.de

DVS-Verbundbildungseinrichtung der Handwerkskammer für Ostthüringen BTZ / Bildungsstätte Gera
Straße der Freundschaft 27
07554 Gera-Aga
T +49 36695 829 84
www.hwk-gera.de

DVS-Kursstätte ifw Jena im Günter Köhler Institut für Fügetechnik und Werkstoffprüfung GmbH
Ernst-Ruska-Ring 3
07745 Jena
T +49 3641 204-145
aluederitz@ifw-jena.de
www.ifw-jena.de

DVS-Kursstätte in der Volkswagen Bildungsinstitut GmbH
Reichenbacher Str. 76
08056 Zwickau
T +49 375 27026430
dvs.vwbi.r.zwi@volkswagen.de
www.vw-bi.de

DVS-Kursstätte Zwickau der ASG - Anerkannte Schulges. Sachsen mbH Niederlassung Westsachsen Ausbildungszentrum Zwickau
Audistr. 9
08058 Zwickau
T +49 375 39094216
info@asg-bildungszentrum-zwickau.de
www.asg-sachsen.de

DVS-Kursstätte Aue im Bildungszentrum GmbH Erzgebirge
Schulbrücke 1
08280 Aue
T +49 3771 5578 0
Thomas.Hanke@bze-aue.de

DVS-Verbundbildungseinrichtung der Bildungswerk der Sächsischen Wirtschaft gGmbH Bildungszentrum Erzgebirge
Gartenstr. 9
08340 Schwarzenberg
T +49 3774 662828 0
bz-erzgebirge@bsw-mail.de
www.bsw-erzgebirge.de

DVS-Kursstätte in der Meeraner Dampfkesselbau GmbH
Zwickauer Str. 94-98
08393 Meerane
T +49 3764 53396

DVS-Verbundbildungseinrichtung der Bildungswerk der Sächsischen Wirtschaft gGmbH Bildungszentrum Werdau
Greizer Straße 12
08412 Werdau
T +49 3761 8880 30
bz-werdau@bsw-mail.de
www.bsw-ggmbh.de

DVS-Kursstätte der HWK Chemnitz Ausbildungsstätte BTZ Vogtland Außenstelle der SK HWK Chemnitz
Rähnisstr. 19
08523 Plauen
T +49 3741 160513
m.werner@hwk-chemnitz.de
www.hwk-chemnitz.de

DVS-Kursstätte der Fördergesellschaft für berufliche Bildung Plauen-Vogtland e.V.
Moorstr. 20
08527 Plauen
T +49 163 5146598
stks@fg-bildung.de
www.fg-bildung.de

DVS-Kursstätte Chemnitz in der BWC Bildungs-Werkstatt Chemnitz gGmbH
Annaberger Str. 73
09111 Chemnitz
T +49 371 5636 249
info@bwc-ggmbh.de

DVS-Kursstätte der Handwerkskammer Chemnitz Bildungs- und Technologiezentrum
Limbacherstraße 195
09116 Chemnitz
T +49 371 5364 318
a.krause@hwk-chemnitz.de
www.hwk-chemnitz.de

DVS-Kursstätte im Zentrum für Entwicklung, Beratung und Ausbildung in der Schweißtechnik (ZEBRAS) e.V.
Otto-Schmerbach-Str. 30
09117 Chemnitz
T +49 371 84282 0
info@zebras-chemnitz.de
www.zebras-chemnitz.de

DVS-Kursstätte Zschopau der IB Mitte gGmbH
Rudolf-Breitscheid-Str. 55
09405 Zschopau
T +49 3725 45 100
mathias.lotholz@ib.de
www.internationaler-bund.de

DVS-Kursstätte Annaberg der ASG - Anerkannte Schulgesellschaft Sachsen mbH
Niederlassung Südsachsen
Bahnhofstr. 1
09456 Annaberg-Buchholz
T +49 3733 5590100
suedsachsen@asg-sachsen.de
www.asg-bildungszentrum-suedsachsen.de

DVS-Kursstätte Brand-Erbisdorf gemeinnützige Gesellschaft mbH
Landner Wäsche 7
09618 Brand-Erbisdorf
T +49 37322 5666 80
sk@schweissausbildung-bed.de
www.schweissausbildung-bed.de

DVS-Verbundbildungseinrichtung des Berufsfortbildungswerk Gemeinnützige Bildungseinrichtung des DGB GmbH (bfw)
Lise-Meitner-Str. 30
10589 Berlin

GSI - Gesellschaft für Schweißtechnik International mbH Niederlassung SLV Berlin-Brandenburg
Luxemburger Str. 21
13353 Berlin
T +49 30 45001 0
mail@slv-bb.de
www.slv-bb.de

Schweißtechnische Lehranstalt Potsdam Handwerkskammer Potsdam Zentrum für Gewerbeförderung
Am Mühlenberg 15
14550 Groß Kreutz / OT Götz
T +49 33207 34110
sl@hwkpotsdam.de
www.hwk-potsdam.de

DVS-Kursstätte im Europ. Bildungswerk für Beruf und Gesellschaft gGmbH in der JVA Brandenburg a.d. Havel
Anton-Saefkow-Allee 22
14772 Brandenburg a.d Havel
T +49 3921 727832
v.prietz@ebg.de

DVS-Kursstätte Hennickendorf der HWK Frankfurt/Oder Bildungsstätte Hennickendorf
Rehfelder Str. 50
15378 Hennickendorf
T +49 33434 439 0
steffen.sachse@hwk-ff.de
www.hwk-ff.de

DVS-Kursstätte im Fürstenwalder Aus- und Weiterbildungszentrum gGmbH
Julius-Pintsch-Ring 25
15517 Fürstenwalde
T +49 3361 3584 00
info@fawz.de
www.fawz.de

DVS-Kursstätte Eisenhüttenstadt der QualifizierungsCENTRUM Wirtschaft GmbH
Straße 9 Nr. 5
15890 Eisenhüttenstadt
T +49 3364 37 5703
ulrike.malle@qcw.de
www.qcw.de

DVS-Kursstätte Angermünde der ABW GmbH
An der MTS 7
16278 Angermünde
T +49 3331 296979 11
info@abw-ang.de
www.abw-ang.de

DVS-Kursstätte im Beruflichen Qualifizierungszentrum des Handwerks Verein für Berufsbildung e.V.
Martin-Ebell-Str. 8
16816 Neuruppin
T +49 3391 821 710
schweissen@bqz-neuruppin.de

TFA-Akademie GmbH
Nonnenhofer Str. 24/26
17033 Neubrandenburg
T +49 395 3588 100
neubrandenburg@tfa-akademie.de
www.tfa-akademie.de

DVS-Kursstätte Neubrandenburg im Bildungsinstitut für Umweltschutz und Wasserwirtschaft Neubrandenburg e.V.
An der Hochstr. 3-5
17036 Neubrandenburg
T +49 395 7693125
mail@buw-nb-ev.de
www.buw-nb-ev.de

DVS-Kursstätte des ÜAZ Waren gGmbH
Warendorfer Straße 18
17192 Waren (Müritz)
T +49 3991 1502 0
info@ueaz-waren.de
www.ueaz-waren.de

DVS-Kursstätte der Handwerkskammer Ostmecklenburg-Vorpommern HBZ Neustrelitz
Straße des Handwerks 1
17235 Neustrelitz
T +49 3981 247 712
stiller.falk@hwk-omv.de
www.hwk-omv.de

DVS-Kursstätte im Berufsbildungsverein Prenzlau e.V.
Brüssower Allee 60
17291 Prenzlau
T +49 3984 8722 0
berufsbildungsverein-prenzlau@t-online.de
www.bbvp.de

DVS-Kursstätte Wolgast der Peene Werft GmbH & Co. KG
Schiffbauerdamm 1
17438 Wolgast
T +49 3836 25 0
lutz.scheife@peene-werft.de

DVS-Verbundbildungseinrichtung der Schweißtechnischen Lehr- und Versuchsanstalt Mecklenburg-Vorpommern GmbH Bildungsstätte Greifswald
Herrenhufenstr. 13
17489 Greifswald
T +49 381 660982 0
office@slv-rostock.de
www.slv-rostock.de

DVS-Verbundbildungseinrichtung der Schweißtechnischen Lehr- und Versuchsanstalt Mecklenburg-Vorpommern GmbH Bildungsstätte Lubmin
Südring 1
17509 Lubmin
T +49 381 660982 0
office@slv-rostock.de
www.slv-rostock.de

DVS-Kursstätte der HWK Ostmecklenburg-Vorpommern Hauptverwaltungssitz Rostock
Schwaaner Landstr. 8
18055 Rostock
T +49 381 4549171
www.hwk-omv.de

Schweißtechnische Lehr- und Versuchsanstalt Mecklenburg-Vorpommern GmbH
Alter Hafen Süd 4
18069 Rostock
T +49 381 660982 0
office@slv-rostock.de
www.slv-rostock.de

DVS-Kursstätte Rostock der MEYER NEPTUN GmbH
Werftallee 13
18119 Rostock
T +49 384 10 10
info@neptunwerft.de
www.neptunwerft.de

DVS-Verbundbildungseinrichtung des Berufsfortbildungswerk Gemeinnützige Bildungseinrichtung des DGB GmbH (bfw)
Robert-Bosch-Str. 24
18437 Stralsund
T +49 3831 270856

DVS-Kursstätte der HWK Schwerin
Werkstr. 600
19061 Schwerin
T +49 385 6435 0
www.hwk-schwerin.de

DVS-Kursstätte Hamburg des Berufsfortbildungswerk Gemeinnützige Bildungseinrichtung des DGB GmbH (bfw) Außenstelle der SLV Nord
Ausschläger Billdeich 18
20539 Hamburg
T +49 40 78856 213
metall.hamburg@bfw.de

Schweißtechnische Lehr- und Versuchsanstalt Nord gGmbH
Zum Handwerkszentrum 1
21079 Hamburg
T +49 40 35905 400
info@slv-nord.de
www.slv-nord.de

DVS-Kursstätte der Metall Akademie Niedersachsen GmbH
Am Domänenhof 5
21337 Lüneburg
T +49 4131 605 99 0
info@metallakademie-nds.de
www.metallakademie-niedersachsen.de

DVS-Verbundbildungseinrichtung der HWK Braunschweig-Lüneburg-Stade Bildungsstätte Stade
Rudolf-Diesel-Str. 9
21684 Stade
knoll@hwk-bls.de
www.hwk-bls.de

DVS-Kursstätte Hamburg im Berufsbildungswerk der Innung Sanitär Heizung Klempner SHK
Fabriciusstr. 124
22177 Hamburg
T +49 40 299949 0
info@shk-hamburg.de
www.shk-hamburg.de

DVS-Kursstätte Hamburg des Berufsbildungswerkes Hamburg GmbH
Außenstelle der SLV Nord
Reichsbahnstr. 53 + 55
22525 Hamburg
T +49 40 5723 227
mueller@bbw-hamburg.de
www.bbw-hamburg.de

DVS-Kursstätte Hamburg im BZM Bildungszentrum Metall Hamburg gGmbH
Große Bahnstraße 101
22769 Hamburg
T +49 40 85310140
k.ramm@metallinnung-hh.de
www.nmv.de

Schweißtechnische Lehranstalt Lübeck bei der HWK Lübeck im DVS Berufsbildungsstätte Travemünde
Wiekstr. 5
23570 Lübeck-Travemünde (Priwall)
T +49 4502 8873 54
htiedemann@hwk-luebeck.de
www.hwk-luebeck.de

DVS-Kursstätte Mölln am Berufsbildungszentrum des Kreises Herzogtum Lauenburg
Kerschensteiner Str. 2
23879 Mölln
T +49 4542 8579 0
bbz.moelln@schule.landsh.de
www.bbzmoelln.de

DVS-Bildungseinrichtung der thyssenkrupp Marine Systems Wismar GmbH
Wendorfer Weg 5
23966 Wismar
T +49 3841 772397
jan.krueger@thyssenkrupp.com

DVS-Verbundbildungseinrichtung des Berufsfortbildungswerk Gemeinnützige Bildungseinrichtung des DGB GmbH (bfw)
Poeler Str. 115
23970 Wismar
T +49 3841 46040
schweisserei-bfw-wismar@gmx.de
www.bfw.de

DVS-Kursstätte Kiel im Regionalen Bildungszentrum Technik
Geschwister-Scholl-Str. 9
24143 Kiel
T +49 431 129633
dvs-sk-kiel@t-online.de
www.dvs-ev.de/sk-kiel

DVS-Kursstätte Neumünster des DVS-Bezirksverbandes Lübeck-Neumünster
in der Walther-Lehmkuhl-Schule
Roonstr. 90
24537 Neumünster
T +49 4321 62424
sk.neumuenster@dvs-hs.de
www.dvs-ev.de/sk-neumuenster

DVS-Kursstätte Flensburg der Handwerkskammer Flensburg
Johanniskirchhof 1-7
24937 Flensburg
T +49 461 866-196
schweissen@hwk-flensburg.de
www.hwk-flensburg.de

DVS-Kursstätte Elmshorn in der Berufsbildungsstätte Elmshorn der HWK Lübeck
Ramskamp 6
25337 Elmshorn
T +49 4121 4739 614
dspitzmueller@hwk-luebeck.de
www.hwk-luebeck.de

SLV-Bildungszentrum Wilhelmshaven der SLV Hannover Niederlassung der GSI
Flutstraße 80
26386 Wilhelmshaven
T +49 4421 96602 0
info@bz-whv.de
www.bz-wilhelmshaven.de

DVS-Kursstätte Aurich der Handwerkskammer für Ostfriesland
Straße des Handwerks 2
26603 Aurich
T +49 4941 179768
info@hwk-aurich.de
www.hwk-aurich.de

DVS-Verbundbildungseinrichtung der Volkswagen Akademie Bildungsstätte Emden
Niedersachsenstr. 1
26723 Emden

DVS-Kursstätte Papenburg im Berufsbildungs- und Technologiezentrum des Aschendorf-Hümmlinger Handwerks GmbH
Juister Str. 10
26871 Papenburg
T +49 4961 91710
info@btz-papenburg.de
www.btz-papenburg.de

DVS-Kursstätte Papenburg der Private Schweißerschule Papenburg GmbH
Dohnkamp 6
26871 Aschendorf
T +49 4962 9019770
info@private-schweisserschule.de
www.private-schweisserschule.de

DVS-Kursstätte Freistatt in der Stiftung Bethel - Bethel im Norden Außenstelle der SLV Hannover
Wietingshof 4
27259 Freistatt
T +49 5448 88370

DVS-Kursstätte des Technologie & Ausbildungscampus Cuxhaven GmbH
Humphry-Davy-Str. 62
27472 Cuxhaven
T +49 4721 59300 28
info@tac-cux.de
www.tac-cux.de

DVS-Kursstätte Bremerhaven der InCoTrain GmbH
Columbusstr. 2
27570 Bremerhaven
T +49 471 185 0
info@incotrain-bhv.de
www.incotrain-bhv.de

DVS-Kursstätte Bremen in der HandWERK gemeinnützige GmbH Kompetenzzentrum der HWK Bremen
Schongauer Straße 2
28219 Bremen
T +49 421 222 744 450
luetjen.stefan@handwerkbremen.de
www.handwerkbremen.de

DVS-Kursstätte Bremen des Vereins zur Förderung der Schweißtechnik e.V.
Reiherstr. 80
28239 Bremen
T +49 421 361180 40
andrea.fidan@schulverwaltung.bremen.de

**Fraunhofer-Gesellschaft e. V.
Fraunhofer-Institut f. Fertigungstechnik und Angewandte Materialforschung IFAM**
Wiener Str. 12
28359 Bremen
T +49 421 2246 0
info@ifam.fraunhofer.de
www.ifam.fraunhofer.de

DVS-Verbundbildungseinrichtung der Volkswagen Akademie Bildungsstätte Hannover
Mecklenheidestr. 74
30419 Hannover

**GSI - Gesellschaft für Schweißtechnik International mbH
Niederlassung SLV Hannover**
Am Lindener Hafen 1
30453 Hannover
T +49 511 21962 0
info@slv-hannover.de
www.slv-hannover.de

DVS-Bildungseinrichtung im Berufsbildungszentrum Hildesheim der Handwerkskammer Südniedersachsen
Kruppstr. 18 - 20
31135 Hildesheim
T +49 5121 162 0
www.hwk-hildesheim.de

**SKZ - KFE gGmbH
Standort Peine**
Woltorfer Str. 77 / Halle G
31224 Peine
T +49 5171 48935
peine@skz.de
www.skz.de

Schweißtechnische Kursstätte SK Hameln GmbH
Breslauer Allee 1
31787 Hameln
T +49 5151 64810
info@sk-hameln.de
www.dvs-ev.de/sk-hameln

**DVS-Verbundbildungseinrichtung der SBH West GmbH
Bildungsstätte Minden**
Askanierweg 12 A
32427 Minden
T +49 571 58506
info@s-b-h.de
www.sbh-west.de

DVS-Bildungseinrichtung Hövelhof der Justizvollzugsanstalt Hövelhof
Staumühler Str. 284
33161 Hövelhof
T +49 5257 986 0
poststelle@jva-hoevelhof.nrw.de

**Bildungszentrum Harsewinkel der SK Bielefeld
Niederlassung der GSI**
Von-Liebig-Straße 11
33428 Harsewinkel
info@dvs-bielefeld.de
www.dvs-bielefeld.de

Schweißtechnische Kursstätte
SK Bielefeld
Niederlassung der GSI mbH
Bleichstr. 10
33607 Bielefeld
T +49 521 65045
info@dvs-bielefeld.de
www.dvs-bielefeld.de

DVS-Kursstätte Bielefeld der
HWK Ostwestfalen-Lippe zu Bielefeld
Fachbereich FügeTechnikZentrum OWL
Campus Handwerk 1
33613 Bielefeld
T +49 521 5608 520
beate.goehner@handwerk-owl.de
www.handwerk-owl.de

Schweißtechnische Lehranstalt Kassel
im Bildungszentrum Kassel GmbH
Falderbaumstr. 18-20
34123 Kassel
T +49 561 9596 150
dvs@bz-kassel.de
www.bz-kassel.de

DVS-Kursstätte Marburg
im Berufsbildungszentrum Marburg
GmbH
Umgehungsstraße 1
35043 Marburg
T +49 6421 4003 0
info@bbz-marburg.de
www.bbz-marburg.de

DVS-Kursstätte Butzbach in der JVA
Kleeberger Str. 23
35510 Butzbach
T +49 6033 893 230

DVS-Kursstätte Wetzlar der HWK
Wiesbaden im Berufsbildungs- und
Technologiezentrum BTZ „Lahn-Dill"
Dillufer 40
35576 Wetzlar
T +49 6441 9455 0
www.hwk-wiesbaden.de

DVS-Kursstätte in der
BBZ Mitte GmbH
Goerdelerstr. 139
36100 Petersberg
T +49 661 6208 123
www.bbz-mitte.de

DVS-Kursstätte Petersberg der WBZ
Weiterbildung mit Zukunft GmbH & Co.
KG
Kreuzgrundweg 8
36100 Petersberg
T +49 661 480500 66
ines.wagner@ruebsam.de
www.ruebsam.de

DVS-Kursstätte Bad Hersfeld im
Berufsbildungszentrum Metall
Außenstelle der SL Kassel
Fuldastr. 16
36251 Bad Hersfeld
T +49 6621 9289 0
r.becker.bbz@handwerk-hersfeld.de
www.handwerk-hersfeld.de

DVS-Kursstätte Northeim
Bundesfachzentrum Metall
und Technik Northeim gGmbH
Am Rhumekanal 18
37154 Northeim
T +49 5551 3459
info@bfm-northeim.de
www.bfm-northeim.de

DVS-Verbundbildungseinrichtung der Bildungsstätte Braunschweig im BBZ der HWK Braunschweig-Lüneburg-Stade Bildungsstätte: Braunschweig
Hamburger Str. 234
38114 Braunschweig
T +49 531 12 01 420
peter@hwk-bls.de
www.hwk-bls.de

DVS-Kursstätte Braunschweig der TEUTLOFF gGmbH
An der Feuerwache 26
38226 Salzgitter
T +49 5341 83060
info@teutloff.de
www.teutloff.de

DVS-Kursstätte Salzgitter der Salzgitter Flachstahl GmbH 02.2 AB/Berufliche Bildung
Eisenhüttenstraße 99
38239 Salzgitter
T +49 5341 21 7578
fass.n@salzgitter-ag.de
www.salzgitter-flachstahl.de

DVS-Verbundbildungseinrichtung der Volkswagen Akademie Bildungsstätte Wolfsburg
Berliner Ring 2
38436 Wolfsburg
T +49 5361 94 7400
daniel.nehlich@volkswagen.de

DVS-Bildungseinrichtung der Volkswagen AG
Berliner Ring 2
38440 Wolfsburg

Schweißtechnische Lehranstalt Magdeburg gGmbH
An der Sülze 7
39179 Barleben
T +49 39203 7610
info@sl-magdeburg.de
www.sl-magdeburg.de

Schweißtechnische Kursstätte Genthin gGmbH
Berliner Chaussee 27
39307 Genthin
T +49 3933 804470
skgenthin@web.de
www.skgenthin.de

DVS-Bildungseinrichtung Stendal Berufsbildungsakademie Altmark GmbH Schweißausbildungsstätte
Akazienweg 27
39576 Stendal
T +49 3931 698270
www.bba-altmark.de

DVS-Kursstätte Düsseldorf im BZD e.V. Berufszentrum Sanitär Heizung Klima Außenstelle der SL Düsseldorf
Auf'm Tetelberg 11
40221 Düsseldorf
T +49 211 394172
info@bz-shk.de

Schweißtechnische Lehranstalt der Akademie der HWK Düsseldorf
Georg-Schulhoff-Platz 1
40221 Düsseldorf
T +49 211 8795472
holger.specht@hwk-duesseldorf.de
www.hwk-duesseldorf.de

Schweißtechnische Kursstätte SK Mönchengladbach GmbH
Platz des Handwerks 1
41065 Mönchengladbach
T +49 2161 408960
info@schweisskurs.de
www.schweisskurs.de

DVS-Kursstätte Remscheid
Neuenkamper Str. 55
42855 Remscheid
T +49 2191 95159 73
sk.remscheid@dvs-nr.de
www.dvs-ev.de/sk-remscheid

DVS-Verbundbildungseinrichtung Dortmund der Handwerkskammer Dortmund
Bildungszentrum Ardeystraße
Ardeystr. 93
44139 Dortmund
T +49 231 5493 986
www.hwk-do.de

DVS-Kursstätte IB Bildungszentrum Herne
IB West gGmbH für Bildung und soziale Dienste
Roonstr. 22
44629 Herne
T +49 2323 9191 217
joachim.sternol@ib.de

DVS-Bildungseinrichtung des Berufsfortbildungswerk Gemeinnützige Bildungseinrichtung des DGB GmbH (bfw)
Industriestr. 34
44894 Bochum
T +49 234 95357 0
kontakt@bfw-bochum.de
www.bfw-bochum.de

DVS-Kursstätte in der JVA Bochum-Langendreer
Lütgendortmunder Hellweg 212
44894 Bochum
ausbildung@bfst-bochum.de

DVS-Verbundbildungseinrichtung der GSI mbH, NL Bildungszentren Rhein-Ruhr
Bildungszentrum Essen
Katzenbruchstraße 71
45141 Essen
T +49 201 3100-75
www.slv-bz.de/standorte/bz-essen/

DVS-Kursstätte Recklinghausen im Schulungs- und Servicezentrum VEST GmbH
Ludwig-Erhard-Allee 12
45665 Recklinghausen
T +49 2361 4803 0
bernd.grundhoefer@sus-zentrum.de
www.sus-zentrum.de

DVS-Kursstätte Marl der Evonik Operations GmbH
Werkstofftechnik, Geb. 1099, PB 14
Paul-Baumann-Str. 1
45772 Marl
T +49 2365 492049
lukas.zysk@evonik.com
www.evonik.de

DVS-Verbundbildungseinrichtung der GSI mbH, NL Bildungszentren Rhein-Ruhr
Bildungszentrum Gelsenkirchen
Uechtingstr. 70
45881 Gelsenkirchen
T +49 209 98075-0
jaeger@gsi-slv.de
www.slv-bz.de/standorte/bz-gelsenkirchen/

DVS-Verbundbildungseinrichtung der GSI mbH, NL Bildungszentren Rhein-Ruhr Bildungszentrum Oberhausen
Im Lipperfeld 29
46047 Oberhausen
T +49 208 85927-0
pickartz@gsi-slv.de
www.slv-bz.de/standorte/bz-oberhausen/

DVS-Verbundbildungseinrichtung der GSI mbH, NL Bildungszentren Rhein-Ruhr Bildungszentrum Wesel
Am Schepersfeld 31
46485 Wesel
T +49 281 16466-52
sahlmen@gsi-slv.de
https://www.slv-bz.de/standorte/bz-wesel/

GSI - Gesellschaft für Schweißtechnik International mbH Niederlassung SLV Duisburg
Bismarckstr. 85
47057 Duisburg
T +49 203 3781 0
www.slv-duisburg.de

DVS-Verbundbildungseinrichtung der GSI mbH, NL Bildungszentren Rhein-Ruhr Bildungszentrum Duisburg-Neudorf
Bismarckstr. 85
47057 Duisburg
T +49 203 410939-10
geisen@gsi-slv.de
www.slv-bz.de/standorte/bz-duisburg-neudorf/

DVS-Verbundbildungseinrichtung der GSI mbH, NL Bildungszentren Rhein-Ruhr Bildungszentrum Duisburg-Meiderich
Laaker Str. 10a
47137 Duisburg-Meiderich
T +49 203 410939-10
geisen@gsi-slv.de
www.slv-bz.de/standorte/bz-duisburg-meiderich/

DVS-Kursstätte Moers in der KHS Wesel Handwerkliches Bildungszentrum Moers Außenstelle der VBE BZ Rhein-Ruhr GSI
Repelenerstr. 103
47441 Moers
T +49 2841 919315
mtueblmoers@web.de

DVS-Verbundbildungseinrichtung der GSI mbH, NL Bildungszentren Rhein-Ruhr Bildungszentrum Kleve
Felix-Roeloffs-Str. 7
47533 Kleve
T +49 2821 4094-0
sahlmen@gsi-slv.de
www.slv-bz.de/standorte/bz-kleve/

DVS-Kursstätte Krefeld SchweisserCampus AIR LIQUIDE Deutschland GmbH
Fütingsweg 34
47805 Krefeld
www.schweissercampus.de

DVS-Kursstätte der DEULA Rheinland GmbH Bildungszentrum
Krefelder Weg 41
47906 Kempen
T +49 2152 2057 70
deula-kempen@deula.de
www.deula-kempen.de

DVS-Kursstätte DEULA Westfalen-Lippe GmbH Bildungszentrum
Dr.-Rau-Allee 71
48231 Warendorf
T +49 2581 6358 0
ralf.tewes@deula-waf.de
www.deula-warendorf.de

2

DVS-Kursstätten Kreishandwerkerschaft Steinfurt Warendorf Ausbildungszentrum Rheine
Laugestr. 51
48431 Rheine
T +49 5971 4003-4905
sascha.meer@kh-st-waf.de
www.kh-st-waf.de/

DVS-Kursstätte Coesfeld in der Kreis-handwerkerschaft Coesfeld
Stockum 1
48653 Coesfeld
T +49 2541 9456 0
paulini@kh-coesfeld.de
www.kh-coesfeld.de

DVS-Kursstätte Ahaus in der Berufsbildungsstätte Westmünsterland GmbH
Weidenstr. 2
48683 Ahaus
T +49 2561 699 0
joerg.olthues@bbs-ahaus.de
www.bbs-ahaus.de

DVS-Kursstätte Vreden der Wilhelm Severt Maschinenbau GmbH
Max-Planck-Str. 16
48691 Vreden
T +2565 929-0
akademie@severt.de
www.severt.de

Schweißtechnische Lehranstalt Osnabrück Emsland Grafschaft Bentheim
Bramscher Str. 134 - 136
49088 Osnabrück
T +49 541 6929 0
h.westerhoff@hwk-osnabrueck.de
www.hwk-osnabrueck.de

DVS-Verbundbildungseinrichtung der Handwerker Akademie Oldenburger Münsterland gGmbH Bildungsstätte Vechta
An der Gräfte 22
49377 Vechta
k.luecking@handwerk-om.de
www.handwerk-om.de

DVS-Verbundbildungseinrichtung der Handwerker Akademie Oldenburger Münsterland gGmbH Bildungsstätte Cloppenburg
Pingel-Anton 10
49661 Cloppenburg
www.handwerk-om.de

DVS-Kursstätte Lingen Campus Handwerk Süd-West Niedersachsen GmbH
Beckstr. 19
49809 Lingen
T +49 591 9730441
verwaltung@btz-handwerk.de
www.btz-handwerk.de

Schweißtechnische Lehranstalt Aachen in der Berufsbildungs- und Gewerbeförderungseinrichtung der HWK Aachen
Tempelhofer Str. 15-17
52068 Aachen
T +49 241 96740
oliver.schneider@hwk-aachen.de
www.sl-aachen.de

Institut für werkzeuglose Fertigung GmbH
Campus-Boulevard 79
52074 Aachen
T +49 241 6009 52 475
info@iwf-research.de
www.iwf-research.de

DVS-Kursstätte Heinsberg der JVA Heinsberg
Wichernstraße 5
52525 Heinsberg
T +49 2452 921 358
ralf.baumann@jva-heinsberg.nrw.de

TC-Kleben GmbH
Carlstr. 54
52531 Übach-Palenberg
T +49 2451 48444 0
post@tc-kleben.de
www.tc-kleben.de

DVS-Kursstätte Euskirchen im Berufsbildungszentrum Euskirchen Außenstelle der SL Aachen
In den Erken 7
53881 Euskirchen
T +49 2251 149 0
info@bze-euskirchen.de
www.bze-euskirchen.de

GSI - Gesellschaft für Schweißtechnik International mbH, NL SLV Saarbrücken Außenstelle SK Trier
Auer-von-Welsbach-Str. 5
54292 Trier
T +49 651 14644 0
info-trier@slv-saar.de
www.slv-saar.de/sk-trier-aussenstelle

DVS-Kursstätte Wittlich im Überbetrieblichen Ausbildungszentrum Außenstelle der SK Trier
Max-Planck-Str. 1
54516 Wittlich
T +49 6571 9787 0
info@ueaz-wittlich.de
www.ueazwittlich.de

Schweißtechnische Kursstätte SK Mainz-Wiesbaden GmbH
Robert-Koch-Str. 13
55129 Mainz-Hechtsheim
T +49 6131 95900 0
jahn@sk-mainz.com
www.sk-mainz.com

DVS-Kursstätte Bad Kreuznach im Berufsbildungszentrum der HWK Koblenz Außenstelle der SL Koblenz
Siemensstr. 8
55543 Bad Kreuznach
T +49 671 894013 0
peter.eich@hwk-koblenz.de

Schweißtechnische Lehranstalt Koblenz im Metall- u. Technologiezentrum der HWK
August-Horch-Str. 8
56070 Koblenz
T +49 261 3980
peter.eich@hwk-koblenz.de
www.hwk-koblenz.de

DVS-Kursstätte Siegen im IHK-Berufsbildungszentrum
Birlenbacher Hütte 10
57078 Siegen
T +49 271 890570
info@bbz-siegen.de
www.bbz-siegen.de/bildung/

DVS-Verbundbildungseinrichtung der GSI mbH, NL Bildungszentren Rhein-Ruhr Bildungszentrum Westerwald
Koblenzer Str. 43
57537 Wissen
T +49 2742 91272-16
hain@gsi-slv.de
www.slv-bz.de/standorte/bz-westerwald/

DVS-Kursstätte der SIHK Akademie gGmbH
Eugen-Richter-Str. 110
58089 Hagen
T +49 2331 922 67-324
dvs@sihk-akademie.de

DVS-Kursstätte Iserlohn im Berufsbildungszentrum der Kreishandwerkerschaft Märkischer Kreis e.V. - Außenstelle der SL Südwestfalen -
Handwerker Str. 2
58638 Iserlohn
T +49 2371 9581 0
www.bbz-mk.de

DVS-Verbundbildungseinrichtung der GSI mbH, NL Bildungszentren Rhein-Ruhr Bildungszentrum Kamen-Heeren-Werve
Nikolaus-Otto-Str. 3
59174 Kamen
T +49 2307 9476-0
rudelt@gsi-slv.de
www.slv-bz.de/standorte/bz-kamen-heeren-werve/

DVS-Kursstätten Kreishandwerkerschaft Steinfurt Warendorf Ausbildungszentrum Beckum
Schlenkhoffsweg 57
59269 Beckum
T +49 5971 4003-4980
ercan.celikkaya@kh-st-waf.de
www.kh-st-waf.de

DVS-Verbundbildungseinrichtung Dortmund der Handwerkskammer Dortmund Bildungsstätte Soest
Am Handwerk 4
59494 Soest
T +49 231 5493 986
www.hwk-do.de

DVS-Kursstätte Erwitte des Berufsfortbildungswerk Gemeinnützige Bildungseinrichtung des DGB GmbH (bfw)
Galgenweg 13
59597 Erwitte
T +49 2943 9742 24
Erwitte@bfw.de

Schweißtechnische Lehranstalt der HWK Südwestfalen Berufsbildungszentrum
Altes Feld 20
59821 Arnsberg
T +49 2931 877333
info@bbz-arnsberg.de
www.bbz-arnsberg.de

DVS-Verbundbildungseinrichtung der Handwerkskammer Frankfurt-Rhein-Main Schweißtechnische Lehranstalt
Schönstr. 21
60327 Frankfurt
T +49 69 97172 744
schweissen@hwk-rhein-main.de
www.hwk-rhein-main.de

DVS-Kursstätte Oberursel in der Metallfachschule Hessen gGmbH
Ludwig-Erhard-Str. 20
61440 Oberursel
T +49 6171 8830340
info@fm-hessen.de
www.fm-hessen.de

DVS-Kursstätte Hanau der GFW Gesellschaft für Wirtschaftskunde e.V.
Martin-Luther-King-Str. 1
63452 Hanau
T +49 6181 997520
www.gfw-hu-of.de

DVS-Kursstätte Aschaffenburg bei der Handwerkskammer für Unterfranken Außenstelle der SK Schweinfurt
Hasenhägweg 67
63741 Aschaffenburg
T +49 6021 4904-5157

Institut für Schweißtechnik und Ing.- Büro Dr. Möll GmbH
An der Schleifmühle 6
64289 Darmstadt
T +49 6151 74097
info@isib.de
www.isib.de

DVS-Verbundbildungseinrichtung der Handwerkskammer Frankfurt-Rhein-Main
Bildungsstätte Bensheim
Werner-von-Siemens-Str. 30
64625 Bensheim
T +49 69 97172 744
schweissen@hwk-rhein-main.de
www.hwk-rhein-main.de

DVS-Kursstätte Wiesbaden im Berufsbildungs- und Technologiezentrum
(BTZ) Wiesbaden II
Moltkering 17
65189 Wiesbaden
T +49 611 778950

DVS-Kursstätte Frankfurt der Bilfinger Engineering & Maintenance GmbH
Industriepark Höchst, Geb. C762
65926 Frankfurt
T +49 69 305 16574
frank.kraemer@bilfinger.com
www.bm.bilfinger.com

DVS-Kursstätte Saarbrücken der Handwerkskammer des Saarlandes
Hohenzollernstr. 47-49
66117 Saarbrücken
T +49 681 5809 0

GSI - Gesellschaft für Schweißtechnik International mbH
Niederlassung SLV Saarbrücken
Heuduckstr. 91
66117 Saarbrücken
T +49 681 58823 0
info@slv-saar.de
www.slv-saar.de

DVS-Kursstätte Zweibrücken des Berufsfortbildungswerk Gemeinnützige Bildungseinrichtung des DGB GmbH (bfw)
Außenstelle der SK Kaiserslautern
Johann-Schwebel-Str. 33
66482 Zweibrücken
T +49 6332 486 170

DVS-Bildungseinrichtung der Diehl Defence GmbH & Co. KG
Zum Maasberg
66620 Nonnweiler
T +49 7551 8901
pr@diehl-defence.com
www.diehl.com/defence

DVS-Kursstätte Ludwigshafen der Handwerkskammer der Pfalz
Berufsbildungs- und Technologiezentrum
Karlsbader Str. 2
67065 Ludwigshafen
T +49 621 53824 0
planger@hwk-pfalz.de
www.hwk-pfalz.de

Schweißtechnische Kursstätte SK Pfalz GmbH
Im Stadtwald 17
67663 Kaiserslautern
T +49 631 31069 0
info@sk-pfalz.de
www.sk-pfalz.de

Schweißtechnische Lehr- und Versuchsanstalt Mannheim GmbH
Käthe-Kollwitz-Str. 19
68169 Mannheim
T +49 621 30040
slv@slv-mannheim.de
www.slv-mannheim.de

DVS-Kursstätte Wiesloch an der Hubert-Sternberg-Schule
Parkstrasse 7
69168 Wiesloch
T +49 6221 1581100
sk.wiesloch@dvs-ba.de
www.dvs-ev.de/sk-wiesloch

GSI - Gesellschaft für Schweißtechnik International mbH Niederlassung SLV Fellbach
Lise-Meitner-Str. 13
70736 Fellbach
T +49 711 57544 0
info@slv-fellbach.de
www.slv-fellbach.de

DVS-Kursstätte Backnang an der Gewerblichen Schule
Heininger Weg 43
71522 Backnang
T +49 7191 8966 10
fl@gs-bk.de
www.gs-bk.de

DVS-Kursstätte Tübingen an der Bildungsakademie Tübingen der Handwerkskammer Reutlingen
Raichbergstr. 87-89
72072 Tübingen
T +49 7071 9707 83
moritz.schwarz@hwk-reutlingen.de
www.hwk-reutlingen.de

SKZ - KFE gGmbH Standort Horb
Rauher Grund 9
72160 Horb
T +49 7451 62457 0
horb@skz.de
www.skz.de

DVS-Kursstätte Balingen an der Philipp-Matthäus-Hahn-Schule Gewerbliches Schulzentrum Balingen
Steinachstr. 19
72336 Balingen
T +49 7433 938 701
sk.balingen@dvs-ba.de

DVS-Kursstätte Metzingen an der Gewerblichen Berufsschule
Max-Eyth-Str. 1 - 5
72555 Metzingen
T +49 7123 965513
sk.metzingen@dvs-ba.de
www.gewerbeschule-metzingen.de

Schweißtechnische Kursstätte des Beruflichen Fort- und Weiterbildungszentrum e. V. - Förderverein der Gewerblichen Schule Göppingen
Christian-Grüninger-Str. 12
73035 Göppingen
T +49 7161 613 200
dvs@gs-gp.eu
www.gs-gp.eu

DVS-Kursstätte Plochingen
GARP Bildungszentrum e. V.
Carl-Orff-Weg 11
73207 Plochingen
T +49 7153 8305 0
info@garp.de
www.garp.de

DVS-Kursstätte Aalen
im IHK Bildungszentrum
Blezingerstr. 3
73430 Aalen
T +49 7361 5692 0
biz@ostwuerttemberg.ihk.de

DVS-Kursstätte Schwäbisch Gmünd
am Beruflichen Schulzentrum
Heidenheimer Str.1
73529 Schwäbisch Gmünd
T +49 7171 804 163
sk.schwaebisch-gmuend@dvs-ba.de
www.dvs-ev.de/sk-schwaebisch-gmuend

DVS-Kursstätte Heilbronn
an der Wilhelm-Maybach-Schule
Technisches Schulzentrum
Sichererstr. 17
74076 Heilbronn
T +49 7131 562923
info@dvs-ks-hn.de
www.dvs-ks-hn.de

DVS-Kursstätte Heilbronn der
Läpple Ausbildungs GmbH
August-Läpple-Str. 1
74076 Heilbronn
T +49 7131 131 878
v.volz@laepple.de
www.laepple-ausbildung.de

DVS-Kursstätte am BTZ der
Handwerkskammer Heilbronn-Franken
Wannenäckerstraße 62
74078 Heilbronn
T +49 7131 791 2701
johannes.richter@btz-heilbronn.de

DVS-Kursstätte Neckarsulm
an der Christian-Schmidt-Schule
Technische Schule Neckarsulm
Odenwaldstr. 5
74172 Neckarsulm
T +49 7132 9756 0
sk.neckarsulm@dvs-ba.de
www.dvs-ev.de/sk-neckarsulm

DVS-Kursstätte Schwäbisch Hall
an der Gewerblichen Schule
Max-Eyth-Str. 9
74523 Schwäbisch Hall
T +49 791 9551-144 oder -141
sk.schwaebisch-hall@dvs-ba.de
www.dvs-ev.de/sk-schwaebisch-hall

DVS-Kursstätte Öhringen
Sudetenstr. 4
74613 Öhringen
T +49 7941 9290 0
sekr@gsoe.de
www.dvs-oehringen.de

DVS-Kursstätte Buchen
an der Zentralgewerbeschule
Karl-Tschamber-Str. 1
74722 Buchen
T +49 6281 5300
zgb@zgb-buchen.de
www.zgb-buchen.de

Schweißtechnische Lehranstalt Karlsruhe in der Bildungsakademie der HWK
Hertzstr. 177
76187 Karlsruhe
T +49 721 1600 432
maerkle@hwk-karlsruhe.de
www.bia-karlsruhe.de

DVS-Kursstätte Mittelbaden
Im Steingerüst 57
76437 Rastatt
T +49 7222 505 170
sk.mittelbaden@dvs-ba.de
www.dvs-ev.de/sk-mittelbaden

DVS-Kursstätte Mittelbaden Bildungsstätte Rastatt in der Josef-Durler-Schule Rastatt
Richard-Wagner-Ring 24
76437 Rastatt
T +49 7222 505 170
s.leue@dvs-skmb.de
www.dvs-ev.de/sk-mittelbaden/rastatt

DVS-Kursstätte Bruchsal an der Balthasar-Neumann-Schule I
Franz-Sigel-Str. 59A
76646 Bruchsal
T +49 7251 783500
sekretariat@bns1-bruchsal.de

DVS-Verbundbildungseinrichtung der Schweißtechn. Kursstätte SK Pfalz GmbH Bildungsstätte Landau
Im Grein 5
76829 Landau
T +49 6341 62735
gerhard.mohr@dvs-rp.de

DVS-Kursstätte Mittelbaden Bildungsstätte Offenburg in der Gewerbeschule Offenburg
Moltkestr. 23
77654 Offenburg
T +49 781 4670
www.dvs-ev.de/sk-mittelbaden/offenburg

DVS-Kursstätte Mittelbaden Bildungsstätte Kehl Berufliche Schulen Kehl
Karlstr. 37
77694 Kehl
T +49 7851 991690
info@bs-kehl.de
www.dvs-ev.de/sk-mittelbaden/kehl

DVS-Kursstätte Mittelbaden Bildungsstätte Lahr in den Beruflichen Schulen Lahr
Tramplerstr. 80
77933 Lahr
T +49 7821 90460
info@gs-lahr.de
www.dvs-ev.de/sk-mittelbaden/lahr

DVS-Kursstätte Singen an der Hohentwiel-Gewerbeschule
Uhlandstr. 27
78224 Singen
T +49 7731 9571 0
info@hgs-singen.de
www.singen.com/hgs

DVS-Kursstätte Singen Bildungsakademie Singen der Handwerkskammer Konstanz
Lange Str. 20
78224 Singen
T +49 7731 83277 500
singen@bildungsakademie.de
www.bildungsakademie.de

DVS-Kursstätte an der Hochschule Konstanz
Alfred-Wachtel-Str. 8
78462 Konstanz
T +49 7531 206 754
rwinkler@htwg-konstanz.de

DVS-Kursstätte Tuttlingen Berufliche Bildungsstätte Tuttlingen GmbH (BBT)
Max-Planck-Str. 17
78532 Tuttlingen
T +49 7461 9290 20
aicheler@bbt-tut.de
www.bbt-tut.de

DVS-Kursstätte Freiburg an der Richard-Fehrenbach-Gewerbeschule
Friedrichstr. 51
79098 Freiburg
T +49 761 2017 981
dvs-kursstaette@rfgs.de

DVS-Kursstätte an dem IB Bildungszentrum Außenstelle der SK Freiburg
Straßburger Str. 3 A
79110 Freiburg
T +49 761 89671 41
bz-freiburg@internationaler-bund.de
www.internationaler-bund.de

DVS-Kursstätte Freiburg in der Gewerbe Akademie der Handwerkskammer Freiburg
Wirthstr. 28
79110 Freiburg
T +49 761 15250 0
bv.freiburg@dvs-ba.de
www.wissen-hoch-drei.de

DVS-Kursstätte Mittelbaden Ausbildungsstätte Schopfheim Gewerbeschule Schopfheim
Bannmattstr. 3
79650 Schopfheim
T +49 7622 6820
dvs-ausbildung@gewerbeschule-schopfheim.de
www.dvs-ev.de/sk-mittelbaden/schopfheim

GSI - Gesellschaft für Schweißtechnik International mbH Niederlassung SLV München
Schachenmeierstr. 37
80636 München
T +49 89 1268020
www.slv-muenchen.de

DVS-Kursstätte München der MTU Aero Engines AG Fügetechnologien
Dachauer Str. 665
80995 München
T +49 89 1489-5309
carmen.moritz@mtu.de
www.mtu.de

DVS-Verbundbildungseinrichtung der Bw der Pionierschule III. In Bildungsstätte Percha
Schiffbauerweg 12
82319 Starnberg
T +49 8151 9989530

DVS-Kursstätte der BBW Lasertechnik GmbH
Gewerbering 11
83134 Prutting
T +49 8036 90820 83
www.bbw-lasertechnik.de

2

DVS-Kursstätte im Bildungszentrum Traunstein der HWK für München und Oberbayern
Mühlwiesen 4
83278 Traunstein
T +49 861 98977 17
franz.ertl@hwk-muenchen.de
www.btz-traunstein.de

DVS-Kursstätte Laufen-Lebenau in der Justizvollzugsanstalt
Forstgarten 11
83410 Laufen
T +49 8682 897 186
robert.leitner@jv.bayern.de

DVS-Kursstätte Landshut bei der HWK Niederbayern-Oberpfalz im BZ Landshut Außenstelle der SK Regensburg HWK
Am Lurzenhof 10 b
84036 Landshut
T +49 871 5050
www.hwkno.de

DVS-Kursstätte Dingolfing der BMW AG Werk 2.1, MT-545
Laaberstraße 7
84130 Dingolfing
T +49 8731 76 25373
Kursstaette-BMW-AG@bmw.de
www.bmw.de

DVS-Kursstätte Pfarrkirchen bei der HWK Niederbayern-Oberpfalz - BZ Pfarrkirchen Außenstelle der SK Regensburg HWK
Christangerstr. 12
84347 Pfarrkirchen
T +49 8561 97090

DVS-Kursstätte Burghausen des Berufsbildungswerk Burghausen
Johannes-Hess-Str. 5
84489 Burghausen
T +49 8677 832137
walter.niedermeier.bbiw@wacker.com

DVS-Verbundeinrichtung der Bw der Pionierschule III. In Bildungsstätte Ingolstadt
Manchinger Str. 1
85053 Ingolstadt
T +49 841 88660-3300
www.bundeswehr.org

DVS-Verbundeinrichtung der Bw der Pionierschule III. In Bildungsstätte Manching
Flugplatz
85077 Manching

DVS-Kursstätte Augsburg in der IHK Akademie Schwaben Arbeit und Bildung GmbH
Ulmer Str. 60
86156 Augsburg
T +49 0821 24091 60
akademie-AW@schwaben.ihk.de
www.ihk-akademie-schwaben.de

DVS-Kursstätte der HWK Schwaben Berufsbildungs- u. Technologie-Zentrum
Siebentischstr. 52-58
86161 Augsburg
T +49 821 3259 1324
schweissen@hwk-schwaben.de
www.bildungschwaben.de/schweissen

DVS-Kursstätte Kaisheim in der Justizvollzugsanstalt
Abteistr. 10
86687 Kaisheim
T +49 9099 999 0
lehrschweisser@jva-kais.bayern.de

DVS-Kursstätte im BTZ -Berufsbildungs- u. Technologiezentrum der HWK für Schwaben - Augsburg
Kotterner Str. 39
87435 Kempten
T +49 831 52318 0
btz.kempten@hwk-schwaben.de
www.hwk-schwaben.de

DVS-Kursstätte Kaufbeuren in der IHK Akademie Schwaben Arbeit u. Bildung GmbH
Außenstelle der SK Augsburg IHK
Hartmähderweg 11
87600 Kaufbeuren
T +49 8341 96681 0
Lothar.Bergmann@Schwaben.IHK.de
www.ihk-bildungshaus-schwaben.de

DVS-Kursstätte Friedrichshafen
Zeppelin-Schweißschule "in der Zeppelin" Aviation & Industrial Service GmbH
Graf-Zeppelin-Platz 1
88045 Friedrichshafen
qm.service@zeppelin.com
www.zeppelin-qm.com

DVS-Verbundbildungseinrichtung der Bildungsakademie Friedrichshafen
Bildungsstätte Friedrichshafen
Steinbeisstr. 38
88046 Friedrichshafen
T +49 7541 31600
sk.friedrichshafen@dvs-ba.de
www.dvs-ev.de/sk-friedrichshafen

DVS-Kursstätte der Kreishandwerkerschaft Biberach
Prinz-Eugen-Weg 17
88400 Biberach
T +49 7351 5092 30
info@kreishandwerkerschaft-bc.de
www.kreishandwerkerschaft-bc.de

DVS-Verbundbildungseinrichtung
Schweißtechnische Lehranstalt Ulm in der Bildungsakademie Ulm
Köllestr. 55
89077 Ulm
T +49 731 9371 105
hj.jaeger@hwk-ulm.de
www.hwk-ulm.de

DVS-Kursstätte Dillingen des BWZ Nordschwaben GmbH
Einsteinstr. 26
89407 Dillingen
T +49 9071 72907 91
bwz-nordschwaben@t-online.de
www.bwz-nordschwaben.de

DVS-Kursstätte Heidenheim im Metall-Ausbildungs-Zentrum Heidenheim
Heckentalstr. 84
89518 Heidenheim
T +49 7321 9824 00
maz@maz-hdh.de
www.maz-hdh.de

DVS-Kursstätte Nürnberg bei der HWK für Mittelfranken im Berufsbildungs- und Technologiezentrum
Sieboldstraße 9
90411 Nürnberg
T +49 911 5309 121
www.hwk-mittelfranken.de

DVS-Kursstätte Amberg bei der HWK Niederbayern-Oberpfalz im BZ Amberg
Außenstelle der SK Regensburg HWK
Fuggerstr. 18
92224 Amberg
T +49 9621 60200

SLV-Bildungszentrum Schwandorf der SLV München
Niederlassung der GSI
Bayernwerk 33
92421 Schwandorf
T +49 9431 5285 130
schwandorf@slv-muenchen.de

DVS-Kursstätte Weiden bei der HWK Niederbayern-Oberpfalz im BZ Weiden Außenstelle der SK Regensburg HWK
Bernhard-Suttner-Str. 5
92637 Weiden
T +49 961 4812313
www.hwkno.de

DVS-Kursstätte Regensburg bei der HWK Niederbayern-Oberpfalz im BZ Regensburg
Ditthornstr. 10
93055 Regensburg
T +49 941 7965 0
benjamin.spiegler@hwkno.de
www.hwkno.de

DVS-Kursstätte Cham bei der HWK Niederbayern-Oberpfalz im BZ Cham Außenstelle der SK Regensburg HWK
Frühlingsstr. 13
93413 Cham
T +49 9971 840 0
www.hwkno.de

DVS-Kursstätte Passau bei der HWK Niederbayern-Oberpfalz im BZ Passau Außenstelle der SK Regensburg HWK
Simmerlingweg 4
94036 Passau
T +49 851 54071
www.hwkno.de

DVS-Kursstätte Straubing bei der HWK Niederbayern-Oberpfalz im BZ Straubing Außenstelle der SK Regensburg HWK
Johannes-Kepler-Str. 14
94315 Straubing
T +49 9421 3481
www.hwkno.de

DVS-Verbundbildungseinrichtung der HWK für Oberfranken im Berufsbildungs- und Technologiezentrum Bayreuth
Kerschensteiner Straße 8
95448 Bayreuth
T +49 921 910 281
johanna.erlbacher@hwk-oberfranken.de
www.hwk-oberfranken.de

DVS-Kursstätte Bayreuth III in der JVA
Markgrafenallee 49
95448 Bayreuth
T +49 921 805 0

DVS-Verbundbildungseinrichtung der HWK für Oberfranken im Berufsbildungs- und Technologiezentrum Bamberg
Hertzstraße 24a
96050 Bamberg
T +49 951 91506 10
werner.herold@hwk-oberfranken.de
www.hwk-oberfranken.de

SKZ - KFE gGmbH
Frankfurter Str. 19
97082 Würzburg
T +49 931 4104 0
training@skz.de
www.skz.de

DVS-Kursstätte Schweinfurt im BTZ der HWK für Unterfranken
Galgenleite 3
97424 Schweinfurt
T +49 9721 478 21
t.planer@hwk-ufr.de
www.bildungszentrum-schweinfurt.de

Schweißtechnische Kursstätte Unterfranken
Prof. Dr.-Ing. C. Vogt
Schweinfurter Str. 28
97714 Oerlenbach

DVS-Kursstätte der SPA, Simson Private Akademie gemeinnützige GmbH
Pfütschbergstr. 6
98527 Suhl
T +49 3681 722574
info@spa-suhl-bildung.de
www.spa-bildung.de

DVS-Kursstätte Rohr der HWK Südthüringen - Berufsbildungs- und Technologiezentrum Rohr-Kloster
Kloster 1
98530 Rohr
T +49 36844 47143
peggy.forelle@btz-rohr.de
www.hwk-suedthueringen.de

DVS-Kursstätte Erfurt ERFURT Bildungszentrum gGmbH
Schwerborner Str. 35
99086 Erfurt
T +49 361 51807 500
ebz@ebz-verbund.de
www.ebz-verbund.de

DVS-Kursstätte d. Handwerkskammer Erfurt Berufsbildungszentrum
Alacher Chaussee 10
99092 Erfurt
T +49 361 6707 0

DVS-Kursstätte i.d. Land- und Kraftfahrzeugtechnik GmbH
Arnstädter Str. 4
99326 Stadtilm
T +49 3629 6682-25
j.henneberg@lundk.com
www.luk-stadtilm.de

DVS-Kursstätte der Grone-Bildungszentren Thüringen & Sachsen GmbH – gemeinnützig –
Otto-Schott-Str. 2
99427 Weimar
T +49 3643 4800 10
s.rossin@grone.de
www.grone.de/weimar

DVS-Kursstätte Nordhausen der SCHACHTBAU NORDHAUSEN GmbH
Industrieweg 2a
99734 Nordhausen
T +49 3631 632205
kursstaette@schachtbau.de

DVS-Verbundbildungseinrichtung der SBH Nordost GmbH Bildungsstätte Eisenach
Heinrich-Ehrhardt-Platz 1
99817 Eisenach
T +49 36969 557 26
sebastian.glaeser@sbh-nordost.de
www.s-b-h.de

DVS-Kursstätte Rudolf Weber der Gothaer Fahrzeugtechnik GmbH
Fliegerstr. 5
99867 Gotha
T +49 3621 4271 670
kursstaette@gftgotha.de
www.gftgotha.de

DVS-Kursstätte des Berufsfortbildungswerk Gemeinnützige Bildungseinrichtung des DGB GmbH (bfw)
Thomas-Müntzer-Str. 28
99974 Mühlhausen
T +49 3601 8366 33
muehlhausen@bfw.de

Estland

DVS-Bildungseinrichtung der Tallinna Lasnamäe Mehaanikakool (TLMK)
Uuslinna 10
11415 Tallinn

DVS-Bildungseinrichtung des WestWeld Welding Traning Center
Kadastiku 57
21004 Narva
T +372 5531733
info@westweld.eu
www.westweld.eu

Lettland

DVS-Bildungseinrichtung der Rigas Metalapstrades profesionala vidusskola
Dzirnavu Str. 117
1011 Riga
T +371 7288561
skola@rmpv.lv

Luxemburg

DVS-Verbundbildungseinrichtung im Centre National de Formation Professionelle Continue (CNFPC) Bildungsstätte Esch-Alzette
1 Boulevard Charles de Gaulle
4083 Esch-sur-Alzette
T +352 575050
www.cnfpc.lu

DVS-Verbundbildungseinrichtung im Centre National de Formation Professionelle Continue (CNFPC) Bildungsstätte Ettelbruck
77 Rue Jean-Pierre Thill
9085 Ettelbruck
T +352 8189391
www.cnfpc.lu

Niederlande

TIP Institute
Josink Hofweg 14
7545 PP Enschede
T +31 534344446
info@ti-p.nl
www.ti-p.nl

Polen

SLV – GSI Polska Sp.z.o.o.
ul. Wolnosci 191
41-800 Zabrze
T +49 32 775-60-01
piotr.gladysz@slv-polska.pl
www.slv-polska.pl

Weitere Bildungseinrichtungen

Informationen zu Ausbildungsstätten/Lehrgängen für Kunststoffverarbeitung:

Institut für Kunststoffverarbeitung (IKV) in Industrie und Handwerk an der RWTH Aachen

Aus- und Weiterbildung
Seffenter Weg 201
52074 Aachen
Tel.: +49 241 809-3817
Fax: +49 241 809-2811
E-Mail: martin.facklam@ikv.rwth-aachen.de

DVS – Deutscher Verband für Schweißen und verwandte Verfahren e.V.

DVS PersZert
Aachener Str. 172
40223 Düsseldorf
Tel.: +49 211 1591-117
Fax: +49 211 1591-200
E-Mail: christoph.heering@dvs-home.de

sowie alle Kunststoffkursstätten.

Da die Lehrgänge häufig kurzfristig veranstaltet werden, empfiehlt es sich, die Lehrgangstermine unmittelbar bei den Kunststoffkursstätten zu erfragen.

DVS-Bildungseinrichtungen für Klebtechnik

Klebtechnisches Zentrum im Fraunhofer-Institut für Fertigungstechnik und Angewandte Materialforschung (IFAM) Bremen
Wiener Straße 12, 28359 Bremen
T +49 421 2246-437, F -430
Leiter: Dr. rer. nat. Erik Meiß
E-Mail: info@ifam.fraunhofer.de
Web: www.ifam.fraunhofer.de

Ausbildung:
Klebpraktiker (EAB),
Richtlinie DVS-EWF 3305

Klebfachkraft (EAS),
Richtlinie DVS-EWF 3301

Klebfachingenieur (EAE),
Richtlinie DVS-EWF 3309

Klebtechnisches Zentrum in der TC Kleben GmbH
Carlstr. 54, 52531 Übach-Palenberg
T +49 2451 48444-0, F -50
Leiter: Dipl.-Ing. Julian Band
E-Mail: anmeldung@tc-kleben.de
Web: www.tc-kleben.de

Ausbildung:
Klebpraktiker (EAB),
Richtlinie DVS-EWF 3305

Klebfachkraft (EAS),
Richtlinie DVS-EWF 3301

Klebfachingenieur (EAE),
Richtlinie DVS-EWF 3309

DVS-Bildungseinrichtungen für Additive Fertigung

DVS-Kursstätte für Additive Fertigung im Institut für werkzeuglose Fertigung GmbH
Campus-Boulevard 79
52074 Aachen
T +49 241 8906 665
Leiterin: Prof. Dr.-Ing. Julia Kessler
E-Mail: j.kessler@iwf-research.de
Web: www.iwf-research.de

Ausbildung:
Fachkraft für additive Fertigungsverfahren – Fachrichtung Kunststoff
Richtlinie DVS-3601-1

Fachkraft für additive Fertigungsverfahren – Fachrichtung Metall
Richtlinie DVS-3602-1

GSI – Gesellschaft für Schweißtechnik International mbH
Niederlassung SLV Hannover
Am Lindener Hafen 1
30453 Hannover
T +49 511 21962 -0, F - 22
Leiterin: Dipl.-Ing. (FH) Natascha Gaier
E-Mail: info@slv-hannover.de
Web: www.slv-hannover.de

Ausbildung:
Fachkraft für additive Fertigungsverfahren – Fachrichtung Metall
Richtlinie DVS-3602-1

Günter-Köhler-Institut für Fügetechnik und Werkstoffprüfung GmbH
Ernst-Ruska-Ring 3
07745 Jena
T +49 3641 204-100, F – 10
Leiter: Andreas Lüderitz
E-Mail: info@ifw-jena.de
Web: www.ifw-jena.de

Ausbildung:
Fachkraft für additive Fertigungsverfahren – Fachrichtung Metall
Richtlinie DVS-3602-1

Schweißtechnische Lehr- und Versuchsanstalt Mecklenburg-Vorpommern GmbH
Alter Hafen Süd 4
18069 Rostock
T +49 381 660 982 0, F – 99
Leiter: Dr. rer. nat. Dipl.-Phys. Rigo Peters
E-Mail: office@slv-rostock.de
Web: www.slv-rostock.de

Ausbildung:
Fachkraft für additive Fertigungsverfahren – Fachrichtung Metall
Richtlinie DVS-3602-1

DVS-Bildungseinrichtungen für Luft- und Raumfahrt

GSI – Gesellschaft für Schweißtechnik International mbH Niederlassung SLV Berlin
Luxemburger Str. 21
13353 Berlin
T +49 30 45001-0, F -144
Leiter: Dr.-Ing. Matthias Pöge
E-Mail: mail@slv-bb.de
Web: www.slv-bb.de

Ausbildung:
Prüfung von Schweißern und Bedienern von Schweißeinrichtungen – Schmelzschweißen von metallischen Bauteilen, DIN ISO 24394

Prüfung von Hartlötern und Bedienern von Hartlötanlagen – Hartlöten von metallischen Bauteilen, DIN ISO 11745

DVS-Kursstätte Friedrichshafen „Zeppelin-Schweißschule" in der Zeppelin Aviation & Industrial Service GmbH
Graf-Zeppelin-Platz 1
88045 Friedrichshafen
T +49 7541 202 -1446, F -1464
Leiter: Kevin Heilig
E-Mail: qm.service@zeppelin.com
Web: www.zeppelin-qm.com

Ausbildung:
Prüfung von Schweißern und Bedienern von Schweißeinrichtungen – Schmelzschweißen von metallischen Bauteilen, DIN ISO 24394

Prüfung von Hartlötern und Bedienern von Hartlötanlagen – Hartlöten von metallischen Bauteilen, DIN ISO 11745

Schweißtechnische Lehr- und Versuchsanstalt Mannheim GmbH
Käthe-Kollwitz-Str. 19
68169 Mannheim
T +49 621 30040, F +49 621 304091
Leiter: Dipl.-Ing. (FH) Jan Rolefs
E-Mail: slv@slv-mannheim.de
Web: www.slv-mannheim.de

Ausbildung:
Prüfung von Schweißern und Bedienern von Schweißeinrichtungen – Schmelzschweißen von metallischen Bauteilen, DIN ISO 24394

Prüfung von Hartlötern und Bedienern von Hartlötanlagen – Hartlöten von metallischen Bauteilen, DIN ISO 11745

DVS-Kursstätte München der MTU Aero Engines AG Fertigungsservices, Prozesskettenanalyse und Fügeverfahren (TAFF)
Dachauer Str. 665
80995 München
T +49 89 1489 -5832, F -97926
Leiter: Stefan Müller
E-Mail: gerhard.westenrieder@mtu.de
Web: www.mtu.de

Ausbildung:
Prüfung von Schweißern und Bedienern von Schweißeinrichtungen – Schmelzschweißen von metallischen Bauteilen, DIN ISO 24394

Prüfung von Hartlötern und Bedienern von Hartlötanlagen – Hartlöten von metallischen Bauteilen, DIN ISO 11745

DVS-Bildungseinrichtungen für Sicherheitsmanagement (SCC)

DVS-Verbundbildungseinrichtung der GSI mbH, NL Bildungszentren Rhein-Ruhr
Bildungszentrum Oberhausen
Im Lipperfeld 29
46047 Oberhausen

Zentrales Kundenbüro:
T +49 208 85927-0, F -20
Leiter: Gregor Evers
E-Mail: bzrr@gsi-slv.de
Web: www.slv-bz.de

Ausbildung:
SCC Dokument 017
operativ tätige Führungskräfte

SCC Dokument 018
operativ tätige Mitarbeiter

Schweißtechnische Lehr- und Versuchsanstalt Mannheim GmbH
Käthe-Kollwitz-Str. 19
68169 Mannheim
T +49 621 30040, F +49 621 304091
Leiter: Dipl.-Ing. (FH) Jan Rolefs
E-Mail: slv@slv-mannheim.de
Web: www.slv-mannheim.de

Ausbildung:
SCC Dokument 017
operativ tätige Führungskräfte

SCC Dokument 018
operativ tätige Mitarbeiter

DVS-Bildungseinrichtungen für Thermisches Spritzen

GSI – Ges. für Schweißtechnik International mbH
Niederlassung SLV München
Schachenmeierstr. 37
80636 München
T +49 89 126802 -0, F +49 89 181643
Leiter: Dipl.-Ing. Michael Dey
E-Mail: slv@slv-muenchen.de
Web: www.slv-muenchen.de

Ausbildung:
Europ. Thermischer Spritzfachmann (ETSS),
Richtlinie DVS-EWF 1188

GSI – Gesellschaft für Schweißtechnik International mbH
Niederlassung SLV Duisburg
Bismarckstr. 85
47057 Duisburg
T +49 203 3781 0, F +49 203 3781 228
Leiter: Dr.-Ing. Jörg Vogelsang
www.slv-duisburg.de

Ausbildung:
Europäischer Thermischer Spritzer (ETS),
Richtlinie DVS-EWF 1197

Forschung und Technik

Bild: Adobe Stock

Forschung an der SLV Halle

„HybWaFe“ zur Serienproduktion innovativer Hybridwalzen

PM TEC Rolls & Covers GmbH aus Merseburg hat seine innovativen Hybridwalzen für die Papier- und Kunststoffindustrie bereits patentieren lassen. Nun sollen sie mithilfe der SLV Halle GmbH in Serienreife gehen. Seit dem 1. April dieses Jahres bringt die SLV Halle ihre Expertise im Laserstrahlschweißen in das Forschungsvorhaben „Entwicklung einer fertigungstechnischen Lösung zur Herstellung von Hybridwalzen – HybWaFe“ ein. Zwei Jahre lang wird das Bundesministerium für Wirtschaft und Klimaschutz (BMWK) das Projekt über das Förderprogramm Zentrales Innovationsprogramm Mittelstand (ZIM) unterstützen.

Die SLV Halle entwickelt für seinen KMU-Projektpartner bis Projektende eine ganzheitliche Anlagen-, Technologie- und Verfahrensbeschreibung für das serienmäßige automatisierte Einschweißen von Rohrböden in Hybridwalzen. Im Fokus steht das temperaturempfindliche Komposit-Innenleben dieser Walzen während des Schweißprozesses. Dabei soll dieses mit einem Hochleistungsfaserlaser thermisch geringstmöglich beansprucht und gleichzeitig eine qualitativ hochwertige schlanke Naht bis 18 mm Einschweißtiefe erzeugt werden. Besondere Aufmerksamkeit gilt der Temperaturführung beim Fügen sowie der konstruktiven Anpassung von Mantelrohren und Rohrböden. Durch das Forschungsvorhaben leistet die SLV Halle einen wichtigen Beitrag zur Innovationskraft und Wettbewerbsfähigkeit der KMU Industrie in Mitteldeutschland.

Fachbereichsleiter Strahltechnik SLV Halle GmbH
Amadeus Aurin
amadeus.aurin@slv-halle.de

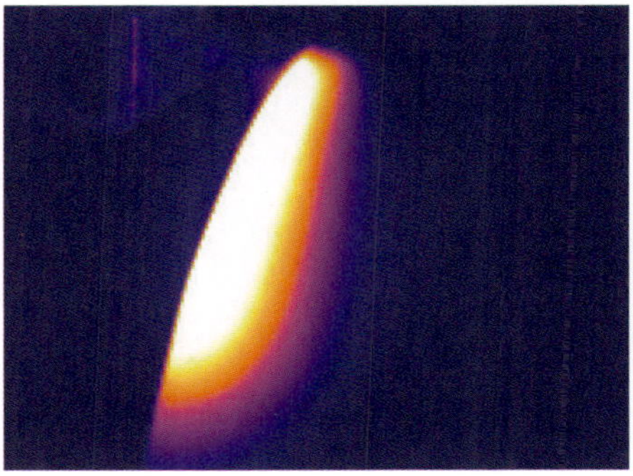

Bilder: SLV Halle GmbH

Forschung am ifw Jena

Dritte Anlage zum handgeführten Laserstrahlschweißen

Um die Forschung zum handgeführten Laserstrahlschweißen weiter zu intensivieren, wurde am ifw Jena ein Single-Mode-Laserschweißgerät eingeführt. Die große Nachfrage nach entsprechenden Fortbildungen zeigt, dass das Verfahren für Unternehmen immer relevanter wird, um Schweißarbeiten wirtschaftlich und trotzdem hochwertig durchzuführen. Der Anspruch des Instituts ist, die Ausbildung immer auf dem neuesten Stand der Technik zu halten, den Lehrgangsteilnehmenden optimale Lernbedingungen zu bieten und tiefes und aktuelles Fachwissen zu vermitteln.

Um dies zu gewährleisten, werden die Verfahren am Institut in Forschungsprojekten ständig untersucht, weiterentwickelt und optimiert. Beispielsweise erforscht das Unternehmen die Bearbeitung neuer Materialien und effizienten Schweißarbeiten, um Sicherheit zu erhöhen und Zeit sowie Ressourcen zu sparen. Aktuell steht das recht neu handgeführte Laserstrahlschweißen im Fokus. Um die Weiterentwicklung dieses Verfahrens noch mehr voranzutreiben, wurde eine dritte Anlage zum handgeführten Laserstrahlschweißen angeschafft.

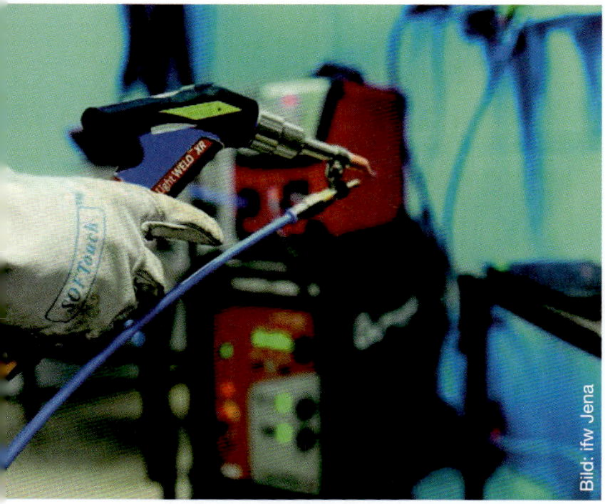

Bild: ifw Jena

Der LightWeld XR der Firma IPG Photonics ermöglicht Strahlpendeln mit variabler Laserleistung. Im Vergleich zu Multimode-Geräten ist der Fokusdurchmesser mit ca. 50 µm nur ein Drittel so groß, was bei gleicher Leistung, eine neunfache Intensitätssteigerung bewirkt. Dieser hochkonzentrierte Energieeintrag macht auch anspruchsvolle Materialien, wie Kupfer und Aluminium für das handgeführte Laserstrahlschweißen zugänglich. Die Anlage ermöglicht es dem ifw Jena, das handgeführte Laserschweißen noch umfänglicher zu untersuchen. Im Schweißtechnischen Labor des Instituts stehen nun Anlagen von drei verschiedenen Herstellern mit unterschiedlichen Spezifikationen zur Verfügung. Dadurch können Forschungsarbeiten an dem Verfahren mit einem großen Parameterspektrum durchgeführt werden. Zudem können sich Unternehmen einen umfassenden Überblick verschaffen, bevor sie selbst in die Beschaffung solcher Geräte gehen.

Gerade die Voraussetzungen für Untersuchungen zur optimalen Verarbeitung neuartiger oder bisher nicht laserschweißbarer Werkstoffe wurden am ifw Jena deutlich verbessert. Die kommenden Ergebnisse der Forschungsarbeiten fließen wiederum in die Schweißerausbildung am Institut ein, um Schweißenden auch weiterhin optimal und vor allem an zukunftsfähigen Verfahren ausbilden zu können. (Gefördert durch: Bundesminis terium für Wirtschaft und Klimaschutz)

Interview zu Merkblatt DVS 3013: Effizienz durch Online-Fernüberwachung von Schweißarbeiten

Die Online-Fernüberwachung von Schweißarbeiten etabliert sich als Schlüsselelement für Effizienz und Qualitätssicherung in industriellen Prozessen. Sie liefert innovative Lösungen für globale Lieferketten, Fachkräftemangel und wachsende Dokumentationsanforderungen. Dr.-Ing. Stefan Zahariev (GE Vernova), Christoph Döppe und Karsten Niepold (beide Siemens Energy Global GmbH & Co. KG) erläutern im Gespräch die Chancen und Herausforderungen dieser Technologie im Kontext des neuen Merkblatts DVS 3013: Online-Fernüberwachung von Schweißarbeiten.

Welche Vorteile bietet die Online-Fernüberwachung im Vergleich zur herkömmlichen Überwachung vor Ort?

Zahariev: Die Online-Fernüberwachung ist besonders wertvoll in Szenarien, in denen physische Anwesenheit erschwert ist, wie etwa bei geopolitischen oder pandemischen Einschränkungen. Sie verbessert die Transparenz durch eine detaillierte Prozessdokumentation und ermöglicht eine effizientere Nutzung von Fachpersonal, da Experten aus der Ferne auf Prozesse zugreifen können. Auch arbeitssicherheitsrelevante Aspekte werden gestärkt, indem gefährliche Umgebungen vermieden werden.

Döppe: Neben der Flexibilität führt die Fernüberwachung zu einer deutlichen Reduzierung von Reisezeiten und -kosten. Insbesondere im Kontext des Fachkräftemangels ist sie eine zukunftsweisende Lösung, da weniger Experten vor Ort benötigt werden. Diese Effizienzgewinne gehen oft mit einer verbesserten Kundenzufriedenheit einher, da Prozesse schneller und transparenter ablaufen.

Dr.-Ing. Stefan Zahariev, GE Vernova

Christoph Döppe, Siemens Energy Global GmbH & Co. KG

Karsten Niepold, Siemens Energy Global GmbH & Co. KG

Welche technischen Herausforderungen gibt es bei der Einrichtung der optischen Systeme, und wie können diese bewältigt werden?

Niepold: Eine der größten Herausforderungen besteht darin, Kamerasysteme so anzupassen, dass sie trotz schwieriger Bedingungen wie Staub, Rauch oder starkem Licht präzise und aussagekräftige Bilder liefern. Hier helfen Technologien wie HDR-Kameras und Neutraldichtefilter. Zusätzlich ist eine regelmäßige Kalibrierung entscheidend, um die Funktionalität langfristig sicherzustellen.

Döppe: Ein weiterer wichtiger Punkt ist die Beleuchtung. Ungenügende Lichtverhältnisse können zu Bildrauschen und ungenauen Aufnahmen führen. Die Nutzung größerer Lichtquellen oder Diffusoren schafft eine gleichmäßige Ausleuchtung und reduziert Reflexionen. Um diese Technologien optimal zu nutzen, müssen Bediener intensiv geschult werden.

Welche IT-Anforderungen sind für eine erfolgreiche Fernüberwachung notwendig?

Zahariev: Eine stabile IT-Infrastruktur ist essenziell. Dazu gehören Hardware, die leistungsstark genug ist, um hochauflösende Videos zu übertragen, sowie eine Datenübertragungsrate von mindestens 3 Mbit/s. Auch Datensicherheit ist ein zentraler Aspekt, da sensible Informationen geschützt werden müssen. Hier sind Verschlüsselungsprotokolle, regelmäßige Sicherheitsupdates und Netzwerksicherheit unverzichtbar.

Niepold: Neben der technischen Infrastruktur spielen auch organisatorische Maßnahmen eine Rolle. Eine sorgfältige Vorbereitung und regelmäßige Tests der IT-Komponenten sorgen dafür, dass mögliche Probleme rechtzeitig erkannt und behoben werden können. Besonders in Regionen mit schwacher Netzwerkinfrastruktur müssen kreative Lösungen gefunden werden, um Ausfälle zu minimieren.

Welche Qualifikationen und Schulungen benötigt das Personal für die Fernüberwachung?

Döppe: Das Personal sollte nicht nur die grundlegenden Qualifikationen nach Normen wie DIN EN ISO 9606-1 oder 14731 erfüllen, sondern auch über spezifische Kenntnisse in IT, Netzwerktechnologie und optischer Überwachung verfügen. Dies erfordert eine Kombination aus theoretischer Ausbildung und praktischer Schulung.

Niepold: Insbesondere der Umgang mit Kameras, Beleuchtungssystemen und Softwaretools muss trainiert werden. Zudem ist eine Sensibilisierung für IT-Sicherheitsfragen wichtig, da der Schutz der Daten oft auch von der Sorgfalt der Mitarbeiter abhängt. Regelmäßige Weiterbildungen helfen, auf dem neuesten Stand der Technik zu bleiben.

Wie wird die Qualität der Bild- und Videoaufnahmen sichergestellt?

Zahariev: Zunächst muss die verwendete Technologie hohe Standards erfüllen. Kameras sollten eine hohe Auflösung besitzen, vorzugsweise Full HD oder höher, und regelmäßig kalibriert werden. Ergänzend dazu können Softwaretools genutzt werden, um Kontrast, Schärfe und Farbwiedergabe zu optimieren. Vor dem Einsatz sollten umfangreiche Tests unter realen Bedingungen durchgeführt werden.

Niepold: Ein stabiler Aufbau der Kameras ist essenziell, um Verwacklungen zu vermeiden. Darüber hinaus sollte die Beleuchtung sorgfältig geplant werden, um Schatten und Reflexionen zu minimieren. Diffusoren und lichtstarke Objektive sind hier wertvolle Hilfsmittel.

Wie kann die Dokumentation durch die Fernüberwachung optimiert werden?

Döppe: Automatisierte Datenerfassung und Speicherung erleichtern die Dokumentation erheblich. Standardisierte Protokolle und Metadaten wie Schweißparameter oder Zeitstempel verbessern die Rückverfolgbarkeit und tragen zur Qualitätssicherung bei. Diese Maßnahmen ermöglichen es, nicht nur den aktuellen Prozess zu optimieren, sondern auch langfristig bessere Standards zu entwickeln.

Zahariev: Die Erweiterung des Dokumentationsumfangs durch Bildmaterial und Echtzeitdaten macht Prozesse nachvollziehbarer. Das steigert nicht nur die Transparenz gegenüber Kunden, sondern auch die interne Prozesssicherheit. In Zukunft könnten KI-gestützte Tools die Analyse und Auswertung dieser Daten weiter verbessern.

Wohin sollte sich die Fernüberwachung von Schweißarbeiten in Zukunft entwickeln?

Niepold: Die Integration von Künstlicher Intelligenz und maschinellem Lernen wird eine entscheidende Rolle spielen. Diese Technologien können Anomalien in Echtzeit erkennen und den Schweißprozess weiter optimieren. Zudem könnte die Nutzung von Augmented Reality Bedienern ermöglichen, Daten direkt im Sichtfeld angezeigt zu bekommen.

Zahariev: Fortschrittliche 3D-Visualisierungssysteme und IoT-Technologien werden zukünftig wichtige Treiber sein. Sie erleichtern nicht nur die Überwachung, sondern tragen auch dazu bei, die Effizienz und Nachhaltigkeit des Schweißprozesses zu steigern. Die Weiterbildung des Personals in diesen Bereichen wird ebenfalls an Bedeutung gewinnen.

Vielen Dank für das Gespräch.

(Quelle: Schweißen und Schneiden 3/2025)

Arbeitsgruppe DVS AG A1 „Schweißen im Turbomaschinenbau“

Das Merkblatt DVS 3013 wurde von der Arbeitsgruppe DVS AG A1 „Schweißen im Turbomaschinenbau“ im Ausschuss für Technik des DVS erarbeitet. Die Erfahrungen aus der Corona-Krise, insbesondere die Notwendigkeit, Schweißarbeiten im Ausland trotz Reisebeschränkungen per Fernüberwachung zu kontrollieren, flossen maßgeblich in das Merkblatt ein. Diese Form der Online-Fernüberwachung hat sich als effektive Alternative bewährt, um die Prozessüberwachung global sicherzustellen. Heute spielt die Fernüberwachung eine immer wichtigere Rolle in der Qualitätssicherung industrieller Schweißprozesse. Sie bietet innovative Lösungen für globale Lieferketten, trägt zur Bewältigung des Fachkräftemangels bei und ermöglicht eine lückenlose Prozessdokumentation.

Kontakt:
Dr.-Ing. Christoph Heering
T +49 211 1591-174
christoph.heering@dvs-home.de

Klebtechnik zwischen Innovation und Industrie-bedarf: „Klebtechnik ist kein Ersatz, sondern ein Enabler“

Mit der neuen Roadmap Klebtechnik legt der Gemeinschaftsausschuss Klebtechnik (GAK) eine strategische Forschungsagenda bis 2035 vor. Im Fokus stehen zentrale Zukunftsthemen wie Kreislauffähigkeit, Digitalisierung, Prozesssicherheit und adaptive Klebtechnologien – mit dem Ziel, die Klebtechnik als Schlüsseltechnologie in der industriellen Fertigung zu stärken. Das Laboratorium für Werkstoff- und Fügetechnik (LWF) an der Universität Paderborn war maßgeblich an der Aufarbeitung der Roadmap beteiligt. Wir haben bei Prof. Dr.-Ing. Gerson Meschut, Leiter des LWF, und Julian Gilich, M.Sc. nachgefragt.

Was sind für Sie Herausforderungen und Potenziale der Klebtechnik?

Meschut: Die Klebtechnik ist eine der vielseitigsten Fügetechnologien. Sie ermöglicht Leichtbau, Multimaterialverbindungen und dichte, lastverteilende Strukturen. Doch diese Vielseitigkeit ist auch eine Herausforderung. Klebprozesse sind hochkomplex und stark von der Prozesskette abhängig – angefangen bei der Oberflächenvorbereitung bis hin zur Aushärtung. Der größte Engpass liegt heute darin, diese Prozesse reproduzierbar und prüfbar zu gestalten. Gelingt es, diese Komplexität zu beherrschen, bietet die Klebtechnik enormes Potenzial, besonders im Kontext neuer Werkstoffe und Nachhaltigkeitsstrategien.

Gilich: Das Potenzial liegt insbesondere in der Digitalisierung. Mit digitalen Zwillingen, Machine Learning und datengetriebenen Prognoseverfahren haben wir heute die Möglichkeit, die Qualität von Klebverbindungen und die Effizienz der Fertigungsprozesse deutlich zu steigern. Das macht die Technologie auch für kleine und mittelständische Unternehmen zugänglicher. Gleichzeitig können wir Nachhaltigkeitsziele besser erreichen, etwa durch adaptive Prozesse oder eine präzise Steuerung des Materialeinsatzes.

Prof. Dr.-Ing. Gerson Meschut, Leiter des LWF, Universität Paderborn (© Universität Paderborn)

Julian Gilich, M.Sc., LWF, Universität Paderborn (© Universität Paderborn)

Was bedeutet eine „kreislauffähige, prognostizierbare und adaptive“ Zukunft für die Praxis?

Der Einsatz mehrerer Werkstoffe stellt in der additiven Fertigung noch eine Herausforderung dar. Gerade im Pulverbett können Bauteile nur aus je einem Material hergestellt werden. Im Projekt AddLas entwickelte das ifw Jena darum Möglichkeiten, die Vorteile additiver Fertigung für Multimaterialbauteile nutzbar zu machen. Im Projekt AddLas - Additive Fertigung von Multimaterialbauteilen - beschäftigte sich das ifw Jena damit, Mischverbindungen für Bauteile aus Stahl und Kupfer herzustellen. Ziel war, herauszufinden, welche Verfahren sich besonders gut eignen, um Chrom-Nickel-Stahl mit Kupfer zu verbinden.

Gilich: Die Kreislauffähigkeit beschreibt die gezielte Entwicklung von geklebten Produkten, mit dem Ziel, eine effiziente Reparatur oder Wiederverwertung am Ende des Lebenszyklus zu gewährleisten. Dafür benötigen wir unter anderem reversible Klebverbindungen, also Verbindungen, die sich durch mechanische, thermische oder chemische Auslöser gezielt lösen lassen. Prognostizierbar bedeutet, dass wir durch numerische Simulation, Machine Learning und zerstörungsfreie Prüfmethoden bereits in der Entwicklung abschätzen können, ob die Eigenschaften einer Klebverbindung den Anforderungen im Betrieb entsprechen. Adaptiv umfasst zuletzt die Anpassungsfähigkeit der Prozesse an variable Rahmenbedingungen. Das ist entscheidend, wenn etwa Fertigungsprozesse oder Bauteileigenschaften variieren.

Meschut: Diese drei Begriffe sind nicht isoliert zu sehen, sondern greifen ineinander. Ein adaptiver Prozess, der auf Umweltveränderungen reagiert, ist nur möglich, wenn er gleichzeitig digitalisiert und prognosefähig ist. Und Kreislauffähigkeit setzt voraus, dass ich den Klebprozess durchgängig verstehe und kontrolliere. Die Roadmap ist hier ein strategisches Instrument, das zeigt, wie diese Zielbilder realisiert werden können, sowohl technologisch als auch organisatorisch, etwa durch neue Ausbildungsformate oder interdisziplinäre Zusammenarbeit.

Welche Rolle spielt Digitalisierung in der Klebtechnik?

Meschut: In der Schweißtechnik gibt es lange etablierte Prüf- und Zertifizierungsverfahren. Das macht sie robust, aber auch etwas träger in der Weiterentwicklung. Die Klebtechnik hingegen musste früh digital denken, weil klassische Sichtprüfungen oder zerstörungsfreie Prüfmethoden oft nicht greifen. Sie ist also per se auf digitale Werkzeuge angewiesen, um Prozesse transparent zu machen.

Gilich: Ein konkretes Beispiel ist der digitale Zwilling. In der Klebtechnik umfasst dieser nicht nur Geometrien, sondern auch Materialeigenschaften, Prozess- und Umweltbedingungen. Somit können wir Vorhersagen treffen, ob die Eigenschaften einer Klebverbindung mit den geforderten übereinstimmen oder eine Nacharbeit im Prozess erforderlich ist. Das ist besonders entscheidend für sicherheitsrelevante Anwendungen, etwa in der Automobil- oder Luftfahrtindustrie.

In welchen Bereichen gibt es aktuell besonderen Nachholbedarf?

Gilich: Definitiv in der Standardisierung. Wir brauchen dringend objektive und reproduzierbare Verfahren, um beispielsweise eine Haftfestigkeit zerstörungsfrei zu bewerten oder Klebverbindungen effizient zu entfügen. Vieles basiert heute noch auf Erfahrungswerten oder subjektiven Einschätzungen. Die Roadmap gibt hier klare Empfehlungen, etwa zur Entwicklung neuer Prüfmethoden oder digitaler Auswertungstools.

Meschut: Und wir müssen das Wissen über Klebtechnik auch viel früher vermitteln. Im Gegensatz zur Schweißtechnik gibt es bislang nur wenige systematisierte Ausbildungswege. Die europäische Qualifizierung zum Klebfachingenieur ist ein guter Anfang – aber wir brauchen mehr: in Berufsschulen, Hochschulen und in der Weiterbildung. Gerade weil die Klebtechnik viele interdisziplinäre Schnittstellen hat, etwa zur Chemie, Werkstoffkunde oder Verfahrenstechnik.

Lässt sich Klebtechnik mit Schweißtechnik sinnvoll kombinieren?

Meschut: Es gibt sehr erfolgreiche Kombinationen, wie etwa das Punktschweißen mit Kleben im Karosseriebau. Hier nutzt man die Vorteile beider Verfahren: die strukturelle Festigkeit des Schweißens und die dichte, flächige Verbindung des Klebens. Solche Hybridverbindungen sind extrem leistungsfähig.

Gilich: Allerdings sind das eher Ausnahmefälle. Meist stehen sich die Technologien komplementär gegenüber. Kleben ist dort stark, wo Schweißen Grenzen aufweist, unter anderem bei artverschiedenen und temperaturempfindlichen Werkstoffen oder bei der Integration zusätzlicher Funktionen. Aber genau hier liegt das Potenzial interdisziplinärer Zusammenarbeit, auch im Normungsbereich.

Welche Impulse erwarten Sie durch die Roadmap für die Praxis?

Meschut: Die Roadmap ist kein abstraktes Strategiepapier. Sie gibt praxisnahe Handlungsempfehlungen, zeigt Forschungslücken auf und benennt priorisierte Themenfelder. Gerade für KMU ist das hilfreich, weil sie damit Orientierung bekommen: Wo lohnt sich ein Antrag? Welche Technologie hat Potenzial? Welche Kompetenzen müssen aufgebaut werden?

Gilich: Und sie macht deutlich, dass die Zukunft der Klebtechnik in der Forschung vorangetrieben und in der Industrie etabliert wird. Nur wenn es gelingt, Prozesse robust, effizient und objektiv bewertbar zu machen, wird sich die Technologie branchenweit durchsetzen. Die Roadmap bietet dafür einen klaren Rahmen.

Wo sehen Sie die Klebtechnik in zehn Jahren?

Meschut: Ich hoffe, dass die Klebtechnik dann in der Industrie genauso etabliert ist wie das Schweißen – mit eigenen Standards, durchgängigen Prüfmethoden und einem hohen Maß an Vertrauen. Sie wird eine Schlüsseltechnologie für nachhaltige Fertigung sein, weil sie Stoffschlüsse ermöglicht, wo andere Verfahren scheitern.

Gilich: Und dass digitale Tools und ML nicht nur zur Prozessüberwachung, sondern auch zur Prozesssteuerung eingesetzt werden, um einem adaptiven Prozess näher zu kommen. Wenn wir diese Systeme beherrschen, können wir die Klebtechnik nicht nur effizienter, sondern auch resilienter gestalten. Das ist essenziell für die Industrie der Zukunft.

Vielen Dank für das Gespräch.
(Quelle: Schweißen und Schneiden 6/2025)

www.schweissenundschneiden.de

Die neue Roadmap Klebtechnik – Orientierung für Forschung und Praxis

Mit der neuen Roadmap Klebtechnik 2025-2035 legt der Gemeinschaftsausschuss Klebtechnik (GAK) eine strategische Forschungsagenda für die kommenden zehn Jahre vor. Ziel ist es, die Klebtechnik gezielt weiterzuentwickeln und als zukunftsfähige Verbindungstechnologie in der Industrie zu stärken. Die Schwerpunkte orientieren sich an drei übergreifenden Leitmotiven: kreislauffähig, prognostizierbar, adaptiv.

Fünf zentrale Handlungsfelder

Die Roadmap definiert fünf priorisierte Themenbereiche:

Kommunikation und Ausbildung: Etablierung von Weiterbildungsformaten, interdisziplinärer Wissenstransfer und erhöhte Sichtbarkeit der Klebtechnik

Kreislauffähigkeit: Entwicklung reversibler Verbindungen, CO2-reduzierter Klebstoffsysteme und Konzepte für Reparatur und Recycling

Prozesstechnik: Verbesserung der Oberflächenvorbereitung, Standardisierung von Prüfverfahren, Integration automatisierter Steuerungssysteme

Auslegung: Weiterentwicklung numerischer Simulationen und zerstörungsfreier Prüfverfahren sowie Aufbau von Machine Learning geeigneten

Datenstrukturen

Digitalisierung: Einführung digitaler Zwillinge, datengetriebener Prozessoptimierung und KI-gestützter Qualitätssicherung

Interdisziplinäre Entwicklung unter Beteiligung von Industrie und Wissenschaft

Die Fortschreibung erfolgte in enger Abstimmung mit Industrievertretern, Verbänden und Forschungsvereinigungen. Zwei Fachworkshops bildeten die inhaltliche Basis: einer mit Fokus auf klebtechnologische Herausforderungen, ein zweiter zur Digitalisierung und Simulation. Redaktionell begleitet wurde der Prozess unter anderem durch das Laboratorium für Werkstoff- und Fügetechnik (LWF) der Universität Paderborn.

GAK – Plattform für gemeinsame Forschung

Der GAK vereint vier Forschungsvereinigungen unter einem Dach: DECHEMA, DVS, FOSTA und iVTH. Ziel ist die Bündelung disziplinübergreifender Forschung zur Klebtechnik – ohne formale Kooperationsverträge, aber mit hoher Konsensfähigkeit. Das Konzept hat sich bewährt und macht die Roadmap zu einem wirksamen Instrument für strategische Forschung und Technologietransfer.

Verdientes Rampenlicht für das technische DVS-Regelwerk

Die technischen Merkblätter und Richtlinien des DVS – Deutscher Verband für Schweißen und verwandte Verfahren e.V. rücken in den Mittelpunkt eines neuen monatlichen Informationsdienstes der DVS Media GmbH. Der Verlag, der die vom DVS erarbeiteten Dokumente über das DVS-Regelwerksportal zum Download bereitstellt, fasst seit Juni 2025 die aktuellen Entwicklungen und Ergebnisse der DVS-Regelwerksarbeit in einem übersichtlichen Newsticker zusammen.

Das technische Regelwerk des DVS besteht aus etwa 1.000 DVS-Merkblättern und -Richtlinien, die größtenteils in deutscher Sprache, zum Teil aber auch in Englisch vorliegen. Inhaltlich widmen sie sich den verschiedenen technischen Aspekten der Füge-, Trenn- und Beschichtungstechnik. Sie dienen außerdem dazu, neue fügetechnische Entwicklungen frühzeitig zu dokumentieren.

Bereits die Tatsache, dass die Dokumente den Stand der Technik aus der gemeinsamen Sicht von Industrie, Handwerk und Forschung in Deutschland widerspiegeln, macht sie bedeutsam. Hinzu kommt, dass die DVS-Merkblätter und -Richtlinien Empfehlungen, Handlungsanleitungen oder Wege aufzeigen, um ein Gesetz, eine Verordnung oder einen technischen Sachverhalt einzuhalten. Im betrieblichen fügetechnischen Alltag liefern die Dokumente damit in vielerlei Hinsicht eine konkrete Hilfestellung.

Mit dem neuen Newsticker rückt die DVS Media GmbH die Merkblätter und Richtlinien des DVS in den verdienten Fokus. Gleichzeitig unterstützt der für jeden Interessierten zugängliche Informationsdienst die Möglichkeit, die DVS-Merkblätter und -Richtlinien auch außerhalb der DVS Group bekannter zu machen.

Der monatlich erscheinende Newsticker stellt jeweils ein technisches DVS-Regelwerk etwas ausführlicher vor. Hinzu kommen eine Übersicht mit Kurzinfos zu neu erschienenen Dokumenten sowie eine Aufstellung der Richtlinien-Entwürfe, die noch kommentiert werden können.

Bild: DVS

Bild: Kiattisak/stock.adobe.com

Bewährte Zusammenarbeit von DVS-Verband, DVS Media und DIN Media

Die DVS-Merkblätter und -Richtlinien entstehen durch eine technisch-wissenschaftliche Gemeinschaftsarbeit in über 100 Arbeitsgruppen des Ausschusses für Technik (AfT) im DVS. Was der DVS damit an Inhalten liefert, wird von DVS Media für die weitere Verbreitung lektoriert und aufbereitet: Der Verlag betreibt zum einen das DVS-Regelwerksportal, in dem die DVS-Merkblätter und -Richtlinien von der Fachöffentlichkeit kommentiert und von DVS-Mitgliedern kostenlos heruntergeladen werden können. Zum anderen besteht zwischen DVS Media und DIN Media eine Vertriebspartnerschaft. Wer die technischen Regelwerke des DVS-Verbandes käuflich erwerben möchte, erhält die Dokumente daher über den Online-Shop von DIN Media (www.dinmedia.de).

Sämtliche Ausgaben des Newstickers „Neuigkeiten aus dem DVS-Regelwerksportal" werden im DVS-Regelwerksportal hinterlegt.

DVS-Regelwerksportal
www.dvs-regelwerk.de

Newstickers „Neuigkeiten aus dem DVS-Regelwerksportal"
www.dvs-regelwerk.de/newsticker

Die neue Website der DVS Forschung

Der neue Webauftritt der DVS Forschung ist seit dem 01.04.2025 online. Frisch, modern und funktional und mit neuen Funktionen präsentiert sich die DVS Forschung unter www.dvs-forschung.de optisch angelehnt an die Webpräsenz des DVS.

Nutzer können sich z.B. unter der Rubrik „Projekte" über aktuelle und abgeschlossene Forschungsvorhaben und -ergebnisse informieren. Darüber hinaus umfasst der neue Internetauftritt auch eine Übersicht der Forschungsschwerpunkte und -felder der jeweiligen Fachausschüsse sowie aktuelle Studien zu Schwerpunktthemen und weitere Veröffentlichungen.

Das neue Angebot bietet einen aktuellen, umfangreichen und zeitgemäßen Überblick über die Aktivitäten der DVS Forschung. Projektskizzen werden auch weiterhin über die Website durch die Antragssteller eingereicht.

Mit dem Relaunch sind auch einige Neuerungen in Bezug auf die Bereitstellung von Informationen für die Sitzungen der Fachausschüsse verbunden. Diese werden im geschlossenen Bereich angeboten. Wie bereits für die Arbeitsgruppen im Ausschuss für Technik des DVS umgesetzt, wird nun auch die DVS Forschung das DVS-Portal zur Organisation ihrer Fachausschüsse und Sitzungen nutzen. Die bisherigen Zugangsdaten behalten ihre Gültigkeit. Mit der Erstanmeldung sind ebenfalls die Nutzungsbedingungen des neuen Angebotes zu bestätigen.

www.dvs-forschung.de

Bild: DVS

Thematische Auflistung neu erschienener DVS-Merkblätter und -Richtlinien (September 2024 bis August 2025)

Die hier aufgelisteten DVS-Merkblätter und -Richtlinien finden Sie auch unter: **www.dvs-regelwerk.de**

Technische Gase

Merkblatt DVS 0201 Technische Gase für Schweißen, Schneiden und verwandte Verfahren – Sauerstoff Ausgabe 11/2024

Dieses Merkblatt gibt Hinweise auf die Eigenschaften von Sauerstoff für seine Verwendung in der Schweiß- und Schneidtechnik sowie bei verwandten Verfahren. Es gilt für die Verwendung, Handhabung, den Transport und die Lagerung von Sauerstoff aus Flaschen und Bündeln zum Schweißen, Schneiden und für verwandte Verfahren. Auch werden Angaben über die Herstellung, die Verwendung und die Liefermöglichkeit dieses Gases gemacht. Um dem Anwender die Verwendung von Sauerstoff zu erleichtern, werden Hinweise gegeben, die die Sicherheit, die Handhabung und z. Z. gültige Gesetze, Regelwerke und Vorschriften betreffen.

Merkblatt DVS 0202 Technische Gase für Schweißen, Schneiden und verwandte Arbeitsverfahren –Acetylen Ausgabe 12/2024

Dieses Merkblatt gibt Hinweise zu den Eigenschaften von Acetylen für seine Verwendung in der Schweiß- und Schneidtechnik sowie deren verwandte Verfahren. Es gilt für die Verwendung, Handhabung, den Transport und die Lagerung von Acetylen aus Flaschen und Bündeln zum Schweißen, Schneiden und für verwandte Verfahren. Darüber hinaus werden auch Hinweise zur Herstellung, zu den Liefermöglichkeiten sowie zur Verwendung von Acetylen gegeben. Um dem Anwender die Verwendung von Acetylen zu erleichtern, werden Hinweise gegeben, die die Sicherheit, die Handhabung und z. Z. gültige Gesetze, Regelwerke und Vorschriften betreffen.

Qualitätssicherung beim Schweißen

Merkblatt DVS 0701 Übertragbarkeit von Schweißanweisungen für Standardschweißverfahrensprüfungen (SWPS) Ausgabe 03/2025

Europaweit gilt die Norm DIN EN 1090 (Teile 1-3). Sie regelt die Herstellung von Stahl- und Aluminiumkonstruktionen nach einem einheitlichen europäischen Standard. Auch die Anforderungen an die Herstellerbetriebe solcher Produkte wurden mit der DIN EN 1090 ff. festgelegt. Zielsetzung dabei ist es, eine nachweisbar reproduzierbare Qualität der Produkte gewährleisten zu können. Wesentlicher Bestandteil der durch die DIN EN 1090 vorgeschriebenen WPK ist die Qualifizierung der verwendeten Schweißprozesse, ebenfalls verbunden mit Dokumentations- und Prüfpflichten. Produkte ab Ausführungsklasse EXC 2 dürfen nur noch unter Anwendung qualifizierter Schweißanweisungen hergestellt werden, die auf Qualifizierungen (Welding Procedure Qualification Records – WPQR), z. B. DIN EN ISO 15612 „Anforderung und Qualifizierung von Schweißverfahren für metallische Werkstoffe – Qualifizierung durch Einsatz eines Standardschweißverfahrens", basieren. Hersteller z. B. von Schweißstromquellen führen diese Qualifizierungen durch und bieten SWPSen (Schweißanweisung für Standardschweißverfahren) an. Diese sind teils gerätebezogen, teils mit einer universalen Gültigkeit, die auf andere Geräte auch anderer Stromquellen-Hersteller übertragbar ist. In diesem Sachverhalt sehen der DVS – Deutscher Verband für Schweißen und verwandte Verfahren und der ZVEI-Fachverband Elektro-Schweißgeräte nach wie vor offene Fragen und Interpretationsspielräume. Die Verbände haben daher gemeinsam die folgenden unverbindlichen Eckpunkte formuliert, die als Interpretationshilfe in der Praxis dienen können.

Merkblatt DVS 0703
Grenzwerte für Unregelmäßigkeiten von Schmelzschweißverbindungen nach DIN EN ISO 5817
Ausgabe 03/2025

Die Bewertung von geschweißten Stumpf- und Kehlnähten an Stahl, Nickel, Titan und deren Legierungen (ohne Strahlschweißen) ist in DIN EN ISO 5817 geregelt. DIN EN ISO 5817 ist für manuelle, teilmechanisierte, mechanisierte und automatische Schweißverfahren anwendbar. Das vorliegende Merkblatt soll Schweißaufsichtspersonen und Prüfstellen die Beurteilung der ausgeführten Nähte erleichtern und Hinweise auf die Entstehung und zur Vermeidung von Unregelmäßigkeiten bei der Herstellung dieser Nähte geben. Zusätzlich hilft das Merkblatt bei der rechnerischen Ermittlung der zulässigen Unregelmäßigkeiten nach den Formeln in der DIN EN ISO 5817. Ferner werden die für die Bewertung der Nähte praxisüblichen Messwerkzeuge mit Messbereichen und Ablesemöglichkeiten dargestellt.

Merkblatt DVS 0709
Anforderungen an die Oberflächenbeschaffenheit von Schweißverbindungen an Stahl bei Anwendung zerstörungsfreier Prüfverfahren
Ausgabe 04/2025

Erfahrungen in der Praxis beweisen, dass eine prüfgeeignete Oberfläche bei Anwendung eines bestimmten Verfahrens der zerstörungsfreien Prüfung (ZfP) nicht qualitativ und damit nur unvollständig zu beschreiben ist. Ferner können zahlenmäßig erfassbare Grenzwerte, zum Beispiel Rauhtiefenwerte, nicht annähernd das wiedergeben, was ein Prüfer für die uneingeschränkte Anwendung seiner Prüfverfahren an Oberflächenqualität verlangen muss, um sie als prüfgerecht bezeichnen zu können. Aus diesen Gründen soll mit dieser Richtreihe angestrebt werden, anhand von Kunststoffabdrücken natürlicher Schweißnahtoberflächen die noch prüfgerechte Oberfläche besser zu definieren, und zwar so, dass einerseits der für die Schweißtechnik Verantwortliche seine Parameter danach abstimmen und andererseits der Prüftechniker seine Forderungen angemessen festlegen kann.

Richtlinie DVS 0711 (Entwurf)
Aufgaben, Verantwortung und Zuständigkeit des Schweißaufsichtspersonals nach DIN EN ISO 14731
Ausgabe 03/2025

Für die Herstellung von geschweißten Konstruktionen und Bauteilen, speziell in Bereichen, die über EU-Verordnungen und -Richtlinien geregelt werden, sind Kompetenzanforderungen an Hersteller und schweißtechnisches Personal, insbesondere an das Schweißaufsichtspersonal, zu erfüllen. Die Erfüllung der qualitätsbezogenen Aufgaben und der übertragenen Verantwortung wird von den Produktnormen (Anwendungsnormen) der verschiedenen Anwendungsbereiche auf der Grundlage von DIN EN ISO 14731 gefordert. Diese Richtlinie erläutert die Aufgaben, Verantwortung und Zuständigkeit der anerkannten Schweißaufsichtspersonen – entsprechend der drei Personengruppen für verschiedene Aufsichtsfunktionen – in Übereinstimmung mit der internationalen Norm DIN EN ISO 14731.

Unterwassertechnik

Entwurf-Richtlinie DVS 1801 (Entwurf) Anforderungen an Betriebe und Personal für das nasse Unterwasserschweißen – Herstellerqualifikation Ausgabe 03/2025

Die Richtlinie ist Grundlage für die Zertifizierung von Betrieben, die an Bauwerken nasse Unterwasserschweißarbeiten ausführen. In ihr werden die Anforderungen hinsichtlich Schweißaufsichtspersonen, geprüften Unterwasserschweißern sowie den betrieblichen Voraussetzungen definiert. Sie richtet sich weiterhin an alle, die mit der Ausschreibung, Planung, Durchführung und Prüfung von Unterwasserschweißarbeiten zu tun haben. Die Richtlinie wurde von Fachleuten der Arbeitsgruppe V 4 „Unterwassertechnik" im Ausschuss für Technik des DVS aus den Bereichen des Unterwasserschweißens sowie dem Stahlwasserbau erarbeitet.

Widerstandsschweißen

Merkblatt DVS 2916-3 Aufgrund der Vielzahl der unterschiedlichen Prüfverfahren ist das Merkblatt DVS 2916 wie folgt in fünf Teile unterteilt: Ausgabe 09/2024

Aufgrund der Vielzahl der unterschiedlichen Prüfverfahren ist das Merkblatt DVS 2916 wie folgt in fünf Teile unterteilt:

- Teil 1: Zerstörende Prüfung, quasistatisch
- Teil 2: Schwingfestigkeitsprüfung
- Teil 3: Zerstörende Prüfung, schlagartig
- Teil 4: Metallografische Prüfung
- Teil 5: Zerstörungsfreie Prüfung

Der Teil 3 beschreibt die Prüfung von Einpunktproben unter schlagartiger Beanspruchung. Dadurch wird der Einfluss der Beanspruchungsgeschwindigkeit auf das Verformungsverhalten und die Tragfähigkeit einer Punktschweißverbindung ermittelt.

Merkblatt DVS 2929-4 Messung des Übergangswiderstands – Anwendung bei Kupfer und Kupferlegierungen Ausgabe 02/2025

Das Merkblatt DVS 2929-4 geht in eine neue Auflage und ersetzt die Version vom März 2015. In diesem werden Möglichkeiten der praktischen Anwendungen von Verfahren aufgezeigt, die dem Ermitteln des Übergangswiderstandes an Kupfer- und Kupferlegierungen dienen. Die Verfahren sind in dem Merkblatt DVS 2929-1 und der DIN EN ISO 18594 beschrieben. Bei den Verfahren geht es darum, die Oberflächen von Halbzeugen aus Kupfer- und Kupferlegierungen auf ihre Eignung zum Widerstandsschweißen hin zu beurteilen. Ein veränderter Übergangswiderstand lässt auf veränderte Materialeigenschaften bzw. auf veränderte Herstellungsparameter schließen, welche Einfluss auf die Schweißeignung und somit auf die Fertigung haben können. Das Merkblatt richtet sich direkt an Benutzer des Messverfahrens. Dies sind zum einen Halbzeughersteller, welche das Verfahren zur stichprobenhaften Überprüfung von Oberflächenbehandlungen einsetzen, zum anderen direkte Anwender, die den Zustand einer Oberfläche nach Anlieferung, Lagerung oder dem Schweißen beurteilen müssen.

Merkblatt DVS 2938 Technische und wirtschaftliche Kriterien zur Auswahl der Fügeverfahren im Feinblechbereich bis 3 mm Einzelblechdicke Ausgabe 07/2025

Das Merkblatt 2938 befasst sich mit der Auswahl von Fügeverfahren im Feinblechbereich bis 3 mm Einzelblechdicke, die als Alternative für das Widerstandsschweißen oder in Kombination mit diesem eingesetzt werden können. Es erklärt die für die verschiedenen Verfahren zu berücksichtigenden Parameter und Randbedingungen. Diese sind: Prozessabhängige Kriterien, werkstoffabhängige Kriterien, bauteilabhängige Kriterien, qualitätssicherungsabhängige Kriterien, Ausbildungskriterien sowie Arbeitsschutz- und Umweltkriterien. Das Merkblatt wendet sich an Mitarbeiter aus der Planung, Fertigung und Entwicklung. Es unterstützt insbesondere Unternehmen, die keine eigene Verfahrensabteilung unterhalten.

Schweißen im Anlagen, Behälter- und Rohrleitungsbau

Merkblatt DVS 3014 Kennzeichnung von Produkten / Halbzeugen – Verfahren und RisikenAusgabe 04/2025

Das Merkblatt DVS 3014 dient der übersichtlichen Darstellung einiger Verfahren bzw. Werkzeugen, zur Markierung von Produkten und Halbzeugen. Hierbei wird auf die Haltbarkeit der Markierungen und deren Einwirkung auf das markierte Produkt / Halbzeug eingegangen. Für die Auswahl eines geeigneten Verfahrens müssen die jeweiligen Anforderungen an die Markierung bekannt sein. Je nach Einsatzbereich, können Markierungen durch ein Regelwerk oder eine andere Vereinbarung geregelt sein.

Schweißen im Schienenfahrzeugbau

Merkblatt DVS 1617 Qualitätsanforderungen bei der Untervergabe für das Schweißen von Schienenfahrzeugen und -fahrzeugteilen Ausgabe 01/2025

Der Zweck dieses Merkblattes ist es, die Umsetzung der Anforderungen nach DIN EN 15085 „Bahnanwendungen - Schweißen von Schienenfahrzeugen und -fahrzeugteilen“ bei der Untervergabe geschweißter Schienenfahrzeuge und -fahrzeugteile für Auftraggeber, Auftragnehmer und Unterlieferanten zu beschreiben. Das Merkblatt ist zwischen Auftraggeber und Auftragnehmer vertraglich zu vereinbaren. Auftraggeber sind Unternehmen, die einen Auftrag:

- zur Konstruktion (Tätigkeitsbereich DIN EN 15085-2 – D),
- zum Einkauf (Tätigkeitsbereich DIN EN 15085-2 – S),
- zur Produktion (Tätigkeitsbereich DIN EN 15085-2 – P), oder
- zur Instandsetzung (Tätigkeitsbereich DIN EN 15085-2 – M)

Auftragnehmer haben einen Auftrag zur Konstruktion, zum Einkauf, zur Herstellung oder Instand-setzung geschweißter Schienenfahrzeuge oder -fahrzeugteile erhalten. Auftraggeber, Auftragnehmer und Unterlieferanten müssen die Einhaltung der Anforderungen an Schweißbetriebe nach DIN EN 15085-2 und Richtlinie DVS 1619-1 „Nachweis der Konformität als Schweißbetrieb im Schienenfahrzeugbau zur Normenreihe EN 15085“ nachweisen.

Technical Bulletin DVS 1617 Quality requirements for subcontracting welding of rail vehicles and vehicle parts Ausgabe 01/2025

The purpose of this information sheet is to describe the implementation of the requirements of DIN EN 15085 “Railway applications – Welding of railway vehicles and components” in cases where welded railway vehicles and components are subcontracted, for clients, contractors, and subcontractors. The information sheet is to be contractually agreed between the client and the contractor. Clients are companies that place an order for:

- design (scope of activity DIN EN 15085-2 – D),
- procurement (scope of activity DIN EN 15085-2 – S),
- production (scope of activity DIN EN 15085-2 – P), or
- maintenance (scope of activity DIN EN 15085-2 – M)

of welded railway vehicles or components with a welding company. Contractors have received an order for the design, procurement, manufacture, or maintenance of welded railway vehicles or components. Clients, contractors, and subcontractors must provide evidence of compliance with the requirements for welding companies in accordance with DIN EN 15085-2 and Guideline DVS 1619-1 “Proof of conformity as a welding company in railway vehicle construction to the standards series EN 15085.”

Richtlinie DVS 1619-1 Nachweis der Konformität als Schweißbetrieb im Schienenfahrzeugbau zur Normenreihe EN 15085 Ausgabe 01/2025

Schweißbetriebe, die Schweißarbeiten zur Neufertigung oder in der Instandsetzung ausführen, müssen die Anforderungen nach der Normenreihe DIN EN 15085 „Bahnanwendungen – Schweißen von Schienenfahrzeugen und -fahrzeugteilen“ erfüllen. Dies gilt auch für Hersteller, die selbst keine Schweißarbeiten durchführen, aber geschweißte Schienenfahrzeuge und -fahrzeugteile konstruieren, einkaufen und montieren oder einkaufen und weitervertreiben. Zweck dieser Richtlinienreihe ist es, die Konformitätsbewertung von Schweißbetrieben zum Nachweis der Umsetzung der Normenreihe DIN EN 15085 zu beschreiben. Dazu werden die möglichen Konformitätsbewertungsverfahren nach DIN EN ISO/IEC 17000 „Konformitätsbewertung – Begriffe und allgemeine Grundlagen“ erläutert und Vorgaben zur

Auswahl des Konformitätsbewertungsverfahren beschrieben. Die Anforderungen an die Schweißbetriebe nach DIN EN 15085-2 werden in dieser Richtlinie erläutert. In den Richtlinienteilen DVS 1619-2 „Konformitätsbewertung durch eine erste Seite (first party)“, DVS 1619-3 „Konformitätsbewertung durch eine zweite Seite (second party)“ und DVS 1619-4 „Konformitätsbewertung durch eine dritte Seite (third party)“ werden die Abläufe der einzelnen Konformitätsbewertungsverfahren beschrieben. Die Kriterien zur Auswahl der Konformitätsbewertungsverfahren werden beschrieben.

Richtlinie DVS 1619-2
Nachweis der Konformität als Schweißbetrieb im Schienenfahrzeugbau nach EN 15085-2 – Konformitätsbewertung durch den Hersteller
Ausgabe 01/2025

Schweißbetriebe, die Schweißarbeiten zur Neufertigung oder in der Instandsetzung ausführen, müssen die Anforderungen nach der Normenreihe DIN EN 15085 „Bahnanwendungen – Schweißen von Schienenfahrzeugen und -fahrzeugteilen“ erfüllen. Dies gilt auch für Hersteller, die selbst keine Schweißarbeiten durchführen, aber geschweißte Schienenfahrzeuge und -fahrzeugteile konstruieren, einkaufen und montieren oder einkaufen und weitervertreiben. Zweck dieser Richtlinienreihe ist es, die Konformitätsbewertung von Schweißbetrieben zum Nachweis der Umsetzung der Normenreihe DIN EN 15085 zu beschreiben. Dazu werden die möglichen Konformitätsbewertungsverfahren nach DIN EN ISO/IEC 17000 „Konformitätsbewertung – Begriffe und allgemeine Grundlagen“ erläutert und Vorgaben zur Auswahl des Konformitätsbewertungsverfahren beschrieben. Die Anforderungen an die Schweißbetriebe nach DIN EN 15085-2 werden in dieser Richtlinie erläutert. In den Richtlinienteilen DVS 1619-2 „Konformitätsbewertung durch eine erste Seite (first party)“, DVS 1619-3 „Konformitätsbewertung durch eine zweite Seite (second party)“ und DVS 1619-4 „Konformitätsbewertung durch eine dritte Seite (third party)“ werden die Abläufe der einzelnen Konformitätsbewertungsverfahren beschrieben. Die Kriterien zur Auswahl der Konformitätsbewertungsverfahren werden beschrieben.

Richtlinie DVS 1619-3
Nachweis der Konformität als Schweißbetrieb im Schienenfahrzeugbau nach EN 15085-2 – Konformitätsbewertung durch den Auftraggeber
Ausgabe 01/2025

Schweißbetriebe, die Schweißarbeiten zur Neufertigung oder in der Instandsetzung ausführen, müssen die Anforderungen nach der Normenreihe DIN EN 15085 „Bahnanwendungen – Schweißen von Schienenfahrzeugen und -fahrzeugteilen“ erfüllen. Dies gilt auch für Hersteller, die selbst keine Schweißarbeiten durchführen, aber geschweißte Schienenfahrzeuge und -fahrzeugteile konstruieren, einkaufen und montieren oder einkaufen und weitervertreiben. Zweck dieser Richtlinienreihe ist es, die Konformitätsbewertung von Schweißbetrieben zum Nachweis der Umsetzung der Normenreihe DIN EN 15085 zu beschreiben. Dazu werden die möglichen Konformitätsbewertungsverfahren nach DIN EN ISO/IEC 17000 „Konformitätsbewertung – Begriffe und allgemeine Grundlagen“ erläutert und Vorgaben zur Auswahl des Konformitätsbewertungsverfahren beschrieben. Die Anforderungen an die Schweißbetriebe nach DIN EN 15085-2 werden in dieser Richtlinie erläutert. In den Richtlinienteilen DVS 1619-2 „Konformitätsbewertung durch eine erste Seite (first party)“, DVS 1619-3 „Konformitätsbewertung durch eine zweite Seite (second party)“ und DVS 1619-4 „Konformitätsbewertung durch eine dritte Seite (third party)“ werden die Abläufe der einzelnen Konformitätsbewertungsverfahren beschrieben. Die Kriterien zur Auswahl der Konformitätsbewertungsverfahren werden beschrieben.

Richtlinie DVS 1619-4
Nachweis der Konformität als Schweißbetrieb im Schienenfahrzeugbau nach EN 15085-2 – Konformitätsbewertung durch eine unabhängige Stelle
Ausgabe 01/2025

Schweißbetriebe, die Schweißarbeiten zur Neufertigung oder in der Instandsetzung ausführen, müssen die Anforderungen nach der Normenreihe DIN EN 15085 „Bahnanwendungen – Schweißen von Schienenfahrzeugen und -fahrzeugteilen“ erfüllen. Dies gilt auch für Hersteller, die selbst keine Schweißarbeiten durchführen, aber geschweißte Schienenfahrzeuge und -fahrzeugteile konstruieren, einkaufen und montieren oder einkaufen und weitervertreiben. Zweck dieser Richtlinienreihe ist es, die Konformitätsbewertung von Schweißbetrieben zum Nachweis der Umsetzung der Normenreihe DIN EN 15085 zu beschreiben. Dazu werden die möglichen Konformitätsbewertungsverfahren nach DIN EN ISO/IEC 17000 „Konformitätsbewertung – Begriffe und allgemeine Grundlagen“ erläutert und Vorgaben zur Auswahl des Konformitätsbewertungsverfahren beschrieben. Die Anforderungen an die Schweißbetriebe nach DIN EN 15085-2 werden in dieser Richtlinie erläutert. In den Richtlinienteilen DVS 1619-2 „Konformitätsbewertung durch eine erste Seite (first party)“, DVS 1619-3 „Konformitätsbewertung durch eine zweite Seite (second party)“ und DVS 1619-4 „Konformitätsbewertung durch eine dritte Seite (third party)“ werden die Abläufe der einzelnen Konformitätsbewertungsverfahren beschrieben. Die Kriterien zur Auswahl der Konformitätsbewertungsverfahren werden beschrieben.

Merkblatt DVS 1620
Schweißtechnische Prüfung im Schienenfahrzeugbau
Ausgabe 08/2025

Das Merkblatt wurde mit dem Ziel erstellt, Empfehlungen zur schweißtechnischen Prüfung in der Konstruktion, Planung, Herstellung und Instandsetzung von Schienenfahrzeugen und -fahrzeugteilen zu geben und deren Umsetzung sicherzustellen. Das Merkblatt erläutert die Abläufe zur schweißtechnischen Prüfung und nennt erforderliche Halte- und Meldepunkte. Es werden der Umfang der zu prüfenden schweißtechnischen Planungsunterlagen, die Prüfabläufe und deren Umsetzung in der Fertigung beschrieben. Die Geltung dieses Merkblattes kann unter Einbindung der verantwortlichen Schweißaufsicht zwischen Auftraggeber und Auftragnehmer vereinbart werden.

Merkblatt DVS 1621
Arbeitsproben im Schienenfahrzeugbau
Ausgabe 08/2025

Dieses Merkblatt wurde mit dem Ziel erstellt, die Planung und Durchführung von Arbeitsproben, die in der Neufertigung und Instandsetzung von Schienenfahrzeugen erforderlich sind, einheitlich zu regeln und deren Umsetzung in der Fertigung sicherzustellen. Es enthält Hinweise zu den Normen DIN EN 15085-1 bis DIN EN 15085-6, in denen Arbeitsproben für verschiedene

Anwendungsbereiche gefordert sind. Das Merkblatt beschreibt Möglichkeiten für die Umsetzung dieser Anforderungen aus der Normenreihe. Es werden Einflussfaktoren, der Umfang der Arbeitsprobe, die erforderlichen Prüfungen in Abhängigkeit des Anwendungsfalles, die Dokumentation sowie die Gültigkeit beschrieben. Die Anwendung dieses Merkblattes kann unter Einbindung der verantwortlichen Schweißaufsicht zwischen Auftraggeber und Auftragnehmer vereinbart werden.

Schneidtechnik

Merkblatt DVS 2107 Plasmaschneiden metallischer Werkstoffe Ausgabe 04/2025

Das Merkblatt gibt einen Überblick über grundlegende gerätetechnische Voraussetzungen und verfahrenstypische Merkmale des Plasmaschneidens, insbesondere für metallische Werkstoffe. Für wichtige Verfahrensvarianten werden die charakteristischen Merkmale der Schnittfugen und Schnittflächen sowie bevorzugte Anwendungsmöglichkeiten hinsichtlich der metallischen Werkstoffe genannt. Das Merkblatt ist insbesondere gedacht für den Bereich Fertigung sowie für die Aus- und Weiterbildung.

Laserstrahlschweißen und verwandte Verfahren

Merkblatt DVS 3208 Laserstrahlhartlöten Ausgabe 04/2025

Dieses Merkblatt gibt einen Überblick über Verfahrensvarianten des Laserstrahlhartlötens mit Dauerstrichlaserstrahlquellen im kW-Bereich unter der Verwendung von drahtförmigem Zusatzwerkstoff. Die Verfahren werden angewendet, um Fügepartner linienförmig stoffschlüssig miteinander zu verbinden.

Merkblatt DVS 3216 Laserstrahl-Lichtbogen-Hybridschweißverfahren Ausgabe 06/2025

Die Qualifizierung der Laserstrahl-Schweißverfahren und die wissenschaftlich-technischen Entwicklungen hinsichtlich einer Ausschöpfung ihrer Technologiepotenziale durch den Einsatz zusammen mit einer oder mehreren weiteren Energiequellen schreitet stetig voran. Dies macht eine Sprachregelung für einen ungehinderten Wissenstransfer und Informationsaustausch notwendig. Zweck des Merkblattes ist es, die im Weiteren als Laserstrahl-Lichtbogen-Hybridschweißverfahren (abgekürzt LLH) bezeichneten Fügeverfahren zu definieren und besonders praxisrelevante Merkmale wichtiger, bisher bekannt gewordener Verfahrensvarianten zu beschreiben.

Merkblatt DVS 3228 Handgeführtes Laserstrahlschweißen (HLS) Ausgabe 06/2025

Das Merkblatt vermittelt dem Anwender den Stand der Technik zum Umgang mit Geräten zum handgeführten Laserstrahlschweißen (HLS). Dabei werden Inhalte zur Wirkung der Laserstrahlung, zur Gefährdungsbeurteilung, zu konstruktiven Schutzmaßnahmen, zur persönlichen Schutzausrüstung (PSA), zur Personalqualifizierung und zur Qualitätssicherung benannt. Zudem werden die Inhalte um Anwendungsbeispiele und umfassende Literaturhinweise ergänzt. Bei der Anwendung können die Primärstrahlung und Sekundärstrahlung in verschiedenen Schweißpositionen zu Schädigungen der Augen, der Haut und des Gewebes führen. Im gesamten Merkblatt wird an verschiedenen Stellen auf die Gefahren, die je nach Anwendung auftreten können, eingegangen. Zur besseren Lesbarkeit werden im Merkblatt neben der Abkürzung HLS für das handgeführte Laserstrahlschweißen an einigen Stellen weitere Abkürzungen verwendet, die sich wie folgt erklären: handgeführte Laserstrahl-Maschine (HLM) sowie Handlasergerät (HLG).

Fügen von Kunststoffen

Richtlinie DVS 2202 Beiblatt 2 (Entwurf) Bewertung von Fügeverbindungen aus thermoplastischen Kunststoffen an Rohrleitungsteilen – Heizwendelschweißen (HM) Ausgabe 01/2025

Dieses Beiblatt beinhaltet die Bewertung von Heizwendel-(HM)-Schweißverbindungen im Rohrleitungsbau (z. B. Gas-, Wasser-, Abwasser-, Industrie-, Hausinstallations- und Geothermie-Rohrleitungssysteme), die beispielsweise nach Richtlinie DVS 2207-1 (PE-HD), Richtlinie DVS 2207-11 (PP), Richtlinie DVS 2207-15 (PVDF) bzw. Richtlinie DVS 2207-16 (PA-U12) geschweißt wurden. Sinngemäß kann diese Richtlinie auch auf andere Werkstoffe (z. B. ECTFE, PB) angewandt werden. Die angegebenen Bewertungskriterien basieren auf Erfahrungen bis zu einem Rohrdurchmesser von 630 mm und können auch für größere Dimensionen sinngemäß angewendet werden.

Richtlinie DVS 2202 Beiblatt 2 Bewertung von Fügeverbindungen aus thermoplastischen Kunststoffen an Rohrleitungsteilen – Heizwendelschweißen (HM) Ausgabe 08/2025

Dieses Beiblatt beinhaltet die Bewertung von Heizwendel-(HM)-Schweißverbindungen im Rohrleitungsbau (z. B. Gas-, Wasser-, Abwasser-, Industrie-, Hausinstallations- und Geothermie-Rohrleitungssysteme), die beispielsweise nach Richtlinie DVS 2207-1 (PE-HD), Richtlinie DVS 2207-11 (PP), Richtlinie DVS 2207-15 (PVDF) bzw. Richtlinie DVS 2207-16 (PA-U12) geschweißt wurden. Sinngemäß kann diese Richtlinie auch auf andere Werkstoffe (z. B. ECTFE, PB) angewandt werden. Die angegebenen Bewertungskriterien basieren auf Erfahrungen bis zu einem Rohrdurchmesser von 630 mm und können auch für größere Dimensionen sinngemäß angewendet werden.

Richtlinie DVS 2210-1 (Entwurf) Oberirdische Rohrleitungen aus thermoplastischen Kunststoffen Ausgabe 09/2024

Diese Richtlinie enthält Grundlagen zur Projektierung, Berechnung, Vorfertigung und Montage von oberirdisch verlegten Rohrleitungen aus thermoplastischen Kunststoffen. Die gesamte Richtlinie besteht aus der vorliegenden Richtlinie sowie den Beiblättern:

- Beiblatt 1 – Berechnung
- Beiblatt 2 – Prüfung und Abnahme
- Beiblatt 3 – Rohrleitungskomponenten und -verbindungen
- Beiblatt 4 – Befestigungstechnik

Die in dieser Richtlinie behandelten Rohrleitungen können dem Transport flüssiger und gasförmiger Stoffe dienen. Sie ist insbesondere bei Rohrleitungen anzuwenden, die zum Transport umweltgefährdender oder toxischer Durchflussstoffe eingesetzt werden, um eine Gefährdung von Personen und/oder der Umwelt auszuschließen. Die Verlegung kann sowohl innerhalb von Gebäuden, Kanälen und Schächten als auch im Freien erfolgen.

Richtlinie DVS 2210-1 Beiblatt 1 (Entwurf)
Oberirdische Rohrleitungen aus thermoplastischen Kunststoffen – Berechnung
Ausgabe 07/2025
Dieses Beiblatt zur Richtlinie DVS 2210-1 beinhaltet Berechnungs- und Auslegungsgrundlagen für oberirdische Rohrleitungen aus thermoplastischen Kunststoffen. Es liefert dem Praktiker wertvolle Hinweise zu kunststoffspezifischen Besonderheiten zur Planung und Errichtung von Kunststoffrohrleitungen. Abgerundet wird das Beiblatt durch ein ausführlich dargelegtes Berechnungsbeispiel mit typischen Lastfällen, nachvollziehbaren Berechnungswegen sowie unter Berücksichtigung ausgewählter praxisrelevanter Annahmen.

Richtlinie DVS 2210-1 Beiblatt 2 (Entwurf)
Oberirdische Rohrleitungen aus thermoplastischen Kunststoffen – Prüfung und Abnahme
Ausgabe 07/2025
Dieses Beiblatt zur Richtlinie DVS 2210-1 stellt Maßnahmen zur Qualitätssicherung sowie zur Druck- und Dichtheitsprüfung von oberirdischen Rohrleitungen aus thermoplastischen Kunststoffen dar. Die Prüf- und Dokumentationspflichten zur Errichtung eines Rohrleitungssystems werden benannt. Im Anhang des Beiblattes werden die Prüfmethoden und Prüfbedingungen von Rohrleitungen detailliert dargelegt.

Richtlinie DVS 2210-1 Beiblatt 3 (Entwurf)
Oberirdische Rohrleitungen aus thermoplastischen Kunststoffen – Rohrleitungskomponenten und -verbindungen
Ausgabe 07/2024
Dieses Beiblatt zur Richtlinie DVS 2210-1 geht auf die technischen Lösungen zur Verbindung von Rohrleitungen ein. Rohrleitungen können geschweißt, geklebt sowie mechanisch miteinander verbunden werden. Die Verbindungsarten werden benannt, die Methoden zur Abdichtung der Verbindung dargestellt. Somit liefert dieses Beiblatt wertvolle Hinweise, die bei der Erstellung eines Rohrleitungssystems zu beachten sind.

Richtlinie DVS 2210-1 Beiblatt 4 (Entwurf)
Oberirdische Rohrleitungen aus thermoplastischen Kunststoffen – Befestigungstechnik
Ausgabe 07/2025
Rohrleitungen einer technischen Anlage müssen aus Sicherheitsgründen mit standardisierten oder nicht standardisierten Rohralterungssystemen befestigt werden. Das Beiblatt stellt die möglichen Lastfälle vor, die zu zur Auslegung der Befestigung berücksichtigt werden müssen und stellt die auf dem Markt vorhandenen Rohrhalterungen mit deren Anwendungen sowie deren Kennzeichnung vor. Darüber hinaus werden Vorgaben zu Befestigungsabständen sowie dem Korrosions- und Brandschutz von Kunststoffrohrleitungen aufgezeigt.

Richtlinie DVS 2213
Fachmann für Kunststoffschweißen
Ausgabe 01/2025

Diese Richtlinie gilt in Ergänzung von Beiblatt 1 für die Ausbildung und Prüfung zum Fachmann für Kunststoffschweißen. Die Ausbildung und Prüfung erfolgt an DVS-PersZert anerkannten Kunststoffausbildungs- bzw. -prüfstellen (DVS-BEs bzw. PS) für Richtlinie DVS 2213. Diese Qualifikation weist die spezifischen Kenntnisse für den Einsatz als Schweißaufsicht zur Sicherstellung der Qualität von Schweißarbeiten mit thermoplastischen Kunststoffen im Behälter-, Apparate- und Rohrleitungsbau, Bahnen im Erd-, Wasser- und Tunnelbau sowie Abdichtungen und Auskleidungen nach. Der Fachmann für Kunststoffschweißen soll insbesondere dort tätig werden, wo Auftraggeber oder zuständige Stellen seinen Einsatz verlangen, bzw. wo hohe Anforderungen an Sicherheit und/oder Belastbarkeit gestellt werden. Im Weiteren ist er für die planmäßige Überwachung der Schweißer zuständig, durch die eine Verlängerung der Geltungsdauer der Schweißerprüfung erreicht werden kann. Diese Richtlinie gilt nicht für die Schweißaufsicht von Schweißarbeiten an Rohren und Rohrleitungsteilen in der öffentlichen Gas- und Wasserversorgung sowie für das industrielle Serienschweißen.

Technical Code DVS 2213
Plastics Welding Specialist
Ausgabe 0/2025

This guideline applies in addition to Annex 1 for the training and examination of the Specialist for Plastic Welding. The training and examination take place at plastic training or examination centres (DVS-BEs or PS) recognized by DVS-PersZert for Guideline DVS 2213. This qualification certifies the specific knowledge required for working as a welding supervisor to ensure the quality of welding work with thermoplastic materials in tank, apparatus, and pipeline construction, as well as sheets used in civil engineering, hydraulic engineering, tunnel construction, and for sealing and lining applications. The Specialist for Plastic Welding is particularly intended to work in areas where clients or competent authorities require such supervision, or where high demands are placed on safety and/or load-bearing capacity. Furthermore, they are responsible for the scheduled supervision of welders, through which an extension of the validity period of the welder's qualification can be achieved. This guideline does not apply to the welding supervision of welding work on pipes and pipeline components in public gas and water supply systems, nor to industrial series welding.

Richtlinie DVS 2213 Beiblatt 1
Prüfungsordnung für die Prüfung zum Fachmann für Kunststoffschweißen
Ausgabe 01/2025

Diese Richtlinie regelt die Prüfung für den Fachmann für Kunststoffschweißen nach Richtlinie DVS 2213. Die Prüfung wird als Abschluss des speziellen, auf diese Prüfung ausgerichteten Lehrganges an einer von DVS-PersZert anerkannten Kunststoff-Prüfstelle (DVS-PS) durch die zuständige DVS-Prüfungskommission durchgeführt.

Richtlinie DVS 2213-1
Fachmann für Kunststofflaminierer und -kleber
Ausgabe 10/2024

Diese Richtlinie gilt für die Ausbildung und Prüfung zum Fachmann für Kunststofflaminieren und -kleben. Dieser Qualifikationsnachweis der spezifischen Kenntnisse ist Voraussetzung für leitende und überwachende Tätigkeiten zur Sicherstellung der

2

Qualität von Laminier- und Klebarbeiten von Faserverbundkunststoffen im Behälter-, Apparate-, Kanal- und Rohrleitungsbau, Boots-, Caravan, Fahrzeug- und Rotorblattbau sowie weiterer Bauwerke aus Faserverbundkunststoffen. Der Fachmann für Laminieren und Kleben soll insbesondere dort tätig werden, wo Auftraggeber oder zuständige Stellen seinen Einsatz verlangen, bzw. wo hohe Anforderungen an Sicherheit und/oder Belastbarkeit an die Herstellung bzw. Instandhaltung gestellt werden.

Richtlinie DVS 2213-1 Beiblatt 1 Prüfungsordnung für die Prüfung zum Fachmann für Kunststofflaminieren und -kleben Ausgabe 10/2024

Diese Richtlinie regelt die Prüfung für den Fachmann für Kunststofflaminieren und -kleben nach Richtlinie DVS 2213-1. Die Prüfung wird als Abschluss des speziellen auf diese Prüfung ausgerichteten Lehrgangs an einer von DVS-PersZert anerkannten DVS-Bildungseinrichtung durch die zuständige DVS-Prüfungskommission durchgeführt.

Richtlinie DVS 2244 (Entwurf) Warmgasserienschweißen (WS) von thermoplastischen Kunststoffen Ausgabe 06/2025

Diese Richtlinie gibt Anwendern des Warmgasserienschweißens Hinweise zum Schweißprozess, der Maschinentechnik und Werkzeugen, zu Werkstoffeinflüssen, Qualitätsanforderungen und zur Qualitätssicherung. Der Begriff Warmgasschweißen steht als Oberbegriff für alle Schweißverfahren, die eine Erwärmung mittels Konvektion nutzen. Das Warmgasserienschweißen grenzt sich als automatisches bzw. halbautomatisches Serienschweißverfahren in der Handhabung zu den manuellen/handwerklichen Schweißverfahren ab. Es ist ein zweistufiges Schweißverfahren mit berührungsloser Erwärmung der Fügezonen. In der Industrie werden oftmals folgende Verfahrensbezeichnungen für das Warmgasserienschweißen als Synonym verwendet wie Warmgasschweißen, Heißgasschweißen, Heißluftschweißen sowie seltener Warmluftschweißen.

Elektronenstrahlschweißen

Merkblatt DVS 3223 Dynamisches Ablenken von Elektronenstrahlen zur Materialbearbeitung Ausgabe 05/2025

Das Merkblatt beschreibt das dynamische Ablenken von Elektronenstrahlen sowie die dazu erforderlichen Einrichtungen in Anlagen zur Materialbearbeitung zum Schweißen, Abtragen und thermischen Randschichtbehandeln. Die Inhalte richten sich an Anwender und Anlageneinrichter. Elektronen müssen auf dem Weg von der Kathode bis zum Werkstück durch elektrische oder magnetische Felder in ihrer Ausbreitung für den Materialbearbeitungsprozess beeinflusst werden. Dazu sind im Strahlgenerator Spulensysteme (Magnetoptiken) vorhanden, deren magnetische Felder entsprechend ihrer Anordnung den Elektronenstrahl fokussieren, ablenken und stigmatisieren (verrunden). Man unterscheidet statische und dynamische Spulen, deren magnetische Felder während des Prozesses konstant bleiben (Zentrier- und Stigmatorspule) und Felder, welche sich mehr oder weniger schnell ändern (Ablenker, Linse).

Lichtbogenschweißen

Merkblatt DVS 0911 Wolframelektroden für das Wolfram-Schutzgasschweißen Ausgabe 09/2024

Das Merkblatt DVS 0911 „Wolframelektroden für das Wolfram-Schutzgasschweißen" gibt einen schnellen Einstieg in die Thematik der Verwendung von Wolframelektroden beim Schutzgasschweißen. Hierzu wird zunächst Grundlegendes wie die Kennzeichnung und Zusammensetzung von Wolframelektroden adressiert und anschließend Kriterien für die Auswahl der richtigen Wolframelektrode aufgeführt sowie auf die richtige Handhabung eingegangen.

Merkblatt DVS 0911 Beiblatt 1 Wolframelektroden – Anforderungen in der Luft- und Raumfahrt Ausgabe 04/2025

Das Merkblatt enthält Angaben über nichtabschmelzende Wolframelektroden für das Wolfram-Inertgasschweißen (WIG) und das Wolfram-Plasmaschweißen (WPL/WPS). Es werden Hinweise auf das schweißtechnische Verhalten und sachgerechte Anwendung beim manuellen und mechanisierten Schweißen gegeben. Durch die speziellen Anforderungen in der Luft- und Raumfahrt an Hersteller, an Anwender (Auswahl, Wareneingangsprüfung, Lagerung) und die Fertigung, sollen die Inhalte in der Ergänzung zum Merkblatt DVS 0911 angewendet werden.

Merkblatt DVS 0922-1 Industrierobotersysteme zum Schweißen, Schneiden, Kleben und Beschichten – Begriffsbestimmung und Definition der Kenngrößen Ausgabe 09/2024

Das Merkblatt DVS 0922-1 „Industrierobotersysteme zum Schweißen, Schneiden, Kleben und Beschichten – Begriffsbestimmung und Definition der Kenngrößen" soll dem Anwender als Hilfsmittel für die Planung und Auslegung von Industrieroboter-Schweißsystemen dienen. Es soll die Norm DIN 66025-1 „Numerisch gesteuerte Arbeitsmaschinen" ergänzen und das Verständnis vertiefen.

Merkblatt DVS 0922-2 Industrierobotersysteme zum Schutzgasschweißen – Steuerungs- und Programmierfunktionen Ausgabe 09/2024

Das Merkblatt DVS 0922-2 „Industrierobotersysteme zum Schutzgasschweißen – Steuerungs- und Programmierfunktionen" soll dem Anwender einen ersten Überblick über programmier- und steuerungstechnische Funktionen für Roboter geben. Außerdem sollen Begriffe einheitlich und vergleichbar dargestellt werden.

Merkblatt DVS 0922-3 Industrierobotersysteme zum Schutzgasschweißen – Schweißtechnische Ausrüstung für das MIG-/MAG-Schweißen Ausgabe 04/2025

Das DVS-Merkblatt 0922-3 „Industrierobotersysteme zum Schutzgasschweißen – Schweißtechnische Ausrüstung für das MIG-/MAG-Schweißen" gibt einen Überblick über die benötigte schweißtechnische Ausrüstung bei der Verwendung von Robotersystemen im Bereich des Schutz-

2

gasschweißens. Im Fokus stehen dabei vor allem die Anforderungen an die Schweißstromquelle und das Drahtvorschubsystem.

Merkblatt DVS 0922-5
Industrierobotersysteme zum Schutzgasschweißen – Positioniersysteme für Werkstücke und Industrieroboter
Ausgabe 09/2024

Das DVS-Merkblatt 0922-5 „Industrierobotersysteme zum Schutzgasschweißen – Positioniersysteme für Werkstücke und Industrieroboter“ soll einen schnellen Einstieg in die Thematik der Verwendung von Robotersystemen beim Schweißen mit Schutzgas ermöglichen. Dabei wird auf einleitende Begriffsbestimmungen Anwendungsbeispiele über die Steuerung und Programmierung sowie die Darstellung von Schnittstellen bis hin zu technischen Größen und Voraussetzungen eingegangen.

Merkblatt DVS 0922-7
Industrierobotersysteme zum Schweißen, Schneiden, Kleben und Beschichten – Anlagenkonzepte, Programmierung und Betrieb kooperierender Roboter und externer Achsen
Ausgabe 04/2025

Das DVS-Merkblatt 0922-7 „Industrierobotersysteme zum Schweißen, Schneiden, Kleben und Beschichten – Anlagenkonzepte, Programmierung und Betrieb kooperierender Roboter und externer Achsen“ beschreibt den Aufbau und die Funktion sowie technische und wirtschaftliche Effekte kooperierender Systeme zum Lichtbogenschweißen. Damit sollen potenzielle Anwender unterstützt werden, sich mit den grundsätzlichen Möglichkeiten und praktischen Anwendungen solcher Systeme vertraut zu machen.

Merkblatt DVS 0924
Gütesicherung beim vollmechanischen bzw. automatischen MIG-/MAG-Schweißen – Anforderungen an MIG-/MAG-Schweißgeräte
Ausgabe 03/2025

Das DVS-Merkblatt 0924 „Gütesicherung beim vollmechanischen bzw. automatischen MIG-/MAG-Schweißen. Anforderungen an MIG-/MAG-Schweißgeräte“ fasst Anforderungen an MIG-/MAG-Schweißgeräte zusammen, die vorwiegend in vollmechanisch bzw. automatisch arbeitenden Schweißanlagen eingesetzt werden. Die Hinweise und Empfehlungen können sinngemäß auch für teilmechanisch eingesetzte Schweißgeräte benutzt werden.

Merkblatt DVS 0925
MAG-Schweißen dicker Bleche
Ausgabe 01/2025

Das Merkblatt gibt Verarbeitungshinweise für das Metall-Aktivgasschweißen dicker Bleche aus unlegierten und legierten Baustählen mit Blechdicken zwischen 30 und 300 mm. Es schafft einen Überblick über die relevanten Normen und Zusammenhänge für das MAG-Schweißen von dicken Blechen, sodass der Anwender sich schnell in diesem Bereich zurechtfinden kann.

Merkblatt DVS 0927-1
Sensoren für vollmechanische und automatisierte Lichtbogenschweißverfahren
Ausgabe 04/2025

Das Merkblatt DVS 0927-1 gibt einen Überblick über Sensoren und beschreibt Begrifflichkeiten in Zusammenhang mit Sensoren. Hierbei wird ein Überblick ermöglicht und zur Vertiefung der Thematik entsprechende Verweise dargestellt. Dabei beschränkt sich die Auswahl an beschriebenen Sensoren auf diejenigen, welche für vollmechanische und automatische Lichtbogenschweißverfahren Anwendung finden.

Merkblatt DVS 0927-2
Sensoren für vollmechanische und automatisierte Lichtbogenschweißverfahren – Hinweise zum Einsatz
Ausgabe 04/2025

Das Merkblatt DVS 0927-2 „Sensoren für vollmechanische und automatisierte Lichtbogenschweißverfahren – Hinweise zum Einsatz“ ergänzt das Merkblatt DVS 0927-1 „Sensoren für das vollmechanische Lichtbogenschweißen“, welches eine Übersicht über Sensoren gibt und erweitert die Kenntnis über Einflussgrößen bezogen auf die Verwendung von Sensoren. Dabei beschränkt sich die Auswahl an beschriebenen Sensoren auf diejenigen, welche für vollmechanische und automatische Lichtbogenschweißverfahren Anwendung finden.

Merkblatt DVS 0934
WIG-Schweißen – Ausrüstung und Geräte
Ausgabe 01/2025

Dieses Merkblatt beschreibt die zum Wolfram-Inert-Gasschweißen (WIG) von metallischen Werkstoffen erforderlichen Grundausrüstungen, Hilfs- und Schutzeinrichtungen und gibt dem Anwender Hinweise zu deren sachgerechter Beurteilung und Verwendung. Darüber hinaus werden Hilfseinrichtungen beschrieben, die zum teil- und vollmechanischen Einsatz des Verfahrens verwendet werden.

Merkblatt DVS 0939
Toleranzen beim vollmechanischen MSG-Schweißen und beim Schweißen mit Industrierobotern
Ausgabe 04/2025

Das DVS-Merkblatt 0939 „Toleranzen beim vollmechanischen MSG-Schweißen und beim Schweißen mit Industrierobotern“ behandelt das vollmechanische MSG-Schweißen, vorzugsweise von Bauteilen aus Stahl. Einige allgemeine Hinweise können auch für das teilmechanische Schweißen und das Schweißen anderer Werkstoffe Berücksichtigung finden. <b>Mit der Definition der verschiedenen Toleranzen, die beim Fügen von Schweißbauteilen auftreten können, wird deren funktioneller Zusammenhang gezeigt. Hieraus können Hinweise für die schweißgerechte Konstruktion und Fertigung von Schweißbauteilen abgeleitet werden (siehe auch Merkblatt DVS 0929).

Merkblatt DVS 0941-3
Fülldrahtelektroden für das Metall-Lichtbogenschweißen von nichtrostenden und hitzebeständigen Stählen sowie Nickellegierungen
Ausgabe 09/2024

Das Merkblatt gilt für das Metall-Aktivgasschweißen (136) und Metall-Lichtbogenschweißen (114) von ferritischen, martensitischen, austenitischen und austenitisch-ferritischen nichtrostenden Stählen mit artgleichen oder artähnlichen Fülldrahtelektroden. Es gibt dem Anwender Hinweise zu einer qualitativ einwandfreien und wirtschaftlichen schweißtechnischen Verarbeitung dieser Werkstoffe. Zu den meistverwendeten Grundwerkstoffen werden Schweißzusätze empfohlen und Hinweise zu ihrer Verarbeitung gegeben. Alle Aspekte einer Schweißverbindung, von der Nahtvorbereitung über die Schutzgase, Schweißzusätze und Lichtbogenarten bis hin zum Lagenaufbau und der Wärmeführung sowie den Möglichkeiten zur Nachbehandlung werden erläutert.

Merkblatt DVS 0948
Unterpulverschweißen mit seinen Verfahrensvarianten
Ausgabe 09/2024

Das Merkblatt DVS 0948 „Unterpulverschweißen mit seinen Verfahrensvarianten“ gibt einen ersten Überblick über gebräuchliche Ausführungsarten des Unterpulverschweißverfahrens zum Auftrag- und Verbindungsschweißen. Hierbei sollen die Verfahrensvarianten dargestellt und voneinander abgegrenzt werden sowie Begrifflichkeiten einheitlich beschrieben werden. Es ermöglicht dem Anwender die Auswahl des geeigneten Verfahrens für den jeweiligen Anwendungsfall. Details zur Verfahrensdurchführung können dann tiefergreifenden Merkblättern zu den Verfahrensvarianten entnommen werden. Hierbei sind zum Beispiel die Merkblätter DVS 0915, DVS 0936, DVS 0964 und DVS 0940 zu nennen.

Merkblatt DVS 0980
Verifizierung von Stromquellen in Lichtbogenschweißeinrichtungen
Ausgabe 01/2025

Das Merkblatt dient als Leitfaden zur praktischen Umsetzung des Überprüfungsvorganges (Verifizierung) von Schweißstromquellen bzw. des Kalibrierens von Messgeräten.

Fügen im Straßenfahrzeugbau

Merkblatt DVS/BdZS 2508
Richten und Schweißarbeiten an Kraftradrahmen - Voraussetzungen an die betriebliche Einrichtung und Qualifikation des Personals
Ausgabe 04/2025

Das Merkblatt wurde in Zusammenarbeit mit Vertretern des Bundesverbandes der Zweirad-Sachverständigen e.V. (BdZS) und der GSI mbH NL SLV Duisburg erarbeitet. Dabei wurde die Merkblattreihe DVS/BdZS 2508 und 2509 erstellt und aktualisiert. Darin werden Empfehlungen der Fahrzeughersteller mit den Erkenntnissen und Erfahrungen von solchen Institutionen wiedergegeben, die sich mit der sachgemäßen Instandsetzung befassen. Es ergeben sich daraus herstellerunabhängige Verfahren für die Instandsetzung und Modifikationen an Zweirädern, die bei sorgfältiger und fachgerechter Anwendung die Gewähr für eine den Beanspruchungen gerecht werdende Anwendung der thermischen Fügetechnik bieten. Damit das Schweißen und Löten als spezieller Prozess sicher beherrscht wird und um die Qualität der Produkte sicherzustellen, muss aufgabenabhängig ein Schweißer/Löter mit entsprechender Prüfung sowie eine Schweißaufsicht (mit Aufgaben und Verantwortung) vorhanden sein. Durch unsachgemäßes Schweißen an Kraftradrahmen können die mechanisch-technologischen Eigenschaften der verwendeten Werkstoffe unzulässig verändert werden. Die Verkehrssicherheit von Krafträdern kann dadurch gefährdet sein. Dieses Merkblatt legt daher wichtige Anforderungen an den Betrieb und sein Personal fest.

Schweißen im Luft- und Raumfahrzeugbau

Merkblatt DVS 2714
Schweißgeräte zum manuellen und vollmechanischen WIG-Schweißen – Festlegen von Anforderungen für den Luft- und Raumfahrzeugbau
Ausgabe 06/2025

Das Merkblatt gilt für die Auswahl von Schweißgeräten/Schweißstromquellen, welche zum reproduzierbaren WIG-Schweißen eingesetzt werden. Dieses Merkblatt sollte mitgeltend bei der Neubestellung, aber auch während der Nutzungsdauer der Schweißstromquelle als Kalibrierrichtlinie mit vereinbart werden. Die Inhalte richten sich an Personen, die mit der Auswahl der Schweißgeräte befasst sind, wie z.B. Einkäufer oder Schweißaufsichtspersonen. Die Anforderung für eine in regelmäßigen Abständen durchzuführende Kalibrierung während der Nutzungsdauer können Prozessvorschriften des Herstellers und/oder betriebliche Vorgaben sein. In Abhängigkeit von der Schweißaufgabe und der geforderten Schweißnahtqualität kann das geeignete Schweißgerät nach den definierten Genauigkeitsklassen A bis C ausgewählt werden. Bei Anwendung einer der drei Genauigkeitsklassen können für einzelne Messgrößen die zulässigen Abweichungen der anderen Genauigkeitsklasse festgelegt werden.

Additive Fertigung

Merkblatt DVS 1404
Hinweise zur additiven Verarbeitung mit nicht rostenden ferritisch-austenitischen Drahtelektroden
Ausgabe 06/2025

Dieses Merkblatt gilt für den Materialauftrag mittels gerichteter Energieeinbringung unter Verwendung von Lichtbogen und Drahtelektrode (abgekürzt DED-AW, nach englisch direct energy deposition with arc and wire) mit nicht rostenden ferritisch-austenitischen Schweißzusätzen. Häufig werden für diese Legierungen auch die Bezeichnungen austenitisch-ferritisch oder Duplex verwendet. Das Dokument gibt dem Anwender Hinweise zu den metallurgischen Besonderheiten bei der additiven Verarbeitung dieser Werkstoffgruppe, insbesondere zum Metallschutzgas (MSG)-Schweißprozess.

2

3 » Schweißtechnisches Fachwissen

Technische Fragestellungen, Trends und Informationen stehen im Mittelpunkt der nachfolgenden Fachbeiträge. Diese sind unterschiedlichen schweißtechnischen Feldern zugeordnet und geben Einblicke in aktuelle Fragestellungen der Schweißtechnik – praxisnahe Hilfestellung oftmals inklusive.

Bild: © IStock/Dan Brandenburg

3

Anika Langebeck, Annika Bohlen, Thomas Seefeld, Xingxing Zhang, Joana Rebelo Kornmeier, Michael Hofmann, Shadi Sharba, Felix Fritzen

Untersuchung und Vorhersage thermisch induzierter Eigenspannungen in MMC-Verschleißschutzschichten nach dem Laserstrahl-Dispergieren

Verschleißschutzschichten aus MMC-Werkstoffen (engl.: metal matrix composites, dt.: Metallmatrix-Verbundwerkstoffe) können die Standzeiten abrasiv hochbelasteter Werkzeuge deutlich erhöhen. Während der Herstellung der MMC-Oberflächen mittels Laserstrahl-Dispergieren werden jedoch thermisch induzierte Eigenspannungen in die Randschicht eingebracht, die sich nachteilig auf die Lebensdauer ebendieser Oberflächen auswirken können und somit den positiven Effekt der Verschleißfestigkeit mindern. Diese Arbeit zeigt, welchen Einfluss Laserstrahlleistung und Pulverstrom auf die Temperatur-Zeit-Verläufe der MMC-Oberflächen während des Laserstrahl-Dispergierens haben und wie sich dies auf die Eigenspannungszustände auswirkt. Ergänzt wurden die experimentellen Arbeiten um die Entwicklung einer multiskaligen Simulation zur Vorhersage der Eigenspannungszustände in MMC-Werkstoffen.

Einleitung

Das Laserstrahl-Dispergieren wird genutzt, um MMC-Verschleißschutzschichten auf Werkzeugoberflächen oder anderen abrasiv hochbelasteten Bauteilkomponenten zu erzeugen, um deren Standzeiten zu verlängern [1]. Solche Werkzeuge oder Bauteilkomponenten bestehen häufig aus Stahl, Aluminium-, Titan- oder Kupferlegierungen und werden durch Laserstrahl-Dispergieren mit Hartpartikeln wie beispielsweise Carbiden verstärkt [2]. Es besteht die Annahme, dass durch den Laserstrahlprozess thermisch induzierte Eigenspannungen in die Randschichten eingebracht werden [3]. Hierdurch kann das volle Potenzial der MMC-Verschleißschutzschichten noch nicht voll ausgeschöpft werden, da sich die Eigenspannungen nachteilig auf die Standzeiten der MMC-Schicht auswirken [4].

Aus diesem Grund wurde im Rahmen des hier vorgestellten Forschungsprojekts der Zusammenhang zwischen dem Laserstrahl-Dispergieren und den resultierenden Eigenspannungen genauer untersucht. Hierfür wurden in Anlehnung an reale Anwendungsfälle insgesamt drei relevante Werkstoffsysteme identifiziert, welche jeweils auf einem Kupferbasiswerkstoff als Matrix und einer Verstärkung mit sphärischen Wolframschmelzcarbidpartikeln (WSC) basieren. Als Einflussgrößen wurden vorrangig die Laserstrahlleistung und die Streckenmasse des Pulverstroms sowie die daraus resultierende Prozesstemperatur analysiert. Die Untersuchungen erfolgten dabei einerseits mittels diffraktometrischer Bestim-

Tabelle 1. Prozessparameter für das Laserstrahl-Dispergieren.

	WSC/Cu	WSC/CuAl	WSC/CuBe
Laser	TruDisk 2021	TruDisk 12002	TruDisk 12002
Laserstrahlleistung	1,6 kW bis 1,8 kW	konst. 1,4 kW	2,0 kW bis 3,0 kW
Spotgröße	konst. 1,9 mm	konst. 3,6 mm	konst. 3,6 mm
Prozessgeschwindigkeit	konst. 150 mm/min	konst. 300 mm/min	200 mm/min bis 300 mm/min
Heizplattentemperatur	300 °C bis 400 °C	ohne bis 400 °C	ohne
Schutzgas (Ar)	konst. 15 l/min	15 l/min	konst. 15 l/min
Trägergas (Ar)	konst. 3,5 l/min	2 l/min	konst. 3,5 l/min
Streckenmasse	konst. 37 g/m	konst. 63 g/m	10 g/m bis 40 g/min

3

mungen der Eigenspannungen und andererseits mittels taktiler Messungen des Verzugs an dünnen MMC-Proben. Um die experimentellen Messungen zu ergänzen, wurde ein multiskaliges Simulationsverfahren entwickelt, mit dem ortsaufgelöst Spannungen und Verzerrungen vorhergesagt werden können. Gegenwärtig sind thermo-mechanische Simulationen von MMC-Verschleißschutzschichten aufgrund ihrer Komplexität mit einem sehr hohen Rechen- und damit auch Kostenaufwand verbunden. Um den numerischen Aufwand gering zu halten und echte Zweiskalensimulationen zu ermöglichen, wurde ein effizientes, nichtlineares Modellordnungsreduktionsverfahren auf Basis der Nonuniform Transformation Field Analysis (NTFA, [5; 6]) erarbeitet. Die Berücksichtigung der starken Temperaturabhängigkeit basiert auf dem für die thermo-elastische Homogenisierung entwickelten Verfahren aus [7].

Material und Methoden

Werkstoffe

Es wurden drei unterschiedliche MMC-Werkstoffsysteme auf Kupferbasis, verstärkt mit sphärischen Wolframschmelzcarbidpartikeln (nachfolgend: WSC), bestehend aus den beiden Phasen WC und W_2C, untersucht. Zunächst wurde das Modellwerkstoffsystem mit einer Matrix aus reinem ETP-Kupfer (nachfolgend: Cu) untersucht. Darüber hinaus wurden zwei weitere MMC-Werkstoffsysteme mit einer Matrix aus Aluminiumbronze CuAl10Ni-5Fe4 (nachfolgend: CuAl) und Kupferberyllium CuBe2 (nachfolgend: CuBe) analysiert. Das Modellwerkstoffsystem WSC/Cu bildete den Ausgangspunkt für die Simulationsentwicklung sowie für die diffraktometrischen Untersuchungen. Die weiteren Werkstoffsysteme WSC/CuAl und WSC/CuBe basieren auf

Grundwerkstoffen, die industriell in abrasiv hochbelasteten Bereichen eingesetzt werden. Sie bilden damit reale Anwendungsfälle ab.

Laserstrahl-Dispergieren und Thermographie

Das Laserstrahl-Dispergieren von Einzelspuren in Cu wurde mit einem frequenzverdoppelten Festkörperlaser der Firma Trumpf mit einer Wellenlänge von 515 nm umgesetzt. Um ein hinreichend großes Schmelzbad zu generieren, wurde der Laserstrahl defokussiert. Über eine koaxiale Dreistrahldüse wurde das WSC-Pulver in die Prozesszone geleitet. Zusätzlich wurde eine Heizplatte eingesetzt, um die Cu-Substrate vor und während des Prozesses zu erwärmen und so die hohe Wärmeleitung im Cu zu verlangsamen. Während des Laserstrahl-Dispergierens in Cu wurde die Prozesstemperatur mittels eines lateral am Prozesskopf fixierten Quotienten-Pyrometers der Firma Sensortherm überwacht. Gleichzeitig wurde die Substrattemperatur unterhalb der Prozesszone stationär mit einem Thermoelement (Typ-K) gemessen. Hierfür wurde das Thermoelement über eine schmale Bohrung mittig 3 mm unterhalb der Oberfläche positioniert. Als charakteristische Messgröße wurde die maximale Substrattemperatur ausgewertet. Tabelle 1 zeigt eine Übersicht über die konstanten und variierten Prozessparameter.

Das Laserstrahl-Dispergieren von Einzelspuren und Flächen in CuAl und CuBe wurde mit einem Festkörperlaser mit einer Wellenlänge von 1.030 nm umgesetzt. Über eine koaxiale Sechsstrahldüse der Firma GTV wurde das WSC-Pulver in die Prozesszone geleitet. Während des Laserstrahl-Dispergierens in CuBe wurde die Prozesstemperatur mittels eines koaxial eingebundenen Quotienten-Pyrometers überwacht. Es wurden die Laserstrahlleistung, die Prozessgeschwindigkeit sowie die Streckenmasse beim Laserstrahl-Dispergieren von kleinen MMC-Flächen, bestehend aus vier sich überlappenden Einzelspuren, variiert, Tabelle 1.

Verzugsmessungen der MMC-Verschleißschutzschichten

An den laserstrahldispergierten WSC/CuBe-Proben wurden zusätzlich Verzugsmessungen durchgeführt. Hierfür wurde eine Koordinatenmessmaschine verwendet. Vor Beginn des Laserstrahl-Dispergierens wurden hiermit die Oberflächen der Substrate (Ausgangsprofil) vermessen. Nach dem Laserstrahl-Dispergieren wurde mittels Drahterodieren die MMC-Schicht in einer Tiefe von 1 mm vom restlichen Substrat getrennt, wodurch sich die eingebrachten Eigenspannungen in messbaren Verzug abbauen konnten. Die glatte Rückseite dieser 1 mm dünnen MMC-Schichten wurde dann erneut vermessen und mit dem Ausgangsprofil verrechnet. Die Messung des Verzugs erfolgte in Auftragrichtung mittig auf der Probenrückseite. Als Verzugskenngröße wurde die Differenz aus Maximal- und Minimalwert der Profilmessung gebildet.

Diffraktometrische Analysen der MMC-Verschleißschutzschichten

Die Eigenspannungsbestimmungen wurden aufgrund der hohen Absorption der WSC-Partikel für Röntgenstrahlung mittels Neutronendiffraktion durchgeführt. Es wurden WSC/Cu- und WSC/CuAl-Proben untersucht. Für alle Messungen standen spannungsfreie Referenzproben zur Verfügung.

Die Messungen an den WSC/Cu-Proben wurde am Diffraktometer HB-2B (HIDRA) des High Flux Isotope Reaktors des Oak Ridge National Laboratory's durchgeführt. Bild 1 zeigt die Messrichtung (Neutron line scan) sowie die drei Dehnungsrichtungen. Die Messungen wurden nur im Cu vorgenommen, wofür der (311)-Beugungsreflex verwendet wurde. Die Messungen wurden jeweils in der Mitte der Laserstrahlspur von der Oberfläche bis in 10 mm Messtiefe durchgeführt. Die elastischen Dehnungen wurden aus den gemessenen Beugungswinkeln gemäß Gleichung (1) berechnet:

$$\varepsilon_i = \frac{\sin\theta_0}{\sin\theta_i} - 1$$

Hierbei bezeichnet *i* die jeweilige Mess- bzw. Dehnungsrichtung normal, transversal und longitudinal, θ0 den Beugungswinkel der spannungsfreien Referenzprobe und θi den gemessenen Beugungswinkel der Proben.

Die Messungen an den WSC/CuAl-Proben wurden am Diffraktometer Kowari des Bragg Institutes der Australian Nuclear Science and Technology Organisation (ANSTO) in Sydney durchgeführt. Hier wurden zwei verschiedene Messreihen durchgeführt. Zur Bestimmung des Makrospannungszustands wurde ein Tiefenverlauf analog zur Messung in WSC/Cu aufgenommen, d. h. nur unter Verwendung des (311)-Beugungsreflexes der Cu-Matrix. Die Mikrospannungen, die aus der unterschiedlichen thermischen Ausdehnung von WSC und der CuAl-Matrix rühren, wurden durch Messungen der WSC-Beugungsreflexe ((201) für WC und (202) für W_2C) an einem kleinen Pin bestimmt.

Für die Bestimmung der Anteile der einzelnen Phasen wurden die Proben am Neutronenpulverdiffraktometer Echidna (ANSTO) gemessen.

Simulation der MMC-Verschleißschutzschichten

Um die thermo-mechanische Simulation der Verschleißschutzschichten durchführen zu

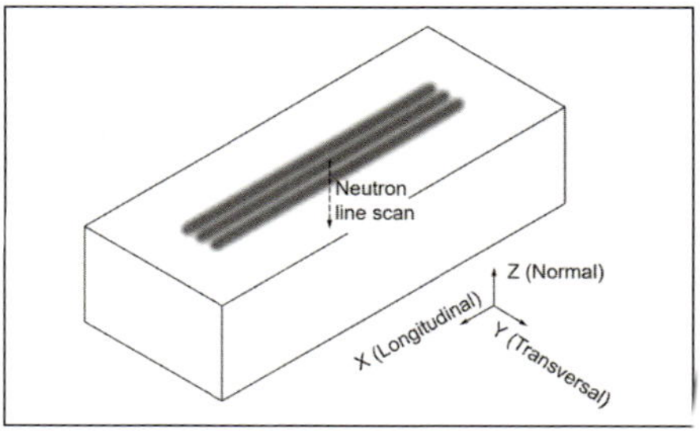

Bild 1. Schematische Darstellung einer Probe mit einer Fläche aus drei laserstrahlumgeschmolzenen Spuren für die Eigenspannungsanalyse mit Angabe der Messlinie und der Dehnungsrichtungen. (© Michael Hofmann)

können, muss die Modellkomplexität stark reduziert werden, da es nicht möglich ist, alle WSC-Partikel ortsaufgelöst abzubilden und in der Simulation zu berücksichtigen. Analytische Homogenisierungsverfahren wie beispielsweise die einfachen Voigt- oder Reuss-Schranken [8; 9] sind hierfür nicht geeignet. Sie berücksichtigen weder die Pfadabhängigkeit des Materialverhaltens durch dissipative Prozesse noch die geometrische Verteilung der Partikel. Um eine Balance aus notwendiger numerischer Leistungsfähigkeit und genauer Modellierung zu erzielen, wurde wie folgt vorgegangen:

- Reduktion der geometrischen Komplexität;
- thermo-elastische Homogenisierung basierend auf [7];
- thermo-plastische Homogenisierung mit der Nonuniform Transformation Field Analysis (NTFA) [5; 6] in Kombination mit [7].

Ergebnisse

Simulation der MMC-Verschleißschutzschichten

Um eine geometrisch einfache und trotzdem aussagekräftige Mikrostruktur zu finden, wurden verschiedene Einheitszellen gene-

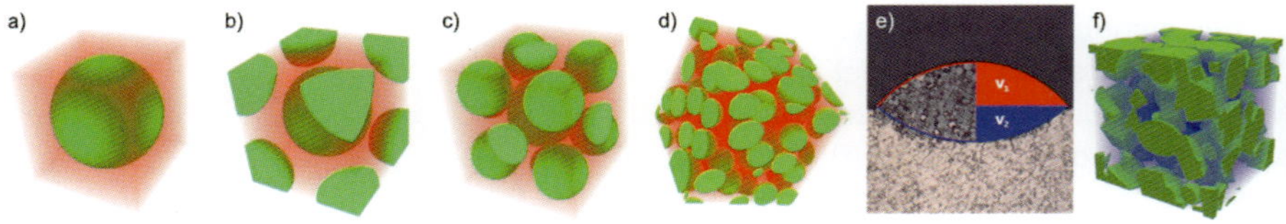

Bild 2. Verschiedene vereinfachte periodische Einheitszellen (a-d); komplexe Referenz und Illustration der Partikelvolumenfraktionsidentifikation aus dem Schliffbild (e); Einheitszelle mit 40 % Partikeln und komplexer Morphologie (f). Modell gemäß 2b) wurde im Weiteren verwendet. (© Felix Fritzen)

riert (u. a. **Bild 2a-c**). Parallel dazu wurden Simulationen mit Hunderten Partikeln durchgeführt, **Bild 2d**, die an Computertomographieaufnahmen angelehnt sind. Nach Abgleich der Ergebnisse wurde das einfache parametrisierbare Modell aus **Bild 2b** ausgewählt. Es ermöglicht numerisch günstige Simulationen und ist bezüglich des Partikelgehalts kalibrierbar (automatische Bestimmung aus Schliffbildern, **Bild 2e**). Die mit zwei Radien einfach zu parametrisierende Mikrostruktur mit neun Partikelfragmenten hat sehr gute Genauigkeiten im Bereich von max. 3 % Abweichung bei den thermo-elastischen Eigenschaften erreicht.

Es wurde anschließend ein auf der Nonuniform Transformation Field Analysis (NTFA, [5; 6]) basierendes Modellordnungsreduktionsverfahren entwickelt, das mit wenigen Mikrostruktur-Simulationen für die Einheitszelle, **Bild 2b**, eine Genauigkeit von über 99 % der thermo-elastischen Größen über den gesamten Temperaturbereich erreicht. Dazu werden bei sechs Temperaturen die effektiven thermo-elastischen Größen simuliert. Diese Simulationen erfolgen mit dem „Fast Fourier Transform“-basierten Verfahren aus [10]. Anschließend wird in [7] für Zwischentemperaturen eine energieoptimale Interpolation der bereits simulierten Daten vorgeschlagen. Diese unterscheidet sich von der ad hoc im Ingenieurwesen üblichen linearen Interpolation und führt zu deutlich verbesserten Genauigkeiten bei gleichzeitiger Echtzeitfähigkeit. Die Abweichung zwischen vollständig simulierten und interpolierten thermo-elastischen Größen liegt für den gesamten Temperaturbereich deutlich unter 1 % (siehe [7] für weitere Ergebnisse).

Die Berücksichtigung der thermo-plastischen Effekte in Verbindung mit den temperaturabhängigen Materialdaten wurde durch die Verwendung der NTFA realisiert, bei der die plastischen Verzerrungen im Material durch eine problemspezifische reduzierte Basis approximiert werden. Diese Basis wird aus einigen wenigen thermo-plastischen Simulation der Mikrostruktur mit Hilfe der Proper Orthogonal Decomposition (POD) gewonnen. Zur Untersuchung thermo-plastischer Effekte wurde die NTFA für isotherme Probleme [5; 6] durch eine Weiterentwicklung unserer thermo-elastischen Homogenisierung [7] ergänzt. Mit dieser können die Systemmatrizen des NTFA-Modells temperaturabhängig berechnet werden. Diese Matrizen beschreiben die Interaktion zwischen den thermo-elastischen Eigenschaften und den plastischen Moden der NTFA. Die Grundlage der Systemmatrizen sind thermo-elastische Simulationen, mit dem Verfahren aus [7] in Echtzeit gelöst werden können. So können die jetzt stark temperaturabhängigen und für die NTFA benötigten Systemmatrizen bei jeder beliebigen Zwischentemperatur ohne kostspielige Simulationen und mit hoher Genauigkeit in tabella-

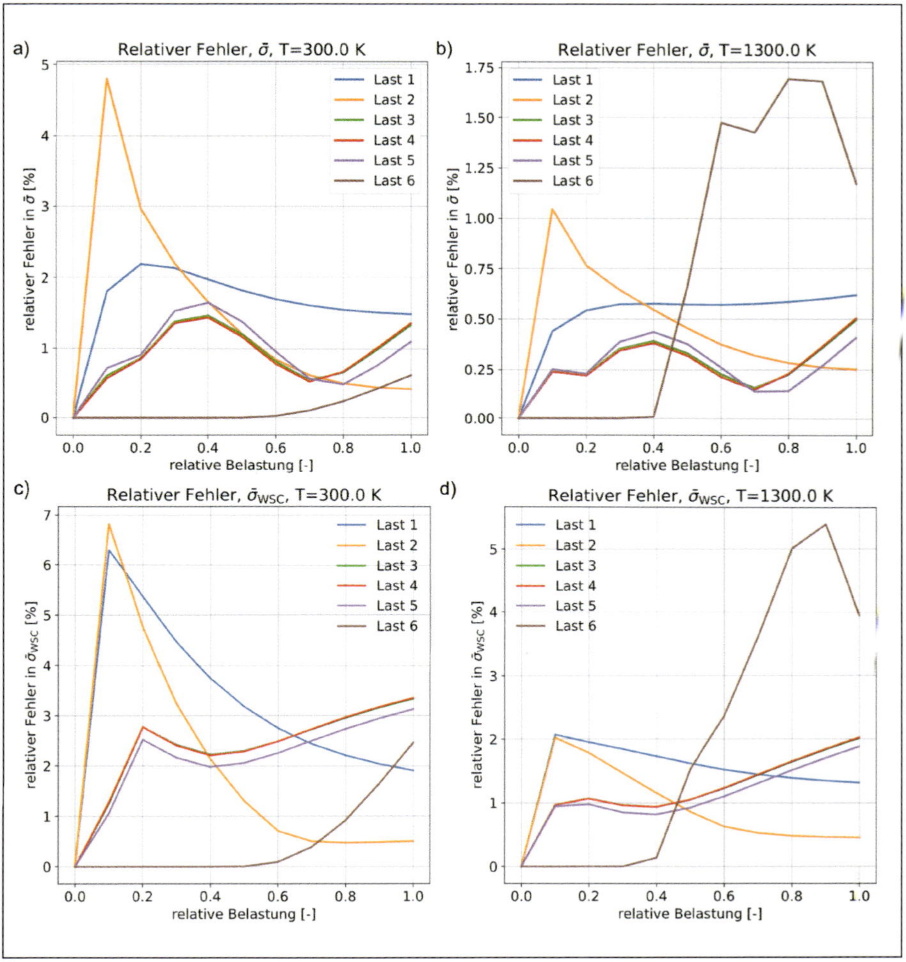

Bild 3. Relativer Fehler in der effektiven Spannung im MMC-Gefüge für: a) 300 K und b) 1300 K; ebenso für Wolframschmelzcarbid für c) 300 K und d) 1300 K; Ergebnisse jeweils für sechs verschiedene Belastungen (Lastpfad 1 bis 6) über der relativen Lastamplitude. (© Felix Fritzen)

rischer Form abgelegt werden. Durch die Tabellierung der Daten wird die Effizienz gesteigert und die Implementierung weiter vereinfacht (siehe auch Diskussion in [7]). Eine detaillierte Arbeit zur algorithmisch technischen Umsetzung der thermo-plastischen NTFA wird aktuell finalisiert und in Kürze eingereicht. Zusammenfassend ergibt sich daraus ein numerisch schlankes Modell, das den Zugang zu den Eigenspannungen und weiteren mechanischen Kennwerten ermöglicht. Das Verfahren ist numerisch äußerst robust und erfordert während der Prozesssimulation mit kommerziellen Werkzeugen wie LS Dyna oder Abaqus keine tiefgreifenden Modifikationen (Implementierung als benutzerdefiniertes Material, zum Beispiel über die UMAT-Schnittstelle in Abaqus).

Nachdem das thermo-mechanische Verhalten von Einheitszellen für eine MMC-Mikrostruktur in Echtzeit simuliert werden kann, können diese Daten in die makroskalige Simulation von MMC-Schichten überführt werden. Die Genauigkeit dieser multiskaligen Simulation einer heterogenen MMC-Schicht im Vergleich zu einer Vollfeldsimulation ist in **Bild 3** für verschiedene Lastpfade bei 300 K (a, c) und 1.300 K (b, d) dargestellt. Hier wurden sechs verschiedene Verformungen (u. a. reine Scherung) auf die Mikrostruktur aufgebracht. Bei den beiden genannten Temperaturen wurde die Simulation einmal mit der neuartigen thermo-plastischen NTFA und einmal mit einer kostspieligen Vollfeldsimulation berechnet. Die maximalen Fehler des reduzierten Modells gegenüber der Vollfeldsimulation liegen bei weniger als 5 % (300 K) respektive 2 % (1.300 K). Für die Spannungen in den WSC-Partikeln liegen die maximalen Fehler bei 7 % (300 K) und 5,3 % (1.300 K). Dies belegt, dass unser Modell über einen weiten Temperaturbereich zur Eigenspannungsvorhersage geeignet ist und eine etwa 100.000-mal schnellere Vorhersage im Vergleich zur Vollfeldsimulation ermöglicht.

Laserstrahl-Dispergieren des Modellwerkstoffsystems WSC/Cu

In **Bild 4a** ist beispielhaft das Temperaturprofil im Matrixwerkstoff während des Laserstrahlumschmelzens mit 1,6 kW (grüne Kurven) und 1,8 kW (blaue Kurven) gezeigt. **Bild 4b** zeigt die Auswertung der Maximaltemperaturen im Substratwerkstoff, die mit dem Thermoelement gemessen wurden, für den untersuchten Parameterbereich. Die gemessenen Spitzentemperaturen liegen zwischen 516 °C und 628 °C. Je höher die Laserstrahlleistung und/oder die Tempera-

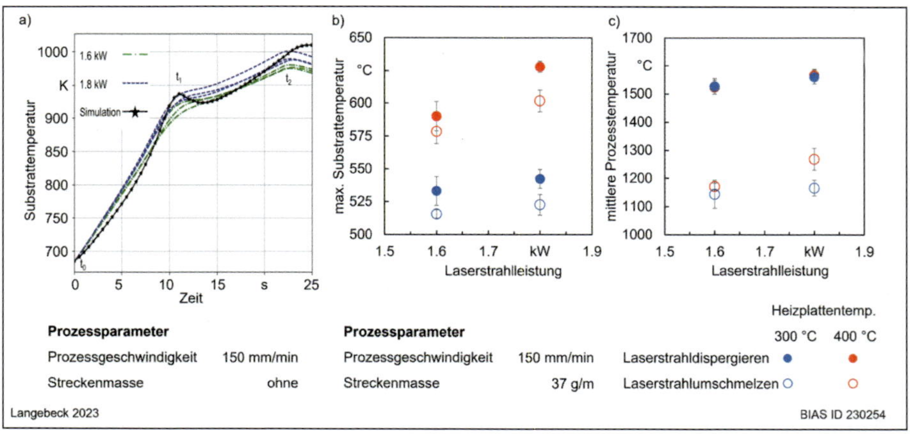

Bild 4. Temperaturverlauf im Cu-Substrat beim Laserstrahlumschmelzen, gemessen (blau für 1,8 kW, grün für 1,6 kW) und simuliert (schwarz für 1,8 kW) (a); b) maximale Substrattemperatur und c) gemittelte Prozesstemperatur beim Laserstrahl-Dispergieren und Laserstrahlumschmelzen in Abhängigkeit von Laserstrahlleistung und Heizplattentemperatur. (© Felix Fritzen, Anika Langebeck)

tur der Heizplatte eingestellt ist, umso höhere Temperaturen werden im Substrat gemessen. Den größten Effekt auf die Substrattemperatur hat die Temperatur der Heizplatte (rote und blaue Datenpunkte in **Bild 4b**). Dieser Effekt wird durch eine höhere Laserstrahlleistung zusätzlich verstärkt. Eine Erhöhung der Heizplattentemperatur bewirkt bei einer Laserstrahlleistung von 1,6 kW einen Substrattemperaturanstieg um 57 K. Bei einer Laserstrahlleistung von 1,8 kW beträgt der Temperaturanstieg 86 K. Eine Erhöhung der Laserstrahlleistung bewirkt bei einer Heizplattentemperatur von 300 °C lediglich einen geringen Substrattemperaturanstieg von 9 K, während bei einer höheren Heizplattentemperatur die Erhöhung der Laserstrahlleistung einen Substrattemperaturanstieg von 38 K verursacht. Des Weiteren zeigt **Bild 4b** einen deutlichen Einfluss des Pulvers auf die Substrattemperatur. Durch das eingebrachte WSC-Pulver steigt die maximale Substrattemperatur an. Eine Verstärkung dieses Effekts durch eine höhere Laserstrahlleistung oder eine höhere Heizplattentemperatur kann nicht eindeutig gemessen werden [11].

Bild 4c zeigt den Einfluss der Prozessparameter auf die mittlere Prozesstemperatur, die mit dem Quotienten-Pyrometer gemessen wurde. Die Werte liegen hier zwischen 1.143 °C und 1.566 °C. In diesem Diagramm wird der Einfluss der Pulverzufuhr auf die Temperatur besonders deutlich. Die Prozesstemperatur beträgt während des Laserstrahl-Dispergierens weniger als 1.500 °C, während des Laserstrahlumschmelzens werden hingegen Temperaturen von unter 1.300 °C gemessen. Mit steigender Laserstrahlleistung wird auch eine Erhöhung der Prozesstemperatur gemessen. Ein Einfluss der Heizplattentemperatur auf die Prozesstemperatur beim Laserstrahl-Dispergieren kann hingegen nicht gemessen werden. Hier zeigt sich nur beim Laserstrahlumschmelzen, dass eine erhöhte Heizplattentemperatur zu einer erhöhten Prozesstemperatur führt (siehe auch [11]).

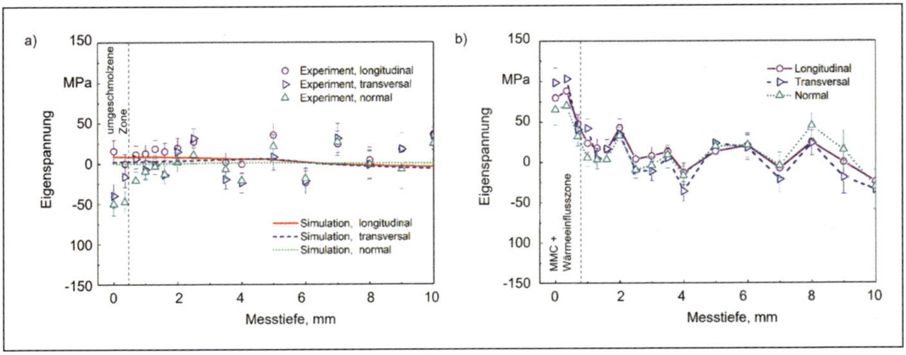

Bild 5. Eigenspannungstiefenverläufe in Cu-ETP: a) nach dem Laserstrahlumschmelzen (Datenpunkte) inkl. berechneter Eigenspannungstiefenverläufe (Kurven) und b) nach dem Laserstrahl-Dispergieren; die gestrichelte senkrechte Linie in a) und b) gibt die Tiefe der umgeschmolzenen Zone bzw. der MMC-Schicht an. (© Michael Hofmann)

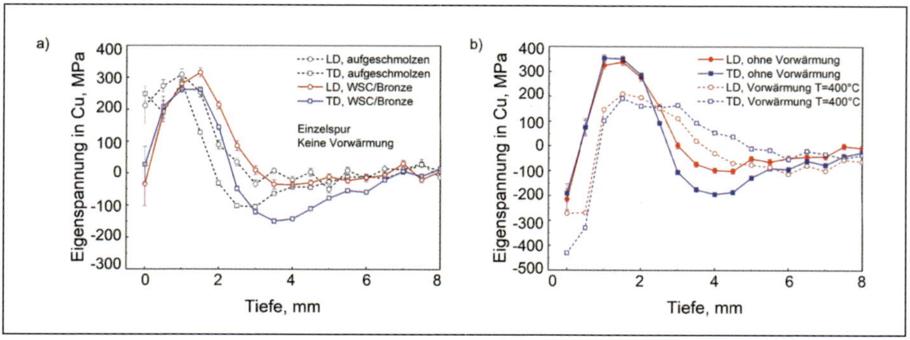

Bild 6. Vergleich: a) der Eigenspannungsverläufe einer umgeschmolzenen CuAl-Einzelspur (schwarz) ohne WSC-Pulver mit einer WSC/CuAl-Einzelspur (rot und blau), b) zweier WSC CuAl-Proben mit einer MMC-Fläche aus jeweils drei laserdispergierten Spuren ohne (durchgezogene Kurven) und mit Vorwärmung auf 400 °C (gestrichelte Kurven). (© Michael Hofmann)

Diffraktometrische Analysen

Modellwerkstoffsystem WSC/Cu

Die elastischen Eigenspannungen σ_i wurden aus den gemessenen Dehnungen ε_i für die jeweilige Spannungsrichtung ($i = L, T, N$) mittels hookeschem Gesetz berechnet, Gleichung (2).

$$\sigma_L = \frac{E_{311}}{(1+\vartheta_{311})(1-2\vartheta_{311})}[(1-\vartheta_{311})\varepsilon_L + \vartheta_{311}(\varepsilon_T + \varepsilon_N)]$$

Als diffraktionselastische Konstanten für den Cu (311) Beugungsreflex wurden entsprechend der E-Modul E_{311} = 122,05 GPa und die Poissionzahl ν_{311} = 0,352 verwendet [12].

Zhang et al. konnten mittels Neutronenbeugung zeigen, dass in allen gemessenen Cu-Proben die Eigenspannungen vernachlässigbar niedrig sind, **Bild 5a** [12]. Lediglich in der der laserstrahldispergierten WSC/Cu-Probe finden sich im Bereich der MMC-Schicht bis ca. 1,5 mm Tiefe sehr geringe Zugspannungen bis maximal 100 MPa, **Bild 5b**. Dies lässt sich durch die hohe Vorwärmtemperatur von T = 400 °C der Proben erklären. Bei dieser Temperatur ist die Festigkeit des Cu-ETPs so weit verringert, dass sich durch den Laserstrahlprozess keine zusätzlichen mechanischen Spannungen aufbauen können. Dies bestätigen auch die numerischen, thermomechanischen Simulationen, die ebenfalls sehr niedrige Spannungen für das Aufschmelzen mit dem Laserstrahl voraussagen und sehr gut mit den ermittelten Werten übereinstimmen, (**Bild 5a**, rote, blaue, grüne Kurven). Die unterschiedliche Wärmeleitfähigkeit der WSC-Partikel führt in der laserstrahldispergierten Probe mit MMC-Fläche zu den sehr niedrigen, oberflächennahen Zugeigenspannungen.

Werkstoffsystem WSC/CuAl

Für die Berechnung der Eigenspannungen wurden dieselben diffraktionselastischen Konstanten für CuAl verwendet wie für reines Cu. Im Fall der WSC-Partikel wurden für WC der E-Modul E_{201} = 677 GPa und die Poissionzahl ν_{201} = 0,233 bzw. für W_2C E_{202} =

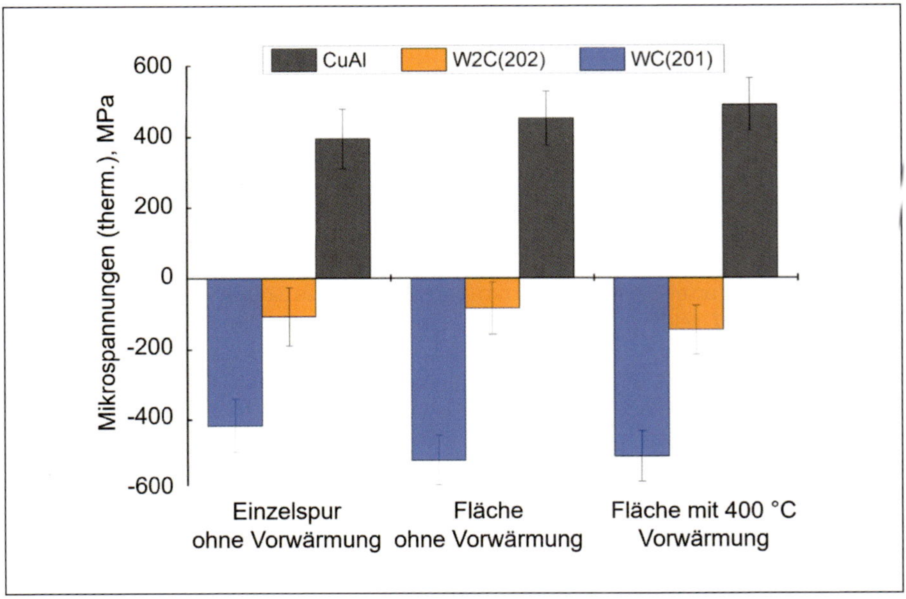

Bild 7. Ermittelte Mikrospannungen für CuAl (schwarz), WC (blau) und W_2C (orange) in den Proben mit einer MMC-Spur (links), einer MMC-Fläche (Mitte) und einer MMC-Fläche nach Vorwärmung auf 400°C (rechts). (© Michael Hofmann)

464 GPa und $\nu_{202} = 0{,}267$ verwendet. **Bild 6a** zeigt den Vergleich der ermittelten Eigenspannungen der Cu-Phase in einer Probe, die umgeschmolzen wurde (schwarze Kurven), mit einer Probe, die mit gleichen Laserstrahlprozessparametern dispergiert wurde (rote und blaue Kurve). Bei der umgeschmolzenen Probe zeigt sich ein typischer Eigenspannungszustand aus Schweißprozessen mit hohen Zugeigenspannungen von über 300 MPa nahe der Probenoberfläche, die durch Druckspannungen in der Tiefe ausgeglichen werden. Der Eintrag von WSC-Partikeln verschiebt die Zugeigenspannungen weiter in die Tiefe der CuAl-Matrix. Der Maximalbetrag der Eigenspannungen bleibt dabei nahezu unverändert. Das Aufbringen von MMC-Flächen (**Bild 6b**, rote und blaue Kurve) erhöht durch den erhöhten Wärmeeintrag geringfügig die maximalen Eigenspannungen auf 350 MPa und damit nahe an die Streckgrenze der CuAl-Matrix von 360 MPa. Der Tiefenverlauf bleibt aber nahezu unverändert. Vorwärmen der Probe auf 400 °C (gestrichelte rote und blaue Kurve in **Bild 6b**) dagegen vermindert drastisch die maximal aufgebauten Zugspannungen auf ca. 200 MPa und es treten sowohl deutlichere Druckspannungen nahe der Oberfläche in der MMC-Schicht als auch eine Verschiebung und Verbreiterung des Spannungsprofils in der Tiefe auf.

Die Bestimmung des Mikrospannungszustands erfolgte an einem kleinen Pin. Durch das Freischneiden des Pins ist davon auszugehen, dass hier alle Makrospannungen ausgelöst werden und nur noch die, aufgrund der unterschiedlichen thermischen Ausdehnung des WSC und der CuAl-Matrix hervorgerufenen phasenspezifischen Mikrospannungen verbleiben. Die Volumenanteile der einzelnen Phasen wurden aus den Pulverdiffraktogrammen zu CuAl = 33,0 %, WC = 24,5 % und W_2C = 42,5 % bestimmt. Referenzwerte für WC und W_2C wurden aus der Messung an den jeweiligen Beugungsreflexen (201) und (202) an einer WSC-Pulverprobe ermittelt. **Bild 7** zeigt das Ergebnis der Berechnung des Mikrospannungszustands. Aufgrund der unterschiedlichen thermischen Ausdehnung werden nach dem Laserstrahl-Dispergieren Druckeigenspannungen in den harten WSC-Partikeln erwartet, die im Gleichgewicht zu Zugeigenspannungen in der CuAl-Matrix stehen. Interessanterweise scheinen die Druckeigenspannungen nicht gleichmäßig in den beiden WSC-Phasen verteilt zu sein. In WC finden sich Druckspannungen von -400 MPa bis -500 MPa, während im W_2C nur ca. -100 MPa ermittelt werden.

Verzugsmessungen am Werkstoffsystem WSC/CuBe

Bild 8 zeigt den Einfluss der tatsächlich eingebrachten Streckenmasse auf den Verzug in Auftragrichtung WSC/CuBe-Proben sowie den Einfluss der Streckenmasse auf die Prozesstemperatur und den Zusammenhang zwischen der Prozesstemperatur und dem resultierenden Verzug. Auf der x-Achse ist die tatsächlich in die Prozesszone eingebrachte Streckenmasse aufgezeichnet. Die Einfärbung der gezeigten Datenpunkte korreliert mit der gemessenen Prozesstemperatur. Es ist zu sehen, dass nur für eine hohe Streckenmasse von 40 g/m (Dreiecke in **Bild 8**) ein Verzug gemessen wird, der über den Verzug von 0,06 mm des Drahterodierens (gestrichelte Linie) hinausgeht. Die Verzugskennwerte liegen für die hohe Streckenmasse zwischen 0,13 mm und 0,31 mm. Abhängig von den gewählten Prozessparametern Laserstrahlleistung und Vorschubgeschwindigkeit konnte die tatsächlich eingebrachte Streckenmasse erhöht werden (siehe [13] für ausführliche Darstellung), die wiederum mit dem Verzug und auch mit der Prozesstemperatur korreliert. Mit steigender tatsächlich eingebrachter Streckenmasse von 12 g/m bis 22 g/m wurde ein näherungsweise linearer Anstieg des Verzugs bestimmt sowie ein Anstieg der Prozesstemperatur von 1116 °C auf 1210 °C gemessen.

Diskussion

Die neu vorgeschlagene Erweiterung der NTFA auf stark temperaturabhängige Materialparameter hat sich in den ersten Tests als eine genaue und numerisch effiziente Methode zur Vorhersage des nichtlinearen thermomechanischen Verhaltens der MMC-Verschleißschutzschicht bewährt. Insbesondere durch die Verknüpfung mit der kürzlich publizierten Arbeit [7] ist es nun möglich, ausgehend von Vollfeldsimulationen bei wenigen (hier: zehn) verschiedenen Temperaturen das Materialverhalten bei beliebigen Zwischentemperaturen vorherzusagen. Die Qualität der Spannungsvorhersage ist mit Fehlern im Bereich von wenigen Prozent über alle Temperaturen hinweg ausgezeichnet. Mit einem einzigen reduzierten Modell ist somit die Vorhersage (a) der effektiven Spannung, (b) der Spannung in den einzelnen Phasen und (c) über den gesamten Temperaturbereich möglich. Gleichzeitig wird gegenüber klassischen Materialmodellen kein zusätzlicher Speicher benötigt und die Rechenzeit ist ebenfalls vergleichbar. Die Genauigkeit der Spannungsvorhersage in den Einzelphasen bei hohen Temperaturen soll in Zukunft weiter verbessert werden. Bereits jetzt ist die Genauigkeit trotzdem in etwa vergleichbar mit der von experimentellen Verfahren.

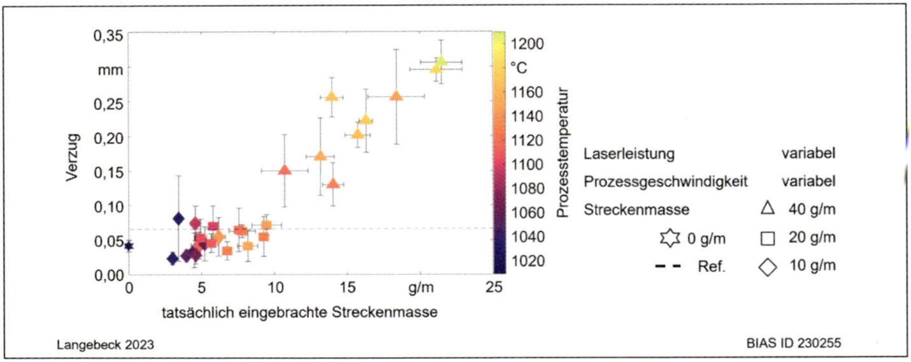

Bild 8. Verzug in Prozessrichtung für unterschiedliche Streckenmassen in Abhängigkeit von der tatsächlich eingebrachten Streckenmasse und in Korrelation mit der gemittelten Prozesstemperatur. (© Anika Langebeck)

Die thermographischen Untersuchungen zum Laserstrahl-Dispergieren im Modellwerkstoffsystem WSC/Cu haben gezeigt, dass neben der Laserstrahlleistung und der Temperatur der zusätzlich verwendeten Heizplatte insbesondere auch die Pulverzufuhr einen messbaren Einfluss sowohl auf die mittlere Prozesstemperatur als auch auf die Temperatur im Grundwerkstoff nahe der Prozesszone hat. Dies ist dadurch zu erklären, dass durch die Pulverzufuhr der Eintrag der Laserenergie in die Prozesszone verstärkt wird [14]. Für das hier untersuchte Werkstoffsystem ist die vom WSC-Pulverstrom absorbierte Energie größer als der Verlust, der durch die Abschattung des Cu-Substrats durch den Pulverstrahl erzeugt wird. Die erhöhte Absorptivität im Pulverstrahl ist dabei durch mehrere Faktoren beeinflusst. Zum einen ist die Absorption stark materialabhängig, zum anderen wird die Laserstrahlung im Pulverstrahl mehrfach reflektiert, sodass ein höherer Anteil der Energie absorbiert wird. Beide Faktoren wirken sowohl im Pulverstrahl, während das Pulver noch nicht in das Schmelzbad eingedrungen ist, als auch an der Schmelzbadoberfläche, auf der die Pulverpartikel einen Teil das Schmelzbades bedecken. Ein vergleichbarer Einfluss wurde auch für das Werkstoffsystem WSC/CuBe gemessen. Hier konnte zudem gezeigt werden, dass mit einer heißeren Prozesszone ein höherer Pulvernutzungsgrad und damit eine höhere tatsächlich eingebrachte Streckenmasse einherging. Vor allem letzteres wirkte sich signifikant auf den Verzug aus.

Die Neutronenbeugungsmessungen zeigen, dass die Dehnungen und Spannungen in den vorliegenden Werkstoffen auf CuAl-Basis deutlich höher sind als bei den WSC/Cu-Proben mit einer reinen Cu-Matrix. Dieses Phänomen ist auf zwei mögliche Ursachen zurückzuführen. Zum einen ist die Festigkeit der CuAl-Bronze viel höher als die von reinem Cu. Andererseits reduziert die hohe Vorwärmtemperatur von 400 °C die thermischen Gradienten in den umgeschmolzenen Cu- und den laserstrahldispergierten WSC/Cu-Proben drastisch, wodurch die Eigenspannungen und das Spannungsniveau in den WSC/Cu-Proben stark vermindert werden. Der gleiche Effekt der Vorwärmtemperatur auf die Eigenspannungen zeigt sich auch bei den WSC/CuAl-Proben, wenn sie vorgewärmt werden, wenngleich auch aufgrund der höheren Festigkeit nicht ganz so ausgeprägt. Die ermittelten makroskopischen Eigenspannungen haben im Wesentlichen zwei Ursachen. Dies sind einmal die thermischen Gradienten beim Aufschmelzen mit dem Laserstrahl, die, ähnlich wie beim klassischen Schweißen, einerseits zu hohen Zugeigenspannungen in der Schweißnaht bzw. dem MMC-Gefüge und der Wärmeinflusszone führen und andererseits kompensierenden Druckspannungen im darunterliegenden Matrixwerkstoff verursachen. Zum anderen sind es die thermische und elastische Fehlpassungen zwischen der MMC-Spur und dem Cu- bzw. CuAl-Substrat, die Druckspannungen nahe der Probenoberfläche induzieren [12]. Der generelle Verlauf der makroskopischen Eigenspannungen zeigt dabei gute Übereinstimmung mit Spannungsprofilen, die so auch in ähnlichen Materialien mit laserstrahlgenerierten Oberflächenbeschichtungen auftreten [15]. Die gefundenen mikroskopischen Eigenspannungen resultieren dagegen aus den unterschiedlichen elastischen und thermischen Ausdehnungen der Partikel und der umgebenden CuAl-Matrix und sind typisch für die Kombination von harten Partikeln in einer duktileren Matrix in MMC-Werkstoffen [16].

Folgerungen für die Praxis

In Zukunft kann das thermo-mechanisch homogenisierte Materialmodell in Prozesssimulationen eingesetzt werden. Ein Abgleich mit Experimenten kann in Zukunft genutzt werden, um darüber hinaus die Modellierungsannahmen zu prüfen und gegebenenfalls anzupassen. Durch die niedrigen Anforderungen an Rechenzeit und Speicherplatz ist das vorgeschlagene Verfahren zudem für Zweiskalensimulationen des Laserstrahl-Dispergierens und die prädiktive Bestimmung der Eigenspannungen bestens geeignet. In Zukunft sind neben der Temperatur weitere Parameterabhängigkeiten denkbar. Weiterhin ist eine Übertragung auf andere Materialsysteme möglich und vorgesehen.

Die hier gezeigten experimentellen Untersuchungen zum Laserstrahl-Dispergieren in Kupferwerkstoffen lassen sich wie folgt zusammenfassen:

- Neben der Laserstrahlleistung führt vor allem auch der zugeführte Pulverstrom zu einer Erhöhung der eingekoppelten Laserstrahlleistung und damit der Prozesstemperatur;
- Hohe Streckenmassen beim Laserstrahl-Dispergieren resultieren in einem höheren Verzug; eine erhöhte Prozesstemperatur kann hier als Indikator für einen höheren Verzug dienen;
- Eigenspannungen werden durch den Einsatz einer zusätzlichen Erwärmung des Matrixwerkstoffs durch eine Heizplatte verringert;
- Durch die Zugabe des WSC-Pulvers entstehen im Bereich der MMC-Spur makroskopische Druckeigenspannungen, während beim Laserstrahlumschmelzen Zugeigenspannungen in die Randschicht eingebracht werden;
- Die Mikrospannungen der MMC-Komponenten können experimentell extrahiert werden und entsprechen in ihrem Vorzeichen den Erwartungen.

Danksagung

Das Projekt wurde durch das Bundesministerium für Wirtschaft und Klimaschutz aufgrund eines Beschlusses des Deutschen Bundestages gefördert.

Für die Förderung und aktive Mitarbeit der vertretenen Unternehmen in den projektbegleitenden Ausschüssen sei an dieser Stelle gedankt.

Literatur

[1] Zou, Y., et al.: Additively Manufactured SiC-Reinforced Stainless Steel with Excellent Strength and Wear Resistance. Additive Manufacturing 41 (2021) 1, S. 101971.

[2] Warneke, P., A. Bohlen u. T. Seefeld: Improving the Wear Resistance of Copper Tools for Pressure die Casting by Laser Melt Injection. Production Engineering 17 (2023) 3, S. 453/62.

[3] Plati, A., et al.: Residual Stress Generation during Laser Cladding of Steel with a Particulate Metal Matrix Composite. Advanced Engineering Materials 8 (2006) 7, S. 619/24.

[4] Jan, V.: Laser Melt Injection of Ceramic Particles in Metals, University of Groningen Dissertation. Groningen, Netherlands 2001

[5] Michel, J. C., u. Suquet, P.: Nonuniform Transformation Field Analysis. International Journal of Solids and Structures 40 (2003) 25, S. 6937/55.

[6] Fritzen, F., u. T. Böhlke: Three-Dimensional Finite Element Implementation of The Nonuniform Transformation Field Analysis. International Journal for Numerical Methods in Engineering 84 (2010) 7, S. 803/29.

[7] Sharba, S., J. Herb u. F. Fritzen: Reduced Order Homogenization of Thermoelastic Materials with Strong Temperature Dependence and Comparison to a Machine-Learned Model. Archive of Applied Mechanics 93 (2023) 7, S. 2855/76.

[8] Voigt, W.: Lehrbuch der Kristallphysik. Vieweg+Teubner 1966.

[9] Reuss, A.: Berechnung der Fließgrenze von Mischkristallen auf Grund der Plastizitätsbedingung für Einkristalle. ZAMM – Journal of Applied Mathematics and Mechanics / Zeitschrift für Angewandte Mathematik und Mechanik 9 (1929) 1, S. 49/58.

[10] Keshav, S., F. Fritzen u. M. Kabel: FFT-based Homogenization at Finite Strains Using Composite Boxels (ComBo). Computational Mechanics 71 (2023) 1, S. 191/212.

[11] Langebeck, A., et al.: Laser Melt Injection of Spherical Fused Tungsten Carbide in Cu-ETP with 515 nm Wavelength Laser. Procedia CIRP 111 (2022) 1, S. 726/31.

[12] Zhang, X. X., et al.: Residual Stresses in Cu Matrix Composite Surface Deposits After Laser Melt Injection. Strain (2023), e12457.

[13] Bohlen, A., A. Langebeck u. T. Seefeld: Temperature and Distortion in Laser Melt Injection of MMC Wear-Resistant Coatings in a Copper Beryllium Alloy. IOP Conference Series (2023), eingereicht.

[14] Tan, H., et al.: Investigation of Heating Behavior of Laser Beam on Powder Stream in Directed Energy Deposition. Surface and Coatings Technology 397 (2020), S. 126061.

[15] Feng, Y., et al.: Residual Stress Distribution and Wear Behavior in Multi-Pass Laser Cladded Fe-Based Coating Reinforced by M3(C, B). Journal of Materials Research and Technology 15 (2021), S. 5597/607.

[16] Fitzpatrick, M. E., u. A. Lodini: Analysis of Residual Stress by Diffraction using Neutron and Synchrotron Radiation. CRC Press 2003.

Imke Engelhardt, Daniel Löschner, Lea Wendler, Richard Schiller

Modifizierter Betriebsfestigkeitsnachweis von unbehandelten und HFH-nachbehandelten Schweißkonstruktionen unter Berücksichtigung von Kollektivform, Spannungsverhältnis und Kerbdetail

Für eine wirtschaftliche Auslegung durch Betriebslasten beanspruchter Konstruktionen ist ein Nachweisformat erforderlich, das die sichere, aber nicht zu konservative Auslegung von Bauteilen gewährleistet. Das hier vorgestellte Forschungsvorhaben sollte einen Beitrag dazu liefern und einen Vorschlag für Betriebsfestigkeitsnachweise für geschweißte und ggf. mit höherfrequenten Hämmerverfahren (HFH) nachbehandelte Stahlbaukonstruktionen erarbeiten, diesen Anwendern und Genehmigungsbehörden vorstellen und zugänglich machen. Das Nachweiskonzept sollte basierend auf bestehenden und neu durchgeführten Betriebslastversuchen unterschiedliche Einflussfaktoren aus Kollektivform, Spannungsverhältnis und Kerbdetail berücksichtigen, so dass betriebslastbeanspruchte Stahlkonstruktionen mit reduzierten Blechdicken und damit reduziertem Materialaufwand erstellt werden können. Die Forschungsarbeiten umfassten die Überprüfung der Verlässlichkeit bestehender Schadensakkumulationshypothesen für geschweißte und nachbehandelte Kerbdetails unter Betriebsbeanspruchung anhand von umfänglichen Versuchsreihen. Einflussfaktoren wurden empirisch analysiert und die Ergebnisse bei der Überprüfung von Schadensakkumulationshypothesen berücksichtigt.

Motivation und Zielvorgabe

Für die Auslegung mit variablen Lasten beanspruchter Konstruktionen unter Berücksichtigung der auftretenden Beanspruchungskollektive wird in den Regelwerken die Anwendung der Schadensakkumulation nach Palmgren-Miner unter Ansatz der für konstante Amplituden geltenden Kerbfälle vorgeschlagen und zulässige Schadenssummen von D = 0,5 bis 1,0 angegeben [1; 2; 3]. Für Schweißnähte, die mit höherfrequenten Hämmerverfahren (HFH) nachbehandelt wurden, wird eine vergleichbare Vorgehensweise empfohlen [4; 5]. Zunehmend finden in der Bauteilauslegung numerische Methoden Anwendung, um Bauteile, die nicht im Kerbfallkatalog tabelliert sind, nachweisen zu können. Für Schweißnähte sind das Strukturspannungs- und Kerbspannungskonzept bereits etabliert und normativ eingeführt [1; 2; 3]. Für das Nennspannungskonzept sowie die lokalen spannungsbasierten Konzepte können mit der Anwendung der linearen Schadensakkumulation Reihenfolgeeffekte sowie Einflüsse aus unterschiedlichen Beanspruchungskollektiven nicht bewertet werden. Mit der FKM-Richtlinie „Nichtlinear“ [6] wird die Anwendung des örtlichen Kerbdehnungskonzepts für Schweißnähte vorgeschlagen. Die Anwendbarkeit auf geschweißte Strukturen wurde dabei vorrangig für konstante Amplituden verifiziert.

Ziel des hier vorgestellten Forschungsvorhabens war es, auf Basis von Betriebslastversuchen und numerischen Berechnungsmethoden die Anwendbarkeit der linearen Schadensakkumulationshypothese zu überprüfen sowie ein Ingenieurmodell zur realitätsnäheren Abschätzung von geschweißten Bauteilen unter variablen Belastungen zu

Tabelle 1: Nomenklatur der Versuchsserien.

Belastungsart	Kollektivform	Zustand	R-Verhältnis
CAL - konstante Amplitude	p - -Kollektiv	AW - wie geschweißt	R01 - R = 0,1
VAL - variable Amplitude	l - Linear-Kollektiv	HFH - HFH-behandelt	

entwickeln. Um eine genauere Lebensdauerabschätzung zu ermöglichen, sollte ein zweistufiges Konzept Anwendung finden, das die Rissinitiierungslebensdauer und die Rissfortschrittslebensdauer getrennt voneinander ermittelt. Die Rissinitiierungsphase wurde auf Basis des Kerbdehnungskonzepts berechnet, der anschließenden Rissfortschritt ausgehend von einem Anfangsriss mit der linearen Bruchmechanik ermittelt. Diese rechnerischen Methoden sollten es erlauben, die Einflüsse von Mittelspannungen, Kollektiven und Randschichtzuständen abzubilden und zu verstehen. Vergleichende Konzepte werden in laufender Forschungsarbeit auch von [7] verfolgt.

Betriebsfestigkeitsversuche mit konstanter und variabler Amplitudenbeanspruchung

Beanspruchungsreihenfolge und Versuchsdurchführung

Zur Erweiterung der experimentellen Datenbasis für betriebslastbeanspruchte Bauteile wurden axiale Ermüdungsversuche mit konstanter und variabler Lastamplitude an Probekörpern des Kerbdetails Quersteife im unbehandelten (AW) sowie HFH-behandelten Zustand (HFH) durchgeführt. Die Versuche mit variabler Lastamplitude wurden mit zufallsartiger Belastungsreihenfolge unter Verwendung verschiedener Betriebslastkollektive (P(1/3), P(2/3) und linearen Kollektiv) durchgeführt. Die Versuche erfolgten am Institut für Material und Bauforschung der Hochschule München. Das Spannungsverhältnis wurde für alle Versuche auf R = 0,1 festgelegt. Als Versagenskriterium wurde bei allen Schwingversuchen ein Steifigkeitsabfall auf 80 % der im ungerissenen Zustand gemessenen Steifigkeit definiert. Bei Versuchen mit konstanter Amplitudenbeanspruchung wurde über eine Frequenzänderung von $\Delta_f = \pm 0{,}5$ Hz ein zweites Abbruchkriterium definiert. Somit wurden Bruchlastspielzahlen erzeugt, die zu einem Ermüdungsriss von ca. 2/3 der Bruchfläche führten. Die Nomenklatur der Versuchsserien setzt sich wie in **Tabelle 1** angegeben zusammen und wird in den Legenden der Bilder verwendet.

Probekörper und Werkstoff

Untersucht wurde das Konstruktionsdetail unbelastete Quersteife. Probekörperzuschnitt und -geometrie sind mit den jeweiligen Abmessungen in **Bild 1** dargestellt. Die Untersuchungen erfolgten an „wie geschweißten" (AW) und HFH-behandelten Proben des Werkstoffs S355J2+N nach DIN EN 10025-2:04 [8]. Folgende Härtewerte wurden für das Grundmaterial (GM), die Wärmeeinflusszone (WEZ) und das Schweißgut (SW) sowie am Nahtübergang für den AW- und HFH-Zustand ermittelt: GM: 165 HV 1, WEZ: 357-363 HV 1, SG: 253-268 HV 1, kerbnah AW:234 HV 1, kerbnah HFH: 304 HV 1.

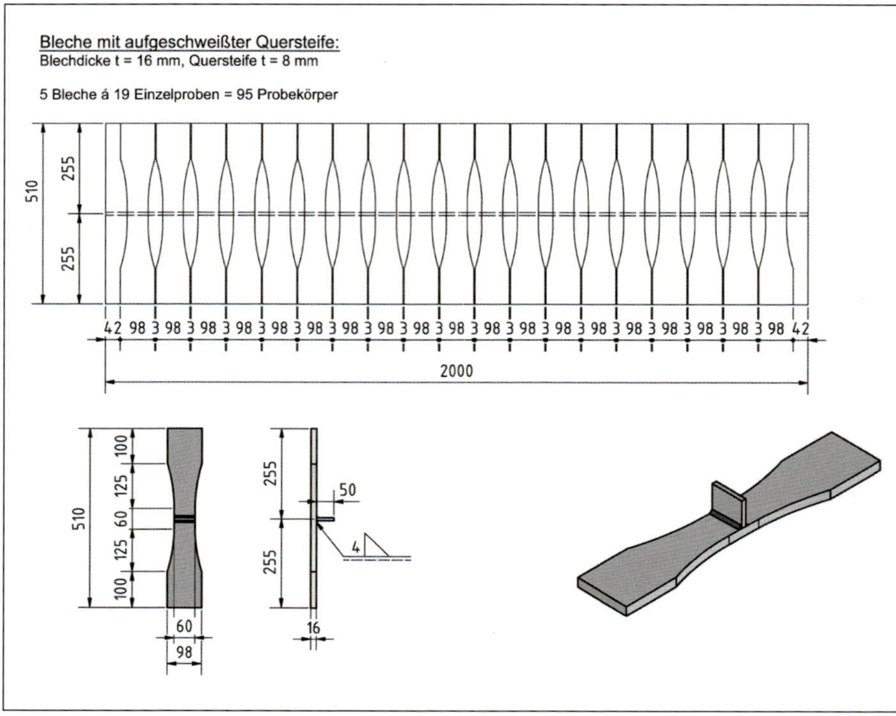

Bild 1. Probekörpergeometrie, Maße in mm. (© Hochschule München)

Ermüdungsversuche mit konstanter Amplitudenbelastung

Die Ermüdungsversuche mit konstanter Amplitude erfolgten an Resonanz- und servohydraulischen Prüfmaschinen in Kraftregelung als Referenzversuche für die Betriebslastversuche. Die aus den Versuchsergebnissen resultierende Wöhlerlinien wurden zur Schadensakkumulation der Betriebslastversuche mit variabler Amplitudenbelastung herangezogen.

Betriebslastversuche mit variabler Amplitudenbelastung

Als Lastkollektive für die Betriebslastversuche wurden ein Kranbaukollektiv P(1/3) und P(2/3) sowie ein lineares Kollektiv untersucht, Bild 2. Mit den zwei Kollektivtypen (konvex und linear) wurde der Bezug zu Kranbau- und Offshoreanwendung hergestellt. Die Omission nicht schädigungsrelevanter Amplituden wurde für beide Kollektive zunächst auf 16 % bei einem Kollektivumfang von 200.000 festgelegt, allerdings wurde für ein modifiziertes lineares Kollektiv die Ommission vergrößert und somit der Gesamtumfang des Kollektivs auf 50.000 reduziert. Die Betriebslastversuche mit variabler Lastamplitude wurden an servohydraulischen Prüfmaschinen in Kraftregelung durchgeführt. Die zufallsartige Beanspruchungsreihenfolge wurde durch Anwendung des Matrix-Verfahrens und einem Irregularitätsfaktor von I = 0,99 gebildet. Die

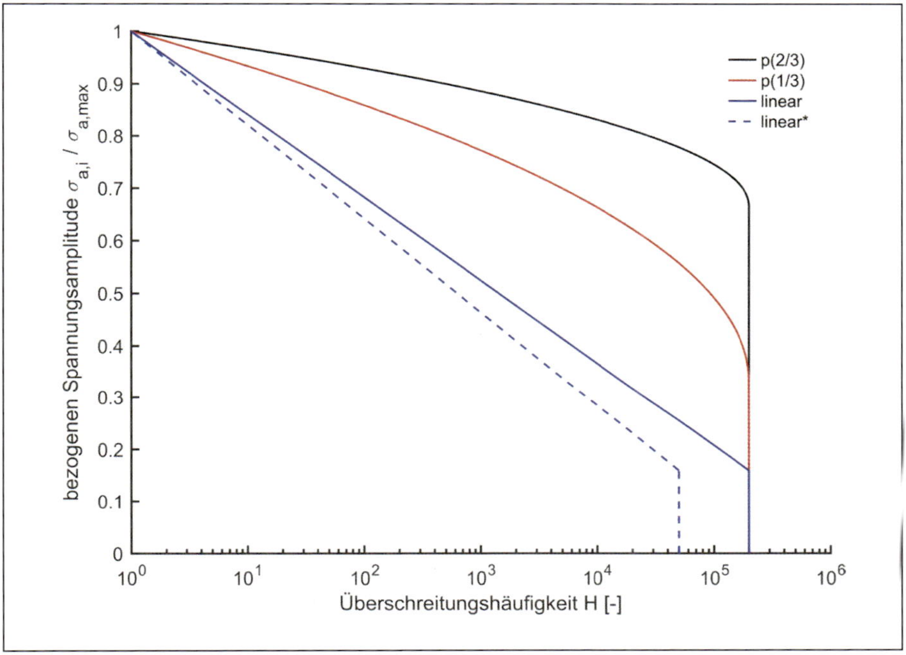

Bild 2. Betriebslastkollektive (P(1/3), P(2/3) und lineares Kollektiv mit Kollektivumfang von 200.000 sowie lineares* Kollektiv mit Umfang 50.000. (© Hochschule München)

Auswertung der experimentellen Ergebnisse erfolgte anhand der von der Prüfmaschine aufgebrachten Last-Zeitschriebe und wird nach der konvexen Form der P-Kollektive und den linearen Kollektiven unterschieden.

Versuchsergebnisse

Der Rissausgang aller Probekörper befand sich am Schweißnahtübergang bzw. in der HFH-behandelten Zone. Die Ermittlung der Ermüdungsfestigkeit erfolgte nach dem Hintergrundbericht [9] zur DIN EN 1993-1-9 unter Verwendung des „prediction intervals". Die Werte für die mittlere ($\Delta\sigma_{c,50\,\%}$) und charakteristische Ermüdungsfestigkeit ($\Delta\sigma_{c,95\,\%}$) der einzelnen Serien wurden unter freier Neigung ermittelt. Die Angabe des Bezugswertes der berechneten Ermüdungsfestigkeit $\Delta\sigma_c$ erfolgt für die Lastspielzahl $N_c = 2{\cdot}10^6$.

Ergebnis der Ermüdungsversuche

Bild 3 und 4 zeigen die Nennspannungswöhlerlinien der unbehandelten sowie der HFH-behandelten Versuchskörper. Die Auswertung ergab für die unbehandelten Schweißnähte eine charakteristische Ermüdungsfestigkeit von $\Delta\sigma_{c,95\,\%} = 102$ N/mm² bei einer Neigung von m = 3,8. Für die HFH-behandelten Quersteifen ergab sich eine deutlich flachere Neigung von m = 7 und ein Wert der charakteristischen Ermüdungsfestigkeitswert von $\Delta\sigma_{c,95\,\%} = 170$ N/mm². Die detaillierten Versuchsergebnisse können dem

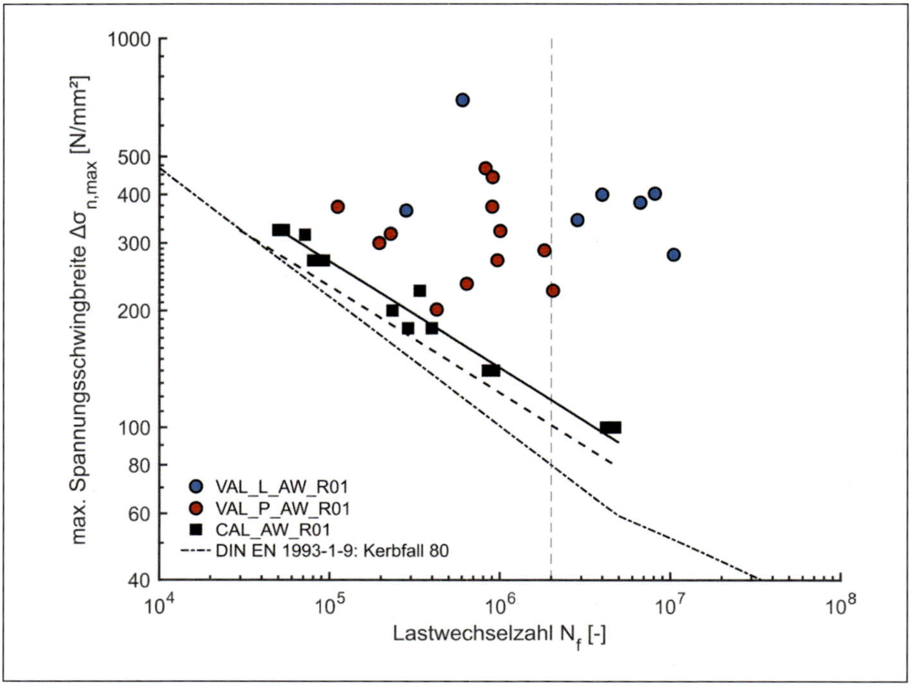

Bild 3. Ergebnisse der Ermüdungsversuche unter konstanter und variabler Amplitudenbeanspruchung am Kerbdetail unbelastete Quersteife aus dem Werkstoff S355 im unbehandelten Zustand. (© Hochschule München)

Abschlussbericht des Forschungsvorhabens Mobeko [10] entnommen werden.

Ergebnis der Betriebslastversuche

In **Bild 3 und 4** sind ebenso die Ergebnisse der Betriebslastversuche unter Eintrag der maximal auftretenden Schwingbreite der Beanspruchungszeitfolge der unbehandelten Quersteifen, **Bild 3**, und der HFH-behandelten Quersteifen, **Bild 4**, den Wöhlerlinien gegenübergestellt. Die Datenpunkte liegen erwartungsgemäß oberhalb der Wöhlerlinien. Eine abnehmende Völligkeit der Kollektive führt zu höheren Lebensdauern, so dass für das lineare Kollektiv die höchsten Lastwechselzahlen auftreten.

Auswertung der Schadensakkumulationsrechnung Miner-Modifiziert

Die Lebensdauerberechnungen erfolgte zunächst für die unbehandelten Nähte nach DIN EN 1993-1-9 [2] und für die HFH-behandelten Nähte nach den Empfehlungen der IIW [4] auf Basis des Nennspannungskonzepts mit der Schadensakkumulationshypothese Miner-Modifiziert. Der Schadensakkumulationsrechnung wird eine Wöhlerlinie mit Neigungsänderung ab $N = 5 \cdot 10^6$ (unbehandelt) und $N = 1 \cdot 10^7$ (HFH-behandelt) mit $m_2 = 2 \cdot m_1-1$ nach Empfehlung in [11] zugrunde gelegt. Im Zeitfestigkeitsbereich wird für die Bemessungswöhlerlinie nach den Empfehlungen der DIN EN 1993-1-9 [2] eine Neigung

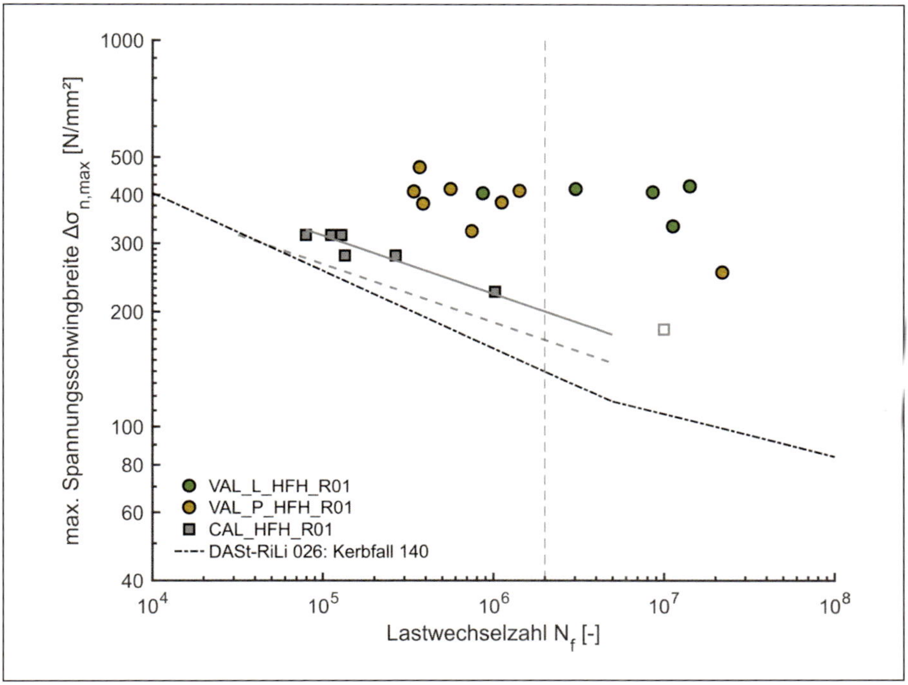

Bild 4. Ergebnisse der Ermüdungsversuche unter konstanter und variabler Amplitudenbeanspruchung am Kerbdetail unbelastete Quersteife aus dem Werkstoff S355 im HFH-behandelten Zustand. (© Hochschule München)

von m = 3 für unbehandelte und nach IIW [1] und [4] m = 5 für den HFH-behandelten Zustand angegeben. Die rechnerischen Schädigungssummen geben das Verhältnis zwischen der experimentell ertragbaren Lebensdauer und der rechnerischen Lebensdauer an. Schädigungssummen von D > 1 bedeuten, dass die Vorhersage der rechnerischen Lebensdauer konservativ ist. **Bild 5** zeigt die Gegenüberstellung der rechnerischen und experimentellen Lebensdauern der unbehandelten Quersteifen auf Basis der Bemessungswöhlerlinie Kerbfall 80 nach DIN EN 1993-1-9 [2]. Die Diagonale beschreibt die Schadenssumme von D = 1, die gestrichelten Linien von D = 1/3 und D = 3. Die berechneten Lebensdauern sind geringer als die experimentell ermittelten, so dass die Datenpunkte allesamt auf oder rechts der Diagonale liegen. Die linearen Kollektive führen zu einer etwas größeren Streuung, allerdings hin zu konservativen Ergebnissen. Der überwiegende Teil der Ergebnisse liefert Schadenssummen von D = 1 bis 3.

Bild 6 zeigt die Gegenüberstellung von berechneten und experimentell ermittelten Lebensdauern für die HFH-behandelten Quersteifen auf Basis der Bemessungswöhlerlinie FAT 140 nach der IIW-Empfehlung [4]. Die berechneten Lebensdauern sind auch hier niedriger als die experimentell ermittelten, so dass die Datenpunkte allesamt auf oder rechts der Diagonale liegen. Der überwie-

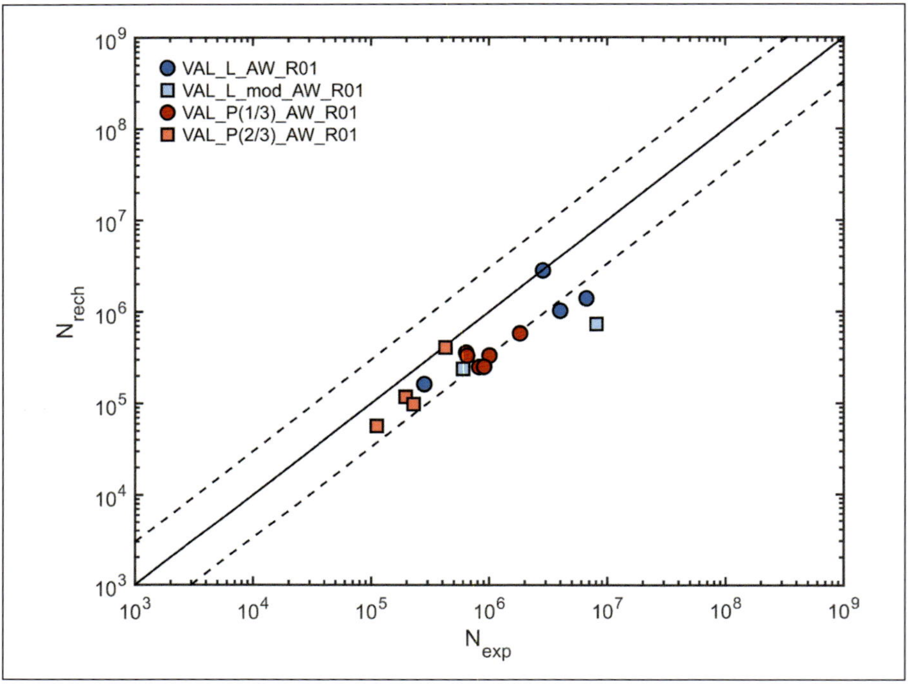

Bild 5. Verhältnis der rechnerischen Bruchlastspielzahlen auf Basis der Kerbfallklassen und den experimentell erreichten Lastwechselzahlen der unbehandelten Quersteifen. (© Hochschule München)

gende Teil der Ergebnisse liefert Schadenssummen von D > 3.

Eine Anwendung der linearen Schadensakkumulationshypothese Miner-Modifiziert für unbehandelte und HFH-nachbehandelte Quersteifen ist möglich und liefert für die hier untersuchten Parameter (P-/ lineares Kollektiv, H = 200.000, Quersteife, t_1 = 16 mm, t_2 = 8 mm, R = 0,1) auf Basis der Bemessungswöhlerlinien nach [2] und [4] konservative Ergebnisse.

Zweistufige Lebensdauerberechnung

Die Berechnung der Lebensdauer erfolgte durch eine zweistufige Berechnung. Die Rissinitiierung wurde mit dem örtlichen Kerbdehnungskonzept durchgeführt. Im Folgenden sollte der Rissfortschritt durch die lineare Bruchmechanik abgebildet werden. Zu diesem Zweck erfolgte zunächst eine Studie zum Einfluss der Risskonfiguration und Anrisstiefe auf die rechnerische Bruchlastspielzahl.

Berechnung der Rissinitiierung

Für die Berechnung der Rissinitiierungslebensdauer nach dem Kerbdehnungskonzept wurden zunächst die linear-elastischen Spannungen am Nahtübergang berechnet. Die Bestimmung der lokalen elastisch-plastischen Spannung und Dehnung erfolgte über das Kerbnäherungsverfahren nach der erweiter-

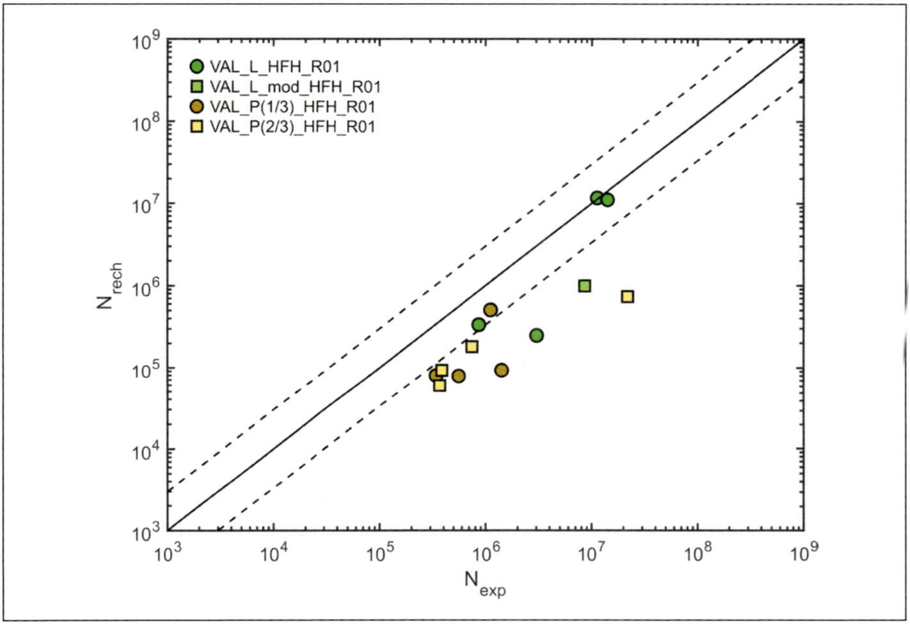

Bild 6. Verhältnis der rechnerischen Bruchlastspielzahlen auf Basis der Kerbfallklassen und den experimentell erreichten Lastwechselzahlen der HFH-behandelten Quersteifen. (© Hochschule München)

ten Neuber-Regel wie in [6] unter Berücksichtigung des Masing-Verhaltens und der Memoryeffekte über die Ramberg-Osgood-Beziehung [12]. Die zyklischen Werkstoffparameter wurden dabei anhand der vorliegenden lokalen Härte abgeleitet. Um schließlich eine Schädigungsbewertung durchzuführen, stehen verschiedene Schädigungsparameter zur Verfügung. Es wurde der Schädigungsparameter P_{SWT} [13] angesetzt.

$$P_{SWT} = \sqrt{(\sigma_a + \sigma_m) \cdot \varepsilon_a \cdot E} \quad (1)$$

Die Mittelspannungsempfindlichkeit wird für die hier vorliegenden normalfesten Stähle als vernachlässigbar angesehen. **Bild 7** zeigt den Vergleich der rechnerischen Rissinitiierungslebensdauer zur experimentell ermittelten Bruchlastspielzahl für die Versuche unter konstanter Amplitude. Für die unbehandelten Quersteifen liegt die berechnete Rissinitiierungslastspielzahl unterhalb der Bruchlastspielzahl. Die Lebensdauerberechnungen für die betriebslastbeanspruchten Quersteifen ergaben für die unbehandelten Quersteifen mit abnehmender Völligkeit der Kollektive größere Verhältnisse von $N_{I,rech}/N_{f,exp}$. Bei den HFH-nachbehandelten Quersteifen wird die Lebensdauer überschätzt. Geringere Völligkeiten führen auch hier zu deutlicheren Überschätzungen. Dies deutet darauf hin, dass die Auswahl des Schädigungsparameters und die damit einhergehende, derzeit unzureichende Berücksichtigung von signifikanten Reihenfolgeef-

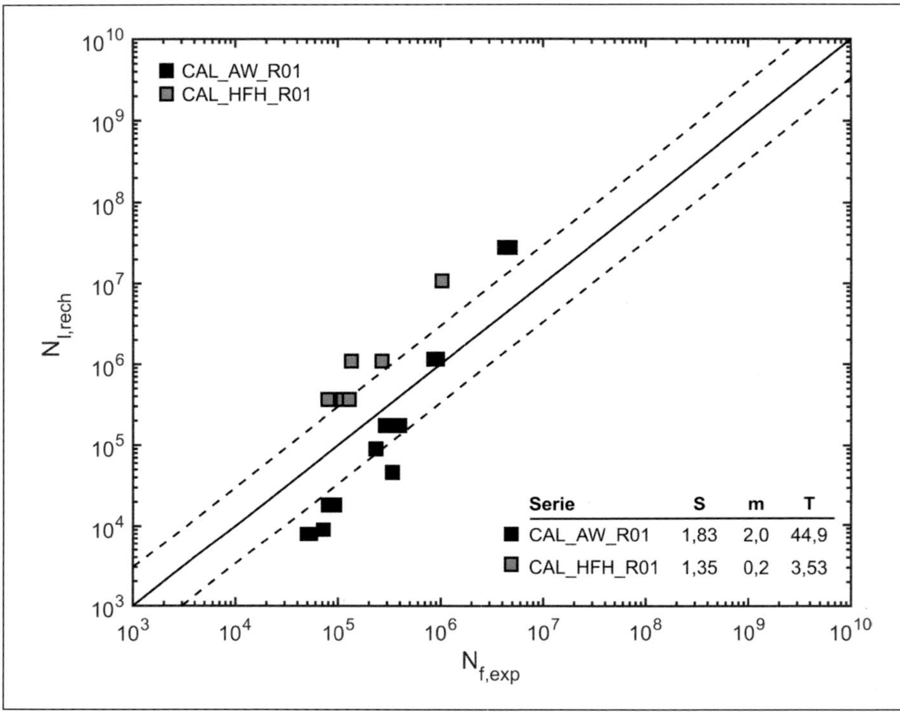

Bild 7. Verhältnis der rechnerischen Rissinitiierungslastspielzahlen auf Basis des Kerbdehnungskonzepts und den experimentell erreichten Bruchlastwechselzahlen unter konstanten Amplituden. (© Hochschule München)

fekten wahrscheinlich einen größeren Einfluss auf die Berechnungsmethodik ausüben. Die Lebensdauerberechnungen unter variablen Amplituden zeigen, dass für eine realistische Lebensdauerabschätzung genaue Kenntnis über die lokale Geometrie, lokale Werkstoffeigenschaften sowie die Lastzeitfunktionen erforderlich sind. Weitere Untersuchungen müssen zeigen, inwieweit Reihenfolgeeffekte durch den Ansatz des Schädigungsparameters besser abgebildet werden können.

Berechnung des Rissfortschritts

Die Anrisstiefe für die bruchmechanische Berechnung wurde anhand der versuchstechnischen Untersuchungen und den Angaben zur Anwendbarkeit des Kerbdehnungskonzeptes, dass die Rissinitiierung für einen Bereich von a = 1 mm bis 3 mm beschreibt, mit a = 1 mm festgelegt. Somit wird die Berechnung der Rissinitiierungsphase bis zum Anriss von a_0 = 1 mm durch das Kerbdehnungskonzept abgebildet. Ab einer Risstiefe von a_0 = 1 mm kann die linear-elastische Bruchmechanik, die nur für lange Risse gilt, herangezogen werden. Dieser Wert von a_0 = 1 mm entspricht auch der nach DIN EN 1993-1-10 [14] mit NDT-Verfahren detektierbaren Anrissgröße. Dahingegen gibt der BS7910 [15] 2 mm als detektierbare Anrissgröße an. Bei rein bruchmechanischen Lebensdauerberechnungen von Schweißverbindungen, wie z. B. nach [16], wird die Anrisstiefe von $a_0 =$ 0,1 bis 0,15 mm vorausgesetzt, allerdings in diesem Fall im Gegensatz zu den hier durchgeführten Untersuchungen, unter Vernachlässigung einer Risssinitiierungsphase. Im Rahmen des Vorhabens wurden die für das Konstruktionsdetail unbelastete Quersteife vorliegenden Formeln zur Berechnung der Spannungserhöhungsfaktors analysiert. Ab einer Risstiefe von 1 mm sind die Unterschiede vernachlässigbar gering. Auch zeigten die durchgeführten Studien, dass abweichende Nahtanstiegswinkel ab dieser Risstiefe einen geringen Einfluss aufweisen. Wesentlich ist allerdings die Risskonfiguration. So führen größere Risstiefen-zu-Rissbreiten-Verhältnisse a/c zu deutlich verlängerten Rissfortschrittsdauern, **Bild 8**. Die Berechnungen erfolgten für einen Anfangsriss von a_0 = 1 mm und eine Spannungsschwingbreite von $\Delta\sigma$ = 90 MPa mit den bruchmechanischen Parametern für den Baustahl von $C_p = 1{,}83\ 10^{-13}$ N/mm$^{3/2}$ und m_p = 3. Die in diesem Fall vorliegenden Rissfronten, die durch Risskoaleszenz zu über die gesamte Probenbreite vorhandenen Rissen führen, erzeugen einen schnelleren Rissfortschritt. Dies entspricht der Beobachtung an den Versuchskörpern, dass der Rissfortschritt einen geringen Anteil an der Gesamtlebensdauer einnimmt.

Probabilistische Bewertung

Im Rahmen des Vorhabens wurde eine probabilistische Berechnungsmethodik erarbeitet, anhand derer die Einflussparameter auf die Lebensdauer im Rahmen einer Sensitivitätsanalyse analysiert werden sollten. Verwendet wird eine Monte-Carlo-Simulation. Werkstoffdaten mit statischen Kennwerten, zyklischen Kennwerten und Rissfortschrittsparametern sowie Geometrieparameter und Beanspruchungen mit Lastspannungen, Eigenspannungen und R-Verhältnis werden mit den jeweils zugehörigen Verteilungsfunktionen in das System eingepflegt. Auf Basis dieser Verteilungen werden die Verteilungsfunktionen von Rissinitiierungslebensdauer und Rissfortschrittsdauer unter Anwendung des Kerbdehnungskonzeptes und der linearen Bruchmechanik ermittelt. Anhand der vorliegenden Häufigkeiten der Anfangsverteilung werden mögliche Kombinationen gebildet, die schließlich zu der Berechnung der Häufigkeiten auftretender Lastspielzahlen führen, so dass eine Aussage über Mittelwert und Streubreite der möglichen Lastspielzahl getroffen werden kann.

Die Kombination der Verteilungen der Eingangsgrößen kann zu einer Zielverteilung der Unsicherheiten der Bruchlastspielzahl führen, so dass eine Sicherheit der Aussagewahrscheinlichkeit abgeleitet werden kann. Für die unterschiedlichen Kollektive können simulierte Gaßnerlinien ermittelt werden und somit deren Streuband ausgewertet werden. Die detaillierten Berechnungen auf Basis des entwickelten Modells sind Inhalt zukünftiger Arbeiten.

Ausblick und Schlussbemerkung

Im Rahmen dieses Vorhabens wurde die Anwendbarkeit eines zweistufigen Konzepts zur Lebensdauerberechnung mit Betriebslasten beanspruchter Bauteile analysiert, um den Einfluss verschiedener Parameter auf die lineare Schadenakkumulationsrechnung bewerten zu können. Es wurde die vorhandene experimentelle Datenbasis von Betriebslastversuchen analysiert und um weitere Versuche erweitert. Anhand der experimentellen Untersuchungen konnte die lineare Schadensakkumulation bewertet werden. Die Schädigungssummen für unbehandelte Schweißnähte sind konservativ und können die Lebensdauer plausibel ab-

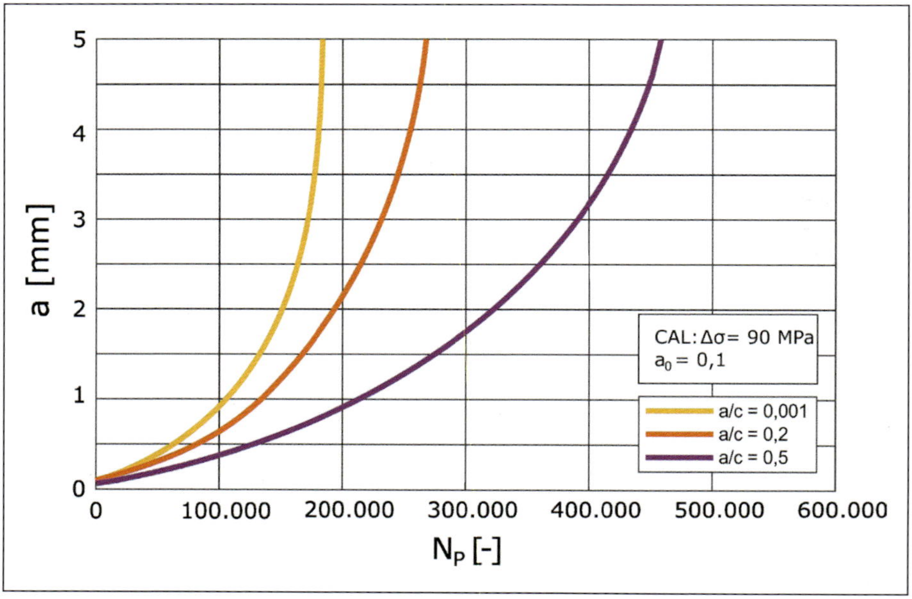

Bild 8. Rissfortschrittsberechnung in Abhängigkeit von der Risskonfiguration. (© Hochschule München)

schätzen. Für die HFH-behandelten Quersteifen stellt die lineare Schadensakkumulation teilweise eine sehr konservative Methode dar. Es zeigte sich darüber hinaus, dass die angewendeten Varianten des Kerbdehnungskonzeptes detaillierte Informationen über Bauteilgeometrie, Werkstoffeigenschaften sowie die Last-Zeitfolge erfordern und in Hinblick auf eine konservative Lebensdauerabschätzung betriebsbeanspruchter Bauteile noch weiter analysiert werden müssen. Für die Rissfortschrittsberechnungen ist der Ansatz der richtigen Annahme der Risskonfiguration entscheidend.

Im Rahmen von weiterführenden Untersuchungen soll der Einfluss des Schädigungsparameters sowie der Abschätzmethode zyklischer Werkstoffkennwerte für eine realistische Rissinitiierungslebensdauerabschätzung weiter untersucht werden. Auch die Übertragbarkeit auf Großbauteile sollte analysiert werden, da sich Großbauteile insbesondere in Bezug auf Eigenspannungen und den Einfluss von R-Verhältnissen anders verhalten können [17]. Nach erfolgreicher Arbeit gilt es die probabilistische Methode anzuwenden und Sensitivitätsanalysen durchzuführen.

Danksagung

Das Projekt wurde durch das Bundesministerium für Wirtschaft und Klimaschutz aufgrund eines Beschlusses des Deutschen Bundestages gefördert.

Für die Förderung und aktive Mitarbeit der vertretenen Unternehmen in den projektbegleitenden Ausschüssen sei an dieser Stelle gedankt.

Literatur

[1] Hobbacher, A. (Ed.): Recommendations for Fatigue Design Of Welded Joints and Components – IIW Document IIW-2249-15, Ex XIII-2460-13/XV-1440-13. International Institute of Welding, IIW Document / International Institute of Welding2259-15, Springer, Cham, 2016.

[2] DIN EN 1993-1-9 „Eurocode 3: Bemessung und Konstruktion Von Stahlbauten – Teil 1-9: Ermüdung“ (Ausgabe Dezember 2010).

[3] FKM-Richtlinie – Festigkeitsnachweis: „Rechnerischer Festigkeitsnachweis für Maschinenbauteile aus Stahl, Eisenguss- und Aluminiumwerkstoffen“, Forschungskuratorium Maschinenbau, VDMA, (2012).

[4] Marquis, G. B., u. Z. Barsoum: IIW Recommendations For The HFMI Treatment – for Improving the Fatigue Strength of Welded Joints, IIW Collection, Springer Singapore, Singapore, 2016.

[5] Kuhlmann, U. et al.: 1/2018 Dast Forschungsbericht – Entwicklung einer Dast-Richtlinie für Höherfrequente Hämmerverfahren. Universität Stuttgart Institut für Konstruktion und Entwurf; Karlsruher Institut für Technologie, Versuchsanstalt für Stahl, Holz und Stein. Stahlbau Verlags- und Service Gmbh, Düsseldorf, 2018.

[6] Fiedler, M. et al.: Rechnerischer Festigkeitsnachweis Für Maschinenbauteile Unter Expliziter Erfassung Nichtlinearen Werkstoffverformungsverhaltens. VDMA-Verlag, Frankfurt, 2019.

[7] Bissing, H., M. Knobloch u. M. Rauch: Advanced Fatigue Assessment – The Future of Wind Turbine Towers, Procedia Structural Integrity 38 (2022), S. 372-381.

[8] DIN EN 10025-2:04 „Warmgewalzte Erzeugnisse aus Baustählen – Teil 2: Technische Lieferbedingungen für unlegierte Baustähle“ (Ausgabe Februar 2004).

[9] N. N.: Background Information on Fatigue Design Rules – Statistical Evaluation. ECCS [S.L.], Brüssel 2018.

[10] Engelhardt, I., u. R. Schiller: Modifizierter Betriebsfestigkeitsnachweis von unbehandelten Und HFH-Behandelten Schweißkonstruktionen unter Berücksichtigung von Kollektivform, Spannungsverhältnis und Kerbdetail. Schlussbericht. Forschungsvorhaben IGF-Nr. 20.968 N/ DVS-Nr. 09.3237. München 2024.

[11] Haibach, E.: Betriebsfestigkeit – Verfahren und Daten Zur Bauteilberechnung. Springer, Berlin, 2006.

[12] Ramberg, W., u. W. R. Osgood: Description of Stress-Strain Curves by Three Parameters. Washington D.C.: National Advisory Committee For Aeronautics, 1943.

[13] Smith, K., P. Watson u. T. Topper: A Stress-Strain Function for the Fatigue of Metals. In: Journal Of Materials, Vol. 4, S. 767-778, 197.

[14] DIN EN 1993-1-10 „Eurocode 3: Bemessung und Konstruktion von Stahlbauten – Teil 1-10: Stahlsortenauswahl im Hinblick auf Bruchzähigkeit und Eigenschaften in Dickenrichtung“ (Ausgabe Dezember 2012).

[15] BS 7910:2019-12-13: Guide to Methods for Assessing the Acceptability of Flaws in Metallic Structures: 2013

[16] Berger, C. at al.: Bruchmechanischer Festigkeitsnachweis für Maschinenbauteile, VDMA Verlag, Frankfurt Am Main, 2018.

[17] Fisher, J.: Fatigue Strength of Welded Steel Beam Details and Design Considerations, Summary, January 1972 (72-5).

Lorenz Engelking, Dirk Schröpfer, Thomas Kannengießer, Antonia Eissel, Kai Treutler, Volker Wesling

Herstellung beanspruchungsgerechter Oberflächen durch Kombination innovativer additiver und abtragender Fertigungsschritte an hochbelasteten Komponenten

Die additive Fertigung mittels Schweißverfahren bietet große ökonomische Vorteile für eine ressourceneffiziente Bauteilherstellung. Offene Fragen bezüglich Homogenität, Anisotropie der Schweißgefüge und den damit verbundenen Bauteileigenschaften stehen einer wirtschaftlichen Verarbeitung oftmals im Wege. Finale Bauteilgeometrie und Oberflächengüte erfordern meist komplementäre subtraktive Fertigungsschritte. Werkstoffe für hochbelastbare Komponenten sind oftmals schwer spanbar. In einem Vorhaben der BAM und des ISAF wurde untersucht, wie die Modifikation der AM-Schweißzusätze und das ultraschallunterstützte Fräsen (US) die Zerspanungssituation verbessern. Der vorliegende Artikel stellt wesentliche Zusammenhänge zwischen Legierung, Gefüge und Zerspanung zweier schwer spanbarer Hochleistungslegierungen (FeNi und CoCr) dar. Großes Potenzial zeigte neben dem US die Modifikation mit Zr und Hf bei Zulegierung in das Schweißgut mittels Beschichtung von Massivdrähten bzw. Herstellung von Fülldrähten.

Einleitung

Der globale Trend zur Energie- und Ressourceneffizienz bedingt zunehmendes Interesse an der Additiven Fertigung (Additive Manufacturing AM). AM hat vielfältige wirtschaftliche Vorteile bei der Reparatur, Modifikation oder Herstellung von Bauteilen und zeichnet sich zudem insbesondere durch eine sehr effiziente Materialausnutzung aus [1]. Allerdings sind diese AM-Bauteile in der Regel mechanisch nachzubearbeiten. So werden durch Zerspanung mit geometrisch bestimmter Schneide (z. B. Fräsen) die endgültigen Konturen bzw. Oberflächen reali siert [2]. Es ist ein erheblicher Erkenntnisgewinn erforderlich, wie sich die heterogenen und anisotropen AM- bzw. Schweißgefüge auf die Zerspanung und die resultierenden Bauteileigenschaften auswirken. Hochleistungslegierungen auf Basis von Kobalt und Nickel stellen aufgrund ihrer niedrigen Wärmeleitfä-

Tabelle 1. Chemische Zusammensetzung in w_i in % und mechanische Eigenschaften (bei RT, lt. Datenblatt) der Versuchswerkstoffe [9, 10].

Legierung	Ni	Co	Cr	Mo	W	Fe	Mn	C	$R_{p0,2}$ [MPa]	R_m [MPa]	A [%]
FeNi36	36	-	-	-	-	Rest	-	-	310	520	40
CoCr26N-i9Mo5W	9	Rest	26	5	2	3	0,8	0,06	496	951	42

higkeit verbunden mit hoher Festigkeit und Zähigkeit zusätzlich eine Herausforderung für die wirtschaftliche Zerspanung mit geometrisch bestimmter Schneide dar. Zu den komplexen Wechselwirkungen zwischen Gefüge und AM-Prozess, insbesondere bei AM-Verfahren im Bereich von Abschmelzleistungen von MSG-Verfahren, fehlen bislang wesentliche Erkenntnisse. Diese wären für eine sichere und wirtschaftliche Fertigung, insbesondere bei kleinen und mittleren Unternehmen (KMU), von zentraler Bedeutung. Im Folgenden werden zusammenfassend Forschungsergebnisse des Vorhabens vor-

Tabelle 2. Pulvermodifikationen für PTA-Schweißversuche / Statistische Versuchsplanung und potenzielle Legierungen für MSG.

Modifikationen FeNi36	Ti [w_{Ti} in %]	Zr [w_{Zr} in %]	Hf [w_{Hf} in %]
0 (Initial)	0	0	0
1	0,167	0	0
2	0,33	0	0
3*	**0**	**0,167**	**0**
4	0	0,33	0
5	0	0	0,167
6	0	0	0,33
7	0,33	0,33	0
8	0,33	0	0,33
9	0	0,33	0,33
10	0,33	0,33	0,33

*ausgewählte potenzielle Legierungen für Übertragung auf MSG-Prozess

Modifikation CoCr	Ti [w_{Ti} in %]	Zr [w_{Zr} in %]	Hf [w_{Hf} in %]
0	0	0	0
1	0,33	0	0
2	1	0	0
3	0	0,33	0
4*	**0**	**1**	**0**
5	0	0	0,33
6*	**0**	**0**	**1**
7	1	1	0
8	1	0	1
9	0	1	1
10	1	1	1
11	1	0,5	0,5
12	0,5	1	0,5
13	0,5	0,5	1
14	0,5	0,5	0,5

gestellt, die gerade die gezielte Legierungsmodifikation anwendungsrelevanter, schwer spanbarer Hochleistungslegierungen und die dadurch bedingte Beeinflussung der Erstarrungsmorphologie fokussieren. Dadurch soll ein optimal gleichmäßiges und homogenes Gefüge sowie für nachfolgende mechanische Bearbeitungsprozesse stabile Prozessbedingungen erzielbar sein. Die beiden im Projekt untersuchten schwer spanbaren Legierungen wurden anhand zweier unterschiedlicher Anwendungsbereiche ausgewählt, in denen AM-Fertigungsschritte interessant sind: Formenbau (FeNi36, Werkstoffnummer 1.3912) und Hochtemperaturverschleißschutz (CoCr26Ni9Mo5W, Werkstoffnummer 2.4681). Hierfür erfolgte eine systematische Untersuchung von modifizierten pulverförmigen Schweißzusätzen anhand von Plasma-Pulver-Auftragschweißungen (PTA) mit den Elementen Hf, Zr sowie Ti. Anschließend wurden die drei vielversprechendsten Modifikationen anhand ihrer Mikrostruktur und Härte sowie der Zerspankraft und der Rauheit identifiziert und mithilfe von modifizierten Fülldrähten bzw. beschichteten Massivdrähten auf den additiven MSG-Prozess übertragen. Zahlreiche Studien belegen deutliche Vorteile ultraschallunterstützter Zerspanung gerade für schwer spanbare Werkstoffe. Gegenstand des Vorhabens ist deshalb auch die Untersuchung der Übertragbarkeit dieser positiven Ergebnisse auf die ausgewählten Legierungen. Die Zerspanbarkeit der Legierungsmodifikation wurde mittels Schlichtfräsversuchen anhand konventioneller (CM) und ultraschallunterstützter Fräsprozesse (US) analysiert.

Material und Methoden

Versuchswerkstoffe

Für die beiden untersuchten Werkstoffe, FeNi36 (1.3912) und CoCr26Ni9Mo5W (2.4681) – weiterführend als CoCr-Legierung bezeichnet – sind in Tabelle 1 die chemischen Zusammensetzungen sowie die mechanischen Eigenschaften dargestellt. FeNi36 zeichnet sich durch einen sehr niedrigen Wärmeausdehnungskoeffizienten unterhalb der Curie-Temperatur aus, dem soge-

Tabelle 3. Prozessparameter der MSG-Schweißversuche.

<table>
<tr><th>Legierung</th><th>Substrat</th><th>Schutzgas</th><th>Draht-vorschub</th><th>Vorschubge-schwindigkeit</th><th>Zwischenlagen-temperatur</th></tr>
<tr><td>CoCr</td><td rowspan="3">S355</td><td rowspan="5">82 % Ar + 18 CO_2</td><td rowspan="3">6,5 m/min</td><td rowspan="3">45 cm/min</td><td rowspan="5">≤ 200 °C</td></tr>
<tr><td>CoCr + 1 % Zr</td></tr>
<tr><td>CoCr + 1 % Hf</td></tr>
<tr><td>FeNi36</td><td rowspan="2">FeNi36</td><td rowspan="2">4,5 m/min</td><td rowspan="2">30 cm/min</td></tr>
<tr><td>FeNi36 + 0,4 % Zr</td></tr>
</table>

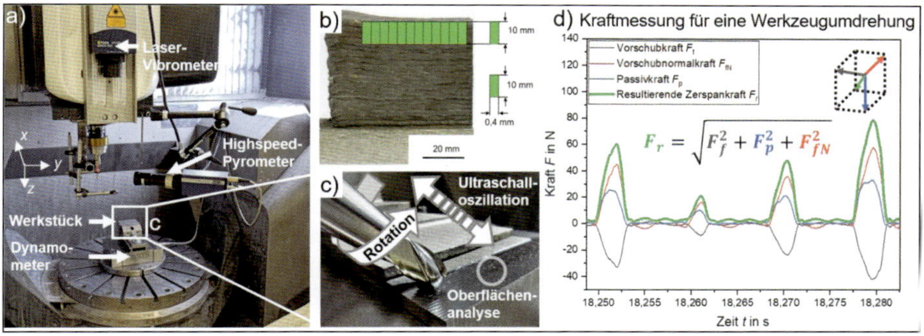

Bild 1. Aufbau Fräsversuche (a), Probenentnahme/-geometrie (b), Detail Werkzeugeingriff (c), Kraftanalyse eine Werkzeugumdrehung (d) [11].

nannten Invareffekt [3, 4]. Einsatzgebiete sind beispielsweise Flüssigtanks und Formwerkzeuge für Verbundwerkstoffe [5, 6]. Die CoCr-Legierung wird aufgrund ihrer hervorragenden Korrosions- und Verschleißbeständigkeit bei Temperaturen bis zu 800 °C [7, 8] im Turbinen- und Anlagenbau eingesetzt.

Zur Modifikation der beiden Legierungen ließen sich entsprechend im Rahmen einer statistischen Versuchsplanung die Elemente Ti, Zr und Hf jeweils pulvermetallurgisch hinzuzufügen, **Tabelle 2**. Die Pulvermodifikation erfolgte mittels eines 3D-Schüttelmischers (Turbula, Fa. Willy A. Bachofen), mit dem infolge der rotatorischen, translatorischen Bewegungen und Inversion ein homogenes Mischgut erreicht wird. Anschließend wurden die Pulvermodifikationen mittels PTA-Verfahren schweißtechnisch zu AM-Proben (Ingots) verarbeitet. An den Ingots erfolgten Analysen hinsichtlich ihrer Mikrostruktur und Härte sowie Zerspanbarkeit (Zerspankraft und Oberflächengüte/Rauheit). Auf Basis dieser Kriterien ließen sich

3

Tabelle 4: Experimentelle Randbedingungen und Versuchsparameter / Variationsbereich.

Zustellbreite	Zustelltiefe	Vorschubwinkel	Kippwinkel	Ultraschallunterstützung
a_e = 0,3 mm	a_p = 0,3 mm	λ = 45°	τ = 45°	P_{US} = 0 % (CM) und 100 % (US)

Schnittgeschwindigkeit	Zahnvorschub	Ultraschallfrequenz	Ultraschallamplitude
v_c = 30 m/min bis 110 m/min	f_z = 0,04 mm bis 0,07 mm	CoCr-Modifikation: F_{US} = 38 kHz FeNi36-Modifikation: F_{US}= 42 kHz	CoCr-Modifikation: A_{US} = (3 ± 0,5) µm FeNi36-Modifikation: A_{US} = (8 ± 1) µm

die drei vielversprechendsten Modifikationen identifizieren, **Tabelle 2**, und mithilfe von modifizierten Fülldrähten (CoCr) bzw. mittels PVD-beschichteter (PVD: Physical Vapour Deposition, dt. physikalische Gasphasenabscheidung) Massivdrähte (FeNi36) auf den MSG-Prozess übertragen. Die PVD-Beschichtungskammer (Fa. Ceme-Con) wurde dabei chargenweise mit der Substratdrahtelektrode bestückt. Die Beschichtungsdauer von 1 h resultierte in einer Beschichtungsdicke von 1,188 µm und entspricht ca. 0,4 w_{Zr} bezogen auf den Drahtquerschnitt. Für die Modifikationen w_{Hf} = 1 % bzw. w_{Zr} = 1 % der CoCr-Legierung wurden spezielle Fülldrähten hergestellt.

MSG-Schweißungen

Die MSG-Schweißversuche wurden vollautomatisch mittels einer MSG-Schweißanlage (Fa. EWM) und einem Schweißroboter (Fa. HLT-Gulliver) durchgeführt. Die Schweißparameter für die jeweiligen Legierungsmodifikationen zeigt **Tabelle 3.** Mehrere Schweißraupen wurden in eine Richtung überlappend nebeneinander bzw. übereinander geschweißt, um die gewünschte Bauteil- bzw. Probenbreite und -höhe zu erzielen. Die Auswahl der Wärmeführungsparameter (Streckenenergie und Zwischenlagentemperatur) erfolgte anhand der im Vorfeld erzielten PTA-Schweißergebnisse.

Zerspanungsanalysen

An den MSG-Auftragschweißungen wurden Schlichtfräsversuche bzw. Zerspanbarkeitsanalysen durchgeführt. Insbesondere stand der Einfluss der Ultraschallunterstützung (Leistungsparameter P_{US} in %) und die Auswirkungen der Modifikationen auf die auftretende Zerspankraft und die Oberflächengüte/Rauheit der AM-Bauteile im Fokus. Versuchsaufbau sowie die experimentelle Randbedingungen und Versuchsparameter für die Schlichtfräsversuche der CoCr- sowie der FeNi36-Legierung sind **Bild 1** bzw. **Tabelle 4** zu entnehmen.

Die Experimente wurden ohne Kühlschmierstoff (trocken) mittels einem für das ultraschallunterstützte Fräsen modifizierten 5-Achs-Bearbeitungszentrum (DMU 65, Hersteller DMG Mori) als Gleichlauffräsen durchgeführt. Als Fräswerkzeug (Hersteller Wolf Werkzeugtechnik) kam ein PVD-beschichteter (TiAlSiN) Vollhartmetall-Kugelkopffräser mit vier Schneiden und einem Durchmesser von 6 mm zum Einsatz, der in *x*- und in *y*-Richtung jeweils um 45° angestellt war. Die Zerspanproben wurden via Drahterodieren aus den AM-Ingots entnommen und senkrecht zur Baurichtung zerspant. Neben der Ultraschallunterstützung wurden die Parameter Schnittgeschwindigkeit v_c und Zahnvorschub f_z innerhalb eines DoE (Design of Experiments) in dem vom Werkzeughersteller empfohlenen Bereich variiert, **Tabelle 4**. Dies ermöglicht statistische Auswertungen der Effekte und Interaktionen dieser Faktoren auf die Zerspankraft sowie die Rauheit. Insgesamt wurden je Werkstoff/Modifikation 12 Zerspanversuche durchgeführt. Die Zerspankräfte in *x*- (Vorschubkraft F_f), *y*- (Vorschubnormalkraft F_{fN}) und *z*-Richtung (Passivkraft F_p) ließen sich in-situ mit einem Mehrkomponenten-Dynamometer (Fa. Kistler, Zeitauflösung: 0,1 ms) messen und die resultierende Zerspankraft F_r berechnen (**Bild 1d**). Rauheitsmessungen wurden mithilfe eines Lichtmikroskops (VHX-7000, Fa. Keyence) mit einer Messfläche von ca. 1 mm² gemäß DIN EN ISO 25178-3 [12] mit einem zusammengesetzten Bild von fünf mal fünf Bildern bei 1.000-facher Vergrößerung durchgeführt.

Ergebnisse und Diskussion

Mikrostruktur

In **Bild 2a bis f** sind die Gefüge der MSG-geschweißten Schweißgüter der CoCr-Fülldrähte sowie der mit w_{Hf} = 1 % bzw. w_{Zr} = 1 % modifizierten CoCr-Fülldraht dargestellt. Die Gefügemorphologie der CoCr-Ausgangslegierung ist in hohem Maße vergleichbar mit der mittels PTA erzeugten Schweißgüter (Bild 2a und b) sowie Voruntersuchungen in [13]. So haben sich auch bei den MSG-Schweißungen Primär- und Sekundärdendriten gebildet. Die Anzahl der Primärdendriten überwiegt deutlich. Im Unterschied zum Pendelschweißen beim PTA werden beim MSG-Verfahren mehrere Nähte neben- bzw. übereinander geschweißt (Strichraupen). Dies beeinflusst die Erstarrungsrichtung der Dendriten. Die interdendritische Resterstarrung ist deutlich an der hellen Struktur erkennbar. Analog zu den Ergebnissen der PTA-Schweißungen bedingt die Modifikation mit Hf bzw. Zr eine deutlich veränderte Gefügemorphologie mit einer in sehr viel geringerem Maße auftretenden säulenförmigen interdendritischen Resterstarrung. Das Hinzufügen von Zr bzw. Hf bewirkt deren deutliche Verkürzung und feindisperse Verteilung im Gefüge (Bild 2c bis f). In Bild 2g bis j sind lichtmikroskopische Aufnahmen der Gefüge der Schweißgüter dargestellt, die mittels MSG mit unbeschichteten und mit Zr-beschichteten FeNi36-Massivdraht erzeugt wurden. Die Gefügemorphologie ohne Schweißzusatzmodifikation zeigt eine Kombination aus langgestreckten zellularen, kleinen säulenförmigen und regelmäßigen zellulären Körnern (Bild 2g und h). Darüber hinaus ist das Gefüge mit runden Ausscheidungen durchsetzt. Die Gefügestruktur der MSG-geschweißten Fe-Ni36-Ausgangslegierung unterscheidet sich deutlich von den PTA-Schweißungen der FeNi36-Ausgangslegierung der vorangegangenen Untersuchungen [14]. Dies erschwert eine quantitative Vergleichbarkeit. Im Gegensatz zu den Pulvermodifikationen beim PTA-Prozess ließ sich die Mikrostruktur durch die Beschichtung der Massivdrähte beim MSG-Schweißen deutlich positiver beeinflussen. Die Gefügemorphologie im Schweißgut der mit w_{Zr} ≈ 0,4 % modifizierten FeNi36-Massivdrähte zeigt keine Ausscheidungen. Das Gefüge ist vollständig säulenförmig-dendritisch und darüber hinaus deutlich gerichtet erstarrt (Bild 2i). Bei weiterer Vergrößerung ist an den Korngrenzen eine Netzstruktur aus feindispersen und homogenen Ausscheidungen zu erkennen (Bild 2j).

Zerspanbarkeit

Bild 3a zeigt die mittleren resultierenden Zerspankräfte F_r in Abhängigkeit von der Schnitt-

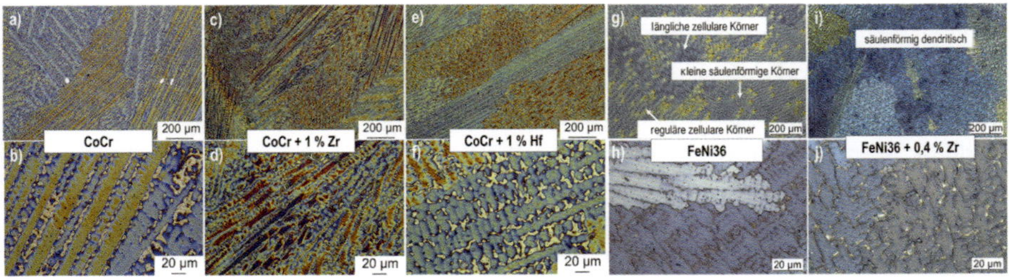

Bild 2. Lichtmikroskopie, Gefüge der MSG-Schweißgüter: a) CoCr-Fülldrahtdraht, Detail (b); c) mit 1% w_{Zr} modifizierter CoCr-Fülldrahtdraht, Detail (d); e) mit 1% w_{Hf} modifizierter CoCr-Fülldrahtdraht, Detail (f), g) FeNi36-Massivdraht, Detail (h); i) mit 0,4% w_{Zr} beschichtetem FeNi36-Massivdrat, Detail (j); Ätzung Beraha II [11.]

3

geschwindigkeit v_c und Ultraschallunterstützung beim Fräsen (P_{US} = 100 %: US bzw. P_{US} = 0 %: CM) für die FeNi36-Modifikationen in Form eines Effektdiagrammes.Die Modifikation mit w_{Zr} = 0,4 % bedingt eine signifikante Reduzierung der resultierenden Zerspankraft im Vergleich zur FeNi36-Ausgangslegierung. Dieser Effekt wird auf die feindispersen und homogenen Ausscheidungen an den Korngrenzen des modifizierten Werkstoffes zurückgeführt, welche zu einer Homogenisierung der Mikrostruktur in Verbindung mit einem stabileren bzw. stetigeren Zerspanprozess führen. Analog dazu bedingt die Homogenisierung der Mikrostruktur der CoCr-Legierung durch das Hinzulegieren von w_{Hf} = 1 % bzw. w_{Zr} = 1 % ebenfalls eine signifikante Reduzierung der Zerspankraft verglichen mit der CoCr-Ausgangslegierung. Ähnliche Ergebnisse zeigten Fräsversuche an PTA-Schweißungen derselben Modifikationen [13]. Für die CoCr-Legierung bedingt die Ultraschallunterstützung unabhängig von der Modifikation keinen Einfluss auf die resultierende Zerspankraft. Für die FeNi36-Legierung hingegen bewirkt die Ultraschallunterstützung unabhängig von der Modifikation eine signifikante Reduzierung der resultierenden Zerspankraft im Vergleich zum CM bei niedrigen Schnittgeschwindigkeiten (**Bild 3a**). Maßgeblich für diesen Effekt ist die verringerte Reibung zwischen Werkstück und Fräswerkzeug sowie ein unterbrochener Schneidvorgang, welcher durch die axiale Oszillation des Werkzeugs hervorgerufen wird [15]. Dieser Effekt wird insbesondere bei niedrigen Schnittgeschwindigkeiten beobachtet. Bei Erhöhung der Schnittgeschwindigkeit verringert sich die Anzahl der Schwingungen je Werkzeugeingriff und bedingt eine Annährung der Kräfte im Schneideingriff von CM und US [16]. Die Erhöhung der Amplitude der Ultraschallunterstützung von 3 µm auf 8 µm bewirkt eine signifikante Reduzierung der resultierenden Zerspankraft und führt bei einer Schnittgeschwindigkeit von 30 m/min zu einer Wechselwirkung mit der Ultraschallunterstützung. Dies ist auf den erhöhten Einfluss der Ultraschallunterstützung auf die Zerspankraft bei niedrigen Schnittgeschwindigkeiten zurückzuführen.

Bild 3b zeigt die geschlichteten Oberflächen der Modifikation von FeNi36 mit w_{Zr} = 0,4 %. Die Ultraschallunterstützung bedingt unabhängig von der Modifikation für beide Werkstoffe eine signifikante Reduzierung der Rauheit bei niedrigen Schnittgeschwindigkeiten im Vergleich zum CM. Ausschlaggebend dafür ist die Vermeidung der Bildung einer Aufbauschneide [17] durch die axiale Oszillation des Werkzeuges, welche eine Adhäsion des Werkstoffes an dieWerkzeugschneide unterbindet. Die dadurch deutlich geringeren Defektdichten bzw. -größen (**Bild 3b**) bedingen eine wesentlich gleichmäßigere Oberfläche. Die Erhöhung der US-Amplitude von 3 µm auf 8 µm steigert diesen Effekt weiter und führt zu einer deutlich geringeren Rauheit.

Bild 3c zeigt die geschlichteten Oberflächen der CoCr-Ausgangslegierung für CM und US. Analog zu den Ergebnissen der FeNi36-Legierung bedingt die Ultraschallunterstützung werkstoffunabhängig bei niedrigen Schnittgeschwindigkeiten eine signifikante Reduzierung der Rauheit. Dieser Effekt wird auf die reduzierte Anzahl an Rillen aufgrund der axialen Oszillation des Werkzeuges zurückgeführt [15], welche in **Bild 3c** deutlich zu erkennen ist. Die geringste Rauheit wird für beide Legierungssysteme werkstoffunabhängig bei einer Schnittgeschwindigkeit von 30 m/min mit Ultraschallunterstützung (FeNi36: A_{US} = 8 µm; CoCr: A_{US} = 3 µm) erzielt. Darüber hinaus wurde in [18] für die FeNi36-Ausgangslegierung gezeigt, dass der US im Gegensatz zum CM deutlich geringere oberflächennahe Eigenspannungen bis

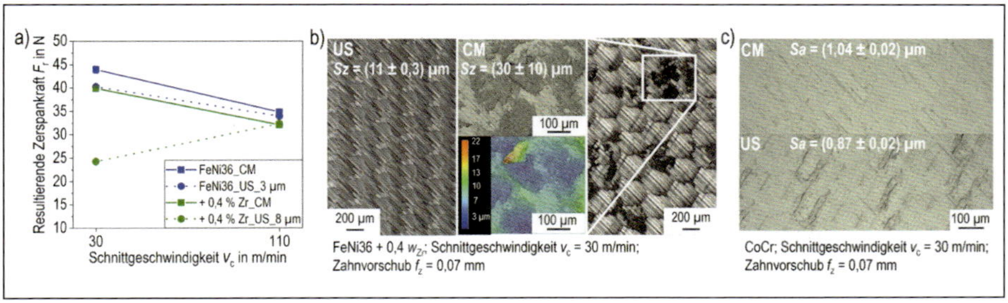

Bild 3. Resultierende Zerspankräfte F_{res} der FeNi36-Legierung (a), Vergleich der Oberflächen CM vs. US (Lichtmikroskopie) der FeNi36-Legierung (b) [11] und der CoCr-Legierung (c).

hin zu Druckeigenspannungen induziert, welche im Einklang mit den Ergebnissen der Zerspankraft sowie der Rauheit für niedrige Schnittgeschwindigkeiten minimal sind. Die oberflächennahen Druckeigenspannungen können unter anderem einen positiven Effekt auf die Bauteillebensdauer haben [19].

Folgerungen für die Praxis

Die Ergebnisse zeigen, dass die Mikrostruktur sowie die Zerspanbarkeit der FeNi36- und der CoCr-Legierungen durch eine Modifikation mit kleinen Zugaben von *Zr* bzw. Hf positiv beeinflusst werden können. Durch die Legierungsmodifikation und die damit einhergehende Homogenisierung der Mikrostruktur wird die Zerspankraft verringert. Dies führt zu einer längeren Werkzeugstandzeit und einem geringeren Ressourcenverbrauch bei der Zerspanung mit entsprechenden wirtschaftlichen Vorteilen für KMU. Das US bedingt sowohl für FeNi36 als auch für die CoCr-Legierung werkstoffunabhängig die geringste Rauheit bei niedrigen Schnittgeschwindigkeiten. Ferner induziert der US oberflächennahe Druckeigenspannungen, welche einen positiven Einfluss auf die Bauteillebensdauer haben können. Durch den Einsatz des US kann in Prozessketten, in denen gezielt oberflächennahe Druckeigenspannungen induziert werden, der letzte Fertigungsschritt, zum Beispiel das Kugelstrahlen, eingespart und ein erheblicher Kostenvorteil für den Anwender erzielt werden. Ausgehend von diesen Analysen sind insbesondere für KMU Handlungsempfehlungen für eine sichere und wirtschaftliche komplementäre additive und zerspanende Fertigung solcher schwer bearbeitbaren Hochleistungslegierungen ableitbar.

Danksagung

Das IGF-Vorhaben Nummer 20.979 N / DVS-Nummer 01.3211 der Forschungsvereinigung Schweißen und verwandte Verfahren e. V. des DVS, Aachener Straße 172, 40223 Düsseldorf, wurde über die AiF im Rahmen des Programms zur Förderung der industriellen Gemeinschaftsforschung (IGF) vom Bundesministerium für Wirtschaft und Klimaschutz aufgrund eines Beschlusses des Deutschen Bundestages gefördert.

Die Autoren danken für diese Förderung sowie für die Mitarbeit und Unterstützung der im projektbegleitenden Ausschuss beteiligten Unternehmen und Personen.

Literatur

[1] Treutler, K., u. V. Wesling: The current state of research of wire Arc Additive Manufacturing (WAAM): A Review. Applied Sciences 18 (2021), H. 11, 8619; https://doi.org/10.3390/app11188619.

[2] Schroepfer, D., u. a.: Surface finishing of hard-to-machine cladding alloys for highly stressed components. The International Journal of Advanced Manufacturing Technology 114 (2021), H. 5-6, S. 1427/42.

[3] Berns, H., u. W. Theisen: Eisenwerkstoffe - Stahl und Gusseisen. Springer-Verlag, Berlin Heidelberg 2008.

[4] Lagarec, K., u. a.: Observation of a composition-controlled high-moment/low moment transition in the face centered cubic Fe–Ni system: Invar effect is an expansion, not a contraction. Journal of Magnetism and Magnetic Materials 236 (2001), H. 1-2, S 107/30.

[5] Otte, W. H., u. a.: Welding low thermal expansion alloys for aircraft composite tooling. Weld. J. 75 (1996), H. 7, S. 51/55.

[6] Oh, D.J., J. M. Lee u. M. H. Kim: Fatigue strength assessment of Invar alloy weld joints using the notch stress approach. Engineering Failure Analysis 42 (2014), S. 87/99.

[7] Berns, H., u. A. Fischer: Tribological stability of metallic materials at elevated temperatures. Wear 162-164 (1993), S. 441/49.

[8] Sims, C., W. Stoloff u. W. Hagel: Superalloys II – High-Temperature Materials for Aerospace and Industrial power Wiley, Hoboken/US 1987.

[9] Haynes International (Hrsg.): Ultimet alloy. Broschüre [online]. Verfügbar unter: https://haynesintl.com/docs/default-source/pdfs/new-alloy-brochures/corrosion-resistant-alloys/brochures/ultimet.pdf?sfvrsn=cf7929d4_14 (Zugriff am 22. 09. 2022).

[10] VDM Metalls (Hrsg.): Alloy 36. Werkstoffdatenblatt Nr. 7101 Revision 03, März 2022 [online]. Verfügbar unter: https://www.vdm-metals.com/fileadmin/user_upload/Downloads/Data_Sheets/Datenblatt_VDM_Alloy_36.pdf (Zugriff am 22. 09. 2022).

[11] Engelking, L., u. a.: Herstellung beanspruchungsgerechter Oberflächen durch Kombination innovativer additiver und abtragender Fertigungsschritte an hochbelasteten Komponenten. DVS-Berichte Bd. 389, S. 697. DVS Media, Düsseldorf 2023.

[12] DIN EN ISO 25178-3:2012-11 „Geometrische Produktspezifikation (GPS) – Oberflächenbeschaffenheit: Flächenhaft – Teil 3: Spezifikationsoperatoren“ (Ausgabe Novemer 2012).

[13] Eissel, A., u. a.: Modification of Co–Cr alloys to optimize additively welded microstructures and subsequent surface finishing. Welding in the World 66 (2022), S. 2245/57.

[14] Eissel, A., u. a.: Alloy modification for additive manufactured Ni alloy components Part I: Effect on microstructure and hardness of Invar alloy. Welding in the World 67 (2023), S. 1049/57.

[15] Rinck, P. M., u. a.: Experimental investigations on longitudinal-torsional vibration-assisted milling of Ti-6Al-4V. The International Journal of Advanced Manufacturing Technology 108 (2020), H. 11-12, S. 3607/18.

[16] Zheng, L., W. Chen u. D. Huo: Vibration assisted machining: Theory, modelling and applications. Wiley, Hoboken/US 2021.

[17] Ahmed, Y. S., u. a.: Effect of built-up edge formation during stable state of wear in AISI 304 stainless steel on machining performance and surface integrity of the machined part. Materials (Basel) 10 (2017), H.11, 1230, https://doi.org/10.3390/ma10111230.

[18] Engelking, L.: Optimisation of surface residual stresses using ultrasonic-assisted milling for wire-arc additive manufactured Ni alloy components. The International Journal of Advanced Manufacturing Technology 126 (2023), H. (9), S. 4191/98.

[19] Mirkoohi, E., P. Bocchini u. S. Y. Liang: Inverse analysis of residual stress in orthogonal cutting. Journal of Manufacturing Processes 38 (2019), S. 462/71.

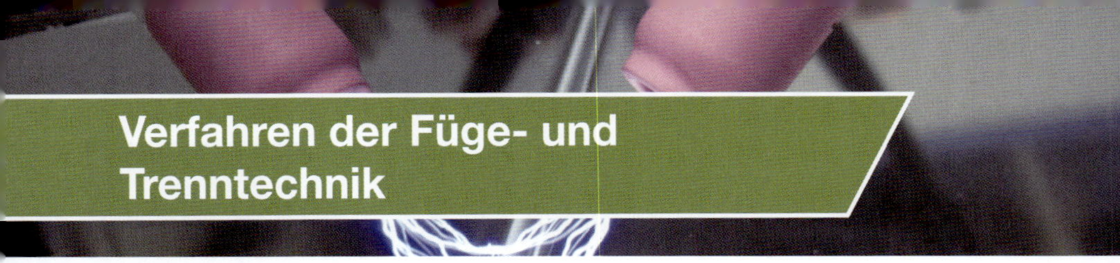

Verfahren der Füge- und Trenntechnik

Peter Böhm, Stefan Keuler

Laserstrahlbasiertes Schweißlöten der artungleichen Verbindung von Aluminium- und Kupferkabeln

In Zeiten der zunehmenden Elektrifizierung des Verkehrs steigt auch der Bedarf an elektrischen Komponenten und Leitern. Das vorrangig eingesetzte Kupfer zeichnet sich hierbei durch seine sehr gute Leitfähigkeit bei gleichzeitig guten mechanischen Eigenschaften aus. Da neben den erheblichen Kosten auch die hohe Dichte und damit ein hohes Gewicht einen negativen Faktor darstellen, bietet es sich im Sinne des Leichtbaugedankens an, die schweren Kupferkabel durch leichte Kabel aus Aluminium zu ersetzen. Hierbei entstehen aber Schnittstellen zwischen den Kupfer- und Aluminiumkabeln, die momentan noch mechanisch verbunden werden. Daher sollte ein Ziel sein, ein Fügeverfahren für die Werkstoffkombination Al/Cu zu finden, welches sowohl die mechanischen als auch die elektrischen Eigenschaften der Werkstoffkombination nicht negativ beeinflusst. Das größte Problem stellen die während des Fügeprozesses entstehenden intermetallischen Phasen aus Aluminium und Kupfer dar. Diese besitzen gestiegene Anteile ionischer Bindungen, was zu einem starken Anstieg des elektrischen Widerstandes führt. Beim Laserstrahllöten wird daher nur das an der Oberfläche befindliche Aluminium mit einer Schmelztemperatur von 660 °C aufgeschmolzen, während das darunter befindliche Kupfer mit einer Schmelztemperatur von 1083 °C im festen Aggregatzustand verbleibt. Eine Haftung der beiden Metalle stellt sich aufgrund von Diffusionsprozessen an der Fügestelle ein. Bei optimalen Fügeparametern kann eine Lötverbindung hergestellt werden, die 70 % der Zugfestigkeit des reinen Aluminiums erreicht, bei gleichzeitig geringerem elektrischen Widerstand als die des Grundwerkstoffes. Durch die mit diesem Fügeverfahren hergestellte Verbindung können Teile des Kupferkabels durch Aluminiumkabel ohne negative elektrische Beeinflussung ersetzt werden bzw. an den Schnittstellen dann miteinander verbunden werden.

Einleitung

In Zeiten des Klimawandels besteht eine Herausforderung an die Transportindustrie darin, nachhaltige und ressourcensparende Fortbewegungsmöglichkeiten zu entwickeln. Der bereits begonnene Paradigmenwechsel von klassischen Verbrennern hin zu hybriden- und vollelektrischen Fahrzeugen wird in den nächsten Jahren weiter vorangetrieben werden. Hydraulische und mechanische Komponenten im Fahrzeug werden zunehmend durch elektrische Alternativen ersetzt. Dies führt jedoch auch zu einem steigenden Bedarf an elektrischen Komponenten und Leitern. So wird der Anteil des Gewichts der Kupferkabel am Gesamtgewicht des Autos weiter steigen. Bereits 2015 betrug dieses bei modernen Premiumautos zwischen 50 und 60 kg [1]. Im Sinne des Leichtbaugedankens bietet es sich daher an, die schweren Kupferkabel durch leichte Kabel aus Aluminium zu

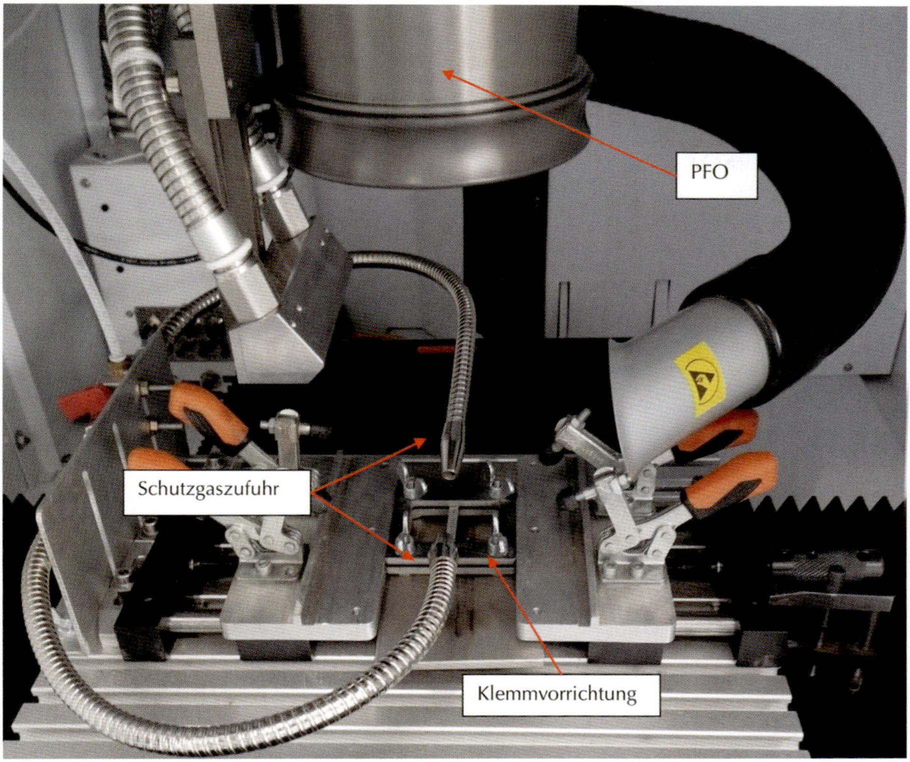

Bild 1. Verwendetes Lasersystem inklusive der PFO 20, der Schutzgaszufuhr und der Klemmvorrichtung. (© Hochschule Trier/Stefan Keuler)

ersetzen. Bei gleicher Strombelastbarkeit besitzt ein Leiter aus Reinaluminium EN AW-1050A (Al99,5) jedoch eine 1,6-mal größere Querschnittsfläche [2]. Auch reichen die mechanischen Eigenschaften des Aluminiums nicht an die des Kupfers heran. Das Einsatzgebiet liegt daher vor allem dort, wo keine gesteigerten mechanischen Anforderungen an die Kabel gestellt werden und ausreichend Platz vorhanden ist, wie es beispielsweise beim Kabelbaum im Auto der Fall ist. Kupfer kann jedoch nicht vollständig ersetzt werden, da sich die auf dem Aluminium ausbildende Oxidschicht über einen erhöhten elektrischen Widerstand verfügt und der Strom so nicht direkt von einem Aluminiumkabel abgegriffen werden kann. Verfahren wie etwa das Beschichten sind hierbei mit einem zusätzlichen technologischen Aufwand und Kosten verbunden [2]. Daher kommt es vor allem darauf an, ein Fügeverfahren für die beiden Werkstoffe zu finden, das sowohl die mechanischen als auch die elektrischen Eigenschaften der Werkstoffkombination nicht negativ beeinflusst. Dieses Verfahren soll nach Möglichkeit mechanisierbar und ohne intensivere Vorbehandlung umsetzbar sein.

In diesem Bereich wurden bereits einige Forschungsarbeiten durchgeführt und verschie-

Tabelle 1. Technische Daten des TruFiber 500 [10].

Laserleistungsbereich	15-500 W
Strahlqualität	0,38 mm * mrad
Wellenlänge	1075 ± 7 nm
Durchmesser Glasfaser	26 µm
Typ. Leistungskonstanz bei Nennleistung	± 1% bei aktiver Leistungsregelung

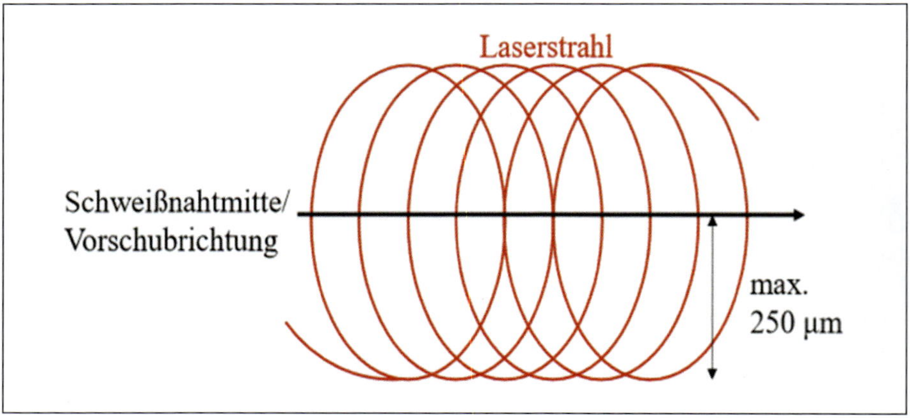

Bild 2. Verfahrweg des Laserstrahls beim Wobbeln. [13] (© Hochschule Trier/Jannis Marion)

dene Verfahren untersucht. Hauptproblem bei der Herstellung einer Verbindung aus Aluminium und Kupfer sind die entstehenden intermetallischen Phasen, welche einen hohen Widerstand und schlechte mechanische Eigenschaften besitzen. Ein hoher Energieeintrag während des Fügeprozesses sowie eine Durchmischung der beiden Metalle führen zu einem gesteigerten Wachstum dieser Phasen [3...6]. Daher werden unter anderem Verfahren eingesetzt, die ohne vollständiges Aufschmelzen der Fügepartner funktionieren, wie zum Beispiel das Reibschweißen [7...9]. Eine andere Möglichkeit besteht darin, die Vermischung der flüssigen Phasen gering zu halten. Liu at al. konnten mithilfe eines externen Magnetfeldes die natürliche Konvektion unterdrücken und die Temperaturverteilung homogenisieren, was zur Absenkung der Bildung der intermetallischen Phasen führte [5]. Der Einsatz eines Lasersystems ermöglicht einen gezielten Energieeintrag und senkt das Risiko der Bildung spröder Phasen aufgrund der hohen Abkühl- und Erstarrungsgeschwindigkeit deutlich [9]. Solchenbach et al. untersuchten in den durchgeführten Arbeiten das

Löten der beiden Metalle mittels Laserstrahlfügen. Hierbei wird nur die niedrigschmelzende Aluminiumschicht verflüssigt, während das Kupfer im festen Zustand verbleibt. Eine Haftung tritt aufgrund der Diffusionsbindung während des Erstarrungsvorganges ein [4].

Versuchsergebnisse

Laserstrahlschweißsystem

Zur Durchführung der Versuche stand eine TruLaser Station 5005 der Firma Trumpf zur Verfügung. Diese besitzt mit dem TruFiber 500 einen faserbasierten Festkörperlaser mit einer Wellenlänge von 1075 nm. Weitere Eigenschaften sind in **Tabelle 1** aufgeführt.

Im Lasersystem ist die PFO 20 der Firma Trumpf als Laseroptik verbaut, welche über eine programmierbare Fokussieroptik verfügt und sich zum Schweißen und Bohren eignet [11]. Als Schutzgas kommt Argon 4.6 zum Einsatz. Der Versuchsaufbau ist in **Bild 1** wiedergegeben. Für eine sichere Fixierung und einen möglichst reproduzierbaren Versuchsablauf werden die Proben in einer Klemmvorrichtung eingespannt. Für den Fügeprozess können eine Vielzahl an Parametern der Laserstrahlanlage variiert werden, wie beispielsweise die Größe des Wobbelkreises, die Geschwindigkeit beim Wobbeln, Pulsvariation des Laserstrahls, Lage des Fokuspunktes. Die Parameter mit dem größten Einfluss sind hierbei die Laserstrahlleistung und die Vorschubgeschwindigkeit. Aus ihnen ergibt sich die Streckenenergie des Fügeprozesses. Die Versuche können mit sowohl linearem als auch gewobbeltem Verfahrweg durchgeführt werden, **Bild 2**. Beim Wobbeln führt der Laser kreisförmige Bewegungen mit einstellbarem Radius und Geschwindigkeit aus. Das typische Wobbelbild entsteht durch die Relativbewegung des Werkstückes zum Laserstrahl. Über den Verlauf der Fügestelle hatte sich stets gegen Ende eine breitere Naht aufgrund der Erwärmung ausgebildet. Um diesen Effekt entgegenzuwirken, wurde zunächst die Fokuslage und später die Laserstrahlleistung variiert. Es wurde hierbei eine lineare Abnahme über den Laserstrahlprozess verwendet. Eine Leistungsabnahme hat direkten Einfluss auf die Streckenenergie während des Fügeprozesses. Eine lineare Abnahme von 100 auf 70 % während des Fügeprozesses führte zu einer Abnahme der Streckenenergie auf 85 % gegenüber einer unveränderten Leistung, was eine annähernd gleich große Aufschmelzzone und Nahtbreite über den gesamten Verfahrweg garantiert.

In ersten Vorversuchen wurden zunächst Bleche aus Aluminium und Kupfer gefügt. Ziel der Vorversuche war die Festlegung optimaler Fügeparameter der Werkstoffkombination Al/Cu mit dem verwendeten Lasersystem. Hierbei sollte der Einfluss der einzelnen Parameter auf die Eigenschaften der Fügestelle untersucht werden. Basierend auf den Erkenntnissen aus den Vorversuchen wurde ein Parameterintervall für die Versuche des Fügeverfahrens der Kabel entworfen. Des Weiteren musste eine geeignete Vorbereitungsmethode der Kabel für den Fügeprozess entworfen werden. In diesem Zusammenhang wurde darauf geachtet, welchen Einfluss die Vorbereitung auf die mechanischen und elektrischen Eigenschaften der Kabel hat.

Einfluss der Laserstrahlparameter

In den Vorversuchen hatte sich bereits gezeigt, dass eine hohe Prozessgeschwindigkeit für den Fügeprozess von Vorteil ist. Durch diese wird der Einfluss der hohen Wärmeleitfähigkeit der beiden Werkstoffe vermindert und es kommt zu einer geringeren Erwärmung der Materialien. Ein Vorwärmen der Proben bei gleichzeitig kleinerer Vorschubgeschwindigkeit des Lötprozesses hatte zu einer starken Diffusion und so zur übermäßigen Bildung von Zwischenphasen geführt und ist daher nicht zu empfehlen. Die Vergrößerung des Wobbelradius hatte zur Folge, dass eine größere Fläche Aluminium mit dem Laser bestrahlt wurde, wodurch sich eine breitere Naht im Aluminium und damit eine größere Fügefläche ausbildete. Da der elektrische Widerstand proportional mit der Querschnittsfläche des Leiters zunimmt, bedeutet eine größere Fügefläche folglich einen kleineren Widerstand der Verbindung. Diese Annahme unterliegt jedoch der Beschränkung, dass eine ausreichende Laserstrahlleistung für ein vollständiges Aufschmelzen des Aluminiums vorhanden ist. Diese ist im gewählten Aufbau mit 500 W Laserstrahlleistung jedoch beschränkt. Eine alternative Abnahme der Vorschubgeschwindigkeit führte jedoch wieder zu einer Erwärmung der Proben, weshalb die Vergrößerung des Wobbelradius begrenzt wurde und sich ein Radius von 0,25 mm für die Kabel als zielführend herausgestellt hat.

In den Vorversuchen stellte sich heraus, dass die Variation der Fokuslage nur in einem sehr kleinen Bereich keinen Einfluss auf den Fügeprozess nach sich zog. Bereits bei einer Verschiebung von mehr als 2 mm oberhalb des Werkstücks bewirkte dieser Effekt eine erhebliche Senkung der zugeführten Wärme und eignete sich daher nicht für den Fügeprozess. Daher wurde auf die Variation des Fokuslage verzichtet. Die Laserstrahlleistung wurde über den Fügeprozess bzw. den Verfahrweg linear auf 70 % des Anfangswertes gesenkt. Dies führte gerade bei den Kabeln zu einer Verbesserung der Nahtoberfläche. Die Erhöhung der Wobbelgeschwindigkeit hatte eine Abnahme der Positionierungsgenauigkeit der PFO zu Folge, was mit schlechteren Versuchsergebnissen einherging. Daher wurde die Wobbelgeschwindigkeit auf einen üblichen Wert von 800 mm/s beschränkt.

Bevor mit den Kabeln Lötversuche durchgeführt werden konnten, mussten sie in eine für den Fügeprozess geeignete Form gebracht werden. Hierzu wurde ein Walzprozess ausgewählt. Dieser erforderte ein nachträgliches Richten der Proben und hatte eine Abnahme der Querschnittsfläche zur Folge, was sich direkt in der Zunahme des Gesamtwiderstandes des Kabels widerspiegelte. Darüber hinaus führte dies zu einer Kaltverfestigung und damit zu einer Härtezunahme von etwa 80 HV1 auf etwa 120 HV1 im Kupfer und etwa 20 HV1 auf etwa 32 HV1 im Aluminium, einer im Schliff nachweisbaren Vorzugsrichtung der Körner sowie einer gesteigerten Zugfestigkeit. Für die Hauptversuche wurden auf Basis der Vorversuche die in Tabelle 2 aufgeführten Parameterkombinationen gewählt.

Hierbei unterschieden sich die Probe ZK2 und ZK7 sowie ZK1 und ZK6 nur hinsichtlich der Überlappungslänge und Länge der Fügestelle. Die Probe ZK5 stellte eine Vergleichsprobe mit nach den durchgeführten Vorversuchen erwarteten schlechteren Eigenschaften dar.

Metallografische Analyse

Bei den verwendeten Werkstoffen handelte es sich zum einen um Reinaluminium Al99,5 mit einem Massenanteil an Eisen von 0,231 %, zum andern um Reinkupfer mit einer Reinheit von 99,9 %. Die laserstrahlgefügten Proben wurden metallografischen Untersuchungen unterzogen. Hierzu wurden sie quer zur Fügerichtung mit einer Säge aufgetrennt. Da sich bei erhöhter Temperatur ein Diffusionsvorgang einstellt, wurden die Proben in dem Kalteinbettmittel CEM1000 Blue

Tabelle 2. Parameterkombination der Proben. [14]

Nummer	Vorschub [mm min]	Leistung [W]	Streckenenergie [J/mm]	Wobbelradius [mm]	Wobbelgesch. [mm/s]	Fokuslage [mm]	Überlappungslänge [mm]	Länge Lötstelle [mm]
ZK2.1-23	1400	500	21,4286	0,25	800	0	70	35
ZK51-5.3	1000	500	30	1,5	800	0	70	35
ZK7.1-7.3	1400	500	21,4286	0,25	800	0	20	6

Nummer	Vorschub [mm min]	Leistung [W]	Streckenenergie [J/mm]	Leistung am Ende der Lötstelle [%]	Fokuslage [mm]	Überlappungslänge [mm]	Länge Lötstelle [mm]
ZK1.1-1.3	1400	500	19,83333	70	0	70	35
ZK61-63	1400	500	19,83333	70	0	20	6

eingebettet und anschließend geschliffen und poliert. Für die Untersuchung kamen zwei Ätzverfahren zum Einsatz. Zur Sichtbarmachung des Gefüges des Kupfers wurden die Proben für 10 bis 15 s in 100 ml destilliertem Wasser und 10 g Ammoniumpersulfat einer Tauchätzung unterzogen. Durch eine Tauchätzung für etwa 30 s in Natronlauge (NaOH) wurden die entstehenden Zwischenschichten aus Aluminium und Kupfer sowie die Aluminiumschweißnaht sichtbar.

Im metallografischen Schliff der Lötstelle der Probenreihe ZK2 in **Bild 3** war zunächst zu erkennen, dass die Lötstelle eine Naht im Aluminium mit einer Breite von etwa 520 µm aufweist. Dies entspricht dem ausgewählten Wobbelradius. Die 1.000-fache Vergrößerung der Fügezone zeigt eine entstandene Zwischenschicht mit einer Dicke von etwa 5 bis 6 µm. Zur Ermittlung der Elementkonzentrationen in der Zwischenschicht wurde das Verfahren der EDX-Analyse (Energiedispersive Analyse mit Röntgenstrahlen) eingesetzt. Damit konnte nachgewiesen werden, dass eine Stoffmenge an Kupfer von etwa 20 % in der Schicht vorhanden ist. Diese Zusammensetzung Al/Cu gleicht damit in guter Näherung der eutektischen Konzentration. Eine dabei entstehende lamellare Struktur war allerdings auch im Rasterelektronenmikroskop (REM) nicht erkennbar, **Bild 4**. Die Naht im Aluminium weist nur sehr geringe Spuren von Kupfer (Stoffmenge unter 1 %) auf, welches unterhalb der Löslichkeit des Kupfers im Aluminium (Stoffmenge von 2,48 %) liegt. Es

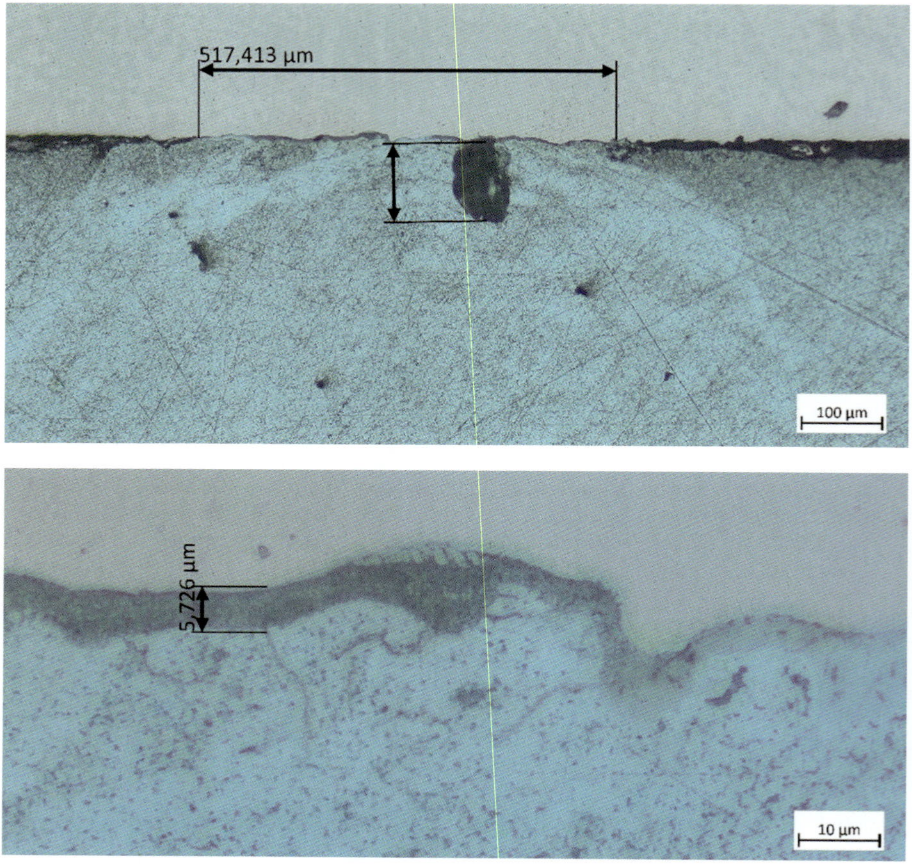

Bild 3. ZK2, metallografischer Schliff, 5% NaOH; oben: 100x-Vergrößerung, Übersicht; unten: 1000x-Vergrößerung, Fügestelle. (© Hochschule Trier/Stefan Keuler)

kann hierbei nicht ausgeschlossen werden, dass es zur Verschleppung von Kupferpartikeln während des Schleif- und Poliervorgangs gekommen sein könnte.

Im Gefüge des Kupfers war nach dem Fügeprozess keine Vorzugsrichtung mehr erkennbar, **Bild 5**. Es hatte sich ein gleichmäßiges, rekristallisiertes Gefüge eingestellt. Die EDX-Analyse des Kupfers unterhalb der Fügestelle ergab dort einen Stoffmengenanteil an Aluminium von 60 %, **Bild 4** Dies entspricht einer Konzentration im peritektoiden Bereich. Im metallografischen Schliff und auch in der REM-Aufnahme kann dort jedoch kein vom Kupfer abweichendes Gefüge nachgewiesen werden. Es besteht die Vermutung, dass sich dort ebenfalls eine kristallartige Phase gebildet hat, ohne dass diese Phase in der REM-Aufnahme aufgrund von Ätzeffekten zu erkennen ist.

Der metallografische Schliff der Lötstelle der Probenreihe ZK1, **Bild 6**, zeigt zu Beginn der

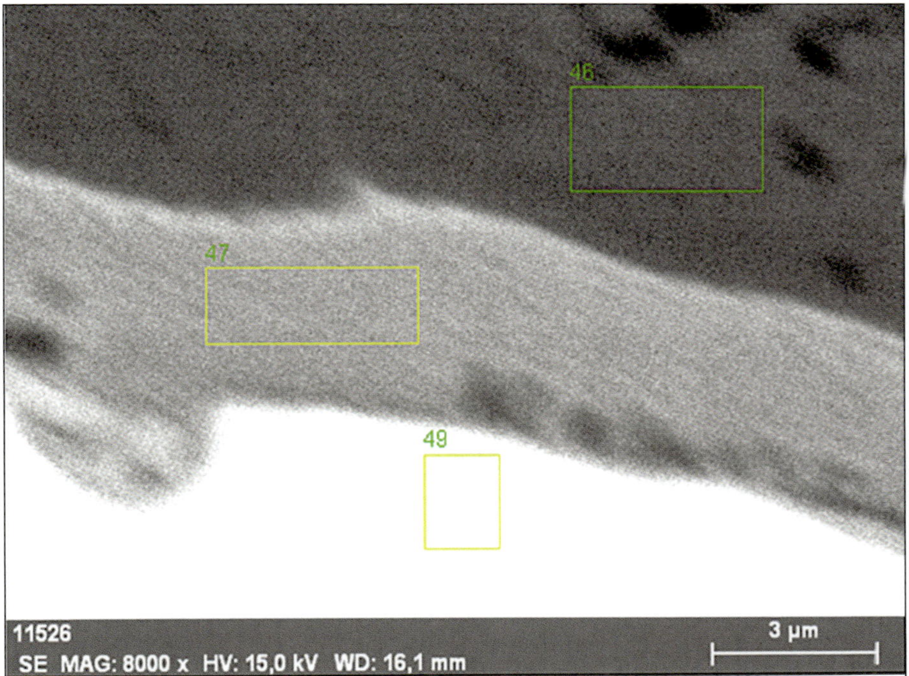

Spektrum: 46

El	OZ	Serie	unn. [Gew.%]	C norm. [Gew.%]	C Atom. [At.%]	C Fehler (1 Sigma) [Gew.%]
N	7	K-Serie	0,00	0,00	0,00	0,00
O	8	K-Serie	0,76	0,72	1,22	0,24
Al	13	K-Serie	102, 87	97,12	97,86	4,79
Cu	29	K-Serie	2,29	2,16	0,93	0,16
Summe:			105,92	100,00	100,00	

	Al [At. %]	Cu [At. %]	Gesamt [At. %]
Messwerte	97,86	0,93	98,79
Normierte Werte	99,0586092	0,94139083	100

Bild 4. ZK2, EDX-Analysen. (© Hochschule Trier/Stefan Keuler)

Bild 5. ZK2, metallografischer Schliff, Kupferätzung, 100x-Vergrößerung. (© Hochschule Trier/ Stefan Keuler)

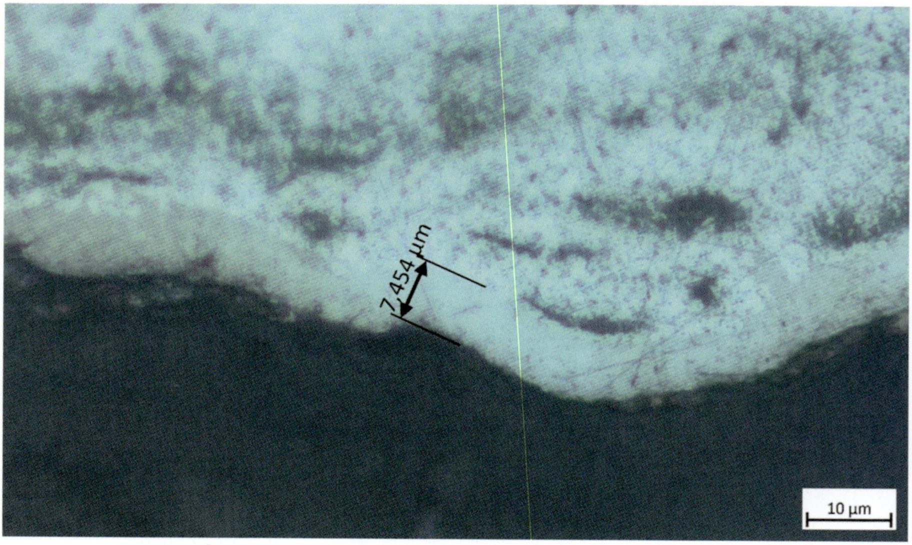

Bild 6. ZK1, Anfang der Fügestelle, metallografischer Schliff, 5% NaOH, 1000x-Vergrößerung. (© Hochschule Trier/Stefan Keuler)

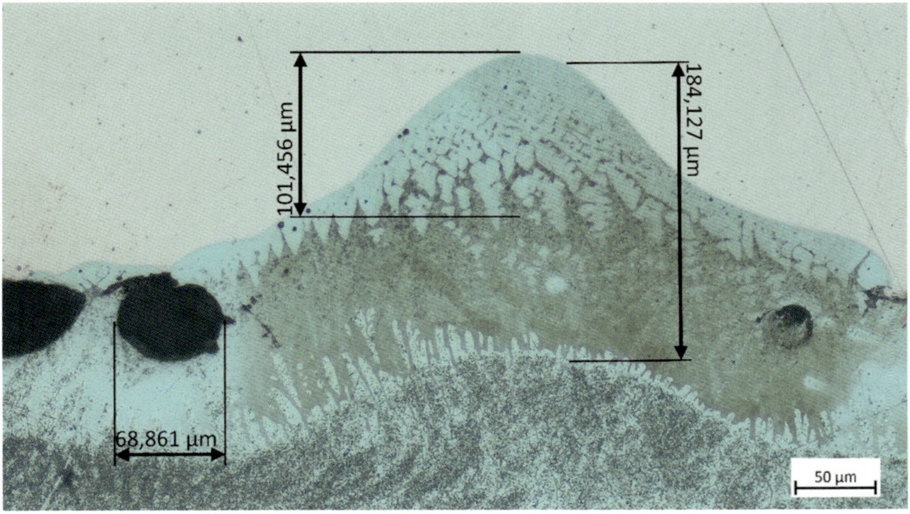

Bild 7. ZK1, Mitte der Fügestelle, metallografischer Schliff, 5% NaOH, 200x-Vergrößerung. (© Hochschule Trier/Stefan Keuler)

3

Fügestelle eine Zwischenschicht von etwa 7,5 µm Dicke. Im weiteren Verlauf steigt die Größe der gesamten Zwischenschicht auf über 180 µm an, Bild 7. Über dieser Zwischenschicht ist zudem eine kristallartige Schicht mit etwa 100 µm Dicke zu erkennen. Diese kristallartige Zwischenschicht besteht nach dem EDX-Analyse zu etwa 62 % aus Aluminium (Stoffmengenanteil), Bild 8. Es liegt nahe, dass sich auch hier ein peritektoides Gefüge aus den Phasen Θ und η_2 gebildet hatte. Die im metallografischen Schliff bräunlich erscheinende Struktur weist bezüglich der EDX-Analyse eine Stoffmengen-Zusammensetzung von 71 % an Aluminium und 29 % an Kupfer auf. Diese Zusammensetzung liegt oberhalb der eutektischen Konzentration mit einer Stoffmenge an Kupfer von 18 %. Eine vermutete lamellare Struktur konnte auch hier durch die REM-Aufnahme nicht nachgewiesen werden. Im vorliegenden Fall entstanden direkt neben der Fügestelle Poren mit einem Durchmesser von etwa 70 µm, die zwangsläufig zu einer Verschlechterung der Bindung beitragen.

Bei der als Vergleichsprobe mit erwarteten schlechteren Eigenschaften hergestellten Probenreihe ZK5 weist der metallografische Schliff eine deutliche Zwischenphase auf, Bild 9. Diese ist etwa 200 µm dick und über die komplette Breite der Probe ausgeprägt. Darüber hinaus bildete sich an verschiedenen Stellen eine weitere Phase aus Aluminium und Kupfer im Kupfergrundwerkstoff. Im Kupfer selbst ist zur Mitte des Querschnittes eine Grobkornbildung erkennbar, am Rand liegt ein rekristallisiertes Gefüge vor, Bild 10.

Überprüfung der mechanisch-technologischen Eigenschaften

Zunächst war es interessant, die Veränderung der Zwischenschicht, die sich während des Lötvorgangs bildet, auf die Änderung seiner Härteeigenschaften zu überprüfen. Bei

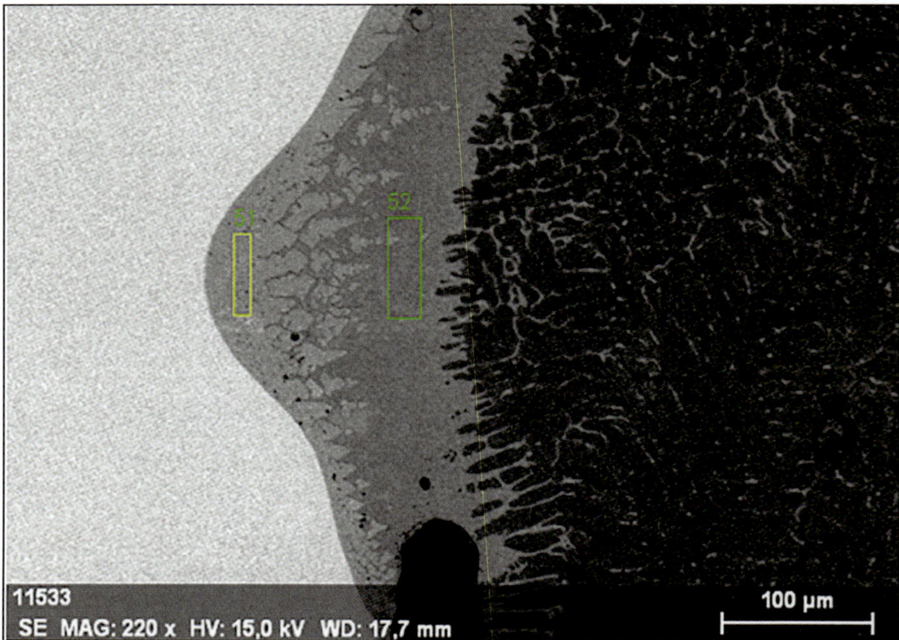

Spektrum: 51

El	OZ	Serie	unn. [Gew.%]	C norm. [Gew.%]	C Atom. [At.%]	C Fehler	(1 Sigma) [Gew.%]
N	7	K-Serie	2,82	2,60	6,75		0,59
O	8	K-Serie	5,33	4,91	11,15		0,8
Al	13	K-Serie	40,93	37,75	50,81		1,92
Cu	29	K-Serie	59,36	54,74	31,29		1,94
Summe:			108,44	100,00	100,00		

	Al [At. %]	Cu [At. %]	Gesamt [At. %]
Messwerte	50,81	31,29	82,1
Normierte Werte	61,8879415	38,1120585	100

Bild 8. ZK1, EDX-Analysen. (© Hochschule Trier/Stefan Keuler)

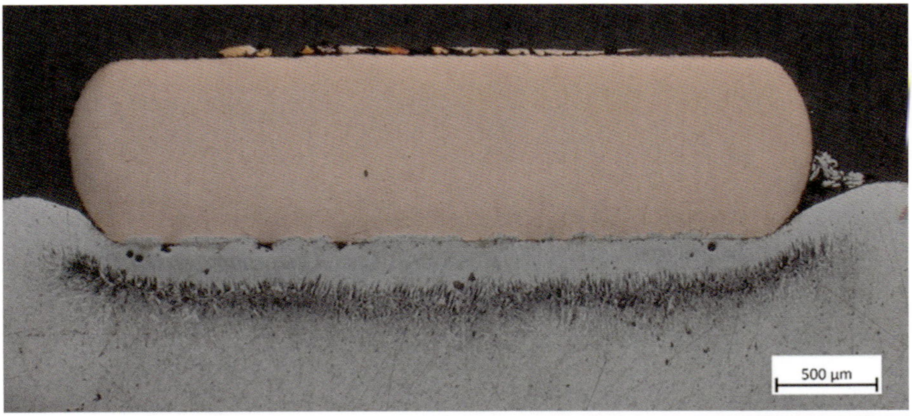

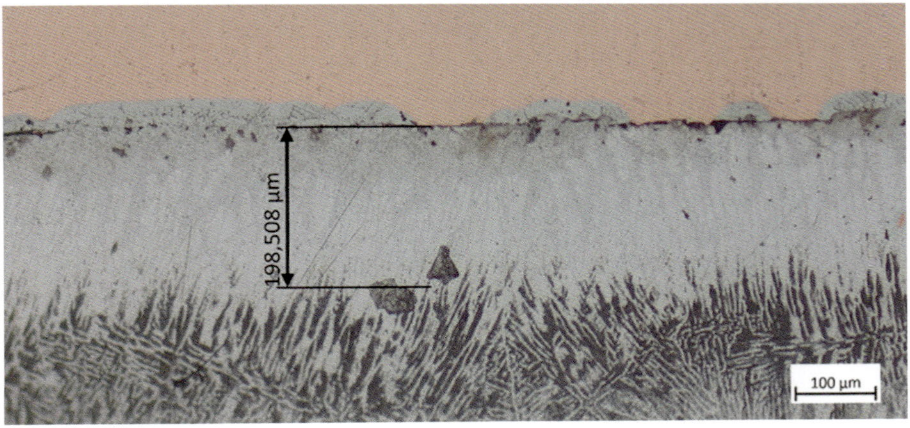

Bild 9. ZK5, Anfang der Fügestelle, metallografischer Schliff, 5% NaOH, 100x – Vergrößerung; oben: 25x-Vergrößerung, Übersicht; unten: 100x-Vergrößerung, Fügestelle. (© Hochschule Trier/Stefan Keuler)

der Vergleichsprobe ZK5 lag die Härte des Kupfers bei etwa 50 HV1 und somit 10 HV1 unterhalb der Proben, welche keine Grobkornbildung aufwiesen. Im Gegensatz dazu konnte im Aluminium keine Aufhärtung aufgrund einer Diffusion von Kupfer festgestellt werden. Die entstandene Zwischenschicht besitzt eine durchschnittliche Härte von etwa 152 HV1, mit einer gewissen Streuung um diesen Mittelwert, so dass eine Standardabweichung von 15,7 HV1 vorliegt, **Bild 11**. Diese Aufhärtung weist weiterhin auf die Bildung von eutektischen Gefügephasen hin.

In der Probenreihe ZK2 ließ sich die Zwischenschicht aufgrund der geringen Ausdehnung nicht vermessen. Der Aluminium-Grundwerkstoff weist hier eine Härte von etwa 21 HV1 auf. In der entstandenen Naht ist hierbei keine Aufhärtung messbar. Der Kupfer-Grundwerkstoff besitzt eine Härte von 60 HV1. Die Härten sind hierbei im Vergleich zu den gewalzten Kabeln ohne Lötprozess gesunken, was auf ein Rekristallisationsglühen hindeutet. Die Härtewerte der Probenreihe ZK1 decken sich am Beginn der Lötstelle mit denen der Probenreihe ZK2. Die

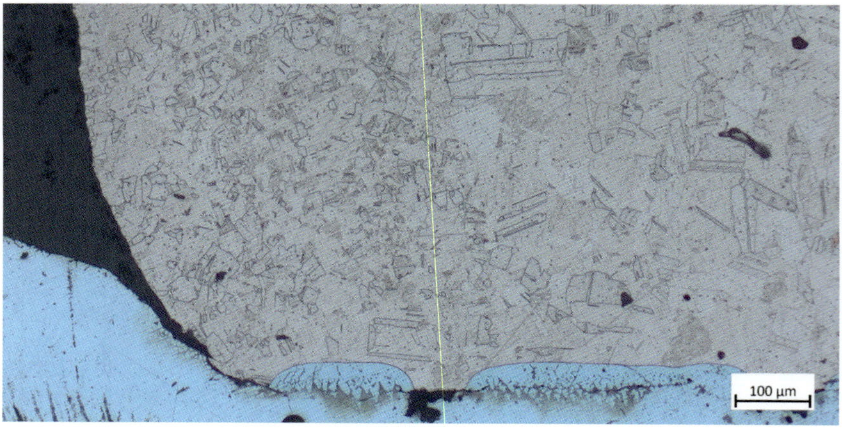

Bild 10. ZK5, Anfang der Fügestelle, metallografischer Schliff, Kupferätzung. (© Hochschule Trier/ Stefan Keuler)

in der Probenmitte entstandene Zwischenschicht besitzt jedoch eine stark erhöhte Härte von 277 HV1, wobei hier nur eine Messung durchgeführt werden konnte. Auch besitzt hier die Naht im Aluminium eine leicht erhöhte Härte von etwa 42HV1.

Die hergestellten Lötproben wurden im Zugscherversuch geprüft. Hierbei unterscheidet sich die ermittelte maximale Spannung zwischen einer Scherspannung und einer Zugspannung, je nach Art des Bruches. Für die technische Anwendung ist die Art des Bruches jedoch nicht so bedeutend wie eine Vergleichbarkeit der Proben untereinander. Darüber hinaus lässt sich gerade die Fügefläche zur Berechnung der Scherspannung nur sehr ungenau ermitteln. Da sämtliche Proben dieselben Maße besaßen und ein Versagen der Proben entweder an der Fügestelle oder im Aluminium stattgefunden hatte, wurde die maximale Zugkraft und nicht die dazugehörige Spannung verglichen. In **Bild 12** sind die Ergebnisse dieser Versuche dargestellt. Es wurden in einer weiteren Vergleichsreihe darüber hinaus Proben mit einer Lüsterklemme verbunden und verglichen. Es ist zu erkennen, dass keine der Proben an die Festigkeit des gewalzten Aluminiums heranreicht. Die Probenreihen ZK1 und ZK2 lieferten nahezu gleiche Ergebnisse mit einer maximalen Zugkraft von etwa 490 N. Dies entspricht etwa 70 % der Festigkeit des gewalzten Kabels. Trotz gleicher Parameter lag die maximale Zugkraft der Proben ZK6 und ZK7 mit geringerer Lötstellenlänge mit 147 N bzw. 173 N deutlich niedriger. Auch die Vergleichsprobe ZK5 erreichte nur eine sehr geringe Maximalkraft von 159 N. Lediglich durch Verwenden einer Lüsterklemme konnte annähernd die Kraft der ersten beiden Lötversuche erreicht werden. Bei den Ergebnissen der Lüsterklemme muss allerdings berücksichtigt werden, dass diese mit der maximal möglichen Kraft durch manueles Anziehen fixiert wurden. Dennoch war es teilweise zum Rutschen der Kabel an der Schraube gekommen. Daraus ergab sich eine relativ hohe Standardabweichung der Messergebnisse.

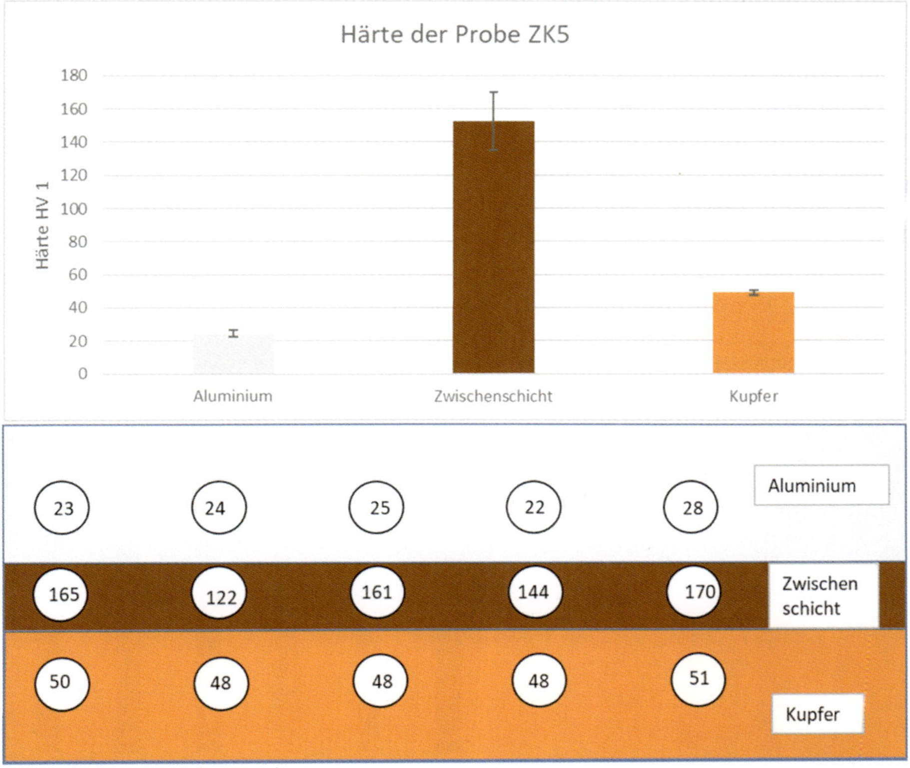

Bild 11. Härte HV1 der Probe ZK5-Anfang. (© Hochschule Trier/Stefan Keuler)

Überprüfung der elektrischen Leitfähigkeitseigenschaften

Die elektrische Widerstandsmessung wurde nach dem Prinzip der Vierleitermessung durchgeführt. Bei diesem Verfahren fließt ein bekannter Strom über zwei Leiter durch den zu bestimmenden Widerstand. Die hierbei abfallende Spannung wird hochohmig über zwei weitere Leiter abgegriffen und gemessen. Das Verfahren findet Anwendung bei der Messung sehr kleiner elektrischer Widerstände, wenn die Widerstände der Kontaktstelle und der Zuleitung nicht mehr vernachlässigbar klein gegenüber dem Messwiderstand sind. Die Widerstandmessung wurde zunächst an den nicht gefügten Kabeln durchgeführt und zur Bestimmung der Messgenauigkeit mit den Literaturwerten verglichen, **Bild 13**. Hierbei zeigte sich, dass die gemessenen Widerstände für die unbehandelten Kabel höher sind als die der gewalzten Kabel. Auch lag eine minimale Abweichung zu den Literaturwerten vor. Diese bewegten sich in einer Größenordnung von 4,29 % beim Aluminium und 5,63 % beim Kupfer. Da die Kabel unterschiedliche Querschnittsflächen besaßen und darüber hinaus an der Fügestelle die exakte elektrisch leitende Querschnittsfläche nicht zu bestimmen war, wurde im Folgenden der Widerstand pro Meter anstatt des spezifischen Widerstandes der Proben angege-

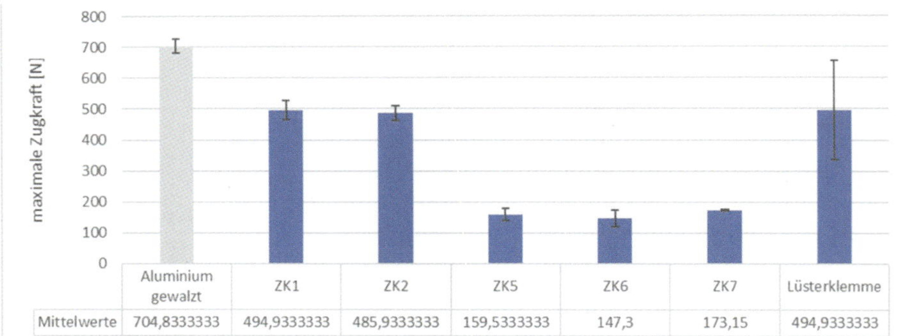

Bild 12. Ergebnisse des Zugversuches der Fügeproben und des gewalzten Aluminiums. (© Hochschule Trier/Stefan Keuler)

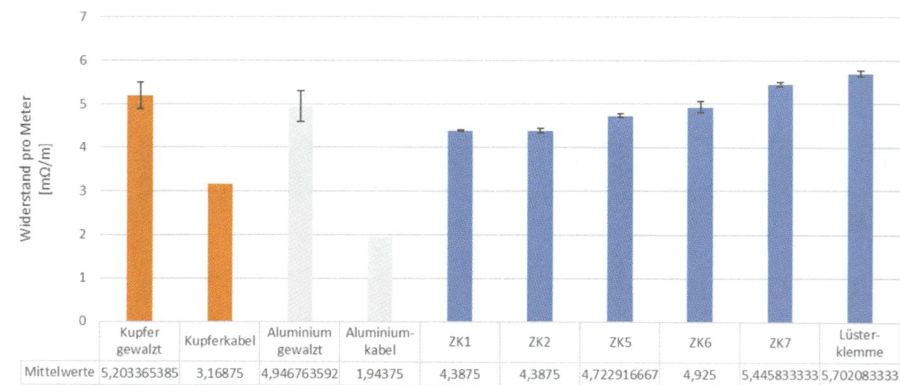

Bild 13. Widerstand pro Meter der Grundmaterialien und gelöteten Kabel. (© Hochschule Trier/Stefan Keuler)

ben. Dadurch ergab sich im Aluminium ein kleinerer Widerstand pro Meter als im Kupfer und aufgrund der größeren Querschnittsfläche besaßen die nicht verformten Kabel deutlich kleinere Messwerte. Die Versuche hatten ergeben, dass die Proben ZK1 und ZK2 mit einem Widerstand von 4,3875 mΩ/m deutlich unterhalb der nicht gefügten Kabel mit 5,2037 mΩ/m im Kupfer und 4,9468 mΩ/m im Aluminium lagen. Der Einfluss der Überlappungslänge wurde im Vergleich der Proben ZK2 und ZK7 deutlich, welche trotz gleicher Parameter einen signifikanten Unterschied in den ermittelten Werten besaßen. Die als Vergleichsprobe herangezogene Verbindung mittels Lüsterklemme wies die schlechtesten Werte des Versuches auf.

Fazit

Im Bereich des Fügens von Aluminium und Kupfer sind in den letzten Jahren große Fortschritte gemacht worden. Durch Ausnutzung der eutektischen Reaktion ist ein stoffschlüssiges Fügen möglich [12]. Auch der Laserstrahllötprozess liefert vielversprechende Ergebnisse [4]. Die Herausforderung besteht jedoch darin, einen Prozess zu entwerfen, der eine übermäßige Bildung der intermetallischen Phasen während des Fügevorgangs verhindert. Nur so können die exzellenten Eigenschaften der beiden Fügepartner ohne einen erhöhten Widerstand und eine geringe mechanische Festigkeit der Fügestelle kombiniert werden. Bei den hier durchführten Versuchen hat sich gezeigt, dass eine hohe Prozessgeschwindigkeit für den Fügeprozess von Vorteil ist, da diese den Einfluss der hohen Wärmeleitfähigkeit der beiden Werkstoffe vermindert und es zu einer geringeren Erwärmung der Materialien kommt. Für eine hohe Prozessgeschwindigkeit ist eine entsprechend hohe Strahlleistung des Lasers für den Fügeprozess notwendig. Es hat sich herausgestellt, dass insbesondere die Länge der Verbindung von enormer Wichtigkeit ist. Daher werden weitere Untersuchungen der Lötstellenlänge und der Strahlleistungsvariation für einen Kompromiss aus geeigneten Eigenschaften und niedrigem Materialaufwand empfohlen. Die Zugkraft der gefügten Verbindung erreichte 70 % der Zugfestigkeit des gewalzten Aluminiumwerkstoffes bei gleichzeitig geringerem elektrischem Widerstand als die der verformten Grundmaterialien sowie bessere Ergebnisse als bei der mechanischen Verbindung der beiden Werkstoffe über eine Lüsterklemme. So konnte eine Verbindung geschaffen werden, die den Ersatz von Kupferkabeln durch Aluminiumkabel ohne negative elektrische Beeinflussung möglich macht. Hierbei muss im Gebrauch nur die geringere mechanische Festigkeit im Vergleich zum Kupfer beachtet werden. Der Einsatzbereich liegt daher in Gebieten niedriger mechanischer Beanspruchung bei gleichzeitiger Übertragung von Signalströmen, weshalb sich unter anderem die Verkabelung der Sensoren im Fahrzeug anbietet.

Literatur

[1] Pester, W.: Das unterschätzte Übergewicht der Premiumautos. PS WELT, 09 03 2015. [Online]. Verfügbar unter: https://www.welt.de/motor/article138223665/Das-unterschaetzte-Uebergewicht-der-Premiumautos.html [Zugriff am 11. 12. 2023].

[2] Lücke, N., S. Schlegel u. S. Großmann: Vergleich von Werkstoffen auf Basis von Cu und Al sowie Trends bei deren Anwendung in Elektroenergietechnik. Metall 67 (2013), H. 11, S. 493/97.

[3] Gester, A., u. a.: Möglichkeiten zur Prozessüberwachung beim Ultraschallschweißen von Aluminiumlitzen/Kupferterminal-Verbindungen. Tagungsband „17. Kupfersymposium 2021", S. 4/8. Deutsches Kupferinstitut 2021.

[4] Solchenbach, T.: Laserbasiertes Schweißlöten von artungleichen Aluminium-Kupfer-Verbindungen. Diss., Universität Luxemburg 2014.

[5] Liu, Y. B., u. a.: Effect of the Axial External Magnetic Field on Copper/Aluminium Arc Weld Joining. Science and Technology of Welding and Joining 21 (2016), H. 6, S. 460/65.

[6] Solchenbach, T., P. Plapper und W. Cai: Electrical Performance of Laser Braze-Welded Aluminium–Copper Interconnects. Journal of Manufacturing Processes 16 (2014), S. 183/89.

[7] Sahin, M.: Joining of Aluminium and Copper Materials with Friction Welding. Springer-Verlag, London 2009.

[8] Kaspar, J.: Challenges in Joining Aluminium with Copper for Applications in Electro Mobility. Materials Science Forum Bd. 783-786 (May 2014), S. 1747/52.

[9] Mai, T. A., u. A. C. Spowage: Characterisation of Dissimilar Joints in Laser Welding of Steel-Kovar, Copper-Steel and Copper-Aluminium. Materials Science and Engineering 374 (2004), S. 224/33.

[10] TRUMPF SE + Co. KG (Hrsg.): TruFiber – Technische Daten. [Online]. Verfügbar unter: https://www.trumpf.com/de_INT/produkte/laser/faserlaser/trufiber/ [Zugriff am 11. 12. 2023].

[11] Müller, D.: Ermittlung optimierter Schweißparameter mit dem Trumpf-Lasersystem für die Werkstoffpaarung Aluminium/Polyamid. Bachelorarbeit, Hochschule Trier 2019.

[12] Regensburg, A.: Hybrid Friction Eutectic Bonding (HFEB) – stoffschlüssiges Fügen von Aluminium und Kupfer und Nutzung der eutektischen Reaktion. Diss., Technische Universität Ilmenau. Universitätsverlag Ilmenau 2021.

[13] Marion, J.: Schweißen von Magnesiumdruckguss. Welding of Magnesium Pressure Die Casting. Bachelorthesis. Hochschule Trier, 2017

[14] Keuler, S.: Fügen der artungleichen Verbindung aus Aluminium und Kupfer mittels laserbasiertem Schweißlöten unter Berücksichtigung mechanischer und elektrischer Eigenschaften. Masterarbeit. Hochschule Trier, Trier. Fachbereich Technik, 2022.

Moritz Ullrich, Sven Jüttner

Methodik zur Bewertung eines Widerstandspunktschweißprozesses auf Grundlage der Elektrodenbewegung

In der Literatur wurde bereits aufgezeigt, dass die Verwendung der Elektrodenbewegung beim Widerstandspunktschweißen ein hohes Potenzial besitzt, eine Kenngröße für die Qualitätsüberwachung zu liefern und damit den Schweißprozess zu optimieren. Durch die Extraktion geeigneter Kennwerte ist es möglich, verschiedene Parametersätze bewerten sowie Störgrößen und Spritzer detektieren zu können. Diese Kennwerte umfassen unter anderem die maximale thermische Ausdehnung der Bleche beim Schweißen, den Zeitpunkt der maximalen Ausdehnung, den Einsinkweg in der Schweiß- und Nachhaltezeit sowie die Expansionsgeschwindigkeit der Elektroden. Für einen pressgehärteten Stahl 22MnB5+AS150 konnte in vorherigen Untersuchungen bereits gezeigt werden, dass der Einsinkweg ein geeignetes Mittel zur Überwachung des Punktdurchmessers darstellt. Basierend darauf wurde in dem vorgestellten Forschungsprojekt eine Methodik zur Nutzung des Elektrodenwegs abgeleitet, welche hier exemplarisch für einen verzinkten Dualphasenstahl gezeigt wird. Die Methodik kombiniert unterschiedliche Aspekte und umfasst die Detektion fertigungsbedingter Störgrößen, Erkennung und Bewertung von Schweißspritzern sowie die Bewertung des erzielten Punktdurchmessers anhand unterschiedlicher Kennwerte.

Einleitung

Das Widerstandspunktschweißen ist der dominierende Schweißprozess in der automobilen Karosseriefertigung. Grundlage des Widerstandspunktschweißens ist die Ausbildung einer Schweißlinse zwischen zwei oder mehr elektrisch leitfähigen Bauteilen unter Wirkung eines örtlich eingebrachten elektrischen Stroms. Mithilfe der beidseitig aufgesetzten Elektroden wird eine Kraft ausgeübt, wobei diese gleichzeitig den Ausgangspunkt des Stromflusses bilden. Die dabei aufgebrachte Kraft wird als Elektrodenkraft F_E, der in die Fügepartner eingebrachte elektrische Strom (resultierend aus der Schweißspannung U_w) als Schweißstrom I_w sowie die zur Herstellung der Fügeverbindung notwendige Zeit als Schweißzeit t_w bezeichnet. **Bild 1** zeigt den Elektrodenkraft- und Schweißstromverlauf für einen konventionellen Widerstandspunktschweißprozess mit Vorhaltezeit zum Aufbau der Kraft, Schweißzeit zum Erzeugen der Fügeverbindung und Nachhaltezeit unter Aufrechterhaltung der Elektrodenkraft zum Abkühlen der Verbindung. Die Wahl der geeigneten Parameter erfolgt dabei anhand der Erfahrung des Anwenders oder unter hohem Versuchsaufwand, wobei Störgrößen dieses Prozessfenster verschieben und ungültig machen können [1...7].

Dabei kann die Schweißlinsenbildung nach Gedeon et al. anhand des Elektrodenwegs beschrieben und in sechs Phasen unterteilt werden [8]. **Bild 2** zeigt einen exemplarischen Verlauf des Elektrodenwegs einer Widerstandspunktschweißung, aufgetragen über der Zeit, und die sechs Phasen der Schweißlinsenausbildung. Aufgrund einer spitzerfreien Schweißung ist die 6. Phase „Spritzerbildung" hier nicht eingetragen.

Der Zeitpunkt und die quantitative Ausprägung der Phasen ist dabei unter an-

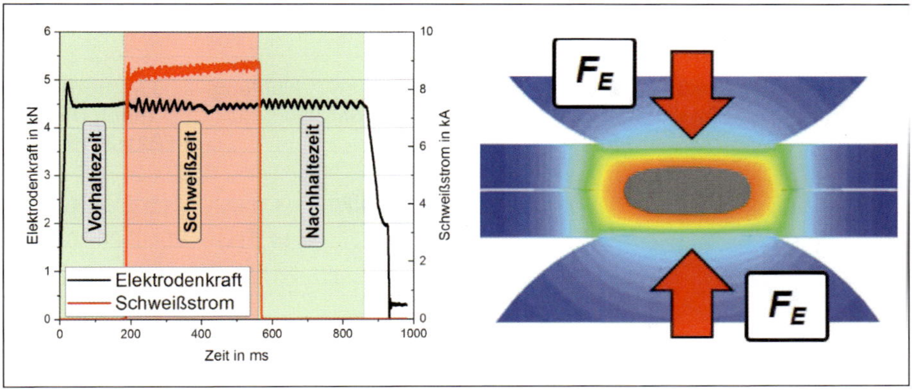

Bild 1. Widerstandspunktschweißprozess mit einem Schweißimpuls und konstanter Elektrodenkraft; links: Prozessparameterverlauf, rechts: Temperaturprofil einer Prozesssimulation. (© Lehrstuhl für Fügetechnik der Otto-von-Guericke Universität Magdeburg)

derem von den Prozessparametern Elektrodenkraft und Schweißzeit, der Materialkombination und Beschichtung sowie Fertigungsbedingten Störgrößen abhängig [2; 5; 8; 9].

Experimentelle Untersuchungen

Vorgehensweise

Der Versuchsablauf wurde in drei Hauptbestandteile untergliedert. Dabei bildete der erste Bestandteil die Parameteridentifikation und die Ermittlung eines geeigneten Schweißbereichs in Anlehnung an die SEP 1220-2. Im Anschluss erfolgte die Analyse der während der Schweißbereichsermittlung aufgezeichneten Prozessdaten. Diese wurden im dritten Schritt mit der Schweißqualität korreliert und eine Methodik zur Bewertung des Widerstandspunktschweißprozesses abgeleitet [10; 11]. Die genutzten Kennwerte in der Elektrodenbewegung basieren auf Untersuchungen von Wohner et al. [2] und Zhang et al. [9] und werden in **Bild 3** aufgezeigt.

Die Kennwerte wurden wie folgt berechnet:

$$\Delta s_s = s_0 - s_{t_0} \tag{1}$$

$$\Delta s_W = s_{max} - s_{tW;\,end} \tag{2}$$

$$\Delta s_h = s_{t_{w;\,end}} - s_{t_{h;\,end}} \tag{3}$$

$$v_i = \frac{s(t_i) - s(t_0)}{t_i - t_0} \tag{4}$$,

wobei:

S_0 Elektrodenweg zu Beginn der Vorhaltezeit,

St_0 Elektrodenweg zu Beginn der Schweißzeit,

$St_{w;\,end}$ Elektrodenweg am Ende der Schweißzeit,

$St_{h;\,end}$ Elektrodenweg am Ende der Nachhaltezeit,

t_0 Beginn der Schweißzeit.

Tabelle 1. Genutzte Parameter und Elektrodengeometrien.

Vorhaltezeit [ms]	Schweißzeit [ms]	Nachhaltezeit [ms]	Elektrodenkraft [kN]	Krafterzeugung	Kühlung	Elektroden (nach DIN 5821:2010-04)
200	380	300	3,5 – 5,5	elektromagnetisch	11 l/min 14,5 °C	F1-16-20-8-50-6 B0-16-20-50-6-36

Tabelle 2. Untersuchte Materialkombination.

CR440Y780T-DP GI50/50-U, t = 1,5 mm											
Dehngrenze (min.) [MPa]	Zugfestigkeit (min.) [MPa]	Legierungselement (w_i %)									
		C	Si	Mn	P	S	Al	Cu	B	Ti+Nb	Cr+Mo
440	780	0.127	0.166	1.915	0.015	0.004	0.041	0.009	0.001	0.004	0.224

Versuchsanlagen und -werkstoffe

Die gezeigten Versuche wurden an einer C-Ständeranlage der Firma NIMAK mit einer elektromagnetischen Krafterzeugung (magneticDRIVE) durchgeführt. Die Stromerzeugung und -regelung erfolgte über einen 1-kHz-Mittelfrequenz-Gleichstrominverter der Firma Bosch. Im Rahmen des Projektes wurden zusätzliche ausgewählte Versuche an einer pneumatischen C-Ständeranlage (Harms & Wende) und einer elektromagnetisch betriebenen C-Zange (NIMAK) zur Analyse der Übertragbarkeit der gewonnenen Erkenntnisse durchgeführt. Der Fokus dieses Beitrags liegt jedoch in der entwickelten Methodik, basierend auf den Ergebnissen der C-Ständeranlage mit magneticDRIVE. Es werden zwei Elektrodenkappengeometrien untersucht: eine ballige, F1-16-20-50-6, und eine kegelförmige, B0-16-20-50-6-36, Kappenform. Die Auswahl erfolgte nach der DIN EN ISO 5821 [12].

Der hier dargestellte Werkstoff ist ein Feuerverzinkter Dualphasenstahl CR440Y780T-DP-GI50/50-U nach VDA 239-100:2016-05. Die Blechdicke beträgt t = 1.5 mm mit einer Probengröße l × b = 45 mm × 45 mm nach SEP 1220-2:2011-08. Die Parameter, mechanischen Eigenschaften sowie chemischen Zusammensetzungen können **Tabelle 1** und **Tabelle 2** entnommen werden. Der Ausgangszustand wurde durch eine Elektrodenkraft von F_E = 4.5 kN und Elektrodenkappen der Form F1-16-20-50-6 abgebildet.

Stell- und Störgrößenanalyse

Die Stell- und Störgrößenanalyse diente der Untersuchung des Einflusses von Fer-

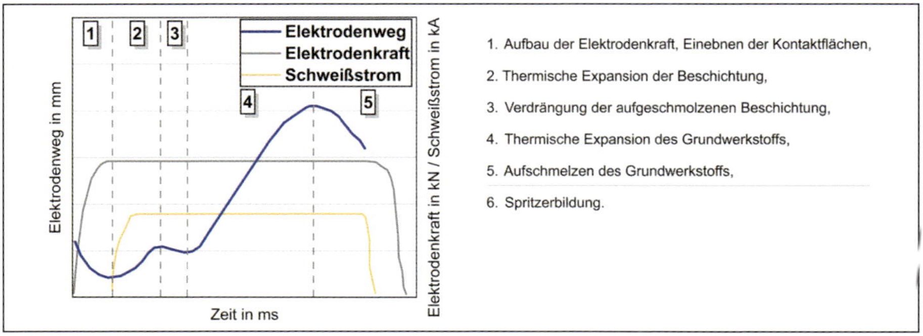

Bild 2. Phasen der Linsenentwicklung in Abhängigkeit vom Elektrodenweg nach [8]. (© Lehrstuhl für Fügetechnik der Otto-von-Guericke Universität Magdeburg)

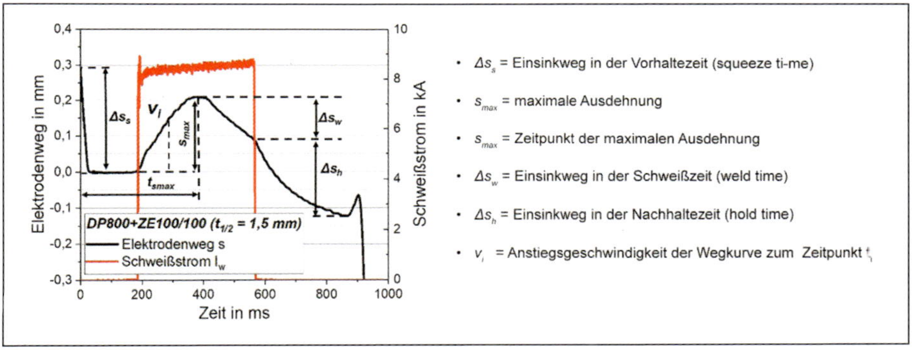

Bild 3. Genutzte Kennwerte im Elektrodenwegverlauf. (© Lehrstuhl für Fügetechnik der Otto-von-Guericke Universität Magdeburg)

tigungsbedingten Störgrößen und Auswirkungen verschiedener Elektrodenkappengeometrien und Elektrodenkräfte auf den Elektrodenweg. Dazu wurde jeweils ein Schweißbereich in Anlehnung an die SEP 1220-2:2011-08 ermittelt und anschließend mit dem Ausgangszustand verglichen. Der Vergleich erfolgte sowohl hinsichtlich der Größe des Schweißbereichs und der Linsengeometrie als auch hinsichtlich den aufgezeichneten Prozessdaten. Die im Rahmen des Projektes festgelegten Stell- und Störgrößen können **Tabelle 3** entnommen werden. Die Störgrößenanalyse erfolgte analog den Parametern des Ausgangszustandes mit einer Elektrodenkraft $F_E = 4{,}5$ kN und Elektrodenkappen der Form F1-16-20-50-6 nach DIN EN ISO 5821:2010-04.

Für die Untersuchung des Klebstoffs, des Spalts und der Schiefstellung wurden 45 mm × 45 mm große Probengeometrien verwendet. Zur Untersuchung des Nebenschlusses wurden größere Proben mit einer Größe von 45 mm × 90 mm genutzt. Der

Tabelle 3. Untersuchte Fertigungsbedingte Störgrößen.

Störgröße	Genutzte Ausprägung	
Klebstoff in der Verbindungsebene	Betamate 1640	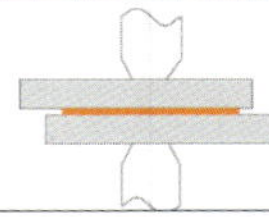
Spalt	1,0 mm und 2,0 mm	
Schiefstellung der Elektroden	3° und 5°	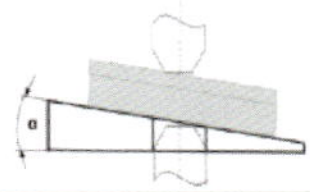
Nebenschluss	12,0 mm und 15,0 mm	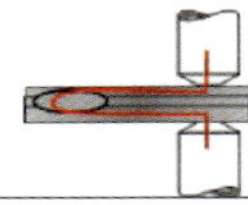

Tabelle 4. Im Widerstandspunktschweißprozess aufgezeichnete Prozessgrößen, in Anlehnung an [2].

Mechanische Prozessgrößen	Elektrische Prozessgrößen
Elektrodenkraft F_E [kN]	elektrische (Schweiß-)Spannung U_W [mV]
Elektrodenweg s [µm; mm]	elektrischer (Schweiß-)Strom I_W [kA]

Spalt wurde durch zwei elektrisch isolierte Abstandshalter mit einem inneren Abstand von 35 mm zueinander und einer Höhe entsprechend der untersuchten Spalthöhe eingefügt. Der Klebstoff wurde von Hand linienförmig in der Mitte des Probekörpers mit einer Länge von 45 mm und einer Breite von 5 mm aufgetragen. Nach dem Schweißen wurde der Klebstoff 30 Minuten lang bei einer Temperatur von 180 °C ausgehärtet. Um eine Schiefstellung zu simulieren, wurde eine elektrisch isolierte Spannvorrichtung verwendet, in der die Proben fixiert wurden.

Datenanalyse zur Bewertung der Verbindungsqualität

Die zeitsynchrone Aufzeichnung und anschließende Analyse der Prozessdaten ermöglichen, unter Nutzung einer entsprechenden Methodik, die Qualitätsüberwachung und adaptive Kontrolle des Widerstandspunktschweißprozesses. Der Fokus des Beitrages liegt dabei auf der Qualitätsüberwachung. Um dies zu realisieren, sind entsprechende Prozessgrößen notwendig, welche die Linsenentwicklung in ihrem zeitlichen Verlauf widerspiegeln können. Die mög-

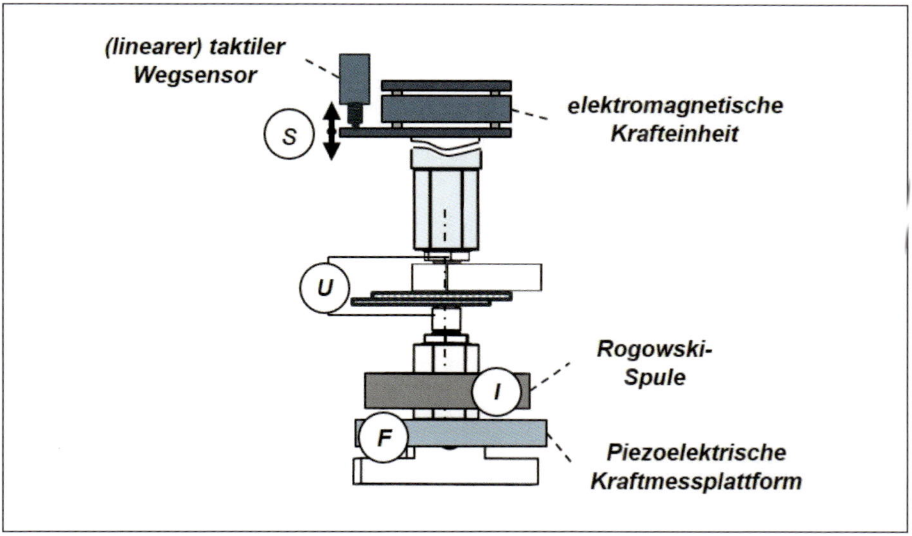

Bild 4. Datenaufzeichnung an der verwendeten Schweißanlage. (© Lehrstuhl für Fügetechnik der Otto-von-Guericke Universität Magdeburg)

lichen Größen, welche allesamt im Rahmen der durchgeführten Versuche aufgezeichnet wurden, können **Tabelle 4** entnommen werden [2; 13].

Neben den im Prozess aufgezeichneten Messwerten ist es möglich, aus diesen weitere Prozessgrößen zu errechnen. Diese sind beispielsweise der elektrische Widerstand ($R = U_w / I_w$), die elektrische Leistung ($P = U_w \cdot I_w$) oder aber aus dem Elektrodenweg errechnete Geschwindigkeiten und Beschleunigungen der Elektroden [2; 14].

Im Rahmen der hier gezeigten Versuche wurden zusätzlich gemessen:

- der Strom über einen Rogowskigürtel (Mada Miyachi Mb-400K),
- die Spannung über den direkten Abgriff an den Elektroden,
- die Elektrodenkraft über eine piezoelektrische Kraftmessplattform,
- der Elektrodenweg über einen Absolut-Wegaufnehmer (Keyence GT2-H12).

Die Daten wurden in einem Weldanalyst-S3 der Firma HKS Prozesstechnik mit einer Abtastfrequenz von bis zu 23,6 kHz aufgezeichnet und in einem lesbaren Format an einen Computer weitergeleitet. **Bild 4** zeigt schematisch den Aufbau der Datenaufzeichnung.

Untersuchung der Spritzerintensität

Um die Spritzerintensität zu untersuchen, wurden die Fügepartner (45 mm × 45 mm) nach Xia et al. [15] vor und nach dem Schweißen mit einer Präzisionswaage Satorius CP64 (Firma Satorius) gewogen. Der systematische Fehler beträgt ± 0,1 mg. Der Masseverlust ΔM wurde wie folgt berechnet:

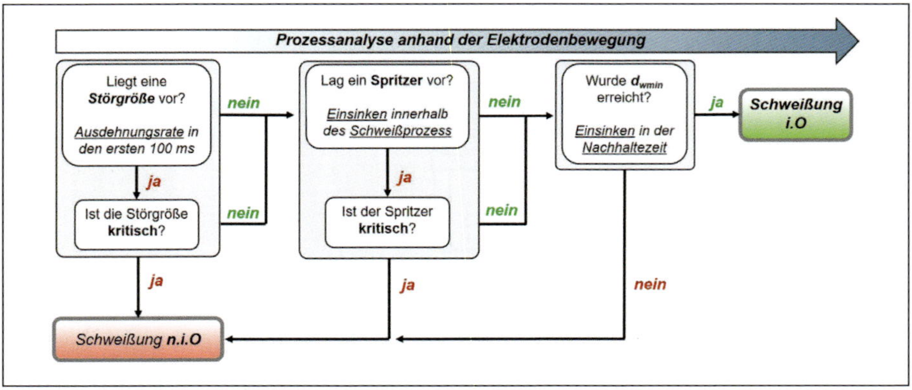

Bild 5. Abgeleitete Methodik zur Bewertung eines Widerstandspunktschweißprozesses auf Grundlage der Elektrodenbewegung. (© Lehrstuhl für Fügetechnik der Otto-von-Guericke Universität Magdeburg)

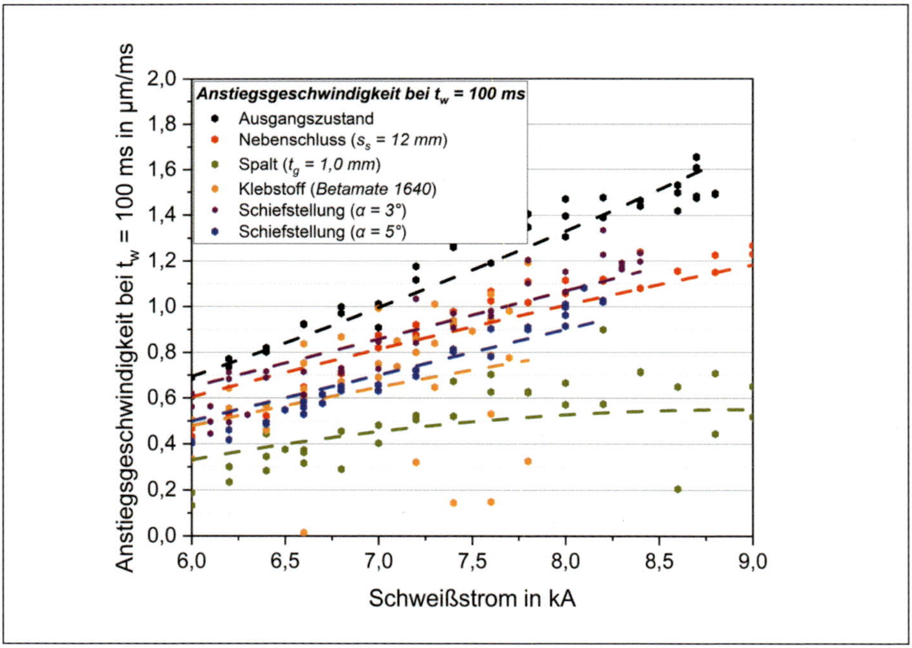

Bild 6. Anstiegsgeschwindigkeiten des Elektrodenweges in Abhängigkeit des Schweißstromes für untersuchte Störgrößen. (© Lehrstuhl für Fügetechnik der Otto-von-Guericke Universität Magdeburg)

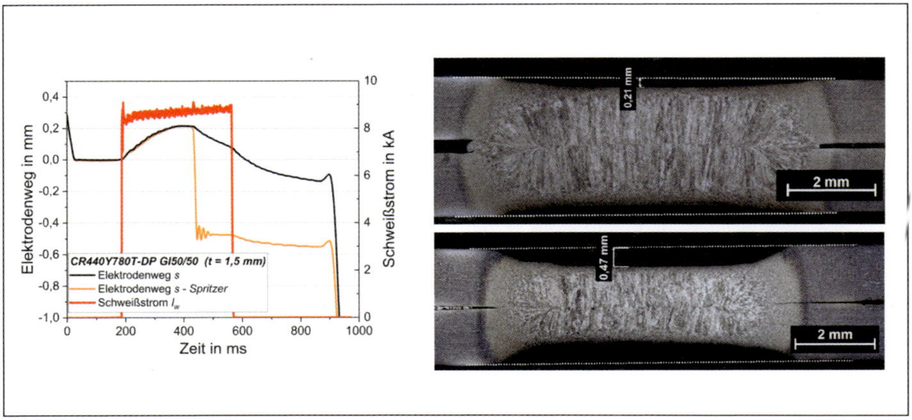

Bild 7. Vergleich einer Schweißung mit (r. u.) und ohne (r. o.) Schweißspritzer. (© Lehrstuhl für Fügetechnik der Otto-von-Guericke Universität Magdeburg)

$$\Delta M = m_{vor\ Schweißpr.} - m_{nach\ Schweißpr.} \quad (5)$$

Die Empfindlichkeit der Methodik wurde durch Schweißen an der oberen Grenze des Schweißbereichs ohne Spritzerbildung überprüft. Der Gewichtsverlust wurde mit $\Delta M \approx$ 0,005 g berechnet, was der verdampften Zinkbeschichtung entspricht. Um den Einfluss der Prozessparameter auf die Spritzerintensität abzuwägen, wurde eine statistische Versuchsplanung (DoE) durchgeführt, die auf der oberen Grenze des Schweißbereichs basiert. In einem flächenzentrierten Response-Surface-Design wurde die Elektrodenkraft um $F_E \pm 1$ kN, die Schweißzeit um $t_w \pm 100$ ms variiert und der Schweißstrom auf bis zu 2 kA oberhalb der oberen Grenze des Schweißbereichs erhöht.

Methodik zur Bewertung eines Widerstandspunktschweißprozesses auf Grundlage der Elektrodenbewegung

Basierend auf den gezeigten Erkenntnissen ist eine Methodik abgeleitet worden, welche die Bewertung eines Widerstandspunktschweißprozesses basierend auf dem Elektrodenweg ermöglicht. Die entwickelte Methodik ist **Bild 5** entnehmbar. Dabei werden entsprechende Kennwerte in dem Elektrodenweg, **Bild 3**, genutzt, um eine Qualitätsüberwachung zu ermöglichen. Die Analyse gliedert sich dabei in drei Hauptbestandteile:

- Die Erkennung einer vorliegenden Störgröße mithilfe der Anstiegsgeschwindigkeit der Wegkurve v_i;
- Die Erkennung und Bewertung von Schweißspritzern anhand des Einsinkwegs in der Schweißzeit Δs_w ;
- Die Bewertung des vorliegenden Punktdurchmessers anhand des Einsinkwegs in der Nachhaltezeit Δs_h.

Es soll zunächst geklärt werden, ob eine fertigungsbedingte Störgröße in dem Prozess vorliegt und wenn ja, ob diese ein kritisches Maß übersteigt. Es wird in **Bild 6** deutlich, dass die Anstiegsgeschwindigkeit des Elektrodenwegs zum Zeitpunkt $t_w = 100$ ms für den untersuchten Dualphasenstahl unter dem

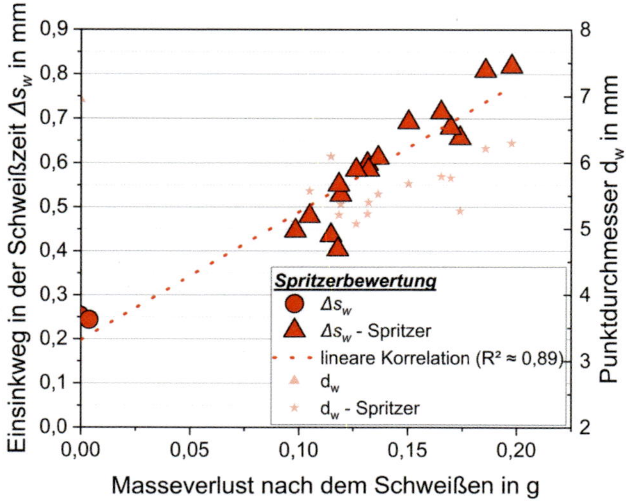

Bild 8. Masseverlust durch Spritzerentstehung in Abhängigkeit vom Einsinkweg in der Schweißzeit. (© Lehrstuhl für Fügetechnik der Otto-von-Guericke Universität Magdeburg)

Einfluss einer eingebrachten Störgröße mit steigendem Schweißstrom zu geringeren Werten verschoben wird. Beim Übersteigen eines kritischen Maßes, welches sich in dem Unter- oder Überschreiten einer vorgegebenen Anstiegsgeschwindigkeit widerspiegelt, soll der Prozess abgebrochen und die Störgröße entsprechend behoben werden. Zusätzlich zur Beseitigung der Fehlerursache wurde festgestellt, dass die Kennwerte ihre Gültigkeit verlieren, wenn eine kritische Störgröße überschritten wird, und daher nicht verwendet werden können. Aufgrund der teilweisen Überlagerung kann keine präzise Feststellung der vorliegenden Störgröße vorgenommen werden, jedoch zeigt eine Verringerung der Expansionsgeschwindigkeit eine generelle Abweichung vom Soll-Zustand und ermöglicht eine Korrektur der Störgröße. Wird festgestellt, dass keine kritische Störgröße vorhanden ist, erfolgt die Bewertung von eventuell auftretenden Schweißspritzern mithilfe des Einsinkweges in der Schweißzeit.

Dabei ist die nachträgliche Detektion von Schweißspritzern mithilfe des Einsinkweges in der Schweißzeit (Δs_w) bei Überschreitung eines kritischen Werts in Form einer Ja/nein-Entscheidung trivial, **Bild 7**. Es konnte darüber hinaus, in Anlehnung an Xia et al. [15], eine lineare Korrelation des Einsinkwegs in der Schweißzeit mit dem Masseverlust, hervorgerufen durch den Schweißspritzer, ermittelt werden, wie **Bild 8** aufzeigt. Der Masseverlust zeigt hierbei eine lineare Korrelation mit dem jeweiligen Einsinkweg innerhalb der Schweißzeit (Δs_w) von $R^2 \approx 98$ %. Ein kritischer Einsinkweg stellt sich dabei in Bezug auf die Überschreitung eines vorgegebenen Elektrodeneindrucks ein.

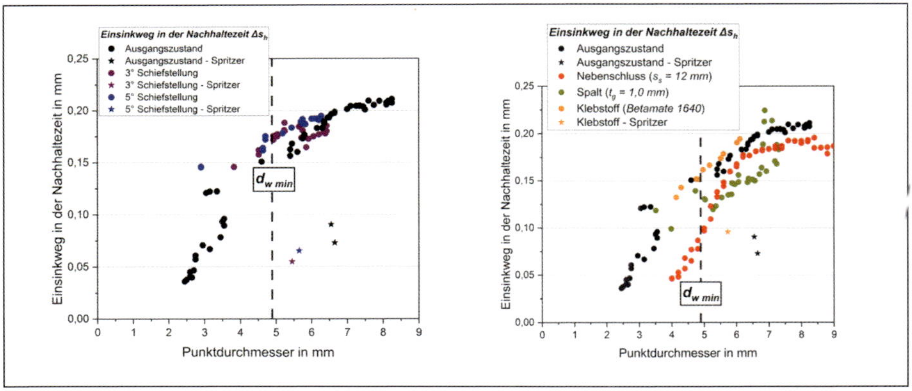

Bild 9. Einsinkweg in der Nachhaltezeit in Abhängigkeit vom Punktdurchmesser für verschiedene Störgrößen. (© Lehrstuhl für Fügetechnik der Otto-von-Guericke Universität Magdeburg)

In **Bild 9** wird die Nutzung des Einsinkwegs in der Nachhaltezeit (Δs_h) zur Sicherstellung des Erreichens des minimalen Punktdurchmessers ($d_{w\,min}$) illustriert. Hier zeigt sich insbesondere bei geringen Punktdurchmessern eine erhebliche Änderung des Einsinkwegs in der Nachhaltezeit, so dass ein Grenzwert abgeleitet werden kann. In dem gezeigten Versuch für den verzinkten Dualphasenstahl CR440Y780T-DP-GI50/50-U liegt dieser Grenzwert zum Erreichen des minimalen Punktdurchmessers $d_{w\,min}$ = 4,90 mm bei $\Delta s_{h\,min} \approx$ 0,16 mm. Der ermittelte Grenzwert erwies sich darüber hinaus robust gegenüber auftretenden Störgrößen, so dass er für die Vorhersage eines Mindestpunktdurchmessers genutzt werden kann. Es wird vermutet, dass der Einsinkweg in der Nachhaltezeit von der Menge des geschmolzenen Grundmaterials am Ende der Schweißzeit abhängt. Es ergibt sich darüber hinaus der Vorteil, dass der Einsinkweg in der Nachhaltezeit unabhängig von verwendeten Schweißimpulsen und Schweißzeiten ist. Die Variation der Nachhaltezeit führt zu einer quantitativen Verschiebung des Zusammenhangs, jedoch bleibt die qualitative Korrelation zum erreichten Punktdurchmesser erhalten.

Fazit

Aus den im Rahmen des vorgestellten Forschungsvorhabens durchgeführten Schweißversuchen und Datenauswertungen wurde eine Methodik zur Bewertung eines Widerstandspunktschweißprozesses auf Grundlage der Elektrodenbewegung abgeleitet. Diese unterteilt sich in drei Hauptabschnitte:

- die Erkennung einer vorliegenden Störgröße mithilfe der Anstiegsgeschwindigkeit der Wegkurve,
- die Erkennung und Bewertung von Schweißspritzern anhand des Einsinkweges in der Schweißzeit,
- die Bewertung des vorliegenden Punktdurchmessers anhand des Einsinkweges in der Nachhaltezeit.

Dabei konnte gezeigt werden, dass es am Beispiel einer Fügeverbindung aus CR440Y780T-DP-GI50/50-U (t = 1,5 mm) möglich ist, einen Widerstandspunktschweißprozess anhand des Elektrodenwegs zu bewerten. Die Methodik erwies sich dabei insbesondere für die Detektion einer Schiefstellung sensitiv und ist auf andere untersuchte Zweiblechverbindungen übertragbar.

Eine Grenze der Methodik bildet nach jetzigem Erkenntnisstand insbesondere die Bewertung einer Mehrblechverbindung. Die Ursachen hierfür liegen in der höheren Komplexität der Verbindungsbildung und der priorisierten Untersuchung der Linseneindringtiefe, welche sich von der Bewertung des Punktdurchmessers erheblich unterscheidet.

Danksagung

Das Projekt wurde durch das Bundesministerium für Wirtschaft und Klimaschutz aufgrund eines Beschlusses des Deutschen Bundestages gefördert.

Für die Förderung und aktive Mitarbeit der vertretenen Unternehmen in den projektbegleitenden Ausschüssen sei an dieser Stelle gedankt.

Literatur

[1] Friedrich, H. E. (Hrsg.): Leichtbau in der Fahrzeugtechnik. ATZ/MTZ-Fachbuch. Wiesbaden, Heidelberg: Springer Vieweg 2017.

[2] Wohner, M., N. Mitzschke u. S. Jüttner: Resistance Spot Welding with Variable Electrode Force — De-velopment and Benefit of a Force Profile to Extend the Weldability of 22MnB5+AS150. Welding in the World 65 (2021) 1, S. 105/17.

[3] SEP 1220-2:2011-08. Prüf- und Dokumentationsrichtlinie für die Fügeeignung von Feinblechen aus Stahl – Teil 2: Widerstandspunktschweißen. Teil 2: Widerstandspunktschweißen.

[4] American Welding Society: Test Methods for Evaluating the Resistance Spot Welding Behavior of Automotive Sheet Steel Materials. Miami, FL.: American Welding Society 2022.

[5] Zhang, H.: Resistance Welding. Fundamentals and Applications, Second Edition. Hoboken: CRC Press 2011.

[6] Fritz, A. H., u. G. Schulze (Hrsg.): Fertigungstechnik. Springer-Lehrbuch. Berlin: Springer Vieweg 2015.

[7] DIN EN ISO 17677-1 „Widerstandsschweißen – Begriffe – Teil 1: Punkt-, Buckel- und Rollennahtschweißen. Teil 1: Punkt-, Buckel- und Rollennahtschweißen" (Ausgabe Februar 2022).

[8] Gedeon, S. A., u. T. W. Eagar: Resistance Spot Welding of Galvanized Steel: Part II. Mechanisms of Spot Weld Nugget Formation. Metallurgical Transactions B 17 (1986) 4, S. 887/901.

[9] Zhang, P., et al.: Quality Monitoring of Resistance Spot Welding Based on Electrode Displacement Characteristics Analysis. Frontiers of Mechanical Engineering in China 2 (2007) 3, S. 330/35.

[10] Wohner, M., N. Mitzschke u. S. Jüttner: Beurteilung von Schweißbereichen auf Basis einer Prozessdatenanalyse beim Widerstandspunktschweißen am Beispiel des 22MnB5+AS150. DVS-Berichte, Band 356, S. 8-13. DVS Media, Düsseldorf 2019.

[11] M. Wohner, N. Nitzschke, M. Ullrich u. S. Jüttner: 14. Magdeburger Maschinenbau-Tage 2019 – Magde-burger Ingenieurtage. Optimierung des Widerstandspunktschweißens auf Basis einer Prozessdatenanalyse. Magdeburg: Otto von Guericke Universität Magdeburg Fakultät Maschinenbau Institut für Mobile Systeme – Lehrstuhl Mechatronik 2019.

[12] DIN EN ISO 5821 „Widerstandsschweißen – Punktschweiß-Elektrodenkappen. Punktschweiß-Elektrodenkappen" (Ausgabe April 2010).

[13] Quanz, A.: Prozessanalyse beim Widerstandspunktschweissen beidseitig feuerverzinkter Stahlbleche, VDI-Verl Zugl.: Berlin, Techn. Univ., Diss., 1994. Düsseldorf 1995.

[14] Hering, E., R. Martin, J. Gutekunst u. J. Kempkes (Hrsg.): Elektrotechnik und Elektronik für Maschinen-bauer. VDI-Buch. Berlin, Heidelberg: Springer Vieweg 2018.

[15] Xia, Y.-J., et al.: Expulsion Intensity Monitoring and Modeling in Resistance Spot Welding Based on Electrode Displacement Signals. Journal of Manufacturing Science and Engineering 143 (2021) 3.

Elisabeth Schwarz, Johannes Seefried, Fabian Bleier, Ingo Kesel, Alexander Kühl, Jörg Franke, Jean Pierre Bergmann

Direkte Kontaktierung von Hochfrequenzlitzen für induktive Energieübertragung mittels Ultraschall-Litzenschweißen

Die weitere Verbreitung der Elektromobilität in Deutschland ist unter anderem entscheidend durch die begrenzte Ladeinfrastruktur sowie den unkomfortablen und zeitintensiven Ladevorgang limitiert. Induktive Ladesysteme sind aufgrund ihrer flexiblen und steckerlosen Einsatzmöglichkeiten ein wichtiges Element der für einen weiteren Ausbau der Elektromobilität benötigten Ladeinfrastruktur. Eine der größten Herausforderungen bei der industriellen Serienfertigung induktiver Ladepads ist die Kontaktierung sogenannter Hochfrequenzlitzen, die neben einer Sekundärisolation eine Primärisolation der wenige Mikrometer dicken Einzeladern auszeichnet. In den hier vorgestellten Untersuchungen wurde erstmalig die Abisolation und Kontaktierung einer Hochfrequenzlitze mit mehr als 1.000 Einzeladern auf einen Kupferableiter in einem Schritt mittels Ultraschallschweißen realisiert, wobei die Power-Wheel-Technologie zum Einsatz kommt. Nach einer Parameteroptimierung wurde in Wiederholungsversuchen nachgewiesen, dass bei einer 90-sekündigen Taktzeit zuverlässig geringe Übergangswiderstände von R_C = (47 ± 14) µΩ am Kontakt erreicht werden und ein Stoffschluss zwischen Litze und Ableiter erfolgt. Schlussendlich werden fortbestehende Herausforderungen für einen Serieneinsatz aufgezeigt.

3

Einleitung

Zunächst werden induktive Ladesysteme und Herausforderungen bei deren Herstellung eingeführt, bevor auf den betrachteten Prozessschritt des Kontaktierens von Hochfrequenzlitzen näher eingegangen wird. Basierend auf dem Stand der Technik wird im zweiten Teil des Beitrags der erreichte Neuheitswert aufgezeigt.

Anwendung: Induktive Ladesysteme als wichtige Säule der Elektromobilität

Eine wichtige Säule künftiger Ladeinfrastruktur bildet die Technologie des induktiven Ladens, die den Ladekomfort durch die Abwesenheit eines Steckers verbessern kann. Hauptkomponenten eines induktiven Ladesystems sind Ladepads, hauptsächlich bestehend aus Spulen in Boden und Fahrzeug. Die Herstellung dieser Ladepads ist mit mehreren großen Herausforderungen verbunden und ist daher zum aktuellen Zeitpunkt vorwiegend manuell geprägt [1; 2].

Im Verbundprojekt „EProFIL – Effiziente Prozesse zur Fertigung induktiver Ladesysteme“ wurde erforscht, wie Herstellungsprozesse für Ladepads großserientauglich automatisiert und digitalisiert werden können. Ein Schwerpunkt lag dabei auf der Kontaktierung der Spulen, sodass diese mit der Leistungselektronik verbunden sind. Die Spulen sind aus Hochfrequenz-Litzen (HF-Litzen) aufgebaut, die sich durch einen hierarchischen Aufbau von Strängen zu Bündeln und Einzeladern, einen geringen Einzeladerdurchmesser in der Größenordnung einiger Mikrometer und die Kombination einer Primärisolation der Einzeladern sowie einer Sekundärisolation des Gesamtquerschnitts auszeichnen [3]. HF-Litzen werden hier wegen hoher Ströme und Frequenzen beim La-

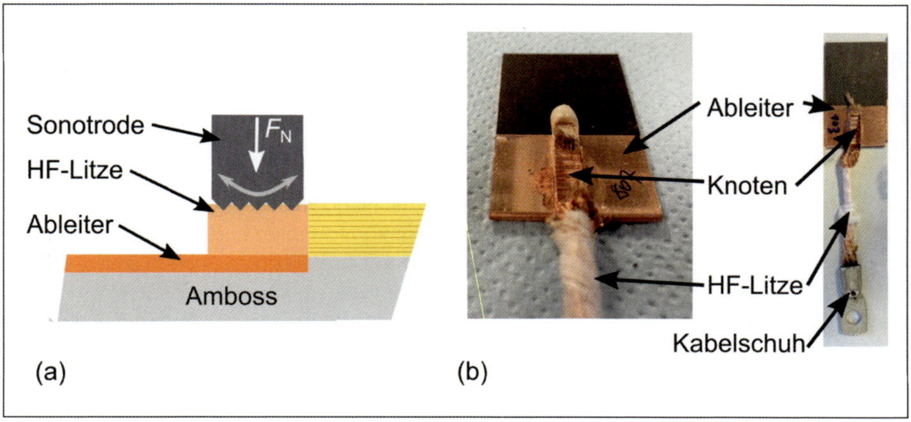

Bild 1. Schematische Darstellung des Versuchsaufbaus (a), Foto eines geschweißten Litzenknotens sowie eines Prüflings mit Referenzkontaktseite (Kabelschuh) (b). (© Robert Bosch GmbH)

den und daraus resultierenden Skin- und Proximity-Effekten verwendet.

Im Kontaktierungsprozess wird das Ende einer Spule, also eine HF-Litze, mit einer Leiterplatte verbunden. Diese wird im Folgenden vereinfacht als Kupferableiter angenommen.

Stand der Technik zur Kontaktierung von HF-Litzen

Gemäß dem Stand der Technik erfolgt die Verbindung von vergleichbaren HF-Litzen mit einem Ableiter in zwei Fertigungsschritten. Zunächst wird die HF-Litze per Crimp kontaktiert, bevor in einem zweiten Fertigungsschritt der Crimp mit dem Ableiter verschraubt wird [3 bis 6]. Alternativ kann nach einem Vorverzinnen im ersten Schritt die letztendliche Kontaktierung im zweiten Schritt mittels eines Lötprozesses vorgenommen werden [7; 8].

Eine weitere Methode zur Kontaktierung von Hochfrequenzlitzen mit Kabelschuhen ohne vorherige Abisolierung ist das Reibschweißverfahren. Durch die entstehende Reibungswärme werden die Kontaktpartner bis knapp unter den Schmelzpunkt erwärmt. Dies ermöglicht die thermische Entfernung der Drahtisolierung während des Schweißprozesses. Die mechanischen und elektrischen Kontakteigenschaften sind gleichzusetzen mit denen von ultraschallgeschweißten Verbindungen [9; 10].

Die größte Herausforderung für den Kontaktierungsprozess stellt die thermische Entfernung der Primärisolation der HF-Litze dar, denn diese muss während des Kontaktierungsprozesses erfolgen. Sie ist Voraussetzung für die Verbindung der Einzeladern untereinander und mit Kabelschuh oder Ableiter. Wegen des Aufbaus der HF-Litze aus mehr als 1.000 Einzeladern ist eine chemische oder mechanische Abisolierung nicht in einem vorgelagerten separaten Prozessschritt möglich [3; 4]. Eine weitere Herausforderung, die auch beim Verschweißen von Litzen ohne Primärisolation vorliegt, ist

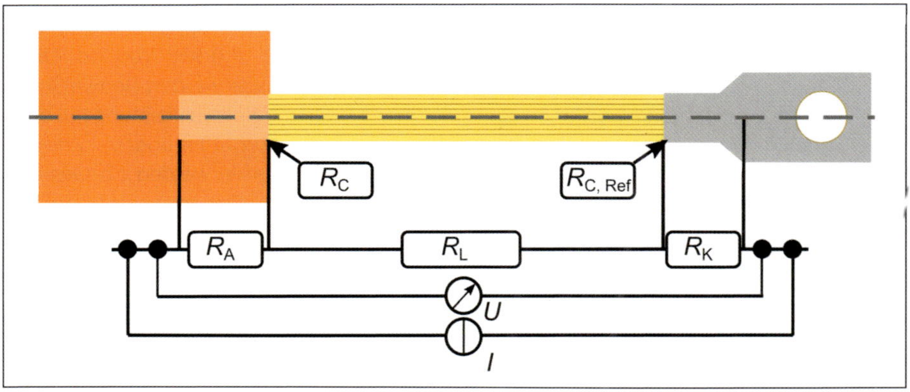

Bild 2. Aufbau zur Bestimmung des Übergangswiderstands C_R der Litze-Ableiter-Verbindung anhand einer Vierleitermessung mit der Spannung *U*, dem Strom *I* und den Materialwiderständen der Litze R_L, des Ableiters R_A, des Kabelschuhs R_K sowie des Referenz-Übergangswiderstands $R_{C,Ref.}$ (© Robert Bosch GmbH)

die gleichmäßige Verbindung der Einzeladern untereinander über den gesamten Leiterquerschnitt [4; 11]. Dies wird bevorzugt mit Schliffbildern analysiert.

Bisherige Forschungsarbeiten zeigen, dass die Kontaktierung von HF-Litze und Kabelschuh mittels Heißcrimpen möglich und reproduzierbar ist. Eine energieeffizientere Fügetechnologie, die ebenfalls in Forschungsarbeiten zum Einsatz kommt, ist das Ultraschallcrimpen. Die weitere Optimierung und Verbesserung der Reproduzierbarkeit des Ultraschallcrimpens ist Gegenstand aktueller Forschung.

Die Kontaktierung von HF-Litze und Ableiter in nur einem Fertigungsschritt wird in bisherigen Forschungsarbeiten nicht untersucht [3; 4].

Beitrag dieser Forschungsarbeit

In den vorgestellten Untersuchungen wurde erstmalig die direkte Kontaktierung einer HF-Litze mit mehr als 1.000 Einzeladern mit einem Kupferableiter via Ultraschallschweißen betrachtet, wobei die PowerWheel-Technologie zum Einsatz kam. Zunächst erfolgte eine Parameteroptimierung, bevor in Reproduzierbarkeitsversuchen aufgezeigt wurde, dass ein Stoffschluss zwischen Litze und Ableiter realisierbar ist und elektrische Anforderungen an den Kontaktierungsprozess erfüllt sind. Gleichzeitig ergaben sich weitere Fragestellungen, die gemeinsam mit fortbestehenden Herausforderungen für einen Serieneinsatz abschließend aufgezeigt werden.

Komponenten, Versuchsaufbau und Auswertung

Zur Realisierung des Kontaktierungsprozesses in einem Fertigungsschritt wurden die nachfolgend vorgestellten Komponenten und Versuchs- sowie Prüfaufbauten genutzt.

Untersuchte Probenkörper: HF-Litze und Ableiter

Die betrachtete HF-Litze von Elektrisola besteht aus 1.050 Cu-ETP Einzeldrähten mit einer Polyurethan-Primärisolierung (Grad 1) sowie einer zusätzlichen Nylonumflechtung des Gesamtquerschnitts (Sekundärsiolation). Die Nylonumflechtung wurde vor dem Schweißprozess manuell entfernt. Der Querschnitt jedes Einzeldrahtes beträgt 0,1 mm.

Das betrachtete Kontaktelement ist ein quaderförmiger Kupferableiter aus Cu-OF mit den Maßen 50 mm × 30 mm × 1,5 mm. Eine der kurzen Seiten ist mit einem Radius versehen. Über diese Seite erfolgt die Schweißung, um zu verhindern, dass die HF-Litze mechanisch abgeschnürt oder durch die scharfe Kante beschädigt wird. Die Kupferableiter wurden vor dem Kontaktierungsprozess in 4%iger Zitronensäure gebeizt, sodass die Oberfläche oxidfrei und fettfrei war.

Die zu verschweißenden Prüflinge der HF-Litze wurden auf 90 mm zugeschnitten und vor dem Schweißen einseitig mittels eines Referenz-Heißcrimpprozesses kontaktiert, um später den Übergangswiderstand des verschweißten Kontakts bestimmen zu können. Ein beispielhafter Prüfling ist in **Bild 1b** dargestellt.

Schweißmaschine und zusätzlich verwendetes Equipment

Die Schweißversuche wurden mit einer Ultraschalltorsionsschweißanlage des Typs MT8000 (Hersteller Telsonic) durchgeführt, welche das PowerWheel-Prinzip nutzt. Bei diesem wird die Sonotrode durch zwei torsionale Schwingsysteme angeregt und führt eine abrollende Bewegung über dem Litzenknoten aus, wie in **Bild 1a** zu sehen ist. Die maximale Schweißleistung beträgt 6,5 kW und wurde während der Versuche teils vollständig abgerufen, die Ultraschallfrequenz beträgt 20 kHz bei einer maximalen Leerlaufamplitude von 26 µm. Der maximale Druck der Schweißpresse von 0,6 N/mm², was 6 bar entspricht, ergibt eine Schweißkraft von 8,0 kN. Von der Ultraschallschweißanlage werden Schweißkraft, Schweißweg und Schweißleistung mit einer Abtastfrequenz von 1 KHz über der Zeit aufgezeichnet. Weiterhin werden die Gesamtschweißzeit und Gesamtschweißenergie ausgegeben. Das Abbruchkriterium für den betrachteten Ultraschallschweißprozess war eine vorher festgelegte Schweißenergie E.

Zum Verschweißen der HF-Litze wurde nach Erkenntnissen aus Vorversuchen ein zweistufiger Schweißprozess genutzt. Im Rahmen der Parameteroptimierung wurden Schweißdruck p_1, Amplitude A_1 und Energie E_1 in der ersten Stufe variiert. Die zweite Prozessstufe blieb unverändert mit Werten von 1.500 Ws für die Schweißenergie E_2, 95 % bzw. 24,7 µm für die Schweißamplitude A_2 und 0,3 N/mm² für den Schweißdruck p_2.

In zusätzlichen Schweißversuchen kam zur detaillierten Beobachtung einzelner Abschnitte des Schweißprozesses eine Hochgeschwindigkeitskamera vom Typ OS8 (Hersteller IDT) zum Einsatz.

Zur Absaugung von Dämpfen, die während des thermischen Abisoliervorgangs entstehen, wurde zusätzlich eine Absaugeinheit vom Typ LAS200 (Hersteller ULT) eingesetzt.

Bild 1a zeigt schematisch den verwendeten Versuchsaufbau, während in **Bild 1b** ein beispielhafter Prüfling zu sehen ist.

Elektrische Prüfung und Schliffbilder

Zur Qualifizierung der Prüflinge wurden die Übergangswiderstände R_C der Kontakte zwischen HF-Litze und Ableiter ermittelt. Dazu wurde eine Vierleitermessung im Delta-Modus (Stromrichtungsumkehr) durchgeführt. Zur Bewertung des Übergangswiderstandes R_C wurden zuerst die Gesamtwiderstände der Prüflinge mit Hilfe des Messaufbaus ermittelt, der in **Bild 2** dargestellt ist. Der Übergangswiderstand R_C wurde gebildet als Differenz zwischen gemessenem Gesamtwiderstand und konstanten Materialwiderständen von HF-Litze R_L, Ableiter R_A auf der verschweißten Seite und Rohrkabelschuh R_K auf der Referenzseite, was auch den Kontaktwiderstand $R_{C,Ref}$ einschließt. Es wurden eine Stromquelle Keithley Modell 6221 und ein Nanovoltmeter 2182A verwendet. Der Messstrom I wurde auf 0,1 A eingestellt. Der heiß gecrimpte Referenzkontakt hatte einen Übergangswiderstand $R_{C,Ref}$ von 12,6 µΩ mit einer Standardabweichung von 0,1 µΩ (n = 10).

Neben dem elektrischen Qualitätskriterium des Übergangswiderstands R_C ist der Nachweis eines Stoffschlusses erforderlich zur Bestätigung der Eignung des Kontaktierungsverfahrens. Idealerweise liegt ein Stoffschluss zwischen allen Einzeladern vor sowie ein großflächiger Stoffschluss mit dem Ableiter. Ein Großteil der Einzeladern soll direkt oder indirekt an den Ableiter angebunden sein.

Eine Messung der Kontaktierung der Einzeladern ist für mehr als 1.000 Einzeladern des vorliegenden geringen Durchmessers von 0,1 mm nicht realisierbar.

Zur Untersuchung der Verbindung der Einzeladern untereinander und mit dem Ableiter wurden lichtmikroskopische Schliffbilder des Schweißknotens angefertigt. Die metallographische Präparation umfasste mehrere Polierschritte sowie ein abschließendes Ätzen der Korngrenzen unter Verwendung von Eisen-III-Chlorid und Salzsäure. In Kapitel „Nachweis eines Stoffschlusses“ werden Schliffbilder betrachtet.

Ergebnisse

In einem ersten Schritt wurden optimale Schweißparameter ermittelt. Mit diesen wurde in Wiederholversuchen die Reproduzierbarkeit des Übergangswiderstands untersucht. Ferner wurde der Nachweis eines Stoffschlusses geführt. In zusätzlichen Untersuchungen wurde eine Hochgeschwindigkeitskamera genutzt, um detaillierte Einblicke in die Prozessdynamik zu erhalten. Nicht detailliert betrachtet wurde die Temperatur von HF-Litze und Ableiter in der Nähe der Fügezone, wobei analog zu [4] davon auszugehen ist, dass Temperaturen von über 500 °C in der Fügezone erreicht werden.

Ermittlung optimaler Schweißparameter mittels Versuchsplan

Die Ermittlung optimaler Schweißparameter wurde mittels vollfaktoriellem Versuchsplan vorgenommen, dessen Zentralpunkt zusätzlich betrachtet wurde. Die Stellgrößen hierbei waren die Schweißamplitude A_1, der Schweißdruck p_1 und die Schweißenergie E_1 in der ersten Prozessstufe. Die Zielgröße war der elektrische Übergangswiderstand R_C, der so klein wie möglich sein sollte. Jede Stellgröße wurde zwischen zwei Faktor-Leveln variiert und pro Parameterkombination wurden drei Wiederholversuche durchgeführt.

Unverändert waren Schweißamplitude, Druck und Energie in der zweiten Prozessstufe (siehe Kapitel „Schweißmaschine und zusätzlich verwendetes Equipment“). In **Tabelle 1** sind die betrachteten Parameterkombinationen und die resultierenden Übergangswiderstände angegeben.

Kleine Amplituden führen zu geringerem Leistungseintrag und damit längeren Schweißzeiten, was die verwendete Schweißsteuerung ab fünf Sekunden als Fehler interpretiert und

3

Tabelle 1. Mittelwert und Standard-Abweichung des Übergangswiderstands R_C für die im statistischen Versuchsplan beinhalteten Parameterkombinationen. Für die Eckpunkte des Punkttyps 1 liegen jeweils drei Wiederholversuche vor, für den zusätzlich betrachteten Zentralpunkt sechs.

Punkttyp	**Punkt-Nr.**	**A_1(%)**	**p_1 (N/mm²)**	**E_1 (Ws)**	**MW R_C (µΩ)**	**Std-Abw. R_C (µΩ)**
1	1	87	0,18	2200	37,0	2,1
1	2	87	0,18	2800	44,4	2,7
1	3	87	0,22	2200	77,0	39,2
1	4	87	0,22	2800	48,5	12,8
1	5	93	0,18	2200	53,3	17,9
1	6	93	0,22	2200	69,5	36,6
1	7	93	0,18	2800	37,6	3,4
1	8	93	0,22	2800	63,6	7,5
Zentral-punkt	9	90	0,20	2500	41,6	7,7

unvollständige Daten ausgibt, die eingeschränkt nutzbar sind. Im betrachteten Versuchsplan betrifft das die Versuche mit kleinster Amplitude A_1 = 22,6 µm (entsprechend 87 %), Punkt-Nr. 1, 2, 3 und 4. Diese Punkte und Parameterkombinationen sind unabhängig von der elektrischen Qualität der Kontakte wegen der Limitation der Anlage nicht für die weitere Verwendung und Optimierung geeignet. Weil der vom Versuchsplan abgedeckte Parameterbereich bereits sehr klein ist, wurde auf die Anpassung des Designs verzichtet.

Der Versuchsplan in Tabelle 1 zeigt, dass im betrachteten Parameterbereich der Schweißdruck den größten Einfluss auf den Übergangswiderstand hat und es einen optimalen Schweißdruck gibt. Ein zu hoher Druck führt zu einem höheren Übergangswiderstand. Dies ist mit einem zu hohem Leistungseintrag erklärbar, der zu geringeren Schweißzeiten und damit ungenügender thermischer Entfernung der Primärsiolation führen kann. Ein zu geringer Druck würde zu geringerem Leistungseintrag und längeren Schweißzeiten führen, was analog zur geringen Amplitude zu Fehlern der Steuerung führen kann. Die beiden geringeren Drücke von p_1 = 0,18 und 0,20 N/mm² sind in dieser Hinsicht unkritisch. Amplitude und Schweißenergie haben im Vergleich zum Schweißdruck einen geringeren Einfluss. Un-

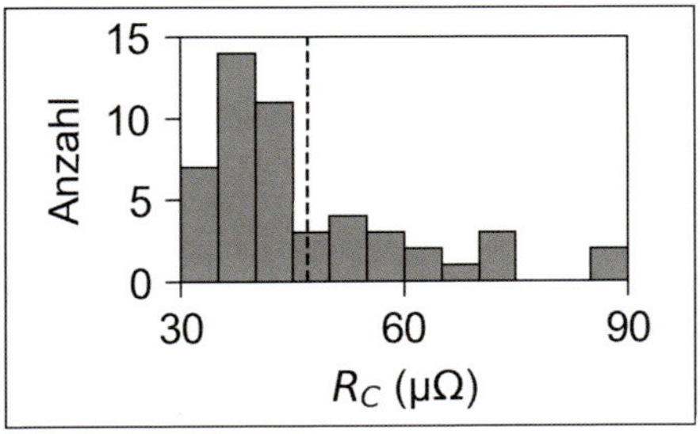

Bild 3. Histogramm der erhaltenen Übergangswiderstands R_C der Litze-Ableiter-Verbindung aus den 50 Reproduzierbarkeitsversuchen. Die gestrichelte Linie markierte den Mittelwert. (© Robert Bosch GmbH)

ter der oben erläuterten Randbedingung, dass der Amplitudenwert des optimierten Parametersatzes größer als A_1 = 22,6 µm (entsprechend 87 %) sein soll, ergibt sich der optimale Parametersatz als: A_1 = 24,2 µm (entsprechend 93 %), p_1 = 0,18 N/mm^2 und E_1 = 2.800 Ws (Punkt-Nr. 7). Der erreichte und damit zu erwartende Übergangswiderstand beträgt R_C = (37,6 ± 3,4) µΩ (n = 3).

Zur weiteren Untersuchung der direkten Kontaktierung mittels Ultraschallschweißen im Hinblick auf Reproduzierbarkeit der Ergebnisse und realisierbare Taktzeiten wurden im nächsten Schritt mit dem optimierten Parametersatz weitere Schweißversuche durchgeführt.

Reproduzierbarkeitsversuche

Für den optimierten Parametersatz wurden insgesamt 58 Schweißversuche zur Untersuchung der Reproduzierbarkeit durchgeführt. Die ersten 4 Versuche dienten der Vorbereitung, die nachfolgenden 50 Versuche wurden mit einer Taktzeit von ungefähr 90 s durchgeführt. Bei den letzten 4 Versuchen kam die Hochgeschwindigkeitskamera für weiterführende Untersuchungen zum Einsatz, wobei zwischen den einzelnen Versuchen längere Wartezeiten lagen.

Im Folgenden werden die 50 Versuche mit 90-sekündiger Taktzeit (Zeit pro Versuch) betrachtet. Die Verteilung der erreichten Übergangswiderstände ist in einem Histogramm in **Bild 3** aufgetragen. Sämtliche Übergangswiderstände sind kleiner als 100 µΩ. Im Verhältnis zu den Widerstandswerten aus der Parameteroptimierung gab es keine Ausreißer. Mittelwert und Standardabweichung betragen R_C = (47 ± 14) µΩ (n = 50), der Mittelwert ist in **Bild 3** eingezeichnet. Sie liegen damit leicht über den ermittelten Werten aus dem Versuchsplan (siehe Kapitel „Ermittlung optimaler Schweißparameter mittels Versuchsplan"), die innerhalb der Standardabweichung der Reproduzierbarkeitsversuche liegen. Die Ergebnisse sind folglich als konsistent einzuschätzen. Die Entwicklung der Übergangswiderstände über der Zeit zeigt eine große Streuung sowie einen leichten Trend zur Abnahme mit zunehmender Anzahl der Versuche.

Die erreichten Übergangswiderstände für den Ultraschallschweißprozess liegen in einem zufriedenstellenden Bereich von unter 100 µΩ. Die elektrische Qualifizierung bestätigt demnach die grundsätzliche Eignung des Ultraschallschweißprozesses zur Verbindung von HF-Litze und Ableiter in Reproduzierbarkeitsversuchen mit 90-sekündiger Taktzeit. Der Vergleich der Übergangswiderstände zwischen Ultraschallschweißprozess und dem Referenz-Heißcrimpprozess (siehe Kapitel „Elektrische Prüfung und Schliffbilder") ist eingeschränkt möglich, da für den Crimpprozess der zusätzliche Widerstand zwischen Kabelschuh und Leiterplatte nicht bestimmt und daher nicht betrachtet wurde. Der deutlich geringere Referenzübergangswiderstand müsste für

3

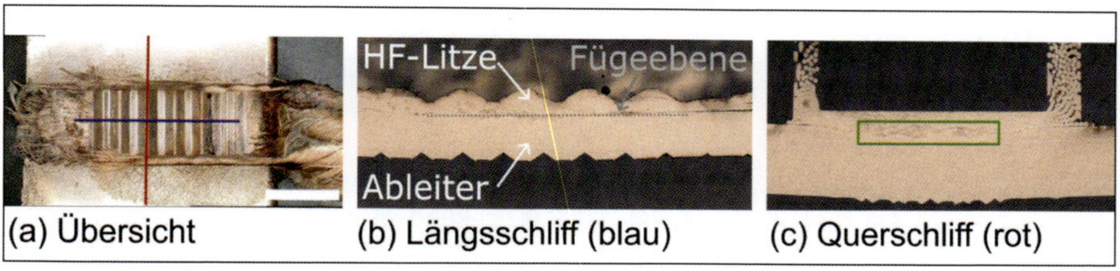

Bild 4. Schliffbilder im Längsschliff (b) und Querschliff (c) von beispielhaften HF-Litze-Ableiter-Verbindungen. In der Draufsicht des Knotens (a) sind die Schliffebenen für den Längsschliff (b) in blau und den Querschliff (c) in rot eingezeichnet. Im Querschliff (c) sind Materialverwirbelungen mit einem grünen Kasten markiert. In (b) sind HF-Litze und Ableiter sowie andeutungsweise auch die Fügeebene angezeigt. (© Robert Bosch GmbH)

einen Vergleich nach oben korrigiert werden, nichtsdestotrotz zeigt sich in Bezug auf den absoluten Wert des Übergangswiderstands und auf die Streuung Verbesserungspotenzial für das Ultraschallschweißen gegenüber dem Referenzprozess.

Nachweis eines Stoffschlusses

Zum Nachweis eines Stoffschlusses wurden die Bilder exemplarischer metallographisch präparierter Quer- und Längsschliffe aus **Bild 4** herangezogen. In **Bild 4a** sind die Schliffachsen an einem exemplarischen Knoten gekennzeichnet (Vergrößerung: um Faktor 11,8). Der Längsschliff entlang der blauen Achse ist in **Bild 4b** zu sehen mit einer Vergrößerung um den Faktor 22,1, der Querschliff entlang der roten Achse ist in **Bild 4c** gezeigt mit einem Vergrößerungsfaktor von 37,6. Beide Knoten in **Bild 4b** und **Bild 4c** weisen einen ähnlichen Übergangswiderstand auf.

In beiden **Bildern 4b und 4c** ist erkennbar, dass zwischen Ableiter und HF-Litze ein Stoffschluss auf dem Großteil der potenziellen Anbindefläche vorliegt. In der Knotenmitte sind Materialverwirbelungen erkennbar. Die Einzeladern der HF-Litze können im Längs- und im Querschliff teilweise noch unterschieden werden. Teils sind diese stark deformiert. Speziell im Längsschliff (**Bild 4b**) ist eine gute Anbindung der Einzeladern untereinander festzustellen.

Damit ist der Nachweis erbracht, dass mittels Ultraschallschweißen eine stoffschlüssige Verbindung zwischen HF-Litze und Ableiter hergestellt werden kann. Ein einschrittiger Kontaktierungsprozess zwischen HF-Litze und Leistungselektronik für die Herstellung von Ladepads ist demnach möglich.

Andererseits zeigt gerade der Querschliff in **Bild 4c** enormen Verbesserungsbedarf. Ein seitlicher Überstand von Einzeladern neben dem Knoten ist für alle betrachteten Prüflinge klar erkennbar. 10 bis 25 % der Einzeladern der HF-Litze befinden sich im Überstand und sind damit nicht angebunden. Zusätzlich zeigt sich in **Bild 4c**, dass trotz ähnlichem Übergangswiderstand des Prüflings zu **Bild 4b** keine vollständige Kompaktierung und Anbindung der Einzeladern untereinander erfolgt ist. Zum aktuellen Zeitpunkt ist der entwickelte Ultraschallschweißprozess folglich nicht reif für den industriellen Einsatz. In weiterführenden Untersuchungen des Schliffbilds sollten auch

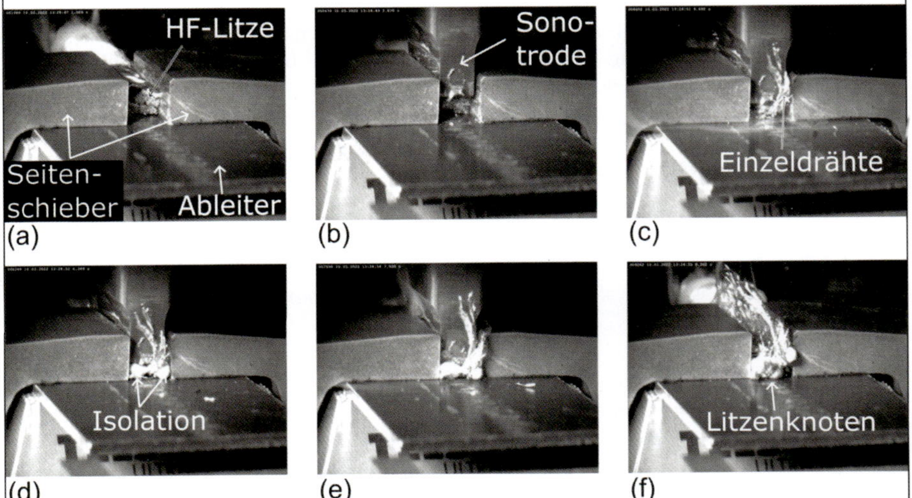

Bild 5. Highspeed-Aufnahmen eines Schweißprozesses: (a) Aufnahme vor Prozessbeginn; (b) Aufnahme zum Prozessbeginn mit heruntergefahrener Sonotrode; (c), (d), (e) Aufnahmen während des Schweißprozesses mit Austritt der zu entfernenden Primärisolation; (f) Aufnahme nach dem Ende des Schweißprozess und nach Wegfahrt der Sonotrode. In den einzelnen Teilbildern sind die jeweiligen Komponenten und auftretenden Prozessergebnisse jeweils einmal eingezeichnet. (© Robert Bosch GmbH)

eventuell vorhandene Kunststoffrückstände analysiert werden.

Ausblick

Ausgangspunkt für die Weiterentwicklung des vorgestellten Schweißprozesses sind die identifizierten Herausforderungen und Handlungsbedarfe. Erste weiterführende Untersuchungen wurden vorgenommen und werden nachfolgend vorgestellt.

Die aktuell größte Herausforderung stellt der auftretende seitliche Überstand der Litzen dar, der im Querschliff gut erkennbar ist. Mittels Hochgeschwindigkeitsaufnahmen konnte gezeigt werden, dass das Auftreten des Überstands auf ein Auseinanderdriften der Seitenschieber während des Prozesses entsteht. In **Bild 5** sind exemplarische Ausschnitte aus einem gesamten Schweißprozess gezeigt, wobei in **Bild 5a** die eingelegte und geklemmte Litze vor dem Prozess zu sehen ist, in **Bild 5b** bis **Bild 5e** die Ausschnitte aus dem tatsächlichen Schweißprozess und in **Bild 5f** das Schweißergebnis nach Wegfahrt der Sonotrode. Der Vergleich des Abstands zwischen den Seitenschiebern vor und zu Prozessbeginn in **Bild 5a** und **Bild 5b** mit dem Abstand am Prozessende **Bild 5e** und in **Bild 5f** zeigt eine Zunahme des Abstands über den Schweißprozess. Die Seitenschieber driften auseinander beziehungsweise werden durch die wirkenden

Kräfte während des Schweißens und der thermischen Entfernung der Isolation auseinandergedrückt. Diese Kräfte sind zu groß für das ausgelegte Seitenschiebersystem. Hier besteht Optimierungspotenzial.

Im Längsschliff zeigen sich am rechten Rand des Knotens Brüche im Litzenmaterial. Abhilfe könnte eine in Schwingungsrichtung konvexe Sonotrodenform schaffen, sodass die Belastung für das Material am Knotenrand reduziert würde.

Darüber hinaus ist auch eine Optimierung der Sonotrodenform entlang der Knotenbreite denkbar. Angelehnt an die Forschungsarbeit von Gester et al. zum Verschweißen von Litzen mit großen Querschnitten mittels PowerWheel-Verfahren könnte eine konkave Form der Sonotrode die Einzeladeranbindung untereinander verbessern, wobei in der Mitte des Knotens eine größere Knotenhöhe erreicht würde als am Rand der Knotenbreite [11].

Die 90-sekündige Taktzeit aus den Reproduzierbarkeitsversuchen ist ebenfalls optimierungswürdig. Die größte Limitation kommt aus der Säuberung von Sonotrode und Anlage, die wegen entstehenden Isolationsresten notwendig ist. Zur Verbesserung der technischen Sauberkeit muss vor einem Serieneinsatz eine Überarbeitung des Absaugungssystems erfolgen.

Schlussbemerkung

Es wurde erstmalig nachgewiesen, dass die direkte stoffschlüssige Kontaktierung einer Hochfrequenzlitze mit mehr als 1.000 Einzeladern auf einen Kupferableiter mittels Ultraschallschweißen möglich ist und ein zufriedenstellender elektrischer Übergangswiderstand erreicht werden kann. Perspektivisch kann der entwickelte Prozess bei Herstellung induktiver Ladesysteme zum Einsatz kommen. Auf dem Weg zu einem industriellen Einsatz bestehen jedoch mehrere Herausforderungen, die im Beitrag aufgezeigt sowie teilweise bereits adressiert wurden.

Danksagung

Die Ergebnisse, die in diesem Beitrag vorgestellt werden, wurden im Rahmen des Projekts „Effiziente Prozesse zur Fertigung induktiver Ladesysteme (EProFIL) erarbeitet. EProFIL wurde gefördert durch das Bundesministerium für Wirtschaft und Klimaschutz (BMWK) auf Beschluss des Deutschen Bundestags im Rahmen des Programms "Elektro-Mobil" (FKZ 01MV18003C / E_ProFIL).

Literatur

[1] Risch, F.: Planning and Production Concepts for Contactless Power Transfer Systems for Electric Vehicles. Dissertation, Bericht aus dem Lehrstuhl für Fertigungsautomatisierung und Produktionssystematik, Erlangen, 2014.

[2] Weigelt, M., u. a.: Quo vehis, Elektromobilität? Zeitschrift für wirtschaftlichen Fabrikbetrieb (ZWF) 113 (2018), H. 1-2, S. 59/63.

[3] Franke J., u. a.: Effiziente Prozesse zur Fertigung induktiver Ladesysteme, EProFIL. Schlussbericht. Forschungsvorhaben. Lehrstuhl FAPS der Friedrich-Alexander-Universität Erlangen-Nürnberg, Zollner Elektronik AG, Robert Bosch GmbH, LEONI Draht GmbH, 2022.

[4] Seefried, J., u. a.: Optimization of the Ultrasonic Crimping process of High-Frequency Litz Wires by Using Process Data Monitoring. Tagungsbd. „12th International Electric Drives Production Conference (EDPC), 2022".

[5] Spreng, S.: Numerische analytische und empirische Modellierung des Heißcrimpprozesses. Dissertation. In: FAU-Studien aus dem Maschinenbau, Band 340, . FAU University Press, Erlangen 2020, ISBN 3961472932.

[6] Seefried, J., u. a.: Challenges and Solutions for Contacting Insulated litz Wire Structures in the Context of Electromechanical Engineering. In: „Production at the Leading Edge of Technology, Proceedings of the 11th Congress of the German Academic Association for Production Technology (WGP), Dresden, September 2021", S. 466/75. Springer International Publishing, Cham 2022.

[7] Payette, L. J.: Solderable Wire Enamel. IEEE Electrical Insulation Magazine 6 (1990), H. 5, S. 8/12.

[8] Elektrisola Dr. Gerd Schildbach GmbH & Co KG. (Hrsg.): Verbindungstechnologien für Litzen [online]. Verfügbar unter https://www.elektrisola.com/de/Products/Litz-Wire/Processing/Connection-Technologies [Zugriff am 14.01.2024].

[9] Essers, M., M. Müller u. U. Reisgen: Neuartige Schweißanlagentechnik zur einfachen und prozesssicheren Kontaktierung von Hochfrequenzlitzen im Elektromaschinenbau. DVS-Berichte, Bd. 371, S. 225/31. DVS Media, Düsseldorf 2021.

[10] Seefried, J., u. a.: Influence of Cable Lug Properties on the Torsional Ultrasonic Crimping Process of High-Frequency Litz Wires. Tagungsbd. „13th International Electric Drives Production Conference (EDPC) 2023", S. 1/8, doi: 10.1109/EDPC60603.2023.1037212.

[11] Gester, A., u. a.: Mechanical and Microstructural Characterization of Ultrasonic Metal Welded Large Cross Section Aluminum Wire/Copper Terminal Joints. In: „Light Metals 2019", S. 1491/98. Springer International Publishing, Cham 2019.

3

Uwe Mückenheim, Amadeus Aurin, Steffen Keitel, Michael Clemens, Mirco Olesch, Simon Olschok, Raul Sharma, Uwe Reisgen

Bewerten von Hochleistungsschweißprozessen für die Neufertigung von Stahlrohrtürmen für Windenergieanlagen

Im Rahmen eines Forschungsvorhabens aus der Initiative „Fügetechnik für die Energiewende" des ISF Aachen und der SLV Halle GmbH wurden vier bestehende Hochleistungsschweißverfahren zur industriellen Integrationsreife im Hinblick auf die technische und wirtschaftliche Effizienz, unter den Bedingungen der Neufertigung, weiterentwickelt bzw. untersucht. Zunächst erfolgte eine Überprüfung der Analyse bestehender Randbedingungen bei der Neufertigung von Schweißbauteilen für Windenergieanlagen, woraus die Anforderungen an die Hochleistungsschweißprozesse abgeleitet wurden. Darauf aufbauend erfolgten Optimierungen der o. g. Prozesse (Prozessentwicklung, Ermittlung der Prozessgrenzen, etc.) mit Schwerpunkt auf einer stabilen und maximalen Nahtanbindung. Ein Wirtschaftlichkeitsvergleich an einem Demonstrator sowie Ausführungen zu den Prozessgrenzen und Verwendungen variierender Prozessgrößen (Anlagenempfehlungen, Nahtvorbereitungsempfehlungen und andere Randbedingungen) bildeten den Projektabschluss.

Einleitung

Aufgrund limitierter Produktionsstätten stellt in der Großrohrherstellung für den Windturmbau die Fügetechnologie einen enorm wichtigen Faktor dar. Zum Erreichen der Ausbauziele der Windenergie sind Fügeverfahren erforderlich, die höhere Produktivitäten (z. B. durch geringere Nahtvolumina) und damit Einsparungen in Fertigungszeit und -kosten ermöglichen. Die Offenheit zu neuen Fügetechnologien bzw. Weiterentwicklungen von Hybridverfahren bzw. Verfahrenskombinationen könnten unter Berücksichtigung technologischer Randbedingungen neue Fertigungsansätze liefern.

Stand der Technik

Heutzutage kommen für die Großrohrfertigung ausschließlich herkömmliche Lichtbogenverfahren wie Metall-Schutzgasschweißen (MSG) oder Unterpulver(UP)-Mehrdrahtschweißen zum Einsatz. Diese Verfahren sind dadurch gekennzeichnet, dass in Lage-Gegenlage-Technik oder durch einseitiges Schweißen ein voller Anschluss hergestellt und ein großer Nahtquerschnitt gefüllt werden kann. Neben den Kosten und dem Energiebedarf für die Schweißdrahtherstellung wird dadurch vor allem beim Schweißen selbst sehr viel Energie und Schweißzusatz benötigt. Aber nicht nur in der Großrohrfertigung, sondern auch in anderen Fertigungsbranchen ist das Schweißen der Stumpfnähte von dickwandigen Bauteilen in der Schweißposition PA notwendig. Aufgrund der Mehrdrahttechnologie ist sowohl im Windturmbau als auch in anderen Industriezweigen das UP-Schweißen bisher das wirtschaftlichste Schweißverfahren, wobei auch hier oftmals mehrere UP-Lagen ausgeführt werden müssen. Bei zunehmender Blechdicke und gefordertem Vollanschluss könnte durch Einsatz und Weiterentwicklung innovativer Fügeverfahren die Möglichkeit geschaffen werden, die Anzahl der UP-Lagen zu reduzieren oder auch den UP-Prozess zu ersetzen.

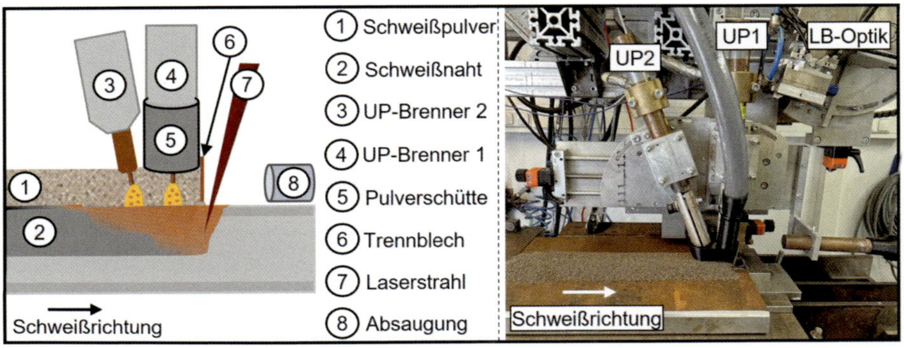

Bild 1. Laserstrahl-(Tandem)Unterpulver-Hybridschweißen – Prinzipskizze (links) und realer Versuchsaufbau am ISF (rechts). (© ISF, RWTH Aachen)

Zielstellung

Das Forschungsziel bestand darin, vier ausgewählte und bereits existierende Hochleistungsschweißverfahren im Hinblick auf die technische und wirtschaftliche Effizienz und unter den Bedingungen der Neufertigung weiterzuentwickeln. Dabei wurden folgende Prozesse betrachtet:

- Laserstrahl-Tandem-Unterpulver-Hybridschweißverfahren (ISO 4063 – 521 + 121-2);
- Plasma-Heißdraht-Unterpulverschweißverfahren (ISO 4063 – 153-H + 121);
- Laserstrahl-Metallschutzgasschweißverfahren mit leistungsstarkem Diodenlaser (ISO 4063 – 523 + 135);
- Rotierender Hochleistungslichtbogen unter Verwendung von CO_2 (ISO 4063 – 135).

Insbesondere sollten die Verfahren in Bezug auf ihre maximale Spaltüberbrückbarkeit weiterentwickelt und auf erzielbare Anbindungsquerschnitte bewertet werden. Jede der Technologien für sich weist Vorzüge im Hinblick auf unterschiedliche Fügeaufgaben auf. Daraus abgeleitet sind folgende wissenschaftlichtechnischen Ziele zu nennen:

- Das Laserstrahl-Unterpulver-Hybridschweißverfahren (LUPuS) wurde zum Laserstrahl-Zweidraht- bzw. -Tandem-UP-Hybridschweißverfahren (LUPuS Tandem) weiterentwickelt, um die Robustheit des Hybridprozesses gegenüber Bauteiltoleranzen (Fügespalte, Versätze) zu steigern;
- Das Plasma-UP-Schweißverfahren wurde zum Plasma-Heißdraht-UP-Schweißverfahren weiterentwickelt;
- Das LB-MSG-Hybridschweißen wurde mit einem leistungsstarken Diodenlaser und somit größeren Spotdurchmessern erprobt;
- Der konventionelle rotierende Hochleistungslichtbogen (MAGr) wurde unter Verwendung von neuester Steuerungstechnik und reinem CO_2 als Schutzgas für den Einsatz unter bestimmten Toleranzschwankungen erprobt und in Bezug auf die geforderten mechanisch-technologischen Eigenschaften bewertet;
- Verfahrensspezifische Darstellung der Technologien, bestehend aus Anlagentechnik, empfohlenen Parametern und Nahtvorbereitungen an ausgewähltem Grundwerkstoff und Materialdicken.

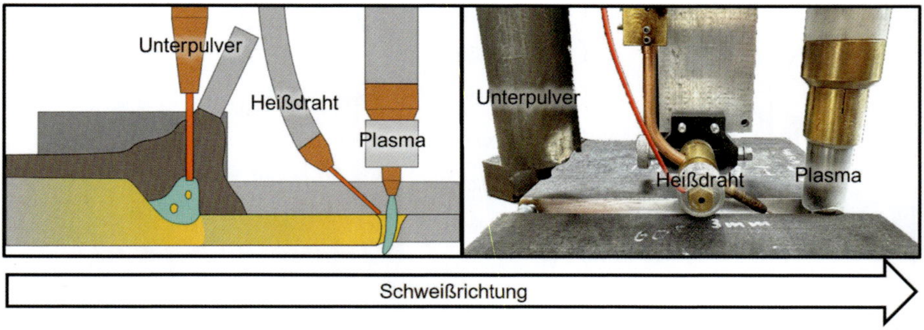

Bild 2. Schematische Darstellung der Brenneranordnung (links), realer Versuchsaufbau (rechts). (© ISF, RWTH Aachen)

Es galt, Bewertungen dieser Schweißverfahren im Vergleich zum konventionellen UP-Schweißen anzustellen. Als wichtiges Kriterium wurde dabei die Produktivität und Robustheit der Schweißprozesse in Bezug auf üblicherweise vorherrschende Toleranzen definiert.

Experimentelle Versuchsdurchführung

Analyse der Randbedingungen und Ableitung der Anforderungen

Die notwendige Analyse des Ist-Zustandes der aktuellen Fertigung und deren Randbedingungen erfolgte im Rahmen von Vorortbesuchen bei den Fertigungsunternehmen SIAG und Max Bögl. Hierbei konnten quantitativ erfassbare Größen aufgenommen bzw. abgesprochen werden. Für die vier Hochleistungsverfahren waren dabei die Fertigungstoleranzen eines der wichtigsten Merkmale. Gemeinsam mit verantwortlichen Vertretern der fertigenden Unternehmen und auf Basis einer Analyse der verarbeiteten Blechdicken zurückliegender Jahre wurde für den Werkstoff S355J2+N eine Blechdicke von t = 25 mm für die Untersuchungen festgelegt. Dies ermöglichte zugleich Untersuchungen für einseitiges und dominierendes

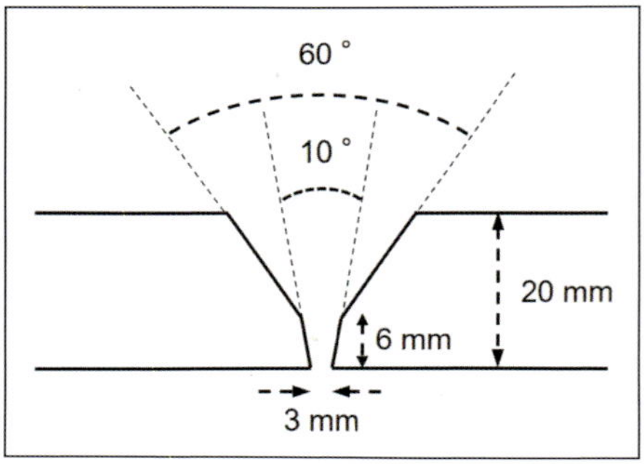

Bild 3. Nahtvorbereitung für das UP-P-HD-Schweißen. (© ISF, RWTH Aachen)

beidseitiges Schweißen, wobei das ISF teilweise auf eine verfügbare Blechdicke von t = 40 mm zurückgriff. Für die Längs- und Rundnähte wurden nach erfolgter Analyse und Absprache Spaltmaße von max. 1,5 mm und Kantenversatz von max. 2 mm bestätigt, wobei auch größere Spaltmaße für die Prozessstabilität betrachtet werden sollten. Für einen späteren wirtschaftlichen Vergleich wurden ausgewählte Schweißanweisungen mit allen notwendigen Fertigungsangaben zur Verfügung gestellt, aus denen die Nahtvorbereitung, Art der Anarbeitung sowie alle Schweißprozessparameter und Randbedingungen analysiert wurden. Vergleichend wa-

Tabelle 1. Schweißparameterfelder LUPuS-Tandem-Hybridschweißprozess.

Allgemeine Parameter	Laserstrahlprozess	UP1	UP2
Schweißgeschwindigkeit 0,6 m/min	Laserleistung 12 - 16 kW	Schweißstrom 500 - 600 A	
Nahtvorbereitung Doppel-Y	Fokussierung -7 mm	Drahtvorschubgeschwindigkeit 1 - 2,5 m/min	
Blechdicke 40 mm	Strahloszillation 0-3 mm	Draht (Ø 4 mm) EN ISO 14171-A S2Si	
Grundwerkstoff S355 JR		Pulver EN ISO 14174 - S A AB 1 57 AC H5	
		Brennerpolung DC+	AC

ren auch nicht zu verachtende Unterschiede in den einzelnen Arbeitsabläufen, z. B. Art der Nahtvorbereitung, zu erkennen. Aus den vorliegenden Angaben zur aktuellen unternehmensspezifischen Fertigungsmethode wurden Zielparameter und Randbedingungen für die vier zu untersuchenden Schweißprozesse abgeleitet.

Laserstrahl-Tandemunterpulver-Hybridschweißen

Das Laserstrahl-(Tandem)Unterpulver-Hybridschweißen (LUPuS(Tandem)-Hybrid) kombiniert das Laserstrahlschweißen und das Unterpulverschweißen in einer gemeinsamen Prozesszone. Eine Prinzipskizze und der am ISF entwickelte Versuchsaufbau sind in **Bild 1** dargestellt.

Der Schweißkopf beim Hybridprozess setzt sich grundlegend aus dem UP-Brenner 1 (4), der Pulverschütte (5) und dem durch die Laseroptik kollimierten und anschließend fokussierten Laserstrahl (7) zusammen. Zwischen dem Laserstrahl (7) und dem UP-Brenner 1 (4) ist ein Trennblech (6) positioniert. Das Trennblech (6) dient dazu, das für den UP-Schweißprozess notwendige Schweißpulver aus dem Wirkbereich des Laserstrahls fernzuhalten. Durch Hinzuschalten des UP-Brenners 2 (3) wird das Schweißen mit zwei UP-Brennern ermöglicht.

Als Laserstrahlquelle wird ein Scheibenlaser der Firma Trumpf (TruDisk 16002) mit einer maximalen Ausgangsleistung von 16 kW und einer Strahlqualität von 8 mm*mrad verwendet. Die Laserstrahlung wird über ein Laserlichtkabel mit einem Durchmesser von 200 µm zur eingesetzten Fokussieroptik YW52 der Firma Precitec geleitet, die eine Kollimationsbrennweite von 200 mm und eine Fokussierbrennweite von 400 mm aufweist. Zwei UP-Stromquellen Aristo1000 der Firma Esab komplettieren die im Versuchsaufbau eingesetzte Anlagentechnik. Die Relativbewegung der Anlagenkomponenten wird mithilfe eines 3-Achs-CNC-Kreuztisches realisiert.

In Tabelle 1 sind die Schweißparameterfelder aufgelistet, die innerhalb des Forschungsvorhabens in den Schweißversuchen Anwendung gefunden haben.

Plasma-Heißdraht-UP-Verfahren

Zur Untersuchung des Plasma-Heißdraht-UP-Verfahrens (UP-P-HD) wurden ein Plasmabrenner und ein Unterpulverbrenner seriell angeordnet. In dem hier verwendeten Plasmastichlochprozess wurde zur Erhöhung der Prozessstabilität ein zusätzlicher Heißdraht lateral zugeführt. Die Anordnung der Brenner und des Heißdrahtes durchlief mehrere Iterationsschleifen, wobei sich eine als besonders robust erwiesen hat. Diese Anordnung ist in Bild 2 zu erkennen.

Da die unterschiedlichen Prozesse auf jeweils andere Nahtvorbereitungen angewiesen sind, wird eine optimierte Nahtvorbereitung für das serielle Verfahren benötigt. Der Plasmastichlochprozess benötigt normalerweise einen I-Stoß mit einem kleinen Spalt, damit die Plasmagase auf der Wurzelseite ausströmen können. Der Unterpulverprozess wird, je nach verwendeter Leistung, an einem V- oder Y-Stoß oder einer vergleichbaren Stoßart verwendet. Eine zusätzliche Herausforderung war es, die Schweißgeschwindigkeiten der beiden Schweißprozesse aufeinander abzustimmen. Hier sollte die Schweißgeschwindigkeit von 0,6 m/min erreicht werden, damit der Unterpulverprozess mit industriell üblichen Schweißvorschubgeschwindigkeiten eingesetzt wird. Demnach musste die Schweißnahtvorbereitung vornehmlich für den Plasmastichlochprozess optimiert werden. Auf Basis der Erkenntnisse aus Vorversuchen wurde hier ein abgewandelter Y-Stoß mit einer Spaltweite von 3 mm und einem abgeschrägten Steg von 6 mm gewählt, Bild 3. Die Spaltweite und der abgeschrägte Steg dienen beide dazu, die Plasmagase optimal nach unten aus dem Stichloch herauszuleiten. Alle anderen Nahtvorbereitungen mit geringerer Spaltweite führen bei der angestrebten Schweißgeschwindigkeit zu einer ungenügenden Durchschweißung und zu den beim Plasmastichlochschweißen typischen Schlauchporen.

Die Polung der einzelnen Brenner wurde so gewählt, dass der Plasmaprozess DC-negativ gepolt ist und die beiden anderen Prozesse mit AC arbeiten, um die elektromagnetische Beeinflussung des Plasmalichtbogens gering zu halten. Die verwendete Anlagentechnik ist eine Plasmastromquelle der Firma EWM (Tetrix 350 AC/DC Plasma), die einen maximalen Schweißstrom von 350 A zur Verfügung stellen kann, eine Heißdrahtquelle der Firma EWM (Tetrix 352 Synergic), die einen maximalen Heißdrahtstrom von 200 A liefert und in den AC-Modus geschaltet werden kann, sowie eine UP-Stromquelle der Firma PWS (Perfect Arc 1500 AC/DC), die einen Maximalstrom von 1500 A liefern und ebenfalls mit Wechselstrom eingesetzt werden kann. Schweißeinstellparameter, die für eine fehlerfreie Naht verwendet wurden, sind in Tabelle 2 aufgeführt. Hierbei ist zu beachten, dass an der Leistungsgrenze der Plasmaquelle gearbeitet wurde, wodurch andere Parameter angepasst werden mussten, um ein fehlerfreies Nahtbild zu erzeugen.

LB-MSG-Hybridschweißen mit Diodenlaser

Für das Laserstrahl-MSG-Hybridschweißen steht an der SLV Halle eine Lasersicherheits-

Tabelle 2: Schweißeinstellparameter der Einzelprozesse.

Allgemeine Parameter		**Plasmaprozess**		**Heißdrahtprozess**		**Unterpulverprozess**	
v_S	0,3-0,5m/min	Strom	340 A	Strom	120 A	Strom	600 A
Schweißnahtvorbereitung	Mod. Y-Stoß	Plasmadüsen, Elektrodendurchmesser	4 mm	Draht	G 3Si1	Spannung	30 V
Fügespalt	1-3 mm	Plasmagas	R1-ArH-5	v_D	6 m/min	Draht	EN ISO 14171-A-S2Si
Grundwerkstoff	S355 J2 + N	Plasmagasdurchfluss	3,5 l/min			Pulver	EN ISO 14174-S A AB 1 57 AC H5

zelle mit Roboterhandlingsystem (Cloos Qirox) und MSG-Stromquelle (Cloos Qineo Pulse 450) zur Verfügung. Auf dem Tisch des Dreh-Kipp-Positionierers wurden die ersten Probebleche (S355J2+N, t = 15 mm) der Länge 300 mm aufgespannt, um die maximalen Einschweißtiefen bei gängigen Schweißgeschwindigkeiten sowohl für den reinen Laserstrahl- als auch für den Hybridprozess zu ermitteln. Das zur Verfügung stehende Laser-Setup besteht aus einem Hochleistungsdiodenlaser LDF15000-60 von Laserline mit einer 600-µm-Lichtleitfaser und einem YW52-Schweißkopf von Precitec. Dieses Setup erzielte Blindschweißungen mit einer Tiefe von 12,5 mm bei einer Laserstrahlleistung von 15 kW und einer Schweißgeschwindigkeit von 0,8 m/min (Laser solo). Im Hybridprozess wurde eine komplette Durchschweißung erreicht bei einer Schweißgeschwindigkeit von 0,5 m/min, einer Lichtbogenleistung von 3 kW und einem Drahtvorschub von 5 m/min. Bemerkenswert war das übermäßige Auftreten partikulärer Emissionen und die, gemessen an der applizierten Laserstrahlleistung und der Unabhängigkeit von der Fokuslagevariation, geringe Einschweißtiefe.

Es wurde daraufhin die Entscheidung getroffen, die Fokussierung von 250 mm Brennweite auf 200 mm zu verschärfen. Eine Strahlvermessung nach ISO 11146 konnte die Verringerung des Spotdurchmessers von 1,6 mm auf 1,3 mm und der Rayleighlänge von 10 mm auf 7 mm nachweisen. Die reinen Blindschweißungen in Probebleche der Dicke 25 mm konnten somit bei Schweißgeschwindigkeiten von 0,6 bis 1,0 m/min auf bis zu 15,4 mm Tiefe gesteigert werden.

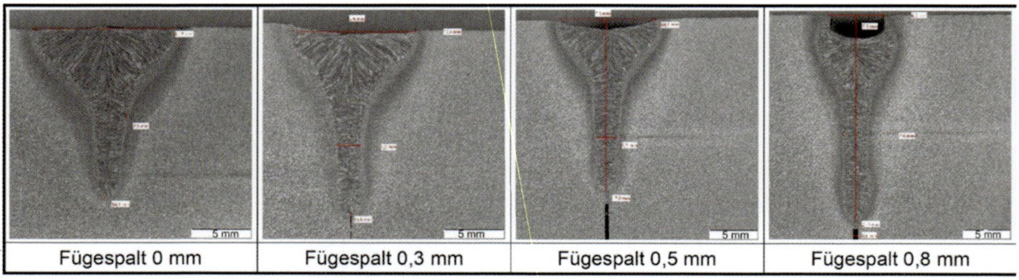

Bild 4. Makroschliffe der Verbindungsschweißungen mit 3 mm nachlaufendem Laserstrahl, Y-Nahtvorbereitung bei variablem Fügespalt. (© SLV Halle GmbH)

Ebenso war nun ein Einfluss der Fokuslagevariation auf die Schweißnahtgeometrie erkennbar. Für die Adaption des Hybridprozesses musste zunächst die Halterung des Brenners angepasst werden, da die Verringerung des Arbeitsabstands um 50 mm nicht mehr von der ursprünglichen Justiereinheit abgedeckt werden konnte.

Schließlich wurden im Hybridprozess an 25-mm-Blechen defektfreie Blindschweißungen mit einer Tiefe von 13,2 mm bei einer Schweißgeschwindigkeit von 1 m/min erzeugt. Dabei wurden die volle Laserstrahlleistung von 15 kW genutzt und ein 5 mm vorlaufender Lichtbogenprozess (7 kW, Schutzgas M20, 16 l/min) eingesetzt. Hieraus wurde die Y-Nahtgeometrie mit einer Steghöhe von 22 mm und dem Öffnungswinkel von 60° für die Schweißversuche an Stumpfstößen abgeleitet.

Für die Schweißversuche an den vorbereiteten Stumpfstößen wurden als Variablen der Vor- und Nachlauf von Lichtbogen- zu Laserstrahlprozess mit unterschiedlichen Abständen herangezogen. Sowohl die Kopplung als Hybridprozess mit Abständen von unter 5 mm als auch die Entkopplung mit Abständen von bis 30 mm wurden umgesetzt. Hierbei konnte zunächst der entkoppelte Prozess mit nachlaufendem Lichtbogen für weitere Arbeiten ausgeschlossen werden, da es bereits bei geringem Spaltmaß zu Anbindungsfehlern kam. Ebenso erwies sich der entkoppelte Prozess mit vorlaufendem Lichtbogen als wenig zielführend, da hierbei einerseits die Einschweißtiefe herabgesetzt wird und andererseits Flankenbindefehler bei größerem Spaltmaß erzeugt werden.

Aus den Versuchsreihen wurde der beste Parametersatz für das beidseitige Schweißen von Blechen der Dicke 25 mm mit DY-Nahtvorbereitung auserkoren.

MSG-Hochleistungsschweißen mit gepulstem, rotierendem Lichtbogen

Die Installation und Inbetriebnahme der technischen Komponenten zum verwendeten MSG-Hochleistungsschweißprozess „D-Arc" erfolgten an einem kartesischen 3-Achs-Portal, **Bild 5**. Der MSG-Prozess definiert sich durch einen Hochgeschwindigkeitswechsel von Rotations- und Impulslichtbogen bei einer Stromstärke von 450 A bis 650 A unter reinem CO_2 als Schutzgas (30 l/min). Um das entstehende Keyhole aufrecht zu erhalten, ist der Prozess nur in Position PA auszuführen und an eine nicht zu hohe oder niedrige Schweißgeschwindigkeit v_S geknüpft, welche zu ermitteln war. Als Zusatzwerkstoff wurde ein Schweißdraht vom Typ G 4Si1 mit einem Durchmesser von 1,2 bzw. 1,6 mm eingesetzt. Auf Basis einseitiger Vorversuche wurde als Nahtvorbereitung zuerst eine Y-Naht mit einer Steghöhe von 15 mm bei einer Blechdicke von 25 mm und einem Nahtöffnungswinkel von 50° festgelegt. Die ersten Schweißversuche bei einer Probenlänge von 400 mm dienten zur Ermittlung von erzielbaren Einschweißtiefen, Nahtqualitäten und Prozessstabilität anhand von Makroschliffen. In Bezug auf erste Schweißergebnisse der Versuchsreihe 1 bei einem Spalt von 0 mm, **Tabelle 3**, erfolgten im Fortschritt weitere Schweißversuche mit Anpassungen in der Steghöhe (10 mm) bzw. Flankenhöhe (15 mm), im Nahtöffnungswinkel (60°) und dem Drahtdurchmesser (Ø 1,6 mm) bei ausgewählten Variationsgrößen. Auf Basis der Ergebnisse laut Abschnitt 4.4 erfolgten im weiteren Schritt Untersuchungen zur Spaltüberbrückbarkeit (1,0 / 1,5 / 2,0 mm) in Strichraupentechnik mit vergleichbaren Randbedingungen und variierenden Prozessparametern bei einem Drahtdurchmesser von 1,2 mm. Die Ergebnisse aus Abschnitt 4.4 liefern Erkenntnisse zur Spaltüberbrückung, ggf. Anpassung der Nahtvorbereitung und Nahtausbildung. Da eine stabile Nahtausbildung unter den Laborbedingungen (400 mm Nahtlänge) nur bis zu einem Spalt von 1,5 mm nachgewiesen

Bild 5. Versuchsstand MSG-HL.
(© SLV Halle GmbH)

werden konnte, wurde der Versuchsstand um eine Pendelung erweitert. Der erweiterte Versuchsumfang umfasste erneut Schweißversuche mit einem Spalt von 1,5 und 2,0 mm bei einer festen Stromstärke und Schweißgeschwindigkeiten von 30 und

Tabelle 3. Erste Randbedingungen und variierende Prozessgrößen beim Spalt 0 mm.

Versuchsreihe	**1 (Y-Naht)**
Feste Randbedingungen	Steghöhe 15 mm / 50° Nahtöffnungswinkel / Stickout 25 mm / Drahtdurchmesser 1,2 mm
Variationsgrößen	Stromstärke 500 / 550 / 600 A Schweißgeschwindigkeit 30 / 40 / 50 cm/min

50 cm/min zur erneuten Bewertung der Spaltüberbrückbarkeit und Nahtausbildung.

Neben der Ermittlung geeigneter Prozessparameter und Nahtvorbereitung bestand der Nachweis der mechanisch-technologischen Gütewerte nach DIN EN ISO 15614-1 [1] für einen Vollanschluss in Lage-Gegenlage-Technik der Blechdicke von t = 25 mm. Für die beidseitige Ausführung wurde eine DY-Naht mit einem Nahtöffnungswinkel von 50° und einem Spalt von 0 mm gewählt. Für die werkstofftechnischen Untersuchungen wurden zwei Proben der Blechdicke t = 25 mm und eine Probe der Blechdicke t = 40 mm mit unterschiedlichen Drahtdurchmessern und Stromstärken bei einer Vorwärmung auf 100 °C hergestellt. Um den jeweiligen vollen Anschluss herzustellen, wurde die Steghöhe und Schweißgeschwindigkeit in Bezug auf die Untersuchungsergebnisse der einseitigen Schweißungen jeweils angepasst. Damit lag die Streckenenergie E_S bei ca. 30 / 37 und 61 kJ/cm. Vorrangig in der Kerbschlagarbeit zeigten sich die Nachteile und Grenzen des hohen Wärmeeintrages.

Auf der Grundlage der Vielzahl an untersuchten Variationsgrößen können Empfehlungen für Nahtvorbereitungen und Prozessparameter für einen Grundwerkstoff S355J2+N und Schweißzusatz G 4Si1 abgeleitet werden. Diese Ableitungen wurden abschließend auf einen Demonstrator mit einer Blechdicke von t = 25 mm und einer Nahtlänge von 800 mm übertragen.

Prozessbegleitende Untersuchungen

Begleitend zu den Schweißversuchen wurden zerstörungsfreie Prüfungen der erzeugten Schweißproben durchgeführt, wobei eine Sichtprüfung für alle Proben und eine Röntgenprüfung für ausgewählte Proben vorgenommen wurde. Darüber hinaus wurden in Anlehnung an eine Verfahrensprüfung nach DIN EN ISO 15614-1 und -14 [1; 2] an ausgewählten Schweißproben zerstörende Prüfungen durchgeführt. Die Ergebnisse der mechanisch-technologischen Kennwerte konnten somit im Hinblick auf die gestellten Anforderungen aus dem Bereich des Stahlbaus beim Bau von Windenergieanlagen überprüft werden.

Wirtschaftlichkeitsvergleich am Beispiel eines Demonstrators

Unter Berücksichtigung der Laborbedingungen und Versuchsstände sowie in Absprache mit dem PbA wurde eine Stumpfnaht mit Blechdicken von 25 mm und 800 mm Nahtlänge festgelegt. Auf Basis der durchgeführten Schweißversuche wurde für jedes der vier Hochleistungsschweißverfahren eine verfahrensspezifische Nahtvorbereitung (ein- bzw. beidseitig) unter Berücksichtigung maximaler Spaltdimensionen aus den Erkenntnissen der Versuchsreihen gewählt.Auf deren Basis sind folgende Einflussfaktoren zu berücksichtigen:

- Fertigungszeit (Nahtvorbereitung, Anzahl an Schweißlagen);
- Schweißgeschwindigkeit, Schweißzeit);
- Schweißnaht-Nachbearbeitung;
- Kosten von Schweißzusatzwerkstoff und Hilfsstoff;
- notwendige Investitionskosten.

Die Darstellung der Auswertung erfolgte im Rahmen des Vortrags beim DVS-Congress 2023 [3].

Ergebnisse

LUPuS-Tandem-Hybridschweißen

Im Anschluss an die grundlegenden Vorversuche zur Überprüfung der Funktionalität

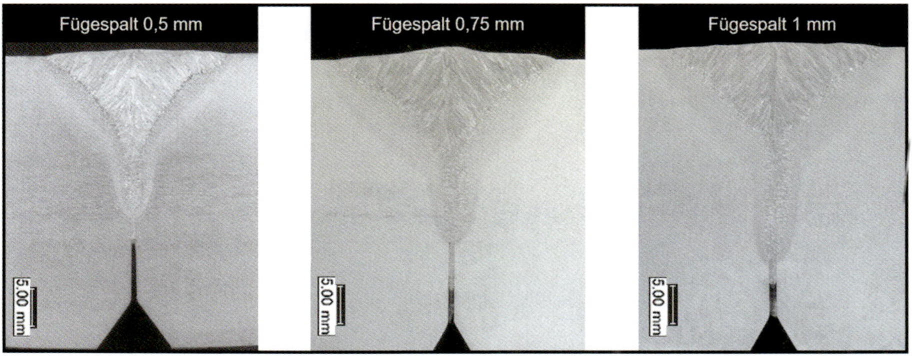

Bild 6. LUPuS-Tandem-Hybridschweißen unterschiedlicher Fügespaltweiten (Blechdicke 40 mm). (© ISF, RWTH Aachen)

des neu entwickelten Versuchsaufbaus mitsamt der installierten Systemtechnik wurde der LUPuS-Tandemhybridprozess im Hinblick auf unterschiedliche, im Industriealltag auftretende Bauteiltoleranzen erprobt. Hierbei wurden im ersten Schritt unterschiedliche konstant eingestellte, offene Fügespaltweiten untersucht, **Bild 6**.

Bei allen drei in **Bild 6** ersichtlichen Schweißversuchen wurde die Schweißvorschubgeschwindigkeit (v_S = 0,6 m/min) sowie die Laserstrahlleistung (P_L = 16 kW) konstant festgelegt. Lediglich die Pendelbreite des Laserstrahls sowie die Drahtvorschubgeschwindigkeit wurden, je nach Fügespaltweite und dem damit einhergehenden aufzufüllenden Schweißnahtvolumen, angepasst. Die makroskopischen Querschliffe der Schweißversuche zeigen keine Schweißnahtunregelmäßigkeiten. Bei Steigerung der Fügespaltweite ist eine höhere Einschweißtiefe von 21 mm (Fügespalt 0,5 mm) bis ca. 27 mm (Fügespalt 1 mm) zu beobachten. Ein wurzelseitiges Austreten des schmelzflüssigen Materials ist nicht zu erkennen. Es wird ein homogener Übergang von UP-dominiertem (oberer Bereich) zu LB-dominiertem (unterer Bereich) Schweißnahtbereich deutlich.

Bei weiterer Steigerung der Fügespaltweiten wird vor der LUPuS-Tandemschweißung eine UP-Gegenlage ausgeführt (geschlossener Fügespalt), um ein wurzelseitiges Austreten des schmelzflüssigen Materials zu verhindern, **Bild 7** links.

Im Vergleich zum LUPuS-Eindrahtprozess ergibt sich beim Fügen mit dem LUPuS-Tandemprozess bei einem Fügespalt von 1,5 mm eine in Schweißnahtbreite und -tiefe geometrisch gleichmäßigere Nahtform. Durch den mit AC-betriebenen UP-Brenner 2 wurde nicht nur ein Verbreitern der Schweißnahtoberraupe, sondern ebenfalls ein homogenerer Übergang von UP-dominiertem zu laserdominiertem Schweißnahtbereich erreicht. Ein optimiertes Verhältnis von Schweißnahtbreite zu -tiefe stellt sich ein. **Bild 7 rechts** zeigt das Fügen mit dem LUPuS-Tandemprozess bei kombiniert auftretenden Bauteiltoleranzen (Fügespalt 0,5 mm, Versatz 3 mm). Hierbei ist wiederum eine geometrisch gleichmäßig ausgeformte Schweißnaht ohne Schweißnahtunregelmäßigkeiten zu beobachten.

Insgesamt wurde im Forschungsprojekt der LUPuS-Eindrahtprozess erfolgreich zum LU-

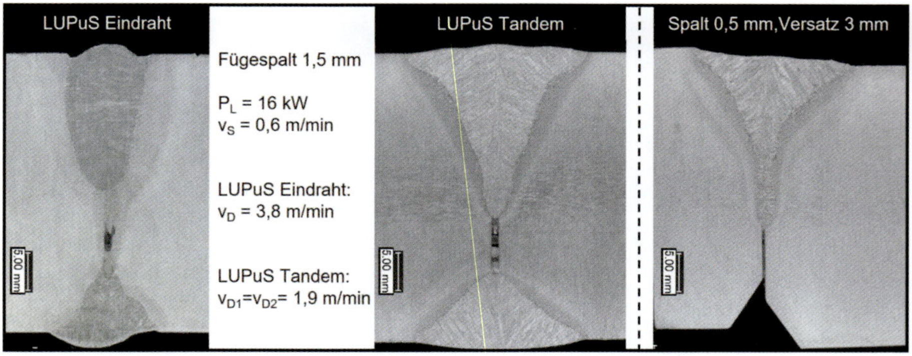

Bild 7. Vergleich LUPuS-Eindraht und LUPuS-Tandem beim Fügespalt 1,5 mm (links); LUPuS-Tandemhybridschweißen von kombinierten Bauteiltoleranzen (rechts) (Blechdicke 40 mm). (© ISF, RWTH Aachen)

PuS-Tandemprozess weiterentwickelt. Hierbei konnte sowohl die Robustheit des Prozesses gegenüber Fügespaltweiten von bis zu 1 mm bei offenem Fügespalt und von bis zu 1,5 mm bei geschlossenem Fügespalt sowie gegenüber versatzbehafteten Bauteilen verbessert werden. Ein optimiertes Verhältnis von Schweißnahtbreite zu -tiefe sorgt somit für eine höhere Reproduzierbarkeit beim Fügen von toleranzbehafteten Bauteilen.

Plasma-Heißdraht-UP-Verfahren

Aus Erkenntnissen der Vorversuche wurde der Prozess auf definierte Parametervariationen untersucht. Der Hauptanteil dieser Versuche wurde ohne den Unterpulverprozess durchgeführt, um eine direkte Sichtprüfung zu ermöglichen. Drei Variationen wurden dabei untersucht. Zum einen sollte die Schweißgeschwindigkeit des Plasmastichloch-Heißdrahtprozesses weiter erhöht werden. Der zweite Punkt ist, dass die Toleranz des Prozesses auf verschiedene Fügespalte untersucht werden sollte. Der dritte Punkt war die Untersuchung des Einflusses eines anderen Schweißzusatzdrahtes durch den Heißdrahtprozess auf das Schweißgut und die

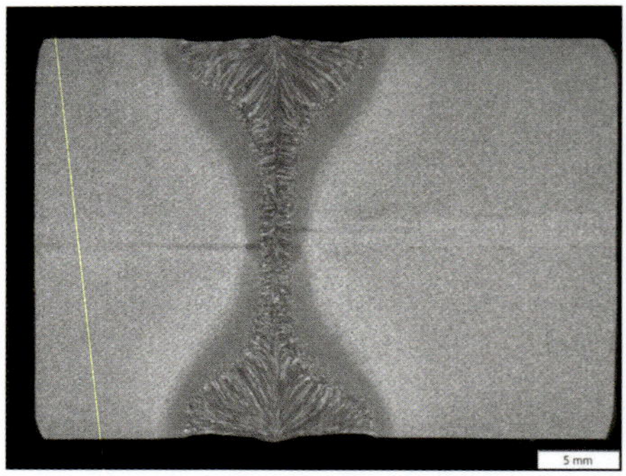

Bild 8. Laserstrahl-MSG-Hybrid-Naht, DY-Nahtvorbereitung. (© SLV Halle GmbH)

Prozessstabilität. In **Tabelle 4** sind die Ergebnisse zu diesen Untersuchungen dargestellt. Es ist zu erkennen, dass die Erhöhung der Spaltweite einen positiven Einfluss auf das Schweißergebnis bei hohen Schweißgeschwindigkeiten hat. Bei einer Spaltweite von 3 mm ist das Schweißergebnis selbst bei einer Schweißgeschwindigkeit von 0,45 m/min fehlerfrei. Zudem konnte in den Versuchen beobachtet werden, dass die Drahtvorschubgeschwindigkeit des Heißdrahtes in einem Bereich eingestellt werden muss, der genügend Material für die Spaltüberbrü-

Tabelle 4. Betrachtung des Schweißergebnisses bei unterschiedlichen Drahtvorschüben, Schweißgeschwindigkeiten und Spaltweiten für zwei verschiedene Schweißzusätze.

G 3Si1 / [G MoSi]

Spalt [mm]	v_D [m/min]	v_S [m/min]			
		0,35	0,4	0,45	0,5
1	3	2	2		3
	5	3			
	6	3			
2	5	1 [3]	3		
	6	1 [2]	2		
	6	1			
3	5		3		
	6	1	1	1	2
			i.O. = 1	Bedingt =2	n.i.O. = 3

ckung bereitstellt und gleichzeitig die Schmelzbadbewegung nicht zu stark beeinflusst, da sonst die Gefahr besteht, dass das Stichloch kollabiert. In den durchgeführten Versuchen war das bei einer Drahtvorschubgeschwindigkeit von 5 bis 6 m/min der Fall. Der Einsatz eines alternativen Schweißzusatzes (G MoSi), in der **Tabelle 4** in eckigen Klammern dargestellt, sollte die Viskosität der Schmelze beeinflussen und somit das Zusammenlaufen der Schmelzefronten hinter dem Stichloch begünstigen. Im direkten Vergleich zu einem herkömmlichen Schweißdraht G 3Si1 sind die Schweißergebnisse allerdings schlechter ausgefallen.

Die Untersuchungen des Schweißguts, welche für die Schweißungen mit dem G 3Si1- und den G MoSi-Draht durchgeführt wurden, sollten einen Überblick darüber schaffen, ob der Abbrand von Mn und Si durch den zusätzlichen Heißdraht kompensiert werden kann. Dafür wurde eine OES-Analyse (Optische Emissionsspektroskopie) des Grundwerkstoffs und des Schweißguts für jeweils eine Schweißung mit dem G 3Si1, dem G MoSi und als Referenz mit einem Plasmastichlochschweißvorgang ohne Schweißzusatz (SZ). Die Ergebnisse zu dieser Untersuchung sind in **Tabelle 5** dargestellt. Es ist zu erkennen, dass der Abbrand von Si durch

Tabelle 5. Ergebnisse der OES-Analyse zu Untersuchung des Abbrandes von Mn und Si (Massenanteile in %) und Darstellung der Aufmischung (rechts).

		Si	Mn	
Grundwerkstoff (absolut)		0,18	1,45	
Differenz zum Grundwerkstoff		0,12	-0,06	Abbrand
		0,12	-0,08	Zubrand
MoSi	G	0,07	-0,11	

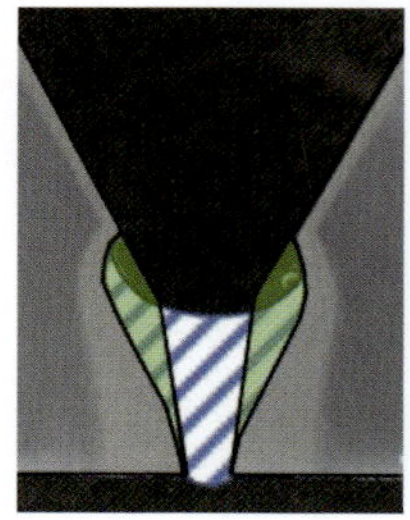

beide Schweißzusätze im Vergleich zu der Schweißung ohne Schweißzusatz kompensiert werden konnte. Der Abbrand von Mn konnte allerdings nicht kompensiert werden. Hier ist für alle Varianten ein Abbrand zwischen 0,06 und 0,11 % ermittelt worden. Die Schweißungen mit einem Schweißzusatz hatten beide einen Aufmischungsgrad von ca. 50 %. In der Abbildung neben **Tabelle 5** ist in Grün der Querschnitt der Nahtvorbereitung und in Blau-Weiß-gestreift der Querschnitt der Schweißnaht zu erkennen.

LB-MSG-Hybridschweißen mit Diodenlaser

Die zuverlässigsten Ergebnisse aus den Vorversuchen wurden mit dem echten Hybridprozess und einem von 2 bis 3 mm vorlaufendem MAG-Lichtbogen erzielt. Der technische Nullspalt sowie Blechabstände bis 0,5 mm konnten problemlos bis 15 mm Einschweißtiefe gefügt werden. Ab dem Spalt von 0,8 mm traten Decklagenunterwölbungen von mindestens 1 mm auf. Die zugehörige Versuchsreihe ist in **Bild 4** dargestellt. Mit diesem Setup (Laserstrahlleistung 15 kW, Brennweite 200 mm, Fokuslage -3 mm, MAG-Leistung 8,8 kW, Drahtvorschubgeschwindigkeit 8 m/min, 3 mm Lichtbogenvorlauf) wurde an 25 mm-Blechen mit DY-Nahtvorbereitung und Nullspalt beidseitig geschweißt. Eine beispielhafte Naht mit den genannten Parametern ist in **Bild 8** dargestellt. Als Vorbereitung für die Verfahrensprüfung wurden die Härtewerte an einem Makroschliff ermittelt. Eine Vorwärmung auf 100 °C war erforderlich, um die maximal zulässige Härte von 380 HV 10 (gemäß Norm DIN EN ISO 15614-14:2013 für die Verfahrensprüfung von Laserstrahl-Lichtbogen-Hybridschweißen an Stählen) dauerhaft zu unterschreiten. Ohne Vorwämung lag die maximale Härte bei 386 HV 10, mit Vorwärmung bei maximal 343 HV 10.

In den Makroschliffen der beidseitigen Schweißungen waren Poren vorhanden, welche sich in den digitalen Röntgenbildern als periodisch auftretende Risse darstellten. Nachfolgende Prüfungen der bisher geleisteten doppelseitigen Schweißungen offenbarten diese Risse als systematischen Fehler, welcher erst durch die Gegenlagenschweißungen erzeugt wird. Momentan laufen dies-

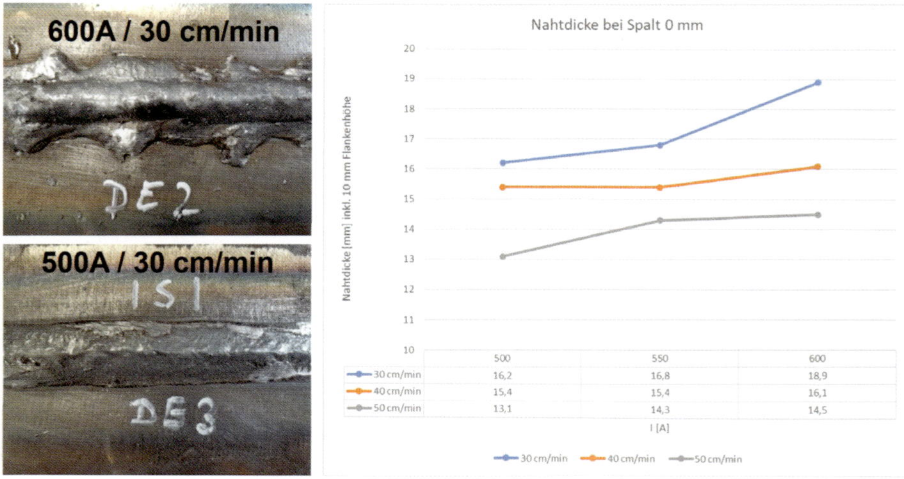

Bild 9. Nahtdicke inkl. 10 mm Flankenhöhe (Versuchsreihe 1 mit Draht-Ø 1,2 mm). (© SLV Halle GmbH)

bezüglich Untersuchungen zur Vermeidung dieser Risse im Bereich der Überschweißung:

- neuer Schweißdraht G 4Si1 direkt aus der Packung: keine Verbesserung;
- andere Sorte Schweißdraht G 3Si1: keine Verbesserung;
- Y-Naht mit Gegenlage Laser-Solo 10° schleppend keine Verbesserung;
- Y-Naht mit Gegenlage Laser-Solo 20° schleppend: keine Verbesserung;
- DY-Naht mit Gegenlage mit UP: ausstehend.

Die Untersuchungen wurden zum Zeitpunkt des Manuskriptverfassens noch nicht abgeschlossen. Die finale Schweißung des Demonstrators und die anschließende Verfahrensprüfung stehen aus.

MSG-Hochleistungsschweißen mit gepulstem, rotierendem Lichtbogen

Die Untersuchungen der Versuchsreihe 1 laut **Tabelle 3** ergaben Nahtdicken von 13,1 bis 18,9 mm inklusive einer Flankenhöhe von 10 mm. Damit lagen die erzielten Einschweißtiefen bei 3,1 von 8,9 mm bei gewählter Nahtvorbereitung. Bei einer Stromstärke von über 550 A zeigte sich deutlich ein unruhiger Lichtbogen, Schweißgutüberlauf oder eine stark überwölbte Naht, was auf die hohen Abschmelzleistungen bzw. Drahtvorschubgeschwindigkeiten zurückzuführen ist, **Bild 9**. Die Anpassung der Flankenhöhe auf 15 mm zeigte hier zwar eine verbesserte Nahtfüllung (Zunahme der Nahtdicke bei reduzierter Einschweißtiefe), aber trotzdem teilweise noch einen unruhigen Lichtbogen und überlaufendes Schweißgut.

Die Wahl eines größeren Nahtöffnungswinkels von 60° bewirkte eine Zunahme der Einschweißtiefe. Als Fazit kann für einen Drahtdurchmesser von 1,2 mm eine ausreichende Prozessstabilität und Nahtqualität nur bei Stromstärken von bis 550 A ausgesprochen werden. Erst bei einer Auswahl eines Drahtdurchmessers von 1,6 mm konnte aufgrund der niedrigeren Drahtvorschubgeschwindig-

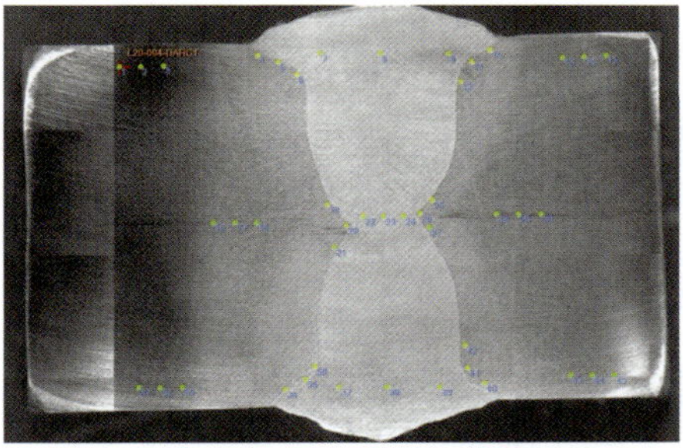

Bild 10. Makroschliff zur Verfahrensprüfung der Probe 1. (© SLV Halle GmbH)

keiten eine gute Prozessstabilität auch bei Stromstärken von bis 650 A und Schweißgeschwindigkeiten von bis 50 cm/min nachgewiesen werden. Unter Berücksichtigung der Variation der Stromstärke (550 – 650 A) und Schweißgeschwindigkeit (30 – 50 cm/min) lagen die Einschweißtiefen zwischen 3,5 und 9,1 mm. Bei einer Schweißgeschwindigkeit von 60 cm/min fiel das Keyhole vermehrt zusammen und erzeugte durch Schweißgutverdrängung eine ungleichmäßige Nahtoberfläche.

Die Untersuchungen zur Spaltüberbrückbarkeit zeigen beispielhaft bei einem Fügespalt von 1,5 mm eine Zunahme der Einschweißtiefe von 1,8 bis 3,5 mm, was in der Auslegung der Steghöhe berücksichtigt werden muss. Es lässt sich anhand von Makroschliffen eine stabile Nahtausbildung bis zu einer Spaltbreite von 1,5 mm nachweisen. Bei einem Spalt von 2,0 mm führt die Zunahme der Einschweißtiefe teilweise zu ungünstigen Breiten-Tiefenverhältnissen der Naht. Dies kann zu Mittelrippendefekten führen, bei denen das Schweißgut teilweise durchläuft, **Tabelle 6**.

Die Verfahrensprüfung der Probe 1 (t = 25 mm, Drahtdurchmesser 1,2 mm, Stromstärke 520 A, Schweißgeschwindigkeit 50 cm/min) wurde bestanden. Die maximale Härte lag bei 251 HV 10 in der WEZ und die Kerbschlagwerte lagen für -20 °C bei VHT ≥ 203 J (WEZ) und VWT ≥ 100 J (Schweißgut). Makroschliff, **Bild 10**. Sichtprüfung (VT), Röntgenprüfung (RT), Magnetpulverprüfung (MT) und Biegeprüfung ergaben keine Unregelmäßigkeiten. Schlacke und Silikatreste konnten durch Bürsten entfernt werden. Probe 2 wurde mit einer Anpassung auf einen Drahtdurchmesser von 1,6 mm und eine Stromstärke von 650 A geschweißt, sodass die Steghöhe auf 8 mm vergrößert wurde. Bei der damit verbundenen größeren Streckenenergie E_S von etwa 37 kJ/cm zeigte sich eine grenzwertige Abnahme der Kerbschlagarbeit (VWT ≥ 62 J) als Mittelwert mit einem Einzelwert von 44 J. Eine dritte Probe sollte eine erste Grenzwertbetrachtung der Streckenenergie E_S liefern, sodass Probe 3 an einem 40 mm dicken Blech mit 16 mm Steghöhe bei 650 A Stromstärke und 30 cm/min Schweißgeschwindigkeit geschweißt wurde. Die Überprüfung der Kerbschlagarbeit ergab, dass beide Zonen (VHT und VWT) die Prüfung nicht bestanden haben. Als Fazit der Verfahrensprüfungen können bei diesem Schweißprozess für einen Schweißzusatz G 4Si1 die Streckenenergien von bis 35 kJ/cm empfohlen werden.

Fazit

Im vorgestellten Forschungsprojekt wurden vier unterschiedliche Hochleistungsschweißverfahren untersucht. Der LUPuS-Eindrahtprozess wurde erfolgreich zum LUPuS-Tandemprozess weiterentwickelt. Hierbei konnte die Robustheit des Prozesses gegenüber Fügespaltweiten von bis zu 1 mm bei offenem Fügespalt und von bis zu 1,5 mm bei geschlossenem Fügespalt verbessert werden. Der LUPuS-Tandemprozess konnte weiterhin für das Vorhandensein

Tabelle 6. Beispielhafte Nahtausbildungen von Spaltzunahme. (© SLV Halle GmbH)

	500 A / 30 cm/min	500 A / 40 cm/min	500 A / 50 cm/min
Spalt 1,5 mm	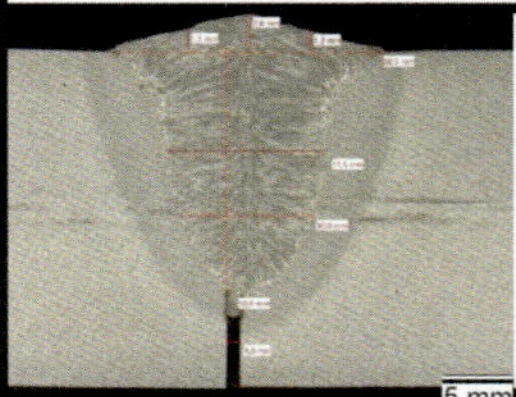	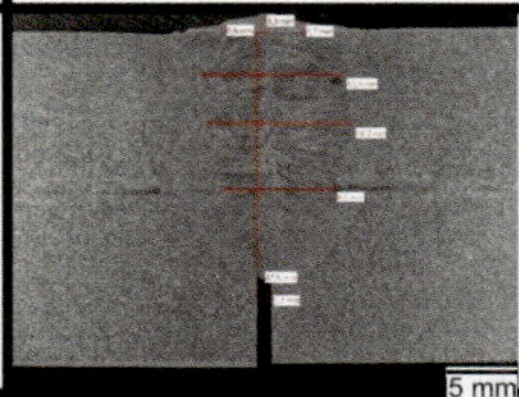	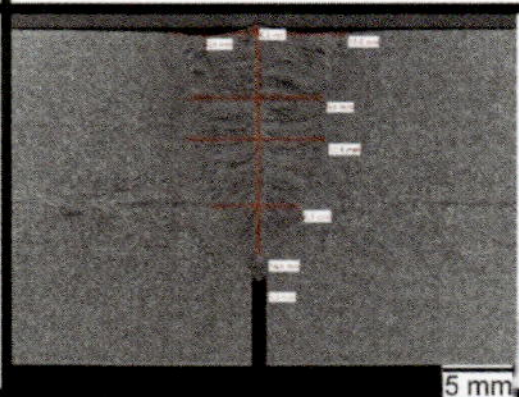
Spalt 2,0 mm	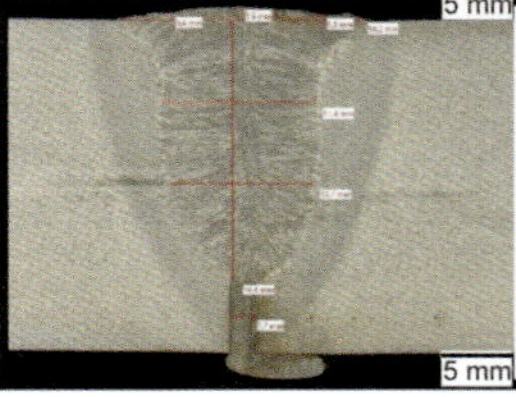	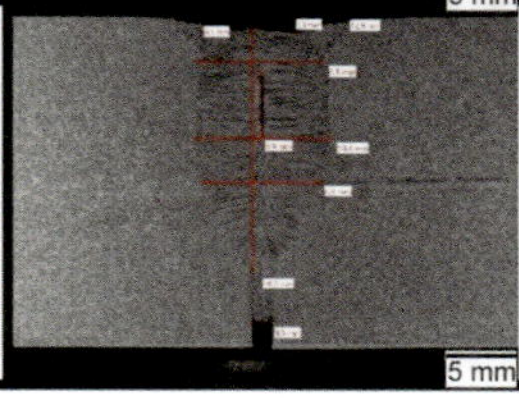	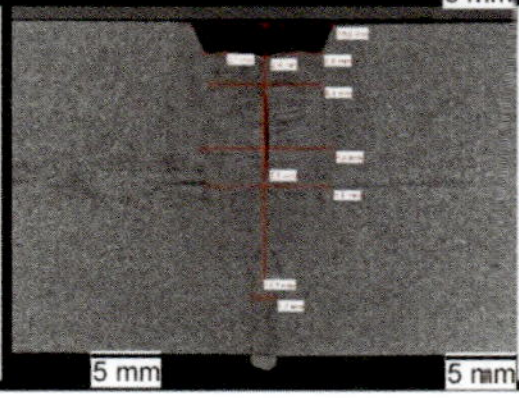

von versatzbehafteten sowie kombiniert auftretenden Bauteiltoleranzen (Fügespalt und Versatz) qualifiziert werden.

Der Unterpulver-Plasma-Heißdrahtprozess wurde hinsichtlich der möglichen Schweißgeschwindigkeit weiterentwickelt. Unter der Berücksichtigung einer speziellen Nahtvorbereitung und genauer Einstellparameter ist es möglich, im verwendeten Leistungsbereich mit einer Schweißgeschwindigkeit von 0,45 m/min seriell mit dem Unterpulverprozess zu schweißen. Zudem konnte der Si-Gehalt im Schweißgut durch den zusätzlichen Heißdraht kompensiert werden. In Summe stellt dieses Verfahren eine Möglichkeit dar, Blechdicken von 15 bis 20 mm einseitig zu verschweißen.

Das Laserstrahl-MSG-Hybridschweißen mit dem Hochleistungsdiodenlaser eignet sich gut für das Fügen von Blechstegen bis zu einer Dicke von etwa 15 mm bei gleichbleibendem Spaltmaß von bis 0,8 mm und freier Wurzel. Die dabei nutzbare Schweißgeschwindigkeit von 0,9 m/min ermöglicht eine Beschleunigung des gesamten Schweißprozesses dickerer Bleche. Beim beidseitigen Schweißen zur Gesamtanbindung der Blechdicken von bis 25 mm ergaben sich bis dato Probleme, wodurch die Y-Nahtvorbereitung mit anschließenden MSG-Fülllagen für diese Blechdicke zu empfehlen wären.

Danksagung

Das Projekt wurde durch das Bundesministerium für Wirtschaft und Klimaschutz aufgrund eines Beschlusses des Deutschen Bundestages gefördert.

Für die Förderung und aktive Mitarbeit der vertretenen Unternehmen in den projektbegleitenden Ausschüssen sei an dieser Stelle gedankt.

Für das MSG-Hochleistungsschweißen mit gepulstem, rotierendem Lichtbogen konnten stabile Nahtausbildungen unter Berücksichtigung einer ausreichenden Steghöhe bis zu einem Fügespalt von 1,5 mm in Strichraupentechnik erzielt werden. Unter Beachtung einer maximalen Streckenenergie E_S von bis 35 kJ/cm konnten für einen Schweißzusatz G 4Si1 am Grundwerkstoff S355J2+N gültige Verfahrensprüfungen nach DIN EN ISO 15614-1 nachgewiesen werden, sodass ein verfahrensspezifischer Einsatz gewährleistet werden kann.

Literatur

[1] DIN EN ISO 15614-1 „Anforderung und Qualifizierung von Schweißverfahren für metallische Werk-stoffe – Schweißverfahrensprüfung – Teil 1: Lichtbogen- und Gasschweißen von Stählen und Lichtbogenschweißen von Nickel und Nickellegierungen" (Ausgabe Mai 2020).

[2] DIN EN ISO 15614-14: Anforderung und Qualifizierung von Schweißverfahren für metallische Werkstoffe – Schweißverfahrensprüfung – Teil 14: Laserstrahl-Lichtbogen-Hybridschweißen von Stählen, Nickel und dessen Legierungen (Ausgabe Dezember 2013).

[3] Mückenheim, U., u. a.: Bewerten von Hochleistungsschweißprozessen für die Neufertigung von Windenergieanlagen (Stahlrohrturm). DVS-Berichte, Bd. 389, S.11. DVS Media, Düsseldorf 2023.

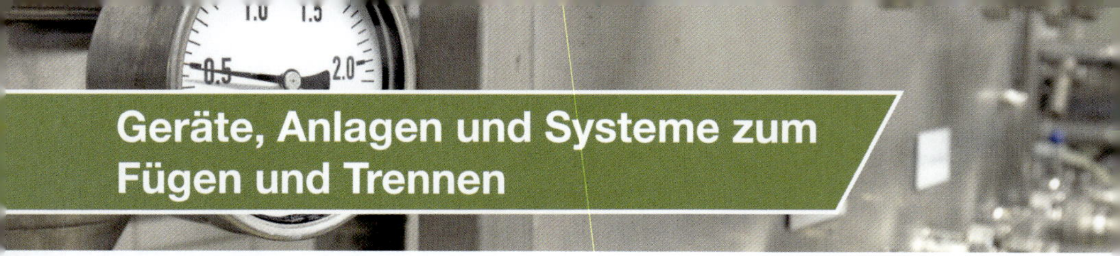

Geräte, Anlagen und Systeme zum Fügen und Trennen

Pedro Bamberg, Michael Kubocz, Alexander Schiebahn, Uwe Reisgen,
Jonas Klußmann, David Gräfrath

Entwicklung eines Webtools zur Bewertung der arbeitsbedingten Exposition gegenüber magnetischen Feldern bei Widerstandsschweißanwendungen

Widerstandsschweißen (RP) ist ein Hochstrom-Schweißverfahren, das intensive und pulsierende Magnetfelder (MF) um die Schweißausrüstung herum erzeugt. Die berufsbedingte Exposition gegenüber MF wird durch Expositionsgrenzwerte (EGW), die so genannten Auslösesschwellen (AL), geregelt, die von Regulierungsbehörden festgelegt werden, wie die neue EMF-Richtlinie 2013/35/EU. Unternehmen müssen Maßnahmen ergreifen, wenn die ALs nicht eingehalten werden. Um die Einhaltung der Richtlinie zu unterstützen, wurde ein benutzerfreundliches, webbasiertes Tool zur Bewertung der MF-Exposition in der Nähe von RP-Anlagen entwickelt. Das Tool erfordert Eingabedaten zum Schweißstrom und eine vereinfachte Darstellung des Schweißsystems. Verschiedene Schweißbedingungen und -parameter wurden bewertet, um ein numerisches Modell zu entwickeln. Zur Validierung des Modells wurden Messungen im Labor und vor Ort durchgeführt. Für die endgültige Validierung wurden reale Anwendungen mit dem Webtool und anderen Methoden verglichen. Dieses Tool macht umfangreiche Messungen und Simulationen überflüssig und erleichtert es den Unternehmen, die Einhaltung von Sicherheitsmaßnahmen in RP-Umgebungen zu gewährleisten.

Einleitung

Der Schutz von Personen vor möglichen Gefährdungen durch elektrische, magnetische und elektromagnetische Felder findet sowohl für den Bereich der Öffentlichkeit als auch an beruflichen Arbeitsplätzen Beachtung. Das Widerstandsschweißen als Hochstrom-Fügeverfahren ist, bedingt durch das Auftreten hoher elektrischer Ströme und den damit verbunden intensiven Magnetfeldern, besonders betroffen. Bediener von Widerstandsschweißeinrichtungen halten sich typischerweise in unmittelbarer Nähe des Sekundärkreises einer Schweißanlage (im Beitrag als Schweißfenster bezeichnet) auf und werden den Wirkungen eines starken magnetischen Feldes ausgesetzt. Gemäß Induktionsgesetz entsteht im menschlichen Körper ein elektrisches Feld (EF), wenn er sich in einem Magnetfeld, das sich zeitlich ändert, befindet oder sich in einem Magnetfeld bewegt. Da jedes menschliche Gewebe eine elektrische Leitfähigkeit aufweist, entstehen elektrische Ströme in Richtung der EF. Die Gefahr durch einwirkende magnetische (oder auch elektrische) Felder im Frequenzbereich von 1 Hz bis mehrere kHz liegt in der Reizwirkung auf Nerven, welche sich beispielsweise durch Muskelzuckungen

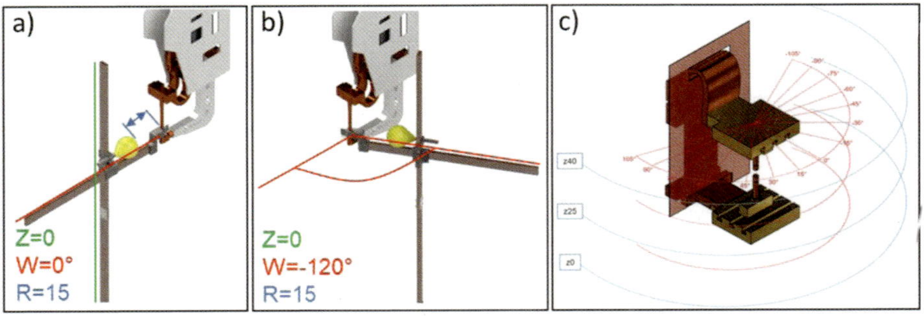

Bild 1. Beispiel der Winkelsteuerung der MF-Erfassung über das verwendete Zylinderkoordinatensystem: a) die MF-Messsonde vor dem Referenzpunkt (W = 0), in gleicher Höhe (Z-Ebene = 0) und 15 cm entfernt (R = 15 cm); b) die MF-Messsonde an der SFR (W = –120°), in gleicher Höhe des Referenzpunktes (Z = 0) und; c) Darstellung der möglichen Erfassungspunkte und ihrer jeweiligen Koordinaten über Zylinderkoordinaten. (© RWTH Aachen)

oder visuelle Lichterscheinungen im Auge des Betroffenen, sogenannte Magnetophosphene, äußern.

Die International Commission on Non-Ionizing Radiation Protection (ICNIRP) veröffentlichte im Jahr 1998 Richtlinien [1] mit Grenzwerten für Feldexpositionen sowohl für Arbeitsplätze als auch für den öffentlichen Bereich. Die darin enthaltenen Festlegungen beeinflussten in den Folgejahren nationale Regelwerke, wie die in Deutschland bisher gültige DGUV Vorschrift 15 (ehemals BGV B11 [2]). Diese enthält sogenannte Basisgrenzwerte, welche die maximal zulässigen Stromdichten im Körper in Abhängigkeit von der Frequenz festlegen und bei deren Einhaltung das Auftreten von Reizwirkungen im Körper verhindert wird. Aufgrund der fehlenden Möglichkeit, diese Körperstromdichten direkt zu messen, wurden unter Einbeziehung von Sicherheitsfaktoren, abgeleitete Werte bzw. Referenzwerte eingeführt, welche die Grenzwerte für direkt messbare Größen der einwirkenden Felder (wie die Magnetflussdichte bei Magnetfeldern) darstellen. Im Jahr 2010 veröffentlichte ICNIRP neue Richtlinien [3] für den Niederfrequenzbereich unter 100 kHz mit neuen Basisgrenzwerten und Referenzwerten, welche die 1998 veröffentlichten Werte ersetzten. Abweichend von den 1998-Werten sind die Basisgrenzwerte nicht mehr auf die Körperstromdichte bezogen, sondern auf die körperinternen elektrischen Feldstärken.

In Deutschland hat sich, ausgehend von den berufsgenossenschaftlichen Regelwerken (BGV B 11, BGI 5011 [4]) die Bewertung von Arbeitsplätzen mit auftretenden Magnetfeldern unter Nutzung der Referenzwerte etabliert. Bei Anwendungen mit hohen magnetischen Feldern, wie sie beim Widerstandsschweißen auftreten, können diese konservativ abgeleiteten Referenzwerte jedoch überschritten werden. In diesem Fall ist die Expositionssituation trotzdem zulässig, wenn die Einhaltung der Basisgrenzwerte nachgewiesen werden kann. Die Einhaltung der Basisgrenzwerte im Körper kann nur durch numerische Simulationen überprüft werden, da eine klassische Messung nicht möglich ist. Eine solche Simulation von elektromagnetischen Feldern (EMF) ist sehr aufwändig. Neben dem benötigten Fachwissen zur Messung

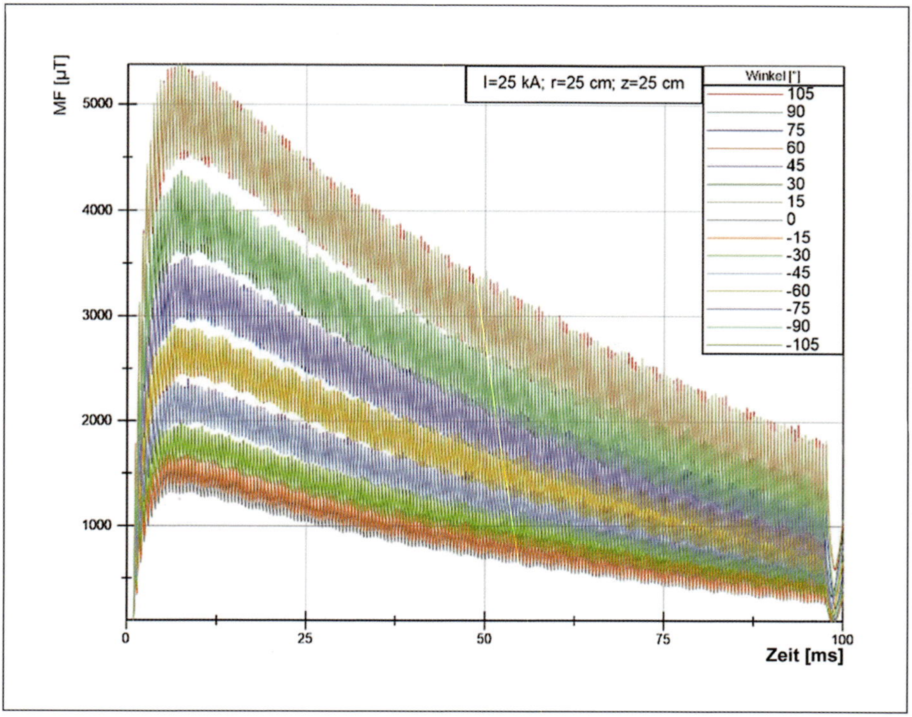

Bild 2. Gemessene MF-Kurven mit Winkeln von 0 bis 105° auf beiden Seiten einer Schweißanlage. Es konnten ähnliche Spitzenwerte und Kurvenverläufe an beiden Seiten der Anlage sichergestellt werden. (© RWTH Aachen)

und Simulation von EMF ist die Simulation selbst mit einem hohen zeitlichen Aufwand und Anschaffungskosten für Simulationssoftware und -Hardware verbunden. Speziell in Anbetracht der Vielfalt der Expositionssituationen wie auch der konstruktiven und elektrischen Ausführungsvarianten der Widerstandsschweißeinrichtungen ist ein solcher Aufwand sowohl fachlich als auch finanziell und personell von Unternehmen, insbesondere von kleinen und mittleren Unternehmen (KMU), kaum zu erbringen.

Vor diesem Hintergrund und ausgehend von dem zu dieser Zeit durch die BGV B11 (mit heutiger Bezeichnung DGUV Vorschrift 15) vorgegebenen Bewertungsmodus wurde in dem Forschungsvorhaben AiF Nummer 16776 BR ein Referenzsystem erstellt [5]. Mit dem Referenzsystem wird dem Nutzer die Bewertung von ausgewählten Expositionssituationen durch den Abruf von Werten der elektrischen Feldstärke im Körper aus einer Datenbank ermöglicht. Die Feldstärkewerte basieren auf numerischen Feldsimulationen, welche bei Erstellung des Referenzsystems durchgeführt und unter Verwendung eines menschlichen Körpermodells berechnet wurden.

Mit der Veröffentlichung des Bundesgesetzblattes [6] erfolgte im November 2016 in Form der EMF-Verordnung (EMFV) die Umsetzung der EU-Richtlinie 2013/35/EU [7] in deutsches Recht, womit zukünftig die bisher geltende DGUV Vorschrift 15 ersetzt werden soll. Damit verbunden gilt jetzt eine veränderte Terminologie, das heißt, Referenzwerte sind nun Auslöseschwellen (AL) und Basisgrenzwerte nun Expositionsgrenzwerte (EGW). Bei den Expositionsgrenzwerten werden Grenzwerte für sensorische Wirkungen und Grenzwerte für gesundheitliche Wirkungen unterschieden. Bezüglich magnetischer Felder ist die untere Auslöseschwelle vom Expositionsgrenzwert für sensorische Wirkungen und die obere Auslöseschwelle vom Expositionsgrenzwert für gesundheitliche Wirkungen abgeleitet [6].

Weiterhin ergeben sich aus der Umsetzung der Verordnung erhebliche Neuerungen bei der Expositionsbewertung zum Schutz von Arbeitnehmern vor Gefährdungen durch EMF. Aufgrund der gepulsten Stromverläufe bei Widerstandsschweißanlagen entstehen Magnetfelder mit mehreren Frequenzanteilen, welche nicht direkt mit frequenzabhängigen Grenzwerten verglichen werden können. Die neue Richtlinie fordert die Anwendung der Bewertungsmethode der gewichteten Spitzenwerte (engl.: Weighted Peak Method, WPM), welche sich von der bisher in Deutschland üblichen Zeitbereichs-Bewertungsmethode (ZBM) für gepulste Felder nach DGUV Vorschrift 15 unterscheidet. Die Richtlinie lässt die Möglichkeit offen, alternative, wissenschaftlich validierte Methoden anzuwenden, solange diese „annähernd gleichwertige und vergleichbare Ergebnisse" wie die WPM liefert. Bei Verabschiedung der EU-Richtlinie wurde zur Anwendung der WPM die Erarbeitung eines erläuternden Leitfadens [9] beschlossen, welcher Details zur Anwendung und zum Vergleich der Methoden enthalten soll. Auch nach Veröffentlichung des Leitfadens herrscht jedoch keine Klarheit über die Anwendung der als konservativ bewertend geltenden WPM und die Auswirkungen auf die Bewertung von Widerstandsschweißanlagen. Ein umfassender Vergleich zwischen der WPM und der ZBM, welche in der DGUV Vorschrift 15 beschrieben ist, wurde für Widerstandsschweißanlagen bisher noch nicht durchgeführt.

Für das Widerstandsschweißen, bei dem intensive magnetische Felder auftreten, gibt es somit im Zusammenhang mit der neuen Regelungslage weder klare Verhältnisse hinsichtlich der Bewertung der Exposition durch die einwirkenden magnetischen Felder noch ein aufwandsminimiertes Bewertungsinstrument hinsichtlich der im Körper des Arbeitnehmers auftretenden elektrischen Feldstärken.

Das Ziel dieser Arbeit bestand in der Implementierung eines Webtools, um die Expositionssituation zu erleichtern, sowie sie weniger konservativ darzustellen. Die folgenden Punkte wurden für die Erfüllung dieses Ziels durchgeführt:

- Messungen der auftretenden Magnetfelder an charakteristischen Widerstandsschweißeinrichtungen werden durchgeführt und eine Datenbank mit verschiedenen Aufnahmen von Magnetfeldern vorbereitet, um die Entwicklung des numerischen Modells zu unterstützen.
- Entwicklung eines numerischen Modells für Berechnung des Magnetfeldes und Erstellung der Schweißfenstergeometrie anhand eines gemessenen Schweißstromes und der geometrisch beschriebenen Sekundärwicklung einer Widerstandsschweißanlagen.
- Umsetzung eines numerischen Modells für die Berechnung des körperintern induzierten EF [10], die Transferfunktionen und die daraus resultierenden WPM-Filter, welche auf der Basis der gesundheitlichen und sensorischen EGW (siehe EMFV) die Expositionssituation bewerten.

Tabelle 1. Übersicht über die Schweißparameter und Schweißbedingungen aus den durchgeführten Messungen zur Datenerhebung für die Entwicklung des Simulationsmodells zu der Berechnung der MF und Auswertung der Expositionssituation.

	Messgeräte	Messbereich	Messfilter	Messabstand [cm]	Höhe [cm]	Winkel [°]
Messbedingung / Schweißparameter	-Feldprobe ELT-400 -Hall Sensor CA42	-320 µT -80 mT	-Low pass -Band pass -High pass	von 5 bis 100	von -700 bis +1700	von -120 bis +120
Schweißstrom [kA]	-MFDC: von 1 bis 200 -HF: von 1 bis 3 -KE: 100; 200 -AC: 12 effektiver Wert					
Schweißzeit [ms]	-MFDC: von 100 bis 200 -HF: 20; 50 -KE: 7 (Auslösezeit) -AC: 10 Perioden, 50 Hz					

- Die Bewertungssoftware soll an die Erfordernisse der EU-Richtlinie 2013/35/EU angepasst und weitere Optimierungen sollen durchgeführt werden.

Methodik

Erstellung einer Datenbank

Zur Generierung einer Versuchsdatenbank, welche u.a. für die Entwicklung des numerischen Modells sowie Validierung des Webtools benötigt wird, wurden der Schweißstrom und die resultierende MF verschiedener Schweißanlagen sowohl in den Einrichtungen des ISF als auch vor Ort (auf Einrichtungen von mehreren PA-Mitgliedern) unter verschiedenen Schweiß- und Messbedingungen bewertet. Die folgenden Stromarten und Widerstandsschweißtechniken wurden erfasst: Wechselstrom (AC), 1000-Hz-Mittelfrequenz-Gleichstrom (MFDC), 20000-Hz-Hochfrequenz-Gleichstrom (HF) und Kondensatorentladung (KE). Ein Überblick über

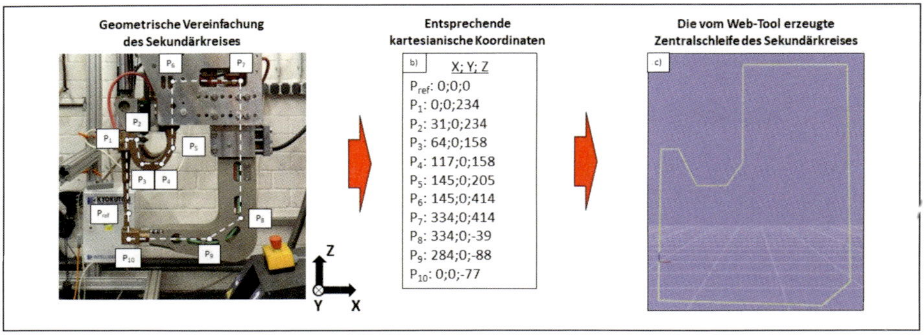

Bild 3. Praktisches Beispiel für die vektorielle Messung des Schweißfensters. Die Messung beginnt an dem als Ursprung markierten Punkt und folgt den im Bild dargestellten aufeinanderfolgenden Vektoren. (© RWTH Aachen)

die Schweißparameter und Messbedingungen ist in **Tabelle 1** zu finden.

Messungen auftretender Magnetfelder an charakteristischen Widerstandsschweißeinrichtungen

Die MF-Messungen wurden mit dem Exposure Level Tester, ELT-400, der Firma Narda an den erwähnten Schweißanlagen durchgeführt. Das Gerät umfasst einen Frequenzbereich von 1 Hz bis 400 kHz, einen Messbereich von 80 mT und eine Feldsonde mit 100 mm². Die MF-Erfassung erfolgt über drei Einzelspulen des Geräts, die orthogonal um 90° zueinander angeordnet sind, X, Y und Z. Die Magnetfelder wurden in verschiedenen Messabständen und -Winkeln erfasst, damit sowohl die Arbeitsumgebung als auch die Körpermerkmale (zum Beispiel Bein-, Becken-, Herz-, Augenhöhe) des Bedieners berücksichtigt werden können. Eine Darstellung der MF-Erfassung ist in **Bild 1** zu sehen, wo der Abstand, die Höhe und der Winkel in Zylinderkoordinaten umgewandelt sind.

Bild 2 stellt eine Sammlung von MF-Erfassungen dar, wo der Schweißstrom auf 25 kA für 100 ms eingestellt wurde und die Feldsonde 25 cm von den Elektroden entfernt (R = 25 cm) in einer Höhe von 25 cm positioniert wurde (Z = 25 cm – ungefähr die Höhe des Rumpfes eines männlichen Körpers, wie beim anatomischen Modell Duke, aus der Sim4Life-Datenbank [11]). Der Winkel wurde dann von -105° (rechte Seite der Schweißanlage) bis 105° (linke Seite der Schweißanlage) in 15° Schritten variiert. Wie man feststellen kann, passen alle MF-Kurven sehr gut zusammen, da nicht nur ihre Form ähnlich ist, sondern auch ihre Spitzenwerte praktisch identisch sind, was wichtig für die Gültigkeit des Models ist.

Entwicklung des Bewertungsmodells

Anwendung des Biot-Sarvart-Gesetzes und numerische Simulation

Um die numerische Simulation an RSW-Analgen zu ermöglichen, muss die Geometrie des Schweißfensters diskret erfasst und der Schweißstrom gemessen werden. Die Form des Schweißfensters wird in der Software durch ein geschlossenes 3D-Polygon aus Stromfäden dargestellt. Die Dicke der formgebenden Leiter wird hierbei vernachlässigt und durch zentralverlaufende Strom-

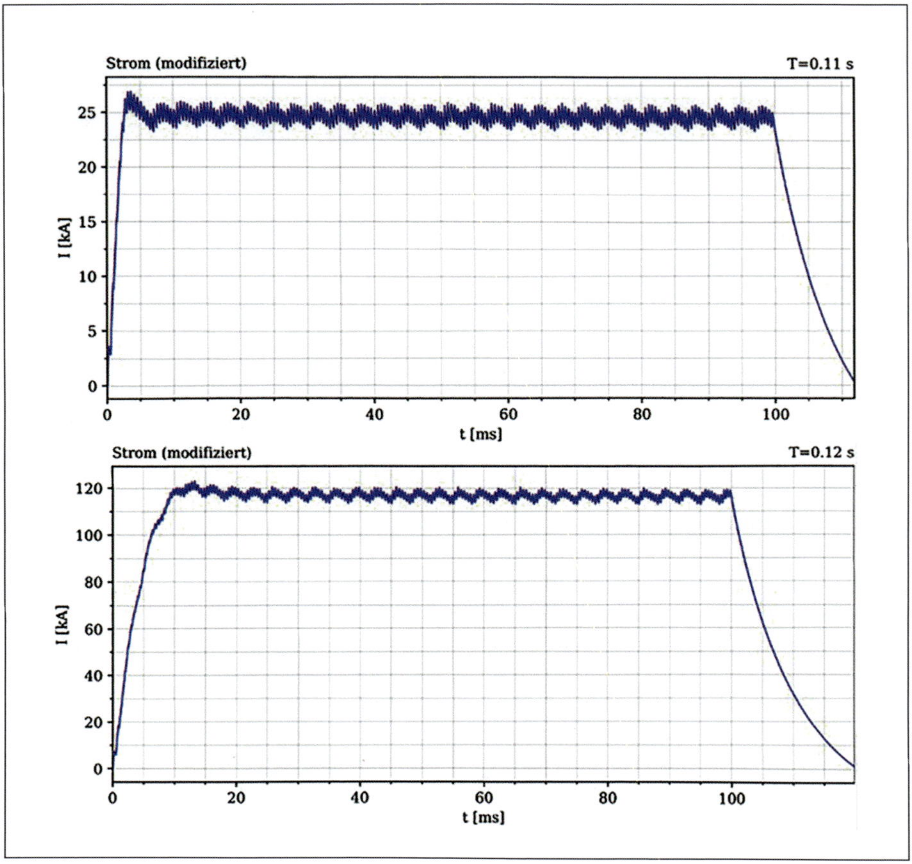

Bild 4. Stromverteilung mit einer maximalen Stromstärke von ca. 25 kA (oben); Stromverteilung mit einer maximalen Stromstärke von ca. 120 kA (unten). (© RWTH Aachen)

fäden approximiert. Dies muss bei der Bestimmung relevanter Abstände zwischen Schweißfenster und Außenbereich berücksichtigt werden. Das Ausmessen der Details des Schweißfensters sollte so einfach wie möglich erfolgen, um den Nutzern der Bewertungssoftware die Beurteilung des MF zu erleichtern. Der Ursprung des Koordinatensystems wird üblicherweise in den Kontaktpunkt der beiden Elektroden gelegt. Das 3D-Polygon wird durch die Eingabe von kartesischen Koordinaten (X, Y, Z) erzeugt. Die einzelnen Koordinaten werden durch ganze Zahlen dargestellt (3D-Punktraster), das heißt, der kleinste Abstand zwischen zwei Punkten (Liniensegment) in eine Richtung beträgt 1 mm. Schräge, durch den Raum verlaufende, Linien werden effizient mit Hilfe des Bresenham-Algorithmus [12] auf dem 3D-Punkraster abgebildet. Das Ziel ist, dass die zentrale Schleife des Schweißfensters sowie alle relevanten leitfähigen

Metallteile, die größer als 20 mm sind, berücksichtigt werden sollten. Ein praktisches Beispiel für die geometrische Vereinfachung ist in **Bild 3** zu sehen.

Für die Berechnung der räumlichen Magnetfeldverteilung (hier: magnetische Flussdichte $d\vec{B}$ auf dem 3D-Raster) eignet sich die differentielle Form des Biot-Savart-Gesetzes:

$$d\vec{B}(\vec{r}) = \frac{\mu_0}{4\pi} \frac{I d\vec{l} \times (\vec{r} - \vec{l})}{\left|\vec{r} - \vec{l}\right|^3}, \tag{1}$$

wobei μ_0 die magnetische Feldkonstante bezeichnet. Das heißt, ein Stromfaden der Länge *dl* und Strom *I* am Ort $\vec{l}$ erzeugt einen Magnetfeldbeitrag $d\vec{B}$ am Ort $\vec{r}$. Das Magnetfeld eines 3D-Polygons am Ort $\vec{r}$, bestehend aus n Stromfäden der Länge *dl* entspricht nun der Summe der einzelnen Magnetfeldbeiträge $d\vec{B}$:

$$\vec{B}(\vec{r}) \approx \sum_{n} d\vec{B}_n(\vec{r}) \tag{2}.$$

Der Diskretisierungsfehler ist im Vergleich zum Fehler bedingt durch die Approximation des Schweißfensters durch ein 3D-Polygon gering. In der aktuellen Version des Programms ist es im Moment nicht möglich, eine beliebige Rasterauflösung zu wählen. Der o.g. Abstand von 1 mm ist standardmäßig gewählt. Eine niedrigere Auflösung könnte die Berechnung des Magnetfeldes für gewisse Schweißfenster-Konfigurationen signifikant beschleunigen. Diese Option wird in zukünftigen Versionen berücksichtigt.

Umsetzung des WPM-Filters

Als Startpunkt für den Programmabschnitt, zuständig für die Bewertung der Expositionssituation, wurden die in der EMFV [6] definierten EGW und AL gewählt. Expositionsgrenzwerte entsprechen hierbei den maximalen körperintern induzierten EF, welche mit Hilfe von numerischen Gewebesimulationen (klassische Messung nicht möglich) ermittelt wurden. Als AL werden Grenzwerte für direkt messbare Größen, wie zum Beispiel das MF, bezeichnet. Dies sind die einzuhaltenden Expositionsgrenzwerte und je nach Signalintensität (Magnetfeldbeitrag) und Frequenz der Magnetquelle sind unterschiedliche Sicherheitsabstände zu bestimmen. Ein tieferes Verständnis zu den Themen AS, EGW und Expositionssituation ist in der Literatur zu finden [4; 5; 8; 12].

Wie in der Einleitung beschrieben, können die klassischen Methoden zur Bewertung der Expositionssituation für Widerstandsschweiß-Anwendungen sehr konservativ sein, da große (und unrealistische) Sicherheitsabstände auf der Grundlage der Bewertung der Intensität eines hochintensiven Schweißstroms bestimmt werden können. Die WPM-Methode wird dann als Alternative beschrieben, wobei die komplexwertigen Frequenzkomponenten des Signals mit einem Gewichtungsfaktor multipliziert werden, welcher frequenzabhängig ist und sowohl die Verstärkung als auch die Phasenlage anpasst. Werden die so gewichteten Einzelkomponenten im Zeitbereich zusammengesetzt, kann aus dem Maximum der Beträge des Signals der sogenannte Expositionsindex (EI) gewonnen werden [12]. Liegt der EI zwischen 0 und 100 % ist die Exposition zulässig; oberhalb von 100 % liegt eine Überschreitung der Auslöseschwelle vor.

Die Implementierung der WPM-Filter erfolgte durch Simulation der auf der Grundlage des Schweißstroms berechneten MF. Die simulierten und die gemessenen MF wurden für jeden

3

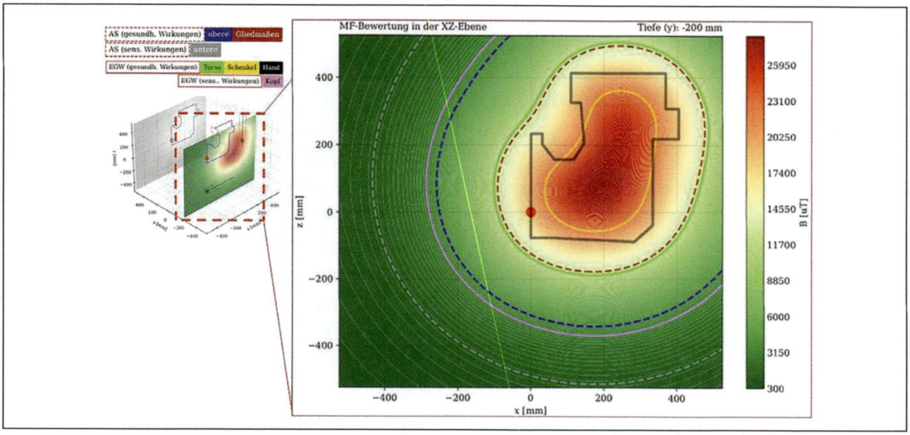

Bild 5. Auswertung der Expositionssituation mit Hilfe einer XZ-Schnittebene: räumliche Positionierung der Schnittebene, Vollbild der Schnittebene mit AS-, und EGW-Konturen und der Momentaufnahme der MF-Verteilung. (© RWTH Aachen)

im Projekt analysierten Schweißvorhang verglichen, und schließlich wurde eine Übertragungsfunktion zur Bewertung der Expositionssituation auf der Grundlage der WPM-Filter bestimmt. Die komplette Beschreibung der Entwicklung des Bewertungstools lässt sich in dem Schlussbericht zum IGF-Vorhaben Nummer 20.424 BG lesen.

Ergebnisse

Die Bewertung der Expositionssituation auf der Grundlage der EGW (und auch AS) erfolgt mit Hilfe der erwähnten WPM-Filter. Graphisch werden hierbei auf einer gewünschten Schnittebene in der Umgebung der Schweißanlage alle EIs mit dem Wert 1 (entspricht einer 100%igen Ausschöpfung) zu einem bestimmten EGW bzw. zu einer bestimmten AS gesammelt und jeweils in Form einer Kontur dargestellt. Anhand dieser Konturen lassen sich nun für bestimmte Körperregionen die Sicherheitsabstände zur Schweißanlage ablesen. Für die Erzeugung der Konturenplots-Beispiele wurden die in **Bild 4** dargestellten Stromverteilungen verwendet.

Die gewünschten Schnittebenen (hier: XZ und XY) und die jeweiligen AS- und EGW-Konturen werden in **Bild 5** und **Bild 6** angezeigt. Jede Linie (kontinuierlich und gestrichelt) entspricht einem EI = 1 (daß heißt 100 % Ausschöpfung der zugehörigen Grenzwerte). Anhand dieser Konturen können die Sicherheitsabstände zur Schweißanlage abgelesen werden. Eine Momentaufnahme des MF (hier: berechnet für den maximalen Wert des Stroms) und dessen Verteilung in der betrachteten Schnittebene wird mit Hilfe einer Farbskala (grün bis rot) dargestellt.

Bild 5 zeigt eine XZ-Schnittebene mit einem relativen Abstand von 200 mm zum Schweißfenster. Die Momentaufnahme des MF (siehe Farbskala) wurde bei einer Stromstärke von ca. 25 kA erzeugt (entsprechend **Bild 6** oben). Die EGW werden als kontinuierliche und die AS als gestrichelte Konturen dargestellt. Vergleicht man nun die Konturen für sensorische Wirkungen (Kopf-EGW und untere AS), so sieht man, dass die EGW einen geringeren Abstand zur Schweißanlage im

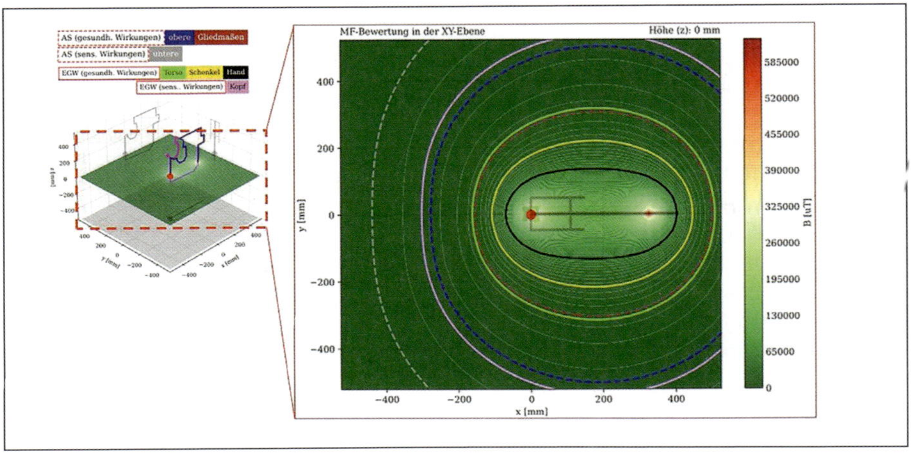

Bild 6. Auswertung der Expositionssituation mit Hilfe einer XY-Schnittebene: räumliche Positionierung der Schnittebene, Vollbild der Schnittebene mit AS-, und EGW-Konturen und der Momentaufnahme der MF-Verteilung. (© RWTH Aachen)

Gegensatz zu den AS erlauben. Die Konturen bezüglich der gesundheitlichen Wirkungen zeigen das gleiche Verhalten. Das Fehlen der Hand-EGW-Kontur bedeutet, dass die EGW für dieses Körperteil nirgends überschritten wurden.

In **Bild 6** wurde die Stromstärke nun auf ca. 120 kA erhöht (entsprechend dem **Bild 4** unten). Die jeweiligen Konturen bewegen sich, wie erwartet, nach außen. Die Sicherheitsabstände sind somit größer geworden. Dass diese Expositionssituation gefährlicher geworden ist, sieht man deutlich an dem Auftauchen der Hand-EGW-Kontur.

Fazit

Zunächst wurden verschiedene Widerstandsschweißanlagen ausgewählt und die Schweißbedingungen so definiert, dass sie geeignete und relevante Arbeitssituationen darstellen, um eine geeignete Datenbasis für die Entwicklung des numerischen Modells zu schaffen, das später zur Berechnung des MF auf der Grundlage des erfassten Schweißstroms verwendet werden sollte. Dabei wurden die Hauptkomponenten der Schweißanlage, durch die der Strom fließt und die für die Expositionssituation relevante MF erzeugen können (Abmessungen und Positionen des Transformators, der Sekundärkreiswicklung, der Schweißelektroden und des Arbeitsbereichs), betrachtet. Zusätzlich wurden die Positionen, Höhen und Entfernungen der Körperteile des Bedieners relativ zum Kontaktpunkt der Schweißelektroden (Referenzpunkt für die Simulationen), deren Expositionsgrenzen durch die EMF 2013/35/EU-Richtlinien festgelegt sind (Gliedmaßen, Hände, Rumpf und Kopf), gemessen und in kartesische Koordinaten umgerechnet.

Auf der Grundlage des Biot-Savart-Gesetzes wurde ein numerisches Modell zur Berechnung der MF entwickelt, welches den gemessenen Schweißstrom und approximativ die geometrischen Merkmale der Sekundärwicklung der Schweißanlage (mehrere oder einzelne zentrale Schleifen) berücksichtigt und durch viele umfangreiche Messungen an mehreren unterschiedlichen Anlagen validiert.

Es wurden Filter bezüglich der Expositionsgrenzwerte erstellt, mit denen die Expositionssituation für jede gemessene Schweißanlage beurteilt werden konnte. Zusätzlich wurde das numerische Modell validiert, indem die gerechneten MF mit experimentell aufgenommenen MF und durch das kommerzielle Tool Sim4Life simulierten MF verglichen wurden.

Schließlich wurde eine vorläufige Version des Webtools entwickelt und zur internen Verwendung und Bewertung durch die Mitglieder des PA online gestellt. Als Eingabe benötigt das Webtool, wie in den Zielen dieses Projekts vorgesehen, einen Schweißstrom und die geometrischen Koordinaten der Sekundärwicklung der gemessenen Anlage. Als Ergebnis werden Plots mit einer visuellen Darstellung der AL und EGW in Form von Konturlinien um die Schweißanlage herum auf den vom Benutzer ausgewählten Visualisierungsebenen erzeugt. Anhand dieser Konturlinien kann anschließend der relevante Sicherheitsabstand abgelesen werden.

Danksagung

Das IGF-Vorhaben Nummer 20.424 B / DVS-Nummer 04.076 der Forschungsvereinigung Schweißen und verwandte Verfahren e. V. des DVS, Aachener Straße 172, 40223 Düsseldorf, wurde über die AiF im Rahmen des Programms zur Förderung der industriellen Gemeinschaftsforschung (IGF) vom Bundesministerium für Wirtschaft und Klimaschutz aufgrund eines Beschlusses des Deutschen Bundestages gefördert.

Besonderer Dank gilt dem DVS – Deutscher Verband für Schweißen und verwandte Verfahren e. V. für die technische und materielle Unterstützung.

Literatur

[1] International Commission on Non-Ionizing Radiation Protection (Hrsg.), Guidelines for Limiting Exposure to Time-Varying Electric, Magnetic, and Electromagnetic Fields (up to 300 GHz), Health Phys, 1998, 74(4): pp. 494-522.

[2] Berufsgenossenschaft Energie Textil Elektro Medienerzeugnisse (Hrsg.), BGV B11 – Elektromagnetische Felder. Unfallverhütungsvorschrift. BG ETEM, 2001.

[3] International Commission on Non-Ionizing Radiation Protection (Hrsg.), Guidelines for Limiting Exposure to Time-Varying Electric and Magnetic Fields (1 Hz to 100 kHz), Health Phys, 2010, 99(6): S. 818/36.

[4] Hauptverband der gewerblichen Berufsgenossenschaften (Hrsg.), Deutsche Gesetzliche Unfallversicherung, DGUV Information 203-038 – Beurteilung magnetischer Felder von Widerstandsschweißeinrichtungen (bisher: BGI 5011), 2006.

[5] Förster, S., R. Döbbelin u. A. Lindemann, Referenzsystem für die Bewertung von elektrischen Gewebefeld-stärken und -stromdichten im menschlichen Körper beim Widerstandsschweißen, Schlussbericht, Forschungsvorhaben AiF-Nr. 16776 BR, 2013, Otto-von-Guericke-Universität Magdeburg.

[6] Bundesregierung (Hrsg.), Verordnung zur Umsetzung der Richtlinie 2013/35/EU und zur Änderung von Arbeitsschutzverordnungen, Bundesgesetzblatt Jahrgang 2016 Teil I, Nr. 54, 2016, Bonn.

[7] Europäisches Parlament (Hrsg.), Richtlinie 2013/35/EU über Mindestvorschriften zum Schutz von Sicherheit und Gesundheit der Arbeitnehmer vor der Gefährdung durch physikalische Einwirkungen (elektromagnetische Felder), 2013.

[8] Diekel, C., EMF-Wirkungen und Schutzmaßnahmen – Beispiele aus der Industrie, Vortrag im Rahmen der In-formationsveranstaltung „Elektromagnetische Felder an Arbeitsplätzen", 2016, Bundesanstalt für Arbeitsschutz und Arbeitsmedizin (BAuA): Berlin.

[9] Europäisches Parlament (Hrsg.), Elektromagnetische Felder – Nicht verbindlicher Leitfaden mit bewährten Verfahren im Hinblick auf die Durchführung der Richtlinie 2013/35/EU – Band 1: Praktischer Leitfaden, 2014.

[10] E DIN EN IEC 62822-3 (VDE 0545-24:2022-01), Elektrische Schweißeinrichtungen – Bewertung in Bezug auf Begrenzungen der Exposition von Personen gegenüber elektromagnetischen Feldern (0 Hz bis 300 GHz) – Teil 3: Widerstandsschweißeinrichtungen

[11] ZMT Zurich MedTech AG (Hrsg), Sim4Life [online], verfügbar unter https://zmt.swiss/, Zugriff am 22. Mai 2023.

[12] Soyka, F.: Bewertungsverfahren für gepulste magnetische Felder im Vergleich: Teil 1und Teil 2 , sicher ist sicher – Arbeitsschutz digital 71 (2020) Nr. 2 & 3.

3

Frank Gerhard

Digitale Schweißerausbildung mit Augmented-Reality-Technologie – Neue Funktionen und Hyper Real Simulation

Angesichts des weltweiten Mangels an Schweißern verlangt die Industrie nach Schulungslösungen, die den Bedarf an qualifizierten Fachkräften effizient decken. Die herkömmliche Ausbildung hat bei den Themen Effizienz, Kosten, Umweltbelastung und körperliche Beanspruchung Nachteile. Bei der digitalen Schweißerausbildung mit Augmented-Reality-Technologie fallen diese nicht nur weg – die Technologie entwickelt sich mit neuen Funktionen und einem noch nie dagewesenen Realismus immer weiter.

Schweißen ist ein praktischer Beruf, der Erfahrung und ständige Übung erfordert, um die Bewegungsabläufe zu erlernen, die Präzision zu beherrschen und sich Kenntnisse über die Eigenschaften der verschiedenen Werkstoffe und Schweißverfahren anzueignen. Augmented Reality ist daher die ideale Lösung für die digitale Aus- und Weiterbildung von Schweißern. Augmented Reality erweitert die Umgebung, indem sie digitale Elemente zu einer Live-Ansicht hinzufügt, oft unter Verwendung mehrerer Kameras. Dies ermöglicht ein realistisches und intensives Schweißerlebnis in einer realen Umgebung.

Für die Nachfrage von Unternehmen, Ausbildern und Institutionen nach technologischen Anwendungen dieser Art, die im Rahmen von Industrie 4.0 integriert sind, bietet die „Soldamatic"-Lösung eine Antwort (**Bild 1**). Diese auf Augmented Reality basierende, patentierte Lösung bietet das realistischste Schweißerlebnis auf dem Markt. Es handelt sich um eine bewährte und effektive Lösung auf dem neuesten Stand der Technik, die auf einer Reihe von Technologien und physischen Komponenten namens „Hyperreal-SIM" basiert und dem realen Schweißen so nahe wie möglich kommt.

Von Schweißern für Schweißer

Es hat sich gezeigt, dass der Einsatz dieser Technologielösung in Verbindung mit der herkömmlichen Ausbildung die Zahl der geprüften Schweißer um 34 % erhöhen und gleichzeitig die tatsächliche Ausbildungszeit in der Schweißwerkstatt um 56 % verringern kann. Außerdem lassen sich die Materialkosten um 68 % und die Unfallzahlen um 84 % senken. Dies sind erstaunliche Zahlen, natürlich zusätzlich zu den geringeren Umweltauswirkungen und den Energieeinsparungen, da die CO_2-Emissionen um 99 % reduziert werden und ein reales Schweißgerät so viel Energie verbraucht, wie zwanzig „Soldamatic"-Geräte. Diese Zahlen stammen aus Studien, die von Industrieunternehmen und Universitäten (z. B. Universität Esslingen) durchgeführt wurden.

Dass diese Technologie eine so realistische Erfahrung bieten kann, liegt daran, dass sie von Schweißern für Schweißer entwickelt wurde. Die realistische Simulation, die in der Praxis erreicht wird, ist nicht nur das Ergebnis der Verwendung fortschrittlicher Grafiken (**Bild 2**), sondern auch der Parametrisierung von Millionen von Kombinationen auf Basis der Auswertung von Schliffbildern und Prozessen, die in einer Werkstatt von Fachleuten unter der Verwendung echter Geräte und Bedingungen durchgeführt werden.

Intensives Üben auf dynamische und flexible Weise fördern

„Soldamatic" zeichnet alle Daten und Parameter des Trainings in Echtzeit auf, was die

Bild 1. Virtuelles Schweißtraining am realen Fahrzeugchassis (© Weldplus)

Identifizierung und Korrektur von Fehlern während der Durchführung der Übung oder unmittelbar nach deren Abschluss ermöglicht. Dies ist nicht nur für die Benutzer von Vorteil, sondern auch für die Ausbilder und Aufsichtspersonen, die die Entwicklung des Benutzers überwachen können und jederzeit von überall auf diese Informationen zugreifen können.

Die „Soldamatic"-Lösung verfügt über ein E-Learning-Tool (Learning Management SystemLMS für die Verwaltung und Entwicklung von Kursen), dass es den Benutzern ermöglicht, die erforderlichen Fähigkeiten und praktischen Erfahrungen zu erwerben, um schnell in eine reale Umgebung wechseln zu können. Die Benutzer können jederzeit zum Augmented-Reality-Simulator zurückkehren, um Fähigkeiten zu üben und zu verfeinern, mit denen sie möglicherweise Schwierigkeiten haben. Diese Methode bzw. dieser Lernprozess wird als Augmented Training Methodology bezeichnet und wurde entwickelt, um intensives Üben auf dynamische und flexible Weise zu fördern.

Ständig weiterentwickelte Soft- und Hardware

Die Software und die Hardware werden ständig weiterentwickelt und enthalten jetzt noch realistischere Grafiken und neue visuelle Hilfsmittel in Echtzeit, die den Benutzern bei der Umsetzung helfen. Die neuen Grafiken basieren auf Fotorealismus und Physically based Rendering (PBR) und verwenden Schattierungs- und Beleuchtungsmodelle, die reale Materialien besser wiedergeben.

Bild 2. Virtuelle Schweißübung in Position 6GR (© Weldplus)

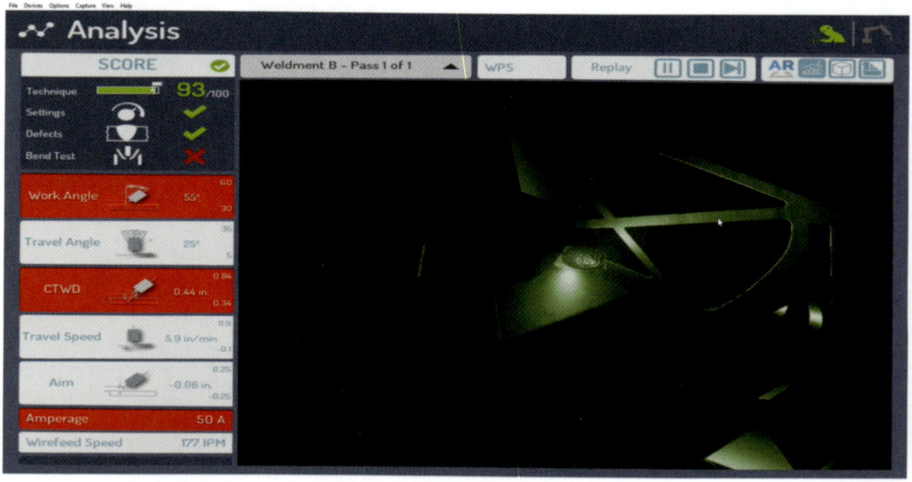

Bild 3. Wiedergabe einer virtuellen Schweißübung mit Parameteranalyse (© Weldplus)

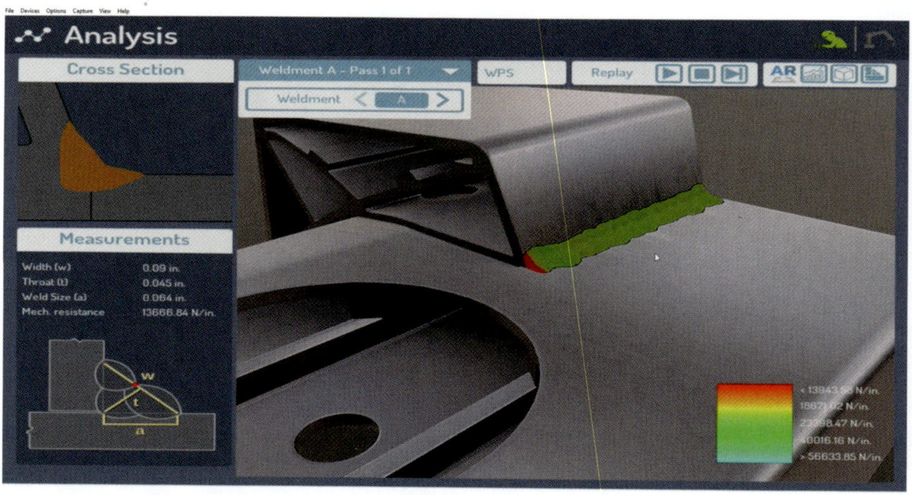

Bild 4. Analyse des Querschnitts und der Festigkeit der Schweißnaht (© Weldplus)

Unter den Softwareverbesserungen sticht das fortschrittliche Analysemodul (**Bild 3**) besonders hervor, das nach Abschluss der Übung viele wertvolle Informationen liefert. Es werden nicht nur Daten über die Bewertung der manuellen Technik ausgegeben, sondern auch Informationen über das physische Ergebnis der durchgeführten Arbeit. Das bedeutet, dass das System eine Auswertung über den sogenannten Biegeversuch ausgibt, der darüber informiert, welche möglichen Fehler entlang der Schweißnaht

Bild 5. Eine Gruppe von Schülern übt in einem „Augmented Lab". (© Weldplus)

3

aufgetreten sind. Zusätzlich wird über eine grafische Darstellung die Geometrie des Querschnitts in Verbindung mit den relevanten Abmessungen und mechanischen Eigenschaften über das gesamte Schweißergebnis dargestellt (**Bild 4**). Die Auswertung all dieser Informationen im Analysemodul ermöglicht es dem Benutzer und dem Ausbilder, Fehler und Verbesserungsmöglichkeiten frühzeitig zu erkennen, was zu einer Steigerung der Fähigkeiten des Anwenders und der Qualität seiner Arbeit führt. Die Übung kann jederzeit wiederholt werden, um jeden Moment aus der Sicht des Schweißers oder aus der Sicht, die konfiguriert werden soll, zu beobachten.

Auf der Hardwareseite verfügt der Simulator über ein industrielles und kompaktes Design, mit dem Aussehen und der Funktionalität eines echten Schweißgeräts. Das Headset ist mit HD-Sound ausgestattet, der in einer echten Werkstatt aufgenommen wurde und zum multisensorischen Erlebnis beiträgt. Die Brenner können mit einer zusätzlichen endoskopischen Kamera an der Spitze ausgestattet werden, um die Erkennung, die Genauigkeit und die Rückmeldung an das System bei komplexeren Aufgaben oder schwierigen Schweißpositionen zu verbessern.

Bewährtes und fortschrittliches Werkzeug

Letztendlich ist die „Soldamatic"-Lösung durch ihren hohen technologischen Entwicklungsstand ein bewährtes und fortschrittliches Werkzeug für die digitale Schweißerausbildung. Es kann an ein breites Spektrum von Anwendern angepasst werden – von Anfängern, die in das Handwerk einsteigen wollen (**Bild 5**), bis hin zu professionellen Schweißern, die ihre Fähigkeiten verbessern wollen oder müssen. Mehr als 5.000 Geräte sind derzeit in mehr als 80 Ländern im Einsatz, verbessern die Zeit- und Kosteneffizienz und decken den Bedarf von kleinen Schweißschulen bis hin zu großen Industriekonzernen in verschiedenen Sektoren wie Bahn, Automotive, Schwermaschinenbau, Schiffbau und Petrochemie ab.

Hartwig Hiestermann

Frästechnologie für die Schweissnahtvorbereitung in der Monopile-Fertigung – Für die Zukunft gerüstet

Der Sondermaschinenbauer Graebener beliefert die Haizea Wind Group für den Fertigungsstandort in Bilbao/Spanien mit Frästechnologie für die Schweißnahtvorbereitung in der neuen Monopile-Fertigung. Mit der Erweiterung macht Haizea den Hafen zu einem der wichtigsten Standorte Südeuropas für den Bau von Offshore-Windtürmen und deren Gründungsstrukturen (Monopiles).

Graebener ist ein mittelständisches, familiengeführtes Maschinenbau-Unternehmen mit Standorten in Netphen (Deutschland) und Houston (USA) sowie diversen internationalen Vertretungen. Auf Basis von über 100 Jahren Erfahrung in der Metallverarbeitung entwickelt und realisiert der Hersteller weltweit kundenspezifische Sonderlösungen für die Kernmärkte Automotive, Hydroforming, Großrohrfertigung, Schiffbau, Windturmfertigung, Behälterbau und Wasserstoff. Zu dem Portfolio des Anbieters gehören unter anderem hydraulische Umformanlagen, Fräs- und Biegemaschinen, Kalibrier- und Richtpressen sowie Paneel-Fertigungsanlagen.

Bild 1. Auf der Längsnahtfräsmaschine von Graebener werden Schweißnähte von Monopile-Rohrstücken vorbereitet. (© Graebener)

Von Beginn an arbeitet die 2017 gegründete Haizea Wind Group (Haizea) mit den Anlagen des Unternehmens Graebener. Für Haizeas Windturmfertigung in Bilbao lieferte der Hersteller bereits 2018 eine 55-kW-Längsnahtfräsmaschine und zwei 55-kW-Rundnahtfräsmaschinen. Nun steigt Haizea in den Monopilemarkt ein und setzt erneut auf zwei weitere Fräsanlagen zur Schweißnahtvorbereitung des Sondermaschinenbauers – dieses Mal mit einer neu entwickelten Rohrdrehvorrichtung zum Drehen und Positionieren von zylindrischen und konischen Rohren, mit der diese über der Längsnahtfräse zur Nahtbearbeitung ausgerichtet werden können. Das Rohrgewicht kann bis 125 t betragen.

Schnelles Positionieren und Ausrichten

Haizea ist ein Global Player der On- und Offshore-Industrie. Seit 2018 fertigt das Unternehmen im Hafen von Bilbao riesige Windtürme. Mit dem Einstieg in die Monopilefertigung erweitert der Hersteller diesen Standort um ein weiteres Hallensegment. Bereits im zweiten Quartal dieses Jahres soll die Produktion beginnen.

Graebener lieferte dafür eine 55-kW-Längsnahtfräsmaschine inklusive Rohrdrehvorrichtung (**Bild 1**), die auch für das Drehen und Positionieren von Konen geeignet ist. Zum Lieferumfang gehört zudem eine 55-kW-Rundnahtfräsmaschine mit speziellem Höhenadapter und einem Untersatz, der es ermöglicht, die Rundnahtfräse mit einem selbst angetriebenen Niederflurförderfahrzeug (SPMT) schnell an den zu bearbeitenden Rundnähten der Monopile-Sektionen zu positionieren und auszurichten. Mit den Anlagen werden die Verbindungsnähte der riesigen Konen und Zylinder, aus denen die Monopiles zusammengesetzt sind (**Bild 2**), für den Unterpulver(UP)-Schweißprozess vorbereitet.

Bild 2. Die Monopile-Rohrstücke haben sehr große Durchmesser, Konenwinkel bis zu 6° und Stückgewichte bis zu 150 t. (© Graebener)

Optimale Voraussetzungen für eine wirtschaftliche Schweißnahtvorbereitung

Monopiles sind Fundamente für Offshore-Windparks – große Stahlsäulen mit Wanddicken bis 150 mm, Durchmessern bis 15 m, Längen bis 100 m und Stückgewichten bis zu 2.500 t. Sie bestehen aus einer Vielzahl von miteinander verschweißten Stahlringen (Rohrschüsse). Aufgrund ihrer riesigen Durchmesser von bis zu 15 m werden die Schüsse wiederum aus mehreren Einzelblechen zusammengesetzt. Diese Fertigungsweise führt dazu, dass sowohl Längs- als auch Rundnähte entstehen: Längsnähte bei der Herstellung der Schüsse, Rundnähte beim Aneinanderfügen der Schüsse. Bevor die Einzelteile zusammengeschweißt werden können, müssen an ihren Kanten sowohl innen als auch außen präzise Fasen angebracht werden. Je präziser die Fasen, desto belastbarer sind später die Schweißnähte und damit das komplette Monopile.

Die Graebener Nahtfräsverfahren ermöglichen zum einen eine gleichmäßige Fugenbreite und -tiefe über den gesamten Rohr-

Bild 3. Mithilfe des Höhenadapters können mit der 55-kW-Rundnahtfräse Sektionen mit 6 bis 12 m Rohrdurchmessern bearbeitet werden. (© Graebener)

umfang hinweg. Zum anderen ermöglichen die sauber gefrästen Fugen eine unkomplizierte Sichtprüfung der Schweißnahtinnenwurzel ohne vorheriges Reinigen, sodass die Qualität der Innenschweißnaht direkt visuell erfolgen kann. Hierdurch können Schweißnahtfehler auf null reduziert werden. Zu guter Letzt ist die maschinelle Nahtvorbereitung eine notwendige Voraussetzung für einen automatischen Mehrdraht-UP-Schweißprozess, da der Nahterkennungssensor saubere Fugenkanten benötigt.

Ein weiterer Vorteil der Graebener Nahtfräsmaschinen liegt in Kosteneinsparungen von mindestens 62 % gegenüber herkömmlichen Verfahren, wie Kohlestabfugen oder Schleifen. Der Grund dafür liegt in der Geometrie der gefrästen Nahtvorbereitung: Die sehr viel geringere Fugenbreite – eine gefräste Fuge hat einen Öffnungswinkel von 16°, eine herkömmliche Fuge dagegen etwa 60° – führt dazu, dass weniger Wärmeeinbringung erfolgt, weniger Schweißgut verwendet werden muss, Energie eingespart und die Schweißzeit erheblich reduziert wird. Zudem ist das maschinelle Fräsen mit bis zu 1,2 m/min um ein Zehnfaches schneller als herkömmliche Prozesse.

Effizientes Handling von Konen mit großen Durchmessern

Mit den Rund- und Längsnahtfräsmaschinen von Graebener können große Rohrdurchmesser mit großen Blechdicken bearbeitet werden. Haizea erhält gleich zwei Weiterentwicklungen: Eine Besonderheit ist die 2022 von Graebener entwickelte Innovation für seine Längsnahtfräsmaschinen – die integrierte Rohrdrehvorrichtung, mit der auch konische Rohrschüsse sicher ohne Kranhandling und ohne Seitendrift positioniert werden können. Auf einer Fräsmaschine muss jede Längsnaht eines Rohrschusses (je nach Durchmesser bis zu drei Stück) zur Bearbeitung in eine exakte 6-Uhr-Fräsposition gedreht werden. Üblicherweise erfolgt dies mit Hilfe von Kränen. Eine integrierte Vorrichtung jedoch erleichtert die Positionierung der Rohrschüsse enorm, sodass der Drehprozess mit erheblicher Zeitersparnis durchgeführt werden kann. Mit der Drehvorrichtung werden die zylindrischen und konischen Schüsse sicher angehoben, gedreht und definiert abgesenkt – selbst Schüsse mit sehr großen Durchmessern, Konenwinkeln bis zu 6° und einem Stückgewicht bis zu 150 t.

Da das Drehen konischer Rohrschüsse geometrisch bedingt eine Drift in Rohrlängsrichtung auslöst, hat Graebener spezielle Walzen entwickelt, die den Rohrschuss drehen und die Längsdrift gar nicht erst entstehen lassen. Mit elektromotorischen Servoantrieben werden die Walzen so positioniert, dass die konischen Rohrschüsse nur auf dem größten und kleinsten Rohrdurchmesser auf der Mantellinie abrollen. Die Drehgeschwindigkeiten werden automatisch angepasst, somit wird eine Drift in Rohrlängsrichtung verhindert.

Die zweite Innovation – ein spezieller Höhenadapter (**Bild 3**) – ermöglicht dem Kunden, auf der Rundnahtfräse sehr unterschiedlich große Rohrdurchmesser zu bearbeiten. Um Sektionen aus zylindrischen und konischen Schüssen zusammensetzen zu können, müssen sie auf einer konstanten horizontalen Mittellinie positioniert werden. Somit entstehen durch die unterschiedlichen Durchmesser der Konen unterschiedliche Arbeitshöhen für die Rundnahtfräse. Mit einem eigens dafür entwickelten Adapter kann die Fräse in zwei unterschiedlichen Höhen an den Rohrsektionen platziert werden. Ein darunter platzierter Untersatz erlaubt das Verfahren der Fräsmaschine inklusive Adapter mit einem Flurförderfahrzeug.

Wie weltweit über 200 Kunden aus den Behälter-, Großrohr-, Wind- und Offshore-Sektoren vertraut auch die Haizea Wind Group seit Jahren auf die bewährte Technologie Graebeners. Mit diesen neuen Anlagen ist das Unternehmen für die zukünftige Monopile-Fertigung gerüstet.

Thomas Roob

Roboterschweisszelle der neuesten Generation für die Fertigung von Messgeräten

Das österreichische Unternehmen Anton Paar fertigt hochpräzise Messgeräte für vielerlei Branchen. Dabei ist es der Anspruch der Forschungs-, Engineering- und Fertigungsteams, die Grenzen des Machbaren immer weiter zu verschieben. Heute ist die Anton Paar GmbH Weltmarktführer bei Dichte- und Konzentrationsmessung, Rheometrie sowie der Bestimmung von gelöstem CO_2. Da zunehmender Fachkräftemangel und permanent steigende Stückzahlen intelligente Produktionslösungen erfordern, investierte das Unternehmen in eine Roboterschweißzelle der neuesten Generation.

Bisher wurden sämtliche Komponenten der in Graz produzierten Mess- und Regelgeräte händisch geschweißt. Der Grund: Kleine Losgrößen zwischen 1 und 400 Stück ließen Roboterschweißanlagen unwirtschaftlich erscheinen. Ständige Umsatzzuwächse, der steigende Fachkräftemangel auf dem inländischen Arbeitsmarkt sowie innovative Robotertechnologien – die mittlerweile automatisiertes Schweißen auch bei kleinen Losgrößen wirtschaftlich machen – veranlassten das Unternehmen, in eine moderne Roboterschweißanlage zu investieren (**Bild 1**). Flexibilität in Kombination mit hoher Wirtschaftlichkeit lau-

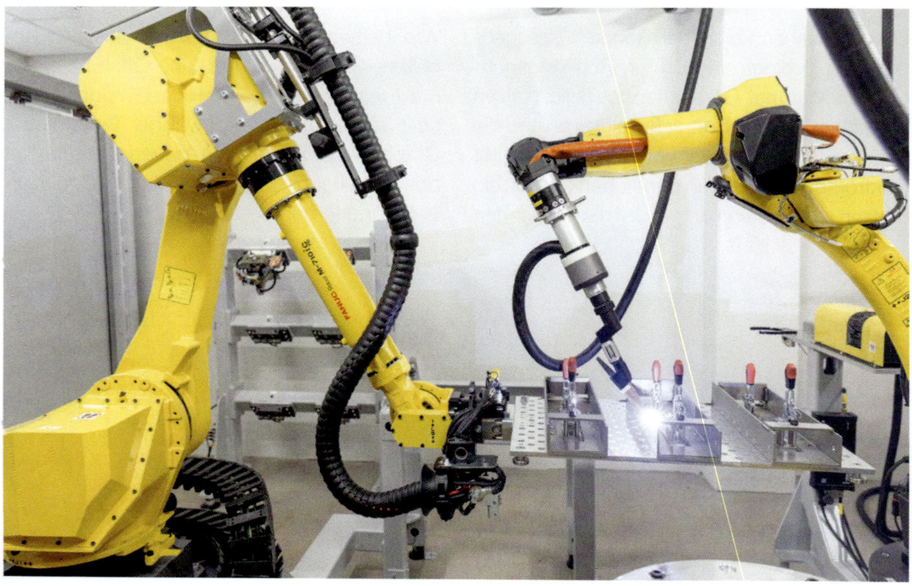

Bild 1. Roboterschweißzelle: WIG-Schweißen von sogenannten Hauptträgern, Handling-Roboter positioniert die Palette mit Bauteilen (© Fronius International GmbH)

Bild 2. Dominik Santner ist COO der Anton Paar GmbH (© Fronius International GmbH)

Bild 3. Handling-Roboter: vollautomatische Entnahme von Bauteilen und Spannvorrichtungen aus dem Palettenregal (© Fronius International GmbH)

tete dabei die Vorgabe der Mess- und Regelspezialisten: Flexibilität bei Anzahl, Form und Größe der Bauteile, bei deren Positionierung und beim Einsatz unterschiedlicher Schweißverfahren.

„Fachkräftemangel und kontinuierlich steigende Stückzahlen erfordern zukunftsorientierte Lösungen in der Produktion. Die neue Roboterschweißzelle ist ein großer Schritt in der Automatisierung unserer Fertigung. Würden wir unsere Prozess-Sensorik nach wie vor manuell schweißen, hätten wir in den kommenden Jahren enorme Schwierigkeiten, die geplanten Stückzahlen zu erreichen", betont Dominik Santner, COO der Anton Paar GmbH (**Bild 2**).

Schweißautonomie und Vielfalt bei Bauteilen

Von Anfang an setzten die Experten von Anton Paar auf Anlagenautonomie: Einmal gerüstet, sollte das Schweißsystem einen kompletten Auftrag vom Anfang bis zum Ende in einem Zug abwickeln können – zum Beispiel das Schweißen einer Charge unterschiedlicher Objekte wie Schwingergehäuse, Hauptträger oder Gegenkühlungen. Dies sollte völlig selbstständig und ohne Eingreifen von Schweißfachkräften möglich sein.

Unterschiedliche Bauteile in Form, Gewicht und Größe (**Bild 3**), verschiedene Greif-, Positionierungs- und Ablagemöglichkeiten, die Option, bei einer Komponente verschiedene Schweißverfahren (WIG und MIG/MAG) zum Einsatz zu bringen, sowie der bei zylindrischen Körpern notwendige Einsatz von Formiergas zum Schutz der Bauteile gegen Anlauffarben – all das machte die Konstruktion der Anlage für Ingenieur- und Programmierteams zu einer besonderen Herausforderung.

„Wir suchten einen verlässlichen Partner, der uns bei Präzision und Qualität sehr ähnlich ist. Er sollte uns wirklich zuhören, auf unsere Wünsche eingehen und zukunftsfähige Lösungen vorschlagen. Solche, die uns auf Jahre hinaus Wettbewerbsvorteile verschaffen", erklärt Daniel Moik, Department Manager Joining Technologies (**Bild 4**). „Fronius

Bild 4. Daniel Moik ist Department Manager Joining Technologies bei der Anton Paar GmbH (© Fronius International GmbH)

Bild 5. Programmierung der Schweißfolgen und Simulation mit dem „Fronius Pathfinder“ (© Fronius International GmbH)

International erfüllte diese Vorstellungen von einer nachhaltigen Partnerschaft. In enger Zusammenarbeit mit unseren Technikern entwickelte das Team der Welding Automation eine Roboterschweißzelle, die unseren Anforderungen in allen Punkten gerecht wird. Obendrein ist man bei Fronius bereit, die Anlage gemeinsam weiterzuentwickeln und auf neue Bedürfnisse abzustimmen.“

Synonym für Effizienz: „Fronius Pathfinder“

Neue Schweißnähte werden bei Anton Paar offline – abseits vom Schweißsystem – programmiert, nicht wie häufig üblich unmittelbar an der Anlage. Anstatt laufende Schweißarbeiten zu stoppen, wird weitergeschweißt und auf diese Weise die Produktivität gesteigert. Um das zu ermöglichen, importieren die Schweißtechniker die CAD-Daten der zu schweißenden Messgerätekomponenten in den „Fronius Pathfinder“. Anschließend werden verschiedene Fügeszenarien getestet, Schweißfolgen definiert und im Zuge von Simulationen optimiert (**Bild 5**).

Betroffen sind Anfahrtswege, Brenner-Anstellwinkel, Brenner-Offsets in den Eckbereichen und sämtliche Umorientierungen des Schweißroboters. Überschreitungen der Roboterreichweite (sogenannte Achslimits) werden vom „Pathfinder“ erkannt. Indem die Softwarebediener den Ablageort des Werkstückes korrigieren und es innerhalb der Armlänge des Schweißroboters in Position bringen, werden potenzielle Kollisionen des Brenners mit diversen Bauteilkanten frühzeitig vermieden.

Fehlerquellen werden rechtzeitig erkannt

Sind Bahnkorrekturen notwendig, können die betroffenen Teach-Punkte bequem per „Drag-and-drop“ verschoben werden. Soll eine Anfahrt zum Bauteil geändert werden, drücken die Fachkräfte kurzerhand „Reset“. In der Folge fährt der virtuelle Roboter zum Start einer neuen Anfahrt in die Home-Position. Im Realbetrieb müsste man den Roboter zeitaufwendig freifahren, mittels Robotersteuerung in die Home-Position bewegen und den Teach-Vorgang neu starten. Indem sich die Experten von Anton Paar für die Offline-Programmier- und Simulationssoftware entschieden haben, gewinnen sie nicht nur wertvolle Zeit für Schweißarbeiten, sondern erkennen Fehlerquellen bereits im Vorfeld.

Bild 6. „CMT"-Schweißen von Gegenkühlungen auf dem Dreh-Kipp-Positionierer, im Hintergrund: Palettenablage (© Fronius International GmbH)

Sobald ein Schweißprogramm im „Pathfinder" fertiggestellt ist, wird es von einem Postprozessor in den spezifischen Code des Fanuc-Schweißroboters übersetzt. Jetzt kann es per Datentransfer – zum Beispiel mit einer LAN-Verbindung – in die Schweißanlage übertragen werden. Eine effektive Unterstützung der gesamten Produktionsplanung ist die Funktion „Taktzeitermittlung", die Schweißgeschwindigkeiten, Gasvorström- oder Endkraterfüllzeiten einbezieht. Im Vergleich zum „Teachen" mit der Robotersteuerung lässt sich mit dem „Pathfinder" – abhängig von der Bauteilgeometrie und den schweißtechnischen Anforderungen – bis zu 90 % Zeitersparnis erzielen.

Maßgeschneidert für Anton Paar

Für das Schweißen der vielen unterschiedlichen Bauteile stehen Anton Paar kundenspezifische Workflows zur Verfügung, darunter die drei Hauptworkflows, die die hohe Flexibilität beim Bauteilspektrum beispielhaft veranschaulichen.

Workflow 1: Die Bauteile werden auf dem Dreh-Kipp-Positionierer geschweißt (Bild 6). Dabei wird eine mit Bauteilen bestückte Palette aus dem Palettenregal entnommen und auf einem Palettenablagetisch zwischengelagert. Im weiteren Verlauf rüstet der Handling-Roboter einen passenden Greifer für die Bauteilaufnahme, wobei sechs verschiedene in einem sogenannten Greiferbahnhof stationiert sind. Damit ausgestattet, nimmt der Handling-Roboter die Bauteile auf und fixiert sie in einer bauteilspezifischen Spannvorrichtung, die bereits auf dem Dreh-Kipp-Tisch aufgerüstet ist. Es wird immer ein Bauteil nach dem anderen entnommen, gefügt und wieder auf die Palette zurückgelegt.

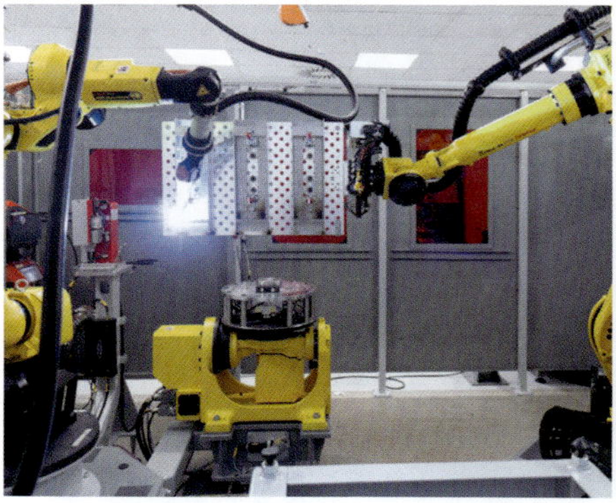

Bild 7. „CMT"-Schweißen von Schwingergehäusen auf Palette, koordinierte Bewegungsabläufe von Handling- und Schweißroboter (© Fronius International GmbH)

Bild 8. „CMT"-Schweißen, Handling-Roboter bringt das Bauteil in Position (© Fronius International GmbH)

Workflow 2: Die Bauteile werden unmittelbar auf den Paletten geschweißt, wobei der Handling-Roboter die Paletten aus dem Palettenregal transportiert und vor dem Schweißroboter positioniert (**Bild 7**). Beim Schweißen können dann Handling- und Schweißroboter gemeinsam koordinierte Bewegungen ausführen und deshalb nicht nur einfache, sondern auch komplexe Nahtgeometrien schweißen.

Workflow 3: Die Bauteile werden einzeln entnommen, vom Handling-Roboter in Position gebracht und bewegen sich beim Schweißen synchron mit dem Schweißroboter (Coordinated Motion) (**Bild 8**).

Damit die Anlage weiß, was zu tun ist

Abgesehen von der innovativen Fronius-Schweißtechnologie, den Steuerungen, der Tool-Center-Point(TCP)-Vermessung, der Brennerreinigungsstation und der Einhausung besteht die Roboterschweißanlage aus sieben Kernmodulen, die softwaregesteuert kollaborieren: einem Handling-Roboter, einem Schweißroboter, einem Dreh-Kipp-Positionierer mit Formiergaseinheit, einem Palettenlager mit zwei Regalen, einem Greiferbahnhof, einem Brennerwechselsystem und einer Palettenablage im Inneren der Anlage. Dafür, dass die oben genannten Module während der Arbeitszyklen präzise interagieren, sind die folgenden Schritte notwendig:

Zunächst werden Paletten und Bauteile gemeinsam in der Systemsteuerung „HMI-T21 RS" angelegt (**Bild 9**). Diese erhält von der zuständigen Schweißfachkraft vier wichtige Infos: (1) den Paletten-Typ, (2) die Art, (3) die Anzahl und (4) die Position der Bauteile auf der Palette – zum Beispiel, wie viele Hauptträger oder Schwingergehäuse sich an welcher Stelle auf welcher Palette befinden. Handelt es sich um eine Offset-Palette, wird die Bauteilposition aus den sogenannten Offset-Abständen der Bauteile zueinander berechnet, wobei das erste Bauteil die Master-Position einnimmt. Ein Offset kann zum Beispiel 200 mm auf der y-Koordinate und + 200 mm auf der x-Koordinate betragen. Die von Anton Paar gefertigten Paletten bestehen aus zentimeterdicken Lochplatten und funktionieren als Stecksystem. Sie befinden sich in einem aus zwei Regalen bestehenden Palettenlager und sind so konstruiert, dass sie jedes der verschiedenen Werkstücke aufnehmen können, wobei die Aufnahme- und Ablagepositionen einzelner Komponenten, abhängig von der Bauteilbeschaffenheit und vom Greifer des Handling-Roboters, oftmals variieren.

Die Robotersteuerung enthält für jeden Workflow-Typ ein hierarchisch übergeordnetes Roboterprogramm. Darin werden die mit „Pathfinder“ erstellten Schweißprogramme abgelegt. Wird am HMI eine Palette für Workflow 2 (Bauteile werden unmittelbar auf der Palette geschweißt) angelegt, filtert sie die entsprechenden Roboterschweißprogramme, und die Schweißfachkraft von Anton Paar kann bequem zwischen all jenen, die für Workflow 2 verfügbar sind, wählen und der Palette das benötigte Schweißprogramm zuordnen. Außerdem besteht die Möglichkeit, nicht nur ein einzelnes Schweißprogramm einzusetzen, sondern eine ganze Arbeitskette zu erstellen. Es ist zum Beispiel möglich, für eine Palette zuerst ein WIG-Programm anzulegen, dem in der aktuellen Kette ein MAG-Programm (z. B. „CMT“) folgt. In diesem Fall würde die Roboterschweißanlage beide Programme nacheinander abarbeiten und dabei den Schweißprozess automatisch wechseln. Darüber hinaus können die Experten von Anton Paar bestimmte Sonderschritte in den HMI-Ablauf einfügen. Das System kennt beispielsweise den Sonderschritt „Bauteil wenden“, der zwischen den beiden Schweißverfahren (WIG und MAG) bei Bedarf eingesetzt werden kann.

Wird für das Paletten-Handling, wie in Workflow 1 beschrieben, ein bestimmter Greifer benötigt, müssen ihn Anlagenbediener im System auswählen. Insgesamt stehen sechs verschiedene Greifer zur Verfügung, die allesamt in einem Greiferbahnhof stationiert sind (**Bild 10**).

Bild 9. Daniel Moik beim Anlegen der Palette am Touchscreen der „HMI-T21 RS“ (© Fronius International GmbH)

Greif- und Ablagepositionen „teachen“

Die klassische Handling-Abfolge selbst – Palette abholen, für das Schweißen in Position bringen, rücktransportieren und ablegen – ist ein Standardprogramm und erfordert kein Eingreifen vom Operator. Im Fachjargon spricht man von einer „gekapselten“ Funktion. Lediglich die Greifpositionen müssen angegeben werden.

Wird ein neues Bauteil „eingefahren“ und von einer der Ablage- oder Aufnahmestationen nicht erkannt, pausiert an dieser Stelle der Automatiklauf. Die Schweißfachkraft wird aufgerufen, mit der Robotersteuerung – dem „Fanuc iPendant“ – einen Teach-Vorgang zu starten, und erhält dafür eine Schritt-für-Schritt-Anleitung von der Anlagensoftware. Auf diese Weise „lernt“ das System die benötigte Greif-/Ablageposition für die betroffene Station (z. B. für die Zwischenablage). Sie wird in einem Register gespeichert und steht dem Handling-Ablauf ab sofort zur Verfügung. Anschließend kann der Automatiklauf bis zur nächsten Station fortgesetzt werden. Ist das Bauteil dort ebenfalls unbekannt, muss auch diese Position geteacht werden. Hat man alle Stationen nach dem soeben beschriebenen Schema durchgearbeitet, transportiert der Handling-Roboter alle weiteren gleichen Bauteile vollautomatisch durch die Anlage – ohne Unterbrechung.

Sollten für eine Palette sieben Bauteile vorgesehen sein, sich aber nur drei Bauteile darauf befinden, stellt das für die Anlage kein Problem dar. Sie erkennt einen „Leergriff“ und fährt automatisch zur nächsten Bauteilposition.

Custom-made: die „Teach-Palette“

Zusätzlich zur standardgemäßen Offset-Belegung, die einfache Bauteilformen bevorzugt, setzte sich Anton Paar zum Ziel, bis zu 30 Metallkomponenten an beliebigen Palettenplätzen ablegen zu können. Fronius löste diesen Wunsch mit der Funktion „Teach-Palette“. Wird sie ausgewählt, kann die Position jedes Bauteils auf der Palette separat geteacht werden.

„Diese beiden Varianten – Offset- und ‚Teach-Palette‘ – bieten uns ein Maximum an Flexibilität bei der Bauteilbestückung“, erörtert Dr. Ingo Riemenschneider (**Bild 11**), Department Manager Production Automation. „Nicht immer ist es sinnvoll, dass wir Bauteilpositionen über Offset-Abstände definieren. Es gibt Bauteile, die wir wegen ihrer komplexen Formen in verschiedenen Orientierungen fixieren müssen.“

Präzise auch nach Monaten

Wollen die Schweißfachkräfte einen Schweißvorgang starten, scannen sie die Artikelnummer mit ihrem Handscanner vom Bauteildatenblatt. „Erkennt die Anlage die Artikelnummer und somit das Bauteil, weiß sie über Handling und Schweißprozess Bescheid und startet den Betrieb. Gesteuert wird alles über die ‚HMI-T21 RS‘. Welcher Greifer und welche Vorrichtung benötigt werden, ist für jedes der Bauteile hinterlegt“, führt Riemenschneider aus. „Das Gleiche gilt für die Argon-Spüldauer während des Formierens und die Nahtlaufzeit. Ebenso weiß das System, ob und welche Daten für die Prozessdatenerfassung benötigt werden.“

Monate später ist die Roboterschweißzelle noch genauso präzise wie am ersten Tag: Die Schweißnaht sitzt perfekt an der gleichen Stelle. Auch deshalb, weil man bei Anton Paar die Bauteile µm-genau fertigt und vorbildlich anarbeitet.

Mehrfaches Wenden von Bauteilen möglich – auch beim Formieren

Der Dreh-Kipp-Positionierer besitzt eine Mediendurchführung für vier Durchströmleitun-

Bild 10. Handling-Roboter bei der Aufnahme eines neuen Greifers (© Fronius International GmbH)

gen, zwei für Luft und zwei für Argon, und kann bis zu 32 Input-Output-Signale (IOs) übergeben. Diese ist aus Kunststoff und wurde von Anton Paar im 3-D-Druck produziert. Muss formiert werden, holt sich der Handling-Roboter zuerst die dafür benötigte Spannvorrichtung aus dem Palettenregal und spannt diese mit Hilfe eines speziellen Spannsystems auf dem Manipulator auf. Ab sofort sind sowohl die Luftleitungen für die Pneumatik-Zylinder als auch die Gasleitungen für das Spülen mit Argon angeschlossen. Auch die elektrischen Signale werden jetzt von der Spannvorrichtung weitergegeben. In der Folge positioniert der Handling-Roboter die Bauteile, und die Anlage löst das Signal zum Spannen aus. Jetzt kann formiert und anschließend geschweißt werden. Das System ist so ausgelegt, dass ein mehrfaches Wenden der Bauteile auf einer einzigen Spannvorrichtung möglich ist.

„Es ist uns wichtig, dass sämtliche Prozesse und Eigenschaften, die in der Anlage umgesetzt wurden, bezüglich ihrer Wiederholbarkeit offen sind. Ob ein Wendeprozess einmal oder hundertmal durchgeführt wird, muss vom System her egal sein. Da sich die Komplexität der Bauteile immer wieder ändert, haben wir gemeinsam mit den Expertinnen und Experten von Fronius sehr viel Energie verwendet, um die Abläufe so uneingeschränkt wie möglich zu gestalten“, betont Riemenschneider.

Restsauerstoffmessung

Beim Formieren am Dreh-Kipp-Positionierer wird der im Bauteil befindliche Restsauerstoff mit dem hauseigenen Messgerät „Oxy 5100“ gemessen. Es misst während des gesamten Schweißvorganges driftfrei und in Echtzeit den Gelöst-Sauerstoff im Gasstrom (**Bild 12**). Normalerweise fixiert man das Bauteil zwischen zwei Leitungsteilen. Auf der einen Seite der Zulaufleitung strömt das Formiergas hinein und auf der anderen, wo der Restsauerstoffgehalt gemessen wird, als Abgasstrom wieder hinaus. Für den automatisierten Schweißprozess wäre diese Vor-

Bild 11. Dr. Ingo Riemenschneider ist Department Manager Production Automation bei der Anton Paar GmbH (© Fronius International GmbH)

gangsweise kontraproduktiv, da der Roboter bei jedem Schweißvorgang extra einen Abgasschlauch setzen und wieder entfernen müsste. Deshalb entschied man sich, das Messgerät in der Zulaufleitung zu platzieren. Sobald das Gerät meldet, dass der gewünschte Restsauerstoffgehalt erreicht ist, wird das Schweißen gestartet, wobei vorher noch eine Zeitverzögerung für die Durchströmzeit des Argon-Gases durch das Bauteil berücksichtigt wird. Sie wird benötigt, um sicherzugehen, dass der geforderte Restsauerstoffgehalt nicht überschritten wird. Die bis zur vollständigen Durchflutung des Bauteils benötigte Zeit – die Zeitverzögerung – wird für jedes der Bauteile mit einer manuellen Messung ermittelt und im System hinterlegt. Kommt das Bauteil wieder, kann die Steuerung auf die Werte zugreifen und entsprechend reagieren.

Schweißtechnisch auf höchstem Niveau

Besonders wichtig war es den Schweißspezialisten von Anton Paar, zwei Schweißverfahren pro Bauteil kombinieren zu können – zum Beispiel WIG zum Schweißen der Wurzel und MAG zum Schweißen der Decklage. Die endgültige Wahl des Schweißverfahrens hängt jedoch von den schweißtechnischen Berechnungen und der benötigten Widerstandsfähigkeit der einzelnen Komponenten ab.

„Ob Sonderprozesse wie ‚CMT‘ (Cold Metal Transfer), ‚PMC‘ (Pulse Multi Control) oder ‚LSC‘ (Low Spatter Control) zum Einsatz

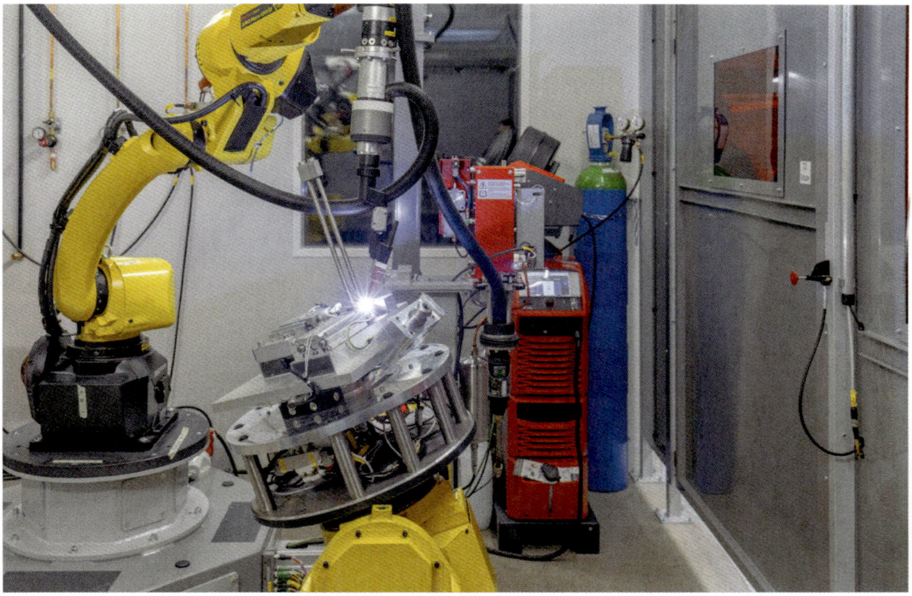

Bild 12. WIG-Schweißen von Gegenkühlern mit Restsauerstoffmessung (© Fronius International GmbH)

kommen, kristallisiert sich bei unseren Schweißversuchen heraus. Für welchen Prozess wir uns dann entscheiden, hängt von der Wandstärke des Bauteils, von der Art der Schweißnaht, zum Beispiel I- oder Kehlnaht, und den geforderten Einschweißtiefen und Schliffbildern ab", führt Moik aus. „Wir benötigen ungefähr sechs bis sieben Versuche, bis wir in Serie gehen. Würde der Wärmeeintrag aufgrund der Materialbeschaffenheit zu groß ausfallen, bietet sich natürlich der ‚kalte' Schweißprozess ‚CMT' an. Wollen wir die Produktivität steigern, indem wir die Schweißgeschwindigkeit erhöhen, ziehen wir ‚PMC' in Erwägung. Soll besonders spritzerarm geschweißt werden, ist ‚LSC' ein Thema. Vor allem deshalb, weil wir dadurch kostspielige Nacharbeit vermeiden."

Aufgezeichnet werden die Schweißdaten in dem HMI. Stellt die Schweißfachkraft im Zuge der Sichtprüfung einen Fehler fest, kann sie in der Schweißdatenaufzeichnung nachsehen, ob es zu Grenzwertabweichungen gekommen ist. Grundsätzlich wird jedes Bauteil einer Sichtprüfung (VT) unterzogen und jedes zehnte Bauteil einer Farbeindringprüfung (PT). Mit diesem Verfahren können Risse, Poren und Bindefehler bis zu 1 μm nachgewiesen werden. Von den PT-geprüften Metallteilen werden am Ende des Prüfzyklus regelmäßig Schliffbilder gemacht.

Die Fronius-Prozesse, das gleichzeitig intelligente wie flexible Anlagenkonzept und das nachhaltige Weiterentwicklungspotenzial der Roboterschweißanlage sichern der Anton Paar GmbH hochqualitative Schweißnähte für ihre empfindlichen und hochpräzisen Messinstrumente. Gleichzeitig profitieren die Schweißer vom Gewinn an Sicherheit und Gesundheitsschutz, indem sie durch Einhausung und Absaugung vom Lichtbogen und seinen Emissionen abgeschirmt werden.

Boyan Ivanov

Das Schweißmanagement-System der Zukunft

Die intelligente Vernetzung von Mensch und Maschine etabliert sich nun auch in der Schweißfertigung. Das „Welding 4.0“-Schweißmanagement-System „ewm Xnet“ beispielsweise ermöglicht eine umfangreiche Datenanalyse und -überwachung. Unternehmen profitieren von einer deutlichen Prozessoptimierung, Kostenersparnis, Effizienzsteigerung und Qualitätssicherung. Das lässt sich anhand verschiedener Praxisbeispiele verdeutlichen.

Qualitätssicherung und Qualitätskontrolle spielen beim Schweißen eine große Rolle. Es gilt, einwandfreie und zuverlässige Schweißnähte zu gewährleisten sowie die Nacharbeit zu minimieren – und das in Verbindung mit effizienten Schweißprozessen. Qualitätsmanagement ist daher unbedingt notwendig, sollen hohe Anforderungen an Produkte und Dienstleistungen sicher erfüllt werden. Die digitale Vernetzung und visuelle Abbildung von Prozessen innerhalb eines Schweißbetriebes kann dazu wertvolle Unterstützung liefern. Abläufe in der Planung und Fertigung sowie die Schweißaufsicht, Nachkalkulation und Verwaltung lassen sich so besser überprüfen und organisieren. Möglich machen dies Schweißmanagement-Systeme wie „ewm Xnet“, die zahlreiche Auswertungs-

Bild 1. Alle Schweißparameter im Blick: Über die Echtzeitanzeige von „ewm Xnet“ lassen sich vom Büro aus Status und Einstellungen der vernetzten Schweißgeräte laufend verfolgen. (© EWM)

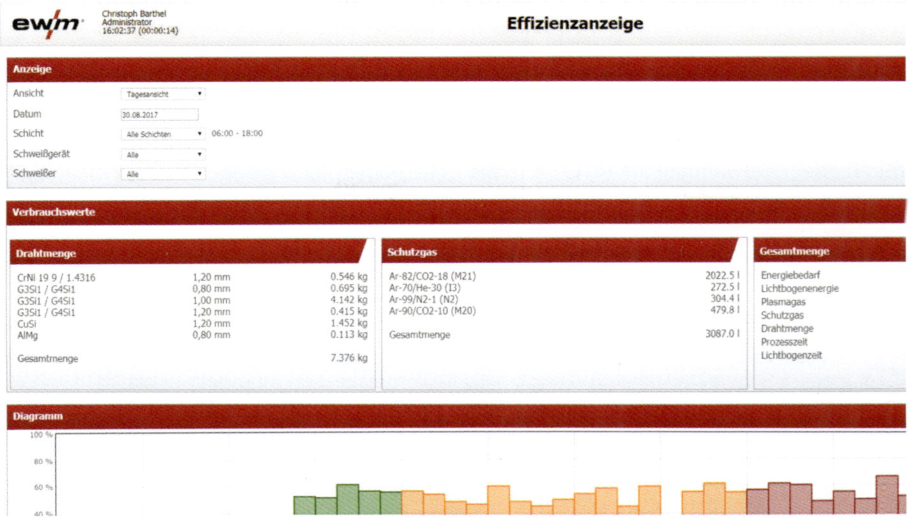

Bild 2. Tatsächliche Aufwände ermitteln: Die Effizienzanzeige des Schweißmanagement-Systems zeigt, wie viel Schweißzeit, Draht, Gas und Strom für eine definierte Aufgabe aufgewendet wurden. Diese Daten erleichtern das spätere Überprüfen der Wirtschaftlichkeit erheblich. (© EWM)

möglichkeiten bieten und die Schweißaufsicht entlasten. Dazu vernetzt das Schweißmanagement-System beliebig viele MIG/MAG- und WIG-Schweißgeräte eines Betriebs untereinander und lässt sie in Echtzeit via LAN/WiFi-Steuerung mit den PCs in den Planungs-, Verwaltungs- und Schweißaufsichtsbüros kommunizieren (**Bild 1**).

Umfangreiche Dokumentation und Auswertung

Das Schweißmanagement-System „ewm Xnet" ist modular aufgebaut und kann daher an den tatsächlichen Bedarf angepasst werden. Je nach Betriebsart und -größe stehen drei aufeinander aufbauende Module zur Verfügung. Das System liefert sämtliche kalkulationsrelevanten Daten wie die effektive Lichtbogenzeit sowie die Verbrauchswerte von Strom, Schutzgas und Zusatzwerkstoffen (**Bild 2**). „Alle Schweißdaten werden aufgezeichnet. Damit lässt sich die Effizienz beim Schweißen analysieren", sagt Thomas Häusle, Chief Business Officer bei EWM. „Diese Dokumentations- und Auswertungsfunktion von ‚ewm Xnet' lohnt sich bereits für Unternehmen, die in der 1. Ausführungsklasse der EN 1090 zertifiziert sind und eine Vielzahl unterschiedlicher Schweißprodukte fertigen." Sind qualifizierte Schweißverfahren und -prozesse sowie Schweißanweisungen (WPS) zwingend vorgeschrieben, steigt der Planungs- und Dokumentationsaufwand des Betriebs enorm. Auch hier kann das Schweißmanagement-System von EWM unterstützen. So lassen sich WPS über den Grafikeditor des „WPQ-X Managers" einfach am PC präzise erstellen sowie verwalten und dann papierlos direkt an das Schweißgerät des zuständigen Schweißers übermitteln (**Bild 3**). Dieser identifiziert sich über den „Xbutton" am Schweißgerät. Verfügt er über die benötigte Qualifikation für die geforderte Schweißaufgabe, kann er direkt mit seiner Arbeit beginnen. Dabei werden die tatsächlichen Schweißparameter und auch die Qualifikation des Schweißers dauerhaft dokumentiert. Die Dokumentation erfolgt automatisch, wodurch der Verwaltungsaufwand für die Schweißaufsicht sinkt.

Steigerung der Prozesssicherheit

Bei der Bauteileverwaltung des Schweißmanagement-Systems werden Bauteil-Zeichnungen direkt aus dem CAD-System importiert oder neu angelegt. Die Schweißaufsicht legt den Schweißfolgeplan fest und ordnet je-

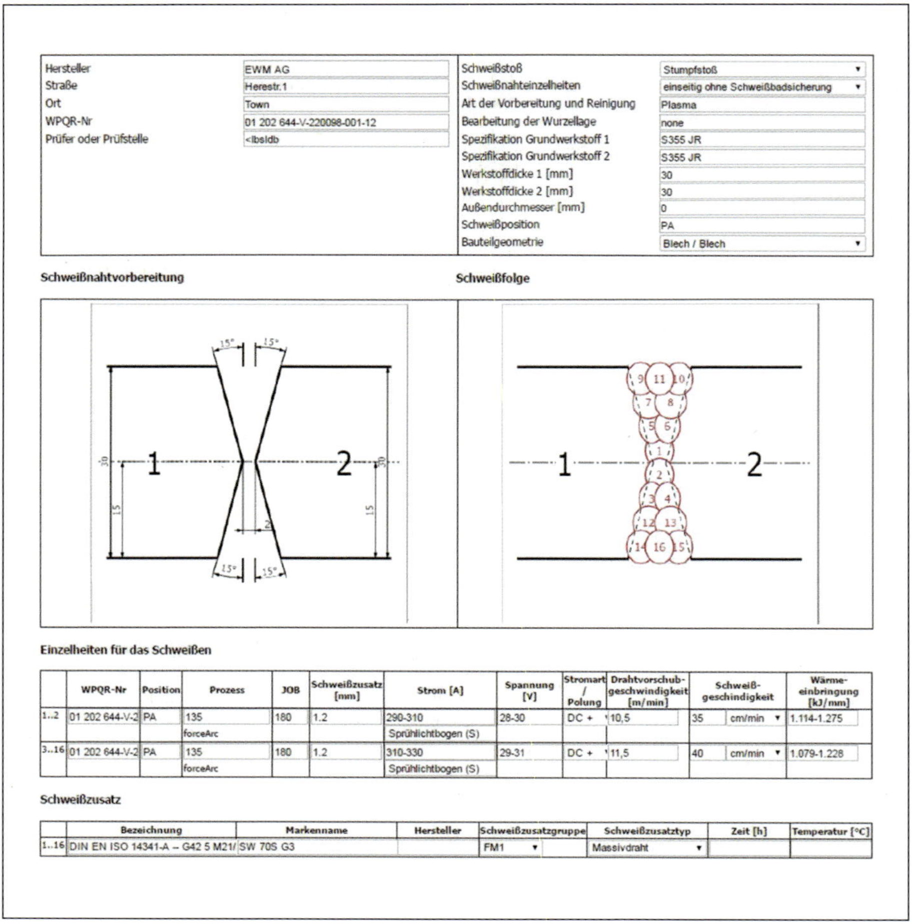

Bild 3. Für qualifizierte Schweißverfahren: Mit dem „WPQ-X Manager" lassen sich schnell präzise Schweißanweisungen (WPS) am PC erstellen und an ein Schweißgerät übermitteln. (© EWM)

der einzelnen Schweißnaht eine WPS zu. Der Schweißer scannt den ausgedruckten Barcode. Das angeschlossene Schweißgerät erhält automatisch alle relevanten Daten über Bauteil und Schweißaufgaben via „ewm Xnet“. Wenn vorgegeben, stellt das Schweißgerät auch die Parameter des Schweißverfahrens für die jeweilige Naht ein. Nach jeder Raupe oder Lage quittiert der Schweißer die Fertigstellung per Up/Down-Taste am Brenner (**Bild 4**). Im Ergebnis profitiert der Schweißer von einem vereinfachten Arbeitsprozess und kann die Einstellzeit minimieren. Definierte Parametervorgaben führen darüber hinaus zu einer erhöhten Qualitätssicherung. Fehler bei der Einstellung der Parameter lassen sich so vermeiden. Zusätzlich ermöglicht die automatisierte Dokumentation eine detaillierte Rückverfolgbarkeit einzelner Prozesse. Jede Raupe oder Lage lässt sich nachvollziehen.

Schnelle Inbetriebnahme

Das Schweißmanagement-System „ewm Xnet“ ist schnell installiert. Die Nutzung erfolgt einfach über den Browser. Dabei lassen sich auch bereits vorhandene MIG/MAG- und WIG-Schweißgeräte von EWM ab dem Baujahr 2002 integrieren. Bereits im Betrieb vorhandene Geräte können also problemlos in das digitale System eingebunden werden. Erforderlich ist lediglich ein externes Gateway dieses Anbieters, das mit der 7-poligen Schnittstelle des Schweißgeräts verbunden wird und die Kommunikation zwischen Schweißgerät und Schweißmanagement-System gewährleistet. Bei neuen Schweißgeräten von EWM ist das Gateway bereits als Option ab Werk in der Steuerung „Expert 2.0“ integriert, beispielsweise im MIG/MAG-Multiprozessschweißgerät „Titan XQ puls“.

Bild 4. Die Effizienz im Griff: Mit der Bauteileverwaltung des Schweißmanagement-Systems kann der Schweißer direkt am Werkstück eine fertiggestellte Naht durch Tastendruck am Brenner quittieren und die nächste Naht mit den automatisch richtigen Einstellungen beginnen.(© EWM)

Bild 5. Die SAF-Holland Group zählt zu den international führenden Herstellern von fahrwerksbezogenen Baugruppen und Komponenten für Trailer, Lkw und Busse. Zur Sicherstellung gleichbleibender Schweißnahtqualität nutzt das Unternehmen das Schweißmanagement-System „ewm Xnet". (© EWM)

SAF Holland stellt Qualität der Schweißnähte sicher

Die SAF-Holland Group zählt zu den international führenden Herstellern von fahrwerksbezogenen Baugruppen und Komponenten für Trailer, Lkw und Busse. Pendelachsen sind dabei für extreme Beanspruchungen und Sonderanwendungen ausgelegt (**Bild 5**). Die Achsen müssen einer Belastung von bis zu 11 t standhalten können. Bremsträger werden per MAG-Verfahren an die Pendelachsen geschweißt. „Mithilfe von ‚ewm Xnet' lassen sich alle wichtigen Schweißparameter kontinuierlich überwachen", sagt Stanislav Wiens, Head of Digital Welding Solutions bei EWM. „Denn um eine gleichbleibende Qualität der Schweißnähte sicherzustellen, müssen die Parameter in engen Grenzen vorgegeben und deren Einhaltung sichergestellt sein." Die Schweißmanagement-Software liefert eine lückenlose Dokumentation und Überwachung der Prozesse. Sämtliche Schweißparameter werden kontinuierlich aufgezeichnet und gespeichert. So hat die Schweißaufsicht alles im Blick. Die Schweißer profitieren ebenfalls, da sie nicht für jede Naht die genauen Parameter heraussuchen müssen, sondern gleich auf die korrekten, im Vorfeld definierten Einstellungen zugreifen können. Im Ergebnis führt SAF Holland mit dem Schweißmanagement-System eine kontinuierliche Qualitätsüberwachung und -kontrolle durch und stellt damit eine gleichbleibende Qualität der Schweißnähte an manuell geschweißten Achsen sicher. Auch der

Standort in China soll künftig eingebunden werden, um die Qualitätsanforderungen in einem reproduzierbaren Prozess auch international sicher erfüllen zu können.

Bilfinger Noell optimiert Produktionsprozesse

Die Bilfinger Noell GmbH ist ein Spezialist für Nuklear- und Magnettechnik (**Bild 6**). Das Unternehmen ist in der höchsten Ausführungsklasse EXC4 nach DIN EN 1090 zertifiziert. In den komplexen und anspruchsvollen Produktionsbereichen reicht es daher nicht aus, hochwertige Schweißnähte herzustellen. Zusätzlich sind umfangreiche Dokumentationen gefordert. Diese liefert Bilfinger Noell nun mit „ewm Xnet“: Bislang mussten die Schweißer nach jedem Schweißprozess die Parameter manuell in eine Tabelle eintragen, mit Namenskürzel versehen und von der Schweißaufsicht abzeichnen lassen. Mit „ewm Xnet“ werden wichtige Parameter wie Schweißzeit, Schweißart und Schweißparameter jetzt automatisch gespeichert und dann über den „Xbutton“ freigegeben. Der Verwaltungsaufwand konnte damit deutlich verringert werden. Zusätzlich erhöht sich die Qualitätssicherheit, denn der Schweißer kann sich nach der Identifikation am Schweißgerät nur in dem für ihn freigegebenen Bereich bewegen. Auch Schweißgeräte anderer Hersteller werden in das System eingebunden, sowohl im Produktionswerk von Bilfinger Noell als auch auf der Baustelle. Im Ergebnis bietet „ewm Xnet“ einen messbaren Mehrwert in der gesamten Wertschöpfungskette des Schweißbetriebes. Auf Basis der exakten Kalkulation von Verbräuchen und Kosten sollen künftig weitere Optimierungspotenziale ausgeschöpft werden.

Bild 6. Ob Verfahrenstechniken zur Behandlung von radioaktiven Abfällen (im Bild), Sicherheitskomponenten für den Neubau von Kernkraftwerken oder der Rückbau von kerntechnischen Anlagen – Bilfinger Noell ist ein Spezialist für Nuklear- und Magnettechnik, der aufgrund zahlreicher Zertifizierungen eine umfangreiche Dokumentationspflicht erfüllen muss. Das Schweißmanagement-System unterstützt dabei. (© EWM)

Fazit: Qualitätsmanagement der Zukunft

Mit der digitalen Vernetzung werden die aktuellen Betriebszustände der angeschlossenen Schweißgeräte in Echtzeit dokumentiert und übersichtlich visualisiert. So ist sofort ersichtlich, mit welchem Gerät gerade welches Bauteil geschweißt wird, welche Parameter im Detail eingestellt sind und wie weit die Arbeit fortgeschritten ist. Eventuelle Fehler werden direkt angezeigt und können so schnellstmöglich behoben werden. Mit Einsatz von „ewm Xnet“ baut sich kontinuierlich eine Datenbasis auf, die zur Prozessoptimierung herangezogen werden kann. Dank digitaler Vernetzung und intelligentem Monitoring wird „Welding 4.0“ zur Realität – und das für Schweißbetriebe jeglicher Größe und Ausrichtung.

Berechnung, Gestaltung und Fertigung in der Füge- und Trenntechnik

Marc Seibold, Dmytro Strelnikov, Klaus Schricker, Jörg Hildebrand, Jean Pierre Bergmann, Roland Herzog

Simulationsbasierte Optimierung der zeitabhängigen Pulsleistung beim Laserstrahlschweißen von Aluminiumlegierungen zum Vermeiden von Heißrissen

Im Rahmen des vorgestellten Forschungsvorhabens konnte gezeigt werden, dass die bestehenden Grenzen des gepulsten Laserstrahlschweißens von Aluminiumlegierungen erweitert werden können. Im Projekt wurde die Erstarrungsgeschwindigkeit als primäre steuernde Größe hinsichtlich der Rissentstehung adressiert. Mithilfe von Hochgeschwindigkeitsaufnahmen an der Werkstückoberfläche und Hochgeschwindigkeits-Röntgenaufnahmen ist es möglich, eine kritische Erstarrungsgeschwindigkeit zu ermitteln, deren Überschreiten zum Auftreten von Rissen führt. In Kombination mit dem eigens entwickelten numerischen Modell, das den Fokus auf die Erstarrungsgeschwindigkeit legt, kann eine optimierte Pulsform berechnet werden. Der Vergleich der optimierten Pulsform mit einer konventionellen Pulsform zur Erzeugung heißrissfreier Schweißungen belegt das Potenzial zur Steigerung der Schweißgeschwindigkeit und damit der Wirtschaftlichkeit. Dies wird durch das Fügen an verschiedenen Stoßkonfigurationen mit unterschiedlichen Schweißgeschwindigkeiten sowie Pulsüberlappungen nachgewiesen. Die Übertragbarkeit der Ergebnisse ist somit realisierbar und beinhaltet eine Steigerung der Schweißgeschwindigkeit um bis zu 34 % im Vergleich zu einer heißrissfreien Schweißung mit konventioneller Pulsform.

Einleitung

Das gepulste Laserstrahlschweißen, ein seit vielen Jahren etabliertes Mikrobearbeitungsverfahren, steht insbesondere für Anwendungen im Fokus, bei denen geringer thermischer Verzug gefragt ist. Dies betrifft etwa die Batterieproduktion oder die Medizintechnik [1], wo das Verfahren primär zum hermetischen Verschweißen von dünnwandigen Behältern genutzt wird. Der Einsatz von Aluminiumlegierungen, vor allem aus der Gruppe 6xxx, ist aufgrund mechanisch-technologischer Anforderungen notwendig, obwohl diese Legierungen eine hohe Neigung zur Heißrissbildung aufweisen. Dieses Problem wird in der Fachliteratur durch verschiedene Ansätze behandelt.

Beim kontinuierlichen Schweißprozess existieren Möglichkeiten, den Erstarrungsprozess gezielt zu beeinflussen, um Heißrisse zu verhindern oder zu stoppen. Dies kann durch eine kontinuierliche Anpassung der Erstarrungsgeschwindigkeit und des Temperaturgradienten erreicht werden, wie Hagenlocher durch eine sinusförmige Modulation der La-

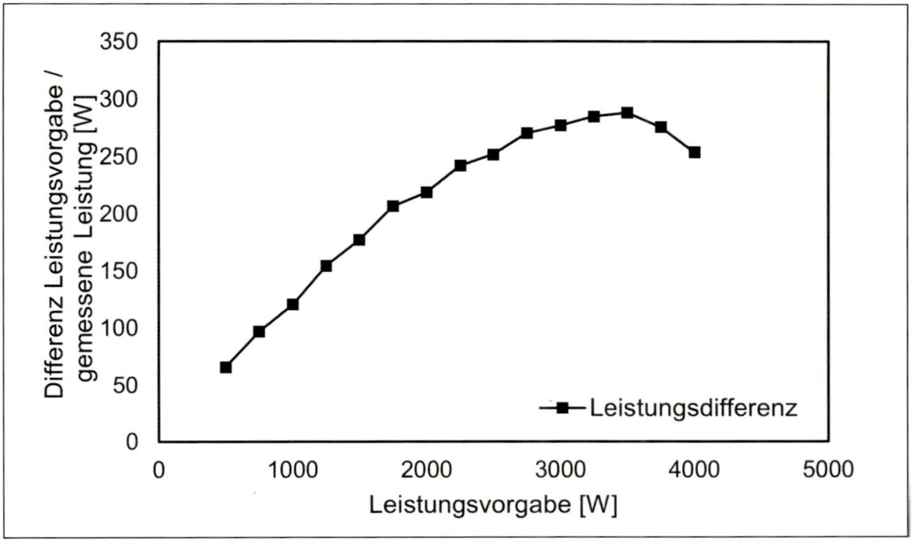

Bild 1. Gemessene Leistungsdifferenz über der eingestellten Laserstrahlleistung. (© TU Ilmenau)

3

serparameter zeigte [2], oder durch eine kontinuierliche Kaustikmodulation [3]. Diese Anpassungen im Laserstrahlprozess können die Entstehung von Heißrissen vermeiden. Ähnliche Ansätze gelten für gepulste Verfahren, wo besonders auf die Einhaltung oder Unterschreitung bestimmter prozessresultierender Größen wie Erstarrungsgeschwindigkeit und Temperaturgradient geachtet wird. Eine Methode hierfür ist die Überlagerung zweier Laserstrahlquellen zur thermischen Beeinflussung der Schweißnahtumgebung [4], was allerdings den Bedarf einer zweiten Laserstrahlquelle und somit einen hohen Gesamtenergieeintrag in die Fügezone mit sich bringt. Eine andere Möglichkeit, die Erstarrung beim gepulsten Schweißen zu beeinflussen, bietet die Pulsformung, bei der die emittierte Laserstrahlleistung innerhalb eines Pulses zeitlich angepasst wird. Verschiedene Studien haben gezeigt, dass durch Anpassung der Pulsformung Heißrissbildung minimiert oder vermieden werden kann [5, 6], wobei die betrachteten Pulsformen bislang experimentell ermittelt wurden, was oft zu längeren Pulsdauern und damit eingeschränkter Wirtschaftlichkeit führt – ein klarer Hinweis auf Optimierungsbedarf.

Das Ziel des vorgestellten Vorhabens war die Entwicklung einer Methodik zur Ermittlung optimierter Pulsformen für das gepulste Laserstrahlschweißen heißrissanfälliger Aluminiumlegierungen. Dies umfasste zunächst die Bestimmung kritischer Erstarrungsgeschwindigkeiten zur Minimierung oder Vermeidung von Heißrissen. Die Erkenntnisse floßen in ein numerisches Modell ein, um optimierte Pulsformen zu generieren, die anschließend experimentell validiert wurden. Der Prozess begann mit der Untersuchung von idealisierten Punktschweißverbindungen und wurde auf Linienschweißungen mit verschiedenen Stoßkonfigurationen ausgeweitet, um die Übertragbarkeit der Ergebnisse auf praxisrelevante Komponenten und deren Grenzen systematisch zu untersuchen und zu verstehen.

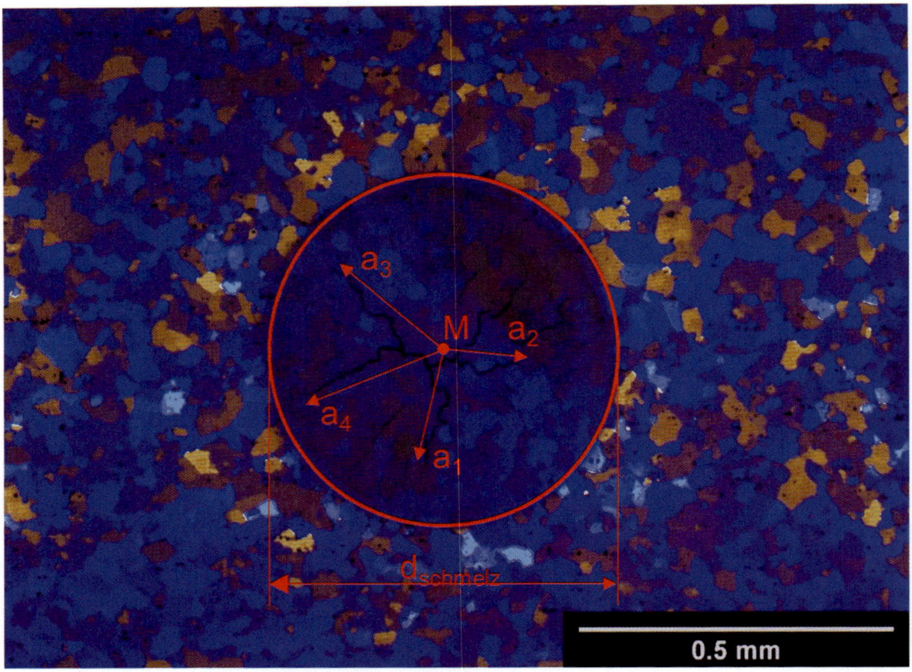

Bild 2. Aufschliff einer Einzelpulsschweißung sowie die zu bestimmenden Werte für die Auswertung (in rot). (© TU Ilmenau)

Experimentelles Vorgehen und Methoden

In diesem Projekt sind zwei gepulste Strahlquellen zum Einsatz gekommen, wobei darauf geachtet wurde, dass es sich um unterschiedliche Lasertypen handelt: eine blitzlampengepulste Strahlquelle der Firma Lasag-Rofin, Modell SLS 200 CL60 HP, und ein Faserlaser der Firma IPG Photonics, Modell YLM-450/4500-QCW. Für beide Strahlquellen wurde mithilfe der verwendeten optischen Komponenten ein vergleichbarer Fokusdurchmesser von d_f = 470 µm eingestellt. Eine maximale Laserstrahlleistung von P_{max} = 1,8 kW durfte nicht überschritten werden, um die Ausbildung einer Dampfkapillare zu verhindern. Die Aluminiumlegierung EN AW-6082 T6 wurde aufgrund ihrer Anfälligkeit zur Bildung von Heißrissen als Versuchswerkstoff gewählt.

Für die Umsetzung der im Projekt angestrebten optimierten Pulsform war eine präzise Leistungsausgabe der Laserstrahlquellen erforderlich. Um dies zu gewährleisten, wurde die Leistungsausgabe entsprechend angepasst. Zur Messung der Differenz zwischen eingestellter und tatsächlicher Laserstrahlleistung wurde das Messgerät PowerMax-Pro der Firma Coherent eingesetzt. Mit einer Taktrate von 20 kHz wurde die zeitliche Auflösung des Laserpulses gewährleistet. Die Anpassungen beider verwendeter Strahlquellen war notwendig, um die Leistungsvorgabe an die reale Leistungsabgabe anzupassen. Ausgehend von Pulsformen unterschiedlicher Maximalleistungen konnte die Abweichung zwischen Soll- und Istwert ermittelt werden.

Bild 1 veranschaulicht die ermittelte Differenz zwischen den Leistungsvorgaben und der gemessenen Laserstrahlleistung am Beispiel des Faserlasers. Trotz der Leistungsabgabe über die Zeit (±13 %) wird deutlich, dass es zu konsistenten Abweichungen zwischen Leistungsvorgabe und -abgabe kommt. Mit steigender Laserstrahlleistung von bis zu 3.500 W nimmt die Abweichung zu, um anschließend wieder abzufallen. Um diese Abweichung zu kompensieren, wurde eine Funktion entwickelt, die die Differenz zwischen Leistungsvorgabe und -abgabe korrigiert und somit bei komplexen Pulsformen Leistungsabweichungen unter 2 % ermöglicht.

Heißrisslängenmessung

Ein wesentlicher Aspekt war die Quantifizierung der Heißrisse in Schweißnähten. Zur Definition eines Maßstabs für deren Bewertung wurden Aufschliffe von Einzelpulsschweißungen erstellt. Die Präparation dieser Aufschliffe beinhaltete das Entfernen der Oxidschicht auf der Oberseite der Naht, da diese eventuell vorhandenen Risse verdecken könnte.

Bild 2 präsentiert einen derartigen Aufschliff, der mittels der Ätzmethode nach Barker präpariert wurde. Ebenfalls dargestellt sind die relevanten Größen, die bestimmt werden sollen. Dazu zählt der Durchmesser des Schmelzbads $d_{schmelz}$, die Mitte der Schweißnaht M sowie der maximale Abstand a der Heißrisse von der Nahtmitte. Die Bedeutung dieser Messpunkte ergibt sich aus dem Erstarrungsprozess: Die Schmelze erstarrte radial zur Nahtmitte hin während des Abkühlvorgangs. Ein größerer Abstand der Entstehungspunkte der Heißrisse von der Nahtmitte weist somit auf eine frühere Rissentstehung während des Erstarrungsprozesses hin. Das Ziel der Analyse der Schliffbilder war es, einen Bereich ohne Heißrisse zu identifizieren. Daher wurde vereinfacht angenommen, dass Tiefeninformationen aufgrund der Aufschliffe vernachlässigt werden konnten. Sollten Heißrisse vom Grund der Naht ausgehen, würden sie dennoch als sehr kurze Risse im Aufschliff sichtbar sein. Die Berechnung der Risslänge erfolgte demnach wie folgt:

$$r_{riss}=\sqrt{(a_x-M_x)^2+\left(a_y-M_y\right)^2} \qquad (1)$$

Bei dieser Betrachtung fehlt der direkte Bezug zum eigentlichen Schmelzbad. Die Probenpräparation und die Anwendung unterschiedlicher Pulsformen resultieren in variierenden Durchmessern des Schmelzbads. Ein umfangreicheres Schmelzbad kann demzufolge zu längeren Heißrissen führen, was das Ergebnis verfälschen würde. Daher wird das Verhältnis zwischen dem Radius des Schmelzbads $r_{schmelz}$ und der Länge des Risses r_{riss} zur Vermeidung solcher Verzerrungen wie folgt definiert:

$$\Psi_{riss}=\frac{r_{riss}}{r_{schmelz}}=\frac{2\cdot\sqrt{(a_x-M_x)^2+\left(a_y-M_y\right)^2}}{d_{schmelz}}\cdot 100\% \qquad (2)$$

Bestimmung der Erstarrungsgeschwindigkeit

Neben dem Verhältnis der Rampendauern zum Heißrissverhältnis (Ψ_{riss}) spielt die Erstarrungsgeschwindigkeit (R) bei den jeweiligen Rampendauern eine entscheidende Rolle. Um diese zu ermitteln, wurden nicht nur Hochgeschwindigkeitsaufnahmen der Blechoberseite angefertigt, sondern auch Hochge-

3

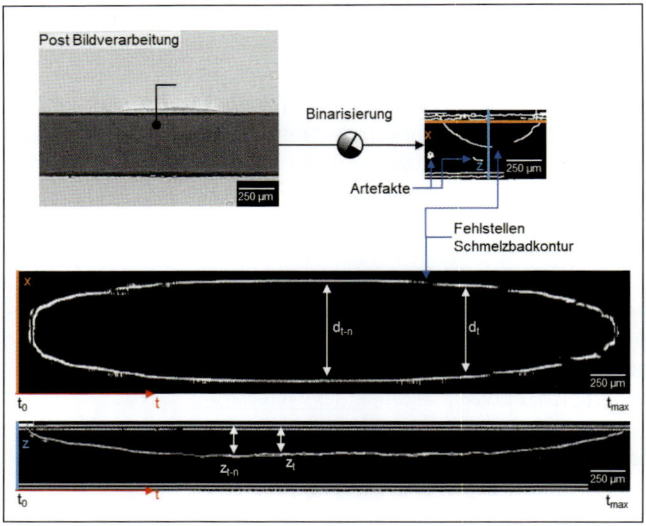

Bild 3. Darstellung der Berechnungsmethode der Erstarrungsgeschwindigkeiten bei den Röntgendurchstrahlungsversuche am ESRF. (© TU Ilmenau)

schwindigkeits-Röntgenaufnahmen am European Synchrotron Radiation Facility (ESRF) in Grenoble durchgeführt. Diese Aufnahmen, mit einer Rate von 120 kHz, ermöglichen es, die Dynamik des Schmelzbades während der Erstarrungsphase detailliert zu verfolgen. Durch die Anwendung der Bildverarbeitung mittels der Programmbibliothek OpenCV wurden die Isothermen des Schmelzbades erkannt, welche essenziell für die Bestimmung der Erstarrungsgeschwindigkeit sind. Für eine umfassende Analyse wurde die Erstarrungsgeschwindigkeit in zwei Dimensionen betrachtet: radial zur Nahtmitte (R_x) und vom Grundwerkstoff zur Schmelzbadoberfläche (R_z), wobei letztere ausschließlich durch die Auswertung der Röntgenaufnahmen ermittelt werden konnte. Das **Bild 3** illustriert exemplarisch das Verfahren zur Ermittlung der Erstarrungsgeschwindigkeiten.

Indem die Kontur des Schmelzbades entlang einer definierten Linie für jedes Bild festgelegt und visualisiert wurde, lassen sich Änderungen in der Breite und Tiefe des Schmelzbades aufzeigen. Aus der Variation der Schmelzbadkontur zwischen zwei aufeinanderfolgenden Bildern lässt sich dann die Erstarrungsgeschwindigkeit für die jeweiligen Richtungen bestimmen. Die ermittelten Geschwindigkeitswerte werden ausführlich in Kapitel 4 präsentiert.

Numerisches Modell

Das entwickelte Modell nimmt eine Rotationssymmetrie des Simulationsgebiets an, was bei ausreichender Werkstückdimensionierung gerechtfertigt ist. Dadurch kann die Simulation in Zylinderkoordinaten erfolgen und effektiv auf zwei räumliche Dimensionen reduziert werden. Der Übersichtlichkeit halber werden die Gleichungen hier jedoch in dreidimensionaler Form geschrieben. Es gilt die quasilineare Wärmeleitungsgleichung:

$$s\big(\theta(x,t)\big)\frac{\big(\partial\theta(x,t)\big)}{\partial t} = \operatorname{div}\big(\kappa\big(\theta(x,t)\big)\operatorname{grad}\theta(x,t)\big) \qquad (3)$$

wobei die von der Temperatur θ abhängigen Koeffizienten s bzw. κ die effektive volumetrische Wärmekapazität bzw. Wärmeleitfähigkeit darstellen.

Eine wesentliche Herausforderung im Projekt war die Formulierung einer geeigneten Zielfunktion für die Optimierung, die folgende Punkte gleichzeitig berücksichtigt:

1. Es soll eine vorgegebene Schweißtiefe erreicht werden.
2. Die Erstarrungsgeschwindigkeit soll einen vorgegebenen kritischen Wert nicht überschreiten.
3. Die Pulsform muss in einer vorgegebenen Zeit beendet sein.
4. Die Pulsenergie soll geringer sein als bei der konventionellen Pulsform.

Die Punkte 1 und 3 sind essenziell, um ein simuliertes Schmelzbad aufzubauen und im Anschluss dieses auch zu erstarren.

Diese Ziele wurden durch Modellierung einer Zielfunktion mit entsprechend vier Termen erreicht, die gewichtet aufsummiert werden. Das erste Ziel wird durch die Funktion:

$$J_{penetration} = \frac{\beta_{penetration}}{2} \left(\left\| \theta(x_{target}, \cdot) \right\|_{Lp(0,T)} - \theta_{target} \right)^2 \qquad (4)$$

ausgedrückt. Dabei ist x_{target} ein Zielpunkt auf der Symmetrieachse in der gewünschten Tiefe, die das Schmelzbad erreichen soll, und θ_{target} stellt die dort gewünschte Temperatur dar, die über der Liquidus-Temperatur liegen soll. Da der Zeitpunkt, an dem diese Temperatur erreicht werden soll, nicht festgelegt ist, sollte idealerweise die Maximaltemperatur während des Prozesses am Zielpunkt verwendet werden, also die Unendlich-Norm in der Zeit. Da diese aber nicht differenzierbar ist und daher die Lösung des Optimierungsproblems erwartbar verkomplizieren würde, wurde sie mit einer L_p-Norm für ausreichend großes p angenähert.

Für die Modellierung des zweiten Terms in der Zielfunktion benötigen wir einen Ausdruck für die Erstarrungsgeschwindigkeit, die wir als Geschwindigkeit einer Isotherme im Korridor zwischen Solidus- und Liquidus-Temperatur definieren. Für diese Geschwindigkeit ergibt sich der Ausdruck:

$$v(x,t) := \frac{-\theta_t(x,t)}{\|\mathrm{grad}\,\theta(x,t)\|} \qquad (5).$$

Dabei entspricht die Erstarrung gerade positiven Geschwindigkeitswerten, also fallenden Temperaturen. Das Modell wird hier in radialsymmetrischer Form mit Hilfe eines Finite-Elemente-Ansatzes beschrieben. Ferner wird dort die Bereitstellung der Ableitung der Steuerungs-Zustands-Abbildung beschrieben. Dabei kann in wesentlichen Teilen auf die Fähigkeit der verwendeten Finite-Elemente-Toolbox FEniCS zur algorithmischen Differentiation (AD) zurückgegriffen werden. Auf Basis dieser Ableitung wird ein projiziertes Gradientenverfahren mit Schrittweitensuche implementiert und getestet. Eine ausführlichere Darstellung des numerischen Modells wird in der Veröffentlichung von Herzog erläutert [7].

Ergebnisse experimenteller Untersuchungen

Um das Optimierungsmodell mit den entsprechenden Daten zu speisen, wurden mit den eingesetzten Strahlquellen Schweißungen mit unterschiedlichen Rampenzeiten durchgeführt. Dabei wurde die abfallende

3

Rampe am Pulsende variiert. Der erste Punkt mit einer Rampendauer von 0 ms entspricht einem Rechteckpuls mit einer Länge von 5 ms. Die Laserstrahlleistung mit P_{max} = 1,8 kW wurde so gewählt, dass die Tiefschweißschwelle nicht überschritten wird, um so die Bildung einer Dampfkapillare zu vermeiden. **Bild 4** zeigt die gemessenen Heißrisslängenverhältnisse $\Psi_{riss,}$ basierend auf der Formel (2), aufgetragen über den verschiedenen verwendeten Rampendauern.

Unter dem **Bild 4** sind die Messungen des Heißrissverhältnisses über die Rampendauer aufgetragen. Als Probenmaterial wurde die heißrissempfindliche Aluminiumlegierung EN AW-6082 T6 verwendet. In Grau werden die Messungen ohne Schutzgasstrom und in Schwarz mit einem Schutzgasstrom (Argon 5.0) von 4 l/min aufgetragen. Es ist zu erkennen, dass sich das Heißrissverhältnis Ψ_{riss} in Abhängigkeit von der Rampendauer in drei Bereiche einteilen lässt. Diese wurden im Diagramm mit I, II und III gekennzeichnet. Der erste Bereich zeigt einen linearen Zusammenhang zwischen Rampendauer und Heißrissverhältnis. Mit zunehmender Rampendauer nimmt die Risslänge ab. Dies ist vor allem bei den Versuchen mit Schutzgaszuführung zu finden. Daran schließt sich der zweite Bereich an, der im Folgenden auch als Arbeitsbereich bezeichnet wird. In diesem Bereich sind unter Verwendung eines Schutzgasstroms keine Heißrisse detektierbar. Der dritte Bereich zeigt eine erneute Zunahme der Heißrisse. Die Ergebnisse zeigen keine Korrelation zwischen dem Heißrissverhältnis und der Rampendauer. Daraus kann geschlossen werden, dass eine Rampendauer von 10 ms eine Pulsform ergibt, die ein rissfreies Schweißen ermöglicht.

An dieser Stelle war die Erstarrungsgeschwindigkeit für die Arbeit entscheidend. Zur Bestimmung wurde die Erstarrungsge-

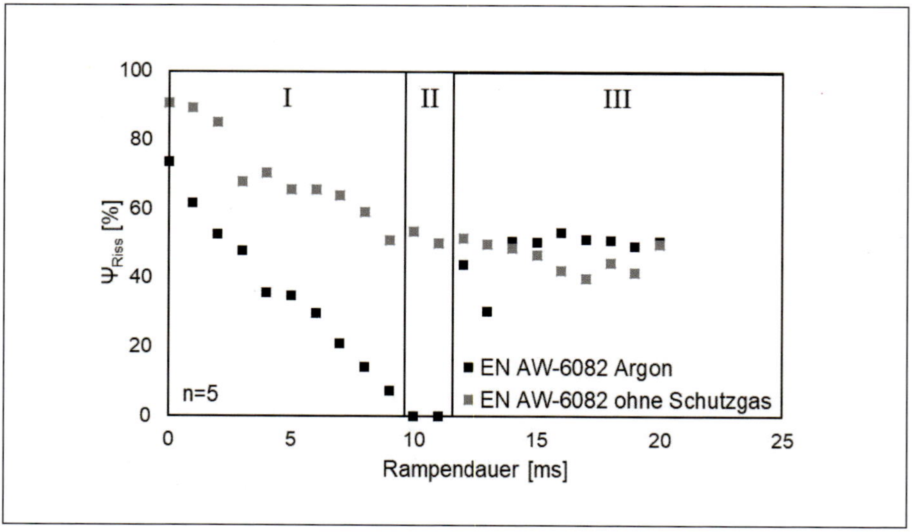

Bild 4. Auswertung des Heißrissverhältnisses in Abhängigkeit von der Rampendauer (geschweißt mit Schutzgas und ohne Schutzgas (Nd:YAG-Laser). (© TU Ilmenau)

schwindigkeit der heißrissfreien Schweißnaht einerseits mit dem numerischen Modell berechnet und andererseits mit der in Kapitel „Bestimmung der Erstarrungsgeschwindigkeit" beschriebenen Analysemethode von Hochgeschwindigkeits-Röntgenbildern, die an der ESRF in Grenoble aufgenommen wurden, ermittelt.

Die Gegenüberstellung der Ergebnisse und die ermittelte Pulsform (ein Rechteckpuls von 5 ms mit einer anschließenden Rampenzeit von 10 ms) können dem **Bild 5** entnommen werden. Zur besseren Verdeutlichung wird die verwendete Pulsform rot gestrichelt dargestellt. Es wird deutlich, dass aus den Hochgeschwindigkeits-Röntgenaufnahmen ermittelte Erstarrungsgeschwindigkeiten (grau) entlang der verschiedenen Raumrichtungen nur sehr geringe Unterschiede aufwiesen. Somit könnte festgehalten werden, dass die Erstarrung im Bereich II gleichmäßig abläuft. Des Weiteren zeigt sich, dass beim Vergleich mit der aus dem Model berechneten Erstarrungsgeschwindigkeit (schwarz) ebenfalls keine große Abweichung auftreten. Allerdings überschätzt das Modell den Beginn der einsetzenden Erstarrung und berechnet dementsprechend auch ein früheres Erreichen der vollständig erstarrten Schweißnaht. Die Ursache dafür liegt in der Modellierung begründet, die niedrigschmelzenden Phasen entsprechend den Materialeigenschaften berücksichtigt, aber vereinfachend keine Erstarrungsvorgänge selbst, beispielsweise hinsichtlich der Gefügestruktur, abbildet. Dennoch erlaubt die quantitative Übereinstimmung zwischen den Erstarrungsgeschwindigkeiten die Ermittlung eines Intervalls kritischer Erstarrungsgeschwindigkeiten, das nicht überschritten werden darf. Dieses liegt zwischen R_{krit} = 0,1134 m/s und

3

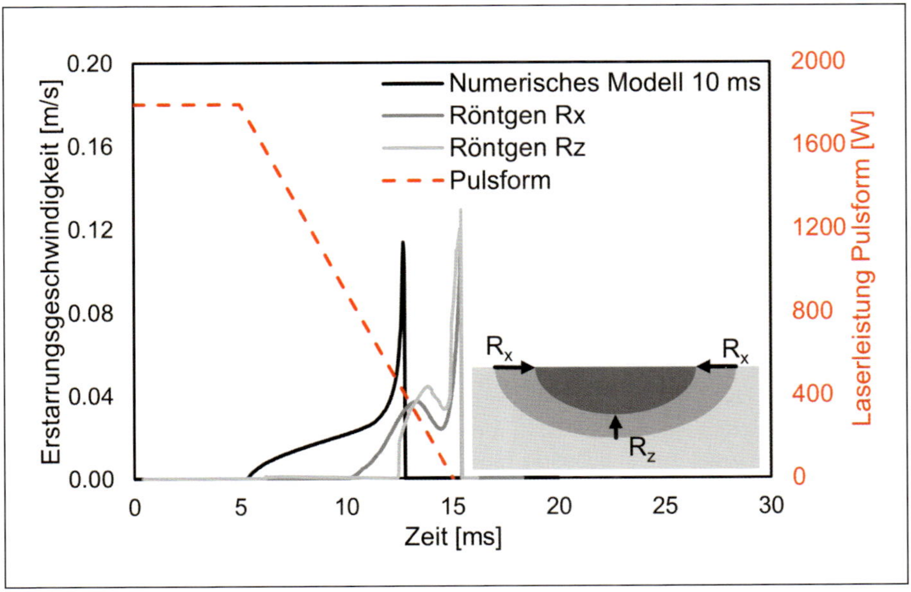

Bild 5. Darstellung der gemessenen und im Modell berechneten Erstarrungsgeschwindigkeit für eine heißrissfreie Schweißung. (© TU Ilmenau)

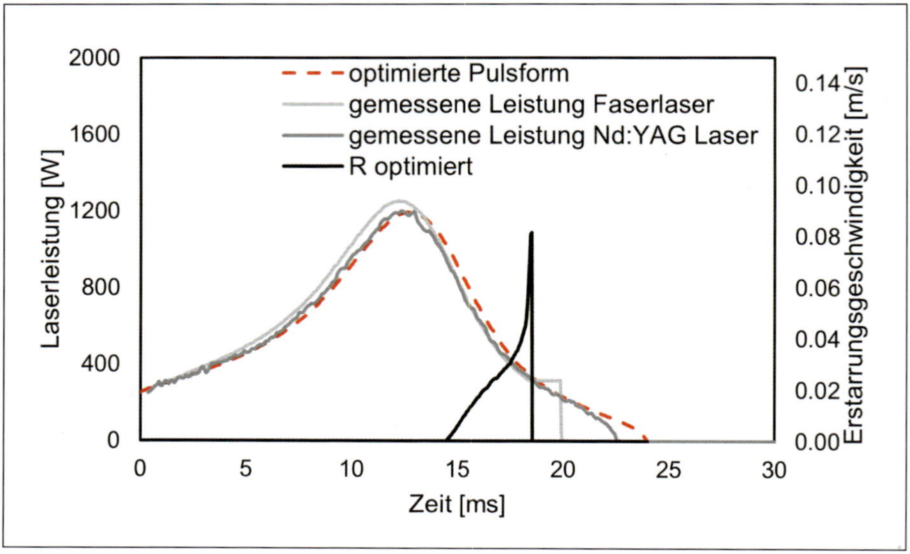

Bild 6. Messung der Laserstrahlleistung der optimierten Pulsform sowie die Erstarrungsgeschwindigkeit, welche aus dem Modell ermittelt wurde (Nd:YAG-, Faserlaser). (© TU Ilmenau)

0,129 m/s. Mit dem numerischen Modell können diese Erstarrungsgeschwindigkeiten als Randbedingung (Punkt 2) festgelegt werden, welche während der Erstarrung nicht überschritten werden dürfen. Aufbauend auf diesen Erkenntnissen und dem entwickelten Modell konnten optimierte Pulsformen ermittelt werden, die im Folgenden anhand eines Beispiels in **Bild 6** diskutiert werden. Weitere Randbedingungen für die Berechnung der Pulsform sind die maximal zulässige Pulsdauer (Punkt 3) von 20 ms und eine maximal zulässige Laserstrahlleistung (Punkt 3-4) von 1,8 kW. Die minimal zu erreichende Einschweißtiefe (Punkt 1) wurde auf 250 µm gesetzt und wird als angestrebte Pulsform (rot gestrichelt) und die Erstarrungsgeschwindigkeit (schwarz) dargestellt.

Durch die im Kapitel „Experimentelles Vorgehen und Methoden" beschriebene Anpassung der verwendeten Strahlquellen war eine genaue Wiedergabe der Pulsform (grau) möglich. Die berechnete Erstarrungsgeschwindigkeit lag mit $R_{optimiert}$ = 0,0807 m/s deutlich unter der kritischen Erstarrungsgeschwindigkeit. Markant in der optimierten Pulsform war ansteigende Leistung am Pulsbeginn, um eine Vorwärmung zu generieren. Das anschließende Leistungsmaximum erzeugte das Schmelzbad, welches durch die berechnete Leistungsabnahme mit der gewählten Erstarrungsgeschwindigkeit erstarrte. Der Schliff (**Bild 7**) zeigt eine mit dem Nd:YAG-Laser erzeugte Einzelpulsschweißung. Dies zeigte, dass durch die Verwendung einer optimierten Pulsform heißrissfreie Schweißungen erzeugt, werden konnten. Daraus kann geschlossen werden, dass die Erstarrungsgeschwindigkeit als kritische Größe für das gepulste Laserstrahlschweißen herangezogen werden kann.

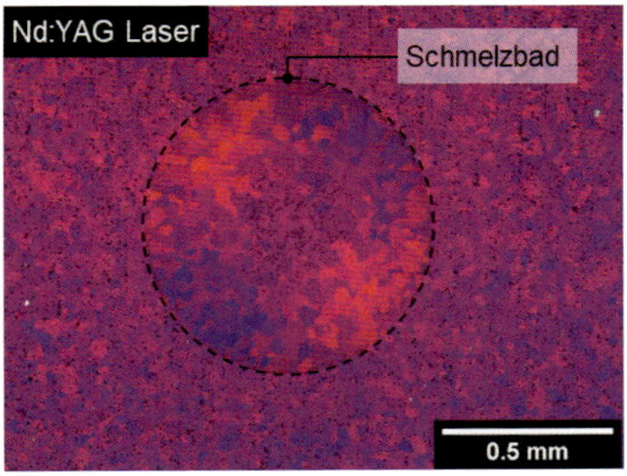

Bild 7. Aufschliff einer Einzelpulsschweißung (optimierte Pulsform, Nd:YAG-Laser). (© TU Ilmenau)

Als weiterer Vorteil der optimierten Pulsform ist die geringere Impulsenergie im Vergleich zur konventionellen Pulsform zu nennen (Punkt 4). Die Impulsenergie ist die entscheidende Größe beim gepulsten Laserstrahlschweißen, wenn es um die Maximierung der Schweißgeschwindigkeit v_s geht. Formel (6) stellt die mathematische Bestimmung der Schweißgeschwindigkeit v_s dar.

$$v_s = \frac{d_f \cdot P_{mittel} \cdot 100\%}{E_{Puls} \cdot Ü} \quad (6)$$

Der Fokusdurchmesser d_f, die mittlere Laserstrahlleistung P_{mittel} sowie der Pulsüberlapp Ü sind prozess- bzw. anlagenseitig vorgegebene Größen und können daher als konstant angenommen werden. Lediglich die Impulsenergie E_{Puls} stellt sich als zu beeinflussende Größe zur Verfügung. Diese ergibt sich aus der in einem Einzelpuls (Impuls) eingebrachten Energie und entspricht jeweils der Fläche unter den gestrichelten Kurven in **Bild 5** und **Bild 6**. Daraus läßt sich ableiten, dass die Schweißgeschwindigkeit umgekehrt proportional zur Impulsenergie ist. Aufgrund der geringeren Impulsenergie der optimierten Pulsform könnte die Schweißgeschwindigkeit erhöht werden.

Im Rahmen des Projektes wurden zwei Überlappungsgrade untersucht. Ein Überlappungsgrad von 50 %, der konventionell zur Erzeugung einer flüssigkeitsdichten Schweißnaht verwendet wird und ein Überlappungsgrad von 70 %, der typischerweise für das Erreichen einer gasdichten Schweißnaht verwendet wird. Ausgehend von der konventionellen Pulsform mit einer Rampenzeit von 10 ms und einer Impulsenergie von 18 J, weist die optimierte Pulsform eine Impulsenergie von nur 13,4 J auf. Am Beispiel einer Pulsüberlappung von 70 % wurden in **Bild 8** Linienschweißungen mit konventionellen Rampdownpulsen und optimierten Pulsformen gegenübergestellt.

Die Schweißversuche wurden im Stumpfstoß mit unterschiedlichen Schweißgeschwindigkeiten durchgeführt. Für die Schweißung in **Bild 8a** wird die maximale Schweißgeschwindigkeit für die konventionelle Pulsform gewählt, was für den verwendeten Nd:YAG-Laser v_s = 0,08 m/min entspricht. Im Gegensatz dazu zeigt **Bild 8b** ein Schliffbild einer Schweißnaht, die mit einer Schweißgeschwindigkeit von v_s = 0,1075 m/min erstellt wurde. Dies war möglich durch die Wahl der optimierten Pulsform aus **Bild 6**. Sowohl die konventionelle als auch die optimierte Pulsform zeigen keine erkennbare Rissbildung nach dem Schweißprozess. Es kann somit festgehalten werden, dass durch die optimierte Pulsform eine Erhöhung der Schweißgeschwindigkeit um bis zu 34 % im gewählten Beispiel möglich war. Dies wirkt sich unmittelbar auf die Steigerung der Wirtschaftlichkeit aus. Diese Steigerung der Schweißgeschwindigkeit war für weitere Laserstrahlquellen übertragbar. Das Schmelzbad erstarrte zwischen den einzelnen Pulsen, wo-

3

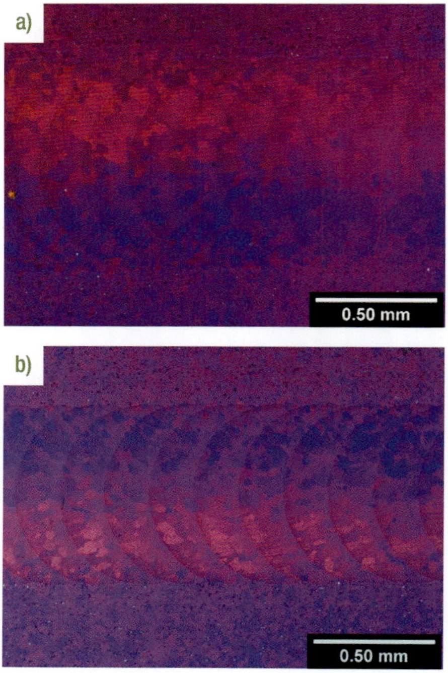

Bild 8. Aufschliffe von Stumpfstoßschweißungen: a) t_{RD} = 10 ms, b) optimierte Pulsform (Ü = 70 %, Werkstoff EN AW-6082, Nd:YAG-Strahlquelle). (© TU Ilmenau)

mit die erhöhte Pulswiederholrate keine nennenswerte Auswirkung auf den Erstarrungsprozess hat.

Fazit

Im Rahmen des Projektes wurde die Möglichkeit des Einsatzes optimierter Pulsformen für das gepulste Laserstrahlschweißen von Aluminiumlegierungen unter Vermeidung von Heißrissen und gleichzeitiger Steigerung der Schweißgeschwindigkeit nachgewiesen.

Kern der Arbeiten war die stringente Verknüpfung experimenteller und numerischer Untersuchungen. Den Ausgangspunkt dafür stellte die Entwicklung eines Modells für die numerische Simulation zur Ermittlung der maximal zulässigen Erstarrungsgeschwindigkeiten im gepulsten Laserstrahlschweißen unter Beibehalten der Rissfreiheit. Die Formulierung einer geeigneten Zielfunktion erlaubt die Optimierung der Pulsform unter Berücksichtigung anwendungsnaher Parameter der Laserstrahlquelle, der Materialeigenschaften sowie Umgebungsbedingungen auf Basis des thermischen Modells.

Durch Einzelpulsschweißungen mit unterschiedlichen linearen Rampendauern wurden verschiedene Bereiche des Heißrissverhaltens identifiziert. Durch die Kombination mit Hochgeschwindigkeitsaufnahmen der in-situ-Röntgendurchstrahlungsverfahren wurden die Grenzen der maximal zulässigen Erstarrungsgeschwindigkeiten ermittelt, bis zu denen heißrissfreie Schweißungen erzielt wurden. Im Vergleich mit der ermittelten maximalen Erstarrungsgeschwindigkeit aus dem numerischen Modell konnte eine Erstarrungsgeschwindigkeit von 0,1134 m/s als kritische Grenze bestimmt werden, welche es zu unterschreiten gilt.

Ein Übertrag der Ergebnisse von den Einzelpulsschweißungen hin zu Linienschweißungen hat gezeigt, dass der Ansatz von grundlegenden Untersuchungen auf anwendungsnahe Stoßarten übertragbar ist. Da die Pulsenergie beim gepulsten Schweißen der limitierende Faktor für die Schweißgeschwindigkeit ist, wurde diese im Optimierungsprozess als Randbedingung mitbetrachtet. Mit der geringeren Pulsenergie der optimierten Pulsformen ist eine Steigerung der Schweißgeschwindigkeit möglich, was anhand der verwendeten Laserstrahlquellen mit einer Steigerung um 34 % nachgewiesen werden konnte.

Danksagung

Das IGF-Vorhaben Nr.: 20.826 BR / DVS-Nr.: 12.3005 der Forschungsvereinigung Schweißen und verwandte Verfahren e. V. des DVS, Aachener Str. 172, 40223 Düsseldorf, wurde über die AiF im Rahmen des Programms zur Förderung der industriellen Gemeinschaftsforschung und -entwicklung (IGF) vom Bundesministerium für Wirtschaft und Klimaschutz aufgrund eines Beschlusses des Deutschen Bundestages gefördert.

Für die Förderung und die Unterstützung bei der Durchführung der Forschungsarbeiten sei gedankt. Die Autoren danken außerdem den Mitgliedern des projektbegleitenden Ausschusses für die technische Unterstützung, die Bereitstellung von Untersuchungsmaterial sowie die intensiven Diskussionen und wertvollen fachlichen Hinweise. Ein weiterer Dank geht an das European Synchrotron Radiation Facility (ESRF) für die Bereitstellung der Synchrotronstrahlungseinrichtungen und Dr. Alexander Rack, Dr. Yunhui Chen sowie Dr. Herwig Requardt für die Hilfe und Unterstützung bei der Nutzung der Beamline 19.

Literatur

[1] Amada Weld Tech Inc. (Hrsg.): Laser Welding Basics – CW, Pulsed or Modulated? [online]. Verfügbar unter: https://amadaweldtech.com/blog/laser-welding-basics-cw-pulsed-or-modulated/ [Zugriff am 12.03.2024).

[2] Hagenlocher, C.: Die Kornstruktur und der Heißrisswiderstand von Laserstrahlschweißnähten in Aluminiumlegierungen. Utzverlag, München 2020.

[3] Dittrich, D., B. Keßler, R. Strohbach u. A. Jahn: Laser Beam Welding of Hot Crack Sensitive Al-alloys without Filler Wire by Intensity Controlled Dynamic Beam Oscillation. Procedia CIRP 111 (2022), S. 435/48.

[4] Bielenin, M., u. J. P. Bergmann: Using a Diode Laser Superposition to Prevent Solidification Cracking in Pulsed Nd:YAG Laser Beam Welding. Proceedings “ICALEO 2017: 36th International Congress on Applications of Lasers & Electro-Optics”, 409. https://doi org/10.2351/1.5138147.

[5] v. Witzendorff, P., S. Kaierle, O. Suttmann u. L. Overmeyer: Using Pulse Shaping to Control Temporal Strain Development and Solidification Cracking in Pulsed Laser Welding of 6082 Aluminum Alloys. Journal of Materials Processing Technology 225 (2015), S. 162/69.

[6] Zhang, J., D. C. Weckmann u. Y. Zhou: Effects of Temporal Pulse Shaping on Cracking Susceptibility of 6061-T6 Aluminum Nd:YAG Laser Welds. Welding Journal 87 (2008), S. 18/30.

[7] Herzog, R., u. D. Strelnikov: An Optimal Control Problem for Single-Spot Pulsed Laser Welding. J.Math.Industry 13 (2023), 4. https://doi.org/10.1186/s13362-023-00132-7.

Michael Hasieber, Jean Pierre Bergmann

Charakterisierung der geometrischen Verschleißeigenschaften von Rührreibschweißwerkzeugen und Entwicklung einer Methodik zur Abschätzung des maximal ertragbaren Verschleißes

Das Rührreibschweißen hat sich aufgrund steigender industrieller Anforderungen zu einer prozesssicheren und weit verbreiteten Schweißtechnologie entwickelt. Die Anwendung unterliegt hingegen verfahrensspezifischen Herausforderungen, zu denen unter anderem der verfahrensbedingte Werkzeugverschleiß zählt. Die dabei entstehenden Formänderungen können zu Prozessinstabilitäten, Schweißnahtunregelmäßigkeiten oder vorzeitigem Werkzeugversagen führen. Vor diesem Hintergrund erfolgte im hier vorgestellten Forschungsvorhaben „FSWear" die Entwicklung einer Strategie zur Charakterisierung und ganzheitlichen Beschreibung des Werkzeugverschleißes an Schulter und Schweißstift in Abhängigkeit von der jeweiligen Prozessphase sowie die Erarbeitung von Extrapolationsmethoden zur vereinfachten Abschätzung des maximal tolerierbaren Werkzeugverschleißes. Es wurde gezeigt, dass mit reduzierten Fügetemperaturen verringerter Werkzeugverschleiß sowie gleichermaßen erhöhte Standzeiten umgesetzt werden können. Durch die Analyse und Separation von Eintauch- und Schweißphase wurde der Verschleiß an Schulter und Schweißstift prozessphasenunabhängig ermittelt, wobei während der Schweißphase erhöhter Werkzeugverschleiß verzeichnet wurde. Des Weiteren wurden für kleine und mittlere Unternehmen relevante Charakterisierungsmethoden identifiziert, die eine zerstörungsfreie und aussagekräftige Bewertung des Verschleißes am Rührreibschweißwerkzeug ermöglichen.

Einleitung

Die zunehmenden Anforderungen an die Fügetechnik hinsichtlich des Leichtbaus und der Bauteilkomplexität erfordern die Weiterentwicklung technologisch geeigneter Schweißverfahren. Eine aussichtsreiche Alternative zu konventionellen Schmelzschweißverfahren stellt das Verfahren des Rührreibschweißens dar. Das zentrale Element dieser Technologie ist ein aus Schulter und Schweißstift bestehendes Werkzeug, das durch Rotation und Druck einen reibungsinduzierten Wärmeeintrag generiert, wodurch ein Extrudieren der Werkstoffe unterhalb deren Liquidustemperatur ermöglicht wird und resultierend eine stoffschlüssige Verbindung entsteht. Die zentralen Herausforderungen beim Rührreibschweißen lassen sich unter anderem auf die vergleichsweise hohen Prozesskräfte [1] und den verfahrensbedingten Werkzeugverschleiß zurückführen. Bei letztgenanntem führen thermomechanische Beanspruchungen zwischen Rührreibschweißwerkzeug und ortsfesten Fügepartnern zu tribologischen Wechselwirkungen, infolgedessen verfahrensbedingter Verschleiß am Rührreibschweißwerkzeug entsteht. Somit ist der Verschleiß, die Verschleißgrenzen sowie die damit verbundenen Standzeiten von Rührreibschweißwerkzeugen ausschlaggebend für die Planung und Umsetzung prozesseffizienter Fügevorgänge. Die Ermittlung der Verschleißgrenzen kann hingegen als eine zentrale Herausforderung betrachtet werden. Hierbei ist

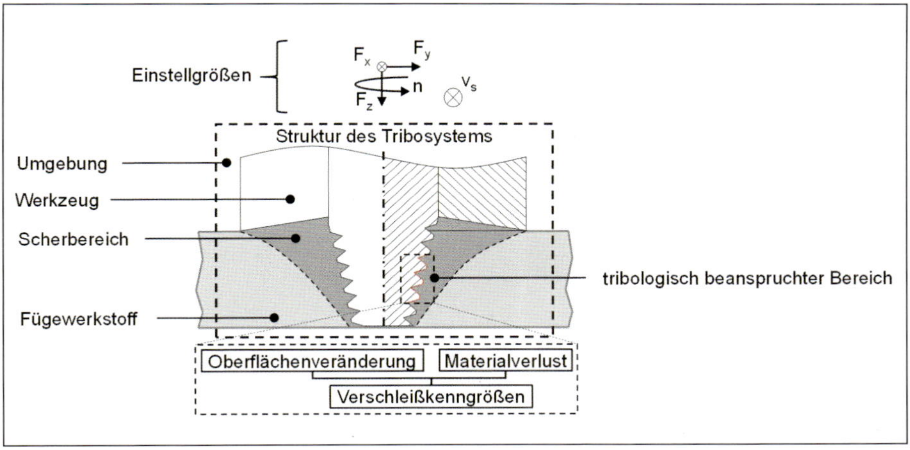

Bild 1. Tribologisches System beim Rührreibschweißen in Anlehnung an [2, 3]. (© TU Ilmenau)

festzuhalten, dass die Ermittlung empirisch und auf Erfahrungswerten basierend erfolgt. Die systematische Betrachtung zwischen den relevanten Verschleißbereichen und den vorliegenden Verschleißmechanismen am Werkzeug erfolgt bislang kaum. Vor diesem Hintergrund befasst sich diese Arbeit mit der Charakterisierung der geometrischen Verschleißeigenschaften von Rührreibschweißwerkzeugen und Entwicklung einer Methodik zur Abschätzung des maximal ertragbaren Verschleißes, wobei nachfolgende Schwerpunkte betrachtet werden:

- Entwicklung und Evaluierung einer Methodik zur anwendungsnahen Beschreibung des Werkzeugverschleißes;
- Ermittlung von Verschleißbereichen bei anwendungsorientierten Prozessrandbedingungen;
- Entwicklung und Validierung von Methoden zur Abschätzung des maximal zulässigen Werkzeugverschleißes in Kurzzeitversuchen;
- Ableiten von Handlungsempfehlungen hinsichtlich einer werkzeugschonenden Prozesseinstellung.

Stand der Technik

Der für den Prozess erforderliche Wärmeeintrag erfolgt durch Reibung zwischen dem rotierenden Rührreibschweißwerkzeug und den ortsfesten Fügepartnern. Das Rührreibschweißwerkzeug unterliegt demnach tribologischen Beanspruchungen und bildet in Verbindung mit den Fügepartnern die Struktur des tribologischen Systems. Eine schematische Darstellung des tribologischen Systems ist nachfolgend in **Bild 1** dargestellt. Die Struktur des Tribosystems beim Rührreibschweißen besteht aus der Umgebung, dem Werkzeug, dem Scherbereich und dem Fügewerkstoff. Der tribologisch beanspruchte Bereich beim Rührreibschweißen ergibt sich entsprechend durch den direkten Kontakt des Werkzeuges mit dem Scherbereich und dem Fügewerkstoff.

Durch das Einwirken kinematischer Einstellgrößen, wie der Drehzahl und der Schweißgeschwindigkeit, resultieren im tribologisch beanspruchten Bereich Oberflächenveränderungen und Materialverluste am Werk-

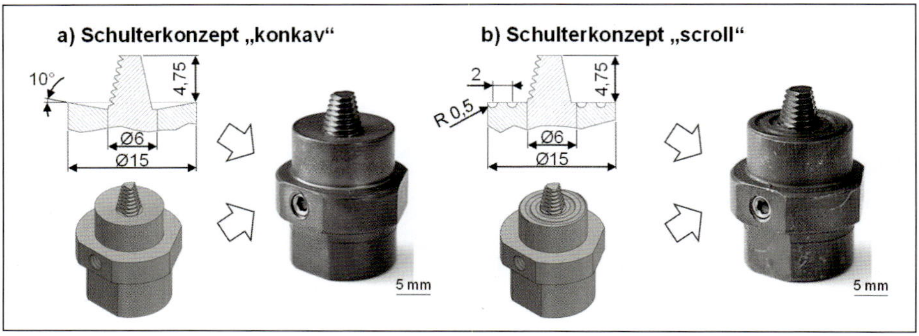

Bild 2. Werkzeugkonzepte mit den Schulterausführungen: a) „konkav“ und b) „scroll“. (© TU Ilmenau)

zeug. Eine Erhöhung der Drehzahl führt zu einer erhöhten Prozesstemperatur und Relativbewegung zwischen dem Rührreibschweißwerkzeug und dem Scherbereich bzw. dem angrenzenden Fügewerkstoff und damit tendenziell zu erhöhtem Verschleiß [4]. Sahlot et al. bestätigt das zunehmende Verschleißverhalten an Schulter und Schweißstift in Abhängigkeit von der Drehzahl beim Rührreibschweißen von CuCrZr-Liegerungen mit Werkzeugen aus Warmarbeitsstahl (X40CrMoV5-1). Die Ermittlung der Verschleißkenngrößen fand durch die Analyse der geometrischen Abweichungen am Schweißstiftdurchmesser und an der Schweißstiftlänge durch lichtmikroskopische Aufnahmen statt [5]. Zusätzlich zur Drehzahl wird die wirksame Prozesstemperatur und die Zeit, in der Werkzeugverschleiß stattfinden kann, durch die Schweißgeschwindigkeit bestimmt [4]. Untersuchungen von Shindo et al., Prado et al. und Fernandez et al. zeigen die inverse Beziehung der Schweißgeschwindigkeit auf den Werkzeugverschleiß beim Schweißen der Aluminiummatrixlegierung AC 359+20% SiC mit Werkzeugen aus Kaltarbeitsstahl (100MnCrW4). Es konnte gezeigt werden, dass die Verschleißrate, in Abhängigkeit vom Schweißweg bei Schweißgeschwindigkeiten ab 6 mm/s, abnimmt. Dieser Effekt wird auf eine sich einstellende verschleißoptimierte Schweißstiftform zurückgeführt, bei dem der Materialfluss die Oberfläche des Schweißstiftes durch die eingebetteten Hartstoffpartikel abträgt und dadurch ein stationärer Bereich ohne signifikante Erhöhung des Werkzeugverschleißes entsteht [6...8]. Neben dem Einwirken der genannten Einstellgrößen beeinflusst die Kombination aus Füge- und Werkzeugwerkstoff den Werkzeugverschleiß maßgeblich. Zur Verringerung von prozessbedingtem Werkzeugverschleiß ist es notwendig, dass der Werkstoff des Rührreibschweißwerkzeuges eine höhere Härte und Warmfestigkeit als der Fügewerkstoff aufweist [9; 10]. Zusammenfassend kann aus dem Stand der Technik gefolgert werden, dass sich die bisherigen Untersuchungen zwar mit dem Auftreten, nicht aber mit einer systematischen Charakterisierung des Verschleißes am gesamten Rührreibschweißwerkzeug (Schweißstift und Schulter) beschäftigen. Zudem beschäftigt sich der Großteil der bisherigen Untersuchungen, aufgrund der geringen Standzeiten und hohen Werkzeugkosten, überwiegend mit dem Fügen von Stählen und Aluminium-MMCs. Bei der Vielzahl der Untersuchungen erfolgt die Ermittlung des Materialverlustes am Schweißstift durch Bildpixel (zweidimen-

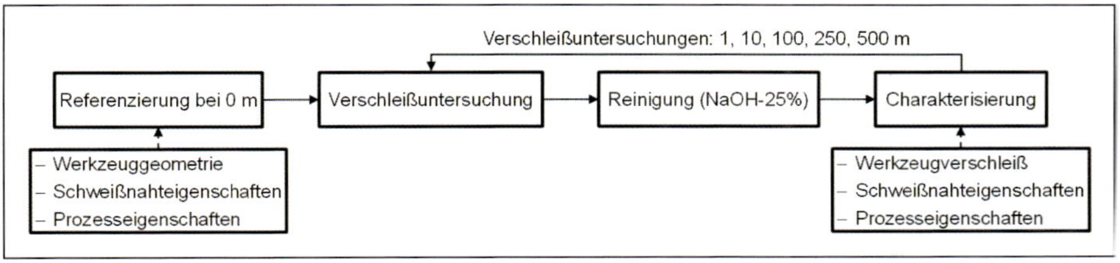

Bild 3. Versuchsdurchführung der Verschleißuntersuchungen.

sional), die mit einem Massenverlust korreliert wurden [6...8; 11]. Weitere Untersuchungen betrachten den Materialverlust anhand einzelner Geometrieelemente, wie Durchmesser und Flankenwinkel, unter Anwendung Lichtmikroskopischer Aufnahmen (zweidimensional) [5; 12...15]. Eine ortsaufgelöste, dreidimensionale Erfassung des Materialverlustes am gesamten Werkzeug liegt bisher nur zur qualitativen Betrachtung von [16] vor. Die Auswirkungen und Grenzen von Bereichen mit signifikanten Werkzeugverschleiß sind derzeitig weitestgehend ungeklärt [2; 17; 18]. An diesen Defiziten setzte das Forschungsvorhaben „FSWear" an.

Experimentelles Vorgehen

Die im Rahmen des Vorhabens durchgeführten Verschleißuntersuchungen erfolgten an Rührreibschweißwerkzeugen aus Warmarbeitsstahl (X40CrMoV5-1). Die Härte der Werkzeuge von 600 HV 1 wurde durch Vakuumhärten und dreimaliges Anlassen unter Schutzgas für etwa 2 Stunden bei einer Temperatur von 550 °C erreicht. **Bild 2** zeigt die Rührreibschweißwerkzeuge.

Die Durchmesser von Schulter und Schweißstift der Werkzeugkonzepte mit den Schulterausführungen konkav und scroll betrugen jeweils 15 mm und 6 mm. Der Schweißstift wurde auf eine Einschweißtiefe von 4,75 mm eingestellt, das etwa 95 % der Blechdicke entspricht. Die Verschleißuntersuchungen erfolgten durch alternierendes Schweißen auf zwei Spannvorrichtungen auf einer kraftgeregelten und robotisierten Rührreibschweißanlage der Firma Grenzebach Maschinenbau. Um den Werkzeugverschleiß vergleichbar zu industriellen Anwendungen abzubilden, erfolgten die Verschleißuntersuchungen an der Aluminiumknetlegierung EN AW 6060 T66 mit einer Dicke von 5 mm. Die Einteilung verschiedener Prozesszustände erfolgte durch die Ermittlung der Fügetemperatur am Übergang zwischen Schulter und Schweißstift durch Thermoelemente vom Typ K bei einer Abtastrate von 10 Hz. Der Verschleiß an Schulter und Schweißstift wurde mit qualitativen und quantitativen Charakterisierungsmethoden ermittelt. Die qualitativen Methoden umfassten unter anderem die Sichtprüfung der Werkzeuge durch fotografische Aufnahmen zur Dokumentation des Verschleißzustandes und zur ersten Lokalisierung von Bereichen mit erhöhtem Werkzeugverschleiß. Um den geometrisch bedingten Werkzeugverschleiß zu ermitteln, wurde die quantitative Verschleißcharakterisierung an Schulter und Schweißstift unter Anwendung der Streifenlichtprojektion mit einem optischen Scanner GOM ATOS Core 45 der Firma Carl Zeiss GOM Metrology durchgeführt. Die Durchführung der Verschleißuntersuchungen ist in **Bild 3** beispielhaft dargestellt.

Zunächst erfolgte in einem ersten Schritt die Referenzierung hinsichtlich der Werkzeug-

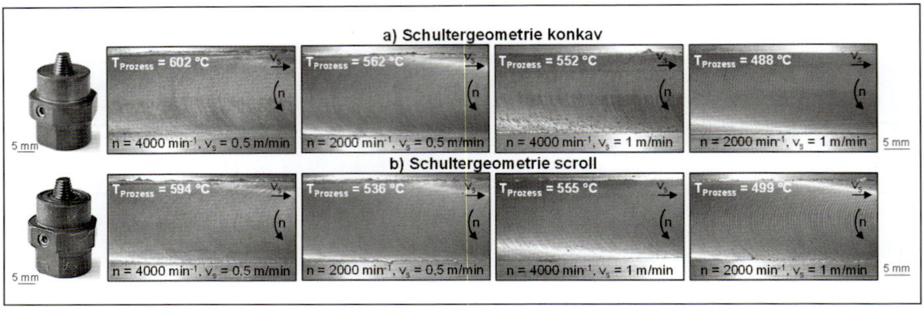

Bild 4. Ermittlung geeigneter Einstellgrößen für die Schultergeometrie: a) „konkav" und b) „scroll". (© TU Ilmenau)

geometrie, Schweißnahteigenschaften und Prozesseigenschaften im unbenutzten Ausgangszustand der Werkzeuge. Im Anschluss an wiederholte Verschleißuntersuchungen bis zu einer Gesamtschweißnahtlänge von 500 m erfolgte eine Reinigung der Werkzeuge mit Natriumhydroxid, um anhaftendes Aluminium zu entfernen. Um den Einfluss geometriebedingter Abweichungen darzustellen, erfolgte eine weitere Charakterisierung hinsichtlich Werkzeuggeometrie, Schweißnahteigenschaften und Prozesseigenschaften.

Ergebnisse

Ermittlung geeigneter Prozessbedingungen

Zu Beginn der Untersuchungen erfolgte die Ermittlung geeigneter Einstellgrößen, um den Verschleiß der Werkzeuge bei variierenden Prozesszuständen möglichst industrienah (Schweißgeschwindigkeiten 1 3 m/min) abzubilden. Hierzu wurde die Schweißgeschwindigkeit und Drehzahl wechselseitig in einem Bereich von 0,5 bis 1 m/min und von 2000 bis 4000 min^{-1} variiert. **Bild 4** zeigt die dabei ermittelten Prozesszustände in Abhängigkeit von der Schultergeometrie „konkav" und Schultergeometrie „scroll" unter Berücksichtigung der Fügetemperatur.

Ausgehend von der Ermittlung geeigneter Einstellgrößen für die betrachteten Schulterausführungen erfolgten die Verschleißuntersuchungen der Rührreibschweißwerkzeuge für Schweißnahtlängen von 1 m, 10 m, 100 m, 250 m und 500 m. Die Darstellung der Verschleißuntersuchungen erfolgt im Rahmen des Beitrages an ausgewählten Ergebnissen für die konkave Schultergeometrie bei einer konstanten Drehzahl von 4000 min^{-1} und variierenden Schweißgeschwindigkeiten von 0,5 m/min und 1 m/min. Die Fügetemperatur betrug hierbei 602 °C für eine Schweißgeschwindigkeit von 0,5 m/min und 552 °C für eine Schweißgeschwindigkeit von 1,0 m/min.

Qualitative und quantitative Werkzeugcharakterisierung

Die Ermittlung von Bereichen mit erhöhtem Werkzeugverschleiß erfolgte in einem ersten Schritt unter Anwendung der Sichtprüfung. In **Bild 5** ist diese Charakterisierung für die Schulterausführung „konkav" bei Schweißgeschwindigkeiten von 0,5 m/min, **Bild 5a**, und 1 m/min, **Bild 5b** dargestellt. In den Zeilen sind die Rührreibschweißwerkzeuge so-

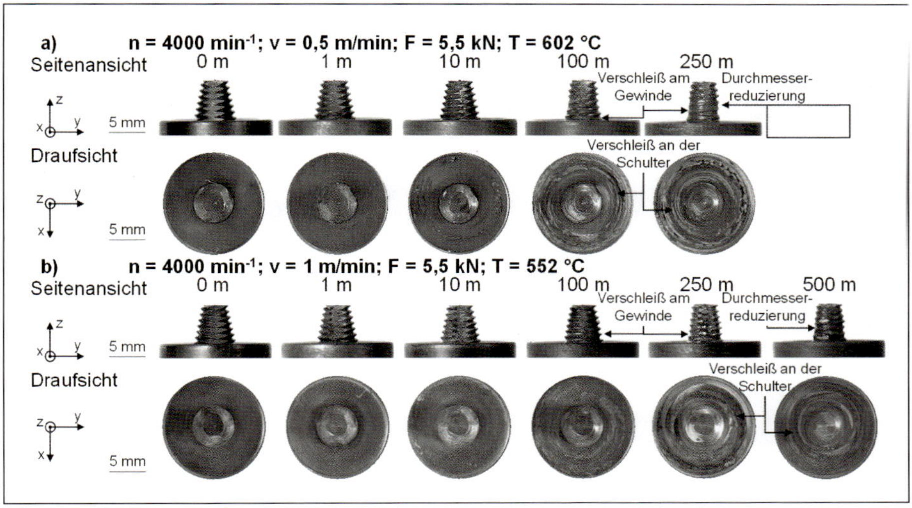

Bild 5. Sichtprüfung der Werkzeuge für eine Schweißgeschwindigkeit von: a) 0,5 m/min und b) 1 m/min. (© TU Ilmenau)

wohl in der Seitenansicht als auch in der Draufsicht mit den zugehörigen Verschleißzuständen in Abhängigkeit von der Schweißnahtlänge (Spalten) dargestellt. Am Werkzeug mit einer Schweißgeschwindigkeit von 0,5 m/min aus **Bild 5a** konnte bis zu einer Gesamtschweißnahtlänge von 250 m eine verschleißbedingte Durchmesserreduzierung am Schweißstift sowie signifikanter Verschleiß an der Schulterfläche identifiziert werden. Bei vergleichsweise erhöhten Schweißgeschwindigkeiten von 1 m/min konnte zwischen 100 m und 250 m beginnender Verschleiß am Übergangsbereich von Schulter und Schweißstift festgestellt werden. Nach einer Gesamtschweißnahtlänge von 500 m beschränkt sich dieser jedoch nicht nur auf den zentrumsnahen Bereich der Schulter, sondern führt zu wesentlichen geometrischen Abweichungen auf der gesamten Schulterfläche.

Im Rahmen der qualitativen Verschleißcharakterisierung konnten wesentliche Verschleißbereiche an Schulter und Schweißstift lokal eingegrenzt und dokumentiert werden. Eine bewertbare und quantitative Aussage zu den Verschleißbeträgen in Abhängigkeit von der Schweißnahtlänge konnte auf Basis dieser Methodik nicht getroffen werden. Um die Verschleißbeträge quantitativ zu beschreiben, erfolgte die Verschleißcharakterisierung unter Anwendung der Streifenlichtprojektion. Die erstellten 3D-Modelle der Rührreibschweißwerkzeuge sind in **Bild 6** dargestellt.

Die in **Bild 6** dargestellte 3D-Oberflächenvermessung zeigt die triangulierten Oberflächennetze der Werkzeuge in Abhängigkeit von der Schweißgeschwindigkeit (Zeilen) unter Berücksichtigung der Schweißnahtlänge (Spalten). Im Vergleich zum unbenutzten Ausgangszustand wurde nach dem Schweißen einer Naht mit einer Länge von 100 m bei einer Schweißgeschwindigkeit von 0,5 m/min, **Bild 6a**, eine geometrische Veränderung am Schweißstift von bis zu 0,3 mm und an

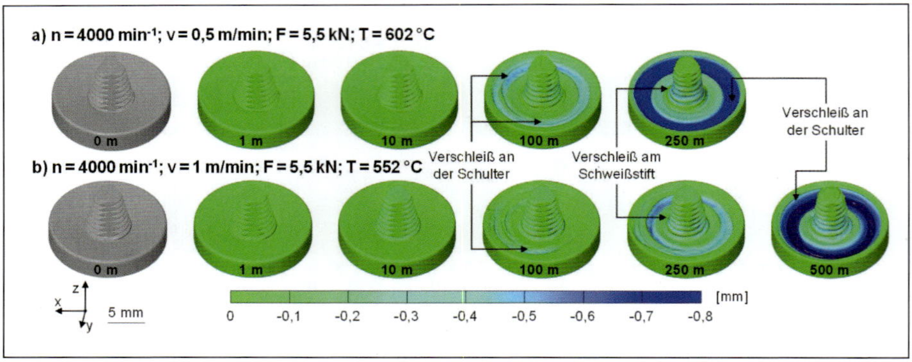

Bild 6. 3D-Oberflächenvermessung für eine Schweißgeschwindigkeit von: a) 0,5 m/min und b) 1 m/min. (© TU Ilmenau)

der Schulter von bis zu 0,5 mm festgestellt. Die Erhöhung der Schweißnahtlänge auf bis zu 250 m resultiert entsprechend in einer geometrischen Veränderung zum Ausgangszustand von bis zu 0,6 mm am Schweißstift sowie von bis zu 0,8 mm an der Schulterfläche. Bei einer Schweißgeschwindigkeit 1 m/min wurde hingegen nach einer Gesamtschweißnahtlänge von 500 m eine geometrische Veränderung zum Ausgangszustand von bis zu 0,5 mm und 0,8 mm an Schweißstift und Schulterfläche festgestellt. Die Gegenüberstellung der Werkzeuge zeigt, dass die verschleißbedingte geometrische Veränderung mit reduzierter Schweißgeschwindigkeit bereits bei deutlich verringerten Schweißnahtlängen auftritt. Zurückzuführen ist dies auf die vergleichsweise erhöhte Fügetemperatur und den damit verbundenen Energieeintrag in das Werkzeug. Unabhängig von der Schweißgeschwindigkeit und der Fügetemperatur wurde für beide Werkzeuge ein asymmetrisches Verschleißverhalten zwischen dem Kegelstumpf des Schweißstiftes und der Schulterfläche beobachtet, wobei der Kegelstumpf nur geringfügigem und die Schulterfläche erheblichem Verschleiß unterlag.

Ermittlung und Definition kritischer Randbedingungen an Schulter und Schweißstift

Ausgehend von der qualitativen und quantitativen Charakterisierung sind Bereiche mit erhöhtem Verschleiß und deren geometrische Abweichung in Abhängigkeit von der Schweißnahtlänge bekannt, jedoch keine belastbaren Aussagen hinsichtlich des maximal tolerierbaren Verschleißes an Schulter und Schweißstift. Der maximal tolerierbare Verschleiß wurde unter anderem durch die Ermittlung der Schweißnahtqualität in Anlehnung an DIN EN ISO 25239-5 nach jeweils 50 m Schweißnahtlänge ermittelt. Die dabei identifizierten Grenzen sind in **Bild 7** dargestellt.

Das im Rahmen der quantitativen Verschleißcharakterisierung ermittelte asymmetrische Verschleißverhalten zwischen Schulter und Schweißstift führte zu einer erhöhten effektiven Einschweißtiefe des Schweißstiftes, wobei die Einschweißtiefe die Dicke des Fügewerkstoffes von 5 mm überschritt. Aufgrund der kraftgeregelten Prozessführung kam es zum direkten Kontakt zwischen dem Kegelstumpf des

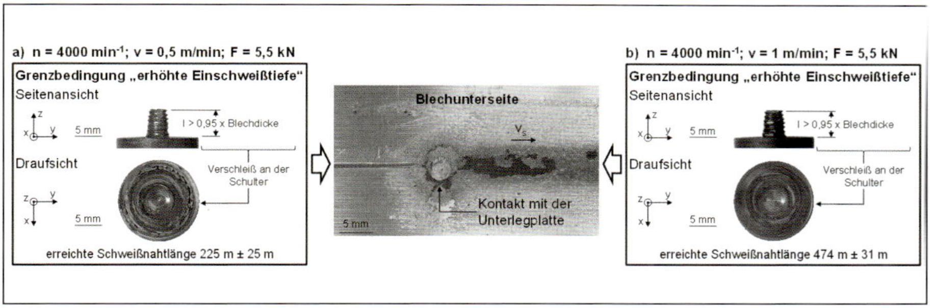

Bild 7. Grenzbedingungen für eine Schweißgeschwindigkeit von: a) 0,5 m/min und b) 1 m/min. (© TU Ilmenau)

Schweißstiftes und der Spannvorrichtung und demzufolge zu einer Grenzbedingung hinsichtlich des maximal tolerierbaren Werkzeugverschleißes. Für die betrachteten Schweißgeschwindigkeiten von 0,5 m/min und 1 m/min konnten hierbei jeweils mittlere Standwege von 225 m, **Bild 7a**, und von 474 m, **Bild 7b**, festgestellt werden. Es zeigt sich somit, dass der Verschleiß an der Schulter die versagensrelevante Stelle der Werkzeuge für die untersuchten Einstellgrößen darstellt und dass durch eine Anpassung der Schweißgeschwindigkeit eine Standwegerhöhung um bis zu 110 % resultieren kann.

Abschätzung des tolerierbaren Werkzeugverschleißes in Kurzzeitversuchen

Die Gegenüberstellung der geometrischen Abweichungen an den versagensrelevanten Bereichen mit den zuvor ermittelten Grenzbedingungen ermöglicht die Entwicklung einer Methodik zur vereinfachten Abschätzung des maximal ertragbaren Verschleißes bei veränderten Drehzahl/Schweißgeschwindigkeit-Verhältnissen. Die Abschätzung des maximal ertragbaren Verschleißes erfolgte zusätzlich zu den bisher untersuchten Größen bei einer konstanten Drehzahl von 4000 min^{-1}, einer konstanten Axialkraft von 5,5 kN und einer Schweißgeschwindigkeit von 0,75 m/min. **Bild 8** zeigt die Verschleißcharakteristik für die effektive Einschweißtiefe des Schweißstiftes in Abhängigkeit von der Schweißnahtlänge unter Berücksichtigung der Grenzbedingung.

Unter Berücksichtigung der Grenzbedingung konnte die Standzeit für eine Schweißgeschwindigkeit von 0,75 m/min für reduzierte Schweißnahtlängen prognostiziert werden. Hierzu wurden die geometrischen Abweichungen an der versagensrelevanten Stelle für Schweißnahtlängen von unter 15 m ermittelt und extrapoliert, wobei ein theoretischer Standweg von etwa 325 m bestimmt werden konnte. Im Rahmen der experimentellen Validierung wurde jedoch gezeigt, dass mit gegebenem Werkzeugkonzept bei einer Schweißgeschwindigkeit von 0,75 m/min Standwege von bis zu 380 m ± 28 m umgesetzt werden können. Der Abweichung zwischen der Verschleißextrapolation und den experimentell ermittelten Standwegen kann auf die maximale Auflösung des Scannersystems und den daraus resultierenden Messunsicherheiten bei reduzierten Schweißnahtlängen zurückgeführt werden. Darüber hinaus berücksichtigt die bisherige Methodik keine werkstoffspezifischen Eigenschaften der Fügewerkstoffe, die das Verschleißverhalten von Rührreibschweißwerkzeugen ebenfalls maßgeblich beeinflussen.

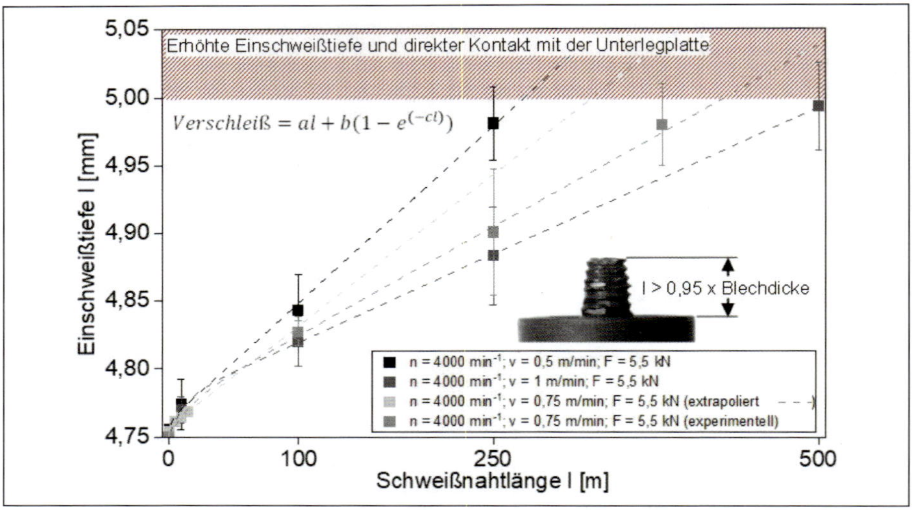

Bild 8. Verschleißcharakteristik der Werkzeuge in Abhängigkeit von der Einstellgrößen und Schweißnahtlänge. (© TU Ilmenau)

Fazit und Ausblick

Im vorliegenden Beitrag wurde das geometrische Verschleißverhalten von Rührreibschweißwerkzeugen aus dem Warmarbeitsstahl (X40CrMoV5-1) beim Schweißen der Aluminiumknetlegierung EN AW 6060 T66 untersucht. Zunächst konnten im Rahmen der qualitativen Werkzeugcharakterisierung Bereiche mit erhöhtem Verschleiß dokumentiert und lokal eingegrenzt werden. In einer aufbauenden quantitativen Werkzeugcharakterisierung wurde die geometrische Abweichung dieser Bereiche ermittelt. Unter Berücksichtigung der Schweißnahtqualität nach DIN EN ISO 25239-5 wurden Grenzbereiche hinsichtlich des maximal tolerierbaren Werkzeugverschleiß identifiziert, wobei für eine Schweißgeschwindigkeit von 0,5 m/min und 1 m/min ein mittlerer Standweg von jeweils 225 m und 474 m festgestellt werden konnte. Es wurde dabei gezeigt, dass durch das asymmetrische Verschleißverhalten zwischen Schulter und Schweißstift eine Erhöhung der effektiven Einschweißtiefe des Schweißstiftes resultiert. Im Hinblick auf eine werkzeugschonende Prozesseinstellung konnte durch eine Verdopplung der Schweißgeschwindigkeit eine Standwegerhöhung um bis zu 110 % nachgewiesen werden. Durch die Ermittlung der versagensrelevanten Bereiche in Verbindung mit den geometrischen Abweichungen bei reduzierten Schweißnahtlängen ist es zudem möglich

Danksagung

Das Projekt wurde durch das Bundesministerium für Wirtschaft und Klimaschutz aufgrund eines Beschlusses des Deutschen Bundestages gefördert.

Für die Förderung und aktive Mitarbeit der vertretenen Unternehmen in den projektbegleitenden Ausschüssen sei an dieser Stelle gedankt.

den Versagenszeitpunkt der Werkzeuge abzuschätzen und somit Aussagen zur Versagenswahrscheinlichkeit abzuleiten. Zur Erhöhung und weiteren Verbesserung der Vorhersagegenauigkeit werden in weiterführenden Untersuchungen die materialspezifischen Eigenschaften der Fügewerkstoffe sowie der Einfluss der Axialkraft berücksichtigt. Zudem soll die Anwendbarkeit auf variierende Fügewerkstoffe validiert werden.

Literatur

[1] Grätzel, M., et al.: Scaling Effects During Friction Stir Welding of Aluminum Alloys with Reduced Tool Aspect Ratios. Welding in the World 63 (2019): 337-347.

[2] Hasieber, M., et al.: A systematic Analysis of Maximum Tolerable Tool Wear in Friction Stir Welding. Welding in the World 67.2 (2023): 325-339.

[3] Deters, L., et al.: Verschleiß, Reibung: Definitionen, Begriffe, Prüfung. GfT Arbeitsblatt 7. Jülich (2002).

[4] Hasieber, M., M. Grätzel, and J. P. Bergmann: Characterization and Analysis of Effective Wear Mechanisms on FSW tools. Friction Stir Welding and Processing XI. Springer International Publishing, 2021.

[5] Sahlot, P., et al.: Wear-Induced Changes in FSW Tool Pin Profile: Effect of Process Parameters. Metallurgical and Materials Transactions A 49 (2018): 2139-2150.

[6] Shindo, D. J., et al.: Shape Optimization for Tool Wear in the Friction-Stir Welding of Cast Al359-20% SiC MMC. Journal of materials science 37 (2002): 4999-5005.

[7] Prado, R. A., et al.: Self-Optimization in Tool Wear for Friction-Stir Welding of Al 6061+20% Al2O3 MMC. Materials Science and Engineering: A 349.1-2 (2003): 156/65.

[8] Fernandez, G. J., et al.: Characterization of Tool Wear and Weld Optimization in the Friction-Stir Welding of Cast Aluminum 359+ 20% SiC metal-matrix composite. Materials Characterization 52.1 (2004): 65/75.

[9] Dubourg, L., et al.: Design and Properties of FSW Tools: a Literature Review. Proceedings of 6th International symposium on friction stir welding, Saint-Sauveur, Quebec, Canada. 2006.

[10] Zhang, Y. N., et al.: Review of Tools for Friction Stir Welding and Processing. Canadian Metallurgical Quarterly 51.3 (2012): 250/61.

[11] Prado, R. A., et al.: Tool wear in the Friction-Stir Welding of Aluminum Alloy 6061+ 20% Al2O3: a Preliminary Study. Scripta Materialia 45.1 (2001): 75/80.

[12] Liu, H. J., et al.: Wear Characteristics of a WC–Co Tool in Friction Stir Welding of AC4A+ 30 vol% SiCp Composite. International Journal of Machine Tools and Manufacture 45.14 (2005): 1635/39.

[13] Thompson, B.: Tool Degradation Characterization in the Friction Stir Welding of Hard Metals. Diss. The Ohio State University, 2010.

[14] Dinaharan, I., et al.: Effect of Friction Stir Welding on Microstructure, Mechanical and Wear Properties of AA6061/ZrB2 In Situ Cast composites. Materials Science and Engineering: A 543 (2012): 257/66.

[15] Wieckowski, W., et al.: Investigations of Anti-Wear Coatings in Terms of Their Applicability to Tools in the FSW Process. Acta Physica Polonica, A. 135.2 (2019).

[16] Siddiquee, A., et al.: Experimental Investigation on Deformation and Wear of WC Tool During Friction Stir Welding (FSW) of Stainless Steel. The International Journal of Advanced Manufacturing Technology 73 (2014): 479-486.

[17] Hasieber, M., et al.: Effect of Friction Stir Welding Tool Hardness on Wear Behaviour in Friction Stir Welding of AA-6060 T66. Proceedings of the Institution of Mechanical Engineers, Part L: Journal of Materials: Design and Applications 236.6 (2022): 1333-1345.

[18] Hasieber, M., et al.: Failure Mechanisms of Friction Stir Welding Tools Related to Process Control and Tool Geometry. Proceedings of the Institution of Mechanical Engineers, Part L: Journal of Materials: Design and Applications (2024): 14644207241228370.

Stefan Krinke, Henning Zeidler, Georg Trensch, Maximilian Nast, Felix Koch

Modell zur Berechnung der Schweißraupenhöhen beim mehrlagigen Drahtauftragschweißen zur Anwendung für die Additive Fertigung (WAAM)

Ziel der Additiven Fertigung (AM) ist unter anderem Herstellung funktionsoptimierter Bauteile, die mit herkömmlichen Fertigungsverfahren nicht oder nur sehr aufwendig gefertigt werden können. Für den drahtbasierten AM-Prozess WAAM (Wire Arc Additive Manufacturing) ist somit eine Berechnung der einzelnen Schichthöhen bzw. der Bauteilendkontur in Abhängigkeit von den Prozessparametern wesentlich, um den Aufwand der spanenden Nachbearbeitung zu reduzieren. Mit der im Artikel dargestellten Versuchsfolge ist eine Vielzahl an Schweißungen in Wannen- und Zwangslage durchgeführt und in ein Berechnungsmodell überführt worden. Das Modell ermöglicht es, die Gesamthöhe von einspurigen Wandaufbauten realitätsnah in Abhängigkeit von der Schweißposition und der Maschinenvorschubgeschwindigkeit zu berechnen.

Einleitung

Das drahtbasierte Auftragsschweißen (nach ISO 52900 DED-Arc/M – Directed Energy Deposition, Arc: Lichtbogen, M: Metallwerkstoffe, auch bezeichnet als WAAM – Wire Arc Additive Manufacturing) zeichnet sich durch seine hohe Aufbaurate gegenüber den übrigen zumeist pulverbasierten additiven Verfahren, wie dem Laserstrahlauftragschweißen (DED-LB/M; LB für Laserstrahl) oder dem pulverbettbasierten Schmelzen (PBF-LB/M), für metallische Werkstoffe aus. Werden beim WAAM bis zu 11 kg Material pro Stunde aufgebaut [1 bis 3], liegen die Raten beim DED-LB/M bei bis zu 2,4 kg/h sowie beim PBF-LB/M bei bis zu 0,8 kg/h [4 bis 6]. Weiter ist die technische Realisierung vergleichsweise einfach und günstig und bedarf neben einer MSG-Stromquelle lediglich einer ansteuerbaren Kinematik.

Mit steigender Verbreitung des WAAM wächst auch der Anspruch auf eine endkonturnahe Fertigung, um den Aufwand spanender Nacharbeit zu minimieren. Gegenwärtig sind zwei Einsatzszenarien denkbar; zum einen das Planfräsen der Konturen nach jeder fertiggestellten Schicht, um die Gesamthöhe sowie die Stickoutlänge genau zu definieren, zum anderen die bewusste Materialzugabe durch zusätzliche Schichten, was folglich den spanenden Postprozess erweitert.

Ausgangspunkt für die additive Fertigung ist ein virtuelles Bauteil, welches in Form von 3D-Daten vorliegt. Die 3D-Daten können entweder mittels 3D-CAD-System oder auch aus Scandaten erstellt werden. Da das additive Fertigen meist durch Aufbau in paralleler Schichtebenen erfolgt, müssen die 3D-Daten entsprechend vorbereitet werden. Etablierte Vorgehensweisen des Preprocessing erzeugen durch Slicen Schichtdaten. Die Fertigung einer jeden Schicht erfolgt verfahrensspezifisch auf geeigneten Pfaden. Speziell für das Auftragschweißen bedeutet das, dass für die abgeschiedene Schweißraupe die Überlappungen in Breitenausdehnung und die Überlappungen in Aufbaurichtung interessant sind. Das durch Ding et al. [7] vorgestellte „Tangential Overlapping Model" (TOM) ermöglicht den idealen Abstand benachbarter Raupen zu ermitteln und gibt

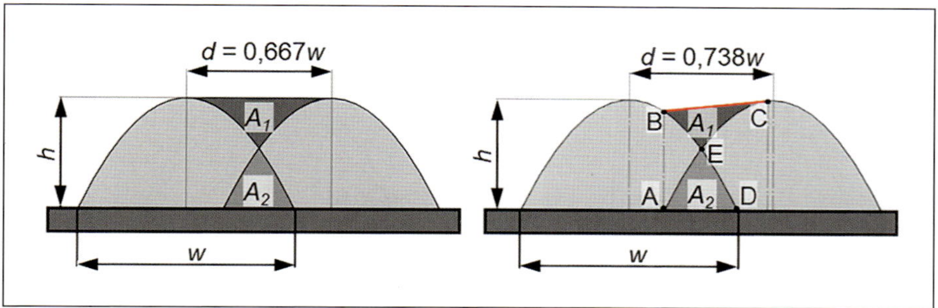

Bild 1. Flat-Top Overlapping Model (FOM) [10] (links), Tangential Overlapping Model (TOM) (rechts).

Aufschluss zur Breitenausdehnung. Ziel ist es, die existierenden physikalischen Ansätze zur Berechnung von Schweißraupenhöhen mit einem aus Messdaten entwickeltem Modell zu ergänzen. Die Ergebnisse des Modells werden anschließend durch Experimente überprüft und mit bekannten Modellen verglichen.

Berechnungsmodelle

Grundlage der Modelle ist die Ausprägung der Schweißraupenquerschnittsfläche. In der Literatur werden sinusförmige, bogenförmige oder parabelförmige Querschnitte vorgeschlagen [8 bis 12]. Ding et al. [8, 11, 13] zeigt, dass der parabelförmige Querschnitt die beste Annäherung an den tatsächlichen Flächeninhalt liefert. Der berechnete relative Fehler (Relative Error RE) ist im Mittel kleiner als 3 % [7].

Die tatsächliche Fläche der Schweißung (A_S) kann aus dem Flächeninhalt des verwendeten Drahtes (A_D) multipliziert mit dem Geschwindigkeitsverhältnis aus Drahtvorschub v_D zu Maschinenvorschub v_f berechnet werden (Gl. 3). Die Forderung ist, dass das Drahtvolumen V_D dem Schmelzvolumen V_S pro Zeiteinheit t entspricht. Damit gilt:

$$V_D \cdot t = V_S \cdot t \tag{1}$$

$$A_D \cdot v_D \cdot t = A_S \cdot v_f \cdot t \tag{2}$$

$$\text{mit } \lambda = \frac{v_D}{v_f} \qquad A_S = A_D \cdot \frac{v_D}{v_f} \tag{3}$$

Erste Überlegungen zum Breitenwachstum in Wannenlage (PA-Position) beruhen auf der Annahme der idealen Überlappung von zwei nebeneinander abgeschiedenen Schweißraupen. Die benachbarte Schweißung wird in einem Abstand zur ersten so abgeschieden, dass die im Querschnitt vorhandene Talfläche A_1 deckungsgleich der Überlappungsfläche A_2 ist (**Bild 1**). Ziel dieser Überlegung ist eine zur Substratoberfläche (Schweißgrundfläche) neuentstehenden parallelen Ebene auf Höhe der Schweißmaxima. Dieses „Flat-Top Overlapping Model" (FOM [14]) fordert einen Breitenabstand (Mittenabstand zweier benachbarter Schweißraupen) vom 0,667-fachen der Schweißraupenbreite. Darauffolgende Untersuchungen haben gezeigt, dass die Anwendung dieses Modells zu Welligkeiten und Materialanhäufungen führt. Die weiterführende Modellentwicklung ist das „Tangential Overlapping Model" (TOM). Demnach ist der ideale Ab-

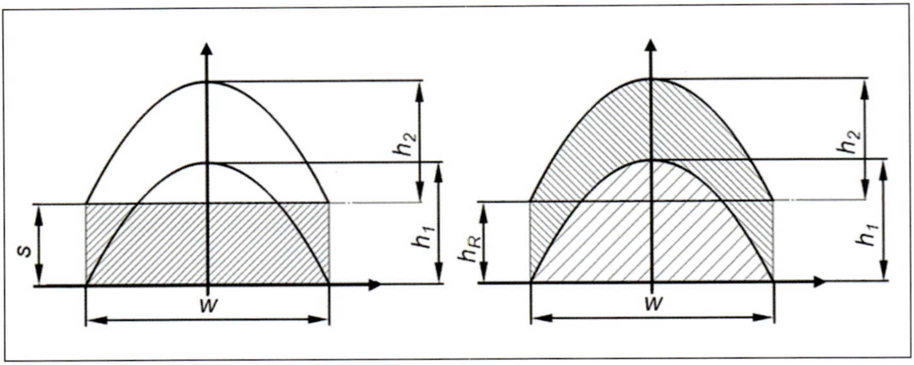

Bild 2. Darstellung der Querschnittsannahme einer Zweifachschweißung.

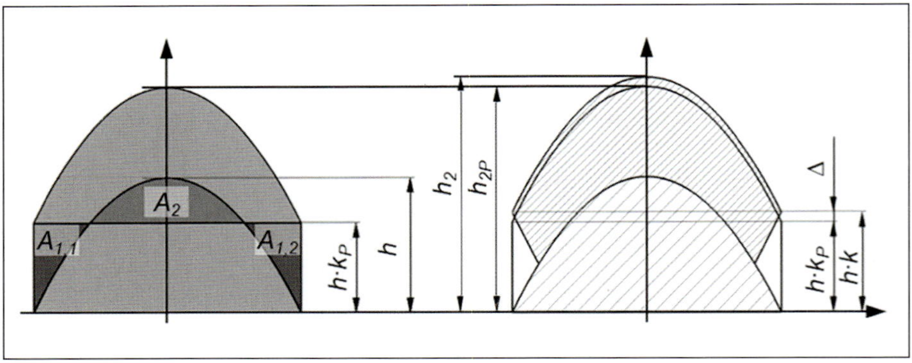

Bild 3. Darstellung von Höhensprung: ideale Überlappung, entspr. Bild 1 (links), mittels angepasstem Sprungfaktor *k* (rechts).

stand gegeben, wenn Flächengleichheit der modifizierten Talfläche A_1 und der Überlappungsfläche A_2 gegeben ist. Randbedingungen sind, dass die benachbarten Raupen denselben Querschnitt aufweisen und dass die Tangente der Raupe 2 (Strecke BC) den Schnittpunkt an Raupe 1 exakt oberhalb des theoretischen ersten Fußpunktes der Raupe 2 (Punkt A) besitzt.

Damit wächst der Breitenabstand bei Annahme einer parabelförmigen Querschnittsausprägung beider benachbarter Raupen auf das 0,738-fache der Schweißraupenbreite.

Im Hinblick auf eine industrielle Anwendung wird als Stufensprung (durch Cobot/Kinematik auszuführende Bewegung in Aufbaurichtung nach jeder Schweißschicht) die Schweißraupenhöhe herangezogen ohne Unterscheidung ob einspuriger Wand- oder mehrspuriger Volumenaufbau. Nach Li et al. [15] kann jedoch im Volumenaufbau für die

Parabelformannahme ein Stufensprung vom 0,9-fachen der Einfachschweißhöhe (Schweißhöhe einer einzelnen Schweißung auf der Substratoberfläche) berechnet werden. Für den einspurigen Wandaufbau soll ein Modell äquivalent der Breitenmodelle aufgestellt werden.

Grundüberlegung ist die Flächengleichheit einer ersten und einer darüber liegenden Schweißung. Nach Umstellung des allgemeinen Ausdrucks der Flächenberechnung einer Parabel (A_P) mit Einsetzen der halben Schweißraupenbreite als jeweils positive und negative Nullstellen und die Schweißraupenhöhe als Extremwert kann Gl. 4 zur Querschnittsberechnung der Schweißung ermittelt werden.

$$A_P = \frac{2}{3} w \cdot h \tag{4}$$

Zur Gewährleistung vollständiger Flächengleichheit ist der erforderliche Stufensprung gegeben, wenn das resultierende Rechteck A_R mit den Kantenlängen s (Stufensprung) und w (Schweißraupenbreite) unterhalb der obenliegenden Schweißung flächengleich mit dem Schweißraupenquerschnitt ist (**Bild 2**). Der Stufensprung wird in Gl. 5 als Ausdruck der Schweißhöhe dargestellt. Das Verhältnis aus Stufensprung zur Schweißhöhe wird folgend als k-Faktor bezeichnet und beträgt in diesem Fall 0,667.

$$\text{mit } A_R = A_P \qquad s = \frac{2}{3} \cdot h \tag{5}$$

Die Gesamthöhe h_{ges} von Wandschweißungen mit N-Lagen kann somit mit Gl. 6 ausgedrückt werden:

$$h_{ges} = h \cdot [k \cdot ([N] - 1) + 1] \tag{6}$$

Dieser Faktor entspricht dem Faktor nach dem FOM-Prinzip für die Breitenrichtung. Ursache ist die Forderung in beiden Modellen, dass in sowohl Höhen- als auch in Breitenrichtung die Überlappungsflächen zweier identischer Schweißraupenquerschnitte und die resultierenden Flächen gleich groß sind ($A_1 = A_2$, bzw. $A_{1,1} + A_{1,2} = A_2$), **Bild 1 links** und **Bild 3 links**.

Die Überlegung zum Stufensprung sollte experimentell überprüft und gegebenenfalls empirisch erweitert werden. Es wurde angenommen, dass der theoretische Faktor k bezüglich der Schweißhöhe über die verschiedenen Schweißpositionen variiert. Die Untersuchungen wurden in den Positionen PA, PC, PF und PG durchgeführt (**Bild 4**). Die Erkenntnisse geben Aufschluss, welchen Einfluss die Schweißposition auf die Mehrlagenschweißung ausübt.

Besonders für den maschinellen bzw. robotergeführten Einsatz können parameterabhängige Korrekturfaktoren sinnvoll sein, da die erforderliche Berechnung durch den Postprozessor im Hintergrund ausgeführt wird. Zur Aufstellung des Berechnungsmodells wurden weitere Positionen außerhalb

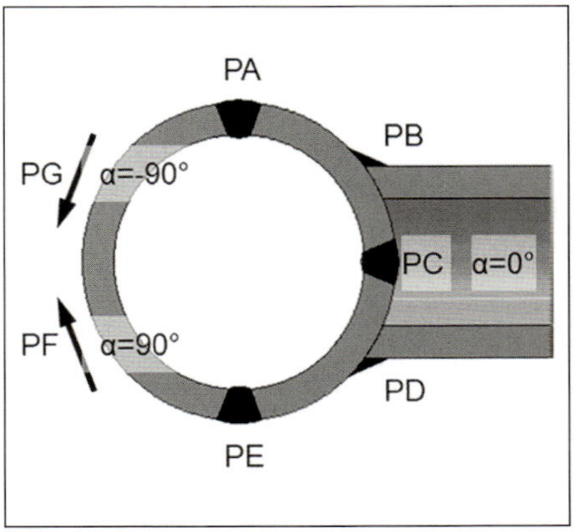

Bild 4. Schweißpositionen.

3

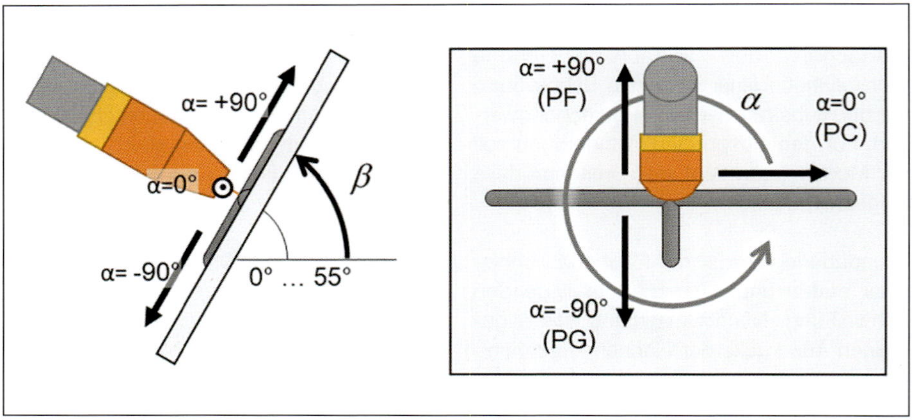

Bild 5. Zwangslagen bis max. = 55°.

der Wannenposition PA betrachtet. Das Maschinen-Setup ermöglichte Schweißversuche bis 55° Substratanstellung. Somit wurden Schweißungen mit horizontaler (PC), steigender (PF) und fallender (PG) Brennerbewegung bis zu einer maximalen Neigung β von 55° (**Bild 5**) ausgeführt. Zur Berechnung wurden die Winkel, welche zum einen die Bewegungsrichtung auf dem Substrat (α), zum anderen die Drehung im Raum (β) beschreiben, festgelegt. Aus der Versuchsreihe sind somit Werte für α = [–90°; 0°; +90°] und für β = [0°; 15°; 30°; 45°; 55°] hinterlegt.

Zu jeder Parametereinstellung wurde der Faktor *k* der gemessenen Doppelraupenhöhe zu der Einzelraupenhöhe nach Umstellung der Gl. 6 ermittelt und abgelegt.

Die Messwerte wurden Matrizenweise erfasst. Die Aufteilung der Matrizen geschieht über die Orientierung auf dem Substrat (α) und damit über die Position. Folgend werden die berechneten Verhältniswerte zu jeder Maschinengeschwindigkeit über den Winkel β aufgetragen und linear angenähert. Im Ergebnis wird für jede Maschinengeschwindigkeit eine Trendgerade ermittelt, welche durch Anstieg und Absolutglied vollständig beschreibbar ist. Werden die entsprechenden Polynomkoeffizienten getrennt und über der zugehörigen Maschinengeschwindigkeit aufgetragen, kann mittels kubischer Regression zu jeder möglichen Geschwindigkeit ein Anstieg (Gl. 7) und ein Absolutglied (Gl. 8) ermittelt werden. Damit ist die Möglichkeit gegeben, für die betrachtete Position α zu jeder Kombination aus Maschinenvorschubgeschwindigkeit (auch Schweißgeschwindigkeit genannt) v_f und Substratwinkelanstellung β, einen Faktor *k* (Gl. 9 bzw. 10) zu berechnen:

$$m = a_m {v_f}^3 + b_m {v_f}^2 + c_m v_f + d_m \tag{7}$$

$$n = a_n {v_f}^3 + b_n {v_f}^2 + c_n v_f + d_n \tag{8}$$

$$k = \left(a_m {v_f}^3 + b_m {v_f}^2 + c_m v_f + d_m\right) \cdot \beta + \left(a_n {v_f}^3 + b_n {v_f}^2 + c_n v_f + d_n\right) \tag{9}$$

$$k = \sum_{m=0}^{1} \sum_{n=0}^{3} \beta^m x_{n+1,m+1} \, {v_f}^n \tag{10}$$

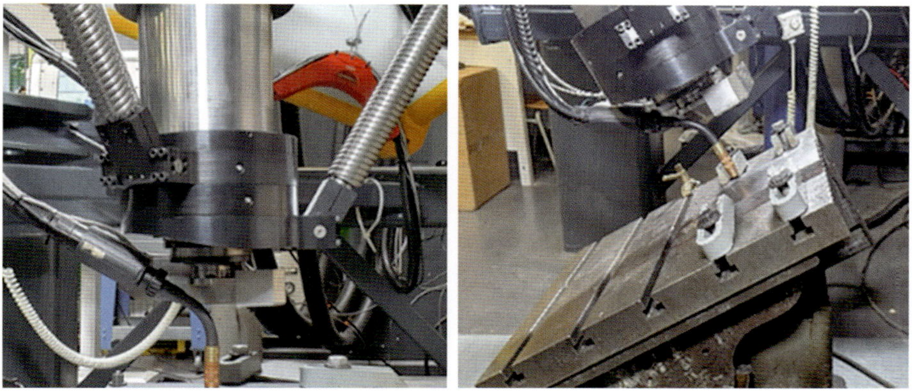

Bild 6. Versuchsaufbau: PA (links), PC, PF, PG (rechts).

Die vier Koeffizienten der kubischen Regression zum Berechnen des Anstiegs *m* (Gl. 7) und des Absolutglieds *n* (Gl. 8) werden einzeln über die Position (α) aufgetragen und jeweils mittels quadratischer Regression angenähert. Folglich kann ebenso für jede Position α ein Faktor *k* (Gl. 11) berechnet werden.

$$k = \sum_{m=0}^{1} \sum_{n=0}^{3} \sum_{p=0}^{2} v_f{}^n x_{p+1,n+1,m+1}\, \alpha^p\, \beta^m \qquad (11)$$

Die Genauigkeit des Modells korreliert mit der Diversität und Anzahl der Versuchsschweißungen. Weiterhin ist dieses Modell auf alle erhobenen Daten der Versuchsschweißungen anwendbar. Neben dem Faktor *k* soll ebenso die Einzelhöhe h_1 berechnet werden (Gl. 12). Beide Gleichungen unterscheiden sich in ihren Koeffizienten.

$$h_1 = \sum_{i=0}^{1} \sum_{j=0}^{3} \sum_{q=0}^{2} v_f{}^j x_{q+1,j+1,i+1}\, \alpha^q\, \beta^i \qquad (12)$$

Die Faktoren und Einzelhöhen der betrachteten Positionen (PA, PC, PF, PG) können zwischen $0° \leq \beta \leq 55°$ interpoliert und für $\beta > 55°$ sowie $0 \leq \alpha \leq 55°$ mit $\alpha \neq [0°; 90°; -90°]$ extrapoliert werden. Damit kann mittels Gl. 6 die Gesamthöhe einer beliebigen Anzahl übereinanderliegender Schweißungen berechnet werden.

Die beschriebene Prozedur (Gl. 1 bis Gl. 12) wird im Kapitel „Wannenlage PA“ mit einem physikalischen Ansatz nach Rios et al. [16] verglichen. Grundlage für die Berechnung der Schweißraupengeometrie nach Rios ist die Massenerhaltung nach Gl. 3 und der prozessbedingte Wärmeeintrag, welcher mittels Python-Programm auf Grundlage der verwendeten Prozessparameter sowie der physikalischen Größen des Zusatzwerkstoffes ermittelt wird.

Versuchsaufbau und Durchführung

Zur Beurteilung des aufgestellten Berechnungsmodells wurden die Schweißungen mit einer jeweiligen Länge von 180 mm in den Positionen PA, PC, PF und PG ausgeführt. Die zu erwartenden Schweißraupenhöhen liegen im Bereich von 2 bis 3 mm mit einem Aspektverhältnis von 0,5. Die Maschinenvorschubgeschwindigkeiten v_f reichen von 200

3

bis 640 mm/min mit einem Geschwindigkeitsverhältnis λ, gebildet aus Drahtvorschub zu Maschinenvorschub, von 12 ± 10 %. Das Setup besteht aus der Vereinigung eines 5-Achs-parallelkinematischen CNC-HSC-Fräszentrums der Firma Metrom (HSC - High-Speed Cutting) und dem CMT-Prozess der Firma Fronius (CMT: Cold Metal Transfer). Dieser Versuchsstand ist im Zuge des BMBF-Forschungsprojektes „HYMOON“ im Rahmen des „Zwanzig20“-Programms entstanden. Hierbei wird die Fronius-Anlage (TPS 5000) als Werkzeug in der Anlage des Unternehmens Metrom eingebunden (**Bild 6**).

Der CMT-Prozess ist durch seine vielen Einstellparameter gut steuerbar. Die durch zehn parametergleiche Schweißproben ermittelte Varianz sowie Standardabweichung durch jeweils 10 Messungen beträgt V = 0,0006 mm und S = 0,023 mm. Dieses Ergebnis spricht für eine hohe Abbildgenauigkeit und zeigt, dass Berechnungsmodelle zum CMT-Prozess ein sinnvolles Werkzeug sind.

Die zu untersuchende Materialkombination bestand aus dem Substrat S235JR (Werkstoffnummer 1.0038) mit dem im Durchmesser 1 mm starken Draht G3Si1 (1.5125). Die gewählte Schweißkennlinie ist die CMT-Standard Kennlinie 1053. Schutzgas ist das CO_2-Argon-Gasgemisch im Verhältnis 18 zu 82 mit einem Volumenstrom von 20 l/min. Es wurden die einzel- und doppellagigen Schweißversuche entsprechend **Tabelle 1** bei einer Substrattemperatur von etwa 130 °C durchgeführt und anschließend mittels des Quantum Max ScanArm mit FARO-Blu xP LLP (LLP: Laserlineprobe, Auflösung 59 µm) des Unternehmens Faro vollständig eingescannt. Am digitalen Modell werden pro Schweißung zehn Höhenwerte gemessen. Anschließend wurden die Mittelwerte gebildet und abgelegt.

Tabelle 1. Einstellparameter der Schweißversuche.

υ_D **in m/min**	υ_f **in mm/min**	λ
2,4	200	12,0
3	240	12,5
4	300	13,3
5	400	12,5
5,3	450	11,8
6	530	11,3
6,7	600	11,2
7	640	10,9

Ergebnisse

Wannenlage PA

Die Höhenmesswerte der PA-Position von Einfach- und Doppelschweißungen (h_1 und h_2) wurden über die Maschinengeschwindigkeit v_f aufgetragen und sind in **Bild 7** dargestellt.

Die einfachen Höhenmesswerte befinden sich zwischen 2,0 und 2,6 mm, die doppelten Höhenmesswerte zwischen 3,7 und 4,6 mm. Die berechneten Höhenwerte (h_{2P}) entsprechend dem Parabelansatz (Gl. 6 mit $k = k_P = 0{,}667$) befinden sich in der Nähe der gemessenen Höhenmesswerte (h_2) mit einem relativen Fehler (RE – Relative Error) zu den Messwerten im Mittel von 9,8 %. Die Fehlerrate (ER – Error Rate) beträgt 10,0 %.

Der relative Fehler für die PA-Position ist nahezu durchgängig positiv. Das bedeutet, dass der Messwert größer ist als der Berechnungswert. Unberücksichtigt kann dies bei einem Wandaufbau mit einer großen Anzahl an übereinanderliegenden Schweißungen zur Kollision bzw. zum Festschweißen des Brenners und dem Bauteil führen.

Die berechnete Einfachraupenhöhe (h_{1ber}) nach Gl. 12 zeigt eine gleichgroße Übereinstimmung zum Messwert wie der daraus berechnete Doppelhöhenwert (h_{2k}) unter Verwendung des Faktors k, ermittelt aus Gl. 11, mit einem relativen Fehler im Mittel von jeweils –0,15 % und einer Fehlerrate von 1,32 %. Die Abweichung nach Rios et al. ist RE = –5,33 %, ER = 6,51 %.

Zwangslagen PB, PF, PG

Die Berechnungsergebnisse für die Zwangslagen werden als Oberflächendiagramm in **Bild 8** dargestellt. Dabei liegt der experimentelle Parameterraum bestehend aus v_f, α und β zu Grunde. Die Wannenlage wird mit rotem Rahmen gekennzeichnet.

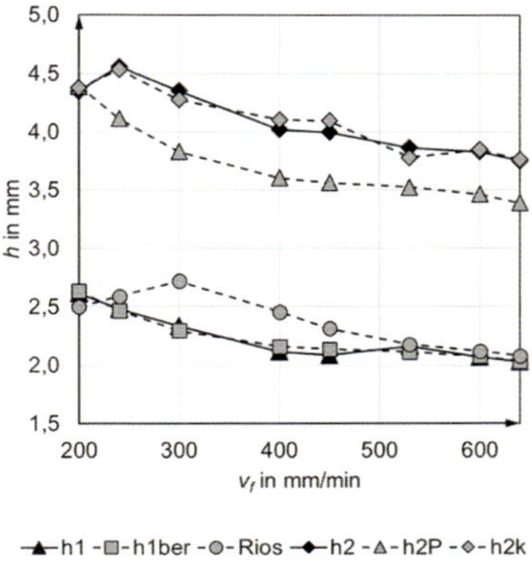

Bild 7. Mess- und Berechnungswerte der Schweißhöhen in Abhängigkeit von der Verfahrgeschwindigkeit im Vergleich zu den Berechnungswerten nach Rios.

Die Berechnungsergebnisse bilden die Messwerte hinreichend genau ab. Die Abweichung der Einfachschweißungen beträgt RE = –0,02 %, ER = 1,80 %, der Doppelschweißungen RE = –0,04 %, ER = 1,57 %.

Besonders in der horizontalen (α = 0°) und fallenden (α = –90°) Brennerbewegung werden sehr gute Ergebnisse erzielt. Die steigende (α = 90°) Bewegung als kritischste Bewegung, die auch den Humping-Effekt begünstigt [17], stellt mit der gegenwärtig geringen Datenlage sowie der Vereinfachung durch die Regression zweiten Grades nicht vollständig zufriedenstellende Ergebnisse dar.

Die in Gl. 11 und Gl. 12 verwendeten Koeffizienten sind online abrufbar [18]. Außerdem werden Implementierungen der verschiedenen Modelle bereitgestellt [19].

Tabelle 2. Mess- (MW) und Berechnungswerte (BW) mittels positionsabhängigen Faktors.

Anzahl Schichten	**1**	**2**	**4**	**5**	**10**
MW in mm	2,19	4,01	8,03	10,05	19,15
BW in mm	2,16	4,07	7,90	9,81	19,37
RE in %	1,18	-1,49	1,69	2,40	-1,14

Validierung durch weitere Versuche

Eine weitere Untersuchungsreihe validierte die erzielten Erkenntnisse. Dafür wurden mehrschichtige Schweißungen mit der Standardkennlinie ohne Änderung der Lichtbogen- und Dynamikkorrektur erzeugt und die Höhen gemessen (Tabelle 2). Der gemittelte Messwert der einfachen Schweißung beträgt für die Höhe 2,19 mm. Der bereits hinterlegte Wert aus der vorherigen Untersuchungsreihe beträgt 2,16 mm. Der ermittelte Sprungfaktor beträgt 0,88. Die gemessenen und berechneten Ergebnisse sind in Tabelle 2 dargestellt.

Mit dem Modell können ein zielorientierter Sprungabstand im Postprozessor eingepflegt und Bauteile mit geringer Soll-Ist-Abweichung erzeugt werden. In den ersten vier Lagen unterliegt die Breite-Höhe-Ausprägung den stärksten Schwankungen. Bei Wandaufbauten mit einer Schichtanzahl größer zehn werden Abweichungen aufgrund verschiedener thermischer und metallurgischer Einflüsse immer wahrscheinlicher und die zu erwartende Abweichung größer.

Nach zwanzig Schichten wird ein spanender Zwischenschritt empfohlen, um die Bauteilhöhe genau zu definieren. Der berechnete Höhenwert liegt an dieser Stelle bei 38,5 mm. Bei einer Abweichung von 5 % beträgt der Einfluss auf den Stickout weniger als 2 mm. Wird an dieser Stelle der Aufbauprozess unterbrochen können Probleme durch zu kurzen oder zu langen Lichtbogen vollständig unterbunden werden.

Fazit

Die bislang bekannten Modelle zum Auftragschweißen berücksichtigen hauptsächlich Überlegungen zum Breiten- und Höhenwachstum in der PA-Position.

Für das Höhenwachstum konnte gezeigt werden, dass ein Berechnungsprinzip in Abhängigkeit von der Maschinenvorschubgeschwindigkeit und Winkelanstellung eine sinnvolle Anwendung zur Ermittlung der Gesamtschweißhöhe darstellt. Die Anwendung positionsabhängiger Faktoren auf die Einfachschweißhöhe bieten hierbei eine gute Berechnungsgrundlage. Grund dafür sind die in der Schmelze vorherrschenden Strömungen, welche in Art und Stärke von der Maschinenvorschubgeschwindigkeit und Schweißposition abhängen und die Gesamthöhenausprägung beeinflussen [20 bis 25]. Die beschriebene Modellierung kann mit jedem Tabellenkalkulationsprogramm umge-

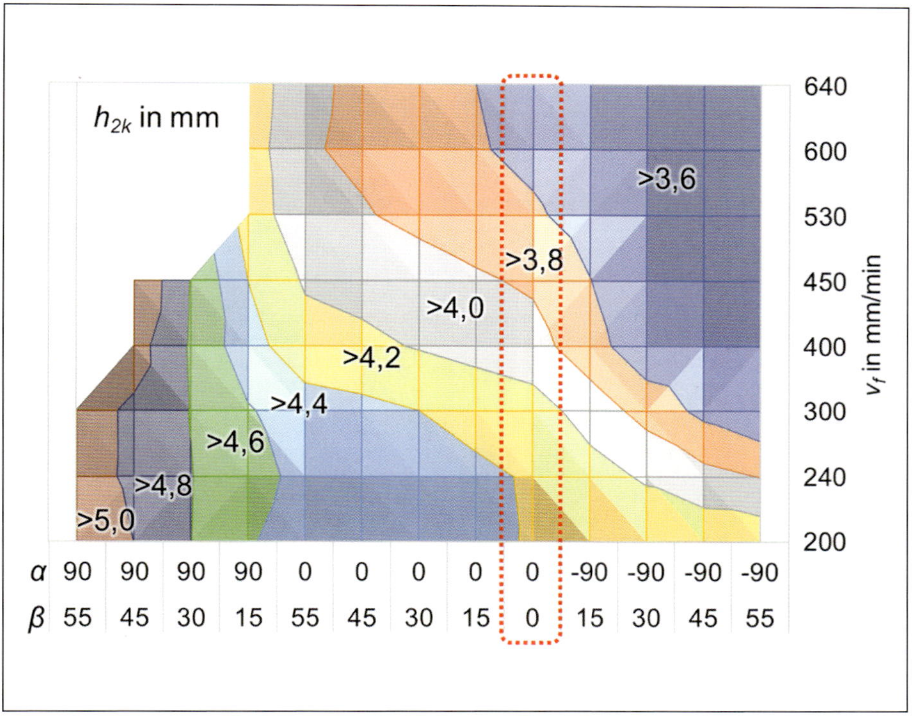

Bild 8. Oberflächendiagramm der berechneten Doppelschweißhöhen h_{2k} in mm in Abhängigkeit von der Vorschubgeschwindigkeit und Position (vgl. Bild 5).

setzt werden. Vorteil ist, dass die hinterlegten Arbeitsmappen mit neuen Daten ergänzt werden können und somit die Genauigkeit der berechneten Faktoren und Einfachschweißhöhen steigt. Die geringere Soll-Ist-Abweichung erlaubt es, bedeutend mehr Schweißungen übereinander abzuscheiden, bevor ein spanender Zwischenschritt erforderlich wird. Der ideale Arbeitsbereich liegt für die Maschinenvorschubgeschwindigkeit v_f im Bereich von 300 bis maximal 450 mm/min. Die Berechnung nach Rios et al. ermöglicht bei geringerer Datenlage eine sinnvolle Abschätzung der sich entwickelnden Schweißraupenhöhen für die erste Lage.

3

Literatur

[1] Holfort, L.: Metall 3D-Druck: Was ist Direct Energy Deposition? [online]. [Zugriff am 14.11.2023]. Verfügbar unter: https://www.layerbylayer.de/aktuelles/metall-3d-druck-was-ist-direct-energy-deposition.

[2] Matthes, K.-J., u. E. Richter: Schweißtechnik. Schweißen von metallischen Konstruktionswerkstoffen. Fachbuchverlag Leipzig im Carl Hanser Verlag, München 2008.

[3] Reimann, J., u. a.: Directed Energy Deposition-Arc (DED-Arc) and numerical welding simulation as a hybrid data source for future machine learning applications. Applied Sciences 11 (2021) H. 15, 7075.

[4] Mercurio, V., u. a.: Increasing of production rate of laser powder bed fusion systems. Procedia CIRP 118 (2023), S. 699/704.

[5] Shah, A., u. a.: A review of the recent developments and challenges in wire arc additive manufacturing (WAAM) process. Journal of Manufacturing and Materials Processing 7 (2023), H. 3, S. 97.

[6] Gebhardt, A.: Additive Fertigungsverfahren. 5. Auflage. Carl Hanser Verlag, München 2016.

[7] Ding, D., u. a.: A multi-bead overlapping model for robotic wire and arc additive manufacturing (WAAM). Robotics and Computer-Integrated Manufacturing 31 (2015), S. 101/10.

[8] Chan, B., J. Pacey u. M. Bibby: Modelling gas metal arc weld geometry using artificial neural network technology. Canadian Metallurgical Quarterly 38 (1999), H. 1, S. 43/51.

[9] Aiyiti, W., u. a.: Investigation of the overlapping parameters of MPAW based rapid prototyping. Rapid Prototyping Journal 12 (2006), H. 3, S. 165/72. https://www.emerald.com/insight/content/doi/10.1108/13552540610670744/full/html, abgerufen am: 29.10.2019

[10] Manokruang, S., u. a.: Model of weld beads geometry produced on surface temperatures by Wire and Arc Additive Manufacturing (WAAM). IOP Conference Series: Materials Science and Engineering 1063 (2021), 12008.

[11] Spencer J. D., P. M. Dickens u. C. M. Wykes: Rapid prototyping of metal parts by three-dimensional welding. The Journal of Engineering Manufacture 212 (1998), H. 3, S. 175/182.

[12] Dahat, S., u. a.: A methodology to parameterize wire + arc additive manufacturing: A case study for wall quality analysis. Journal of Manufacturing and Materials Processing 4 (2020), H. 1, 14.

[13] Ding, D., u. a.: Bead modelling and implementation of adaptive MAT path in wire and arc additive manufacturing. Robotics and Computer-Integrated Manufacturing 39 (2016), S. 32/42.

[14] Xiong, J., u. a.: Modeling of bead section profile and overlapping beads with experimental validation for robotic GMAW-based rapid manufacturing. Robotics and Computer-Integrated Manufacturing 29 (2013), H. 2, S. 417/23.

[15] Li, Y., u. a.: GMAW-based additive manufacturing of inclined multi-layer multi-bead parts with flat-position deposition. Journal of Materials Processing Technology 262 (2018), S. 359/71.

[16] Ríos, S., u. a.: Analytical process model for wire + arc additive manufacturing. Additive Manufacturing 21 (2018), S. 651/57.

[17] Adebayo, A., J. Mehnen u. X . Tonnellier: Limiting travel speed in additive layer manufacturing. Tagungsbeitrag. „9th International Conference on Trends in Welding Research American Society for Metals ASM International", Chicago 2012.

[18] Nast, M., u. S. Krinke: Modell, Koeffizienten und rohe Messdaten zu „Modell zur Berechnung der Schweißraupenhöhen beim mehrlagigen Drahtauftragschweißen zur Anwendung für die additive Fertigung (WAAM)", Researchgate.net; DOI: 10.13140/RG.2.2.34233.44643, 2023

[19] Krinke, S., u. M. Nast: WeldSim [online], 2023. [Zugriff am 13.04.2023]. Verfügbar unter:https://github.com/MaximilianNast/WeldSim.

[20] Gratzke, U., u. a.: Theoretical approach to the humping phenomenon in welding processes. Journal of Physics D: Applied Physics 25 (1992), H. 11, S. 1640/47.

[21] Mills, K. C., u. a.: Marangoni effects in welding. Philosophical Transactions of the Royal Society of London. Series A: Mathematical, Physical and Engineering Sciences 356 (1998), H. 1739, S. 911/25.

[22] Rayleigh, J. W. S.: The theory of sound. Dover Publications, New York 1945.

[23] Wu, D., u. a.: Understanding of humping formation and suppression mechanisms using the numerical simulation. International Journal of Heat and Mass Transfer 104 (2017), S. 634/43.

[24] Cho, M. H., u. D. F. Farson: Understanding bead hump formation in gas metal arc welding using a numerical simulation. Metallurgical and Materials Transactions B 38 (2007), H. 2, S. 305/19.

[25] Soderstrom, E., u. P. Mendez: Humping mechanisms present in high speed welding. Science and Technology of Welding and Joining 11 (2006), H. 5, S. 572/79.

3

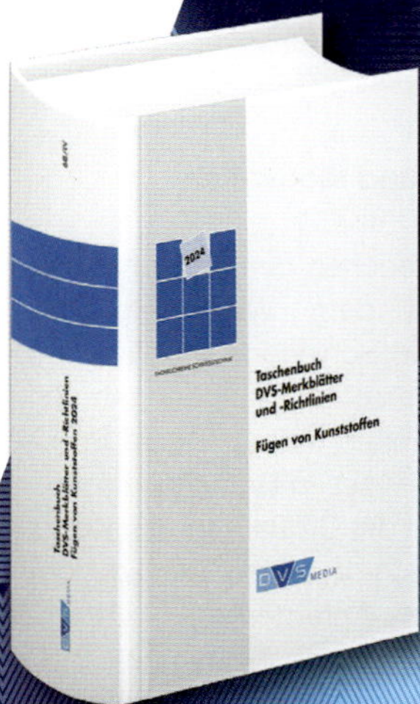

Qualitätssicherung in der Füge- und Trenntechnik

Christopher Wald, Linda Fröck, Christian Düreth, Karsten Tittmann, Ilja Koch, Wilko Flügge, Maik Gude

Lebensdaueranalyse für Klebverbindungen in großen FKV-Strukturen mit variierenden Klebschichtdicken

Das vorgestellte Forschungsvorhaben beschäftigte sich mit dem Einfluss verschiedener fertigungsbedingter Fehlstellen im Klebstoff auf die Lebensdauer der Klebverbindung. Beim Kleben von Faser-Kunststoff-Verbund(FKV)-Großstrukturen, wie beispielsweise im Windenergieanalagen- oder Schiffsbau, werden diese auf Lebensdauern von über 20 Jahren ausgelegt. Bei der Berechnung und Dimensionierung der Klebverbindungen wird zumeist von fehlerfreien Klebverbindungen ausgegangen. In der Anwendung zeigen Klebverbindungen allerdings fertigungsbedingte Imperfektionen (beispielsweise Klebschichtdickenschwankungen und undefinierte Randgeometrien), welche die Lebensdauer negativ beeinflussen können. Dies führt zu Überdimensionierungen in der Auslegung bzw. verminderter Betriebszeit. Um Aussagen über die Auswirkungen dieser potenziellen Fehlstellen treffen zu können, wurden die Imperfektionen sowohl in experimentellen Versuchen als auch in numerischen Berechnungen untersucht. Die Auswirkungen der Fehlstellen auf die mechanischen Eigenschaften der Klebverbindungen sollten dabei hinsichtlich verschiedener Belastungsarten getestet werden.

Einleitung und Motivation

In vielen Branchen der Wirtschaft, wie beispielsweise dem Windenergieanlagen-, Schiff- sowie Schienen- und Nutzfahrzeugbau, sind geklebte Verbindungen von FKV-Strukturen mittlerweile gängige Praxis. Insbesondere in diesen Branchen ergeben sich beim Kleben der Großstrukturen jedoch spezielle Herausforderungen. Dazu gehören zum Beispiel hohe Anforderungen an die Zuverlässigkeit bei Betriebsbelastung der Bauteile und Fügeverbindungen (Lebensdauer von über 20 Jahren [1]) trotz der prozessbedingt großen Fertigungstoleranzen. Das Ermüdungsverhalten von FKV-Großstrukturen wird maßgeblich durch das Rissverhalten in der Klebschicht bestimmt. Fertigungsbedingte Imperfektionen, wozu beispielsweise Klebschichtdickenschwankungen und undefinierte Randgeometrien (auch Squeeze-Outs genannt) zählen, haben dabei einen wesentlichen Einfluss auf die Entstehung sowie Ausbreitung von Rissen. Diese Fehlstellen sind jedoch unter anderem durch Welligkeiten aufgrund von einseitigen Formwerkzeugen bei der Herstellung der Laminate in großen Dimensionen nur schwer zu verhindern. Zudem wird bisher bei der Auslegung von fehlerfreien Klebschichten ausgegangen. Daraus resultieren große Unsicherheiten in der Lebensdauerberechnung sowie Überdi-

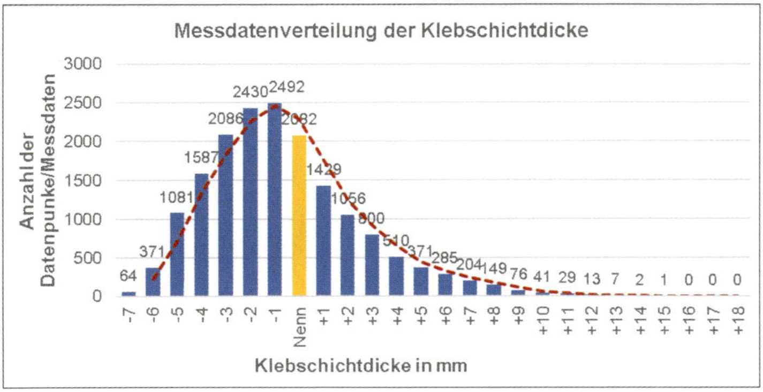

Bild 1. Verteilung der Klebschichtdickenschwankung. (© Fraunhofer-Institut für Großstrukturen in der Produktionstechnik IGP).

mensionierungen, da der Einfluss von Imperfektionen nicht berücksichtigt werden kann. Ziel des Vorhabens war es daher, den Einfluss von Klebschichtdickenschwankungen und undefinierten Randgeometrien aus dem Fertigungsprozess auf die Lebensdauer von FKV-Großstrukturen zu analysieren. Dadurch konnten verlässliche Erkenntnisse zum Einfluss der Imperfektionen gewonnen und der Industrie bereitgestellt werden, wodurch die Auslegung von großen FKV-Klebungen optimiert werden kann. Um das zu erreichen, sollten sowohl experimentelle Untersuchungen als auch numerische Berechnungen an Modellen durchgeführt werden, welche den Einfluss von verschiedenen Imperfektionen beschreiben. Um das umzusetzen, mussten zunächst die vorher deklarierten Imperfektionen in der Praxis untersucht werden.

Analyse und Klassierung von Klebschichtdickenschwankungen und undefinierten Randgeometrien

Um Aussagen über die Imperfektionen an derzeit ausgeführten Klebungen in FKV-Großstrukturen zu erhalten, wurden unter anderem Interviews mit Industriepartnern geführt. Des Weiteren wurden repräsentative Klebverbindungen messtechnisch (zum Beispiel 3D-Laserscanning) als auch bildlich (zum Beispiel Fotografie) dokumentiert und anschließend ausgewertet.

Klebschichtdickenschwankungen

Um den Aufwand zur Aufnahme von Daten zu Klebschichtdickenschwankungen bei FKV-Großstrukturen möglichst gering zu halten, wurden zunächst punktuelle Messungen in äquidistanten Abständen über die gesamte Klebefläche durchgeführt und so Datensätze aufgenommen. Mit Hilfe dieser konnten Rückschlüsse auf die Klebschichtdickenschwankungen in möglichst vielen verschiedenen Bereichen der Strukturen gezogen werden. Anhand der Datensätze (**Bild 1**) wurde deutlich, dass die Verteilung der Klebschichtdickenschwankungen annähernd einer logarithmischen Normalverteilung zugeordnet werden kann. Ein Großteil der erfassten Daten lag dabei in dem Bereich leicht unterhalb der Nennklebschichtdicke (Nennklebschichtdicke – 3 mm ≤ Klebschicht ≤ Nennklebschichtdicke). Die Nennklebschichtdicke repräsentierte dabei die angestrebte Klebschichtdicke. Neben dem vermehrten Auftreten kleinerer Abweichungen wurden anhand der Messdaten auch große Klebschichtdickenschwankungen deutlich

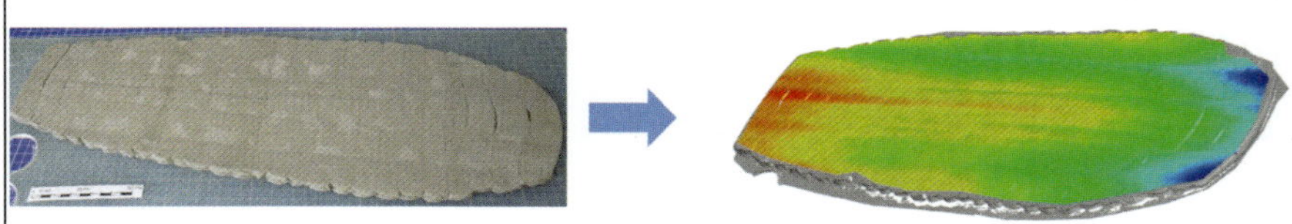

Bild 2. Abdruck einer Klebfläche (links, Maßstab ≙ 100 mm) und daraus abgeleitetes 3D-Modell (rechts). (© Fraunhofer-Institut für Großstrukturen in der Produktionstechnik IGP)

(zum Beispiel Nennklebschichtdicke + 15 mm). Trotz der geringen Wahrscheinlichkeit des Auftretens solch eines Extremfalls besteht die Möglichkeit, dass diese Ausreißer die Rissbildung stark begünstigen. Generell unterstrichen die Messungen jedoch das Problem des Vorhandenseins von Klebschichtdickenschwankungen in großen FKV-Strukturen. Zusammenfassend ergab sich anhand der Datensätze der Klebschichtdickenschwankungen folgender Bereich: Nennklebschichtdicke – 7 mm ≤ Klebschichtdicke ≤ Nennklebschichtdicke + 15 mm.

Da die bisherigen Datensätze den Zustand einer Klebschicht vorrangig punktuell abbilden und somit keinerlei Rückschlüsse enthalten, ob sich die Klebschichtdicke sprunghaft oder sehr langsam ändert, wurde mit Hilfe von Plastilin ein Abdruck eines größeren Bereichs (565 mm x 190 mm) einer FKV-Großstrukturklebung angefertigt. Diese abgenommene Geometrie, welche in **Bild 2** dargestellt ist, wurde anschließend mittels eines Messsystems optisch erfasst und in ein 3D-Modell überführt. Somit konnten anhand des 3D-Modells und den dort vorkommenden Extremfällen Vermessungen vorgenommen werden. Diese machten deutlich, dass sich die Klebschichtdicke über eine Länge von 10 mm maximal um 1 mm ändert. Folglich konnte für die Klebschichtdickenschwankungen festgehalten werden: Steigung der Klebschichtdickenschwankungen ≤ 0,1.

Undefinierte Randgeometrien

In FKV-Großstrukturen werden generell alle nach dem Fügen erreichbaren Bereiche kontrolliert und nachbearbeitet. Aus diesem Grund sind die undefinierten Randgeometrien nahezu ausschließlich an Positionen vorhanden, die nach dem Verkleben nicht mehr zugänglich sind, weshalb die Datenaufnahme deutlich komplizierter ausfällt. An einer ausrangierten FKV-Realstruktur konnten Schnitte an den besagten Bereichen angefertigt werden. Mit Hilfe von konservativen Messmitteln sowie optischen Messsystemen wurden in diesen ansonsten schwer zugänglichen Bereichen Vermessungen durchgeführt und Punktwolken generiert, die in

Bild 3. Die Klassen Terrasse, Vorhang, Tropfenförmig und Unausgefüllt v.l.n.r. (Maßstab spiegelt ≈ 10 mm wider). (© Fraunhofer-Institut für Großstrukturen in der Produktionstechnik IGP)

3D-Modelle überführt werden konnten. Anhand der Datensätze wurde deutlich, dass die Squeeze-Outs in vier Klassen untereilt werden können: Terrasse, Vorhang, Tropfenförmig und Unausgefüllt (**Bild 3**).

Die Klassen wiederholten sich in verschiedenen Bereichen der untersuchten Positionen, wiesen teilweise jedoch unterschiedliche Ausprägungen auf. Aus diesem Grund konnten die Klassen in weitere Unterklassen unterteilt werden, bei denen die undefinierten Randgeometrien zu großen Teilen auf die Merkmale der Klasse zutrafen, jedoch untereinander kleinere Formabweichungen bzw. verschiedene Ausprägungen aufwiesen. Bei der Vermessung der 3D-Modelle der Squeeze-Outs (unter anderem Flächeninhalt, Winkel zwischen Laminat und undefinierter Randgeometrie, Abstände zwischen charakteristischen Punkten) wurde deutlich, dass keine auffälligen Zusammenhänge zwischen den Squeeze-Outs einer Klasse bestehen. Die Ausbildung der undefinierten Randgeometrien ist folglich vom vorhandenen überschüssigen Klebstoffvolumen, der Wirkrichtung der Gravitationskraft sowie der Viskosität des verwendeten Klebstoffs abhängig. Weitere Anhaltspunkte konnten nicht ausgemacht werden.

Klebstoffcharakterisierung

Um das Verhalten klebtechnisch gefügter Strukturen bei verschiedenen Belastungen in numerischen Berechnungen abbilden zu können, musste das Klebstoffsystem umfassend charakterisiert werden. Dafür wurde für dieses Forschungsprojekt ein ungefülltes Klebstoffsystem auf Epoxidharzbasis, der SikaPower 1280/1050, ausgewählt. Über verschiedene quasistatische und zyklische Versuche konnten unterschiedliche für die numerischen Berechnungen notwendige Kennwerte zum realitätsnahen Abbilden des Klebstoffverhaltens experimentell ermittelt werden. Für das Verhalten hinsichtlich Ermüdung waren insbesondere Versuche zur Bruchzähigkeit des Klebstoffs unumgänglich. Wichtige Kennwerte stellten dabei unter anderem die kritische Energiefreisetzungsrate und der kritische Spannungsintensitätsfaktor dar. Ersterer beschreibt die rissflächenbezogene Energie, die bei einem Prüfkörper frei wird, sofern der Riss um eine Flächeneinheit vergrößert wird, und letzterer beschreibt den Widerstand eines Werkstoffs gegen Risswachstum. Zur Ermittlung dieser bruchmechanischen Eigenschaften wurden Compact-Tensile(CT)-Proben nach ISO 13586:2018-08 verwendet. Diese Probenform wird normalerweise bei der Ermittlung der Bruchzähigkeit von Metallwerkstoffen verwendet und hier auf die Klebtechnik adaptiert. Die Prüfkörper wurden hergestellt, indem der gemischte Klebstoff zwischen zwei Aluminiumplatten mit einem definierten Abstand zueinander injiziert wird. So entstand eine Klebstoffplatte, aus der die CT-

3

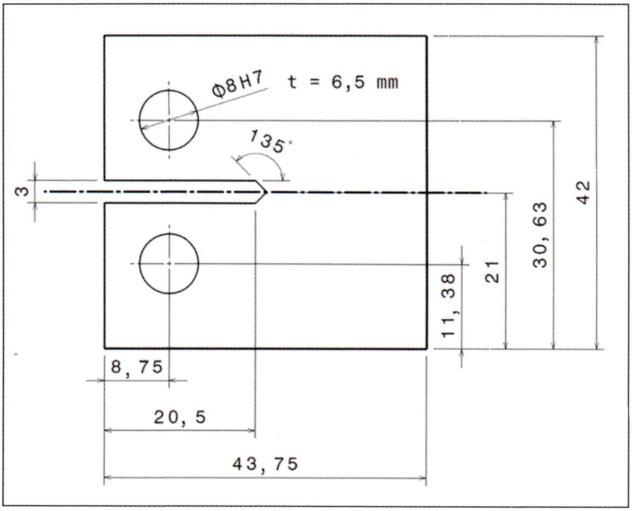

Bild 4. Technische Zeichnung der für die Versuche verwendeten CT-Proben. (© Fraunhofer-Institut für Großstrukturen in der Produktionstechnik IGP)

Proben nach den Abmessungen in **Bild 4** durch fräsende Bearbeitung herausgearbeitet werden konnten.

Wie in der Norm empfohlen, wurde nach der Fertigung der Proben mit Hilfe einer Rasierklinge ein Anriss in der Kerbe der Probe geschaffen. Dies sollte unkontrolliertes Risswachstum bei den nachfolgenden quasistatischen Schälversuchen verhindern, da ein scharfer Anriss erzeugt wurde. Anschließend konnten die CT-Proben quasistatisch geprüft werden. Dafür wurden sie auf einer Universalprüfmaschine weggeregelt mit einer definierten Geschwindigkeit bis zum Versagen auseinandergezogen, was in **Bild 5** dargestellt ist.

Bei den Prüfungen zeigte sich konstantes Risswachstum durch die Prüfkörper, welches sich über einen Bereich von etwa 15 mm durch die Probe erstreckte. Über eine Kamera konnte die Rissausbreitung verfolgt werden und zusammen mit den Kraft- und Wegdaten, die bei den Versuchen für die jeweiligen Prüfkörper aufgezeichnet wurden, konnten anschließend nach der ISO 13586:2018-08 die kritische Energiefreisetzungsrate und der kritische Spannungsintensitätsfaktor berechnet werden:

- kritische Energiefreisetzungsrate $G_{Ic} \approx 4$ kJ/m2 ,
- kritischer Spannungsintensitätsfaktor K_{Ic} ≈ 3 MN/m$^{3/2}$.

Mit diesen und weiteren experimentell ermittelten Kennwerten sowie begründeten Annahmen aus der Literatur und der Ingenieurpraxis konnte das Materialverhalten des Klebstoffs in numerischen Berechnungen simuliert werden.

Kalibrierung numerischer Methoden an CT-Versuchen

Um die numerischen Modellannahmen des Materialverhaltens des Klebstoffes zu validieren, wurde der CT-Probekörper in ein zweidimensionales FE-Modell überführt (**Bild 4** bzw. **Bild 6b**). Zur Modellierung des progressiven Rissfortschrittes wurde die Methode der Virtual Crack Closing Technique (VCCT) herange-

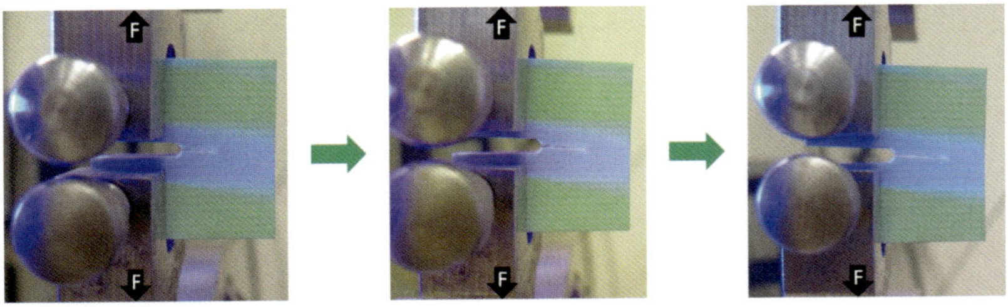

Bild 5. Rissfortschritt bei der Prüfung der CT-Proben nach ISO 13586:2018-08.
(© Fraunhofer-Institut für Großstrukturen in der Produktionstechnik IGP)

zogen. Diese Methode stammt aus der linearen Bruchmechanik und ist bereits in der gewählten FEM-Softwareumgebung Abaqus vorimplementiert. Sie bietet den enormen Vorteil der Unabhängigkeit von der Netzfeinheit. Darüber hinaus ist die Methode schnell und schont Berechnungsressourcen. Für die VCCT-Methode ist es jedoch notwendig, das Modell entlang der prognostizierten Rissfront zu teilen. Diese zwei Teile wurden anschließend mittels einer Kontaktrandbedingung mit implementierter VCCT verbunden. Als notwendige Materialparameter benötigt die VCCT nur die modeabhängigen kritischen Energiefreisetzungsraten G_i für i = I, II, III sowie einen Interaktionskoeffizienten *n* zur Beschreibung eines Mode-Interaktionsgesetzes. Vorimplementierte Mode-Interaktionsgesetze sind zum Beispiel nach Benzeggagh-Kenane oder Reeder. Erstes findet vorrangig Anwendung im Bereich der Faserverbundwerkstoffe. Die zu untersuchende Schälbeanspruchung ist hauptsächlich durch eine Mode-I-Belastung hervorgerufen, weshalb eine Modeinteraktion vernachlässigt werden kann. Daher beschränkte sich der zu ermittelnde Parameterraum auf die kritische Energiefreisetzungsrate für Mode I G_{Ic}.

Die Krafteinleitung in den CT-Probekörper wurde dabei mittels zweier Referenzpunkte, welche jeweils an einen als diskret starr definierten Bolzen gekoppelt sind, über eine Kontaktrandbedingung modelliert. Der Kontaktrandbedingung wurde der Reibkoeffizient von µ = 0,3 hinterlegt. Diese Art der Randbedingung hatte die besten Ergebnisse im Abgleich mit dem Steifigkeitsverhalten der Struktur gezeigt. Das Modell wurde mittels CPE4-Elemente, lineare 4-Knoten-Elemente im ebenen Spannungszustand, mit einer Netzfeinheit von 0,2 mm im gesamten Modell vernetzt.

Zum Feinabgleich der VCCT-Methode wurde das Intervall der kritischen Energiefreisetzungsrate G_{Ic} zu 3,5 bis 4,75 kJ/m² gesetzt. In diesem Intervall wurden sechs diskrete Werte für die FEM-Iterationen definiert. Ziel war es, den Fehler zwischen der experimentell und der numerisch ermittelten Kraft-Weg Kurve mittels der Anpassung von G_{Ic} zu minimieren. Als Bestimmtheitsmaß, das die Übereinstimmung zwischen Numerik und Experiment widerspiegelt, wurde R^2 gewählt:

$$R^2 = 1 - \frac{\sum\left(y_{exp} - y_{num}\right)^2}{\sum\left(y_{exp} - \bar{y}_{num}\right)^2}$$

3

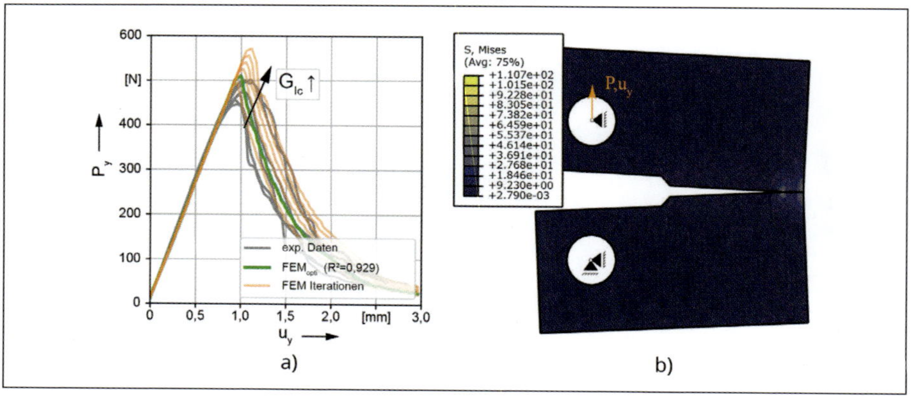

Bild 6. Darstellung der numerischen und experimentell bestimmten Kraft-Weg-Kurven; farbliche Hervorhebung des optimalen numerischen Ergebnisses (a), exemplarische Darstellung der von Mises Vergleichsspannung und Deformation des CT-FEM-Modells bei diskretem Rissfortschritt (b). (© Technische Universität Dresden, Institut für Leichtbau und Kunststofftechnik, Professur für Leichtbaudesign und Strukturbewertung)

Der Wert ist zwischen $-\infty > R^2 \leq 1$ definiert, wobei der Wert 1 eine 100%ige Übereinstimmung bedeutet. In der Gleichung sind die Variablen y_{exp} und y_{num} die Kraftwerte des Experimentes und der Numerik für jeden gemeinsamen Verschiebungspunkt x_i, und $\bar{y}_{num}$ ist als der Mittelwert aller numerischen Werte definiert. Zur Synchronisation der Daten wurden die numerischen Wertepaare $(x_i, y_i)_{num}$ auf die experimentellen Werte $x_{i,exp}$ mittels linearer Interpolation in einem Python-Skript gesampelt.

Die Ergebnisse der FEM-Iterationen zum Feinabgleich von G_{Ic} sind in **Bild 6a** dargestellt. Deutlich ist der Einfluss eines steigenden G_{Ic} zu erkennen. Dabei ist das beste Ergebnis farblich grün (FEM_{opti}) hervorgehoben. Es konnte ein Bestimmtheitsmaß R^2 von 0,929 (≈ 93 %) bei einem $G_{Ic,num}$ von 3,75 kJ/m² erreicht werden. Dies spiegelt eine Abweichung zu dem experimentell ermittelten $G_{Ic,exp}$ von 4 kJ/m² von 6,25 % dar. Ein möglicher Grund für die Abweichung ist das stark ausgeprägte plastische Verhalten des gewählten Klebstoffes (SikaPower 1280/1050), welches durch Methoden der linearen Bruchmechanik, wie der VCCT, nicht beschreibbar ist. Dies ist auch deutlich im Bereich der Kraftmaxima zu erkennen. Während die experimentellen Daten ein ausgeprägtes Bruchverhalten im Bereich des Kraftmaximums haben, zeigten die numerischen Daten ein abruptes Abfallen der Kraftwerte. Um die Aussagekraft der Kalibrierung zu verbessern, wäre es vorteilhaft, den Rissfortschritt als zusätzliche Variable einzuführen und Numerik und Experiment daran trivariat abzugleichen. Dennoch spiegelten die Ergebnisse eine gute Grundlage dar, den zähmodifizierten Klebstoff bruchmechanisch zu beschreiben.

Numerische Analyse von FKV-Klebungen unter Schälbeanspruchung mit Klebschichtdickenschwankungen

Die Erkenntnisse der Kalibrierung der numerischen Methoden wurden auf ein weiterführendes numerisches Modell zur Beschreibung der

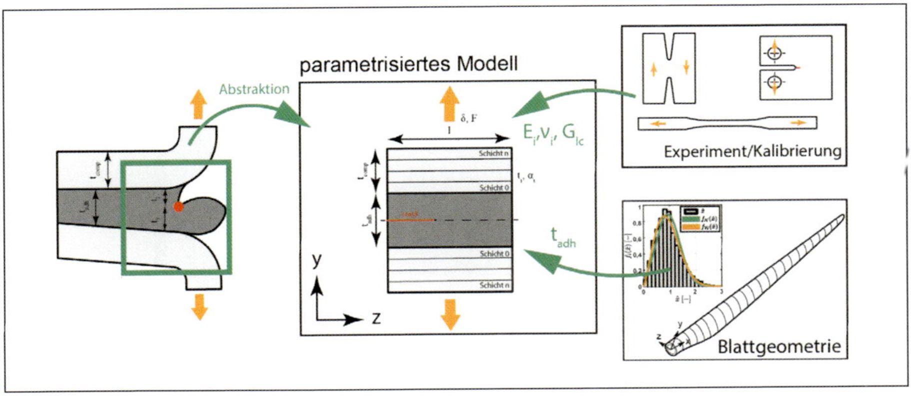

Bild 7. Schematische Illustration der Modelleingangsparameter und Abstraktion der realen Struktur des parametrisierten FEM-Modells zur Berechnung des Einflusses der Klebschichtdickenschwankung unter Schälbeanspruchung. (© Technische Universität Dresden, Institut für Leichtbau und Kunststofftechnik, Professur für Leichtbaudesign und Strukturbewertung)

Imperfektion der Klebschichtdickenschwankung unter Schälbeanspruchung übertragen. Das Modell wurde parametrisiert als zweidimensionales Modell im ebenen Dehnungszustand mit einer Einheitsdicke von 1 mm in einem Python-Skript, das die Abaqus-Programmierschnittstellen (API) nutzt, erstellt. Das Modell besteht dabei auch aus zwei symmetrischen Teilen, welche mittels der implementierten VCCT-Kontaktrandbedingung, kalibriert im Abschnitt 4 verbunden sind. Dies ermöglichte eine schnelle und benutzerfreundliche Erstellung der Modelle. Alle wichtigen geometrischen Modellparameter, wie die Klebschichtdicke t_{adh}, die Laminatdicke t_{comp}, als Summe der Einzelschichtdicken t_i, und die Länge l des Modells sind in der Mitte des **Bild 7** dargestellt. Zusätzlich kann jeder Einzelschicht n eine Faserorientierung α_i zugeordnet werden, was die elastischen Eigenschaften der Schicht definiert bzw. beeinflusst. Die elastischen Eigenschaften der transversalisotropen Schicht entstammten dabei Experimenten wie dem 0°/90°-Zugversuch, der Prüfmethode V-Notch Rail Shear (VNRS) oder ähnlichen Prüfverfahren zur Bestimmung von Materialparametern im Faserverbundbereich bei quasi-statischer Beanspruchung. Zur Definition der Klebschichtdickenschwankung wurden diskrete Werte aus der Vermessung einer realen Blattstruktur verwendet.

Für erste generische Ergebnisse wurde die Materialkombination eines GFK-Einzelschichtlaminats mit ausschließlich 0°-Faserorientierung und SikaPower 1280/1050 mit einer Klebschichtdickenschwankung im Bereich von 0,1 bis 20 mm in 16 diskreten Schritten (vgl. Abschnitt 2) gewählt. Das Laminat wurde mit folgenden experimentell ermittelten elastischen Materialparametern: $E_{\parallel} = 39.093$ MPa, $E_{\perp} = 13.247$ MPa, $\nu_{\parallel\perp} = 0{,}23$, $\nu_{\perp\perp} = 0{,}23$, $G_{\parallel\perp} = 3.713$ MPa, $G_{\perp\perp} = 5.095$ MPa für einen Faservolumenanteil von 50 % und einer Laminatdicke von 1 mm definiert. Die Klebschicht wurde mit den kalibrierten Werten aus Abschnitt 4 als linear elastische isotrope Schicht im ebenen Dehnungszustand implementiert. Zur Auswertung des Einflusses der Klebschichtdickenschwankung auf das Rissfortschritts-

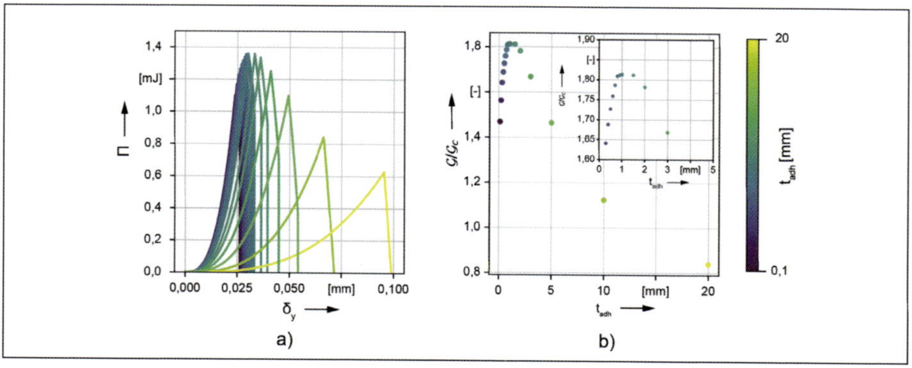

Bild 8. Generische Ergebnisse der Referenzmaterialpaarung GFK-SikaPower 1280/1050: a) Energie Π in Abhängigkeit von der Verschiebung δ_y und Klebschichtdicke t_{adh} und b) normierte Energiefreisetzungsrate G/G_{Ic} in Abhängigkeit von der Klebschichtdicke t_{adh} (G_{Ic} experimentell im CT-Versuch bestimmt). (© Technische Universität Dresden, Institut für Leichtbau und Kunststofftechnik, Professur für Leichtbaudesign und Strukturbewertung)

verhalten wurde ein Energieansatz basierend auf der Theorie nach Griffith‘s gewählt. Aus der Energiebilanz Π zwischen der inneren elastischen Energie und der äußeren Arbeit berechnet sich die notwendige Energiefreisetzungsrate in Abhängigkeit von der Klebschichtdicke als Differenz der beiden Größen. Die daraus resultierende freiwerdende Energie ist die Energie, die notwendig ist, einen Riss um die Fläche A zu vergrößern. Das **Bild 8a** illustriert die Ergebnisse für die Energiebilanz Π in Abhängigkeit von der Verschiebung δ_y und der Klebschichtdicke. Die Klebschichtdicke ist farblich nach der logarithmischen Farbskala aufgetragen, um auch kleine Klebschichtdicken besser unterscheiden zu können. Hierbei ist der Einfluss der Klebschichtdicke schon erkenntlich und es zeichnet sich ein Maximum in Abhängigkeit von der Klebschichtdicke ab. Dies ist in **Bild 8b** deutlicher dargestellt. Hier sind die Energiefreisetzungsraten berechnet aus der Energiebilanz Π normiert auf die experimentell gemessenen G_{Ic} in Abhängigkeit von der Klebschichtdicke t_{adh} aufgetragen. Hierbei ist deutlich zu erkennen, dass es ein Maximum im Bruchwiderstand in dem Klebschichtdickenbereich t_{adh} von etwa 0,7 bis 1,5 mm gibt.

Die Ergebnisse korrespondieren sehr gut mit dem aus der Literatur bekannten Einfluss der Klebschichtdicke basierend auf Überlegungen der analytischen Betrachtung der plastischen Zone [2 bis 4]. Hierbei wird argumentiert und experimentell bestätigt, dass das Maximum der Energiefreisetzungsrate bei einer Klebschtdicke $t_{adh} = 2r_p$ zu erwarten ist. Nach verschiedenen analytischen Herleitungen ist für den Klebstoff SikaPower 1280/1050 ein optimaler Bereich bei $2r_p$ = 1,433 … 1,477 mm zu erwarten.

Fazit und Ausblick

An den untersuchten Realstrukturen konnten die in der Realität vorliegenden Klebschichtdickenschwankungen und undefinierten Randgeometrien ermittelt werden. Die Klebschichtdickenschwankungen erstrecken sich dabei über einen Bereich von 22 mm. Die undefinierten Randgeometrien konnten in vier verschiedene Klassen aufgeteilt werden, die sich in ihrer Geometrie ähneln und wiederholt in den Strukturen vorkommen. Über experimentelle Untersuchungen zum bruchmechanischen Verhalten des Klebstoffs konnten Kennwerte ermittelt werden, die gewinnbringend in die numerischen Berechnungen eingebracht werden konnten. Mit diesen konnte das Verhalten des Klebstoffs unter Belastung realitätsnah in der Numerik abgebildet werden. Dies ermöglicht es, den Einfluss von bspw. Klebschichtdickenschwankungen bei Schälbelastung auf das Versagensverhalten von Klebungen zu untersuchen, ohne eine Vielzahl an zeitaufwendigen experimentellen Untersuchungen durchführen zu müssen.

Danksagung

Das IGF-Vorhaben Nummer 21.059 BR / DVS-Nummer 08.3260 der Forschungsvereinigung Schweißen und verwandte Verfahren e. V. des DVS, Aachener Straße 172, 40223 Düsseldorf, wurde über die AiF im Rahmen des Programms zur Förderung der industriellen Gemeinschaftsforschung (IGF) vom Bundesministerium für Wirtschaft und Klimaschutz aufgrund eines Beschlusses des Deutschen Bundestages gefördert.

Für die finanzielle und organisatorische Betreuung sei an dieser Stelle gedankt. Des Weiteren wird an dieser Stelle dem projektbegleitenden Ausschuss für die gute Zusammenarbeit und die produktiven sowie konstruktiven Diskussionen während der gesamten Projektlaufzeit gedankt.

3

Literatur

[1] Pressestelle, TÜV Süd: BPW ist die Grundlage für sicheren Weiterbetrieb. In: Windmesse – All in wind [online]. Hamburg: smart dolphin GmbH. Verfügbar unter: https://w3.windmesse.de/windenergie/pm/29709-tuv-sud-bwp-wea-weiterbetrieb-windkraftanlage-windenergieanlage-turbine-prufung-aufwand [Zugriff am 17.09.2019].

[2] Kinloch A. J., u. S. J. Shaw: The Fracture Resistance of a Toughened Epoxy Adhesive. In: The Journal of Adhesion 12 (1981), Nr. 1, S. 59/77.

[3] Ozdil, F., u. L. A. Carlsson: Plastic Zone Estimates in Mode IInterlaminar Fracture of Interleaved Composites. In: Engineering Fracture Mechanics 41 (1992), Nr. 5, S. 645/68.

[4] Saleh, M. N., u. a.: On the Influence of the Adhesive and the Adherend Ductility on Model Fracture Characterization of Thick Adhesively-Bonded Joints. In: International Journal of Adhesion and Adhesives 115 (2022),103123.

Ulrich Holländer, Kai Möhwald, Hans Jürgen Maier, Lienhard Wegewitz, Friedrich Bürger, Wolfgang Maus-Friedrichs

Entwicklung einer optischen Inspektionsmethode zum Bewerten des Oberflächenzustands von zu lötenden Metalloberflächen

Für die Bewertung der Lötbarkeit von Bauteiloberflächen durch eine In-line-Qualitätskontrolle in der Lötproduktion fehlen schnelle und kostengünstige Messverfahren mit ausreichender Genauigkeit und Zuverlässigkeit. Ziel der vorliegenden Studie war es daher, die Anwendbarkeit der spektroskopischen Ellipsometrie als Werkzeug zur Charakterisierung des Oberflächenzustandes von Metallen im Hinblick auf ihre Lötbarkeit zu bewerten. Zu diesem Zweck wurden die Oberflächen typischer Werkstoffe (CrNi-Stahl, Kupfer), die in der Löttechnik verwendet werden, in definierter Weise modifiziert (oxidiert, mit Ölen verunreinigt, geschliffen), ihre optischen Eigenschaften ellipsometrisch gemessen und das Benetzungsverhalten der modifizierten Oberflächen für ausgewählte Lote untersucht. Im Ergebnis lassen sich mittels Ellipsometrie eine Reihe löttechnisch relevanter Oberflächenzustände, die zu einer eingeschränkten Benetzung führen, optisch detektieren. Die Erkenntnisse können für die Realisierung einer automatischen optischen Inspektionsmethode für Bauteiloberflächen vor dem Löten genutzt werden.

Einleitung

Im Ofenverfahren gelötete Bauteile sind in der Industrie weit verbreitet. Beispiele sind Wärmetauscher aus korrosionsbeständigen Stählen oder Kupferwerkstoffen, die jährlich millionenfach in den unterschiedlichsten Größen und Ausführungen für den Fahrzeugbau oder die Energie- und Klimatechnik hergestellt werden. Ihre Herstellung und ihr Einsatz sind daher ein wichtiger Wirtschaftsfaktor für die beteiligten Unternehmen.

Wie bei anderen industriellen Prozessen spielt auch in der Löttechnik die Prozesssicherheit eine entscheidende Rolle für die effiziente Produktion dieser Bauteile. Eine wesentliche Fehlerquelle beim Löten sind ungeeignete Werkstoffoberflächen, die durch vorgelagerte Fertigungsschritte an den metallischen Bauteilen entstehen können. So werden beispielsweise bei mechanischen Prozessen wie Umformen, Stanzen oder Schleifen organische Zusätze in Form von Ziehölen oder Schmierstoffen verwendet, die auf den Werkstoffoberflächen verbleiben und den Lötprozess beeinträchtigen können. Weiterhin können vorgelagerte Wärmebehandlungsprozesse wie Spannungsarmglühen oder Lösungsglühen in ungeeigneten Prozessatmosphären die Metalloberflächen durch Oxid- oder Nitridbildung so dauerhaft verändern, dass sie im nachfolgenden Lötprozess nicht mehr zur Benetzung aktiviert werden können.

Die gesamte Prozesskette vom metallischen Halbzeug bis zur fertigen Lötbaugruppe liegt in der Regel nicht in den Händen eines einzigen Lieferanten. Vielmehr ist das für das Löten der Bauteile verantwortliche Unternehmen darauf angewiesen, dass seine Zulieferer für das Löten geeigneten Bauteile bereitstellen. Die Schwierigkeit für eine effektive Wareneingangsprüfung besteht darin, dass nachteilige Oberflächenzustände oft noch nicht visuell erkennbar sind und sich erst an fehlerhaft gelöteten Bauteilen offenbaren. Etablierte oberflächenanalytische Messverfahren, mit denen kritische Oberflächenzustände im Vorfeld erkannt werden könnten, erfordern in der Regel eine Probennahme und Analysetechniken unter Hochvakuumbedingungen (Rasterelektronenmikroskopie, Röntgenphotoelektronenspektroskopie etc.). Diese Verfahren sind äußerst kostspielig und für eine wünschenswerte Inline-Kontrolle des Produktionsprozesses gänzlich ungeeignet.

Eine relativ einfache Methode zur Untersuchung von Oberflächen ist die Ellipsometrie, ein berührungsloses optisches Verfahren, das an Atmosphäre arbeitet [1]. Das Prinzip beruht darauf, dass jede Oberfläche mit eingestrahlten Lichtphotonen in eine physikalische Wechselwirkung tritt, die je nach den Eigenschaften des verwendeten Lichtstrahls und der Oberflächenbeschaffenheit zu optischen Phänomenen wie Reflexion, Absorption, Brechung, Phasenverschiebung oder Drehung der Polarisationsebene führen. Diese Wechselwirkungen werden mit der spektroskopischen Ellipsometrie erfasst. Gemessen werden die optischen Parameter Ψ und Δ in Abhängigkeit von der Lichtwellenlänge und dem Einfallswinkel. Die Größe Ψ gibt den Reflexionsgrad einer Oberfläche für Licht unterschiedlicher Wellenlänge und Polarisation an. Die Größe Δ wiederum hängt mit dem wellenlängenabhängigen Brechungsindex des reflektierenden Materials zusammen und ist eine charakteristische Eigenschaft der an der Oberfläche vorhandenen chemischen Zusammensetzung. Beide Größen werden daher verwendet, um bestimmte Oberflächenzustände zu identifizieren und zu interpretieren.

Spektroskopische Ellipsometrie findet häufig bei der Analyse von dünnen Schichten sowie Grenzflächen Anwendung. Sie eignet sich neben ihrer Verwendung in der Halbleiterindustrie für die Charakterisierung von Biomolekülen, Polymeroberflächen sowie Polymerschichten [2]. Auf Metallen sowie auch speziell bei Kupfer und Eisen wurde Ellipsometrie bereits verwendet, um das Oxidationsverhalten der Oberflächen zu untersuchen [3...9]. Darüber hinaus wurden auch organische Schichten wie Korrosionsschutzschichten [10; 11] und die Adsorption unterschiedlicher Biomoleküle auf den Metalloberflächen charakterisiert [12...18]. Im Kontext des Lötens fand Ellipsometrie bis jetzt kaum Anwendung [19].

Ziel der vorliegenden Studie war es, das Potenzial der spektroskopischen Ellipsometrie als automatisches optisches Inspektionsverfahren zu untersuchen, das geeignet ist, kritische Oberflächenzustände zu identifizieren, die den Lötprozess stören und zu Lötfehlern führen können. Um dies beurteilen zu können, müssen die folgenden Fragen beantwortet werden:

- Welche Oberflächeneigenschaften hemmen oder beeinträchtigen die Benetzung und die Lötbarkeit?
- Wie ist die Oberflächenmorphologie und -chemie dieser Zustände?
- Sind diese Oberflächenzustände ellipsometrisch unterscheidbar?
  - Welchen Einfluss hat die Messdaten-Streuung auf die Ergebnisse?
  - Welchen Einfluss haben Geometriefaktoren?
  - Wie kann mit Inhomogenitäten umgegangen werden?
- Können die Ergebnisse von Benetzungs- und Lötversuchen mit der Ellipsometrie korreliert werden?
- Wie kann die Methode technisch umgesetzt werden?

Werkstoffe und Methoden

Werkstoffe und Oberflächenbehandlungen

Für die Versuche wurden die löttechnisch relevanten Werkstoffe Cu-DHP und der Stahl

Tabelle 1. Werkstoffe und Oberflächenbehandlungen.

Werkstoff	Bearbeitung	Kürzel, Oberflächenzustand
Cu-DHP und CrNi-Stahl (1.4301), 2B-Finish	gereinigt (Referenz)	REF
	gereinigt, wärmebehandelt	AN450
	gereinigt, geschliffen (Körnung 320)	G320
	gereinigt, geschliffen (Körnung 320), wärmebehandelt bei 350 °C	G320-AN350
	gereinigt, geschliffen (Körnung 320), wärmebehandelt bei 450 °C	G320-AN450
	gereinigt, geschliffen (Körnung 1200), wärmebehandelt bei 450 °C	GS1200-AN450
	gereinigt, Silikonöl	PDMS
	gereinigt, Schmier-/Kühlflüssigkeit	LUB
	gereinigt, Ziehöl	DRAW
	gereinigt, Ziehöl, wärmebehandelt	AN-DRAW
	gereinigt, geschliffen (Körnung 320), Ziehöl	G320-DRAW
	Gleitschleifen ("Trowalisieren") mit Macrolan+Polierflüssigkeit	BF-M
	Gleitschleifen ("Trowalisieren") mit Macrolan+Polierflüssigkeit + Aluminiumstücke	BF-MA
CrNi-Stahl (1.4301), 2B-Finish	gereinigt und Silikonfett	SG
	Gleitschleifen mit Kunststoff-Keramik-Schleifkörpern	BF-P
	Gleitschleifen mit Keramik-Schleifkörpern	BF-C
	Gleitschleifen mit Keramik-Schleifkörpern und Aluminiumstücken	BF-CA

1.4301 (AISI 304) gewählt, die in beiden Fällen als Feinbleche von Industriepartnern aus dem projektbegleitenden Ausschuss zur Verfügung gestellt wurden. Bei dem eingesetzten Stahl handelt es sich um einen kaltgewalztes Chrom-Nickel-Stahlblech mit einer Oberflächengüte 2B. Während die Fertigung von quadratischen Werkstoffproben beim weichen Kupfer durch Scheren erfolgte, wurden analysegeeignete runde und quadratische Stahlblechproben durch Stanzen aus den angelieferten Blechtafeln gewonnen.

Es wurden verschiedene Oberflächenbeschaffenheiten unter Berücksichtigung ihres erwarteten Einflusses auf die Benetzbarkeit eingestellt. Die Proben wurden gereinigt, mit verschiedenen Körnungen geschliffen, geglüht und mit verschiedenen organischen Verunreinigungen versehen. Darüber hinaus wurden die Stahlproben und einige Kupferproben gleitgeschliffen („trowalisiert"). Eine Übersicht über die Proben und die jeweiligen Prozessabläufen findet sich in **Tabelle 1**. Die Reinigung erfolgte mit Aceton und Ethanol in einem Ultraschallbad für jeweils 2 Minuten. Die geglühten Proben wurden 40 Minuten lang an Luft bei 450 °C oxidiert. Die vier organischen Verunreinigungen waren Silikonöl (Polydimethylsiloxan 100cst), ein Silikonfett, ein Kühlschmiermittel (Helcotec helcool grind 1000) und ein Ziehöl (Raziol CLF-260 E). Zum Auftragen der Öle wurde ein Spincoater (WS-650MZ23MPP) mit einer Drehzahl von 2.500 min^{-1} (Silikonöl, Kühlschmiermittel) und 5.000 min^{-1} (Ziehöl) verwendet. Die Charakterisierung dieser Filme wird in Abschnitt 3 beschrieben.

Das Gleitschleifen der Proben wurde mittels einer Flasche aus Polyethylenterephthalat (PET) mit quadratischer Grundfläche simuliert. Sie enthielt die Proben, eine wässrige Tensidlösung und die Schleifmittel. Die Flasche wurde horizontal in das Borfutter einer Drehbank eingespannt und mit einer Drehzahl von 30 min^{-1} zwei Stunden um die Flaschenlängsachse gedreht. Abriebspuren auf den Innenwandungen der Flaschen, die ggf. auf eine signifikante Kontaminierung des Schleifmediums mit PET-Partikeln hinweisen könnten, wurden nicht festgestellt.

Für einige der Oberflächenbeschaffenheiten wurden Messreihen durchgeführt, um die Reproduzierbarkeit zu überprüfen. Des Umfangs wegen und da keine Einschränkung der hier getroffenen Aussagen festgestellt wurden, wird auf die Darstellung und Diskussion dieser Messreihen in diesem Beitrag verzichtet.

Generell wurden bei jeder Probe Messungen an mindestens drei Punkten durchgeführt, um Inhomogenitäten auf den Blechen zu überprüfen.

Analytische Methoden

Röntgenphotoelektronenspektroskopie (XPS) wurde eingesetzt, um die chemische Zusammensetzung der Oberflächen verschiedener Zustände zu ermitteln. Die dafür eingesetzte Anlage war mit einem Halbkugelanalysator (EA10/100, Leybold, Köln) und einer kommerziellen Röntgenquelle (RS40B1, Prevac, Rogów, Polen) ausgestattet und arbeitete bei einem Basisdruck von 2×10^{-10} mbar. Die Spektren wurden auf den 1s-Peak aliphatischen Kohlenstoffs referenziert. Die Analyse der Spektren wurde mit der CasaXPS-Software Version 2.3.23PR1.0 durchgeführt.

Konfokale Laser-Scanning-Mikroskopie (CLSM) wurde eingesetzt, um Mikroskopiebilder der Oberflächenzustände zu gewinnen, sowie um Rauheiten und Schichtdicken zu ermitteln. Dazu wurde ein Keyence VK-X200

(Keyence, Osaka, Japan) mit der Mikroskopieeinheit VK-X210 eingesetzt, dessen laterale Auflösung ca. 130 nm betrug. Die aufgenommenen Bilder wurden mit der Keyence Analysis Application 3.2 ausgewertet.

Die Spektroskopische Ellipsometrie (SE) ist die zentrale Messmethode des Beitrags, ihre Wirkungsweise ist in Abschnitt 1 beschrieben. Es wurde ein GES5-E Semilab (SEMILAB, Budapest, Ungarn) mit einem Messbereich von 200 bis 900 nm und einer Auflösung von 1 nm eingesetzt. Die Messungen wurden sowohl im Parallelstrahlmodus mit einem Messbereichsdurchmesser von ca. 5 mm als auch im Mikrospotmodus mit einem Messbereich von 365 µm × 470 µm durchgeführt. Der Einfallswinkel wurde in 5°-Schritten von 50° bis 70° variiert. Das GES5-E ermöglicht die Aufnahme der ersten drei Zeilen einer Mueller-Matrix. Mueller-Matrizen sind Teil des Mueller-Stokes-Formalismus zur Beschreibung des Einflusses einer Reflexion oder Transmission auf den Polarisationszustand des Lichts. Sie kann daher zur Analyse von anisotropen und depolarisierenden Proben verwendet werden [20]. Solche Messungen wurden an einzelnen Proben durchgeführt. Weiterführende Informationen zur spektroskopischen Ellipsometrie finden sich in [21].

Benetzungsversuche

Die Benetzungsversuche an den Kupferproben wurden in einen Förderbandofen des Typs HTE 1200-200/80-1500 (Kohnle, Birkenfeld) unter Stickstoffatmosphäre durchgeführt. Für die beiden Lötungen wurden lotspezifische Löttemperaturen von 750 °C für CP101 und 860 °C für CP104, verwendet. Die Benetzungsversuche auf den Stahlproben mit dem ebenfalls drahtförmigen Lot CU101 wurden in einem Hochvakuumofen, Typ MOV 243T (PVA Vakuum Anlagenbau) bei 1.100 °C Löttemperatur durchgeführt. Zudem wurden bei gleicher Werkstoffkombination (1.4301 mit CU101) Benetzungsversuche mit Demonstrator-Bauteilen im Schutzgasdurchlaufofen unter Ar-H_2-Gasgemisch durchgeführt. Bezüglich der angegebenen Lotspezifikationen wird auf [22] verwiesen.

Ergebnisse und Diskussion

Morphologie und chemische Zusammensetzung der Oberflächenzustände

Anhand der CLSM-Bilder wurden die Oberflächenrauheiten bestimmt. Bei den Cu-DHP-Proben reichte die Rauheit von R_a = 1,7 µm ± 0,1 µm für die Referenzprobe bis zu R_a = 2,9 µm ± 0,1 µm für die Probe, die mit einer Korngröße von 1200 geschliffen und dann geglüht wurde. Die Rauheit des CrNi-Stahls reichte von R_a = 1,5 µm ± 0,1 µm für die Referenzoberfläche 2B bis zu R_a = 2,4 µm ± 0,1 µm für die Probe, die mit einer Korngröße von 320 geschliffen wurde. In **Bild 1** sind zwei Oberflächenzustände der Kupfer- bzw. Stahlproben dargestellt. Während die geschliffene Kupferoberfläche die erwarteten unregelmäßigen Schleifrillen aufweist, wird die geschliffene und geglühte Oberfläche körnig und verliert viele der feineren Rillen. Der Referenzstahl ist mit einem unregelmäßigen Netz mikroskopischer Risse überzogen. Diese verschwinden bei der gleitgeschliffen (trowalisierten) Probe weitgehend.

Die Dicken organischer Schichten, die mittels „Spin-Coating" aufgebracht wurden, ließen sich ebenfalls mit dem CLSM gemessen. Der Silikonölfilm war 2,4 µm ± 0,1 µm dick, der Kühlschmierstoff 3,1 µm ± 0,7 µm und das Ziehöl 5,5 µm ± 0,4 µm.

Die chemische Analyse der Probenoberflächen wurde mittels XPS durchgeführt. Bei

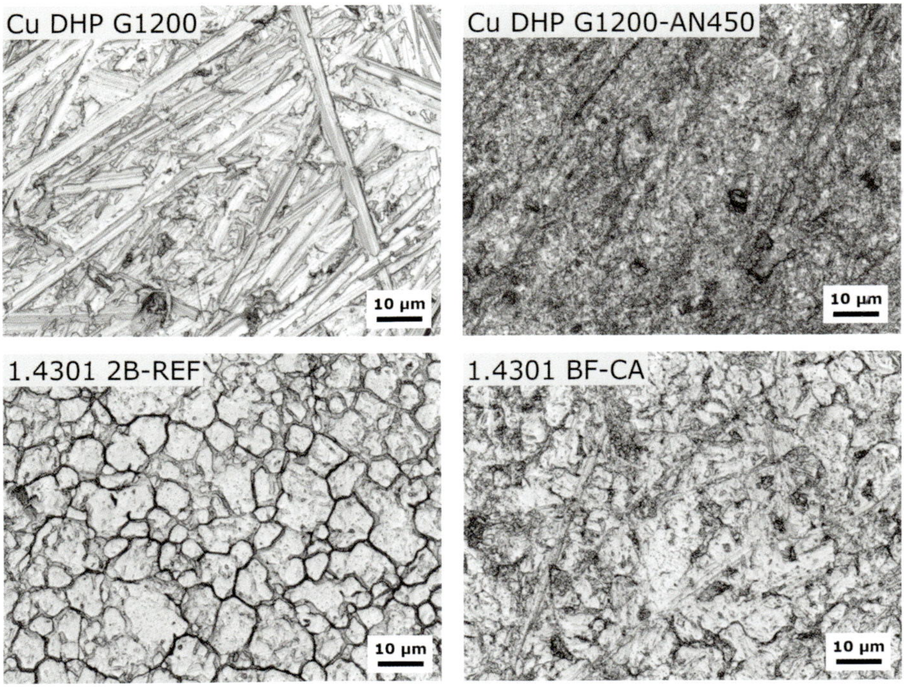

Bild 1. CLSM-Bilder der Cu-DHP G1200-Probe (oben links), der Cu-DHP GS1200-AN450-Probe (oben rechts), der Referenzprobe aus Stahl 1.4301 (unten links) und der BF-CA-Probe aus Stahl 1.4301 (unten rechts). (© CZM, TU Clausthal)

allen Proben, die nicht geglüht wurden, war Kohlenstoff das am häufigsten vorkommende Element. Dies ist auf kohlenstoffhaltige Verunreinigungen zurückzuführen, die bei der Handhabung der Probe an Atmosphäre auf der Oberfläche adsorbieren, im Vakuum der Ultrahochvakuumkammer, in der die Messung durchgeführt wird, jedoch nicht wieder vollständig desorbieren. Diese bilden sich auf fast jeder Oberfläche, die der Luft ausgesetzt ist. Des Weiteren könnte eine unvollständige Reinigung vor der Analyse zu dem Kohlenstoffanteil beitragen, da so Verunreinigungen aus vorherigen Prozessschritten auf der Oberfläche übriggeblieben sein könnten. Auf den Referenz- und geschliffenen Kupferoberflächen konnten Kupfer, Sauerstoff und geringe Mengen an Stickstoff nachgewiesen werden. Nach der thermischen Oxidation der Proben ging der Kohlenstoffgehalt zurück, was zu einem relativen Anstieg des Kupfer- und Sauerstoffgehalt führte. Dies ist auf die Oxidation und Beseitigung der kohlenstoffhaltigen Verbindungen zurückzuführen. Das Schleifen der Proben vor dem Glühen führte zu einem höheren Kohlenstoffgehalt im Vergleich zum geglühten Referenzzustand. Die Ursache dafür wurde nicht abschließend geklärt, könnte allerdings auf verunreinigtes Schleifgut zurückzuführen sein. Auf den gleitgeschliffenen Proben konnten weder auf den Mikroskopie-Aufnahmen noch in den XPS-Spektren Ablagerung von Kunststoffparti-

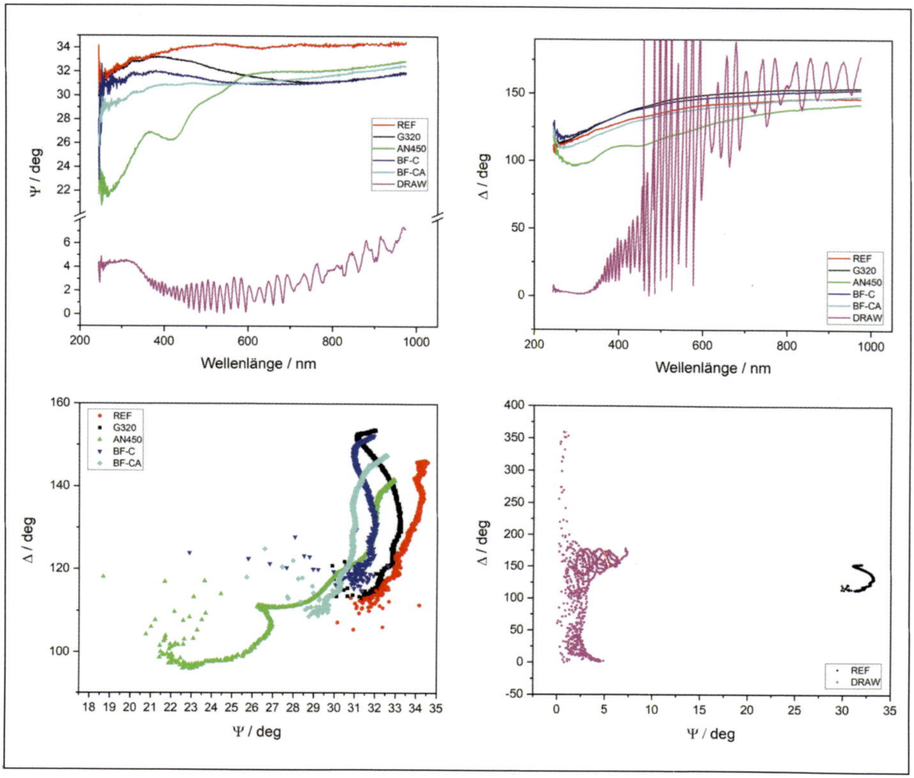

Bild 2. Ellipsometrische Spektren von Ψ und Δ, aufgetragen gegen die Wellenlänge für verschiedene Oberflächenzustände von Stahlblech 1.4301 (Anlieferungszustand 2B) (oben); Δ-Ψ-Streuungsdiagramm für diese Oberflächenzustände (unten). (© CZM, TU Clausthal)

keln, die beim Gleitschleifen in der Kunststoffflasche entstanden sein könnten, beobachtet werden. Aus den Cu-2p-, den Cu-LMM- und den O-1s-Peaks ließen sich Informationen über die Oxidzusammensetzung ableiten. Während die natürliche Oxidschicht auf den Kupfer-Proben hauptsächlich aus Cu_2O bestand, wiesen die oxidierten Proben einen hohen CuO-Gehalt auf. Bei den kontaminierten Proben konnte kein Kupfer nachgewiesen werden, wohl aber die in den Ölen und Schmierstoffen enthaltenen Elemente.

Fast alle Stahlproben wiesen Verunreinigungen mit Kohlenstoff, Sauerstoff, Kalzium und Fluor auf. Im Referenzzustand konnten nur ein Eisen-Stoffmengenanteil von 1,1 % nachgewiesen werden. Dieser Anteil nahm mit dem Schleifen, Glühen und Trowalisieren zu.

Unterscheidbarkeit von Oberflächenzuständen durch spektroskopische Ellipsometrie

Für die definierten und morphologisch sowie chemisch analysierten Oberflächenzustän-

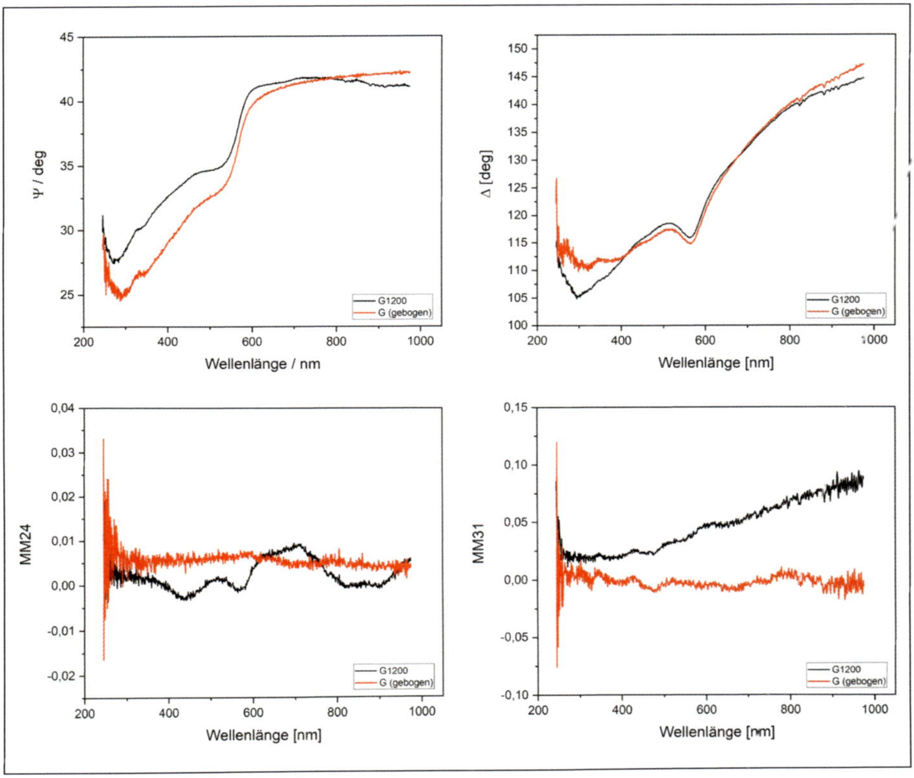

Bild 3. Ψ- und Δ-Spektren für eine geschliffene Cu-DHP-Oberfläche (schwarz) und eine gereinigte Referenz (rot), die gebogen wurde (oben); Daten, die von denselben Probenoberflächen durch Mueller-Matrix-Ellipsometrie erzeugt wurden, zwei Matrixelemente MM24 und MM31 (unten). (© CZM, TU Clausthal)

de, die bei Lötprozessen auftreten können, stellte sich als nächstes die Frage, inwieweit diese Zustände anhand von Ellipsometriespektren unterschieden werden können. Für eine breite Palette von Oberflächenzuständen von Cu-DHP und Stahl 1.4301 (2B) wurden Ellipsometerspektren von 200 bis 900 nm gemessen. Das wichtigste Ergebnis ist, dass Unterschiede in der Oberflächenchemie bei beiden Werkstoffen leicht feststellbar sind, während rein morphologische Unterschiede wie Schleifen und Trowalisieren schwerer zu erkennen sind und oft andere Formen der Datendarstellung oder Messmodi erfordern. In **Bild 2** sind Ellipsometriespektren verschiedener Oberflächenzustände von 1.4301-2B-Oberflächen dargestellt. Die Diagramme in der oberen Reihe zeigen Ψ und Δ aufgetragen gegen die Wellenlänge. Es ist ersichtlich, dass chemisch veränderte Oberflächen wie ein oxidierter bzw. geglühter Zustand (grün) oder eine Oberfläche mit einem Ziehölfilm (violett) ganz andere Kurvenverläufe als der Referenzzustand aufweisen, insbesondere in den Ψ-Spektren. Die Kurvenverläufe von Referenz und trowalisierten Proben können jedoch nicht sicher unterschieden werden. Eine geeignete Form der Datendarstellung zur Unterscheidung der Oberflächenzustände ist die Kombination von Ψ- und Δ-Spektren in einem Streudiagramm, wie in Bild 2, untere Diagramme, dargestellt.

Die Ψ- und Δ-Spektren in der obersten Reihe von Bild 3 veranschaulichen die Schwierigkeit, Oberflächenzustände mit geringen morphologischen Unterschieden zuverlässig zu differenzieren. Beide Zustände zeigen die gleichen Kurvenformen. Die Anwendung der Mueller-Matrix-Ellipsometrie, wie in Abschnitt 2 beschrieben, liefert mehr Informationen über die Änderungen der Lichtpolarisation aufgrund der Wechselwirkung mit der Probenoberfläche. Die Daten für die beiden Matrixelemente MM24 und MM31 sind in Bild 3, **unten**, dargestellt. In beiden Fällen unterscheiden sich die Kurvenformen der geschliffenen Oberfläche und der in diesem Fall gekrümmten Referenzoberfläche (vgl. „Der Einfluss der Geometrie …") über einen weiten Wellenlängenbereich erheblich, sodass eine Unterscheidung dieser Zustände durch Mueller-Matrix-Ellipsometrie möglich ist. Für weitere Informationen zur Müller-Matrix-Ellipsometrie wird auf [20] verwiesen.

Bei inhomogenen Oberflächen, wie sie in den meisten Produktionsprozessen vorkommen, bei denen im Bereich der künftigen Lötstelle unterschiedliche Domänen vorhanden sind, ist eine Strategie erforderlich, um mit verzerrten Datensätzen umzugehen, die an unterschiedlichen Inhomogenitäten gemessen wurden und somit einen falschen Eindruck von der Gesamtoberfläche vermitteln. Ein Beispiel sind geglühte Oberflächen aus Cu-DHP mit unterschiedlichen Oxiddomänen, die die Ellipsometriespektren stark beeinflussen (der Kürze halber hier nicht dargestellt). Eine praktikable Lösung ist die Messung mehrerer Mikrospots im interessierenden Bereich und der anschließende Vergleich der spektroskopischen Daten, um Inhomogenitäten zu erkennen und ihre Art zu bestimmen.

Der Einfluss der Geometrie – Ellipsometrie an gebogenen Oberflächen

Um den Einfluss unterschiedlicher Geometrien auf die Ellipsometriespektren zu bestimmen, wurden vier Proben aus einem Kupferblech im Referenzzustand geschnitten und poliert. Zwei der Proben wurden dann über zwei Rohre, einmal mit dem Durchmesser 6 mm und einmal mit 38 mm, gebogen. Nach dem Biegen wurden die Proben erneut gereinigt und ellipsometrische Messungen durchgeführt, Bild 4. Die Unterschiede in den Spektren der verschiedenen Geometrien waren so gering, dass sie auf die Inhomogenität der Oberfläche zurückgeführt werden konnten. Dies bedeutet, dass makroskopische Geometrieunterschiede einen geringen Einfluss auf die Elipsometriespektren haben und meist kein Problem bei der Unterscheidung der Oberflächenzustände darstellen. Die Geometrie einer Probe könnte jedoch ein praktisches Problem darstellen, wenn sie dazu führt, dass der reflektierte Strahl nicht länger auf den Analysator trifft. Dies könnte durch die Verwendung des Parallelstrahl-Messmodus ausgeglichen werden.

Benetzungsversuche

Die Ergebnisse ausgewählter Benetzungsversuche mit Angabe zu den Werkstoffen, den eingestellten Oberflächenzuständen und den verwendeten Prozessparametern sind in Bild 5 zusammengestellt. Benetzungsversuche an Kupfer mit dem CP104-Lot zeigten bei keinem Zustand eine vollständige Benetzung der Proben. Es wurden

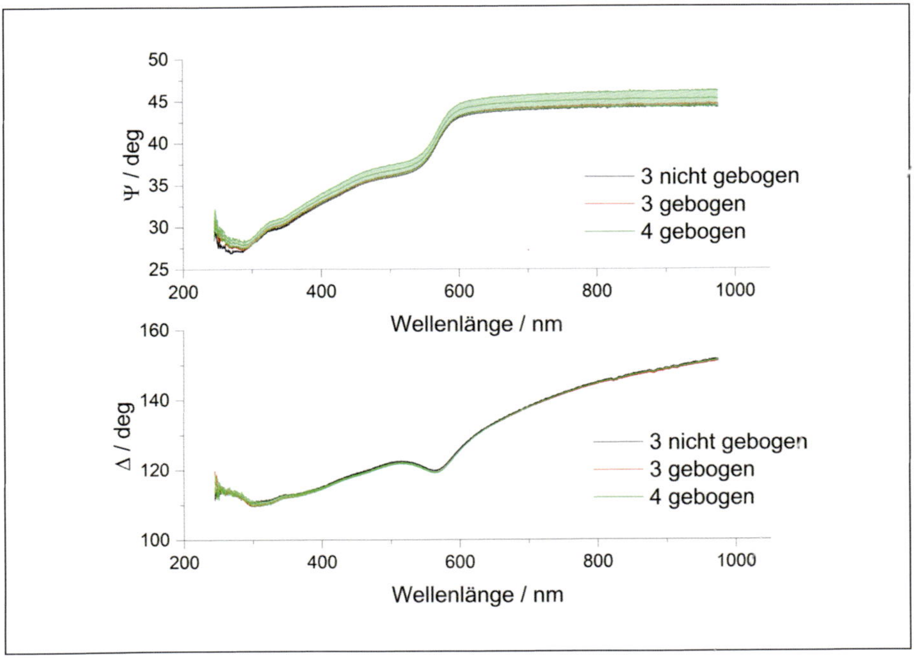

Bild 4. Ψ- und Δ-Spektren von Probe 3 (sowohl vor als auch nach dem Biegen) und Probe 4. (© CZM, TU Clausthal)

allerdings auch keine relativen Unterschiede zwischen den Oberflächenzuständen in der Versuchsreihe mit diesem Kupfer-Phosphorlot festgestellt.

Im Vergleich zum CP104 weist das CP101 trotz niedrigerer Löttemperatur insgesamt ein besseres Benetzungsverhalten auf, vgl. zweite Bildreihe in **Bild 5**, was auf den höheren Phosphorgehalt dieses Lotes zurückzuführen ist. Hierbei wurde jedoch eine Abnahme der benetzten Fläche bei den wärmebehandelten und mit Ziehöl verunreinigten Proben festgestellt.

Die Benetzung der Stahlproben mit dem reinen Kupferlot Cu101 wurde durch die Verunreinigung mit Ziehöl nicht beeinträchtigt, wohingegen die Oberflächenbehandlung durch Gleitschleifen in allen Varianten zu einer Beeinträchtigung der Benetzung führte. Ebenso zeigten thermisch oxidierte Stahloberflächen im Vakuumprozess ein deutlich schlechteres Benetzungsverhalten des Kupferlotes.

Anwendung auf ein Fallbeispiel

Das Anwendungsbeispiel betrifft Tiefziehbauteile aus dem CrNi-Stahl 1.4301, an die Befestigungselemente (ebenfalls aus 1.4301) gelötet werden. Beim Löten dieser Verbindung tritt gehäuft das Phänomen auf, dass das Cu-Lot nicht den Lötspalt füllt, sondern sich stattdessen auf der Oberfläche der Anbauteile wiederfindet, **Bild 6**. Vermu-

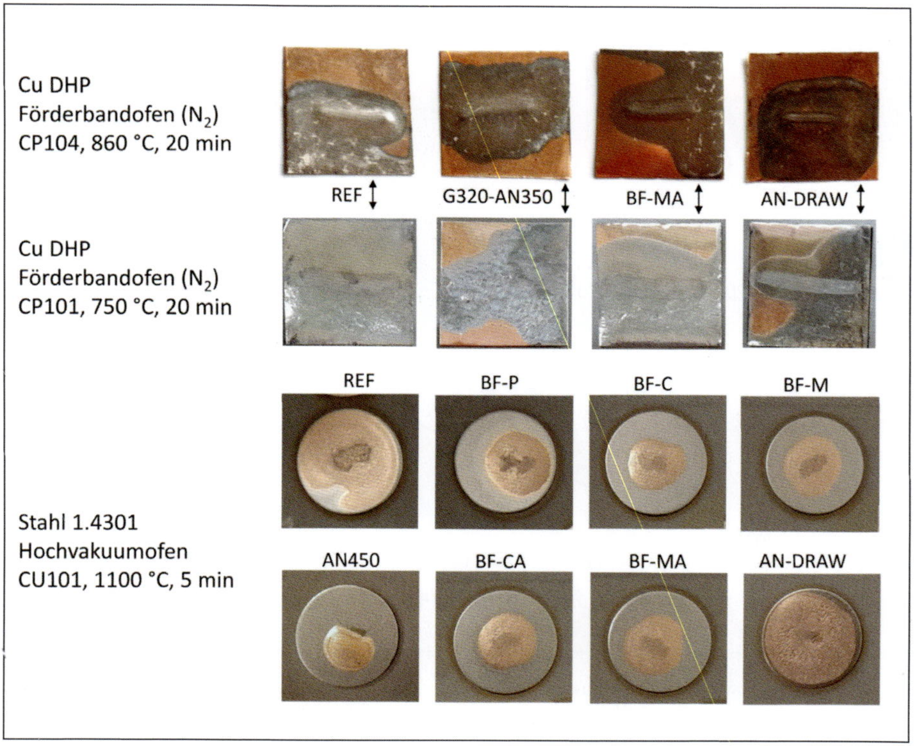

Bild 5. Bilder ausgewählter Benetzungsversuche auf den Kupfer- und Stahloberflächen; über den Bildern ist jeweils das Kürzel der vorgenommenen Oberflächenmodifikation gemäß Tabelle 1 angegeben; auf der linken Seite sind die Lötbedingungen für jede Reihe vermerkt. (© IW, LU Hannover)

tet wird hier eine oberflächenspezifische Eigenschaft der tiefgezogenen Bleche, die sich nachteilig auf das Benetzungsverhalten beim Löten auswirkt.

In einem nachgestellten Lötprozess mit aus den Bauteilkomponenten entnommenen Werkstoffproben wurde tatsächlich eine signifikant schlechtere Benetzbarkeit des tiefgezogenen Blechs im Anlieferungszustand im Vergleich zu einer geschliffenen und gereinigten Probe aus der gleichen Komponente festgestellt, **Bild 7**. Das Benetzungsverhalten der Befestigungselemente im geschliffenen Zustand wie auch im Anlieferungszustand war unverändert. Die hierbei unterschiedliche Benetzbarkeit zwischen den zu lötenden Komponenten führt dazu, dass das Lot bevorzugt über die besser benetzende Oberfläche der Lasche spreitet. Dieser Vorgang ist weitgehend irreversibel, d. h. bei weiterer Temperaturerhöhung verbleibt das flüssige Lot auf der einmal benetzten Oberfläche, auch wenn sich die Benetzungsfähigkeit des Fügepartners dann verbessern sollte.

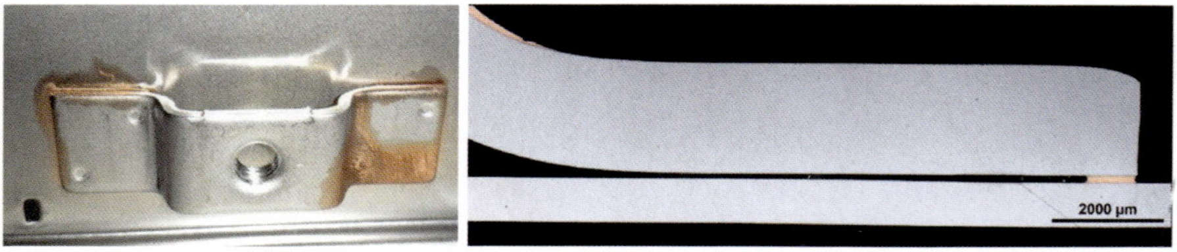

Bild 6. Fehlerhafte Lötung auf tiefgezogenem Blechkörper aus CrNi-Stahl mit Kupferlot (Schutzgaslöten unter Wasserstoff im Durchlaufofen); rechts: nicht gefüllter Lötspalt im Querschliff. (© IW, LU Hannover)

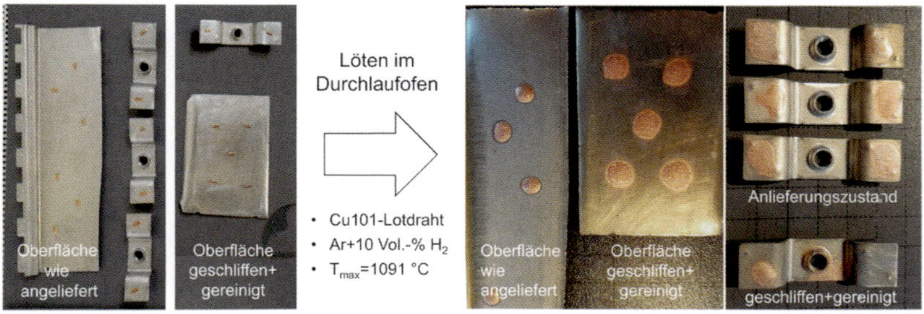

Bild 7. Simulation der industriellen Lötbedingungen im Versuchsofen: Benetzungsversuche auf tiefgezogenen 1.4301-Blechproben im Vergleich zu mechanisch gereinigten Blechoberflächen. (© IW, LU Hannover)

Um der eingeschränkten Benetzbarkeit des Tiefziehbauteils auf den Grund zu gehen, wurde zunächst die Morphologie der Oberfläche mittels CLSM analysiert, **Bild 8**. Auf der Oberfläche des Bauteils im tiefgezogenen Anlieferungszustand finden sich stellenweise zu Clustern vereinigte, submikrometergroße Partikel. Nach dem Entfetten sind diese Partikel-Cluster in allerdings noch deutlich reduziertem Umfang weiterhin vorhanden. Darüber hinaus gehende morphologische Unterschiede vor und nach dem Entfetten sind nicht feststellbar.

Die Ergebnisse einer chemischen Charakterisierung der Oberflächen vor und nach dem Entfetten mittels XPS sind in den Übersichtspektren in **Bild 9** dargestellt. Auf der Oberfläche des Bauteils im tiefgezogenen Anlieferungszustand kann kein Eisen nachgewiesen werden. Stattdessen besteht die Oberfläche zu über 90 % (Stoffmenge) aus Kohlenstoff und Sauerstoff. Die Proben des Anlieferungszustands wurden vor der Messung nicht gereinigt. Da die Nachweisetiefe der XPS etwa 10 nm beträgt, ist dies auf eine Verunreinigung der Oberfläche mit wenigstens dieser Dicke zurückzuführen. Zusätzlich können auch Stickstoff, Zink, Bor und Silizium nachgewiesen werden. Diese Elemente können Bestandteile von Ölen sein, die im Herstellungsprozess des Bau-

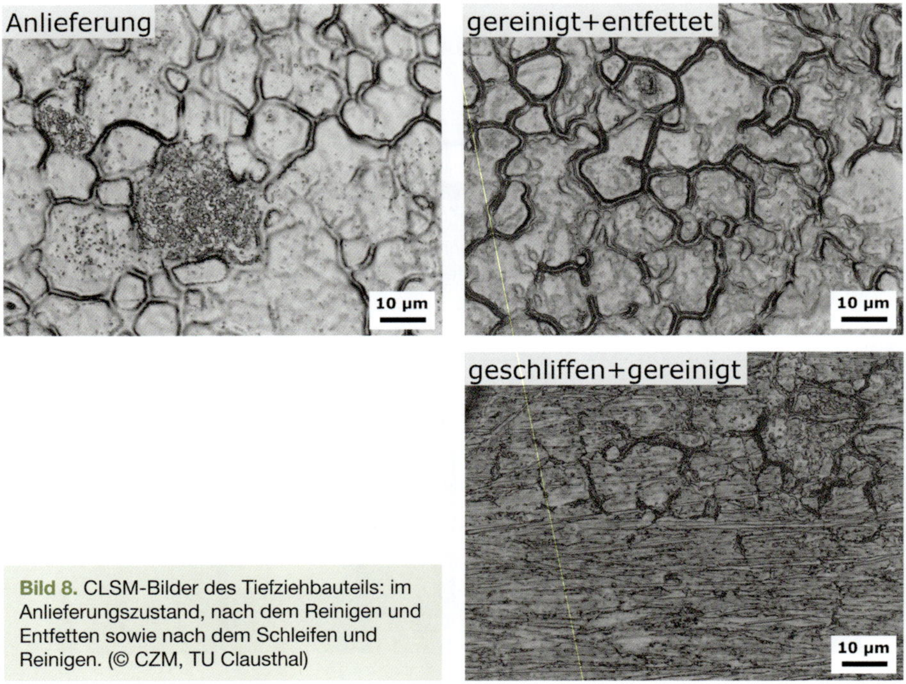

Bild 8. CLSM-Bilder des Tiefziehbauteils: im Anlieferungszustand, nach dem Reinigen und Entfetten sowie nach dem Schleifen und Reinigen. (© CZM, TU Clausthal)

teils verwendet wurden. Nach der Entfettung in Aceton und Ethanol, ist zwar Eisen nachweisbar, jedoch in einer Stoffmenge von weniger als 1 %. Der Rest der Oberfläche setzt sich im Wesentlichen weiterhin aus den gleichen Elementen zusammen, wie auch im Anlieferungszustand. Dies legt nahe, dass es sich um eine hartnäckige Oberflächenbelegung von mindestens 10 nm Tiefe handelt, die entweder einer aggressiveren chemischen Reinigungsmethode oder eben einer schleifenden Bearbeitung bedarf, um diese gänzlich zu beseitigen.

Ellipsometriemessungen am Tiefziehbauteil in den Oberflächenzuständen „Anlieferung", „entfettet" und „geschliffen" sind in **Bild 10** dargestellt. Erwartungsgemäß sind die Kurvenverläufe in der gewählten Δ-Ψ-Darstellung in ihrer Form und Lage ähnlich zu den erhaltenen Ergebnissen aus den vorgenannten Untersuchungen an den CrNi-Stahlblechproben, **Bild 2**, **linkes unteres Diagramm**. Die eindeutig messbaren Verschiebungen der Kurven bei den unterschiedlichen Oberflächenzuständen sind in ihrer Effektgröße also ähnlich zu den Unterschieden, die an den Laborproben durch Schleifen oder einer Oxidation durch thermische Behandlung an Luft (Zustand AN-450) hervorgerufen wurden. Dementsprechend ist auch die Verschiebung der Messkurve nach schleifender Bearbeitung des Tiefziehbauteils unmittelbar nachvollziehbar.

Die vorgenommene Entfettung des Tiefziehbauteils hingegen führte aber augenscheinlich zu keiner topographischen Veränderung der Oberfläche, **Bild 8**. Daher ist zu vermuten, dass die Verminderung der festgestell-

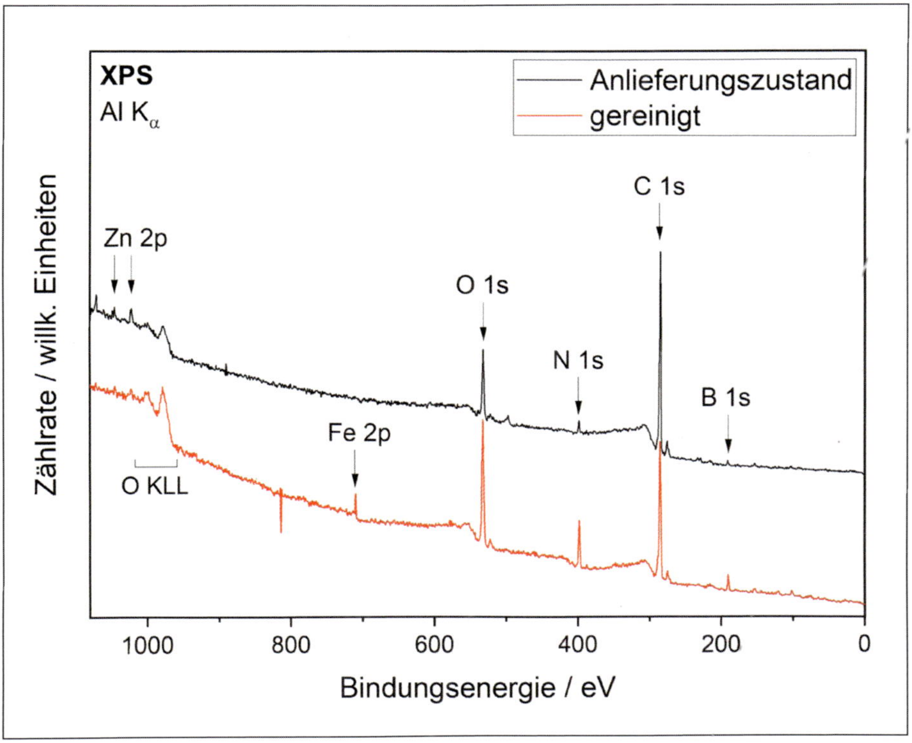

Bild 9. XPS-Übersichtsspektrum des Tiefziehbauteils im Anlieferungszustand und nach der Reinigung im Aceton und Ethanol; Eisen ist auf der nicht weiter gereinigten Probe nicht nachweisbar. (© CZM, TU Clausthal)

ten Partikelcluster, die, wie zusätzlich durchgeführte AES-Messungen nahelegen, vornehmlich anorganischer Natur (Oxide, ggf. auch Carbide oder Nitride) sind, in diesem Fall Ursache für die Kurvenverschiebung sind. Im Habitus ähnliche Oxidpartikel finden sich auch auf den thermisch oxidierten Stahlproben wieder. Während sich diese aber durch Oxidation der Stahloberfläche selbst bilden, ist noch unklar, wie derartige Partikel, in denen außergewöhnlich hohe Anteile an Bor und Silizium nachweisbar sind, auf dem tiefgezogenen Bauteil entstanden sein könnten. Eine benetzungsbeeinträchtigende Wirkung beim Löten durch die Partikelcluster ist aber naheliegend.

Schlussfolgerungen und Ausblick

Zusammenfassend lässt sich feststellen, dass die meisten löttechnisch relevanten Oberflächenzustände von Cu-DHP und Stahl 1.4301 durch spektroskopische Ellipsometrie unterschieden werden können, wobei die Form der Datendarstellung und der Messmodus berücksichtigt und an die Werkstoffe und Prozesse angepasst werden müssen, auf die das Messverfahren ange-

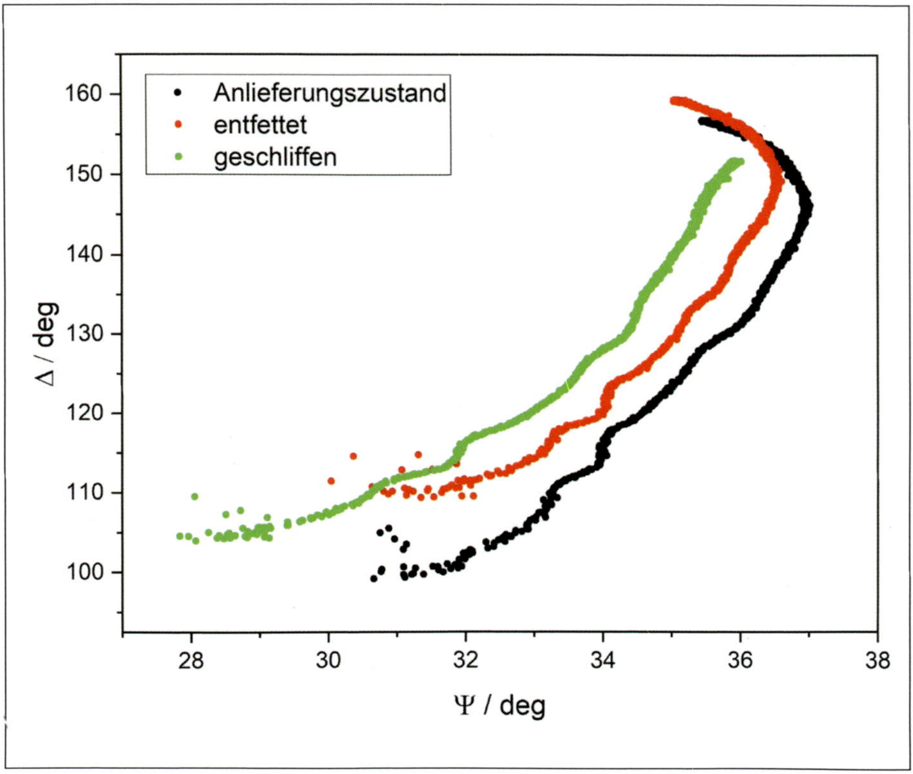

Bild 10. Ellipsometrie-Messungen als Δ-Ψ-Auftragung von Probenoberflächen aus tiefgezogenen Blechkomponenten im Anlieferungszustand (schwarz), entfettet (rot) sowie geschliffen (grün). (© CZM, TU Clausthal)

wendet wird. Organisch verunreinigte sowie oxidierte Oberflächen sind hierbei am einfachsten von einem blanken Referenzzustand sowie untereinander zu unterscheiden, sodass einfache Messmodi und kurze Messzeiten (wenige Sekunden) bereits schon aussagekräftige Resultate liefern.

Mechanisch veränderte Oberflächen mit ähnlicher Rauheit, wie z. B. manuell geschliffene Oberflächen im Vergleich zu gleitgeschliffenen Oberflächen, hingegen sind sehr schwer unterscheidbar und bedürfen der messtechnisch aufwändigen Mueller-Matrix-Ellipsometrie, um bei Messzeiten von etwa einer Minute ggf. unterschiedliche Spezifika detektieren zu können.

In den meisten Forschungsbereichen, in denen die Ellipsometrie eingesetzt wird, ist die Modellierung ein integraler Bestandteil, um Einblicke in die Natur von Oberflächen und dünnen Schichten zu erhalten [21]. Oberflächen metallischer Konstruktionswerkstoffe sind auf mikroskopischer Ebene oft sehr komplex. Native Oxidschichten, die bereits aus verschiedenen chemischen Verbindungen bestehen können, werden durch Vorbehandlungen (thermisch, chemisch, mechanisch) und Rückstände von Hilfsstoffen wie Ziehölen überlagert. Dies macht die gängigen Modellierungsansätze, die auf chemisch einfach aufgebauten, ideal glatten Oberflächen beruhen, für die Interpretation von Ellipsometrie-Messungen in industriellen Lötanwendungen schwer nutzbar.

Ein vielversprechender Ansatz kann der Einsatz von maschinellen Lernalgorithmen sein. Mit der Verwendung von Ellipsometriespektren und den entsprechenden Lötergebnissen von Chargen oder einzelnen Werkstücken als Trainingsdaten könnte ein solcher Algorithmus die Ergebnisse hinsichtlich der Korrelation zwischen Ellipsometriedaten und Lötbarkeit verfeinern und letztlich eine Aussage „lötbar – nicht lötbar" treffen, bevor die Werkstücke in den Lötprozess gelangen. Um die Anwendung des maschinellen Lernens zu erleichtern, wurden alle Daten, die während des Forschungsprojekts generiert wurden, auf zenodo.org (DOI:10.5281/zenodo.7334470) als Ausgangsdaten zum Erproben möglicher Algorithmen zur Verfügung gestellt.

Die mögliche zukünftige technische Umsetzung kann in Form einer portablen Konstruktion oder in-line direkt vor dem Lötprozess realisiert werden, abhängig von Werkstückmengen und Prozessbedingungen. Wahrscheinlich ist für die Trennung der meisten Oberflächenzustände nur ein Einfallswinkel notwendig, so dass auf aufwändige mechanische Vorrichtungen zur Einstellung verschiedener Winkel verzichtet werden kann. In zukünftigen Studien muss die Messgeschwindigkeit in Abhängigkeit von der typischen Stückzahl pro Zeiteinheit und der Lichtquelle sowie der Detektoreinheit evaluiert werden, um festzustellen, ob Messungen über einen größeren Wellenlängenbereich unabdingbar sind oder ob Messungen mit einer oder einigen wenigen Wellenlängen ausreichen.

Danksagung

Das Projekt wurde durch das Bundesministerium für Wirtschaft und Klimaschutz aufgrund eines Beschlusses des Deutschen Bundestages gefördert.

Für die Förderung und aktive Mitarbeit der vertretenen Unternehmen in den projektbegleitenden Ausschüssen sei an dieser Stelle gedankt.

Die Autoren bedanken sich bei Herrn Prof. F. Endres für die Bereitstellung des Konfokalen Laserrastermikroskops (CLSM).

Literatur

[1] Beyerer, J., F. Puente León u. C. Frese. Automatische Sichtprüfung: Grundlagen, Methoden und Praxis der Bildgewinnung und Bildauswertung. 2., erweiterte und verbesserte Auflage. Berlin Heidelberg: Springer Vieweg (2016). DOI:10.1007/978-3-662-47786-1.

[2] Hinrichs, K., u. K.-J. Eichhorn (Hrsg.), 2018. Ellipsometry of Functional Organic Surfaces and Films. Cham: Springer International Publishing. Springer Series in Surface Sciences. ISBN 9783319758947.

[3] Toparli, C., u. a., 2017. In Situ and Operando Observation of Surface Oxides During Oxygen Evolution Reaction on Copper. Electrochimica Acta. Vol. 236, S. 104–115. DOI 10.1016/j.electacta.2017.03.137.

[4] Diaz Leon, J. J., u. a., 2016. Reflectometry–Ellipsometry Reveals Thickness, Growth Rate, and Phase Composition in Oxidation of Copper. ACS Applied Materials & Interfaces. Vol. 8, Nr. 34, S. 22337–22344. DOI 10.1021/acsami.6b06626.

[5] Lim, J.-W., u. a., 2008. Nanoscale Investigation of Long-Term Native Oxidation of Cu Films. Thin Solid Films. Vol. 516, Nr. 12, S. 4040/46. DOI 10.1016/j.tsf.2007.12.159.

[6] Graat, P. C. J., M. A. J. Somers u. E. J. Mittemeijer, 2002. On the kinetics of the initial oxidation of iron and iron nitride. Zeitschrift für Metallkunde. Vol. 93, Nr. 6, S. 532/39. DOI 10.3139/146.020532.

[7] Gao, S., u. a., 2013. An Effective-Substrate Method to Investigate an Iron Native Oxide Layer on an Iron Substrate by Spectroscopic Ellipsometry. Modern Physics Letters B. Vol. 27, Nr. 07, S. 1350044. DOI 10.1142/S0217984913500449.

[8] Kotenev, V. A., 2018. Regularities of Vacuum Oxidation of Iron in the Range of Low-Temperature Pas-sivation According to the Data of Spectral Ellipsometry. Protection of Metals and Physical Chemistry of Surfaces. Vol. 54, Nr. 5, S. 969/75. DOI 10.1134/S2070205118050131.

[9] Jubb, A. M., u. H. C. Allen, 2010. Vibrational Spectroscopic Characterization of Hematite, Maghemite, and Magnetite Thin Films Produced by Vapor Deposition. ACS Applied Materials & Interfaces. Vol. 2, Nr. 10, S. 2804/12. DOI: 10.1021/am1004943.

[10] Goncharova, O., u. a., 2019. Protection of Copper by Treatment with Hot Vapors of Octadecylamine, 1,2,3-Benzotriazole, and Their Mixtures. Materials and Corrosion. Vol. 70, Nr. 1, S. 161/68. DOI: 10.1002/maco.201810366.

[11] Chen, Y.-H., u. A. Erbe, 2018. The Multiple Roles of an Organic Corrosion Inhibitor on Copper Investi-gated by a Combination of Electrochemistry-Coupled Optical In-Situ Spectroscopies. Corrosion Science. Vol. 145, S. 232/38. DOI: 10.1016/j.corsci.2018.09.018.

[12] Levin, M., P. Wiklund u. C. Leygraf, 2012. Bioorganic compounds as copper corrosion inhibitors in hydrocarbon media. Corrosion Science. Vol. 58, S. 104–114. DOI: 10.1016/j.corsci.2012.01.009.

[13] Walker, M. L., L. J. Richter u. T. P. Moffat, 2007. Potential Dependence of Competitive Adsorption of PEG, Cl[sup –], and SPS/MPS on Cu. Journal of The Electrochemical Society. Vol. 154, Nr. 5, S. D277. DOI: 10.1149/1.2710200.

[14] Hoque, E., u. a., 2006. Robust Perfluorosilanized Copper Surfaces. Surface and Interface Analysis. Vol. 38, Nr. 2, S. 62–68. DOI: 10.1002/sia.2179.

[15] Suzuki, K., u. a., 2003. The Adsorption Mechanism of 6-Diallylamino-1,3,5-Triazine-2,4-Dithiol on Iron Surfaces by Conventional Vacuum Deposition. Kobunshi Ronbunshu. Vol. 60, Nr. 3, S. 108–114. DOI: 10.1295/koron.60.108.

[16] Yang, B., N. G. Smart u. J. O'M. Bockris, 1992. Ellipsometric Investigation of the Adsorption of Acety-Lenic Alcohols on Iron. Electrochimica Acta. Vol. 37, Nr. 2, S. 317/26. DOI 10.1016/0013-4686(92)85018-G.

[17] Kuznetsov, Y. I., u. a., 2010. Modification of Iron Surface by Dimegin and Adsorption of 1,2,3-Benzotriazole. Protection of Metals and Physical Chemistry of Surfaces. Vol. 46, Nr. 7, S. 743/47. DOI: 10.1134/S2070205110070014.

[18] Kuznetsov, Y. I., u. N. P. Andreeva, 2006. Adsorption of Organic Anions on Iron in Aqueous Solutions: An Ellipsometric Study. Russian Journal of Electrochemistry. Vol. 42, Nr. 10, S. 1101/06. DOI: 10.1134/S102319350610017X.

[19] Idrissi, H., u. a., 1994. Natural Formation of a Protective Layer on Copper and Copper Brazing in Domestic Water: Structural Characterization and Electrochemical Behaviour. Journal of Materials Science. Vol. 29, Nr. 20, S. 5327/32. DOI: 10.1007/BF01171543.

[20] Hilfiker, J. N., N. Hong u. S. Schoeche, 2022. Mueller Matrix Spectroscopic Ellipsometry. Advanced Optical Technologies. Vol. 11, Nr. 3–4, S. 59/91. DOI: 10.1515/aot-2022-0008.

[21] Fujiwara, H. Spectroscopic Ellipsometry: Principles and Applications. Chichester, England: John Wiley & Sons (2007).

[22] DIN EN ISO 17672 „Hartlöten – Lote" (Ausgabe Januar 2017).

Autorenverzeichnis

Die Redaktion dankt den Autoren, Institutionen und Firmen für die Bereitstellung der aktuellen Beiträge im vorangegangenen Kapitel „Schweißtechnisches Fachwissen“.

Amadeus Aurin, B. Eng.	Abteilung Forschung u. Entwicklung SLV Halle GmbH	Halle (Saale)
Pedro Bamberg, M. Sc.	Institut für Schweißtechnik und Fügetechnik (ISF), RWTH Aachen	Aachen
Univ.-Prof. Dr.-Ing. habil. Jean Pierre Bergmann	Fertigungstechnik (Ilmenauer Fertigungstechnik), TU Ilmenau	Ilmenau
Dr.-Ing. Fabian Bleier	Bosch Sensortec GmbH	Reutlingen
Prof. Dr.-Ing. Peter Böhm	Hochschule Trier, Fachbereich Technik	Trier
Annika Bohlen, M. Sc.	Gruppe DED-Verfahren am BIAS - Bremer Institut für angewandte Strahltechnik GmbH	Bremen
Friedrich Bürger, B. Sc.	Clausthaler Zentrum für Materialtechnik, TU Clausthal	Clausthal-Zellerfeld
Michael Clemens, M. Sc.	Institut für Schweißtechnik und Fügetechnik (ISF) der RWTH Aachen	Aachen
Dipl.-Ing. Christian Düreth	Institut für Leichtbau u. Kunststofftechnik, TU Dresden	Dresden
Antonia Eissel, M. Sc.	TU Clausthal / Institut für Schweißtechnik u. Trennende Fertigungsverfahren (ISAF)	Clausthal-Zellerfeld
Prof. Dr.-Ing. Imke Engelhardt	Labor für Stahl- u. Leichtmetallbau, Bereich Stahlbau u. Schweißtechnik, Hochschule München	München
Lorenz Engelking, M. Sc.	9.2 Versuchsanlagen u. Prüftechnik, Bundes-anstalt für Materialforschung u. -prüfung (BAM)	Berlin
Prof. Dr.-Ing. Wilko Flügge	Fraunhofer-Institut für Großstrukturen in der Produktionstechnik IGP	Rostock
Prof. Dr.-Ing. Jörg Franke	Fertigungsautomatisierung u. Produktionssystematik (FAPS), Friedrich-Alexander-Universität Erlangen-Nürnberg	Erlangen
Prof. Dr.-Ing. Felix Fritzen	DFG Heisenberg-Professor für Data Analytics in Engineering an der Universität Stuttgart	Stuttgart
Linda Fröck, M. Sc., EAE	Fraunhofer-Institut für Großstrukturen in der Produktionstechnik IGP	Rostock
Frank Gerhard	Weldplus GmbH	Müschenbach
David Gräfrath	Forschungszentrum für Elektro-Magnetische Umweltverträglichkeit (femu), Uniklinik RWTH Aachen	Aachen

Prof. Dr.-Ing. Habil. Maik Gude	TU Dresden	Dresden
Michael Hasieber, M. Sc.	TU Ilmenau	Ilmenau
Univ.-Prof. Dr. rer. nat. Roland Herzog	Interdisciplinary Center for Scientific Computing der Universität Heidelberg	Heidelberg
Hartwig Hiestermann	Gräbener Maschinentechnik GmbH & Co. KG	Netphen
Dr.-Ing. Jörg Hildebrand	TU Ilmenau	Ilmenau
Dr.-Ing. Michael Hofmann	STRESS-SPEC Gruppe am Heinz Maier-Leibnitz Zentrum (MLZ) der Technischen Universität München	München
Dr. rer. nat. Ulrich Holländer	Institut für Werkstoffkunde, Leibniz Universität Hannover	Hannover
Dipl.-Wirtsch.-Ing. Boyan Ivanov (SFI/IWE)	EWM GmbH	Mündersbach
Prof. Dr.-Ing. Sven Jüttner	Institut für Werkstoff- und Fügetechnik (IWF) der Universität Magdeburg	Magdeburg
Univ.-Prof. Dr.-Ing. habil. Thomas Kannengießer	9.4 Integrität von Schweißverbindungen, Bundesanstalt für Materialforschung und -prüfung (BAM)/ Institut für Werkstoff- und Fügetechnik, Universität Magdeburg	Berlin/Magdeburg
Prof. Dr.-Ing. Steffen Keitel	SLV Halle	Halle (Saale)
Ingo Kesel	Robert Bosch Campus Renningen, Robert Bosch GmbH	Renningen
Stefan Keuler, M. Sc.	Materialprüfungsanstalt, Universität Stuttgart	Stuttgart
Jonas Klußmann	Institut für Schweißtechnik und Fügetechnik (ISF), RWTH Aachen	Aachen
Dr.-Ing. Felix Koch, IWE	Palfinger Europe GmbH	Lengau (AT)
Dr.-Ing. Ilja Koch	Institut für Leichtbau u. Kunststofftechnik, TU Dresden	Dresden
Dr.-Ing. Joana Rebelo Kornmeier	STRESS-SPEC Gruppe am Heinz Maier-Leibnitz Zentrum (MLZ) der Technischen Universität München	München
Dr.-Ing. Stefan Krinke	Institut für Maschinenelemente, Konstruktion und Fertigung, TU Bergakademie Freiberg	Freiberg
Dr. rer. Nat. Michael Kubocz	Lehrstuhl für Experimentalphysik III B und am Institut für Theorie der Statistischen Physik, RWTH Aachen	Aachen
Dr.-Ing. Alexander Kühl	Friedrich-Alexander-Universität Erlangen-Nürnberg	Erlangen
Anika Langebeck, M. Sc.	Gruppe DED-Verfahren am BIAS - Bremer Institut für angewandte Strahltechnik GmbH	Bremen

Daniel Löschner, M. Eng.	Labor für Stahl- u. Leicht-metallbau (LSL), Institut für Material u. Bauforschung (IMB) Hochschule München	München
Prof. Dr.-Ing. Hans Jürgen Maier	Institut für Werkstoffkunde, Leibniz Universität Hannover	Hannover
Apl. Prof. Dr. Wolfgang Maus-Friedrichs	Clausthaler Zentrum für Materialtechnik, TU Clausthal	Clausthal-Zellerfeld
Apl. Prof. Dr.-Ing. habil. Kai Möhwald	Institut für Werkstoffkunde, Leibniz Universität Hannover	Hannover
Dipl.-Ing. (FH), IWE Uwe Mückenheim	SLV Halle GmbH	Halle (Saale)
Maximilian Nast	SLV Halle GmbH	Halle (Saale)
Mirco Olesch, M. Sc.	ISF / RWTH Aachen	Aachen
Dr.-Ing. Simon Olschok	ISF / RWTH Aachen	Aachen
Prof. Dr.-Ing. U. Reisgen	ISF / RWTH Aachen	Aachen
Thomas Roob	Fronius International GmbH	Pettenbach (AT)
Dr.-Ing. Alexander Schiebahn	Institut für Schweißtechnik und Fügetechnik (ISF), RWTH Aachen	Aachen
Richard Schiller, M. Eng.	Labor für Stahl- u. Leichtmetallbau (LSL), Institut für Material u. Bauforschung (IMB), Hochschule München	München
Dr.-Ing. Klaus Schricker	TU Ilmenau	Ilmenau
Dr.-Ing. Dirk Schröpfer	9.2 Versuchsanlagen und Prüftechnik, Bundes-anstalt für Materialforschung u. -prüfung (BAM)	Berlin
Elisabeth Schwarz, M. Sc.	Business Unit Solid Oxide Fuel Cells, Robert Bosch GmbH	Stuttgart
Dr.-Ing. Thomas Seefeld	Werkstoff- u. Prozesstechnik am BIAS – Bremer Institut für angewandte Strahl-technik GmbH	Bremen
Johannes Seefried, M. Sc.	Fertigungsautomatisierung u. Produktions-systematik (FAPS) der FAU Erlangen-Nürnberg	Erlangen
Marc Seibold, M. Sc.	TU Ilmenau	Ilmenau
Dr. Shadi Sharba	Fraunhofer HTL auf dem Gebiet der Mikrostruktur- und thermischen Prozesssimulationen	Bayreuth
Dr.-Ing. Rahul Sharma	ISF / RWTH Aachen	Aachen
Dmytro Strelnikov, M. Sc.	TU Chemnitz	Chemnitz
Dipl.-Ing. Karsten Tittmann	Institut für Leichtbau u. Kunststofftechnik, TU Dresden	Dresden
Georg Trensch, B. Eng. IWE	SLV Halle GmbH	Halle (Saale)

Dr.-Ing. Kai Treutler	TU Clausthal / Institut für Schweißtechnik und Trennende Fertigungsverfahren (ISAF)	Clausthal-Zellerfeld
Moritz Ullrich, M. Sc.	Institut für Werkstoff- und Fügetechnik (IWF) der Universität Magdeburg	Magdeburg
Christopher Wald, M. Sc.	Fraunhofer-Institut für Großstrukturen in der Produktionstechnik IGP	Rostock
Dr. Lienhard Wegewitz	Clausthaler Zentrum für Materialtechnik, TU Clausthal	Clausthal-Zellerfeld
Lea Wendler, M. Eng.	Labor für Stahl- und Leichtmetallbau Fakultät für Bauingenieurwesen, Hochschule München	München
Prof. Dr. Volker Wesling	Instituts für Schweißtechnik u. Trennende Fertigungsverfahren (ISAF), TU Clausthal	Clausthal-Zellerfeld
Prof. Dr.-Ing. Henning Zeidler	Institut für Maschinenelemente, Konstruktion und Fertigung, TU Bergakademie Freiberg	Freiberg
Dr. Xingxing Zhang	Heinz Maier-Leibnitz Zentrum (MLZ) der Technischen Universität München	München

4 » Weitere wichtige Anlaufstellen

Kontakte, Kontakte, Kontakte – auch in der Schweißtechnik sind sie unerlässlich. Auf den folgenden Seiten haben wir die Anlaufstellen aufgelistet, die im Kontext von Regelwerksarbeit und Zertifizierung wichtig sind. Bezugs-quellen verschiedener Regelwerke sowie Adressen anderer Verbände und Organisationen komplettieren die Darstellung.

Bild: © matttilda/stock.adobe.com

Weitere wichtige Anlaufstellen

4

Zusammenarbeit von DVS und DIN

Arbeitsgruppen des Normenausschusses Schweißen und verwandte Verfahren (NAS) des DIN

Der NAS im Deutschen Institut für Normung e.V. (DIN) ist zuständig für die nationale Normung der Bereiche Schweißen, Thermisches Schneiden, Thermisches Spritzen, Löten, Kleben und Mechanisches Fügen und vertritt die deutschen Normungsinteressen auf europäischer Ebene sowie auf internationaler Ebene. Nachfolgend finden Sie eine Auflistung der Normenausschüsse im NAS mit Verweis auf die dazu gehörenden Arbeitsgruppen im Ausschuss für Technik des DVS.

NA 092 BR
Beirat des DIN-Normenausschusses Schweißen und verwandte Verfahren (NAS)

NA 092-00-02 AA
Qualifizierung von Personal für das Schweißen und verwandte Verfahren (DVS AG Q 5)

NA 092-00-03 AA
Schweißzusätze (DVS AG W 5)

NA 092-00-04 AA
Qualitätssicherung beim Schweißen (DVS AG Q 2)

NA 092-00-05 GA
Gemeinschaftsarbeitsausschuss NAS/NMP: Zerstörende Prüfung von Schweißverbindungen (DVS AG Q 4/Q 4.1)

NA 092-00-06 AA
Darstellung und Begriffe (DVS AG I 4)

NA 092-00-08 AA
Weichlöten (DVS AG V 6.2)

NA 092-00-12 AA
Widerstandsschweißen (DVS AG V 3)

NA 092-00-14 AA
Thermisches Spritzen und thermisch gespritzte Schichten (DVS AG V 7)

NA 092-00-15 AA
Elektronenstrahlschweißen (DVS AG V 9.1)

NA 092-00-16 AA
Bolzenschweißen (DVS AG V 2.2)

NA 092-00-17 AA
Schweißen im Luft- und Raumfahrzeugbau (DVS AG A 9)

NA 092-00-19 AA
Schweißen von Aluminium und anderen Leichtmetallen (DVS AG W 6)

NA 092-00-20 AA
Schneidtechnik (DVS AG V 5)

NA 092-00-21 AA
Laserstrahlschweißen und verwandte Verfahren (DVS AG V 9.2)

NA 092-00-24 AA
Reibschweißen – Linear- und Rotationsreibschweißen (DVS AG V 11.1)

NA 092-00-26 AA
Hartlöten (DVS AG V 6.1)

NA 092-00-27 AA
Rührreibschweißen (DVS AG V 11.2)

NA 092-00-28 AA
Klebtechnik (DVS AG V 8)

NA 092-00-29 AA
Schweißsimulation (DVS AG I 2.1)

NA 092-00-30 AA
Unterwasserschweißen (DVS AG V 4)

4

Normenausschuss Schweißen und verwandte Verfahren (NAS)
Saatwinkler Damm 42/43, 13627 Berlin

Ansprechpartner:
Michaela Treige · T +49 30 2601-2224 · F +49 30 2601- 42224
nas@din.nas.de · www.nas.din.de

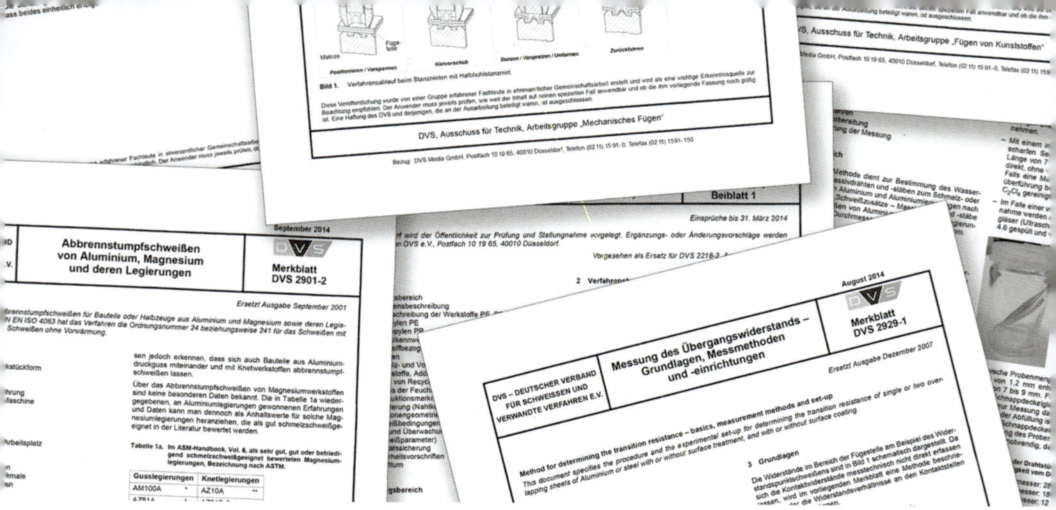

Bezugsquellen für die Regelwerksarbeit

AD 2000 – Merkblätter
Herausgeber:
Verband der TÜV e.V. (VdTÜV)
Friedrichstr. 136, 10117 Berlin
Vertrieb:
DIN Media GmbH
Am DIN-Platz
Burggrafenstraße 6, 10787 Berlin
T +49 30 58885700-70
kundenservice@dinmedia.de
www.dinmedia.de

Arbeitsstätten-Richtlinien (ASR)
Anbieter:
Bundesanstalt für Arbeitsschutz und Arbeitsmedizin (BAuA)
Friedrich-Henkel-Weg 1-25
44149 Dortmund
T +49 231 9071-0
F +49 231 9071-2454
poststelle@baua.bund.de
www.baua.de

Berufsgenossenschaftliche Grundsätze (BG-Grundsätze)
Berufsgenossenschaftliche Informationen (BGI)
Berufsgenossenschaftliche Vorschriften und Regeln (BGV, BGR)
Herausgeber:
Deutsche Gesetzliche Unfallversicherung e.V. (DGUV)
Glinkastraße 40, 10117 Berlin
T +49 30 13001-0 (Zentrale)
info@dguv.de
www.dguv.de

BDG-Richtlinien/VDG-Merkblätter
Herausgeber + Vertrieb:
BDG – Bundesverband der Deutschen Gießerei-Industrie e.V.
Hansaallee 203, 40549 Düsseldorf
T +49 211 68710
info@bdguss.de
www.guss.de

DASt-Richtlinien
Herausgeber:
Deutscher Ausschuss für Stahlbau (DASt) e.V.
Sohnstraße 65. 40237 Düsseldorf
Vertrieb:
Stahlbau Verlags- und Service GmbH,
Sohnstr. 65, 40237 Düsseldorf
T +49 211 54012-091
verlag@deutscherstahlbau.de;
shop.deutscherstahlbau.de/kontakt/

DIN-Normen
Herausgeber:
Deutsche Institut für Normung e.V. (DIN)
Am DIN-Platz
Burggrafenstraße 6, 10787 Berlin
Vertrieb:
DIN Media GmbH
Am DIN-Platz
Burggrafenstraße 6, 10787 Berlin
T +49 30 58885700-70
kundenservice@dinmedia.de
www.dinmedia.de

DIBt-Mitteilungen
Herausgeber:
Deutsches Institut für Bautechnik
Kolonnenstr. 30 B, 10829 Berlin
T +49 30 78730 -0
F +49 30 78730 -320
dibt@dibt.de
www.dibt.de

DGQ-Publikationen
Deutsche Gesellschaft für Qualität e. V. DSQ
August-Schanz-Straße 21A
60433 Frankfurt/Main
Telefon +49 69 95424-0
info@dgq.de
www.dgq.de

DKI-Datenblätter
Herausgeber und Vertrieb:
Deutsches Kupferinstitut Berufsverband e.V.
Emanuel-Leutze-Str. 11
40547 Düsseldorf
T +49 211 239469-0
F +49 211 239469-10
info@kupfer.de
www.kupferinstitut.de

DVGW-Regelwerk
Herausgeber
DVGW Deutscher Verein des Gas- und Wasserfaches e.V. – Technisch-wissenschaftlicher Verein
Josef-Wirmer-Str. 1–3, 53123 Bonn
Vertrieb: wvgw Wirtschafts- und Verlagsgesellschaft Gas und Wasser mbH
Josef-Wirmer-Str. 3, 53123 Bonn
T +49 228 9191-40
info@wvgw.de
www.wvgw.de

DVS-Merkblätter und -Richtlinien
Herausgeber:
DVS – Deutscher Verband für Schweißen und verwandte Verfahren e.V.
Aachener Straße 172, 40223 Düsseldorf
Vertrieb:
DIN Media GmbH
Am DIN-Platz
Burggrafenstraße 6, 10787 Berlin
T +49 30 58885700-70
kundenservice@dinmedia.de
www.dinmedia.de

DGUV-Publikationen
Herausgeber:
Deutsche Gesetzliche Unfallversicherung e.V. (DGUV)
Glinkastraße 40, 10117 Berlin
T +49 30 13001-0 (Zentrale)
info@dguv.de
www.dguv.de

LN-Normen
Herausgeber:
DIN Deutsches Institut für Normung e.V., NA Luft- und Raumfahrt (NL) im DIN
Am DIN-Platz
Burggrafenstraße 6, 10787 Berlin
Vertrieb:
DIN Media GmbH
Am DIN-Platz
Burggrafenstraße 6, 10787 Berlin
T +49 30 58885700-70
kundenservice@dinmedia.de
www.dinmedia.de

Regeln des Kerntechnischen Ausschusses
Erstellung:
KTA-Geschäftsstelle
beim Bundesamt für die Sicherheit der nuklearen Entsorgung (BASE)
Willy-Brand-Str. 5, 38226 Salzgitter
T +49 30 184321-2907
kta-gs@base.bund.de
www.kta-gs.de

Stahl-Eisen-Prüfblätter (SEP)
Stahl-Eisen-Betriebsblätter (SEB)
Stahl-Eisen-Werkstoffblätter (SEW)
Herausgeber:
Stahlinstitut VDEh
Sohnstr. 65, 40237 Düsseldorf
Vertrieb:
Stahldaten-Shop
Matplus GmbH
Hofaue 55, 42103 Wuppertal
T +49 202 297897-80
contact@matplus.eu
https://matplus.shop/

Stahl-Publikationen
Herausgeber und Vertrieb:
Wirtschaftsvereinigung Stahl
Französische Straße 8, 10117 Berlin
info@stahl-info.de
www.stahl-online.de

Standardleistungsbuch für das Bauwesen (StLB)
Herausgeber:
DIN Deutsches Institut für Normung e.V.
Am DIN-Platz
Burggrafenstraße 6, 10787 Berlin
Vertrieb: DIN Media GmbH
Am DIN-Platz
Burggrafenstraße 6, 10787 Berlin
T +49 30 58885700-70
kundenservice@dinmedia.de
www.dinmedia.de

Technische Merkblätter zum Werkstoff Aluminium
Herausgeber + Vertrieb:
Aluminium Deutschland e.V.
Fritz-Vomfelde-Str. 30, 40542 Düsseldorf
T +49 211 4796-0
information@alu-d.de
www.aluminiumdeutschland.de

PTB-Prüfregeln und Technische
Richtlinien
Herausgeber + Vertrieb:
Physikalisch-Technische Bundesanstalt
(PTB) Bundesallee 100, 38116 Braunschweig
T +49 531 592-0
info@ptb.de
www.ptb.de

VDE-Druckschriften
Herausgeber:
VDE Verband der Elektrotechnik
Elektronik Informationstechnik e.V.
Merianstraße 28
63069 Offenbach am Main
Vertrieb: VDE Verlag GmbH
Bismarckstr. 33, 10625 Berlin
T +49 30 348001-222
kundenservice@vde-verlag.de
vde-verlag.de

VDEW-Schriften
Herausgeber:
BDEW Bundesverband der Energie-
und Wasserwirtschaft e.V.
Reinhardtstraße 32
10117 Berlin
T +49 30 300199-0
info@bdew.de
www.bdew.de

VDI-Richtlinien
Herausgeber:
VDI Verein Deutscher Ingenieure e.V.
Abt. VDI-Richtlinien
VDI-Platz 1, 40468 Düsseldorf
Vertrieb: DIN Media GmbH
Am DIN-Platz
Burggrafenstraße 6, 10787 Berlin
T +49 30 58885-70
kundenservice@dinmedia.de
www.dinmedia.dewww.beuth.de

VDMA-Einheitsblätter
Herausgeber:
Verband Deutscher Maschinen-
und Anlagenbau e.V. (VDMA)
Lyoner Str. 18, 60528 Frankfurt/Main
Vertrieb: DIN Media GmbH
Am DIN-Platz
Burggrafenstraße 6, 10787 Berlin
T +49 30 58885700-70
kundenservice@dinmedia.de
www.dinmedia.de

VdTÜV-Technische Richtlinien
Herausgeber:
Verband der Technischen Überwachungs-
Vereine e.V. (VdTÜV)
Friedrichstr. 136, 10117 Berlin
Vertrieb:
TÜV-Media GmbH, TÜV Rheinland Group
Am Grauen Stein, 51105 Köln
Tel. : +49 221 806-3512
www.tuev-media.de

VG-Normen und Werkstoffleistungs-
blätter WL der Wehrtechnik
Herausgeber:
Bundesamt für Ausrüstung, Informations-
technik und Nutzung der Bundeswehr
(BAAINBw)
Ferdinand-Sauerbruch-Str. 1
56073 Koblenz
Vertrieb:
DIN Media GmbH
Am DIN-Platz
Burggrafenstraße 6, 10787 Berlin
T +49 30 2601-1331
kundenservice@beuth.de
www.dinmedia.de

Kontakte rund um die Zertifizierung

Nach der Bauproduktenverordnung notifizierte Zertifizierungsstellen

Im Rahmen des Konformitätsnachweises für Bauprodukte kann nach der Bauproduktenverordnung, umgesetzt durch das Bauproduktengesetz (BauPG), die Einschaltung notifizierter Zertifizierungsstellen erforderlich sein. Welche Stellen einzuschalten sind und welche Aufgaben durch die notifizierte Stelle wahrzunehmen sind, ist in den harmonisierten Normen oder den europäischen technischen Zulassungen festgelegt. Die Stellen werden durch das Deutsche Institut für Bautechnik anerkannt und bei der Europäischen Kommission notifiziert.

Die Liste der deutschen notifizierten Stellen nur für den Bauproduktebereich veröffentlicht die Europäische Kommission unter:

(Auswahlfeld „Legislation“, Listenpunkt „Regulation (EU) No 305/2011 – Construction products“)

Ein Verzeichnis aller notifizierten Stellen in der NANDO-Datenbank der Europäischen Kommission gibt es hier:

Das Verzeichnis der Prüf-, Überwachungs- und Zertifizierungsstellen nach den Landesbauordnungen werden beim DIBT gelistet unter:

Andere Verbände und Organisationen

DGZfP – Deutsche Gesellschaft für Zerstörungsfreie Prüfung e.V.
Max-Planck-Straße 6
12489 Berlin
T +49 30 67807-0
F +49 30 67807-109
mail@dgzfp.de
www.dgzfp.de

DVS – Deutscher Verband für Schweißen und verwandte Verfahren e.V.
Hauptgeschäftsstelle: Aachener Str. 172
40223 Düsseldorf
T +49 211 1591-0
F +49 211 1591-200
info@dvs-home.de
www.dvs-home.de

EFB – Europäische Forschungsgesellschaft für Blechverarbeitung e.V.
Lothringer Straße 1
30559 Hannover
T +49 511 97175-0
F +49 511 97175-19
info@efb.de
www.efb.de

Industrieverband Klebstoffe e.V.
RWI-Haus
Völklinger Straße 4
40219 Düsseldorf
T +49 211 67931-10
F+ 49 211 67931-33
info@klebstoffe.com
www.klebstoffe.com

Schweißelektroden-Vereinigung e.V.
Kaiserswerther Straße 137
40474 Düsseldorf
T +49 211 4564-251
F +49 211 4543-376
bertling@drahthaus.de
www.schweisselektroden.de

Stahlinstitut VDEh
Sohnstraße 65
40237 Düsseldorf
T +49 211 6707-0
F +49 211 6707-403
info@vdeh.de
www.vdeh.de

VAIS Verband für Anlagentechnik und IndustrieService e.V.
Sternstraße 36
40479 Düsseldorf
T +49 211 49870-0
F +49 211 49870-36
info@vais.de
www.vais.de

VDE Verband der Elektrotechnik Elektronik Informationstechnik e.V.
Merianstraße 28
63069 Offenbach am Main
T +49 69 6308-0
F +49 69 6308-9865
service@vde.com
www.vde.com

VDG – Verein Deutscher Gießereifachleute e.V.
Hansaallee 203
40549 Düsseldorf
T +49 211 6871-0
F +49 211 6871-40-332
info@vdg.de
www.vdg.de

VDI Verein Deutscher Ingenieure e.V.
VDI-Platz 1
40468 Düsseldorf
T +49 211 6214-0
F +49 211 6214-575
vdi@vdi.de
www.vdi.de

VDMA – Verband Deutscher Maschinen- und Anlagenbau e.V.
Lyoner Straße 18
60528 Frankfurt/Main
T +49 69 6603-0
F +49 69 6603-1511
info@vdma.org
www.vdma.org

VMPA – Verband der Materialprüfungsanstalten e.V.
Littenstr. 10
10179 Berlin
T +49 30 2790-8330
F +49 30 2790-8332
berlin@vmpa.de
www.vmpa.de

Zentralverband des Deutschen Handwerks e.V. (ZDH)
Mohrenstraße 20/21
10117 Berlin
T +49 30 20619-0
F +49 30 20619-460
info@zdh.de
www.zdh.de

ZVEI – Zentralverband Elektrotechnik und Elektronikindustrie e.V.
Lyoner Str. 9
60528 Frankfurt am Main
T +49 69 6302-0
F +49 69 6302-317
zvei@zvei.org
www.zvei.org

4

5 » Branchenkontakte

Ein Branchenjahrbuch wäre nichts ohne eine Abbildung der Branche. Sie steht daher in diesem Kapitel im Fokus. Ein alphabetisches Firmenverzeichnis sowie eine ortsalphabetische Auflistung erleichtern die Orientierung.

Bild: stetsko/stock.adobe.com

Branchenkontakte

3M Deutschland GmbH
Personal Safety Division –
Schweißerschutz
Carl-Schurz-Straße 1
41453 Neuss
T +49 2131 14 0
speedglas@mmm.com
www.speedglas.de

Autogen-Ritter GmbH
Otto-Lilienthal-Ring 5
85622 Feldkirchen-München
Postfach: 1112
85618 Feldkirchen-München
T +49 89 427230-0
F +49 89 427230-30
info@autogenritter.com
www.autogenritter.com

BAVARIA SCHWEISSTECHNIK GMBH
Wiesenweg 23
85716 Unterschleißheim bei München
T +49 89 318 8807 -0
F +49 89 318 8807 -50
bavaria@subarcflux.com
www.subarcflux.com

Bayerische Metallwerke GmbH
Leitenweg 5
85221 Dachau
Postfach: 1106
85201 Dachau
T +49 8131 703-0
F +49 8131 703-101
info@wolfram-industrie.de
www.wolfram-industrie.de

Beck Arbeitsplatzabsaugungen GmbH
Gießener Straße 40
35321 Laubach
T +49 6405 9102-0
F +49 6405 9102-99
info@beck-absaugung.de
www.beck-absaugung.de

Böhler Welding
voestalpine Böhler Welding Germany Vertriebs-GmbH
Hafenstraße 21
59067 Hamm
T +49 2381 271-01
vertrieb.deutschland@voestalpine.com
www.voestalpine.com/welding

UTP
voestalpine Böhler Welding Germany Vertriebs-GmbH
Elsässerstr. 10
79189 Bad Krozingen
T +49 7633 409 01
vertrieb.utp@voestalpine.com
www.voestalpine.com/welding

Bolzenschweißtechnik bsk + BTV GmbH
Daimlerstraße 25
74252 Massenbachhausen
T +49 7138 81097-0
info@stud-welding.de
www.stud-welding.de

Carl Cloos Schweißtechnik GmbH
Carl-Cloos-Straße 1
35708 Haiger
Postfach: 1161
35701 Haiger
T +49 2773 85-0
info@cloos.de
www.cloos.de

Demmeler
Maschinenbau GmbH & Co. KG
Alpenstraße 10
87751 Heimertingen
T +49 8335 9859-0
F +49 8335 9859-27
info@demmeler.com
www.demmeler.com

DINSE G.m.b.H.
Niewisch 9
22848 Norderstedt
T +49-(0)40-65875-0
info@dinse.eu
www.dinse.eu

5

DVS Media GmbH
Aachener Straße 172
40223 Düsseldorf
Postfach: 101965
40010 Düsseldorf
T +49 211 1591-0
F +49 211 1591-150
media@dvs-media.info
www.dvs-media.eu

DVS – Deutscher Verband für Schweißen und verwandte Verfahren e. V.
Aachener Straße 172
40223 Düsseldorf
Postfach: 101965
40010 Düsseldorf
T +49 211 1591-0
F +49 211 1591-200
info@dvs-home.de
www.dvs-home.de

DVS ZERT GmbH
Geschäftsstelle Düsseldorf
Aachener Straße 172
40223 Düsseldorf
Postfach: 101965
40010 Düsseldorf
T +49 211 1591-203
F +49 211 1591-200
info@dvs-zert.de
www.dvs-zert.de

DVS ZERT GmbH
Geschäftsstelle Halle (Saale)
Köthener Straße 33a
06118 Halle (Saale)
T +49 345 525034-20
F +49 345 525034-10
info@dvs-zert.de
www.dvs-zert.de

WE ARE WELDING

EWM GmbH
(Hauptsitz)
Dr.-Günter-Henle-Straße 8
56271 Mündersbach
T +49 2680 181-0
F +49 2680 181-244
info@ewm-group.com
www.ewm-group.com

FLIESS
SINCE 1915

Hermann Fliess & Co. GmbH
Essenberger Straße 91
47509 Duisburg
T +49 203 31908-0
F +49 203 31908-90
sales@fliess.com
www.fliess.com

DVS FORSCHUNG

Forschungsvereinigung Schweißen und verwandte Verfahren e.V. des DVS
Aachener Straße 172
40223 Düsseldorf
Postfach: 101965
40010 Düsseldorf
T +49 211 1591-0
F +49 211 1591-200
info@dvs-forschung.de
www.dvs-forschung.de

Fraunhofer
IFAM

Fraunhofer-Institut für Fertigungstechnik und Angewandte Materialforschung IFAM
Wiener Straße 12
28359 Bremen
T +49 421 2246-0
F +49 421 2246-300
info@ifam.fraunhofer.de
www.ifam.fraunhofer.de

HARMS+WENDE HWH

Harms & Wende GmbH & Co. KG
Großmoorkehre 9
21079 Hamburg
Postfach: 900464
21044 Hamburg
T +49 40 766 904-0
F +49 40 766 904-88
hwh@harms-wende.de
www.harms-wende.de

---

hebro chemie
A brand of BASF – we create chemistry

hebro chemie – ZN der Rockwood Specialties Group GmbH
Rostocker Str. 40
41199 Mönchengladbach
T +49 2166 6009-0
info@hebro-chemie.de

HELLING NDT
zerstörungsfreie Werkstoffprüfung

Helling GmbH
Spökerdamm 2
25436 Heidgraben
Postfach: 2132
25437 Tornesch
T +49 4122 922-0
F +49 4122 922-201
info@helling.de
www.helling.de

5

Ivostud GmbH
Schützenstr. 6-8
58339 Breckerfeld
T +49 2338 87099-183
info@ivostud.com
www.ivostud.com

Kemppi GmbH
Perchstetten 10
35428 Langgöns
T +49 6403 7792-0
sales.de@kemppi.com
www.kemppi.com

MERKLE Schweißanlagen-Technik GmbH
Industriestraße 3
89359 Kötz
T +49 8221 915-0
F +49 8221 915-40
info@merkle.de
www.merkle.de

Nederman GmbH
Nürtinger Straße 50
73257 Köngen
T +49 7024 86899-0
info@nederman.de
www.nederman.de

Orbitalum Tools GmbH
Josef-Schüttler-Straße 17
78224 Singen
T +49 7731 792-0
F +49 7731 792-524
tools@orbitalum.com
www.orbitalum.com

Plymovent GmbH
Rolandsecker Weg 30
53619 Rheinbreitbach
T +49 22 24 91 99 3-0
F +49 22 24 91 99 3-30
info@plymovent.de
www.plymovent.de

pro-beam GmbH & Co. KGaA
Zeppelinstraße 26
82205 Gilching
T +49 89 899233-0
F +49 89 899233-11
info@pro-beam.com
www.pro-beam.com

PROTEM GmbH
Am Hambiegel 27
76706 Dettenheim
T +49 7247 9393-0
F +49 7247 9393-33
info@protem-gmbh.de
www.protem-gmbh.de

PTR Strahltechnik GmbH
Am Erlenbruch 9
63505 Langenselbold
T +49 6184 2055-0
F +49 6184 2055-300
zentrale@ptr-ebeam.com
www.ptr-ebeam.com

RHODIUS Abrasives GmbH
Brohltalstraße 2
56659 Burgbrohl
T +49 2636 96910-2400
F +49 2636 96910-6102
Service@rhodius.eu
www.rhodius-abrasives.com

Schweißtechnische Lehr- und Versuchsanstalt Mannheim GmbH
Käthe-Kollwitz-Straße 19
68169 Mannheim
Postfach: 121752
68068 Mannheim
T +49 621 3004-0
F +49 621 3004-292
info@slv-mannheim.de
www.slv-mannheim.de

SINOtec SicherheitsSysteme GmbH
Senefelderstraße 17
63322 Rödermark
T +49 6074 8522-0
F +49 6074 8522-26
info@sinotec.de
www.sinotec.de

SKS Welding Systems GmbH
Marie-Curie-Straße 14
67661 Kaiserslautern
T +49 6301 7986-0
F +49 6301 7986-119
sales@de.sks-welding.com
www.sks-welding.com

Heinz Soyer Bolzenschweißtechnik GmbH
Inninger Straße 14
82237 Wörthsee-Etterschlag
T +49 8153 885-0
F +49 8153 8030
info@soyer.de
www.soyer.de

Steigerwald Strahltechnik GmbH
Emmy-Noether-Straße 2
82216 Maisach
82212 Maisach
T +49 8141 3535-0
F +49 8141 3535-215
info@sst-ebeam.com
www.sst-ebeam.com

TECHNOLIT GmbH
Industriestraße 8
36137 Großenlüder
T +49 6648 69-0
info@technolit.de
www.technolit.de

TEKA Absaug- und Entsorgungstechnologie GmbH
Millenkamp 9
48653 Coesfeld
T +49 2541 84 84 1-0
F +49 2541 84 84 1-72
info@teka.eu
www.teka.eu

THERMOPROZESS - Gruppe
Wiehagen 8
T 45472 Mülheim an der Ruhr
T +49 208 49539-0
F +49 208 49539-29
info@thermoprozess.de
www.thermoprozess.de

ULMATEC Filtration
Otto-Lilienthal-Str. 6
89160 Dornstadt
T +49 7308 811 077 10
info@ulmatec.de
www.ulmatec.com

Gesellschaft für Wolfram Industrie mbH
Wolframstraße 1
83365 Nußdorf (bei Traunstein)
T +49 8669 7899-0
F +49 8669 7899-101
info@wolfram-industrie.de
www.wolfram-industrie.de

Ortsalphabetisches Firmenverzeichnis

Berlin

Carl Cloos Schweißtechnik GmbH
(Niederlassung)
Volmerstraße 9b
12489 Berlin

T +49 30 6780678-0

Düsseldorf

DVS – Deutscher Verband für Schweißen und verwandte Verfahren e. V.
Aachener Straße 172
40223 Düsseldorf
Postfach 101965
40010 Düsseldorf

T +49 211 1591-0
F +49 211 1591-200

info@dvs-home.de
www.dvs-home.de

DVS Media GmbH
Aachener Straße 172
40223 Düsseldorf
Postfach 101965
40010 Düsseldorf

T +49 211 1591-0
F +49 211 1591-150

media@dvs-media.info
www.dvs-media.eu

DVS ZERT GmbH
Geschäftsstelle Düsseldorf
Aachener Straße 172
40223 Düsseldorf
Postfach 101965
40010 Düsseldorf

T +49 211 1591-203
F +49 211 1591-200

info@dvs-zert.de
www.dvs-zert.de

Forschungsvereinigung Schweißen und verwandte Verfahren e. V. des DVS
Aachener Straße 172
40223 Düsseldorf
Postfach 101965
40010 Düsseldorf

T +49 211 1591-0
F +49 211 1591-200

info@dvs-forschung.de
www.dvs-forschung.de

Haiger

Carl Cloos Schweißtechnik GmbH
(Firmenhauptsitz)
Carl-Cloos-Straße 1
35708 Haiger

T +49 2773 85-0

Halle

DVS ZERT GmbH
Geschäftsstelle Halle (Saale)
Köthener Straße 33a
06118 Halle (Saale)

T +49 345 525034-20
F +49 345 525034-10

info@dvs-zert.de
www.dvs-zert.de

Hamburg

Harms & Wende GmbH & Co. KG
21079 Hamburg

T +49 40 766 904-0

5

Mannheim

Schweißtechnische Lehr- und Versuchsanstalt Mannheim GmbH
Käthe-Kollwitz-Straße 19
68169 Mannheim
www.slv-mannheim.de

Mülheim an der Ruhr

THERMOPROZESS - Gruppe (Hauptsitz)
45472 Mülheim an der Ruhr

T +49 208 49539-0
F +49 208 49539-29

info@thermoprozess.de
www.thermoprozess.de

Mündersbach

EWM GmbH
(Hauptsitz)
Dr. Günter-Henle-Straße 8
56271 Mündersbach

T T +49 26 80 1 81 - 0
F F +49 26 80 1 81 - 244

info@ewm-group.com
www.ewm-group.com

Unterschleißheim

BAVARIA SCHWEISSTECHNIK GMBH
Wiesenweg 23
85716 Unterschleißheim bei München

6 » Produkt- und Dienstleistungsübersicht

Nach dem „Wer“ nun das „Was“ der Branche: Aktuelle schweißtechnische Erkenntnisse spiegeln sich auch in den Produkten und Dienstleistungen wider, denn nur so bleiben die Unternehmen wettbewerbsfähig. In diesem Kapitel finden Sie die notwendigen Angaben, um für Dienstleistungen oder Produkte die passenden Anbieter zu finden.

Bild: Chutima Chaochaiya/adobe.stock.com

Produkt- und Dienstleistungsübersicht

Übersicht zum Waren- und Dienstleistungsverzeichnis

6

Suchwortverzeichnis

6

6

Waren- und Dienstleistungsverzeichnis

I Anlagen und Ausrüstung für die Verfahren der Füge-, Beschichtungs- und Trenntechnik

1 Anlagen und Ausrüstung inkl. Automatisierung, Mechanisierung und Industrieroboter für das Schweißen von Metall-, Keramik- und Verbundwerkstoffen

Abbrennstumpfschweißen **10**

Harms & Wende GmbH & Co. KG

Bolzenschweißen **20**

Bolzenschweißtechnik bsk + BTV GmbH

Ivostud GmbH

Heinz Soyer Bolzenschweißtechnik GmbH
Inninger Straße 14, 82237 Wörthsee-Etterschlag
Tel. +49 8153 885-0, Fax +49 8153 8030
E-Mail: info@soyer.de
Internet: www.soyer.de

Buckelschweißen **30**

Harms & Wende GmbH & Co. KG

Elektronenstrahlschweißen **60**

pro-beam GmbH & Co. KGaA

PTR Strahltechnik GmbH

Steigerwald Strahltechnik GmbH

Engspaltschweißen **80**

Autogen-Ritter GmbH

Carl Cloos Schweißtechnik GmbH

DINSE G.m.b.H.

Gesellschaft für Wolfram Industrie mbH

Fülldrahtschweißen **100**

Autogen-Ritter GmbH

Böhler Welding

UTP

EWM GmbH

Kondensatorentladungsschweißen **170**

Harms & Wende GmbH & Co. KG

Heinz Soyer Bolzenschweißtechnik GmbH
Inninger Straße 14, 82237 Wörthsee-Etterschlag
Tel. +49 8153 885-0, Fax +49 8153 8030
E-Mail: info@soyer.de
Internet: www.soyer.de

Laserstrahlhybridschweißen **175**

SKS Welding Systems GmbH

Laserstrahlschweißen **180**

Carl Cloos Schweißtechnik GmbH

Lichtbogenhandschweißen **190**

Böhler Welding

UTP

DINSE G.m.b.H.

EWM GmbH

Orbitalum Tools GmbH

SKS Welding Systems GmbH

6

Lichtbogenimpulsschweißen **200**

Böhler Welding

UTP

Carl Cloos Schweißtechnik GmbH

DINSE G.m.b.H.

EWM GmbH

MERKLE Schweißanlagen-Technik GmbH - www.merkle.de

SKS Welding Systems GmbH

Mehrdrahtschweißen **240**

Autogen-Ritter GmbH

Böhler Welding

UTP

Carl Cloos Schweißtechnik GmbH

DINSE G.m.b.H.

MIG-/MAG-Schweißen **250**

Autogen-Ritter GmbH

Böhler Welding

UTP

Carl Cloos Schweißtechnik GmbH

Demmeler Maschinenbau GmbH & Co. KG
www.demmeler.com

DINSE G.m.b.H.

EWM GmbH

MERKLE Schweißanlagen-Technik GmbH - www.merkle.de

SKS Welding Systems GmbH

Plasma/WIG-Schweißen **270**

Autogen-Ritter GmbH

Böhler Welding

UTP

Carl Cloos Schweißtechnik GmbH

Gesellschaft für Wolfram Industrie mbH

Plasmaschweißen **280**

Autogen-Ritter GmbH

Bayerische Metallwerke GmbH

Böhler Welding

UTP

Carl Cloos Schweißtechnik GmbH

EWM GmbH

Pressstumpfschweißen **290**

Harms & Wende GmbH & Co. KG

Rollennahtschweißen **300**

Bayerische Metallwerke GmbH

Harms & Wende GmbH & Co. KG

Rührreibschweißen **320**

Harms & Wende GmbH & Co. KG

Schweißen mit magnetisch bewegtem Lichtbogen **350**

Heinz Soyer Bolzenschweißtechnik GmbH
Inninger Straße 14, 82237 Wörthsee-Etterschlag
Tel. +49 8153 885-0, Fax +49 8153 8030
E-Mail: info@soyer.de
Internet: www.soyer.de

TANDEM-Schweißen **360**

Böhler Welding

UTP

Carl Cloos Schweißtechnik GmbH

DINSE G.m.b.H.

EWM GmbH

60
Jahre | years
MADE IN
GERMANY
MERKLE
SIPLACE

2 Anlagen und Ausrüstung inkl. Automatisierung, Mechanisierung und Industrieroboter für das Auftragschweißen und Plattieren

3 Anlagen und Ausrüstung inkl. Automatisierung, Mechanisierung und Industrieroboter für das Löten

Lichtbogenlöten 600

Carl Cloos Schweißtechnik GmbH

DINSE G.m.b.H.

EWM GmbH

SKS Welding Systems GmbH

Widerstandslöten 720

Harms & Wende GmbH & Co. KG

4 Anlagen und Ausrüstung inkl. Automatisierung, Mechanisierung und Industrieroboter für das Schweißen von Kunststoffen

Laserstrahlschweißen von Kunststoffen 780

Schweißtechnische Lehr- und Versuchsanstalt Mannheim GmbH

Reibschweißen 800

Harms & Wende GmbH & Co. KG

6 Anlagen und Ausrüstung inkl. Automatisierung, Mechanisierung und Industrieroboter für spezielle Anwendungen

Brennerreinigung, automatische Brennerreinigungssysteme 1010

Autogen-Ritter GmbH

Carl Cloos Schweißtechnik GmbH

DINSE G.m.b.H.

SKS Welding Systems GmbH

Einrichtungen zum Beschicken, Einlegen, Bestücken oder Fördern (z.B. Mutternzuführgeräte u.a.) 1020

Carl Cloos Schweißtechnik GmbH

Fertigungsanlagen und –straßen 1030

Carl Cloos Schweißtechnik GmbH

PTR Strahltechnik GmbH

Orbitalschweißanlagen 1040

EWM GmbH

Orbitalum Tools GmbH

Gesellschaft für Wolfram Industrie mbH

Reparaturschweißen, -schneiden 1060

EWM GmbH

Unterwasser-Schweißen 1080

Gesellschaft für Wolfram Industrie mbH

Schweißen, Löten und thermisches Schneiden sowie Beschichten im Luft- und Raumfahrzeugbau 1090

EWM GmbH

7 Service und Dienstleistungen

Vermietung von Schweißanlagen und Schweißausrüstung 1091

EWM GmbH

II Anlagen und Ausrüstung für die Wärmebehandlung und andere Fertigungsverfahren

1 Anlagen und Ausrüstung inkl. Automatisierung, Mechanisierung und Industrieroboter für die Wärmebehandlung

Induktionswärmen 1150

THERMOPROZESS - Gruppe

Normalisieren 1160

THERMOPROZESS - Gruppe

Ofenwärmen 1170

THERMOPROZESS - Gruppe

Spannungsarmglühen 1180

THERMOPROZESS - Gruppe

Weichglühen 1190

THERMOPROZESS - Gruppe

Widerstandswärmen 1200

Harms & Wende GmbH & Co. KG

THERMOPROZESS - Gruppe

2 Anlagen und Ausrüstung inkl. Automatisierung, Mechanisierung und Industrieroboter für andere Fertigungsverfahren

Drehen, Fräsen, Hobeln 1240

PROTEM GmbH

Fugenformen und -vorbereiten (z. B. Anfasgeräte für Platten und Rohrenden) 1250

Orbitalum Tools GmbH

PROTEM GmbH

Oberflächenvor- und -nachbearbeiten, Oberflächenreinigen 1270

RHODIUS Abrasives GmbH

Polieren 1280

RHODIUS Abrasives GmbH

Sägen 1300

Orbitalum Tools GmbH

PROTEM GmbH

Schleifen 1320

RHODIUS Abrasives GmbH

3 Werkstatt- und Arbeitsplatzausrüstungen, Sicherheitseinrichtungen

Arbeitstische (z.B. Schweiß- und Schneidtische) 1390

Beck Arbeitsplatzabsaugungen GmbH

Demmeler Maschinenbau GmbH & Co. KG
www.demmeler.com

Nederman GmbH

Plymovent GmbH

SINOtec SicherheitsSysteme GmbH

TEKA Absaug- und Entsorgungstechnologie GmbH

Lastwendegerät 1410

Demmeler Maschinenbau GmbH & Co. KG
www.demmeler.com

Lichtdurchlässige/lichtundurchlässige Abschirmungen 1420

SINOtec SicherheitsSysteme GmbH

Lötrauchfilter 1430

Nederman GmbH

Plymovent GmbH

TEKA Absaug- und Entsorgungstechnologie GmbH

Örtliche Schweißrauchabsaugeinrichtungen (stationär, mobil) 1450

Beck Arbeitsplatzabsaugungen GmbH

Nederman GmbH

Plymovent GmbH

TEKA Absaug- und Entsorgungstechnologie GmbH

Schalldämm-Materialien, Schallschutzgehäuse **1460**

Nederman GmbH

Plymovent GmbH

SINOtec SicherheitsSysteme GmbH

Schutzeinrichtungen für Industrieroboter (z.B. Türverriegelungen, Schaltplatten, bildgestützte Überwachungssysteme) **1470**

Carl Cloos Schweißtechnik GmbH

Schweißer-Schutz-Kabinen **1480**

Beck Arbeitsplatzabsaugungen GmbH

EWM GmbH

Plymovent GmbH

SINOtec SicherheitsSysteme GmbH

TEKA Absaug- und Entsorgungstechnologie GmbH

Schweißer-Schutz-Vorhänge **1490**

EWM GmbH

Plymovent GmbH

SINOtec SicherheitsSysteme GmbH

TEKA Absaug- und Entsorgungstechnologie GmbH

Schweißer-Schutz-Wände **1500**

EWM GmbH

Plymovent GmbH

SINOtec SicherheitsSysteme GmbH

TEKA Absaug- und Entsorgungstechnologie GmbH

Schweißrauchabsauganlagen und –filter **1510**

Beck Arbeitsplatzabsaugungen GmbH

DINSE G.m.b.H.

EWM GmbH

Nederman GmbH

Plymovent GmbH

TEKA Absaug- und Entsorgungstechnologie GmbH

Ulmatec Filtration

Sicherheitseinrichtungen gegen Brand und Explosion **1520**

Nederman GmbH

Plymovent GmbH

Sicherheitseinrichtungen gegen hochenergetische Strahlung (z. B. Röntgen-, Laserstrahlung) **1530**

SINOtec SicherheitsSysteme GmbH

Stationäre Staubsauger für Industriebedarf 1540

Nederman GmbH

Plymovent GmbH

Technische Lüftung (z. B. Be- und Entlüftungssysteme) **1550**

Nederman GmbH

Plymovent GmbH

TEKA Absaug- und Entsorgungstechnologie GmbH

Werkstattwagen, Flaschenwagen **1580**

SINOtec SicherheitsSysteme GmbH

6

4 Arbeits- und Gesundheitsschutz (persönliche Schutzausrüstung)

Atemschutz (z.B. Filter-, Isoliergeräte) 1610

3M Deutschland GmbH
Personal Safety Division – Schweißerschutz
Tel. +49 2131 14 0, www.speedglas.de

Autogen-Ritter GmbH

Nederman GmbH

Plymovent GmbH

SINOtec SicherheitsSysteme GmbH

belüftete Schweißerschutzhelme 1630

Böhler Welding

UTP

EWM GmbH

Plymovent GmbH

SINOtec SicherheitsSysteme GmbH

Gehörschutz (Watte, Stöpsel, Kapselgehörschützer) 1640

3M Deutschland GmbH
Personal Safety Division – Schweißerschutz
Tel. +49 2131 14 0, www.speedglas.de

Laserschutz 1650

SINOtec SicherheitsSysteme GmbH

TEKA Absaug- und Entsorgungstechnologie GmbH

Schutzkleidung (Helme, Schürzen, Anzüge, Schuhe, Handschuhe) 1660

3M Deutschland GmbH
Personal Safety Division – Schweißerschutz
Tel. +49 2131 14 0, www.speedglas.de

Autogen-Ritter GmbH

Böhler Welding

UTP

EWM GmbH

Schweißerschutzschirme und -schilde, Augenschutzbrillen, Augenschutzfilter 1670

3M Deutschland GmbH
Personal Safety Division – Schweißerschutz
Tel. +49 2131 14 0, www.speedglas.de

Autogen-Ritter GmbH

Böhler Welding

UTP

EWM GmbH

Plymovent GmbH

SINOtec SicherheitsSysteme GmbH

5 Allgemeines Zubehör

Badsicherungen und Klebebänder (z. B. für das Einseitenschweißen) 1700

Böhler Welding

UTP

Brennerhalswechselsysteme 1710

Carl Cloos Schweißtechnik GmbH

DINSE G.m.b.H.

EWM GmbH

Brenner- und Schweißkopfbewegungssysteme 1720

Carl Cloos Schweißtechnik GmbH

Drahtführungsspirale 1740

Autogen-Ritter GmbH

Böhler Welding

UTP

Drahtvorschubgeräte 1750

Autogen-Ritter GmbH

Böhler Welding

UTP

Carl Cloos Schweißtechnik GmbH

DINSE G.m.b.H.

EWM GmbH

Dreh- und Drehkipptische, Hubtische **1760**

Böhler Welding

UTP

Carl Cloos Schweißtechnik GmbH

Demmeler Maschinenbau GmbH & Co. KG
www.demmeler.com

EWM GmbH

MERKLE Schweißanlagen-Technik GmbH -
www.merkle.de

Elektroden für das Widerstandsschweißen **1790**

Bayerische Metallwerke GmbH

Elektroden für das WIG-Schweißen **1810**

Autogen-Ritter GmbH

EWM GmbH

Gesellschaft für Wolfram Industrie mbH

Elektrodenhalter **1820**

EWM GmbH

Elektrodenschleifgeräte **1830**

EWM GmbH

Orbitalum Tools GmbH

PROTEM GmbH

Klemmen (Pol-, Erdungs-, Werkstückklemmen) und Polanzeiger **1860**

EWM GmbH

Kühlvorrichtungen **1870**

EWM GmbH

Montagesysteme, Vorrichtungen zum Zusammenbau und Positionieren (Spannvorrichtungen, Rollenböcke, Zentriervorrichtungen) **1910**

Carl Cloos Schweißtechnik GmbH

Demmeler Maschinenbau GmbH & Co. KG
www.demmeler.com

Roboterhalterung **1940**

EWM GmbH

Schlackenhämmer und –bürsten **1950**

EWM GmbH

Schläuche, Schlauchkupplungen, Schlauchanschlüsse, Schlauchpakete **1960**

Autogen-Ritter GmbH

EWM GmbH

Schweißdrahtspulen **1990**

Autogen-Ritter GmbH

EWM GmbH

Schweißstromleiter und –verbinder **2020**

EWM GmbH

Spanntechnik, Spannelemente **2040**

Carl Cloos Schweißtechnik GmbH

Demmeler Maschinenbau GmbH & Co. KG
www.demmeler.com

Stahldrahtbürsten und Handbürsten für Schweißungen **2050**

EWM GmbH

RHODIUS Abrasives GmbH

Trockenschränke (Elektroden und Pulver),-köcher und –öfen 2060

Dryfast GmbH & Co. KG
Tel.: +49 231 7273 865
info@dryfast.de

Werkzeuge für die Schweißnahtvorbereitung: Entgrat- u. Kantenfräsmaschine 2090

EWM GmbH

Orbitalum Tools GmbH

PROTEM GmbH

RHODIUS Abrasives GmbH

7 Zusatzwerkstoffe zum Schweißen und Beschichten bestimmter Werkstoffe (unterteilt nach Werkstoffgruppen)

Schweißzusätze für hochlegierte Stähle 2160

BAVARIA Schweisstechnik GmbH

Böhler Welding

UTP

EWM GmbH

Schweißzusätze für hochlegierten Stahlguss 2170

Böhler Welding

UTP

EWM GmbH

Schweißzusätze für NE-Metalle und –Legierungen 2190

Böhler Welding

UTP

EWM GmbH

Schweißzusätze für unlegierte und niedriglegierte Stähle 2200

BAVARIA Schweisstechnik GmbH

Böhler Welding

UTP

EWM GmbH

Hermann Fliess & Co. GmbH - www.fliess.com

Schweißzusätze für unlegierten und niedriglegierten Stahlguß 2210

Böhler Welding

UTP

Hermann Fliess & Co. GmbH - www.fliess.com

Schweißzusätze für verschleißfeste und korrosionsbeständige Auftragungen 2220

EWM GmbH

Hermann Fliess & Co. GmbH - www.fliess.com

Böhler Welding

UTP

Schweißzusätze für Unterwasserschweißen 2230

Böhler Welding

UTP

8 Zusatzwerkstoffe zum Schweißen, Schneiden und Beschichten (unterteilt nach der Form der Zusatzwerkstoffe)

Drähte, Bänder und Platten für das UP- und ES-Schweißen 2250

BAVARIA Schweisstechnik GmbH

Hermann Fliess & Co. GmbH - www.fliess.com

Böhler Welding

UTP

Drähte und Bänder für das Mikroschweißen 2260

Böhler Welding

UTP

Drahtelektroden für das Metall-Schutzgasschweißen 2270

BAVARIA Schweisstechnik GmbH

Böhler Welding

UTP

EWM GmbH

Hermann Fliess & Co. GmbH - www.fliess.com

Fülldrähte, Füllbänder 2280

Böhler Welding

UTP

Schweißpulver 2300

BAVARIA Schweisstechnik GmbH

Böhler Welding

UTP

Schweißstäbe zum Gasschweißen 2310

Böhler Welding

UTP

EWM GmbH

Hermann Fliess & Co. GmbH - www.fliess.com

Schweißstäbe zum WIG-Schweißen 2320

BAVARIA Schweisstechnik GmbH

Böhler Welding

UTP

EWM GmbH

Hermann Fliess & Co. GmbH - www.fliess.com

Stabelektroden für das Fugenhobeln und Thermische Schneiden 2330

Böhler Welding

UTP

Stabelektroden für das Schweißen und Schneiden unter Wasser 2340

Böhler Welding

UTP

Umhüllte Stabelektroden (für das Lichtbogenhandschweißen) 2360

Böhler Welding

UTP

EWM GmbH

Zusatzwerkstoffe zum Laserstrahlschweißen 2370

Böhler Welding

UTP

9 Zusatzwerkstoffe zum Thermischen Spritzen (unterteilt nach ihrer Zusammensetzung)

Karbid-Spritzpulver 2380

Böhler Welding

UTP

Keramische Spritzpulver (Metalloxide/Metallnitride) 2390

Böhler Welding

UTP

Metallspritzpulver und –drähte 2400

Böhler Welding

UTP

Spritzpulver-Gemische **2410**

Böhler Welding

UTP

10 Zusatzwerkstoffe zum Thermischen Spritzen (unterteilt nach Verfahren und Art des Spritzzusatzes)

Zusatzwerkstoffe zum Flammspritzen (Drähte, Stäbe, Pulver) **2440**

Böhler Welding

UTP

Zusatzwerkstoffe zum Lichtbogenspritzen (Drähte) **2450**

Böhler Welding

UTP

III Anlagen und Ausrüstung inkl. Automatisierung, Mechanisierung und Industrieroboter für das Thermische Trennen und Abtragen

1 Anlagen und Ausrüstung inkl. Automatisierung, Mechanisierung und Industrieroboter für das Thermische Trennen und Abtragen

Autogenes Brennschneiden **2740**

Carl Cloos Schweißtechnik GmbH

Laser- und Elektronenstrahlschneiden und -bohren **2810**

PTR Strahltechnik GmbH

Steigerwald Strahltechnik GmbH

Plasmaschmelzschneiden **2860**

Autogen-Ritter GmbH

Carl Cloos Schweißtechnik GmbH

IV Unterstützende Systeme für die Automatisierung

Erfassen, Kontrollieren und Verarbeiten von Prozess- und Fertigungsparameter **2960**

Carl Cloos Schweißtechnik GmbH

EWM GmbH

SKS Welding Systems GmbH

Industrieanlagen **2970**

EWM GmbH

Kamerasysteme zur Überwachung von Verfahrens- und Fertigungsprozessen **2980**

Carl Cloos Schweißtechnik GmbH

Nahtführungs- und Schweißkopfführungssysteme **2990**

Carl Cloos Schweißtechnik GmbH

Programme (Software) **3010**

Carl Cloos Schweißtechnik GmbH

EWM GmbH

SKS Welding Systems GmbH

Serienfertigung, flexible Fertigungsanlagen und Schweißstraßen **3030**

Carl Cloos Schweißtechnik GmbH

EWM GmbH

PTR Strahltechnik GmbH

Steuerungs- und Regelungstechnik (Druckschalter, Magnet- und Plasmaventile u.a.) **3040**

Carl Cloos Schweißtechnik GmbH

5 Beratung

Klebstoffauswahl 3310

Fraunhofer-Institut für
Fertigungstechnik und Angewandte
Materialforschung IFAM

Klebgerechte Konstruktion 3320

Fraunhofer-Institut für
Fertigungstechnik und Angewandte
Materialforschung IFAM

Charakterisierung von Klebstoffen 3330

Fraunhofer-Institut für
Fertigungstechnik und Angewandte
Materialforschung IFAM

Qualitätsmanagement 3340

DVS ZERT GmbH
Geschäftsstelle Düsseldorf
Postfach 101965, 40010 Düsseldorf

DVS ZERT GmbH
Geschäftsstelle Halle (Saale)
Köthener Straße 33a, 06118 Halle (Saale)

EWM GmbH

Fraunhofer-Institut für
Fertigungstechnik und Angewandte
Materialforschung IFAM

Schweißtechnische Lehr- und
Versuchsanstalt Mannheim GmbH

Auditierung von Prozessen 3350

Fraunhofer-Institut für
Fertigungstechnik und Angewandte
Materialforschung IFAM

Auditierung von Betrieben 3360

Fraunhofer-Institut für
Fertigungstechnik und Angewandte
Materialforschung IFAM

Anlagenbau (Plasmaanlagen) 3370

Fraunhofer-Institut für
Fertigungstechnik und Angewandte
Materialforschung IFAM

Lacktechnik 3380

Fraunhofer-Institut für
Fertigungstechnik und Angewandte
Materialforschung IFAM

Faserverbundtechnologie 3390

Fraunhofer-Institut für
Fertigungstechnik und Angewandte
Materialforschung IFAM

Klebstoffapplikation 3400

Fraunhofer-Institut für
Fertigungstechnik und Angewandte
Materialforschung IFAM

Integration in die Fertigung (Fertigungsplanung) 3410

Fraunhofer-Institut für
Fertigungstechnik und Angewandte
Materialforschung IFAM

Arbeits- und Umweltschutz 3420

Fraunhofer-Institut für
Fertigungstechnik und Angewandte
Materialforschung IFAM

Nederman GmbH

Plymovent GmbH

Oberflächenanalytik 3430

Fraunhofer-Institut für
Fertigungstechnik und Angewandte
Materialforschung IFAM

6 Forschung und Entwicklung

Elektrochemie/Korrosion 3590

Fraunhofer-Institut für Fertigungstechnik und Angewandte Materialforschung IFAM

Werkstoff- und Bauteilprüfung 3600

Fraunhofer-Institut für Fertigungstechnik und Angewandte Materialforschung IFAM

Simulation und Berechnung von Klebverbindungen 3610

Fraunhofer-Institut für Fertigungstechnik und Angewandte Materialforschung IFAM

7 Aus- und Weiterbildung

DVS - EWF - Klebpraktiker 3620

Fraunhofer-Institut für Fertigungstechnik und Angewandte Materialforschung IFAM

DVS - EWF - Klebfachkraft 3630

Fraunhofer-Institut für Fertigungstechnik und Angewandte Materialforschung IFAM

DVS - EWF - Klebfachingenieur 3640

Fraunhofer-Institut für Fertigungstechnik und Angewandte Materialforschung IFAM

10 Andere Verbrauchs- und Hilfsstoffe

Badsicherung 3820

Böhler Welding

UTP

Beizpaste 3830

Böhler Welding

UTP

hebro chemie - ZN der Rockwood Specialties Group G
Rostocker Str. 40, 41199 Mönchengladbach

Passivierungsmittel 3980

Böhler Welding

UTP

Schmiermittel 4050

Orbitalum Tools GmbH

Trenn-, Schrupp– und Schleifscheiben 4120

RHODIUS Abrasives GmbH

11 Messtechnik und Sensorik

Hand- und andere Messgeräte für das Lichtbogenschweißen (Strom, Spannung, Drahtgeschwindigkeit, Gasgeschwindigkeit, Schweißgeschwindigkeit, Streckenenergie) 4200

Carl Cloos Schweißtechnik GmbH

Messgeräte für das Widerstandsschweißen (Impulse, Perioden, Strom, Spannung), Rogowski-Gürte 4310

Harms & Wende GmbH & Co. KG

Sensortechnik 4380

Carl Cloos Schweißtechnik GmbH

Überwachungsgeräte für das Lichtbogenschweißen 4440

Carl Cloos Schweißtechnik GmbH

Überwachungsgeräte für das Widerstandsschweißen 4450

Harms & Wende GmbH & Co. KG

12 Prüftechnik – Zerstörungsfreie Prüfung

Begutachten und Prüfen von Produkten, Fügeverfahren und Fertigungsabläufen 4561

DVS ZERT GmbH
Geschäftsstelle Düsseldorf
Postfach 101965, 40010 Düsseldorf

DVS ZERT GmbH
Geschäftsstelle Halle (Saale)
Köthener Straße 33a, 06118 Halle (Saale)

Schweißtechnische Lehr- und
Versuchsanstalt Mannheim GmbH

Beratung und Planung zur Fertigung, zum Werkstoff-, Energie- und Verfahrenseinsatz, Technologietransfer 4562

Schweißtechnische Lehr- und
Versuchsanstalt Mannheim GmbH

Dichtheitsprüfung 4670

Helling GmbH, Heidgraben, +49 4122 922-0

Durchstrahlungsprüfung 4710

Helling GmbH, Heidgraben, +49 4122 922-0

Farbeindringprüfung 4820

Helling GmbH, Heidgraben, +49 4122 922-0

Gestaltung und Berechnung von Schweißkonstruktionen, Schweißpläne u.ä. 4905

Schweißtechnische Lehr- und
Versuchsanstalt Mannheim GmbH

Magnetische Prüfung 5110

Helling GmbH, Heidgraben, +49 4122 922-0

Schadensanalyse 5470

Schweißtechnische Lehr- und
Versuchsanstalt Mannheim GmbH

Schweißaufsicht-, Bau-, Betriebs- und Fertigungsüberwachung 5505

Schweißtechnische Lehr- und
Versuchsanstalt Mannheim GmbH

Sonstige zerstörungsfreie Prüfverfahren 5580

Harms & Wende GmbH & Co. KG

Helling GmbH, Heidgraben, +49 4122 922-0

Ultraschallprüfung 5730

Helling GmbH, Heidgraben, +49 4122 922-0

UV-Leuchten 5755

Helling GmbH, Heidgraben, +49 4122 922-0

14 Prüftechnik – Werkstoffprüfung

Betriebsüberwachung, Fertigungsüberwachung 5960

EWM GmbH

Qualitäts- und Fehlerprüfung 5980

EWM GmbH

15 Prüftechnik – Prüfverfahren/ Prüfeinrichtungen

Bauteilprüfung/Konstruktionsprüfung 6030

EWM GmbH

17 Sonstiges

Aus- und Weiterbildung **6240**

Böhler Welding

UTP

Beratungsunternehmen **6250**

Böhler Welding

UTP

EWM GmbH

Zertifizierung **6330**

DVS ZERT GmbH
Geschäftsstelle Düsseldorf
Postfach 101965, 40010 Düsseldorf

DVS ZERT GmbH
Geschäftsstelle Halle (Saale)
Köthener Straße 33a, 06118 Halle (Saale)

Schweißtechnische Lehr- und
Versuchsanstalt Mannheim GmbH

V Auftragsarbeiten und Dienstleistungen für das Fügen, Trennen und Beschichten

2 Auftragsausführungen – Verarbeiten bestimmter Werkstoffe

Wolfram, Tantal, Molybdän **7450**

Bayerische Metallwerke GmbH

Gesellschaft für Wolfram Industrie mbH

3 Auftragsausführungen – Verarbeitung bestimmter Halbzeuge

Sinterformteile **7680**

Bayerische Metallwerke GmbH

4 Auftragsausführungen bestimmter Füge- oder anderer Fertigungsverfahren

Elektronenstrahl-/Laserstrahlschweißen **7770**

pro-beam GmbH & Co. KGaA

PTR Strahltechnik GmbH

Schweißtechnische Lehr- und
Versuchsanstalt Mannheim GmbH

Steigerwald Strahltechnik GmbH

Roboterschweißen WIG/MIG/MAG **7940**

DINSE G.m.b.H.

Schutzgasschweißen **7970**

DINSE G.m.b.H.

Wärmebehandlung und/oder Vergüten **8060**

THERMOPROZESS - Gruppe

Wartung, Instandhaltung, Reparatur **8070**

Nederman GmbH

5 Aus- und Weiterbildung, Zertifizierung, Forschung, Informationsvermittlung, Fachliteratur und Regelwerke

Akkreditierungs- und Zertifizierungsorganisationen **8090**

DVS ZERT GmbH
Geschäftsstelle Düsseldorf
Postfach 101965, 40010 Düsseldorf

DVS ZERT GmbH
Geschäftsstelle Halle (Saale)
Köthener Straße 33a, 06118 Halle (Saale)

Schweißtechnische Lehr- und
Versuchsanstalt Mannheim GmbH

Abnahme-, Zulassungs-, Prüfungs- und Überwachungsoganisationen **8100**

Böhler Welding

UTP

Fraunhofer-Institut für Fertigungstechnik und Angewandte Materialforschung IFAM

Schweißtechnische Lehr- und Versuchsanstalt Mannheim GmbH

Aus- und Weiterbildung und Prüfung von Fachpersonal **8110**

Böhler Welding

UTP

DVS – Deutscher Verband für Schweißen und verwandte Verfahren e. V.
Postfach 101965, 40010 Düsseldorf

EWM GmbH

Fraunhofer-Institut für Fertigungstechnik und Angewandte Materialforschung IFAM

Schweißtechnische Lehr- und Versuchsanstalt Mannheim GmbH

Fachverlage, Bibliotheken (Literatur, Regelwerke, Lehrfilme, Software, CD-ROM Dienste, audiovisuelle Medien, digitale Medien) **8130**

DVS Media GmbH
Postfach 101965, 40010 Düsseldorf

Fügetechnische Forschung und Lehre **8140**

Forschungsvereinigung Schweißen und verwandte Verfahren e. V. des DVS
Postfach 101965, 40010 Düsseldorf

Fraunhofer-Institut für Fertigungstechnik und Angewandte Materialforschung IFAM

Schweißtechnische Lehr- und Versuchsanstalt Mannheim GmbH

Gutachter, Sachverständige **8150**

Schweißtechnische Lehr- und Versuchsanstalt Mannheim GmbH

Regelwerke, Normung, Patente (auch Organisationen) **8170**

DVS – Deutscher Verband für Schweißen und verwandte Verfahren e. V.
Postfach 101965, 40010 Düsseldorf

Technisch-wissenschaftliche Vereine, Industrieverbände **8180**

DVS – Deutscher Verband für Schweißen und verwandte Verfahren e. V.
Postfach 101965, 40010 Düsseldorf

VI Anlagen und Ausrüstung inkl. Automatisierung, Mechanisierung und Industrieroboter für das Thermische Spritzen

1 Anlagen und Ausrüstung inkl. Automatisierung, Mechanisierung und Industrieroboter für das Thermische Spritzen

Plasmaspritzen **6390**

Bayerische Metallwerke GmbH

Firmenverzeichnis zum Anzeigenteil